ÉMILE DESBEAUX

# LA
# HYSIQUE POPULAIRE

**OUVRAGE COURONNÉ**

PAR L'ACADÉMIE FRANÇAISE

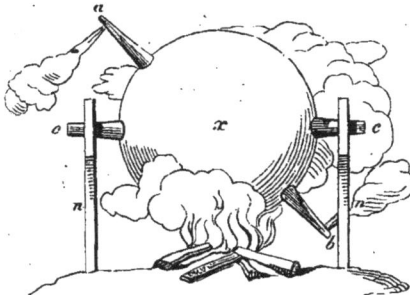

## PARIS
### LIBRAIRIE D'ÉDUCATION A. HATIER
33, QUAI DES GRANDS-AUGUSTINS, 33

**FIG. 1. — LE PHONOGRAPHE.**
D'après une photographie faite au laboratoire d'Edison (Llewellyn-Park, Orange) le 7 décembre 1888.

# PHYSIQUE POPULAIRE[1]

« La Physique nouvelle est la proclamation
du Monde invisible.
« CAMILLE FLAMMARION. »

## LIVRE PREMIER

### LE PHONOGRAPHE. — LE TÉLÉPHONE. — LA TÉLÉPHONOGRAPHIE
### LE TÉLÉPHOTE

## CHAPITRE PREMIER

### LE PHONOGRAPHE

Deux heures sonnent à Paris. Au palais Bourbon, les députés entrent en séance. L'ordre du jour appelle la discussion du budget des Colonies. Les deux représentants de la Martinique vont prendre la parole.

---

1. Le mot « Physique » vient du grec φύσις (phusis) : Nature. La Physique étudie les Forces de la Nature et l'utilisation de ces Forces.

.....Transportons-nous par la pensée à travers l'Océan Atlantique. Abordons à Fort-de-France, chef-lieu de la Martinique. Nous sommes à deux mille lieues de Paris.

L'horloge de l'Hôtel du Gouvernement, à Fort-de-France, indique 9 heures 45 minutes ([1]). A ce moment, nous apercevons de nombreux colons qui se réunissent dans une vaste salle, où ils prennent place, et où, silencieux, ils écoutent.

Qui donc, quoi donc écoutent-ils?

Personne, parmi eux, ne parle!

Et, cependant, une voix mystérieuse se fait entendre, voix nette et distincte, qui emplit la salle d'ondes sonores.

A cette voix succède une autre voix, tout aussi mystérieuse; puis, soudain, cette voix est coupée par l'interruption d'une autre voix encore; et des applaudissements, mêlés à des murmures, retentissent; une sonnette qu'on agite — sonnette invisible — rétablit le silence.

Dans la salle où nous sommes nul n'a parlé.

Mais, chose étrange, dans l'assistance des mains ont applaudi, des lèvres ont murmuré — sorte d'écho intelligent aux applaudissements et aux murmures d'origine inconnue.

Y a-t-il donc communion d'idées entre les assistants et les voix?

Et, alors, ces voix, d'où viennent-elles et que disent-elles?

Au fond de la salle (*fig.* 2), sur une tribune, se dresse un svelte appareil, haut de quarante-cinq centimètres, de forme légère, d'aspect mécanique très simple. Tous les assistants regardent cet objet mystérieux. On dirait même qu'ils l' « écoutent ». Est-ce possible? Et serait-ce de là que sortent les voix surprenantes?

Approchons-nous. Il n'y a pas à en douter : c'est de là! Mais cette certitude acquise ne nous renseigne pas sur la provenance des voix. Il nous faut savoir où et par qui elles ont été émises?

La structure de l'appareil écarte tout soupçon de fraude. Ces voix — ces voix humaines — ne sont pas celles de gens cachés sous

---

1. Les différences d'heure étant réglées par les différences de longitudes, et Fort-de-France se trouvant par 63°24' longitude ouest, quand il est deux heures à Paris il n'est encore au chef-lieu de notre colonie que 9 heures 45 minutes du matin.

la tribune ou dans la salle ; ces voix viennent d'autre part ; mais comment peuvent-elles arriver ici ?

Il doit exister un mode de communication avec le dehors. Que voyons-nous ? Deux fils métalliques qui aboutissent à l'appareil. L'un de ces fils se termine au pied de la tribune, en contact avec le sol. Inutile de nous en occuper.

Examinons l'autre fil, car ce ne peut être que lui qui a conduit, amené les voix dans la salle !

Si nous pouvons savoir d'où vient le fil, nous saurons d'où viennent les voix.

De l'appareil, le fil se dirige vers une salle contiguë, où il se relie à un système complexe où l'on remarque particulièrement une petite machine formée d'une boîte qui sert de socle à un mécanisme délicat ; la partie principale de ce mécanisme est un cylindre de cuivre recouvert d'un manchon de cire blanchâtre ; sur le cylindre, qui est animé d'un mouvement de rotation, se déplace une pièce de cuivre argenté en forme d'une paire de grosses lunettes.

Le fil repart ensuite d'un appareil exactement semblable à celui que nous avons vu sur la tribune. Où va-t-il maintenant ? Il s'enfonce dans le mur qu'il traverse.

Suivons, remontons le chemin qu'il parcourt de l'autre côté de ce mur : d'abord il franchit une partie de la ville et touche au bureau télégraphique de Fort-de-France, puis bientôt — et cela nous cause une très grande surprise — il rejoint à Saint-Pierre le câble sous-marin.

Les voix venues jusqu'à nous auraient-elles traversé les profondeurs de l'Océan ?

Le câble s'immerge dans la mer des Antilles, passe (après l'île de Cuba) le golfe du Mexique et remonte à la pointe de la Floride où il devient ligne télégraphique terrestre, longeant la côte Est des États-Unis jusqu'à Cap-Cod ; ici la ligne américaine s'attache au câble français qui traverse l'Atlantique et atterrit à Brest. Rien ne nous empêche de supposer la continuité, l'identité du fil parti de la Martinique, et nous pouvons dire que nous avons suivi son trajet jusqu'en France. Que devient-il à présent ? De sous-marin il se fait aérien, et de Brest se dirige sur Paris où il pénètre dans le bureau de la direction générale des Postes et Télégraphes. Sa course est-elle nie? Pas encore. Il repart de la rue de Grenelle, s'enfonce sous terre et apparaît bientôt... où? au palais Bourbon, dans la Chambre des députés!

Notre but est atteint, car nous trouvons enfin l'extrémité du fil métallique fixée dans un appareil visiblement destiné à recueillir les bruits de la salle, et placé près de la Tribune nationale. C'est là que le fil commence, c'est là qu'il prend son origine; c'est de ce point initial qu'il s'éloigne pour accomplir son immense parcours d'environ dix mille kilomètres!

Selon le simple raisonnement, fait au début de notre recherche, nous devions — le point de départ du fil étant trouvé — connaître le point de départ des voix.

Or, le fil part de la Chambre des députés. Les voix entendues là-bas, de l'autre côté de l'Océan, au milieu des Antilles, seraient donc celles des députés français?... Oui, le fait est certain, car la discussion du budget des Colonies continue et, dans les voix des députés qui traitent la question, nous reconnaissons les voix perçues tout à l'heure à des centaines de lieues d'ici. Et nous nous expliquons à présent les applaudissements et les murmures des colons de Fort-de-France, nous saisissons cette communion d'idées, dont l'hypothèse nous étonnait, en apprenant que les voix sont celles des représentants de la Martinique qui défendent les intérêts de la grande colonie.

Cette communication auditive « téléphonographique » imaginée aujourd'hui par nous, et dont nous avons, à dessein, écarté les complications de mécanisme, se réalisera dans un avenir très prochain.

Bientôt, dans quelque contrée qu'ils se trouvent, les Français — et, comme eux, tous les hommes de la civilisation moderne — pourront entendre, reproduire et conserver les paroles prononcées dans la mère patrie.

A ces voyageurs, à ces colonisateurs lointains, il sera donné de connaître, au moment même où ils se produiront, les débats politiques de leur pays, d'ouïr les grands discours académiques, littéraires, scientifiques ou juridiques, et d'écouter — à des milliers de lieues de distance — l'œuvre que l'on chante à l'Opéra ou la pièce qui se joue à la Comédie française!

Cette possibilité semble déjà miraculeuse, mais de quel terme

Fig. 2. — Habitants de la Martinique entendant, à l'aide de la Téléphonographie, les discours prononcés
par leurs représentants à la séance de la Chambre des députés, à Paris.

faudra-t-il se servir le jour où une invention puissante — en germe dans le Téléphote (¹), permettra de joindre, à l'audition, la vision?

On entendra et on verra!...

La distance n'existera plus que de nom, ou, du moins, que par le manque de contact (*fig.* 3).

Et ces paroles de Pascal : « L'Imagination se lassera plus tôt de concevoir que la Nature de fournir » n'auront jamais reçu un témoignage plus éclatant de leur vérité profonde.

Laissons de côté l'hypothèse de la vision à grande distance pour revenir au fait réel de l'audition, et déclarons qu'il nous est scientifiquement permis de supposer la communication auditive entre la Martinique et la France, puisque, au mois de février 1889, de nombreuses personnes réunies à l'Institut Franklin de Philadelphie ont entendu, sans se déranger, sans quitter leurs places, et sans perdre une syllable ou une note, des paroles prononcées et des airs chantés à New-York, c'est-à-dire à une distance de 165 kilomètres.

Si pareil résultat a été obtenu hier, que n'obtiendra-t-on pas demain?

Cherchons par quels moyens de telles choses peuvent s'accomplir.

Comment la voix humaine pourra-t-elle, et, déjà, a-t-elle pu être dirigée, conduite, amenée à des distances si éloignées de son point d'émission?

Comment les Français de la Martinique entendront-ils leurs députés parlant en plein Paris?

Comment les habitants de Philadelphie ont-ils pu entendre les voix des habitants de New-York?

Comment, enfin, ces voix, ces paroles pourront-elles être gardées, retenues, devenant aussi durables que des écrits, et pourront-elles être réentendues autant de fois qu'il sera nécessaire?

---

1. Un inventeur français, M. Courtonne, a déposé à l'Académie des sciences, en 1889, un pli cacheté contenant la description d'un Téléphote, appareil permettant de voir à distance comme le Téléphone permet d'entendre.

Edison a fait annoncer, la même année, une pareille découverte qu'il tient encore secrète; le principe du Téléphote serait trouvé, Edison en a donné l'assurance au rédacteur en chef du journal scientifique anglais « The Iron ».

Nous examinerons plus loin toutes les recherches dont le *Téléphote* est en ce moment l'objet et nous dirons exactement où en est le séduisant problème de la *Vision à distance*.

Ce n'est point dans la Téléphonie seule que réside la solution de ces difficiles problèmes, mais dans la Téléphonographie.

Il importe de distinguer ces deux procédés.

La *Téléphonie* (¹) transmet la voix, mais elle ne la garde pas.

La *Téléphonographie* (²), non seulement transmet la voix, mais encore elle la conserve, et lui permet d'être reproduite, à volonté, indéfiniment.

La différence est grande et tout en faveur de cet art nouveau.

Par la Téléphonographie, la voix ne semble pas arriver d'un point éloigné; ce n'est plus la voix qu'on entend à l'aide d'un téléphone : la voix est là, où vous êtes; elle sort de l'appareil qui est devant vous. C'est comme si vous ouvriez une boîte où des paroles auraient été enfermées.

Ce ne sont plus, en effet, deux personnes qui se parlent, mais deux machines, dont l'une reproduit à grande distance tous les mouvements de l'autre.

Ces deux machines merveilleuses, ce sont des *Phonographes*.

Et l'appareil qui les unit, c'est un *Téléphone*.

Nous allons les décrire.

Parmi les prodigieuses richesses scientifiques, industrielles et artistiques accumulées dans l'admirable Exposition universelle de 1889, un petit appareil, venu d'Amérique, exerçait sur la foule des visiteurs une attraction considérable.

C'était au milieu de la galerie des machines, dans un espace réservé aux exposants électriciens, que les visiteurs, après avoir longtemps attendu leur tour, parvenaient à s'approcher de l'objet à sensation.

On se trouvait alors devant une table sur laquelle reposait une petite boîte d'acajou, munie et surmontée d'un mécanisme d'une délicatesse appréciable à première vue. En un point de ce mécanisme s'adaptait un long tuyau de caoutchouc qui se divisait en

---

1. Le mot est formé de deux mots grecs τῆλε (tèlé) loin, et φωνή (phônè) voix : procédé qui *transmet* la voix au loin.

2. Le mot est formé de trois mots grecs τῆλε, φωνη, et γραφω (graphô) j'écris : procédé qui *écrit* la voix au loin.

plusieurs autres tuyaux (quatre, cinq ou six). Chacun de ces tuyaux se terminait par deux courtes branches où étaient insérés deux petits tubes de baleine. Un employé présentait aux quatre, cinq ou six personnes qui défilaient à la fois devant l'appareil un des tubes de caoutchouc. On s'introduisait dans chaque oreille les extrémités arrondies des petits tubes de baleine et — aussitôt — on entendait une voix qui vous parlait, et on l'entendait, cette voix, si nette, si

Fig. 3. — On entendra et on verra — à des milliers de lieues de distance — l'œuvre que l'on chante à l'Opéra ou la pièce qui se joue à la Comédie française.

vibrante, elle vous semblait si proche, qu'on était tenté de retirer les tubes de ses oreilles afin de s'assurer qu'on n'était pas dupe de quelque effet de ventriloquie. A d'autres appareils semblables, ce n'était plus des paroles qu'on percevait, c'était la musique d'un orchestre, le son d'un piano ou d'un violon, un air sifflé. Et l'étonnement redoublait quand on apprenait que ces mots, ces mélodies, ces airs avaient été prononcés, joués, sifflés, il y avait plusieurs semaines ou plusieurs mois, en Amérique, aux États-Unis.

Fig. 4. — Les Auditions du Phonographe d'Edison dans la Galerie des Machines
à l'Exposition Universelle de 1889.

Cet appareil extraordinaire était le Phonographe de Thomas Alva Edison (*fig*. 4).

L'invention du Phonographe (¹) marquera dans la Physique une date d'importance capitale.

Ce qui paraissait insaisissable a été fixé : après la lumière, le son.

Après le français Daguerre qui fixa en quelque sorte, par l'invention de la photographie, les vibrations lumineuses, voici l'américain Edison qui fixe et reproduit les vibrations sonores.

Désormais nous avons le pouvoir d'arrêter au passage ces vibrations sonores, de les rendre indélébiles, et de les reproduire quand nous voudrons, autant de fois que nous voudrons.

Le XVᵉ siècle avait trouvé l'impression de l'écriture. Le XIXᵉ siècle a trouvé l'impression de la parole.

C'est grâce à cette découverte que pourra se réaliser notre hypothèse de communication auditive « téléphonographique » entre la France et ses colonies les plus éloignées. C'est grâce à elle que les peuples s'entendront, au moins physiquement d'abord, et — peut-être — par la suite, moralement !

La vie d'Edison, dont nous retrouverons le nom dans la plupart des grandes découvertes de la Physique moderne, est un curieux exemple de force, de travail et de réussite obtenue par une extraordinaire persévérance.

Thomas Alva Edison, d'une famille d'origine hollandaise, est né aux États-Unis, dans la petite ville de Milan (comté d'Erié, état de l'Ohio), le 11 février 1847. La figure est restée jeune sous des cheveux grisonnants ; le front, pas très haut, est travaillé par les rides de l'attention et de la recherche ; entre les sourcils, le pli perpendiculaire, que Lavater considérait comme un signe de vaste intelligence, est fortement marqué ; le nez droit se termine par des narines saillantes ; la face, entièrement rasée, est éclairée par des yeux bleus, profonds. L'aspect général est délicat, surtout timide ; il s'en dégage une impression de grande douceur presque féminine.

Edison n'a jamais eu d'autre professeur que sa mère, originaire du Massachussets, qui, semblable à beaucoup de femmes améri-

---

1. Le mot est formé de deux mots grecs ϛωνη (phònè) voix, et γραϛω (graphô) j'écris : appareil qui écrit la voix.

caines, avait dirigé une école primaire avant de se marier. « Cette instruction donnée au petit foyer paternel, a-t-il dit lui-même, valait au centuple la plus complète que j'aurais pu recevoir à l'école. » Son père, tailleur d'habits, n'était pas riche. Aussi Edison entra-t-il, à douze ans, au service des chemins de fer du Grand-Trunk, en qualité de *train-boy* « garçon de train ». Pendant le parcours entre Port-Huron et Détroit, il vendait aux voyageurs des journaux, des cigares et des fruits (*fig.* 5).

Tout *train-boy* qu'il était, il avait pris un abonnement à la bibliothèque circulante de Détroit et il en lut tous les volumes sans exception « quoi qu'ils formassent, dit-il, un rayon de quinze pieds et quelques pouces de longueur ». Parmi ces livres figuraient les *Principes*, de Newton.

Edison imagina bientôt de se procurer des caractères d'imprimerie et de rédiger et de composer pendant la marche du train un bulletin contenant le sommaire de ses journaux. Ce bulletin, alimenté aux stations principales par des dépêches télégraphiques, devint une véritable gazette que tous les voyageurs achetaient. Le jeune journaliste avait installé sa petite presse à bras dans un compartiment d'un wagon-fumoir en mauvais état. Ce vieux wagon-imprimerie devint aussi wagon-laboratoire, et, dans ce laboratoire, Edison se livra passionnément à des expériences de physique et de chimie.

Un jour, une secousse fit tomber une bouteille contenant du phosphore. Le wagon prit feu. Le train s'arrêta. Et le conducteur, furieux, jeta sur la voie le matériel de l'imprimerie et du laboratoire ainsi que l'imprimeur-physicien qui dut se résigner à voir le train repartir sans lui (*fig.* 7).

Cet incident mit fin à sa carrière de « garçon de train ». Il alla à Port-Huron fonder un autre journal intitulé *Paul Pry* (Paul l'Indiscret), mais il continuait ses expériences de physique, et, ayant pu, grâce à l'obligeance d'un chef de gare, étudier la télégraphie, il devint, au bout de quelques mois, un très habile télégraphiste et apporta à l'appareil transmetteur des modifications qui attirèrent l'attention des électriciens. Il avait, à cette époque, quinze ans à peine. Dès lors il fut attaché au service télégraphique de Port-Huron et ensuite à celui de Strafford, d'Adrian, d'Indianapolis et de Boston.

En 1870, il se rendit à New-York. Il avait déjà fait breveter un *répétiteur*, un *imprimeur* automatique et un système de télégraphie *duplex*, et il se trouvait absolument sans ressources, manquant de linge et souffrant de la faim. Sa situation était infiniment plus précaire qu'à l'époque où il vendait ses journaux sur le chemin de fer du Grand-Trunk.

Pendant plusieurs semaines il chercha en vain un emploi chez des constructeurs d'appareils de physique et dans les agences télégraphiques de New-York. Il sortait d'un de ces établissements où ses offres de service avaient été repoussées lorsque, sur le seuil de la porte, il fut rappelé. On lui montra un appareil breveté qui enregistrait les cours du marché de l'or et qui, après avoir rendu de grands services, s'était dérangé. Or, ni l'inventeur de l'appareil, M. Georges Laws, ni les constructeurs, ni les électriciens n'avaient pu indiquer la cause du dérangement. Le directeur de l'Agence demanda à Edison, avec un sourire sceptique, s'il pourrait découvrir cette cause. Edison examina l'instrument, pendant quelques minutes, et, séance tenante, le remit en état.

Cette victoire le fit engager à l'instant par l'Agence. Les bonheurs n'arrivent jamais seuls, et bientôt la Compagnie Western-Union, qui venait d'entreprendre des expériences avec le système de télégraphie *duplex* d'Edison, achetait à celui-ci le droit d'appliquer le système, moyennant une rente annuelle de 6000 dollars (30000 francs).

A partir de cette époque la fortune et la célébrité d'Edison n'ont fait que grandir. Pendant plusieurs années il resta attaché en qualité d'ingénieur électricien à deux grandes compagnies, la Western-Union et la Gold and Stock Company, qui, lui donnant en commun des appointements fixes considérables, avaient le droit d'acquérir à des prix convenus à l'avance, tous ses perfectionnements télégraphiques.

Sur la ligne de New-York à Philadelphie, à trente kilomètres environ de New-York, auprès du petit village d'Orange (État de New-Jersey), on aperçoit à travers les arbres une masse de bâtisses surmontées de hautes cheminées. C'est le grand laboratoire modèle qu'Edison se fit construire en 1876.

Dans ce laboratoire de Llewellyn-Park, Edison a réuni l'outillage le plus perfectionné, les instruments de physique et de chimie sortant des meilleures fabriques d'Europe et d'Amérique, les appareils les plus rares et les machines les plus puissantes. Tout y est disposé de façon que, dès qu'une idée nouvelle est conçue, on puisse trouver les éléments nécessaires pour la réaliser.

Il y a là une collection d'outils de toute espèce qui permettent de travailler instantanément toutes les substances naturelles et arti-

Fig. 5. — Thomas Alva Edison, à l'âge de douze ans, vendait des journaux, des cigares et des fruits aux voyageurs de la ligne du Grand-Trunk.

ficielles connues — et toutes ces substances qui, selon l'axiome favori d'Edison, « possèdent une intelligence proportionnée à leurs besoins » sont rassemblées à Llewellyn-Park.

On conçoit la facilité, la rapidité, la sûreté dont les recherches scientifiques profitent en ce laboratoire, où l'on peut à volonté fabriquer soit une montre, soit une locomotive.

Les frais d'établissement ont atteint dix millions; les expériences qui s'y font d'un bout de l'année à l'autre coûtent en moyenne 30000 francs par mois; et l'on peut dire que ce laboratoire est le plus complet et le plus cher du monde entier (¹).

C'est là qu'Edison a fait ses plus remarquables travaux. Pour le seconder il a appelé auprès de lui des spécialistes habiles : physiciens, constructeurs, chimistes, mathématiciens. Ces nombreux collaborateurs forment un véritable syndicat scientifique et financier qui participe aux bénéfices de l'établissement. Ses ouvriers, et il en a plusieurs centaines, reçoivent une part dans le produit net de toute invention spéciale à laquelle ils ont collaboré.

Les qualités maîtresses d'Edison sont une mémoire prodigieuse et une incroyable force de résistance au travail. On l'a vu suivre une idée cinq et six jours de suite sans dormir, presque sans manger, faisant exécuter coup sur coup dix, douze modèles successifs pour les rejeter aussitôt et les modifier, les perfectionner sans relâche jusqu'à ce qu'il soit satisfait.

La plupart des inventeurs vont du connu à l'inconnu. Étant donné les propriétés d'une substance, ils en cherchent les applications et s'efforcent à les réaliser. « Edison procède, dit M. Philippe Daryl, presque toujours inversement. Étant donné un but à atteindre, un rêve à réaliser, il cherche la substance dotée des propriétés requises, pique une tête dans le cosmos et ramène à la surface la perle demandée. Le cosmos est ici une figure : en l'espèce, il s'agit d'énormes registres formant une collection de trente à quarante in-folio, où sont consignés par le maître et ses aides tous les phénomènes, toutes les observations qui leur semblent dignes de cet honneur. Par exemple, ils constatent qu'après six semaines de séjour dans une certaine huile, l'ivoire devient transparent ou malléable; qu'un globule de mercure en suspension dans l'eau prend telle ou telle forme sous l'action du courant électrique. Cela est noté. On n'en voit pas l'utilité immédiate; mais cette utilité pourra se manifester un jour ou l'autre. Et petit à petit se forme ainsi un prodigieux répertoire de faits. »

1. A l'Exposition Universelle de 1889 on voyait, dans l'exposition particulière d'Edison, un tableau assez naïvement peint à l'huile qui représentait ce laboratoire et qu'accompagnait cette légende ici textuellement reproduite : « Le nouveau laboratoire Llewellyn-Parck (New-Jersey) réservé pour les " experiments " scientifiques; le plus " complète " et cher laboratoire du " mond entière ". » (La prononciation américaine est : Lioullynn Pârk).

Une des sœurs d'Edison raconte qu'à l'âge de six ans on le cherchait partout sans pouvoir le trouver. On finit par le dénicher dans le poulailler en train de couver des œufs. Il avait observé comment les poules s'y prenaient et les imitait, découvrant ainsi l'incubation artificielle. C'était sa première découverte, elle devait être suivie de quelques autres : aujourd'hui Edison a pris plus de trois cents brevets d'invention.

Néanmoins on pourrait dire de Thomas A. Edison que c'est plus un assimilateur de génie qu'un créateur, plus un metteur en œuvre d'une rare habileté qu'un inventeur; car, en y regardant de près, on verra qu'il n'est probablement aucune de ses découvertes qui n'eût été pressentie et même devancée. Mais, sans lui, ces découvertes fussent longtemps, sans doute, demeurées à l'état embryonnaire ou théorique, silencieusement classées dans les archives des Académies, et, protégées, en un repos indéfini, par le dédain ou, simplement, par l'indifférence.

Doué de l'esprit pratique de sa nation, Edison a su comprendre et apprécier les idées de ses précurseurs, et son audace intelligente lui a permis de les réaliser. A ce titre, il justifie sa renommée.

On a souvent constaté que le hasard jouait un rôle important dans les grandes découvertes et que la plupart des hommes qui ont illustré leur nom par des inventions remarquables ont trouvé ce qu'ils ne cherchaient pas.

Au rôle du hasard il est juste d'opposer les qualités individuelles; si en poursuivant une idée, ces hommes en ont saisi une autre, c'est grâce à leur esprit toujours en éveil, à leur imagination ardente, à leur mémoire chargée de documents, enfin à leur savoir qui leur a permis de tirer d'un « rien » des conséquences énormes. Un million d'autres hommes seraient passés à côté de ce « rien » sans même s'en apercevoir.

Le 31 juillet 1877, Edison prenait un brevet pour un enregistreur destiné à recevoir l'empreinte des dépêches transmise par l'appareil Morse, venant d'une certaine ligne, et à les transmettre ensuite, automatiquement, sur une autre ligne. L'appareil télégraphique Morse, au lieu d'imprimer directement les lettres de l'alphabet au bureau d'arrivée, les remplace par des lignes formées de traits d'inégale longueur.

L'enregistreur cylindrique d'Edison porte une rainure peu profonde en pas de vis ; un stylet rigide est chargé de suivre cette rainure ; mais, entre le stylet et le cylindre se trouve, enroulée, une feuille de papier. On conçoit que le papier étant mollement soutenu en face de la rainure reçoive en creux les traits et les points qui constituent l'alphabet Morse. Veut-on reproduire les signaux ? On prend la feuille de papier et on la place sous un autre stylet communiquant avec un petit appareil appelé interrupteur électrique. Tant que le stylet ne rencontre pas d'empreinte, le courant électrique passe, mais dès qu'il rencontre un creux il s'enfonce et le courant ne passe plus. Les fermetures et les ouvertures succes-

Léon Scott, Français (1857).     Charles Cros, Français (1877).     Edison, Américain (1873).

LES INVENTEURS DU PHONOGRAPHE.

sives du courant, qui ont la durée respective des signaux originaux, se transmettent au bout de la ligne télégraphique, et la dépêche peut être ainsi reproduite à plusieurs exemplaires par des moyens purement mécaniques.

Un jour, par jeu, et aussi pour mettre à l'épreuve l'habileté des télégraphistes, pour voir avec quelle rapidité ils pourraient recevoir et lire une dépêche, Edison fit marcher l'appareil à une grande vitesse. Aussitôt que cette vitesse devint trop considérable pour qu'il fût possible de distinguer les signaux Morse, Edison observa que l'appareil rendait un son musical variable avec les signaux inscrits.

L'infatigable chercheur pensa sur-le-champ à substituer aux signaux un tracé représentant la parole articulée.

En une heure il remplaça l'appareil télégraphique d'enregistre-

Fig. 7. — Le conducteur furieux jeta sur la voie l'imprimeur-physicien Edison qui dut se résigner à voir le train repartir sans lui.

ment par un diaphragme, c'est-à-dire par une cloison de papier huilé, paraffiné, et la feuille de papier par une feuille d'étain. Puis il se mit à parler au-dessus du diaphragme, en faisant tourner le cylindre enregistreur. Le stylet fixé sous le diaphragme, et, conséquemment, solidaire des mouvements de ce diaphragme, s'enfonça dans la feuille d'étain et dessina des ondulations. La représentation graphique des sons était obtenue. Il s'agissait de la reproduire. Edison enleva le premier diaphragme et en mit un second muni d'une aiguille fine et souple. Le cylindre fut de nouveau tourné et l'aiguille, retrouvant sur la feuille d'étain les creux et les reliefs dessinés par le stylet, transmit au diaphragme des vibrations, des sons.

La machine balbutiait. Le Phonographe venait de naître (¹).

Le Phonographe étonne ceux qui le comprennent autant, et plus peut-être, que ceux qui ne le comprennent pas.

Pour comprendre le Phonographe il faut posséder quelques notions d'Acoustique (²), il faut savoir ce que c'est que le Son.

La nature du Son est depuis longtemps connue : c'est un état vibratoire de la matière.

Une vibration est un mouvement rapide de va-et-vient. La vibration d'un corps se compose des vibrations de toutes les molécules dont ce corps est formé. Par un choc, par un frottement, ces molécules sont-elles dérangées de leur position d'équilibre, elles cherchent aussitôt à reprendre cette position en exécutant une série d'allées et de venues : elles vibrent.

Une vibration complète ou double se compose de l'allée et de la venue. On nomme vibration simple une allée ou une venue.

Les vibrations des corps sont souvent faciles à constater. Un simple fil de chanvre (fig. 8) tendu par les deux bouts et pincé au

1. Ce premier phonographe est actuellement au musée de South Kensington. Les journaux américains ont aussi raconté qu'Edison, au cours d'expériences téléphoniques, fut piqué au doigt par le stylet d'un diaphragme, agité par la voix, et assez fortement pour que le sang en jaillit. De cet accident sans importance Edison conclut que les vibrations du diaphragme étaient assez puissantes pour produire, sur une surface flexible, des gaufrages capables de représenter les inflexions des ondes provoquées par la voix et assez caractérisés pour permettre la reproduction mécanique des vibrations et, par suite, de la parole.

2. L'Acoustique du mot grec ακουειν (acoueïn) entendre, est la science qui traite de la formation, des propriétés et de la propagation du son.

miliéu, une lame de cuivre encastrée par un de ses côtés et frappée
sur l'autre côté ou frottée avec un archet, prennent un mouvement
de va et vient visibles à l'œil nu. Un
coup sec donné sur un verre de cristal
dérange l'équilibre des molécules de ce

Fig. 8. — Vibration d'un fil de chanvre.

cristal et par conséquent les met en vibration; en approchant l'ongle
du verre (*fig.* 9) on sent une succession rapide de petits chocs. Après
avoir — à l'aide du fil de chanvre et
de la lame de cuivre — vu les vibrations, on peut dire — avec le verre
— qu'on les touche du doigt.

Comment ces vibrations, visibles
et tangibles, deviennent-elles perceptibles à notre oreille?

Grâce à l'air qui de toutes parts
nous enveloppe.

Il y a plus de 1800 ans que Se-
nèque le philosophe écrivait dans
ses *Questions naturelles :* « Qu'est-

Fig. 9. — Vibration d'un verre de cristal.

ce que le son de la voix sinon l'ébranlement de l'air par le choc de
la langue? Quel chant pourrait se faire
entendre sans l'élasticité du fluide aérien? Le bruit des cors, des trompettes,
des orgues hydrauliques ne s'explique-
t-il pas par la même force élastique de
l'air? »

Pour que cette vérité fût prouvée,
il fallut seize siècles! Il fallut qu'Otto
de Guéricke inventât la Machine Pneumatique.

La machine pneumatique est un appareil qui permet de faire le vide, c'est-
à-dire de retirer l'air contenu dans un
espace clos.

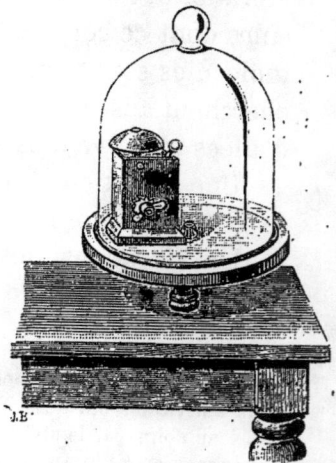

Fig. 10. — Timbre vibrant sous la cloche
d'une machine pneumatique.

Si l'on place (*fig.* 10) sous une cloche
de verre un timbre métallique que frappe un marteau mis en mouvement par un mécanisme d'horlogerie, et si, à l'aide de la machine

pneumatique on retire l'air contenu dans la cloche, on remarque que le son du timbre s'affaiblit à mesure que l'air se raréfie. Quand

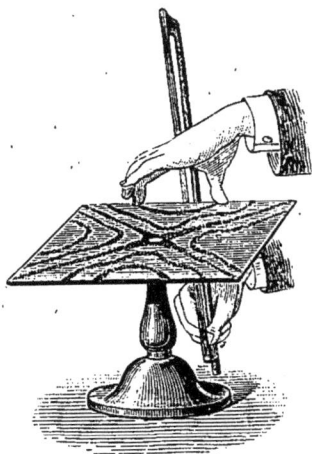

Fig. 11. — Expériences de Chladni sur une plaque carrée.

le vide est fait on voit avec étonnement le marteau continuant à frapper et on n'entend plus les coups (¹)! Cette expérience démontre que, sans air, il n'y a ni son, ni bruit quelconque.

Cela ne nous explique pas encore comment les vibrations se traduisent en sons ?

En répandant sur une lame de verre du sable fin, selon les expériences de Chladni (²), et en faisant glisser un archet le long d'un des bords de la lame (fig. 11), il se produit des vibrations; on voit alors les grains de sable s'agiter, sauter en l'air, avec d'autant plus de force que les vibrations sont plus intenses. On remarquera même que le sable est chassé de certains endroits tandis qu'il s'amoncelle sur d'autres; les lignes où le sable s'amasse sont des parties où le mouvement est nul, car, lorsqu'un corps vibre, il se divise généralement en un certain nombre de parties dont chacune est animée de vibrations qui lui sont propres; entre ces parties vibrantes il existe des points ou des lignes qui restent fixes — sortes de charnières autour desquelles vibrent en sens opposé les deux portions contiguës du corps; — on les appelle nœuds ou lignes nodales; les parties vibrantes d'où le sable est chassé se nomment ventres de vibration; on peut obtenir un grand nombre de dessins (fig. 12) variés de lignes nodales avec la même plaque, selon la manière dont on la met en vibration et selon qu'on détermine un nœud en posant le doigt sur un point différent, mais le même dessin correspond toujours au même son (³).

---

1. La caisse du timbre repose sur un feutre épais dont l'emploi a pour but d'éteindre les vibrations qui le frappent; de cette manière, il n'y a plus à craindre la transmission du son par le plateau-support de la machine pneumatique.

2. Frédéric Chladni, physicien allemand, né en 1756, mort en 1827.

3. On a étudié non seulement les disques rectangulaires à bords libres mais aussi les

Nous venons de voir que les vibrations de la plaque se communiquent au sable; or, elles se communiquent de la même façon à la couche d'air qui est en contact avec la surface de la plaque;

Fig. 12. — Dessins obtenus par les plaques carrées.

cette couche d'air transmet ses vibrations à la couche d'air suivante; les vibrations se communiquent de proche en proche aux

disques circulaires. Lorsque ceux-ci sont à bords libres les lignes nodales ou figures de Chladni, dessinées par les grains de sable dont on recouvre les lignes, sont formées de circonférences concentriques au disque et de diamètres de ce disque. Chacun d'eux donne seulement une série de sons harmoniques les uns des autres, c'est-à-dire que, pendant que le plus grave, le plus bas, fait une vibration, les autres en font un nombre exactement entier. Lorsque le disque est fixé en certains points de ses bords, les lignes nodales se festonnent ainsi que l'a observé Wertheim (*fig*. 13). A mesure qu'on encastre davantage la plaque, celle-ci est de plus en plus gênée dans ses mouvements propres et devient de plus en plus apte à rendre tous les sons. Ce fait important nous fait comprendre pourquoi les disques qui doivent vibrer sous l'influence de tous les sons (disques des phonographes et des téléphones ordinaires) doivent être immobilisés sur leur pourtour.

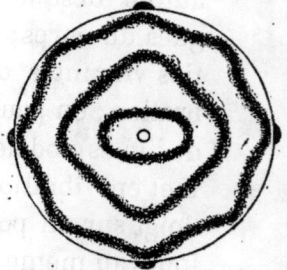

Fig. 13. — Dessins obtenus par une plaque circulaire.

Toutefois, même dans ces conditions, ainsi que l'a remarqué M. Mercadier, le disque conserve encore une légère préférence pour quelques sons auxquels il témoigne sa sympathie, en vibrant avec une plus grande amplitude sous leur influence que sous celle des sons qui les accompagnent.

couches d'air voisines et se propagent ainsi jusqu'au moment où elles atteignent la couche d'air qui se trouve en contact avec notre oreille.

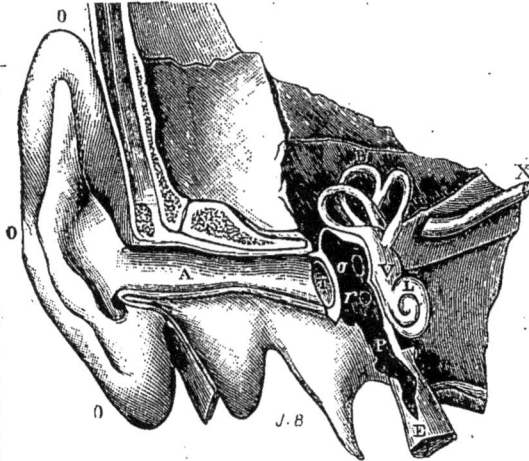

Fig. 14. — L'Appareil Auditif.

O, Pavillon. — A, Conduit auditif. — T, Tympan. — P, Paroi osseuse. — o, Fenêtre ovale. — r, Fenêtre ronde. — E, Trompe d'Eustache. — V, Vestibule. — B, Canaux semi-circulaires. — L, Limaçon. — X, Nerf acoustique.

Il est nécessaire, pour bien comprendre ce qui va maintenant se passer, de connaître la structure de l'Appareil Auditif.

L'Appareil Auditif (*fig*. 14) est divisé en trois régions : l'oreille externe, l'oreille moyenne, l'oreille interne.

L'oreille externe se compose du Pavillon O de l'oreille et du Conduit auditif A qui aboutit à la membrane du Tympan ([1]).

L'oreille moyenne, que l'on peut comparer à un tambour véritable, s'appelle Caisse du Tympan. Cette caisse est limitée d'un côté par la membrane du tympan T, et de l'autre côté par une paroi osseuse P où nous trouvons deux ouvertures nommées la Fenêtre Ovale o et la Fenêtre Ronde r; ces deux fenêtres sont closes par des membranes très minces.

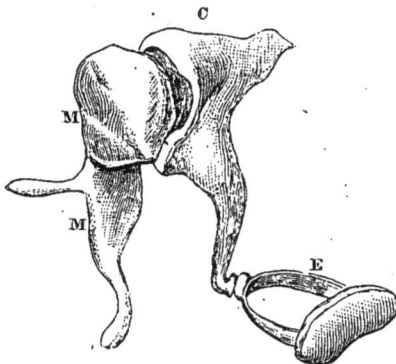

Fig. 15. — MM, Le Marteau. — C, l'Enclume. E, l'Étrier

A la partie inférieure de la caisse se trouve l'embouchure de la Trompe d'Eustache E, conduit étroit qui vient aboutir dans l'arrière-gorge et qui établit ainsi une communication entre l'intérieur de la Caisse et l'air extérieur. Enfin cette Caisse, cette cavité, est traversée par une chaîne de

1. Tympan, du mot grec τύμπανον (tumpanon) signifiant « tambour ».

trois osselets (*fig*. 15), le Marteau M, l'Enclume C, l'Étrier E; des muscles fixés à ces trois osselets leur impriment des mouvements par suite desquels ils pressent plus ou moins fortement, soit sur la membrane du tympan par le marteau, soit sur la membrane de la fenêtre ovale, par la base de l'étrier, et règlent ainsi la sensibilité de ces membranes selon l'intensité ou la faiblesse des vibrations.

L'oreille interne qui, de même que l'oreille moyenne, est renfermée tout entière dans les parties dures de l'os temporal, se compose de trois cavités communiquant entre elles et qu'on nomme le Vestibule V, les Canaux semi-circulaires B et le Limaçon L.

Tandis que l'oreille moyenne (la Caisse) est remplie d'air, l'oreille interne est remplie d'un liquide où viennent plonger des milliers de petites fibres par lesquelles se termine un nerf parti du cerveau, et qui est le Nerf Acoustique X.

Pour que le cerveau ressente les vibrations, il faut donc que ces vibrations parviennent jusqu'à l'oreille interne et que, sous leur influence, le liquide qui baigne les terminaisons du nerf acoustique entre lui-même en vibration.

Si nous voulons nous rendre compte du mécanisme de l'audition, nous devons suivre la marche des vibrations à travers les diverses parties de l'appareil auditif, qui se trouvent interposées entre l'air extérieur et le nerf acoustique.

Nous avons laissé les vibrations de la plaque de verre, prise comme exemple, à l'instant où elles atteignaient la couche d'air en contact avec notre oreille. A présent nous pouvons suivre le chemin qu'elles vont parcourir.

La couche d'air, en contact avec le pavillon de l'oreille, transmet les vibrations reçues aux couches d'air successives qui se trouvent dans le conduit auditif; au fond de ce conduit, les vibrations se heurtent au Tympan, et cette membrane, bien tendue, très élastique, se met à vibrer.

Grâce à l'air qui emplit la Caisse et la chaîne d'osselets qui traversent cette Caisse, la membrane du tympan communique les vibrations aux membranes de la fenêtre ronde et de la fenêtre ovale. Ces deux autres tympans entrent en vibration, à leur tour, et transmettent ces vibrations au liquide contenu dans l'oreille interne.

Les vibrations de durée différente qui viennent simultanément animer ce liquide ébranlent chacune une fibre particulière d'une membrane dénommée membrane Basilaire placée dans le limaçon.

L'expérience montre que si l'on fait entendre divers sons musicaux en présence d'un instrument à cordes, harpe, piano, etc., ces cordes se mettent respectivement à vibrer chaque fois que se produisent les notes qui leur sont propres. Ainsi la corde qui donne le $la_3$ entre en vibration si l'on émet à distance, à l'aide d'un instrument quelconque, ce même $la_3$.

Les fibres de la membrane basilaire joueraient le rôle des cordes de la harpe.

Cela expliquerait comment l'oreille a la faculté de démêler le chaos des sons qui lui parviennent et de reconnaître leur individualité.

Les fibres de la membrane basilaire B, B (*fig.* 16) font participer à leurs mouvements vibratoires les fibres de Corti C, C. Celles-ci, dressées en forme d'arcs sur la membrane basilaire, communiquent les vibrations aux multiples cellules nerveuses et aux terminaisons du nerf acoustique qui, en dernier lieu, les transmet au Cerveau.

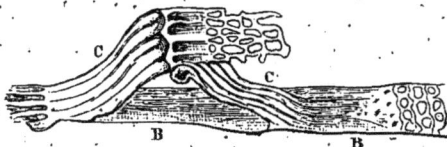

Fig. 16. — La membrane Basilaire B B et les fibres de Corti C C.

Les vibrations de la plaque de verre sont donc arrivées à leur but.

De même que nous avons touché du doigt les vibrations du verre de cristal, nous venons de *toucher* de notre oreille les vibrations de la plaque de verre.

Et ce genre de toucher, ce mode de tact de l'oreille, s'appelle l'Audition ([1]).

La vibration *touchée* par l'oreille se nomme le Son.

Nous savons donc maintenant ce que c'est que le son; quand nous aurons vu par quel artifice on parvient à fixer, à enregistrer le son, nous pourrons aisément comprendre le fonctionnement et les organes du Phonographe.

1. Les sens de l'Ouïe, de la Vue, de l'Odorat et du Goût ne sont que des modifications perfectionnées du sens du Toucher.

Prenons un corps vibrant et forçons-le à enregistrer lui-même le son qu'il produit; forçons-le à *écrire* le nombre, la grandeur, l'intensité de ses vibrations.

Le moyen est fort simple : imaginez une tige vibrante fixée par une de ses extrémités et portant à l'autre extrémité une légère barbe de plume qui appuie faiblement sur une lame de verre enduite de noir de fumée. Si la lame est immobile, la barbe de plume, fixée à la tige qui vibre, enlèvera à chacune des vibrations

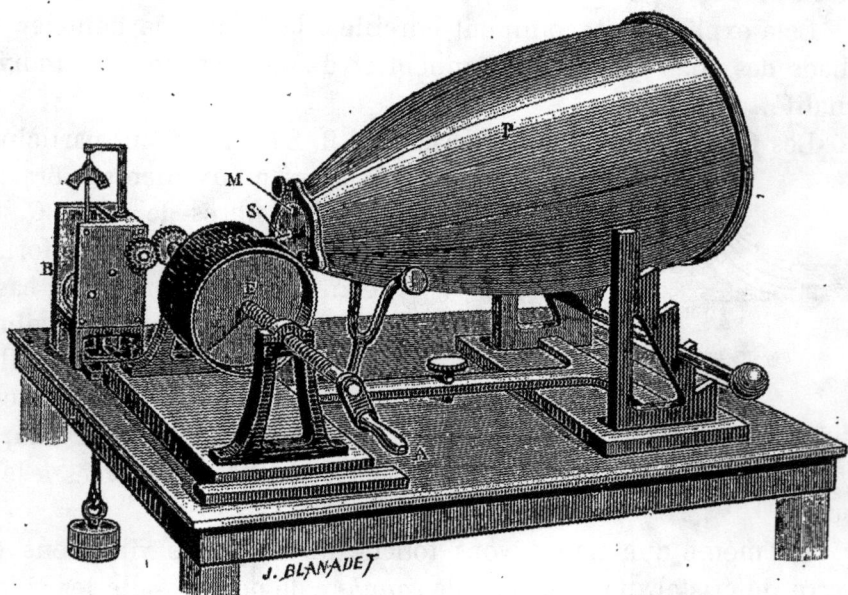

Fig. 17. — Le Phonautographe de Léon Scott de Martinville.

de la tige, à chacune de ses allées et venues, un peu de noir de fumée; et elle l'enlèvera suivant une petite ligne droite qu'elle décrira périodiquement; dans ce cas les vibrations seront enregistrées sur la lame, mais elles ne seront pas séparées, elles ne seront pas lisibles séparément, elles se confondront.

Si la lame se déplace, les divers points touchés par la barbe de plume aux époques successives de la course se trouveront dans des régions différentes de la lame; alors les vibrations seront bien séparées, nettement enregistrées. La tige aura *écrit*, avec la plume sur la lame enfumée, ses propres vibrations, ses propres sons.

Si l'inscription devait durer quelques minutes l'emploi d'une courte lame de verre serait incommode, aussi lui substitue-t-on un enregistreur cylindrique (*fig.* 19) : un papier enfumé est enroulé sur un cylindre porté par une vis qui s'engage dans un écrou fixe. En faisant tourner la manivelle adaptée à la vis, le cylindre reçoit un double mouvement de rotation autour de son axe et de translation parallèlement à son axe. Par tour, la translation est égale au pas de la vis. Une tige métallique, solidement fixée par un de ses bouts, porte à l'autre bout une pointe fine, un style, qui vient effleurer la surface du cylindre. Si l'on fait tourner le cylindre sans faire vibrer la tige le style trace en blanc sur le fond noir une hélice régulière; mais dès qu'on fait vibrer la tige au moyen, par exemple, d'un archet, l'hélice devient sinueuse; chaque sinuosité, telle que A B C (*fig.* 18) représente une vibration simple et A B C D E représente une vibration double; B F est le plus grand écart que prend la tige vibrante, c'est ce qu'on nomme la demi-amplitude de la vibration; la durée de l'inscription de la vibration double s'appelle la Période de la vibration enregistrée (¹).

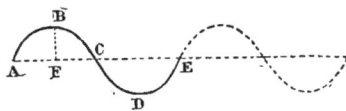

Fig. 18. — A B C, Vibration simple.
A B C D E, Vibration double.

1. *Période* du grec περι (péri) et οδος (odos) chemin, signifiant circuit, contour, puis cours, révolution d'un astre, époque, période. Tout phénomène qui se reproduit identiquement à lui-même, dans le même temps, est un phénomène « périodique ».

La notion de *Périodicité* est fondamentale dans la science; presque tous les phénomènes naturels sont, en effet, *périodiques* et ce sont eux qui rendent possible la connaissance du Temps. L' « Année » est la *période* du mouvement de la Terre autour du Soleil, c'est-à-dire le temps que la Terre emploie à faire son voyage autour du Soleil. Le « Jour » est la *période* du mouvement de la Terre sur elle-même; un « Jour » vaut 24 heures ou 1 440 minutes ou 86 400 secondes. Le « Mois » est la *période* du mouvement de la Lune autour de la Terre; il vaut environ 30 Jours.

La ligne idéale ou ligne des Pôles, autour de laquelle la Terre effectue son tour quotidien, se déplace aussi, mais lentement, et met 25 765 ans à reprendre une position donnée. (Camille FLAMMARION, *Astronomie populaire*.) Ces exemples suffisent à montrer l'importance de la notion de *Période* et la valeur infinie des valeurs qu'elle peut prendre.

Ce n'est plus par années, par mois ou par jours qu'il faut compter la *période* des mouvements sonores, mais par fraction de seconde. Ainsi le diapason $La_3$, qui fait 435 vibrations par seconde et sert à établir l'accord entre les divers instruments d'un orchestre, ferait, s'il vibrait pendant un jour, 36 millions 784 mille vibrations. Dans le même temps, le son le plus aigu que notre oreille peut percevoir (38 000 vibrations par seconde) correspondrait à 3 milliards 280 millions 200 mille vibrations; et le son le plus grave

La tige vibrante a donc écrit, enregistré, elle-même, ses vibrations; mais elle l'a fait directement, sans l'intermédiaire de l'air, par son propre contact avec le papier noirci de fumée.

Comment pourra-t-on inscrire des vibrations, non plus communiquées cette fois par contact direct, mais transmises par l'intermédiaire de l'air ?

Nous avons vu qu'Edison en expérimentant son enregistreur cylindrique avait résolu le problème puisqu'en parlant au-dessus d'un diaphragme de papier il avait obtenu une représentation graphique, — c'est-à-dire dessinée, écrite, — des sons.

Mais bien avant Edison — car c'était en 1857 — un typographe français, Léon Scott de Martinville, avait donné la solution de ce problème en inventant un appareil qu'il nomma *Phonautographe,* c'est-à-dire « la voix s'écrivant elle-même ».

Phonautographe ! Phonographe !.. La similitude ne réside pas seulement dans les noms, car M. Violle (¹) constate qu'Edison n'eut qu'à modifier légèrement l'instrument de Scott pour en faire le Phonographe, et MM. Jamin et Bouty (²) écrivent qu'Edison est parvenu à reproduire la parole par une disposition très analogue à celle du Phonautographe de Scott.

En 1861, Léon Scott, qui s'occupait sans cesse du perfectionnement de son appareil, fit une nouvelle communication à l'Académie des Sciences; malheureusement, sans fortune, sans appuis, il fut

---

(16 vibrations par seconde) correspondrait seulement à 1 million 382 mille 400 vibrations.

Au delà et en deçà, l'oreille devient insensible de telle sorte que, si l'homme était tout à coup transporté dans une planète où les mouvements vibratoires seraient tous de *période* plus petite que la 38 000ᵐᵉ partie d'une seconde ou de *période* plus grande que la 16ᵐᵉ partie d'une seconde, il éprouverait la sensation du silence absolu.

Nous verrons que les mouvements qui causent les impressions lumineuses ou certains phénomènes électriques ont des *périodes* plus courtes encore : ainsi la couleur violette se produit lorsque les molécules de l'Éther — ce milieu hypothétique sans lequel on ne concevrait pas la possibilité du plus grand nombre des phénomènes physiques — font 728 trillions de vibrations en une seconde; pour la couleur jaune 559 trillions suffisent, et la couleur rouge n'exige que 497 trillions de vibrations. (JAMIN et BOUTY, *Optique physique,* 1887.) La grandeur de ces nombres et la petitesse de ces *périodes* confondent l'esprit.

L'étude, un peu abstraite, des vibrations sonores est donc extrêmement féconde puisqu'en même temps qu'elle pénètre le mécanisme des mouvements moléculaires de la matière, elle nous permettra de comprendre par analogie les autres grands phénomènes physiques.

1. Violle. *Acoustique,* chap. Iᵉʳ.
2. *Cours de Physique de l'Ecole Polytechnique,* tome III.

obligé de laisser tomber son brevet dans le domaine public et il
mourut en laissant sa femme, nièce du phrénologue Gall, et ses
enfants, dans la misère.

Mais il vécut assez pour entendre, le pauvre inventeur français !
les acclamations dont on salua en 1878 le phonographe américain, et
il eut le temps d'écrire une brochure où il essayait de revendiquer
modestement ses droits.

Pour obtenir l'inscription des sons, des vibrations transmises
par l'air, Léon Scott eut l'idée d'employer des membranes. Le Phonautographe (*fig*. 17) se compose d'un grand cornet parabolique P

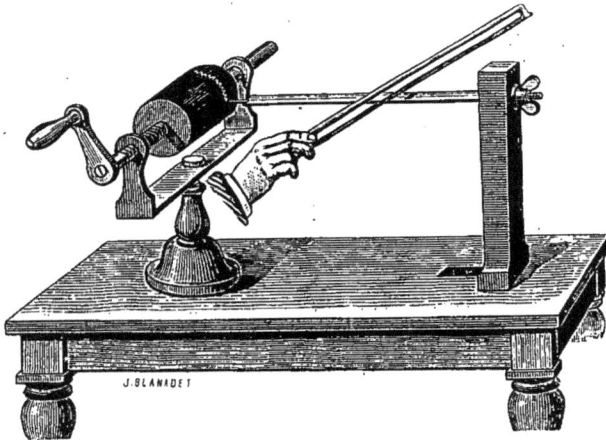

Fig. 19. — Tige vibrante écrivant ses vibrations.

au fond duquel est tendue une membrane M. A la face extérieure
de cette membrane est fixée avec de la cire un style S très léger
composé d'une soie de sanglier, formant ressort, et d'une barbe
de plume qui vient effleurer le papier enfumé d'un enregistreur
cylindrique E.

Si l'on fait vibrer un corps, si l'on parle devant l'embouchure du
cornet, les vibrations se propagent dans l'air qui emplit le cornet
jusqu'à l'endroit où elles se heurtent à la membrane; celle-ci se
met alors à vibrer, et elle vibre en même temps que le style fixé à
sa face extérieure. Ce style écrit alors sur le papier de l'enregistreur
mis en rotation soit à la main par la manivelle A, soit par un moteur à poids B, les vibrations venues jusqu'à lui.

Nous avons trouvé à la Bibliothèque Nationale, dans quelques feuillets ne portant pas de titre, la « communication faite par Édouard Léon Scott le 28 octobre 1857 à la Société d'encouragement ». Voici un extrait de ce discours qui révèle un esprit tout à fait distingué :

« Messieurs, je viens vous annoncer une bonne nouvelle. Le son, aussi bien que la lumière, fournit à distance une image durable ; la voix humaine s'écrit elle-même (dans la langue propre à l'acoustique, bien entendu) sur une couche sensible ; à la suite de longs efforts je suis parvenu à recueillir le tracé de presque tous les mouvements de l'air qui constituent soit des sons, soit des bruits. Enfin, les mêmes moyens me permettent d'obtenir, dans certaines conditions, une représentation fidèle des mouvements rapides, des mouvements inappréciables à nos sens par leur petitesse, des mouvements moléculaires.

« Il s'agit, comme vous le voyez, dans cet art nouveau, de forcer la nature à constituer elle-même une langue générale écrite de tous les sons.

« Lorsque la pensée me vint, il y a quatre ans, de fixer sur une couche sensible la trace du mouvement de l'air pendant le chant ou la parole, les personnes auxquelles je confiai mon projet ne manquèrent pas, pour la plupart, de le traiter de rêve insensé. Le mot, Messieurs, ne me parut pas tirer à conséquence : il est la bienvenue ordinaire des plus belles conquêtes de l'intelligence humaine, et mes faibles efforts avaient cela de commun avec beaucoup de grandes choses qui ont commencé par être des utopies à leur berceau.

Je dois convenir, toutefois que ce jugement sommaire n'était pas sans quelque apparence de raison. Qu'est-ce que la voix en effet ? Un mouvement périodique de l'air qui nous entoure, provoqué par le jeu de nos organes ; mais un mouvement très complexe et infiniment délicat, subtil et rapide... Comment parvenir à recueillir une trace nette, précise, complète d'un pareil mouvement incapable de faire frémir un cil même de notre paupière ? Ah ! si je pouvais poser sur cet air qui m'environne et qui recèle tous les éléments d'un son, une plume, un style, cette plume, ce style, formerait une trace sur une couche fluide appropriée. Mais où trouver un point d'appui ?... Fixer une plume à ce fluide fugitif, impalpable, invisible, c'est une chimère, c'est impossible !... Attendez. Ce problème insoluble, il est résolu quelque part. Considérons attentivement cette merveille entre toutes les merveilles : l'oreille humaine. Je dis que notre problème est résolu dans le phénomène de l'audition, et que les artifices employés dans la structure de l'oreille doivent nous conduire au but... Ce point trouvé, les choses vont devenir d'une simplicité rare. Que voyons-nous tout d'abord dans l'oreille ? Un conduit. Ce conduit amène sans altération, sans déperdition, l'onde sonore, si complexe qu'elle soit, d'une des extrémités à l'autre, en la préservant de toutes les causes accidentelles qui pourraient la troubler. Je m'empare du conduit et je le façonne en une sorte d'entonnoir pour colliger les sons vers sa petite extrémité. Poursuivons l'examen de l'oreille. A la suite du conduit auditif externe, je rencontre une membrane mince, tendue, inclinée. Qu'est-ce qu'une membrane mince et demi-tendue, Messieurs, dans cette architecture physique qui nous occupe ? C'est, suivant la juste définition de Müller, quelque chose de mixte, moitié solide, moitié fluide. Elle participe de l'un par la cohérence, de l'autre par l'extrême facilité de déplacement de toutes ses molécules.

« Nous tenons maintenant, Messieurs, dans tout son éclat, le fil lumineux qui doit nous conduire : ce point d'appui de notre plume, de notre style, sur le fluide en mouvement que je demandais tout à l'heure, il est trouvé, le voici : c'est une membrane mince que nous plaçons à l'extrémité de notre conduit auditif artificiel... Et le style, appliqué sur la membrane, marquera ses traces sur une couche de noir de fumée déposé sur un corps quelconque (métal, bois, papier) animé d'un mouvement uniforme afin que les traces formées ne rentrent pas les unes dans les autres. »

Après quelques considérations sur l'Acoustique et des exemples de l'application de son appareil, Scott termine en ces termes :

En voyant le livre de la nature ouvert aux regards de tous les hommes, j'ai cru pouvoir essayer d'y lire. La tâche que je me suis donnée est lourde pour ma faiblesse : tout ce qu'il reste à faire, je ne saurais l'accomplir seul. Le peu que j'ai réalisé, ce que j'entrevois encore, vous daignerez l'examiner, messieurs ; et si vous partagez une partie de mes espérances, veuillez vous rappeler qu'en vous consacrant ces prémices, je suis venu vous dire : « Aidez-moi. »

En réponse à cette communication, M. Lissajous fit, le 6 janvier 1858, un rapport favorable, au nom du Comité des arts économiques, sur les *Essais phonautographiques* de M. Scott (¹).

Voilà donc obtenue l'inscription des vibrations transmises par l'intermédiaire de l'air, au moyen du Phonautographe.

Personne ne songeait encore au problème inverse : comment animer, régénérer ces vibrations écrites ? Comment rendre perceptibles à l'oreille ces vibrations seulement perceptibles à l'œil ?

Il est clair que si l'on pouvait obliger la membrane à vibrer de la même manière, à reprendre les mêmes mouvements que lors de l'inscription, l'oreille percevrait les mêmes vibrations, c'est-à-dire entendrait les mêmes sons.

Ce n'est qu'en 1878 que le premier Phonographe d'Edison réalisa l'idée, non seulement d'obtenir un tracé graphique, écrit, au moyen des vibrations d'un corps ou des vibrations de la voix, mais

1. Bulletin de la Société d'encouragement à l'industrie nationale, tome V, 2ᵉ série, année 1858.

encore d'employer ce tracé pour reproduire ces vibrations avec
fidélité.

Ce premier Phonographe se compose d'un cylindre de cuivre A
(*fig.* 20), monté sur un axe muni d'un pas de vis B. La surface du
cylindre est creusée d'un léger sillon en hélice du même pas que
la vis de l'axe. Donc, si l'on fait tourner le cylindre, au moyen
d'une manivelle M ajustée à l'extrémité de l'axe, le sillon hélicoïdal
avancera à chaque tour, d'une longueur égale à son pas. Une
feuille métallique, formée d'un alliage de plomb et d'étain, re-

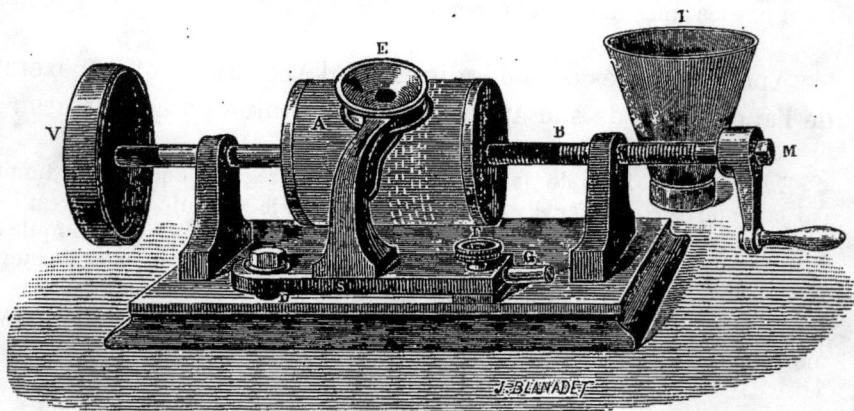

Fig. 20. — Le premier Phonographe d'Édison (1878).

couvre, enveloppe le cylindre, et on la presse très légèrement de
façon à indiquer le dessin du sillon.

On comprend dès lors que si une pointe-mousse, c'est-à-dire
une pointe émoussée, un style ou stylet ni aigu ni tranchant, vient
appuyer sur cette feuille métallique molle dans la partie où elle
n'est pas soutenue — et cette partie, c'est le chemin du sillon —
la poussée produira une dépression du métal qui persistera à cause
de la mollesse de l'alliage employé.

La pointe-mousse, ou stylet enregistreur S (*fig.* 21) est métallique, rigide, courte et légère. Elle est fixée au bout d'un ressort
rectiligne Z qui, par l'intermédiaire de deux petits anneaux de
caoutchouc *a a* formant tampons, s'appuie contre la membrane
devant laquelle on va produire la vibration. Cette membrane, métallique, très mince M, forme le fond d'un entonnoir évasé ou em-

bouchure E. Toutes ces pièces, formant le système inscripteur, sont disposées sur un support S devant le cylindre A.

On règle la pointe-mousse de manière qu'elle touche, sans pres sion, le point de départ du sillon hélicoïdal creusé sur la surface du cylindre; et, alors, tout est prêt pour le fonctionnement : on parle devant l'embouchure en même temps que l'on tourne la manivelle dans le sens direct ; la membrane métallique reçoit les vibrations de la parole et, par l'intermédiaire des tampons de caoutchouc et du ressort, elle transmet ces vibrations à la pointe-mousse qui les imprime sur la feuille d'étain et de plomb, qui trace sur cette

Fig. 21. — Coupe du premier Phonographe.

feuille un gaufrage plus ou moins saillant selon l'intensité des vibrations.

Voilà donc la parole enregistrée, écrite.

Veut-on la reproduire? On ramène le cylindre dans sa position initiale en tournant la manivelle en sens inverse, après avoir relevé la pointe-mousse pour qu'elle ne porte plus sur la feuille d'étain et de plomb. On replace la pointe au point de départ du sillon et on tourne la manivelle dans le sens direct comme précédemment.

Aussitôt que la pointe retrouve les gaufrages produits par elle sur la feuille d'étain et de plomb, elle s'élève et s'abaisse alternativement suivant les éminences et les dépressions qu'elle rencontre ; comme la pointe est liée à la membrane métallique qui a reçu tout à l'heure les vibrations de la parole, elle entraîne avec elle cette membrane et l'oblige à exécuter ainsi une série de mouvements identiques à ceux que la parole lui avait communiqués.

Ces mouvements, on l'a compris, ne sont autre chose que la reproduction des vibrations qui ont été écrites sur la feuille d'étain

et de plomb. La membrane, en vibrant, transmet ses vibrations à
l'air ; les vibrations de l'air viennent toucher l'oreille : le Son est
reproduit, la Parole est entendue.

M. le duc d'Aumale.     M. des Cloizeaux.     M. Gounod.     M. Janssen.
Fig. 22. — Le Phonographe à la séance de l'Académie des Beaux-Arts (27 avril 1889).

Ce ne fut qué le 15 janvier 1878 qu'Edison prit son brevet pour
son premier Phonographe. Or, le 30 avril 1877, un Français,

Charles Cros ([1]), avait déposé un pli cacheté à l'Académie des Sciences. Ce pli, sur la demande de Cros, fut ouvert le 3 décembre de la même année 1877 : il renfermait le moyen de reproduire la parole, il contenait l'invention du Phonographe. Il nous semble aussi important que curieux de donner le texte même de ce pli :

« En général, mon procédé, écrivait Charles Cros, consiste à obtenir le tracé de va-et-vient d'une membrane vibrante et à se servir de ce tracé pour reproduire le même va-et-vient, avec ses relations intrinsèques de durées ou d'intensités sur la même membrane ou sur une autre appropriée à rendre les sons et bruits qui résultent de cette série de mouvements.

Il s'agit donc de transformer un tracé extrêmement délicat, tel que celui qu'on obtient avec des index légers frôlant des surfaces noircies à la flamme, de transformer, dis-je, ces tracés en relief ou creux, résistants, capables de conduire un mobile qui transmettra ses mouvements à la membrane sonore.

Un index léger est solidaire du centre de figure d'une membrane vibrante ; il se termine par une pointe (fil métallique, barbe de plume, etc.,) qui repose sur une surface noircie à la flamme. Cette surface fait corps avec un disque aminci d'un double mouvement de rotation et de progression rectiligne. Si la membrane est au repos, la pointe tracera une spirale simple ; si la membrane vibre, la spirale tracée sera ondulée, et ses ondulations présenteront exactement tous les va-et-vient de la membrane en leur temps et en leurs intensités.

On traduit, au moyen de procédés photographiques actuellement bien connus, cette spirale ondulée et tracée en transparence, par une ligne de semblables dimensions, tracée en creux ou en relief dans une matière résistante (acier trempé, par exemple).

Cela fait, on met cette surface résistante dans un appareil moteur qui la fait tourner et progresser d'une vitesse et d'un mouvement pareils à ceux dont avait été animée la surface d'enregistrement. Une pointe métallique, si le tracé est en creux, ou un doigt à encoche, s'il est en relief, est tenue par un ressort sur ce tracé, et, d'autre part, l'index qui supporte cette pointe est solidaire du centre de figure de la membrane propre à produire des sons. Dans ces conditions, cette membrane sera animée, non plus par l'air vibrant, mais par le tracé commandant l'index à pointe, d'impulsions exactement pareilles en durées et en intensités, à celles que la membrane d'enregistrement avait subies.

Le tracé spiral représente des temps successifs égaux par des longueurs croissantes ou décroissantes. Cela n'a pas d'inconvénients si l'on n'utilise que la portion périphérique du cercle tournant, les tours de spires étant très rapprochés ; mais alors on perd la surface centrale.

1. Né à Fabrezan (Aude) le 1ᵉʳ octobre 1842, mort à Paris, le 9 août 1888.

Dans tous les cas, le tracé de l'hélice sur un cylindre est très préférable, et je m'occupe actuellement d'en trouver la réalisation pratique ([1]). »

Cette « réalisation pratique » Charles Cros n'a eu ni le temps ni l'argent nécessaires pour la trouver. Il est mort laissant dans l'infortune — comme l'autre français Léon Scott — une femme et deux enfants. Mais les ressources seules lui ont manqué pour mener à bien son ouvrage; et l'on peut affirmer que si Cros avait eu à sa disposition le laboratoire de Llewellyn-Park, il eût immédiatement et victorieusement réalisé son idée.

Quelques jours après l'ouverture du pli cacheté à l'Académie des sciences, Charles Cros, qui avait, en vain, proposé la construction de son appareil à plusieurs industriels, écrivait à M. Victor Meunier la lettre suivante où se montre, sous un triste jour, la situation de l'inventeur en France :

« Voici donc où j'en suis : j'ai été voir B... et je n'ai rencontré que N... que je connaissais déjà et avec qui j'ai eu de très bons rapports au sujet de deux appareils télégraphiques que j'ai inventés. N... a eu l'air de ne pas me reconnaître d'abord, et ensuite d'ignorer totalement le but de ma visite. Je lui ai expliqué mon affaire et lui ai rappelé que je l'avais déjà expliquée à B... il y a quelques mois.

Nous sommes trop occupés pour nous mêler de cela, m'a-t-il répondu, et d'ailleurs je vous avertis que *des gens de première force* font en ce moment des recherches exactement dans le sens que vous indiquez. Faites donc vos expériences vous-même et tâchez d'arriver premier.

Je lui ai fait observer qu'aucune formule n'a été publiée avant les miennes. Je lui ai demandé les noms de ces gens de première force (je suis naturellement très au-dessous d'eux, puisque je suis venu avant). Il m'a dit deux noms, l'un de forme allemande, l'autre de forme italienne, autant que je puis me rappeler.

Il y a donc tout lieu de croire qu'on voudrait bien m'évincer de la question et j'ai eu bon nez de faire ouvrir mon pli cacheté.

On dirait une réédition de mon affaire de la *Photographie des couleurs*, entrée aujourd'hui dans la pratique industrielle et qui ne m'est pas généralement attribuée... Dujardin reproduisit en couleurs les tapisseries du garde-meuble par la photographie *en trois tirages*, jaune, rouge et bleu, plus un tirage correcteur. Cependant on a d'abord trouvé mon invention totalement dénuée d'intérêt...

La justice se fera peut-être à la longue, mais, en attendant, il y a dans ces choses un exemple de la tyrannie scientifique du capital, exemple que je vous soumets.

1. Comptes rendus de l'Académie des Sciences, année 1877, t. LXXXV, p. 1082.

On exprime cette tyrannie en disant : « Les théories sont choses en l'air et n'ont aucune valeur ; montrez-nous *des expériences, des faits.* » Et de l'argent pour faire ces expériences ? Et de l'argent pour aller voir ces faits ? — Tirez-vous-en comme vous pourrez.

C'est ainsi que bien des choses ne se font pas en France. »

Et nous pourrions ajouter en guise de commentaire : Et c'est ainsi que les Français « pensent » et que les autres « exécutent » ([1]).

Léon Scott avait donc inventé le moyen d'enregistrer la voix avec son *Phonautographe,* et Charles Cros le moyen de la reproduire avec son *Paléophone.* C'est de ce terme qu'il désignait son invention. Le mot lui plaisait. « Il me paraît facile à retenir, écrivait-il, et sa signification étant « voix du passé » s'applique assez justement à la fonction de l'appareil. »

Ce *Paléophone* que Cros n'a pu faire construire en France a été

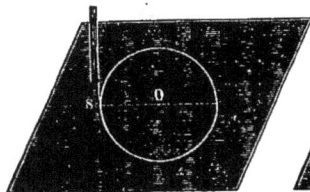 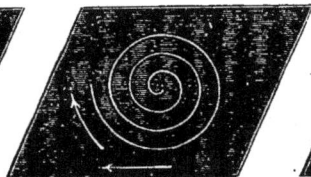 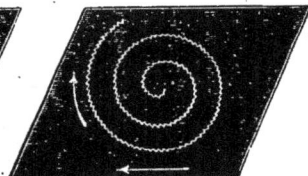

Fig. 23.                 Fig. 24.                 Fig. 25.

Inscriptions d'un style sur un plan de verre enfumé.

construit, il y a quelques années, en Amérique. M. Berliner, de Washington, a établi un appareil qu'il a nommé *Gramophone* ([2]) et dans lequel il met en œuvre, en quelque sorte à la lettre, la conception de Cros.

1. Cros, ne pouvant trouver un constructeur pour établir son appareil, n'eut d'autre ressource que de faire insérer, dans un journal qui voulut bien l'accueillir, la teneur de son pli cacheté. Nous lisons dans cette modeste feuille, *La Semaine du clergé,* les lignes suivantes que l'abbé Leblanc, à la date du 10 octobre 1877, consacrait à l'invention de Cros, qu'il baptisait du nom — aujourd'hui fameux — de *Phonographe :* « Il ne s'agit de rien moins, chose étrange, que de conserver les sons en magasin et de les faire se reproduire quand on le veut d'une manière indéfinie ; ainsi, avec l'invention de M. Charles Cros, vous chantez, je suppose, un couplet, vous faites un discours, etc., l'instrument a reçu et sténographié vos paroles, votre chant, votre musique et, quand on le mettra en jeu, reproduira votre voix, vos articulations, etc...

Par cet instrument, que nous appellerions *Phonographe,* on obtiendra des photographies de la voix comme on obtient les traits du visage. »

2. Instrument « qui écrit la voix », du grec γραμμα (gramma) lettre, écriture, et φωνή (phônè) voix.

M. Berliner a choisi une surface plane qu'il a animée d'un double mouvement circulaire et rectiligne, comme l'indiquait Charles Cros.

On va comprendre aisément quel est le mode d'inscription .

Voici un style S en contact avec un plan de verre enfumé. Si le plan se déplace en ligne droite, le style (que nous ne faisons pas encore vibrer) tracera forcément une ligne droite.

Si le plan tourne autour d'un axe O, le style S décrira une circonférence de rayon SO (*fig.* 23).

Si le plan est animé à la fois des deux mouvements circulaire et

Fig. 26. — Le Gramophone de Berliner.

rectiligne, la circonférence ne se fermera pas au retour et le style S tracera une ligne en limaçon ou spirale (*fig.* 24).

Et si, maintenant, nous faisons vibrer le style S, celui-ci tracera la spirale dentelée, « ondulée » dont parlait Cros (*fig.* 25).

Ce n'est pas un plan de verre que M. Berliner a employé; il a pris, comme surface plane, un disque de zinc de 30 centimètres de diamètre sur lequel il verse une dissolution de cire; le dissolvant s'évapore et le zinc se trouve recouvert d'une mince couche de cire qui présentera une faible résistance au style inscripteur.

Ce style S est fixé comme dans le Phonautographe, au milieu d'une membrane M qui termine le cornet acoustique E (*fig.* 26). Si l'on parle dans ce cornet le style inscrit les vibrations de la voix sur la cire qui recouvre le disque de zinc D. L'inscription achevée on attaque, au moyen de l'acide chromique, le disque de zinc où le style a dessiné, en enlevant la cire, sa spirale dentelée. De même que dans le procédé de gravure à l'eau-forte, l'acide mord le métal aux endroits où il n'est plus protégé par la cire. Au bout d'un quart d'heure on voit nettement, à la loupe, un léger sillon ondulé gravé sur le zinc. On replace alors le disque dans l'appareil et le style, obligé à suivre les détails du sillon, transmet à la membrane les mouvements que celle-ci avait reçus lors de l'inscription, et reproduit ainsi la parole.

Le Gramophone est doué d'une réelle puissance, car on peut entendre, à 15 mètres de distance, les sons qu'il reproduit.

Le premier Phonographe d'Edison, qui eut tant de vogue à l'Exposition d'électricité, au palais de l'Industrie, en 1881, était bien loin d'être un instrument parfait. Les sons étaient nasillards, il négligeait les O et renforçait avec une affectation comique les R et certaines voyelles. En prêtant une oreille attentive on pouvait saisir les mots articulés assez bruyamment par l'appareil, mais il était impossible de reconnaître la voix de la personne qui, primitivement, avait parlé. Les mouvements délicats, qui donnent à la parole sa nuance, c'est-à-dire le timbre et l'intonation, n'étaient pas reproduits.

Les mots semblaient contrefaits. C'était une parodie de la voix.

De plus, la netteté des auditions successives d'une même phrase s'affaiblissant vite, on ne pouvait répéter cette phrase un grand nombre de fois. La feuille d'étain n'ayant pas la souplesse, la mollesse nécessaires, les empreintes qu'elle avait reçues se trouvaient déformées et altérées par un nouveau contact avec le style. Et puis il ne fallait pas songer à envoyer un « phonogramme », comme on envoie un télégramme : expédier l'instrument n'était pas pratique; expédier seulement la feuille d'étain ne l'était guère davantage, car on ne pouvait la détacher sans détériorer les traces, gaufrages, creux et reliefs, qu'elle portait, et on n'aurait pas su l'ajuster exactement sur le Phonographe du poste d'arrivée.

Ajoutons que chaque note correspondant à un nombre déterminé et assez considérable de vibrations par seconde, la reproduction de la musique, mélodie ou harmonie, exige un mouvement rapide et uniforme du cylindre enregistreur. Or, il était malaisé d'atteindre à cette régularité en tournant simplement le cylindre à la main au moyen d'une manivelle. Si le cylindre du Phonographe, étant animé d'un mouvement de rotation uniforme (de manière à faire cent tours à la seconde, par exemple), on inscrit la note *la,,* qui correspond à 435 vibrations complètes par seconde, il faudra — pour obtenir la reproduction de cette note — que le cylindre conserve la même vitesse de cent tours à la seconde. Si cette vitesse devenait double, on n'obtiendrait pas la reproduction de la note inscrite, mais l'octave aiguë de cette note, puisque la membrane vibrante effectuerait alors un nombre double de vibrations, soit 870 au lieu de 435 dans le même temps, une seconde.

Dans ces conditions, ce premier Phonographe ne pouvait rester qu'un appareil sans grande utilité, bon seulement pour les cabinets de physique.

Ce Phonographe, imaginé en 1878, conserva ses imperfections pendant dix ans.

Voici, du reste, comment Edison lui-même s'exprimait à son sujet dans le journal le *New-York World* du 6 novembre 1887 :

« L'appareil pèse environ 100 livres, il coûte fort cher, et, à moins d'une compétence toute spéciale, personne ne peut en tirer le moindre parti. Le tracé de la pointe d'acier sur la feuille d'étain ne peut servir qu'un petit nombre de fois. *Moi-même je doute que je puisse jamais voir parfait un phonographe capable d'emmagasiner la voix ordinaire et de la reproduire d'une manière claire et intelligible.* Mais je suis certain que, si nous n'y parvenons pas, la génération suivante le fera. J'ai donc laissé le Phonographe pour m'occuper de la lumière électrique, sûr que j'avais semé une graine qui devait produire un jour. »

Après un tel aveu, après une telle marque de défiance en soi-même, comment se fait-il qu'à la veille de l'ouverture de l'Exposition universelle de 1889, Edison nous ait présenté un Phonographe perfectionné, parachevé, presque parfait?

En si peu de temps — du 6 novembre 1887 au 23 avril 1889, jour où le nouvel appareil fut expérimenté à l'Académie des Sciences — Edison était revenu sur sa décision de ne plus s'occuper du Phonographe et avait découvert le perfectionnement qu'il doutait de jamais voir, laissant le soin de le réaliser à la génération suivante.

Que s'était-il passé ? Quel était la cause de ce revirement ?

L'imperfection principale du premier Phonographe résidait, nous l'avons constaté, dans la feuille d'étain. Il eut fallu pouvoir remplacer ce métal par une substance à la fois assez molle pour recevoir les moindres traces de la pression du style et assez dure pour les conserver et en permettre l'exacte reproduction. Il y avait là une difficulté analogue à celle qui se présenta dans la fabrication des caractères d'imprimerie : le plomb s'étalait sous la presse, l'antimoine s'y brisait ; un alliage convenable des deux métaux donna les qualités requises.

Or, cette substance indispensable au Phonographe, M. Sumner Tainter, de Washington, venait de la trouver.

Sous le nom de *Graphophone*, M. Tainter avait imaginé, en 1885, un appareil enregistreur et reproducteur de la parole. Abandonnant l'usage défectueux de l'étain, il parvint, après de longues recherches, à obtenir une substance parfaite dans le mélange de cires d'origines et de qualités différentes.

Dès lors le Graphophone fut un instrument pratique ; et le Phonographe n'allait pas tarder à le devenir.

En effet, Edison introduisit dans son appareil le procédé de M. Tainter ([1]), et c'est ainsi que le Phonographe fût en état d'être présenté le 23 avril 1889 à l'Académie des Sciences.

La compagnie Edison, nous apprend M. Raphaël Chandos ([2]), paie à M. Sumner Tainter une redevance de 10 dollars (50 francs) par chaque appareil vendu, pour l'introduction de ce procédé spécial dans la construction du Phonographe ([3]).

Voyons maintenant quels sont les organes du Phonographe actuel qui, selon les paroles de M. Janssen, nous a apporté « la solution d'un des problèmes les plus étonnants que l'homme ait pu se proposer ».

La feuille primitive d'étain a été remplacée par un cylindre en

---

1. Académie des Sciences, séance du 3 juin 1889 : « M. Edison a confirmé la justesse des découvertes du professeur Tainter, en les adoptant pour ce qu'il appelle son Phonographe perfectionné. » (Note lue par M. G. Ostheimer.)

2. *Revue scientifique*. N° 1, 2° sem., 1889.

3. C'est la compagnie « North American » qui a acheté le brevet du Phonographe Edison, et qui s'est assuré, par la redevance précitée, l'exploitation commerciale exclusive aux États-Unis, des appareils construits par la « Tainter Graphophone Company ».

Fig. 27. — La récolte au Brésil de la cire du Carnauba servant à la composition du cylindre du Phonographe.

cire de 115 millimètres de longueur et de 50 millimètres de diamètre.

Cette cire est composée d'un mélange de cire molle du commerce (cire d'abeilles) et de cire dure du Carnauba.

Le Carnauba est un palmier qui croît en abondance dans le Nord du Brésil, particulièrement dans la province du Ceara dont les feuilles sécrètent de la cire. Cette cire végétale se présente à la face supérieure, sous forme de matière sèche pulvérulente, de couleur cendrée. Elle se détache au moindre choc quand les feuilles commencent à se développer, et plus tard la brise la plus légère suffit à l'enlever. Pour obtenir la cire du Carnauba, on coupe les feuilles tous les quinze jours pendant les six mois de la saison sèche, et on a soin de réserver le bourgeon central qui doit fournir la récolte suivante. Celle-ci, d'ailleurs, ne se fait pas attendre, vu la rapidité de la végétation. On fait sécher les feuilles sur place en les étendant en files, l'envers appuyé sur le sol; puis on les amoncelle, et des femmes, en les frappant d'un petit bâton, les secouent sur un large drap. La poussière de cire, ainsi recueillie, est immédiatement fondue dans des vases de terre.

C'est donc d'un mélange spécial de cires qu'est formé le cylindre sur lequel doivent s'inscrire les vibrations de la voix.

Le moulage de ce cylindre, par suite du retrait qui accompagne le refroidissement de la cire, nécessite certaines précautions. Pour donner à sa surface le poli indispensable on le passe au tour après en avoir alésé l'intérieur, ou bien on le comprime à la température de quarante degrés entre les surfaces très unies d'un moule et d'un mandrin.

Rigoureusement cylindrique à l'extérieur, il est légèrement conique à l'intérieur, et il doit pouvoir s'emboîter avec exactitude sur le cylindre de cuivre C C' (*fig.* 28) ([1]).

L'axe de ce cylindre C C' porte, sur son prolongement V, un filet de vis dont le pas, c'est-à-dire la distance entre deux spires consécutives — est de un quart de millimètre. A l'extrémité de cet axe est calée une poulie R dont la gorge reçoit une courroie F. Un mo-

1. Consulter aussi la figure 1, représentant le Phonographe d'après une photographie faite au laboratoire d'Edison (Llewellyn-Park, Orange), le 7 décembre 1888.

teur électrique, enfermé en E, dans la boîte de bois qui sert de socle
à l'appareil, communique au cylindre par l'intermédiaire de la courroie F un mouvement de rotation uniforme. On voit en J le régulateur à boule de ce moteur.

Il faut remarquer que la vis V et, par conséquent, le cylindre
C C' ne prennent pas ici, comme dans le premier Phonographe, un
mouvement de translation.

Les bras X et D sont solidaires d'un tube M qui peut glisser sur
une barre horizontale et fixe B.

Fig. 28. — Le Phonographe perfectionné d'Edison (1889).

Grâce à la portion d'écrou E qui s'adapte sur la vis V, celle-ci
en tournant fait avancer uniformément dans le sens de la flèche 1
le tube M, et les pièces qu'il porte, de un quart de millimètre par
tour.

La translation dans le sens de la flèche 2 s'obtient aisément :
un demi-tour de la vis $a$ soulève en effet une sorte de rail S qui,
poussant devant lui le bras X, dégage E de V, et fait mordre en
même temps la dent E' sur la vis $v$. Celle-ci est disposée de manière
à produire une translation inverse de la précédente, ce que l'on
peut réaliser soit en donnant aux filets des deux vis $v$ et V la même

orientation et les faisant tourner en sens inverse, soit en les faisant tourner dans le même sens mais donnant aux filets une orientation opposée.

Le pas de la vis *v* est beaucoup plus grand que celui de la vis V; les mouvements de recul sont donc les plus rapides.

Les organes solidaires du bras D sont délicats et importants.

Le levier K L coudé à angle droit peut tourner autour de la char-nière A. Il est donc facile de substituer l'une à l'autre les deux pièces K et L. La première chargée d'enregistrer la parole renferme un disque vibrant en verre représenté dans la coupe (*fig.* 29) par un

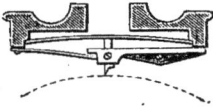

Fig. 29.
Coupe de l'appareil inscripteur.

double trait légèrement convexe vers le haut, appuyé par son bord sur les deux portions ombrées de la monture, et qui commande, par l'intermédiaire d'un tampon de caoutchouc placé en son milieu, et de leviers, un petit couteau très tranchant qui est le style inscrip-teur. La seconde qui doit reproduire la parole renferme (*fig.* 30), au lieu du disque de verre, un diaphragme en soie commandé par une pointe mousse, qui est le style reproducteur.

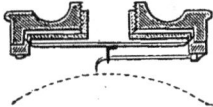

Fig. 30.
Coupe de l'appareil reproduc-teur.

La manœuvre du phonographe est des plus simple. En agissant convenablement sur la vis *a*, le rail S est soulevé, il pousse la vis *n*, qui s'appuie sur lui, et rejette ainsi légè-rement en arrière le bras D, de plus il appuie la dent E' sur la vis *v*. En tirant la vis *b* après l'avoir sortie de son écrou on fait tourner autour de la charnière H la traverse qui soutient l'axe V près de l'extrémité C, on peut alors en-filer le cylindre de cire sur le cylindre de cuivre C C', et le moteur électrique est mis en marche avec une vitesse que l'on règle aisé-ment au moyen de la vis W. Le système lié au bras D est entraîné dans le sens de la flèche 2. Arrivé près de l'extrémité C' du cylindre de cire *m*, qui forme manchon sur le cylindre de cuivre, l'inscripteur L est ajusté de manière que son style enfonce de quelques centièmes de millimètre dans la cire; ce réglage se fait au moyen de la vis *n* dont la tête porte des divisions. Le porte-voix P étant placé sur l'ins-cripteur L, un demi-tour de la vis *a* remet le rail en place et rend l'écrou E solidaire de la vis V. Dès lors le style marche dans le sens

de la flèche 1 et trace un sillon à peine visible sur le cylindre de
cire. Le moment est arrivé de faire entendre devant le pavillon du
porte-voix les sons que l'on désire enregistrer. L'expérience a indiqué qu'il faut donner au cylindre une vitesse de 60 tours environ
par minute pour obtenir une bonne reproduction de la parole et

Fig. 31. — Inscription phonographique des sons musicaux.

de 100 tours pour une bonne reproduction d'un morceau de musique.

Si l'on veut inscrire la parole, on parle d'une manière distincte
et forte devant le pavillon. Le style inscripteur trace sur la cire des
traits qui correspondent aux moindres détails des vibrations produites. Le cylindre a reçu l'empreinte désormais indélébile qui conser-
vera la parole humaine avec ce qui la rend personnelle : l'intona-

tion, le timbre, la vitesse ou la lenteur, en un mot l'accent tout entier.

Si l'on veut inscrire des sons musicaux, on ajuste sur l'inscripteur un cornet acoustique devant lequel l'instrumentiste se fait entendre. Pour enregistrer un air de piano un cornet de grande dimension est nécessaire afin d'amener les sons de l'instrument jusqu'au cylindre de cire (*fig.* 31).

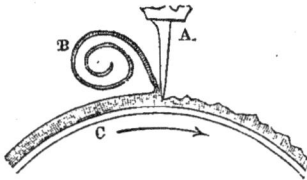

Fig. 32. — Copeau de cire découpé pendant l'inscription.

Le copeau de cire B, fin comme un cheveu (représenté avec un fort grossissement dans la figure 32) découpé pendant l'inscription par le style A, tombe dans une caisse N placée au-dessous de C C'.

Pour régénérer les sons imprimés sur le cylindre de cire, le bras D est ramené vers C', le reproducteur K est substitué à l'inscripteur L en faisant tourner d'un angle droit autour de l'axe A le levier K L. Enfin l'écrou E est replacé sur la vis V. Le style du reproducteur K est alors entraîné vers C en prenant les mêmes mouvements successifs que le style L puisqu'il passe par toutes les positions qu'avait prises celui-ci.

Si l'on veut répéter une phrase ou un morceau déterminé commençant en face d'une division connue du décimètre $i$, divisé en millimètres, on disposera la pointe $p$ en face de cette division, ce qu'il est aisé de réaliser à l'aide des vis $a$, $v$ et V dont le jeu a été expliqué.

Souvent pour aller plus vite, on supprime la vis $v$ et on reporte le système D en arrière à la main.

Il est indispensable pour une bonne audition, d'écouter le phonographe au moyen d'un tube de caoutchouc placé en K, terminé à son extrémité par deux branches dont on introduit les bouts dans les oreilles.

Plusieurs tubes analogues peuvent aussi recevoir les vibrations sonores et les porter simultanément à cinq ou six personnes, soit en s'embranchant sur le tube principal, soit en s'adaptant à une boîte de bois rectangulaire, dans laquelle le tube principal amène les vibrations.

On peut entendre aussi le phonographe à l'aide d'un cornet acoustique placé en K ; ce cornet permet de distribuer la voix dans toute une salle, mais la voix est alors légèrement nasillarde. Pour enlever la surface altérée du manchon de cire, avant de procéder à de nouvelles inscriptions, on emploie une petite lame tranchante fixée au bras D, une vis à pas très petit ou vis micrométrique sert à régler la lame de façon à enlever exactement l'épaisseur voulue ([1]). Edison a proposé de faire disparaître complètement les marques de l'outil au moyen d'un fil de platine chauffé par un courant électrique et appuyé sur la cire par une vis micrométrique.

Récemment Edison a employé comme moteur un moteur à pédale identique à ceux des machines à coudre, l'appareil ainsi modifié est moins coûteux; le mouvement est rendu uniforme par un régulateur à boules fort simple. L'ingénieux inventeur a encore imité en cela le professeur Sumner Tainter, de Washington, et son Graphophone.

M. Janssen, dans la séance de l'Académie des Sciences, où il présenta le nouveau Phonographe à ses collègues, résumait ainsi les perfectionnements apportés à l'appareil :

D'abord l'organe unique du premier Phonographe destiné à produire, sous l'influence de la voix ou des instruments, des impressions sur le cylindre et à reproduire ensuite les sons par l'action du cylindre, a été dédoublé (style tranchant inscripteur et style mousse reproducteur).

Ensuite, la substitution à la feuille d'étain d'une matière plastique, assez ductile et bien appropriée, qui se laisse découper avec une grande précision et sans exiger d'efforts appréciables, est fort heureuse.

Enfin, dans l'ancien appareil, c'était le cylindre inscripteur qui se déplaçait; dans le nouveau, c'est le petit appareil qui porte les membranes et les styles. Le mouvement est donné par l'électricité; un régulateur à boules, muni d'un frein, permet d'obtenir des vitesses variables, et, par suite, une émission des sons plus ou moins rapide. Ainsi on peut ralentir ou précipiter l'émission des sons ou l'interrompre et la reprendre, ou encore recommencer l'émission tout entière autant de fois qu'on le désire.

Le savant académicien fit encore cette importante remarque :

Il est très intéressant de constater que le Phonographe vibrant peut non seulement enregistrer tous les sons de l'échelle musicale et ceux qui sont amenés par le parler de diverses langues, mais encore les sons de tout un orchestre qui se présentent simultanément à l'inscription. Il y a là une constatation du plus haut intérêt au point de vue théorique, car elle nous révèle les merveilleuses propriétés des membranes élastiques.

1. C'est cette lame tranchante que l'on voit dans la figure 1.

La reproduction intégrale des sons de tout un orchestre est difficilement explicable. Cependant M. A. Vernier s'est servi d'une comparaison fort ingénieuse.

« Voyez une bouée, un flotteur qui se balance dans un port ; il fait du vent, et à tout moment de petites vagues viennent soulever ou abaisser la bouée ; des bateaux à vapeur entrent, sortent, se croisent en tous sens ; chacun de ces bateaux devient le centre mobile de petites ondes qui moirent la surface de l'eau, et chacune de ces ondes vient prendre la bouée obéissante et lui imprimer leur mouvement. A un moment donné, celle-ci reçoit peut-être l'impulsion d'une cinquantaine d'ondes différentes qui arrivent de tous côtés ; ces ondes ne se contrarient pas, chacune suit son chemin ; la bouée reçoit « quelque chose » de chacune d'elle ; leurs effets s'ajoutent, se retranchent, et la bouée, qui, à un moment donné, ne peut avoir qu'une position unique, totalise docilement ces impressions multiples (1). »

La membrane du phonographe est la bouée que frappent les ondes sonores.

Toutes les positions que ces ondes font prendre à la membrane s'enregistrent sur le cylindre de cire.

Au moment de la reproduction, le « quelque chose » de chacune des ondes sonores enregistrées suffit à ébranler les fibres de la membrane basilaire correspondant à ces ondes, ce qui permet à l'oreille de les démêler dans l'ensemble.

Les fibres de la membrane basilaire sont comme des bouées qui, au lieu d'être agitées par toutes les ondes qui rident la surface de l'eau, ne se balanceraient que sous l'influence d'ondes bien déterminées, toujours les mêmes.

Les services que peut rendre le Phonographe sont nombreux et précieux.

Les hommes d'Etat, les avocats, les orateurs ont la facilité d'étudier leurs discours, avec l'avantage d'enregistrer leurs idées au fur et à mesure qu'elles se présentent ; dans une rapidité que l'articulation seule égalerait, et de s'entendre parler comme les autres les entendent. Les acteurs, les chanteurs peuvent répéter leurs

---

1. Causerie scientifique du *Temps*.

FIG. 33. — LE PHONOGRAPHE EN 1632.

« En ce pays, rapporte le capitaine Vosterloch, la nature a fourni aux hommes de certaines éponges qui retiennent le son et la voix articulée... » (*Le Courrier véritable*, gazette satirique de 1632.)

rôles et sont à même de corriger leur prononciation, leurs intonations.

Les hommes de lettres peuvent parler, au lieu de les écrire, leurs articles ou leurs livres. L'écrivain américain Mark Twain, ayant dit un jour, devant Edison, qu'il lui fallait un an pour se décider à écrire un roman tant il avait peur de l'encrier, l'inventeur lui fournit le moyen d' « écrire sans encrier » en lui envoyant un phonographe; et aussitôt Mark Twain « phonogramma » une nouvelle.

Si les anciens avaient possédé ce miraculeux instrument, il nous serait donné d'entendre aujourd'hui Cicéron, déclamant ses *Catilinaires*, Virgile récitant ses *Bucoliques*, Socrate, Platon discourant sur la philosophie. « Que serait-ce si vous aviez entendu le monstre? » disait Eschine à propos d'un discours de Démosthène. Et plus de deux mille ans après, nous aurions pu, nous aussi, entendre « le monstre ».

De semblables regrets seront épargnés aux générations futures. Dans des siècles, la postérité pourra évoquer la parole ou le chant des personnages ou des artistes célèbres de notre époque. Elle saura comment Gounod (¹) accompagnait en le chantant, tel morceau de sa composition; comment Coquelin interprétait le rôle de *Figaro;* comment la Patti chantait la cavatine d'*Il Barbiere*. Les

---

1. Voici un curieux extrait d'un procès-verbal d'une séance de l'Académie des Beaux-Arts (27 avril 1889) (*fig.* 22).

« M. Janssen (expérimentant le Phonographe) : — Démosthène, Cicéron, Bossuet, pourquoi êtes-vous morts? Nous pourrions aujourd'hui entendre vos admirables harangues de la bouche même qui les a prononcées !

« Là-dessus se greffe un petit incident assez piquant. La phrase est-elle correcte, disent les uns; est-elle exacte, disent les autres; est-ce la bouche des orateurs ou le cylindre de cire qui redirait les harangues. M. Janssen reprend, cherche la correction et s'arrête sur le mot *de* ou *des*. Le phonographe a rendu l'hésitation et l'interruption. Une troisième fois, il redit : « Démosthène, Cicéron, Bossuet... » et un rire contenu fait sauter les syllabes. Fidèlement le phonographe reproduit le rire mal réprimé. — C'est parfait, étonnant ! s'écrie-t-on de toutes parts.

« Ensuite, le duc d'Aumale confie quelques paroles au Phonographe. Et aussitôt, d'une voix haute et brève, l'instrument dit une phrase de l'*Histoire des princes de Condé* : « Cavaliers de Gassion, sabre haut, pistolet au poing, se ruèrent sur l'ennemi...» On croirait entendre le commandement d'un régiment.

« Enfin, M. Ch. Gounod s'approche à son tour et chante dans le pavillon du porte-voix : « Il pleut, il pleut, bergère...» et il signe le chant : « Charles Gounod, membre de l'Académie des Beaux-Arts, de l'Institut de France. »

Et un des collègues de M. Gounod traduit l'impression générale par ces mots : «Voilà un cylindre de cire qui vaudra cent mille francs dans un siècle. »

Mirabeau, les Gambetta à naître seront sûrs de faire vibrer les éclats de leur éloquence en des temps illimités.

Dans les Parlements, dans les Assemblées publiques, l'inscription phonographique des discours remplacera, avec la plus scrupuleuse fidélité, la sténographie. Le cylindre de cire, placé dans un second phonographe, reproduira les paroles qu'il a inscrites et qui pourront être immédiatement « composées » par les typographes. Le Phonographe, enseignant les difficultés des prononciations, se transformera en professeur de langues. On possèdera des collections de cylindres de cire où auront été enregistrés le récit, le chant et le jeu des virtuoses célèbres de tous les pays. On aura dans sa bibliothèque des feuilles, enroulées en rouleau continu, qui ne seront autre chose que des livres entiers dictés par la voix même des auteurs.

Il se fondera des journaux-phonogrammes, et les abonnés pourront lire — par l'oreille — le *Petit Phonogramme* quotidien, le *Phonogramme des Débats*, le *Phonogramme conservateur* ou le *Phonogramme républicain*, au choix de leurs opinions.

Enfin lorsqu'on aura « phonogrammé » les comédies, les drames, les opéras à succès, on pourra se donner le rare plaisir d'avoir, à bon marché, à loisir, avec toutes ses aises, le théâtre chez soi.

Le cylindre de cire a reçu le nom de « phonogramme », c'est-à-dire : écriture de la voix. Dans sa longueur de 115 millimètres et avec son diamètre de 50 millimètres, il peut enregistrer aisément de 800 à 1000 mots. On peut compter sur 80 à 100 mots par centimètre de longueur suivant la génératrice. Il est évident que ces chiffres varient avec la vitesse de rotation et la rapidité d'élocution individuelle.

Une loupe est nécessaire pour bien voir les traces multiples et très fines imprimées par le style dans la cire. Un seul mot comporte de nombreuses sinuosités : exemple, le mot « Hullo » (*fig.* 34) qu'on a pu photographier avec un grossissement très puissant et qui donne, d'une façon saisissante, une idée de la complication des phénomènes que le phonographe réalise à l'aide de mécanismes relativement simples ([1]).

1. *La Lumière électrique*, tome **XXXII**.

Ces cylindres de cire portant l'écriture de la voix — ces phono-grammes — peuvent s'expédier par la poste dans une petite boîte de bois. On conçoit sans peine comment deux correspondants, pos-sesseurs de Phonographes identiques, peuvent échanger *verbale-ment* leurs idées. Nous avons déjà dit que les répétitions n'usaient pas les traces de la cire et qu'on pou-vait demander à un phonogramme des milliers de répétitions sans altérer les sons.

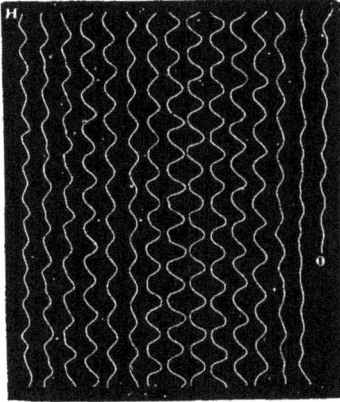

Fig. 34. — Reproduction phonographique du mot « Hullo ».

Un rival heureux du Phonographe s'est produit à l'Exposition universelle de 1889. Le *Graphophone* de M. Sum-ner Tainter, que nous avons eu l'occa-sion de signaler à deux reprises, ne diffère pas essentiellement du Phono-graphe d'Edison, mais il obtient la même perfection d'inscription et de reproduction avec des dispositions in-finiment moins compliquées.

D'un fonctionnement subtil, facile-ment maniable malgré sa délicatesse apparente, cet ingénieux appa-reil (*fig.* 35) substitue au cylindre de cire du phonographe un cy-lindre C, très léger, fait d'une feuille de carton d'un millimètre d'épaisseur, que recouvre une mince couche de cette cire dont nous avons indiqué la composition. Carton et cire forment un tout qui est le « phonogramme » de cet instrument.

On engage un de ces cylindres-phonogrammes C entre deux boutons qui se font vis-à-vis et qui forment ainsi les extrémités d'un axe idéal; c'est un mode de mise en place du phonogramme très facile et très rapide.

La voix fait vibrer une lame mince de mica qui communique ses vibrations à un style tranchant en acier, et ce style découpe de menus copeaux dans la cire.

La reproduction se fait au moyen d'une pièce S (*fig.* 36). Cette pièce se compose d'une tige creuse en ébonite (caoutchouc durci) qui renferme une légère pointe d'acier *a;* cette pointe d'acier est le style; en forme d'hameçon, elle apparaît à l'extrémité inférieure de la tige creuse où elle est logée, et elle s'appuie sur le cylindre de cire; elle est reliée de l'autre côté, par un fil de soie *ff* à un petit disque *d* en celluloïd (¹) enfermé dans la boîte M.

Fig. 35. — Le Graphophone de Summer Tainter.

La pointe d'acier transmet au disque en celluloïd — par l'intermédiaire du fil de soie — les mouvements que lui font éprouver les traces (creux et reliefs) qu'elle rencontre sur la cire. Et le disque transmet à son tour ces mouvements, ces vibrations, aux oreilles de l'auditeur par un tube de caoutchouc à deux branches.

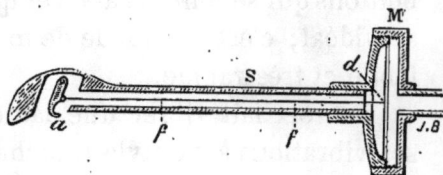

Fig. 36. — Appareil reproducteur du Graphophone.

Le mouvement, pendant l'inscription et pendant la reproduc-

1. Le celluloïd est un produit complexe formé par le mélange de cellulose nitrique (pyroxiline) et de camphre.

tion, est donné au Graphophone par un moteur à pédale semblable
à celui des machines à coudre. Le pied de l'expérimentateur imprime
au moyen de la pédale un rapide mouvement rotatif aux deux boutons qui supportent et entraînent dans leur mouvement le cylindre-
phonogramme C.

Ce mouvement est régularisé par un régulateur à boules
analogue à celui des machines à vapeur. Si la vitesse produite
devient trop grande, les deux boules s'écartent et se détachent
de la pièce actionnée par la pédale. Le mouvement est donc
forcé de garder toujours la vitesse nécessaire. La substitution à
l'électricité d'un très léger et momentané effort musculaire peut
être considéré comme une importante simplification trouvée par
M. S. Tainter.

De même qu'un phonogramme, un cylindre graphophonique,
expédié par la poste, s'emboîte sur l'axe rotatif du Graphophone du
destinataire. Notons que ces cylindres, ne coûtent, comme les pho-
nogrammes, que quinze centimes et que leur légèreté permet de les
envoyer par la poste, dans une boîte, moyennant dix centimes. Avec
l'achat ou la location d'un phonographe ou d'un graphophone la
correspondance coûtera un peu plus cher, mais on ne saurait vraiment pas encore exiger un même prix pour la « lettre écrite »
devenue banale et pour cette merveille qu'on peut appeler la
« lettre parlante ».

Le Phonographe est-il parvenu à son plus haut degré de perfectionnement?

Qui, mieux qu'Edison, pourrait répondre à cette question?

Or, Edison a répondu.

Voici en quels termes il s'est exprimé, lors de sa visite à l'Exposition universelle, devant le correspondant d'un grand journal de
New-York [1] :

« Le Phonographe a, je le crois, presque atteint la perfection dans les derniers instruments faits dans mes ateliers.

« Vous comprenez que le phonographe ordinaire employé dans le commerce n'approche pas des appareils spéciaux dont je me sers pour mes expériences privées.

« Avec ces derniers, je peux obtenir un son assez puissant pour reproduire

---

1. *New-York Herald*, 15 août 1889.

les phrases d'un discours qu'un large auditoire peut très bien entendre. Mes dernières améliorations portent surtout sur les sons aspirés, ce qui est le point faible du phonographe. Pendant sept mois, j'ai travaillé dix-huit et vingt heures par jour sur ce seul mot *specia*.

« Je disais dans le phonographe : *Specia, specia, specia*, et l'instrument me répondait : *Pecia, pecia, pecia*, et je ne pouvais lui faire dire autre chose.

« Il y avait de quoi devenir fou.

« Mais je tins bon jusqu'à ce que j'eusse réussi, et maintenant vous pouvez lire mille mots d'un journal dans un phonographe, à la vitesse de 150 mots par minute, et l'instrument vous les répétera sans une omission.

« Vous vous rendrez compte de la difficulté de la tâche que j'ai accomplie quand je vous dirai que les impressions faites sur le cylindre quand l'aspiration de *specia* est produite ne sont pas plus d'un millionnième de pouce de profondeur et sont tout à fait invisibles, même au microscope.

« Cela vous donne une idée de ma façon de travailler.

« Je ne suis pas un théoricien, moi, et je ne pose pas pour *un savant*. Les théoriciens et les savants obtiennent de grands succès en expliquant, dans un langage choisi, ce que les autres ont fait. Mais toutes leurs connaissances de formules mises ensemble n'ont jamais donné au monde plus de deux ou trois inventions de quelque valeur. Il est très aisé d'inventer des choses étonnantes, *mais la difficulté consiste à les perfectionner assez pour leur donner une valeur commerciale. Ce sont celles-là dont je m'occupe.* »

D'après cette conversation — qui se termine par une profession de foi bien américaine et pas idéaliste du tout — on peut considérer le Phonographe comme ayant dit son dernier mot, ou plutôt, comme étant prêt désormais à dire et à répéter bien des mots !

Au début de ce chapitre consacré au Phonographe nous avons rappelé la pensée de Pascal : « L'Imagination se lassera plus tôt de concevoir que la Nature de fournir. » Or, l'intelligence humaine avait conçu, il y a bien longtemps, cette idée de conserver et de reproduire la parole que la science nous permet aujourd'hui de mettre en œuvre. Nous trouvons, en effet, dans une gazette satirique de 1632, le *Courrier véritable,* les lignes suivantes : « Le capitaine Vosterloch est de retour de son voyage des terres australes qu'il avait entrepris par le commandement des États de Hollande, il y a deux ans et demy. Il nous rapporte entre autres choses, qu'ayant passé par un détroit au-dessous de celui de Magellan, il a pris terre en ce pays où la nature a fourni aux hommes de certaines éponges qui retiennent le son et la voix articulée, comme les nôtres font les liquides. De sorte que, quand ils se veulent mander quelque chose ou conférer

de loin, ils parlent seulement de près à quelqu'une de cès éponges,
puis les envoient à leurs amis, qui, les ayant reçues, en les pressant
tout doucement, en font sortir tout ce qu'il y avait dedans de
paroles et scavent par cet admirable moyen tout ce que leurs amis
désirent (¹). »

Le gazetier de 1632 présentait cette idée comme une plaisanterie aussi prodigieuse qu'invraisemblable — et, au bout de 257 ans,
le Phonographe vient d'en faire une réalité!

1. Bibliothèque nationale, le *Courrier véritable*, avril 1632. (La Bibliothèque nationale possède deux seuls numéros de cette gazette, avril et novembre 1632.)

Fig. 38. — En 1650, le Courrier mettait quinze jours (359 heures) pour porter les nouvelles de Paris à Marseille.

# CHAPITRE II

## LE TÉLÉPHONE

« Allô! Allô !... ([1]) Es-tu là, cher ami? » — « Oui, je suis là et, tout de suite, j'ai reconnu ta voix. » — « Moi aussi, je reconnais la tienne et si je n'étais absolument sûr que tu es en ce moment à Marseille, comme je suis à Paris, je jurerais que tu me parles de la pièce voisine. » — « C'est le même effet que j'éprouve. Admirable invention, dis! » — « Admirable mais incomplète, puisque je ne

1. Le mot *Allô* vient du verbe anglais *Halloŏ* : crier, appeler, qui, jadis, signifiait, comme notre vieux mot français *Haler* : crier à la chasse, exciter les chiens par des cris. En Angleterre et aux Etats-Unis on emploie le mot *Hŭllŏ*, cri dont on se sert dans ces deux pays pour attirer l'attention de quelque personne. Le mot s'écrit souvent *Halloo* et même *Holloa*, mais dans ces derniers temps on a pris l'habitude de l'écrire, selon la prononciation, *Hullo*. Ces divergences sont assez fréquentes dans l'orthographe anglaise.

te vois pas. » — « Ah! tu en demandes trop! Mais, si tu veux me
voir, pourquoi ne viens-tu pas à Marseille, nous avons ce matin de
décembre un superbe soleil. » — « A Paris, ce matin, le thermomètre marque dix degrés au-dessous du zéro et j'irais volontiers
me réchauffer là-bas, mais c'est si loin! plus de deux cents
lieues! Quinze heures de chemin de fer pour l'aller, autant pour
le retour!... Est-ce que j'ai le temps?..... »

Et cependant ce Parisien qui n'avait pas le temps d'aller voir
son ami à Marseille causait tranquillement avec lui, sa voix franchis-
sant instantanément les huit-cent-soixante-trois kilomètres que son
corps n'aurait pu parcourir, par le train le plus rapide, qu'en
quatorze heures dix-neuf minutes.

Comment cela était-il possible?

L'interlocuteur de Paris avait monté le grand escalier de la
Bourse, pénétré dans un bureau à l'entresol, et s'étant adressé à un
employé placé derrière un guichet, avait donné le nom de l'ami
qui, prévenu, devait à pareille heure se trouver au bureau de la
Bourse de Marseille. L'employé, après s'être assuré par un moyen
encore mystérieux pour nous que la personne demandée était présente au bureau de Marseille, délivra, contre la somme de 4 fr. 50,
un bulletin donnant droit à une communication de cinq minutes ([1]).

Le Parisien est alors entré dans une grande salle où se dres-
saient six cabines sur les portes desquelles il lut « Lyon et Marseille » « Rouen » « Le Havre » « Reims » « Lille » « Bruxelles ».

Il ouvrit la porte « Lyon et Marseille » et se trouva dans une
cabine étroite, tapissée de drap, éclairée par une lampe électrique.
De crochets où ils étaient suspendus il retira deux espèces de cornets, les porta à ses oreilles, appuya ses bras sur des accoudoirs disposés à cet effet et entama la conversation que nous connaissons
en parlant à une petite planchette de bois placée à la hauteur de
son visage, planchette qui, pour lui, représentait alors subjective-
ment son ami de Marseille. Par les cornets arrivaient immédiatement à ses oreilles les répliques à ses paroles, les réponses à ses
questions.

1. Un avis informe le public qu'on ne peut communiquer que pendant dix minutes
au plus si d'autres personnes attendent leur tour.

L'appareil qui permettait à ces deux amis, si éloignés l'un de l'autre, de causer comme s'ils étaient réunis, est le *Téléphone* ([1]).

La conversation par Téléphone, même à des distances telles que celle de Paris à Marseille, est désormais entrée dans nos mœurs : les journaux ne rapportaient-ils pas dernièrement que la Société scientifique Flammarion, de Marseille, ayant tenu une assemblée générale, le 23 janvier 1890, à propos de l'adoption de l'heure nationale du méridien de Paris dans toute la France, M. Camille Flammarion a prononcé un discours par le Téléphone de Paris à Marseille ?

Recherchons par quelle suite d'idées, par quelles imaginations successives, les hommes ont passé pour parvenir à cette prodigieuse découverte qui, à l'état de conception, eût été à l'unanimité déclarée impossible et déraisonnable et qui, réalisée, paraît déjà toute simple à notre « fin de siècle ».

Il y a longtemps, bien longtemps, que les hommes ont dû reconnaître que la portée ordinaire de la voix était insuffisante à leurs besoins.

La portée de la voix et d'un son quelconque est la distance la plus grande à laquelle l'oreille peut les percevoir.

La voix n'est autre chose qu'une série de vibrations plus ou moins nombreuses, plus ou moins rapides, des cordes vocales.

Dans la formation de la voix le larynx agit de la même manière qu'un instrument à anche, un hautbois, ou une clarinette, par exemple ; le courant d'air venant des poumons écarte les cordes vocales ; ces cordes, sortes de lèvres élastiques, reviennent sur elles-mêmes et interrompent momentanément le passage de l'air qui, bientôt, les écarte de nouveau et produit ainsi des mouvements de

1. L'Album de Statistique graphique du Ministère des Travaux publics (Imprimerie Nationale, 1889) donne des aperçus comparatifs sur la durée des communications entre villes éloignées, à différentes époques :

Au dix-septième siècle, année 1650, il fallait 15 jours (359 heures) au courrier chargé de porter à Marseille des nouvelles de Paris (*fig.* 38) ; en 1782, le trajet par diligences s'effectuait en 17 jours (408 heures) ; en 1793, la Convention organisa le service des Malles-Poste qui devaient partir tous les jours de Paris, marcher nuit et jour, et faire règlementairement une moyenne de deux lieues à l'heure ; la durée du trajet était encore de quatre jours et demi (108 heures) ; enfin, de 1840 à l'avènement des chemins de fer, les berlines de postes parvinrent à voyager avec une vitesse de trois à quatre lieues à l'heure.

va-et-vient, des vibrations Ces vibrations vont se communiquer à
l'air ambiant et, selon qu'elles auront été plus ou moins énergiques, elles se propageront dans l'air plus ou moins loin, elles
auront une portée plus ou moins grande.

Comment ces vibrations se propagent-elles dans l'air ?

Fig. 39. — Téléphone de Paris à Marseille : Cabine téléphonique à la Bourse de Paris.

Disons d'abord que tous les corps ne sont pas aptes à produire
et à transmettre le son, en un mot, ne sont pas « sonores ».

Un corps est sonore lorsque ses molécules (¹) écartées, dérangées
par une cause quelconque, par un choc, de leur position d'équilibre
ou position de repos, reviennent à cette position.

Les molécules d'un corps, masses incomparablement plus petites

_____

1. *Molécule*, diminutif du latin *moles* : petite masse, petite particule de matière.

que celles des grains de poussière les plus fins aperçus sous le microscope, sont séparées les unes des autres par des espaces ou pores, dans lesquels il leur est possible de se mouvoir.

Le mode de liaison des molécules est varié; dans les solides, elles se laissent difficilement séparer, elles sont liées par ce qu'on

Fig. 40. — Téléphone de Marseille à Paris. — Cabine téléphonique à la Bourse de Marseille.

nomme la force de Cohésion; dans les liquides, elles glissent les unes sur les autres; dans les gaz, elles se repoussent.

Un effort exercé sur un corps déforme ce corps, c'est-à-dire rapproche ou éloigne ses molécules. Dans le premier cas, les molécules rapprochées occupent un plus petit espace que celui qu'elles occupaient avant l'effort; elles sont dans un état de compression ou de condensation. Dans le second cas, les molécules étant éloignées occupent un espace plus grand ; elles sont dans un état de dilatation ou de raréfaction.

Les corps dont les molécules reviennent à leur position première sont appelés corps élastiques. Ils sont d'autant plus élastiques que l'on peut les déformer davantage sans qu'ils cessent de reprendre leur forme primitive dès qu'ils sont rendus à eux-mêmes.

L'Élasticité ([1]) est donc la condition essentielle de la sonorité, puisque c'est elle qui permet les vibrations des molécules, vibrations qui engendrent le son.

Encore est-il nécessaire pour que la sonorité d'un corps se manifeste que son élasticité ne soit ni trop faible, ni trop grande. Ainsi une cloche en caoutchouc ne serait pas sonore, ses molécules revenant trop rapidement à leur position d'équilibre. On pourrait passer par une chaîne absolument continue du corps le plus mou au corps le plus élastique, de l'argile humide au caoutchouc. C'est à ces deux extrémités de la chaîne que l'on rencontre le moins de sonorité. La sonorité la plus grande se trouve dans le groupe intermédiaire, et, de plus, dans ce groupe il faut placer l'air, les gaz, quoique très élastiques de par leur constitution.

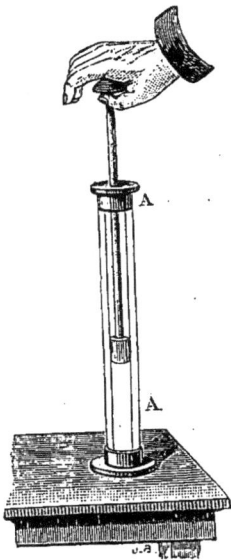

Fig. 41.
Preuve de l'Élasticité de l'air.

L'Élasticité de l'air se prouve à l'aide d'une expérience fort simple : Dans un tube de verre très épais AA (*fig.* 41), hermétiquement fermé par l'une de ses extrémités, on introduit, par l'extrémité ouverte, un piston garni de cuir. En appuyant sur la tige du piston on sent une résistance croissante à mesure que le piston s'enfonce. Puis, en retirant la main, on voit le piston remonter. L'air est donc élastique, puisque ayant été comprimé, il a pu reprendre sa position première, son volume primitif. Le piston remontant seul vers l'orifice du tube est l'indicateur certain de cette élasticité.

Les molécules d'un corps élastique dérangées de leur position

1. *Elasticité*, du grec ελαστης (elastès) : qui pousse, qui meut.

d'équilibre ne reviennent pas instantanément à cette position ; elles exécutent de part et d'autre une série de va-et-vient, de vibrations, qui occasionnent le son et que nous avons déjà appris à inscrire sur un verre enfumé ou sur le cylindre de cire du Phonographe. Si on n'entretient pas le choc initial qui a dérangé ces molécules de leur position de repos, l'amplitude de la course de chacune d'elles s'affaiblit progressivement pour bientôt s'annuler.

Afin de bien comprendre le mouvement de ces molécules, suivons une d'entre elles dans sa course :

Dérangée de sa position d'équilibre P (*fig*. 42), portée en A cette molécule M tend à revenir en P, et elle y revient, en effet, avec une vitesse d'abord faible, puis croissante. Grâce à cette vitesse, la mo-

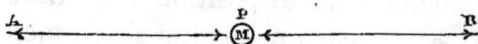

Fig. 42. — Trajet d'une molécule en vibration.

lécule, au lieu de s'arrêter à la position d'équilibre, dépasse son but en vertu du principe de l'*Inertie* qui est « Un corps ne peut rien changer de lui-même à son état de repos ni à son état de mouvement ». En d'autres termes, la molécule n'a pas le pouvoir de s'arrêter d'elle-même, comme elle n'a pas celui de se mettre d'elle-même en mouvement.

La molécule M continue donc son trajet jusqu'en B, s'arrête et revient à sa position d'équilibre P, que sa vitesse acquise lui fait de nouveau dépasser, et continue cette oscillation, analogue à celle d'un pendule ou balancier, jusqu'à ce que — sa vitesse s'étant épuisée dans ses frottements et dans la transmission d'une partie de son mouvement aux molécules voisines — elle s'arrête enfin et retrouve la position de son équilibre naturel P.

Si, au contraire, on entretient le choc initial, si on le répète, si on le continue, on arrive à donner aux vibrations des molécules une amplitude telle que la Cohésion est vaincue et que le corps se brise.

Une tige métallique s'allonge en vibrant autant que sous une traction de plusieurs milliers de kilogrammes, et l'allongement peut aller jusqu'à la rupture.

L'expérience se fait aisément avec une tige de cristal, qui, frottée dans le sens de sa longueur avec, par exemple, un morceau de drap imbibé d'eau acidulée, se brise en un grand nombre de fragments par des cassures perpendiculaires à l'axe (*fig.* 43.) « On ne devra jamais oublier, dit M. Violle, qu'un faible effort répété (et rythmé convenablement) peut produire des déformations que n'occasionnerait pas une force incomparablement supérieure appliquée en une seule fois. »

Au lieu d'exciter les vibrations par frottement, on peut les exciter par des chocs répétés.

Les câbles en fer d'un pont suspendu reçoivent, sous le passage d'un bataillon marchant au pas, des chocs successifs, cadencés, périodiques, et l'effort de tension ainsi répété finit par produire de telles déformations dans les câbles, qu'ils se brisent ([1]).

Fig. 43. — Tige de cristal brisée par les vibrations de grande amplitude.

1. On gardera longtemps le souvenir de la catastrophe du pont de fer de la Basse-Chaîne, à Angers, le 16 avril 1850. Nous retrouvons le récit de cet événement dans le *Journal de Maine-et-Loire*, daté du 17 avril 1850 :

« Hier, 16 avril, le 1er escadron du 5e hussards avait fait son entrée dans la ville d'Angers, à onze heures, par le pont suspendu, en fils de fer, de la Basse-Chaîne; une demi-heure après, la tête de colonne du 1er bataillon du 11e léger se présentait sur la rive droite pour traverser le pont. Le vent d'ouest, qui soufflait depuis quelque temps, prit en ce moment une violence extrême, que ne diminuait pas une pluie torrentielle. Le bataillon marchait alors par demi-sections de douze hommes de front, et chaque section en avançant sur le pont, incommodée qu'elle était par la bourrasque, obéissait — que l'ordre eût été donné ou non de rompre le pas — à un mouvement irrésistible d'accélération de pas cadencé.

« Le pont éprouvait à chaque instant des oscillations telles que beaucoup d'hommes en firent la remarque et pressaient en conséquence davantage leur marche.

« Cependant les sapeurs, les tambours et la moitié de la musique avait touché le sol de la rive gauche, lorsqu'un craquement horrible, dont le bruit fut inexprimable, jeta l'effroi dans tous les cœurs. Le tablier du pont s'affaissa sur la droite, puis par un violent mouvement de bascule, se retourna sur la gauche et s'enfonça sous les eaux. Il se releva tout couvert de malheureux qui avaient été précipités avec lui; il redescendit pour

Fig. 44. — Catastrophe du pont de fer de la Basse-Chaine, à Angers (16 avril 1850).

Rappelons que la durée de l'aller de A en B et du retour de B en A est la *période* de la vibration; un balancier qui bat la seconde met une seconde pour l'aller et une seconde pour le retour, sa période est donc de deux secondes.

La molécule M, en vibrant, a transmis une partie de sa vibration aux molécules voisines qui, entrant en mouvement, ont fait vibrer à leur tour les molécules suivantes.

Quel est le mécanisme de cette propagation des vibrations?

Pour le comprendre voyons d'abord comment se propagent les vibrations à la surface de l'eau.

On appelle Ondes (de la racine sanscrite *Und*, couler, mouiller) les mouvements qui agitent et moirent la surface de l'eau. Pour arriver à la connaissance de tels mouvements observons par un temps calme, sans brise, une nappe d'eau immobile. Laissons tomber en un point O de son niveau une pierre, une goutte d'eau, un objet de petit volume. On voit dès lors se former des rides circulaires et mobiles, dont le lieu de chute est le centre. Ce sont là des Ondes circulaires.

On peut se rendre compte de ce phénomène, dit Lamé ([1]), en remarquant que les molécules d'eau, brusquement abaissées (par l'objet qui tombe) au centre d'ébranlement, vibrent, *verticalement* avant de revenir au repos; ce mouvement vibratoire se communique de proche en proche avec une certaine vitesse de propagation, la même dans toutes les directions. Si l'on peut faire en sorte que

---

remonter de nouveau et, à chaque fois, on voyait diminuer le nombre des soldats qui s'y cramponnaient désespérément.

« 219 hommes, dont 5 officiers trouvèrent la mort dans cette catastrophe, et bien peu furent retirés sains et saufs, car les sabres et les baïonnettes faisaient, dans cette effrayante conflagration, les blessures les plus affreuses. » (*Fig.* 44).

Le pont suspendu de la Basse-Chaîne comptait douze années d'existence et venait d'être l'objet d'une réparation complète qui avait coûté 30,000 fr. à la caisse municipale. Il n'avait qu'une travée d'une largeur de 100 mètres, et les câbles de suspension étaient portés sur des colonnes en fonte.

La chute du pont a eu lieu par suite de la rupture des câbles dans les puits d'amarres de la culée de la rive droite. Le câble du puits d'amont se rompit à quelques mètres de la plaque d'amarrage qui retenait la croupière des divers câbleaux. Le câble du puits d'aval se rompit aussi, mais en partie seulement.

1. *Théorie mathématique de l'élasticité des corps solides*, par Gabriel Lamé, géomètre français, né en 1795, mort en 1870; membre de l'Institut, professeur à l'École polytechnique et à la Faculté des sciences.

le point O ne fasse qu'une vibration, il n'y aura qu'une ride circulaire qui se propagera en s'agrandissant quant à son rayon et en
s'effaçant par la diminution graduelle de sa hauteur, c'est-à-dire de
l'amplitude de la vibration.

L'Onde isolée n'est point le cas de la nature. En général, il ré-

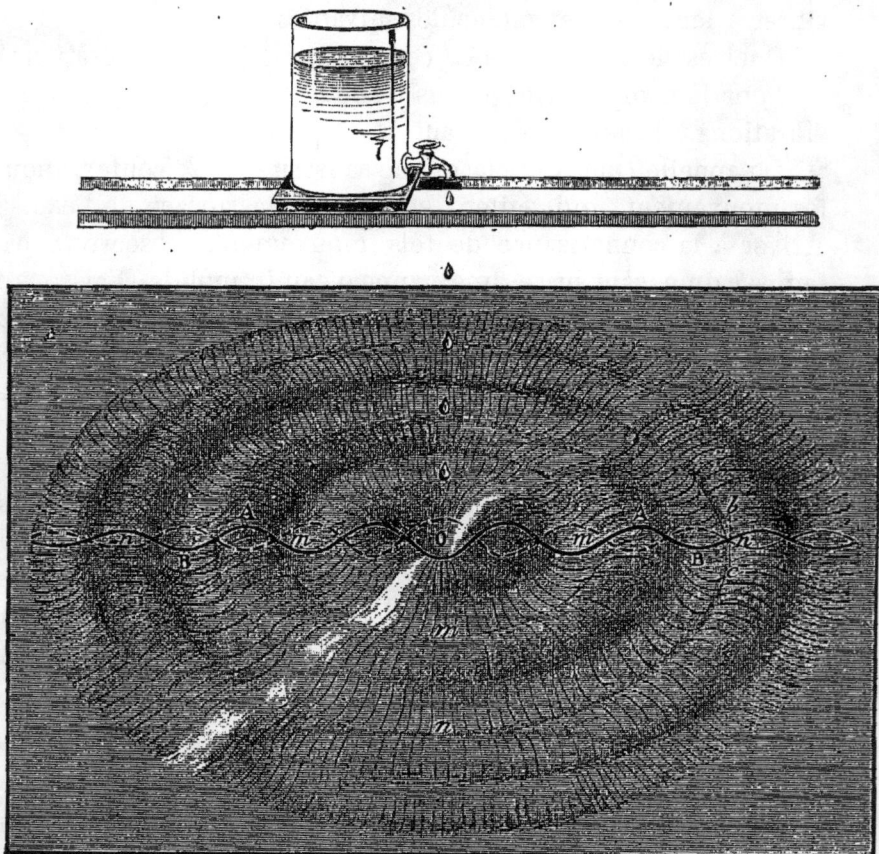

Fig. 45. — Les ondes liquides circulaires : ondes en saillie, ondes creuses.

sulte de la chute du petit corps pesant plusieurs vibrations décroissantes, au centre de l'ébranlement, et par suite plusieurs rides ou
ondes circulaires qui se propagent à la suite les unes des autres. Si
l'on entretient le centre d'ébranlement dans un état permanent de
vibration en faisant tomber en ce point, d'un robinet convenablement
réglé, une série de gouttes d'eau égales et se succédant à in-

tervalles réguliers, la surface tout entière de la nappe d'eau sera sillonnée d'ondes circulaires. Pendant la moitié du temps que met une goutte à se substituer à la précédente, une ride telle que A est formée par un soulèvement de l'eau en cet endroit.

Pendant le temps égal qui suit, une dépression de même forme que la ride, aussi profonde que celle-ci était élevée, règne en A. Le liquide s'élève de nouveau pour redescendre ensuite de la même façon, aussi longtemps que l'on entretient la vibration au centre d'ébranlement.

Une onde en saillie A et l'onde creuse consécutive B (*fig.* 45) sont comprises entre deux circonférences *mm*, *nn*, dont les rayons *om* et *on* diffèrent de la longueur *mn;* cette longueur, indépendante de l'onde A choisie, se nomme « la longueur d'onde » du mouvement superficiel qui balance périodiquement par couronnes circulaires la surface de l'eau. Cette longueur diminue lorsque les gouttes qui tombent en O se succèdent plus vite. D'autre part, les rides sont d'autant plus accentuées, d'autant plus intenses, que l'ébranlement en O est plus grand, c'est-à-dire, par exemple, que les gouttes d'eau qui le déterminent par leur chute sont plus grosses.

Est-il besoin d'insister maintenant sur ce point que les molécules d'eau agitées en O ne sont pas déplacées, ne sont pas transportées vers les rives?

Une observation bien simple le démontre. Un corps flottant, quel qu'il soit, un brin de paille si l'on veut, participe à tous les mouvements du liquide dans lequel il s'enfonce partiellement; si le liquide était entraîné, il en serait de même du flotteur; or l'expérience montre que le flotteur reste en place, et qu'il se contente de s'élever et de s'abaisser périodiquement à l'endroit où il se trouve. Il accuse donc le passage des ondes; il indique, par son ascension, qu'une ride en saillie se forme au-dessous de lui; et par sa descente que le moment est arrivé où la ride en saillie va être remplacée par une ride en creux.

Le mouvement du petit flotteur montre bien que les molécules se déplacent *verticalement*, c'est-à-dire perpendiculairement au niveau de l'eau sur lequel se propagent les ondes. Ces sortes de vibrations sont appelées transversales. Une molécule, telle que *n*, se déplace pour s'élever vers *b* ou s'abaisser vers *c* pendant que le mouvement se propage dans la direction O B (*fig.* 45).

Une corde qui serait tendue suivant O B et à laquelle on ferait rendre un son convenable prendrait absolument la même forme que la surface de l'eau dans cette direction. Elle se subdiviserait en portions consécutives égales ayant un mouvement contraire, et chaque portion s'élevant et s'abaissant successivement par rapport à

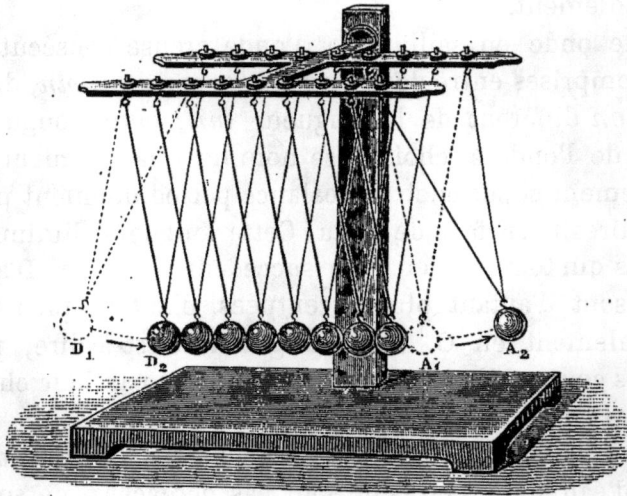

Fig. 46. — Expérience de la transmission rectiligne du mouvement.

la position O B prise par la corde tendue lorsqu'elle est au repos (*fig.* 45).

Cette communication de proche en proche d'un mouvement — *sans transport de la matière* — est un fait d'une importance capitale.

Nous ne saurions en présenter une preuve plus claire que celle donnée par Huygens. Les expériences, qui ont permis au célèbre physicien de La Haye d'établir sa belle théorie de la Lumière, nous seront très utiles dans des chapitres ultérieurs.

Ces expériences font comprendre comment la nature procède pour propager un mouvement quelconque à travers ses milieux si variés — visibles ou invisibles — et pour conduire la sensation à nos divers organes.

Christiaan Hůygens (¹) s'exprime ainsi dans son *Traité de la lumière*, écrit en français et publié en 1690 :

« Il faut expliquer comment les corps durs transmettent les mouvements des uns aux autres. Lorsqu'on prend un certain nombre de boules d'égale grosseur (*fig.* 46), faites de quelque matière fort dure et qu'on les range en ligne droite en sorte qu'elles se touchent, l'on trouve, en frappant avec une boule pareille D, contre la première de ces boules que le mouvement passe, comme instantanément, jusqu'à la dernière A₁ qui se sépare de la rangée et vient en A₂, sans qu'on s'aperçoive que les autres se soient remuées. Et même celle qui a frappé demeure immobile avec elles en D₂. C'est là un exemple de passage d'un mouvement avec une extrême vitesse, vitesse qui est d'autant plus grande que la matière des boules est plus dure.

« Ce mouvement est successif et ainsi il lui faut du temps pour se transmettre, car, si le mouvement ou si l'on veut l'inclination au mouvement (²) ne passait pas successivement par toutes ces boules, elles l'acquerraient toutes en même temps, et partant elles avanceraient toutes ensemble, ce qui n'arrive point ; mais la dernière quitte toute la rangée et acquiert la vitesse de celle qu'on a poussée.

« Tous ces corps que nous comptons au rang des plus durs, l'acier trempé, le verre, l'agate, font ressort et plient en quelque façon, non seulement quand ils sont étendus en verge, mais aussi quand ils sont en forme de boule ou autrement (sans prononcer le mot Élasticité, on voit bien qu'Huygens explique là cette propriété des corps dont la cause du reste lui échappait comme elle nous échappe encore), c'est-à-dire qu'ils rentrent quelque peu en eux-mêmes à l'endroit où ils sont frappés et qu'ils se remettent aussitôt dans leur première figure. Car j'ai trouvé (*fig.* 49) qu'en frappant avec une boule de verre contre un gros morceau de même matière qui avait la surface plate et tant soit peu ternie avec l'haleine ou

---

1. Physicien, géomètre et astronome hollandais, né à La Haye en 1629, mort en 1695 ; appelé en France par Colbert en 1665, reçut pension et logement à la Bibliothèque royale ; quitta la France à l'époque de la révocation de l'Édit de Nantes.

2. L'expression de Huygens « L'inclination au mouvement » semble être l'équivalent du mot *Élasticité* qui n'apparaît dans notre langue qu'au XVIIIᵉ siècle.

autrement, il y restait des marques rondes, plus ou moins grandes, selon que le coup avait été fort ou faible. Ce qui fait voir que ces matières obéissent à leur rencontre, et se restituent; à quoi il faut qu'elles emploient du temps. »

La disposition rectiligne n'est pas nécessaire.

« Si, en effet, une boule A en touche plusieurs autres pareilles $C_1C_1C_1$ (*fig.* 47), et si elle est frappée par une autre boule $B_1$, en sorte qu'elle fasse impression sur toutes les boules $C_1$ qu'elle touche, elle leur transporte tout son mouvement pour les porter

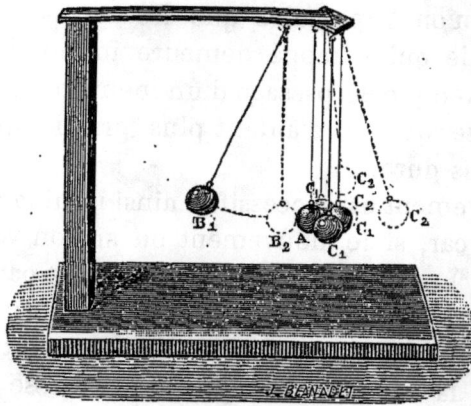

Fig. 47. — Transmission du mouvement en tous sens.

en $C_2C_2C_2$ et demeure après cela immobile comme aussi $B_1$, qui s'arrête en $B_2$. »

Remarquons cependant que $B_1$ rebondirait, c'est-à-dire qu'une portion du mouvement serait réfléchi si la boule $B_1$ était de plus petite dimension que les autres.

« Ajoutons que plusieurs mouvements venant de divers côtés et même de côté contraire peuvent agiter une même molécule, non seulement si elle est poussée par des coups qui s'entresuivent près à près, mais même par ceux qui agissent sur elle en même instant, et cela à cause du mouvement qui s'étend successivement, ce qui se peut prouver par la rangée de boules égales, de matière dure dont il a été parlé ci-dessus, contre laquelle, si l'on pousse en même temps des deux côtés opposés des boules pareilles, l'on verra rejaillir chacune avec la même vitesse qu'elle avait en allant, et toute la rangée demeure en sa place, quoique le mouvement ait passé tout du long et doublement. »

Cet exemple montre bien comment il se peut faire que les petits mouvements se rencontrent, se croisent, sans se gêner, ainsi que nous l'avons affirmé dans le précédent chapitre. ,

« Et si ces mouvements contraires viennent à se rencontrer sur une boule, celle-ci doit plier et faire ressort des deux côtés et ainsi servir en même instant à transmettre ces deux mouvements. »

En remplaçant la rangée de boules par une barre les mêmes

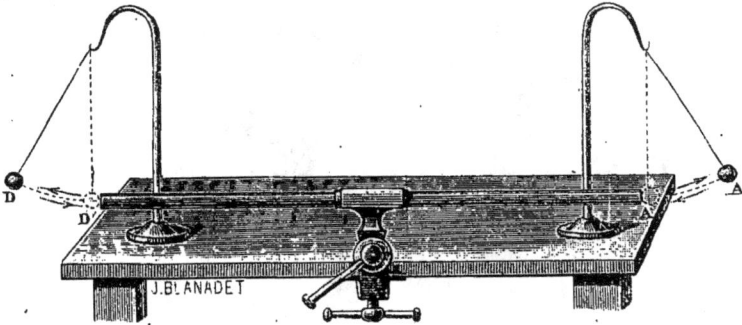

Fig. 48. — Choc simultané, échange de mouvements.

expériences peuvent être aisément répétées. La figure 48 représente le phénomène auquel donne lieu le choc simultané des deux boules A et D contre les extrémités de la barre. Les deux boules échangent leurs mouvements et retournent en arrière.

Il a été dit qu'un corps déformé ne revient pas immédiatement à sa figure première, mais y arrive après avoir oscillé de part et d'autre. Ces vibrations que l'élasticité rend possible sont la cause du Son. Ces mouvements peuvent être envoyés d'un point à un autre à travers un milieu, celui-ci jouant le rôle de la barre qui permet aux boules A et D d'échanger leurs mouvements sans qu'elle-même prenne un déplacement visible.

« Nous savons, dit Huygens, que par le moyen de l'air, le Son s'étend tout à l'entour du lieu où il a été produit par un mouvement qui passe successivement d'une partie de l'air à l'autre (sans emporter chaque molécule d'air ailleurs que sur la très petite longueur où elle vibre), et que l'extension de ce mouvement se faisant également vite de tous côtés, il se doit former comme des surfaces sphériques (où l'air s'entasse et se raréfie alternativement) qui

Fig. 49. — Christiaan Huygens observant l'« inclination au mouvement » ou élasticité des corps.

s'élargissent toujours et qui viennent frapper notre oreille. J'appelle ces surfaces Ondes Sphériques à cause de leur ressemblance avec celles que l'on voit se former dans l'eau quand on y jette une pierre. »

« On peut assez comprendre ce qui se passe en ce qui est du Son, quand on considère que l'air est de telle nature qu'il peut être comprimé et réduit à un espace beaucoup moindre qu'il n'occupe d'ordinaire, et qu'à mesure qu'il est comprimé il fait effort à se remettre au large. De sorte que la cause de l'extension des Ondes du Son, c'est l'effort que font les petites molécules d'air qui s'entre-choquent à se remettre au large, lorsqu'elles sont un peu plus serrées dans le circuit de ces ondes qu'ailleurs. »

Mais ici les mouvements des molécules d'air se produisent dans le sens même de la propagation, ce qu'on exprime en disant que les vibrations dans l'air sont *longitudinales*.

Ainsi de même qu'autour d'un centre d'ébranlement permanent d'une surface liquide, nous voyons une série de rides circulaires à poste fixe, mais alternativement gonflées vers l'extérieur et enfoncées vers le fond, de même nous devons nous représenter l'air tout autour d'un petit timbre vibrant O (*fig.* 50) de la manière suivante : Jusqu'à une certaine distance *om* du timbre tout l'air enfermé dans la sphère de rayon *om* est dans un état de compression ou condensation, par exemple, entre les sphères de rayons *om* et *on* il est dans un état de dilatation ou raréfaction, entre les

Fig. 50.
Propagation des vibrations dans l'air.

sphères *on* et *op* dans un état de condensation et ainsi de suite alternativement. Cet état dure pendant la moitié du temps employé par le timbre pour faire une vibration complète, l'autre moitié du temps correspond à un état inverse, là où il y avait condensation de l'air il y a ensuite raréfaction et inversement.

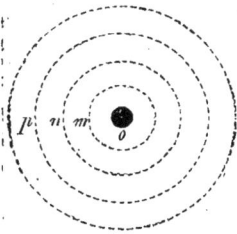

La compression dans la sphère *om*, compression qui est l'origine de tout ce qui suit, se produit pendant que les molécules du timbre s'avançant vers l'extérieur frappent l'air. Pendant que les molécules du timbre retournent au contraire vers l'intérieur, la raréfaction s'établit, car un plus grand espace est offert à l'air environnant le timbre sphérique.

La longueur *mp*, qui comprend une couche dilatée *mn* et une couche condensée *np*, est la « longueur d'onde » du son engendré par le timbre. Cette longueur, qui est l'épaisseur d'air traversée par le son pendant la durée d'une vibration du timbre, est évidemment d'autant plus courte que la durée de cette vibration est plus faible, c'est-à-dire que le son est plus aigu ([1]).

Les ondes condensées vont comprimer l'air qui se trouve dans le Conduit Auditif; les ondes dilatées raréfient, diminuent à leur tour la quantité de cet air; de telle sorte que le tympan repoussé (par l'onde condensée), puis attiré (par l'onde dilatée), ressent la vibration complète.

Ainsi se propage le Son, du corps sonore à l'oreille.

Les vibrations peuvent non seulement agiter les membranes du tympan, des phonographes, les déplacer de quelques microns (le micron est mille fois plus petit que le millimètre), mais encore faire mouvoir de petites machines-outils. L'air en vibration est donc capable de travailler et s'offre au physicien comme une source d'énergie au même titre, mais à un degré moindre, que le vent qui pousse la voile du navire ou l'aile des moulins, et que la chute d'eau qui entretient le mouvement de puissantes machines.

On s'est fort peu préoccupé jusqu'à présent de l'utilisation des vibrations sonores. Cependant nous avons remarqué à l'Exposition Universelle de 1889 un appareil qu'Édison appelle le MOTO-PHONE ([2]).

Le *Motophone* (*fig.* 51) peut utiliser toutes les ondes sonores. En parlant, ou en chantant, ou en jouant d'un instrument devant l'embouchure E, les vibrations sonores frappent un disque de mica encastré dans l'anneau A. Sur ce disque de mica est fixé un petit bras métallique horizontal dont l'extrémité recourbée appuie sur un cylindre à dents. Les vibrations du son déplaçant le disque de mica,

---

1. Très souvent on caractérise un son par sa longueur d'onde dans l'air. Calculons quelle est la longueur d'onde de la note $la_3$ dans l'air, sachant que cette note provient de 435 vibrations à la seconde et que la vitesse de propagation du son dans l'air est de 340 mètres par secondes : Puisque 435 vibrations durent une seconde, *une* vibration durera seulement la 435ᵉ partie d'une seconde, et comme le son franchit 340 mètres à la seconde, il franchira pendant une vibration une distance 435 fois plus petite, c'est-à-dire égale à $\frac{340^m}{435^e} = 0^m,781$; la longueur d'onde de la note $la_3$ est donc de $0^m,78$ centimètres.

Un calcul analogue nous montre que la longueur d'onde du son le plus grave (16 vibrations par seconde) est de 21 mètres 25 centimètres, et que la longueur d'onde du son le plus aigu (38000 vibrations par seconde) n'est que de 8 millimètres.

2. *Motophone*, du latin *movere* (mouvoir) et du grec φωνή (voix, son); c'est-à-dire Moteur par le Son.

mettent en mouvement le petit bras métallique qui, à son tour, fait tourner le cylindre à dents et, par suite, le volant R calé sur le même axe. Ce mouvement —transmis par une courroie S, qui passe sur un tambour (petite roue unie) placé sur le même axe derrière le volant R, — peut être communiqué à un petit outil, une vrille ou une scie, par exemple.

Dans notre dessin qui reproduit le *Motophone*, exposé à la Galerie des Machines, les vibrations servent à faire tourner un

Fig. 51. — Le Motophone.

disque tricolore D avec une vitesse assez grande pour qu'il ne soit pas possible d'avoir la sensation successive des trois couleurs.

Ce n'est là qu'un essai et la question est à peine posée, mais un jour viendra, sans doute, où les ondes sonores dont l'harmonie nous charme fourniront, en même temps, du travail à nos machines ([1]).

1. L'indication suivante accompagnait à l'Exposition l'appareil d'Edison : « *Motophone* ou *Moteur vocal*, cet appareil démontre que les ondulations (vibrations) du son ont un effet dynamique considérable. Quand on parle sur le diaphragme de mica, le disque tricolore tourne. M. Edison a construit de petites mèches et de petites scies qui fonctionnent par ces ondulations du son, donc il est possible de percer une planche par la parole ».

Un autre prétendu *Moteur par le son* fit grand bruit aux Etats-Unis en 1887-88. L'inventeur était M. Keely, de Philadelphie.

La valeur des mines d'or haussa tout à coup. Des mines, depuis longtemps aban-

Nous avons dit que le mouvement vibratoire de l'eau se traduisait en ondes circulaires. Il ne faut pas croire que ces rides soient toujours et forcément circulaires. Un examen attentif apprend vite qu'elles peuvent prendre les formes les plus bizarres. Tout dépend de la forme de l'objet qui frappe l'eau où si l'on préfère de la position, les uns par rapport aux autres, des points O ébranlés. Si un long bâton tombe sur l'eau de manière que tous ses points y arrivent en même temps on verra des rides rectilignes et parallèles au bâton s'éloigner de part et d'autre; elles se raccordent circulairement par les extrémités qui donneraient naissance, si elles existaient seules, à deux systèmes d'ondes circulaires analogues au système que nous avons étudié. Si les points du bâton atteignent successivement le liquide, les deux rides rectilignes seront inclinées l'une sur l'autre. On peut répé-

données à cause des dépenses de la main-d'œuvre, reprirent place sur la cote de la Bourse des grandes villes américaines. La spéculation s'empara de toutes les actions minières. Que s'était-il passé? Un groupe de capitalistes avait assisté dans certain laboratoire de Philadelphie à l'expérience de la désintégration du quartz par une méthode nouvelle. « L'inventeur, dit M. R. Harte (*Le Lotus*, n° 18), s'était contenté de mettre en contact quelques blocs de quartz avec une petite machine qu'il tenait à la main, et chaque bloc touché tombait instantanément en poussière impalpable au milieu de laquelle les morceaux d'or apparaissaient comme des galets sur une plage. « M. Keely, dirent les assistants, si vous pouvez désintégrer de la même façon du quartz à sa place naturelle dans la montagne, nous vous donnerons chacun un chèque de tant de dollars ». On partit pour les Catskill Mountains. En 18 minutes, un tunnel de 18 pieds de long sur 4 de large fut percé dans le quartz des montagnes. Cela fait, M. Keely s'en revint à Philadelphie avec ses chèques dans la poche, et les capitalistes se mirent à acheter toutes les mines abandonnées qu'ils trouvaient de New-York à San-Francisco ».

Le résultat ne répondit sans doute pas à l'attente, car l'effet de Bourse fut désastreux. « M. Keely, écrit Mme B. Moore dans la *Philadelphia Inquirer* du 20 janvier 1888, trompé dans son espoir d'arracher à la nature un des secrets qu'elle garde le plus jalousement, abandonna son générateur de force éthérique et fut poursuivi en justice par les actionnaires de la compagnie du Moteur Keely. Il détruisit alors un grand nombre de ses merveilleux modèles et prit la résolution, s'il était condamné à la prison, de n'y laisser que son cadavre ».

Le Moteur Keely se composait, d'après le Dr Hartmann, d'une sphère creuse circulaire renfermant plusieurs autres sphères métalliques ou résonnateurs. Au milieu était maintenu un anneau contenant deux rangées de tuyaux gradués comme ceux d'un orgue. Au centre, un disque tournant. A la partie inférieure un petit globe creux d'où partait le fil conducteur de la force. L'appareil se chargeait en pinçant une seule fois avec l'ongle une des aiguilles-diapasons disposées extérieurement. En résumé, cet appareil avait pour objet d'emmagasiner et d'amplifier le son dans la sphère; les vibrations, en quantité innombrable, arrêtées dans leur expansion par les parois diverses auxquelles elles se heurtaient provoquaient, dit-on, un mouvement rotatoire considérable.

ter 'les mêmes expériences, avec notre vase à goutte. Il suffit
de le déplacer d'un mouvement convenable (choisi en vue du but
poursuivi) pendant que les gouttes tombent. De cette manière, il
y aura plusieurs centres d'ébranlement, comme dans le cas d'un
bâton.

Huygens a indiqué comment on peut prévoir dans tous les cas
la forme de ces ondes. Le moyen est simple.

Déplaçons le vase pendant une seconde, il laisse écouler les
quatre gouttes $O_1 O_2 O_3 O_4$ pendant ce temps (*fig.* 52). Si $O_1$ existait
seul, il donnerait lieu à une onde circulaire arrivée en *mm* au
bout de la seconde. $O_2$ donnerait à cet instant l'onde *nn*. $O_3$ donne-

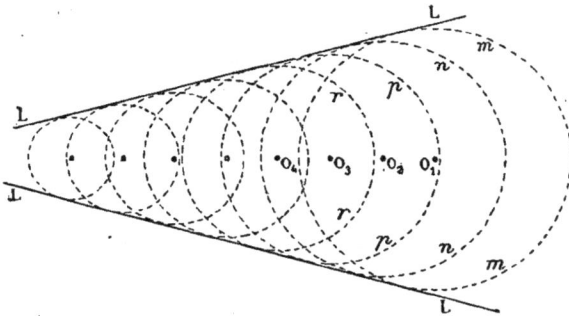

Fig. 52. — Onde liquide rectiligne.

rait de même *pp* et $O_4$ *rr*. Or, ce ne sont pas des cercles qu'on
aperçoit, mais des lignes qui leur sont tangentes, qui les touchent
tous, les lignes L L.

Nous verrons plus tard quel parti Christiaan Huygens a su tirer
de cette observation.

Comme les ondes liquides, les ondes aériennes peuvent avoir
les formes les plus diverses, les plus accidentées.

Elles se construisent du reste avec les ondes sphériques comme
celles qui rident la surface de l'eau se construisent avec les ondes
circulaires. Prenons un exemple :

Une série de timbres très petits et identiques (*fig.* 53) O O′ O″
résonnent en même temps, chacun d'eux donnerait, s'il était seul,
des ondes qui occuperaient au même instant la position M M′ M″.
Or, l'onde unique, résultant de cet ensemble, est formée par
une surface s'appuyant sur toutes les ondes, dites élémentaires.

MM′M″ (éléments de l'onde totale), et terminée à ses deux extrémités par des portions de sphère.

De même une longue tige dont tous les points vibreraient en même temps produirait des ondes cylindriques terminées par des portions de sphère à leurs extrémités. Les ondes sonores ont donc des formes qui dépendent de la forme du corps sonore.

Mais on peut, comme première approximation et pour bien fixer les idées, admettre que la bouche, par exemple, qui produit et maintient un son, est le centre d'une série d'ondes sphériques allant au loin porter le son, dans toutes les directions.

Si l'on veut conserver l'intensité du son dans une direction

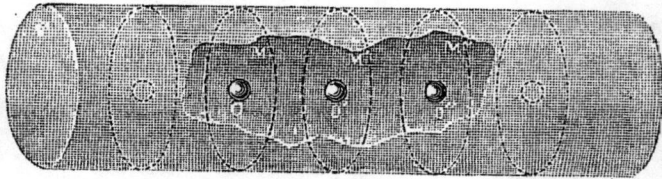

Fig. 53. — Onde aérienne cylindrique.

déterminée, il faut tenter d'empêcher le mouvement vibratoire de se perdre ailleurs.

C'est pour cela que l'homme, par un procédé tout instinctif, a imaginé de rassembler autant que possible, les ondes vers le point où il voulait faire parvenir un appel, en faisant de ses deux mains arquées un prolongement à sa bouche.

Ces mains, dans une telle position, formaient, pour ainsi dire, le commencement d'un tube.

Ce tube, qui conduisait plus sûrement la voix vers son but, l'industrie des hommes l'inventa : ce fut le Porte-voix.

Le Porte-voix est un tube conique muni d'une embouchure qui s'applique contre la bouche, et d'un pavillon évasé. Les appareils employés dans la marine ont généralement deux mètres de long, avec un pavillon de trente centimètres de diamètre. Le plus perfectionné des porte-voix a atteint sept mètres ; il portait la parole, dit-on, à trois kilomètres. Un bon porte-voix de dimension ordinaire ne peut transmettre à pareille distance que des sons inarticulés, que des cris.

Comment un instrument relativement aussi petit donne-t-il à la voix une portée aussi grande?

On a supposé d'abord que ce renforcement des sons était dû à la réflexion des ondes sonores à l'intérieur du tube, puisqu'il dépendait de la forme géométrique de la colonne d'air d'où part le premier mouvement vibratoire, et que la portée du son dans une direction se faisait au préjudice des autres directions, ce qui semblerait vraisemblable.

En résumé, on ignore encore comment cet appareil effectue le renforcement des sons, et la théorie du Porte-voix reste à faire.

Ce tube conducteur, directeur du son, put être prolongé. On fit ces tubes, dont l'usage est aujourd'hui répandu, et qu'on appelle Tubes acoustiques. La transmission du son s'y fait dans une direction unique et pourrait atteindre théoriquement une très grande distance. Dans la pratique, on constate que le son s'affaiblit progressivement dans les tubes d'une certaine longueur; l'air en vibration perd, en effet, peu à peu, une partie de son mouvement dans le frottement contre les parois des tubes.

En combinant le porte-voix avec le Cornet acoustique, sorte d'entonnoir de métal ou de carton dont l'extrémité effilée s'introduit dans l'oreille, on a obtenu un instrument assez puissant, surnommé *Mégaphone* (¹).

Le Mégaphone se compose d'un tube de fer-blanc de deux mètres de long sur trois centimètres de diamètre terminé par un pavillon; c'est le porte-voix. De chaque côté du tube, sont disposés deux entonnoirs de même longueur que le tube, et s'ouvrant par un orifice de quarante ou cinquante centimètres de diamètre; ce sont des cornets acoustiques. Les extrémités de ces deux entonnoirs se terminent par de petits tuyaux en caoutchouc. Pour communiquer avec une personne éloignée — cette personne étant munie d'un cornet acoustique — on dirige le tube dans la direction de cette personne, et on écoute la réponse après s'être introduit dans les oreilles les bouts des tuyaux en caoutchouc des deux entonnoirs. On a pu communiquer facilement de cette manière avec des aérostiers à trois et même quatre kilomètres de distance (*fig.* 54).

---

1. *Mégaphone*, du grec μέγας (mégas) *grand* et φωνή : appareil qui amplifie la voix.

Fig. 54. — Le Mégaphone transmettant la voix à des aérostiers à quatre kilomètres de distance.

C'est la portée la plus longue de la voix obtenue dans l'air.

L'air n'est pas le seul propagateur du son; les milieux élastiques le propagent aussi, avec des vitesses différentes.

La vitesse du son dans l'air a été mesurée par une commission nommée par l'Académie des sciences, en 1738.

Les stations choisies furent l'Observatoire, Montlhéry, Fontenay-aux-Roses et Montmartre. Pendant la nuit, une fusée lancée de l'Observatoire donnait le signal. Toutes les dix minutes, un coup de canon était tiré à une des stations, dont les distances avaient été d'avance exactement mesurées; aux autres stations, on comptait le temps qui s'écoulait entre la perception de la lumière produite par l'inflammation de la poudre et l'arrivée du son. La lumière étant considérée comme se propageant instantanément, on trouva qu'il fallait au son 1 minute 25 secondes pour franchir 29 kilomètres. La vitesse du son se trouvait donc de 337 mètres par seconde; la température était de 6°.

En 1822, à la demande de Laplace [1], ces expériences furent reprises par Arago, Prony, Alexandre de Humboldt, Gay-Lussac et Bouvard. On prit pour stations Montlhéry et Villejuif, éloignées de 18.613 mètres; d'excellents chronomètres remplaçaient les pendules battant la seconde de l'expérience de 1738. La vitesse du son, par une température de 16°, fut trouvée de 340$^m$,9 par seconde.

Regnault [2], de 1862 à 1866, effectua une longue série de recherches sur le même sujet, en y apportant, comme perfectionnement principal, la substitution à l'observateur d'un enregistrement direct, automatique, de l'instant précis où le son se produit et de celui où il parvient à la station terminale. Les erreurs provenant de la non-instantanéité des sensations se trouvaient ainsi évitées. Regnault a constaté que la vitesse du son, à l'air sec et à 0°, était de 330$^m$,6 par seconde. Si la température de l'air s'élève, il faut ajouter à ce nombre 0$^m$,60 par degré. Ainsi, à la température de 16°, la vitesse atteint 340$^m$,2 par seconde.

Dans l'eau, la vitesse du son a été mesurée par Sturm et Colla-

1. Marquis de Laplace, géomètre et astronome français, auteur de la *Mécanique céleste*, etc., né en 1749, mort en 1827.

2. Henri-Victor Regnault, physicien français, membre de l'Académie des sciences, né en 1810, mort en 1878.

don ([1]), en 1827, au lac de Genève, que sa profondeur et sa pureté recommandaient pour une telle expérience, Près de Rolle (*fig.* 55), Sturm amarra une barque qui soutenait une cloche plongée dans l'eau. Tout fut disposé de façon que le marteau de la cloche mît le feu à un petit amas de poudre au moment même où il frappait; la lumière alors produite était le signal du départ du son. A Thonon, distant de treize kilomètres et demi, Colladon, également en bateau, écoutait, au moyen d'un cornet acoustique dont le pavillon plongeait dans l'eau, et comptait le nombre de secondes qui séparait la sensation lumineuse de la sensation sonore.

La vitesse du son dans l'eau fut trouvée à peu près quatre fois plus grande que dans l'air, égale à 1.435 mètres par seconde, à la température de 8°.

La connaissance de la vitesse du son permet d'apprécier les distances : S'il s'écoule 5 secondes entre l'apparition d'un éclair et l'audition du tonnerre, c'est que le nuage orageux est à une distance de $5 \times 340 = 1.700$ mètres; si un bruit engendré au fond d'un lac met un dixième de seconde pour arriver à la surface, on conclura que ce lac a une profondeur de 143$^m$,50.

Le son se propage aussi dans les corps solides avec une vitesse qui dépend de leur élasticité et de leur densité. On estime, par des moyens indirects, à 3.750 mètres par seconde la vitesse du son dans le cuivre, à 4.300 mètres dans la fonte, à 4.800 mètres dans un fil d'acier, à 5.100 mètres dans le fer, à 5.200 mètres dans le verre, et à 6.000 mètres dans une poutre de sapin.

Au seizième siècle, François Bacon, chancelier d'Angleterre, fondateur de la méthode expérimentale dans l'étude des sciences, niait encore la propagation du son dans les corps solides; il ne croyait à la possibilité de cette propagation que par l'intermédiaire d'un fluide hypothétique.

Son compatriote, Robert Hooke, montra le premier, au moyen

1. Sturm, géomètre français, né à Genève, alors chef-lieu du département du Léman, en 1803, mort à Paris en 1855. Avec son ami d'enfance, Colladon, il remporta, en 1827, le grand prix proposé par l'Académie des sciences pour le meilleur mémoire sur la compression des liquides ; fut nommé membre de l'Académie des sciences (1836) en remplacement d'Ampère.

d'un long fil de fer, que les métaux conduisent le son plus vite que
l'air. Ce contemporain de Newton écrivait en 1667 :

« On n'a pas encore examiné jusqu'où pourraient atteindre les
moyens acoustiques ni comment on pourrait impressionner l'ouïe

Fig. 55. — Mesure de la vitesse du son dans l'eau, par Sturm ; station de Rolle (lac de Genève).

par l'intermédiaire d'un autre milieu que l'air, et j'affirme qu'en
me servant d'un fil tendu, j'ai pu transmettre instantanément le
son à une grande distance et avec une vitesse sinon aussi rapide que
celle de la lumière, du moins incomparablement plus grande que
celle du son dans l'air. Cette transmission peut être effectuée non
seulement avec le fil tendu en ligne droite, mais encore quand ce
fil présente plusieurs coudes. »

Cent cinquante ans après, Wheatstone ([1]) fit une expérience analogue en substituant au fil une tige solide.

Voici comment M. John Tyndall ([2]) a reproduit et exposé cette expérience dans une de ses conférences à la Société royale de

Fig. 56. — M. Lippmann, à l'Amphithéâtre de physique de la Faculté des sciences, démontrant la propagation du son dans les corps solides.

Londres : « Dans une salle située au rez-de-chaussée et dont nous sommes séparés par deux étages se trouve un piano; à travers les deux plafonds passe un tube de fer-blanc de 6 à 7 centimètres de

1. Charles Wheatstone, physicien anglais, né en 1802, mort à Paris en 1875.
2. Tyndall, physicien anglais, né en 1820, membre de la Société royale de Londres, professeur de philosophie naturelle à Royal Institution.

diamètre, traversé suivant son axe par une longue baguette de sapin, dont une extrémité sort du plancher. La baguette est entourée d'une bande de caoutchouc de manière à remplir entièrement le tube de fer-blanc; l'extrémité inférieure de la baguette repose sur la table d'harmonie du piano. Un artiste joue actuellement un morceau de musique, mais vous n'entendez aucun son. Je pose le violon sur l'extrémité de la baguette et voici que ce violon rend à son tour l'air joué par l'artiste — non par les vibrations de ses cordes — mais par les vibrations du piano. J'enlève le violon, la musique cesse; je mets à sa place une guitare et la musique recommence. Au violon et à la guitare, je substitue une table de bois, et cette table rend à son tour tous les sons du piano. Je soulève assez la baguette pour qu'elle ne soit plus en communication avec le piano, le son s'éteint. Une personne sans éducation croirait bien certainement à l'intervention d'un sorcier dans cette transmission si miraculeuse ».

Dans son Cours d'Acoustique à la Faculté des Sciences, M. Lippmann réalise la même expérience en remplaçant le piano par un violon dont le chevalet est appuyé sur une barre de bois qui va, en traversant une petite cour large de cinq mètres, de la Salle des conférences d'agrégation à l'Amphithéâtre de physique; là, un second violon, en contact par sa table inférieure avec l'autre extrémité de la barre (*fig.* 56), reproduit les airs joués sur le premier; la longueur de la barre est environ de douze mètres.

Il n'est pas nécessaire d'employer une barre rigide, un simple fil flexible et non tendu est capable de transporter des vibrations nombreuses et variées.

Introduisons, en effet, sous le chevalet d'un violon (*fig.* 72), ainsi que l'ont fait MM. Cornu et Mercadier, une petite lame de laiton mince, fixée à l'une des extrémités d'un fil métallique long et fin, supporté par de petits anneaux de caoutchouc, et dont l'autre extrémité est soudée à un petit triangle de clinquant (lamelle de cuivre) porté par une lourde pince. Une barbe de plume solidaire du clinquant appuie sur un enregistreur.

Aussitôt que l'instrumentiste se met à jouer le fil reste immobile, mais on voit la petite barbe de plume inscrire sur le cylindre, sans en rien laisser perdre, les vibrations des cordes du violon.

C'est sur le même principe que repose le petit instrument, qui fut à la mode parmi les jouets il y a quelques années, et qu'on nommait le téléphone à ficelle. Il se compose d'un fil de soie ou de coton tressé, dont les extrémités sont fixées à deux disques en fort papier formant le fond de gobelets en carton ou en métal. Le fil étant tendu entre deux stations, si, à l'une des stations, on approche le gobelet de l'oreille, on entend distinctement les paroles prononcées même à mi-voix à l'autre station. Le disque vibrant peut être en bois ou en métal.

MM. Heaviside et Nixon ont pu converser avec cet instrument, en choisissant les meilleures conditions possibles, à une distance de deux cents mètres; et M. Huntley, en employant des diaphragmes de fer très mince et en isolant le fil de ligne sur des supports de verre, a pu transmettre la parole à 800 mètres.

Cette distance est la plus grande que les seules ressources de l'Acoustique aient jusqu'ici permis d'atteindre, la transmission s'effectuant par une barre ou un fil.

Tous ces moyens, qui cherchaient à augmenter la portée de la voix humaine étaient encore bien insuffisants pour les besoins modernes lorsque les progrès de la Science physique ont soudain aplani les obstacles et supprimé la distance en permettant l'invention du TÉLÉPHONE.

Mais à présent l'Acoustique n'est plus seule en jeu.

Un milieu nouveau, insaisissable entre en scène, et c'est lui qui portera au loin, où elles seront reproduites, les vibrations des corps sonores.

Ce sont, en effet des phénomènes bien différents de ceux dont nous nous sommes occupés jusqu'alors, qui ont donné au Parisien la possibilité d'entendre instantanément les réponses de son ami de Marseille. Cette instantanéité ne se fût pas produite si les vibrations de la voix eussent été transmises par les vibrations du fil métallique conducteur qui réunit Paris à Marseille. Les vibrations dans un tel conducteur franchissent seulement quatre kilomètres environ par seconde, et comme l'aller et le retour ([1]) comprennent

1. Longueur du fil téléphonique de Paris à Marseille : de Paris (Bourse) à Lyon (central), 531$^k$,654$^m$; de Lyon (central) à Marseille (central), 357$^k$,311$^m$. Total, 888$^k$,965$^m$.

1.777ᵏ930ᵐ, il se serait écoulé 444 secondes (ou sept minutes vingt-quatre secondes) avant que le Parisien eût entendu la réponse du Marseillais ('). 

Ce ne sont donc pas les vibrations du fil métallique du Téléphone qui transmettent les vibrations de la voix.

On peut diviser les Téléphones en deux sortes : *le Téléphone à aimant,* ou magnétique ; et le *Téléphone à pile,* ou électrique. Nous allons d'abord étudier le premier.

L'explication théorique du Téléphone, de cet appareil devenu si rapidement indispensable, présente un grand intérêt. Nous croyons être parvenu, malgré les détails complexes qu'elle comporte, à la rendre claire et intelligible.

1. Si la voix pouvait se transmettre par l'air à une telle distance, de Paris à Marseille (la vitesse du son dans l'air étant, nous l'avons vu, de 340 mètres par seconde), la communication, aller et retour, emploierait 84 minutes, ou 1 heure 24 minutes.

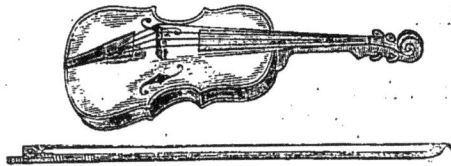

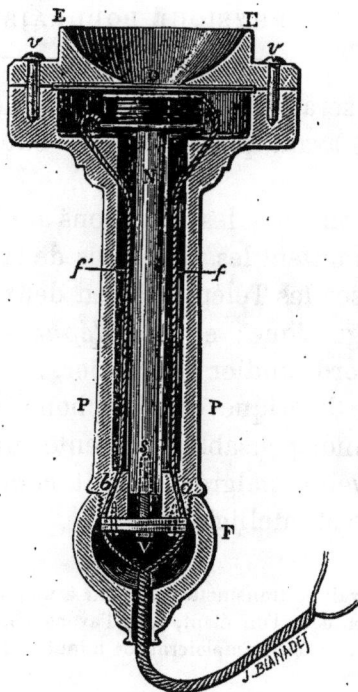

Fig. 58. — Le Téléphone à aimant de Graham Bell.

# CHAPITRE III

## TÉLÉPHONES A AIMANT

Le Téléphone à aimant, ou magnétique, inventé par Graham Bell ('), se compose d'un petit nombre d'organes fort simples.

1. Nous décrivons ici le Téléphone Bell adopté aujourd'hui et dans lequel, ainsi que nous allons le voir, c'est le même appareil qui sert à la fois de transmetteur et de récepteur. Avant de s'arrêter à ce dernier système, M. Graham Bell avait fait de nombreux essais. Ce fut à l'Exposition de Philadelphie, en 1876, qu'apparut le premier Téléphone de M. Bell, dont sir William Thomson, dans son rapport à l'Association britannique pour l'avancement des sciences, faisait ainsi l'éloge :

« J'ai entendu des sons articulés à travers un fil télégraphique, et la prononciation électrique ne faisait qu'accentuer encore l'expression railleuse des monosyllabes; le fil m'a récité aussi des extraits au hasard des journaux de New-York... Tout cela, mes oreilles l'ont entendu articuler très distinctement par le mince disque circulaire formé par l'armature d'un électro-aimant. C'était mon collègue du jury, le professeur Watson, qui, à l'autre extrémité de la ligne, proférait ces paroles à haute et intelligible voix, en appliquant sa bouche contre une membrane tendue, munie d'une petite pièce de fer doux,

Un aimant rectiligne N, qui est l'âme de l'appareil, est disposé suivant l'axe d'une poignée en bois ou en ébonite PP. Autour de l'extrémité N est enroulé, sur une bobine de bois, un fil métallique long

laquelle exécutait près d'un électro-aimant introduit dans le circuit de la ligne des mouvements proportionnels aux vibrations sonores de l'air. Cette découverte, la merveille des merveilles, est due à un de nos jeunes compatriotes, M. Graham Bell, originaire d'Édimbourg, et aujourd'hui naturalisé citoyen des États-Unis.

« On ne peut qu'admirer la hardiesse d'invention qui a permis de réaliser avec des moyens si simples le problème si complexe de faire reproduire par l'électricité les intonations et les articulations si délicates de la voix et du langage, et, pour obtenir ce résultat, il fallait trouver moyen de faire varier l'intensité du courant dans le même rapport que les inflexions des sons émis par la voix. »

Dans son *Mémoire* lu à la Société des Ingénieurs Télégraphistes de Londres, le 31 octobre 1877, M. Graham Bell fit le récit complet de ses recherches. Poussé à l'étude de l'Acoustique par son père Alexandre Melville Bell, d'Édimbourg, qui s'occupait beaucoup de cette science, Graham Bell commença à se servir du Phonautographe de Scott en y appliquant un enregistreur très sensible. Puis, il chercha à construire un phonautographe modelé davantage sur le mécanisme de l'oreille, et obtint un résultat encourageant. « La disproportion considérable, dit-il, de masse et de grandeur qui, dans cet appareil, existait entre la membrane et les osselets mis en vibration par elle, attira particulièrement mon attention et me fit penser à substituer à la disposition compliquée que j'avais employée, une simple membrane à laquelle était fixée une armature de fer.

« En articulant à la branche d'un électro-aimant une armature de fer, reliée par une tige à une membrane, je pensais obtenir par suite des vibrations de celles-ci une série de courants induits vibratoires qui, réagissant sur l'électro-aimant d'un appareil semblable placé à distance, devait faire reproduire à l'armature de celui-ci les mouvements de la première armature, et, par conséquent, faire vibrer la membrane correspondante, exactement comme celle ayant provoqué les courants. Toutefois les résultats que j'obtins de cet arrangement ne furent pas satisfaisants, et il me fallut encore entreprendre bien des essais qui m'amenèrent à réduire autant que possible les dimensions et le poids des armatures et même à les constituer avec des ressorts de pendule de la grandeur de l'ongle de mon pouce. Dans ces conditions, au lieu d'articuler ces armatures, je les attachai au centre des membranes. Nous pûmes alors, mon ami Thomas Watson et moi, obtenir des transmissions téléphoniques qui nous montrèrent que nous étions dans la bonne voie. Je me souviens d'une expérience faite alors avec ce téléphone, qui me remplit de joie. Un des deux appareils était placé, à Boston, dans une des salles de conférences de l'Université, l'autre dans le soubassement d'un bâtiment adjacent. Un de mes élèves observait ce dernier appareil, et je tenais l'autre. Après que j'eus prononcé ces mots : *Comprenez-vous ce que je dis ?* quelle a été ma joie quand je pus entendre moi-même cette réponse à travers l'instrument : « Oui, je vous comprends parfaitement. » Certainement l'articulation de la parole n'était pas alors parfaite, et il fallait l'extrême attention que je prêtais pour distinguer les mots de cette réponse ; cependant l'articulation de ces mots existait et je pouvais croire que leur manque de clarté devait être rapporté uniquement à l'imperfection de l'instrument. »

Sans entrer dans le détail de tous les essais que Graham Bell dut entreprendre pour améliorer la construction de son appareil, disons qu'il finit par reconnaître que l'intervention du courant traversant la bobine de l'électro-aimant n'était utile que pour magnétiser celui-ci et qu'il se décida à supprimer la pile et à employer pour noyau magnétique un aimant permanent.

et fin recouvert de gutta-percha et de soie. Les bouts de ce fil descendent en *f f'* le long de la poignée et passent en *a*, *b*, puis sortent de l'appareil réunis et tressés en corde. Un disque de fer presque pur (exempt de carbone), ou fer doux D de deux à trois dixièmes de millimètre d'épaisseur est encastré par son pourtour, un peu en avant de l'aimant, entre la pièce élargie qui termine la poignée PP et une embouchure en bois EE, creusée en forme d'entonnoir très évasé dont le fond percé d'une ouverture circulaire laisse voir une portion du disque D. On peut faire varier l'encastrement en serrant plus ou moins les vis *v*. Enfin une vis V *s* permet, après avoir enlevé l'extrémité de la poignée en forme de poire F, d'approcher ou d'éloigner l'aimant du disque aussi peu qu'on le désire. C'est la vis de réglage, utile surtout au constructeur de l'appareil.

Pour comprendre les surprenants effets de cette petite machine, il faut en examiner chacune des parties; pour l'instant nous ne nous occuperons de l'Aimant qu'au point de vue de son rôle dans la Téléphonie, nous réservant d'étudier sa nature, sa cause, son utilité dans le chapitre consacré au Magnétisme.

Disons seulement qu'un aimant naturel est un minerai de fer, et qu'un aimant artificiel est un morceau d'acier trempé auquel on a communiqué par un procédé, que nous indiquerons, les propriétés de l'aimant naturel. On donne généralement à ce morceau

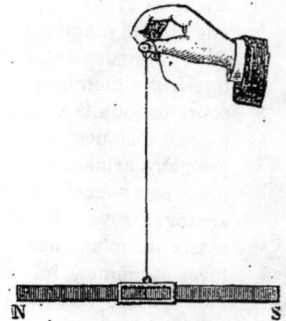

Fig. 59.
Orientation d'un barreau aimanté.

d'acier la forme d'un barreau, d'un fer-à-cheval, ou d'un losange très allongé qu'on appelle « aiguille aimantée ».

Les aimants naturels, à cause de leurs défauts, de leur irrégularité, de leur faiblesse, ne sont employés ni dans les appareils téléphoniques, ni dans les expériences que nous allons décrire.

Prenons un aimant rectiligne et suspendons-le par son milieu au moyen de fils sans torsion (des fils de cocons, par exemple) (*fig.* 59). Quelle que soit la position qu'on l'oblige à prendre, on le voit toujours dès qu'il est rendu à la liberté, se mouvoir et s'orienter de telle sorte qu'au repos la même extrémité regarde le Nord. Forcément l'extrémité opposée est alors tournée vers le Sud.

Nous donnons le nom de Pôle nord à la région de l'aimant qui cherche le Nord, et de Pôle sud à l'autre région.

Notons par les lettres N et S les deux pôles de l'aimant. Répétons l'expérience avec un second aimant, il s'orientera de même et nous noterons encore ses pôles (') par les mêmes lettres N et S (Nord et Sud).

En dehors de l'orientation fatale, inexplicable des aimants, nous

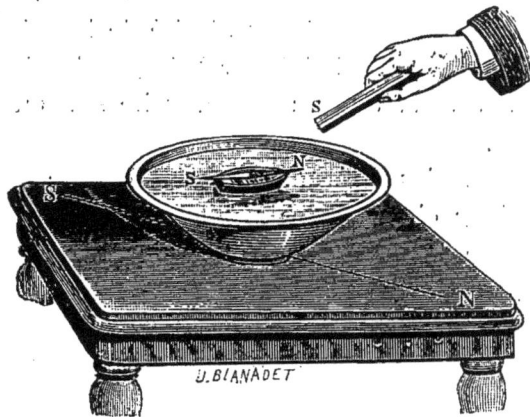

Fig. 60. — Attraction d'un pôle Nord par un pôle Sud.

allons constater un fait curieux : si de l'un de ces aimants, on approche l'autre aimant, on voit qu'ils se repoussent s'ils sont en regard par leurs pôles de même nom (les deux Nord ou les deux Sud), et qu'ils s'attirent si le Nord de l'un d'eux est mis en regard du Sud de l'autre.

En approchant l'extrémité S d'un aimant de l'extrémité N d'un autre aimant posé par exemple sur un flotteur (*fig.* 60), nous le voyons dévier de sa position normale N S, indiquée par la ligne tracée sur la table.

Si les deux pôles d'un aimant sont placés à égale distance du pôle d'une aiguille aimantée, l'attraction d'un des pôles est annulée par

1. Le mot *pôle* vient du grec πωλειν (poleïn) qui signifie « tourner »; on a donné ce nom aux extrémités de la ligne autour de laquelle on fait tourner une sphère quelconque.

la répulsion de l'autre pôle, et l'aiguille aimantée (*fig.* 61) n'est pas
déviée. La force de répulsion d'un
pôle est donc égale à la force d'attraction de l'autre pôle.

Prenons à présent un aimant
d'une main, et de l'autre main un
tamis contenant de la limaille de
fer. Répandons cette limaille dans
le voisinage de la région polaire
Nord, par exemple. Au lieu de
tomber sur le sol, la limaille se
dirige sur l'aimant, comme si elle
y était portée par une main invisible, et s'y dépose de façon régulière en filets ou filaments dont l'ensemble forme une houppe (*fig.* 62).
Le même phénomène se répétera
avec la région polaire Sud.

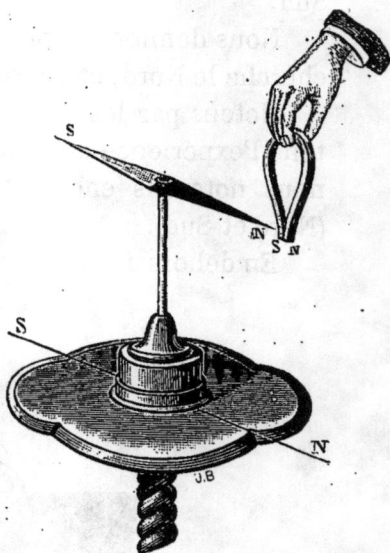

Fig. 61. — Attraction annulée par la répulsion.

Pour examiner mieux encore le mode d'action de l'aimant, plaçons cet aimant N S sur une table. Couvrons-le d'un carton mince.

Fig. 62. — La limaille de fer et l'aimant.

long et large, et laissons tomber du tamis la limaille de fer. Cette
limaille dessine sur le carton, là où elle n'est pas trop éloignée de

l'aimant, des lignes très nettes, serrées par endroits et ailleurs clairsemées (*fig.* 63). Il est utile pour obtenir un dessin régulier de frapper du doigt légèrement le carton afin de déplacer les grains de limaille, de les soustraire à leur pesanteur propre et de les rendre ainsi plus libres d'obéir à l'action de l'aimant.

On appelle le dessin formé par la limaille sur le carton, *spectre* ou *fantôme magnétique.*

Ces expériences montrent qu'un aimant donne à l'espace qui l'environne, et sur une certaine étendue, une activité spéciale. En

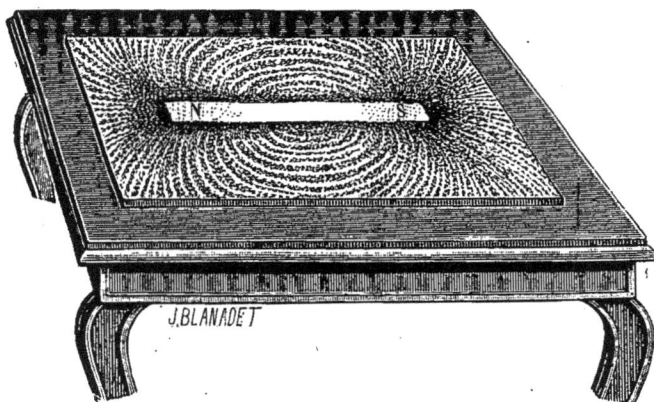

Fig. 63. — Spectre ou Fantôme magnétique.

d'autres termes, un aimant est capable de produire des mouvements à distance, sans intermédiaire visible saisissable.

On a donné le nom de *champ magnétique* produit par l'aimant à la portion d'espace où l'aimant fait sentir ses effets. Descartes appelait cette portion d'espace « l'atmosphère du tourbillon magnétique ».

Faraday (¹) désigne par les mots « lignes de force du champ magnétique » les lignes suivant lesquelles se placent, s'orientent, les grains de limaille. Là, où ces lignes sont pressées, le champ est puissant; là, où elles sont rares, le champ est faible.

On convient de donner un sens à ces Lignes de force et de dire

1. Michael Faraday, chimiste et physicien anglais, né en 1791, mort en 1867, fils d'un forgeron, s'illustra par ses travaux sur le Magnétisme et l'Électricité.

qu'elles partent, sortent ou émanent, de la moitié Nord de l'aimant et qu'elles aboutissent, entrent, s'absorbent, à la moitié Sud. Ce sens est indiqué par les flèches du dessin (*fig.* 64).

La limaille de fer s'alignerait de même sur le carton, si on inclinait ce carton autour de l'aimant (en négligeant toutefois le dérangement apporté par la pesanteur propre de la limaille, puisque sous l'influence de cette pesanteur la limaille tend à glisser sur le carton): c'est dire que le Champ est symétrique, de révolution, autour de l'aimant.

On peut sans inconvénient faire abstraction de l'aimant et ne plus voir que le Champ magnétique, portion de l'espace pleine d'un milieu — qu'on appellera l'Éther, — dont les molécules seraient animées d'un mouvement donnant naissance à ce

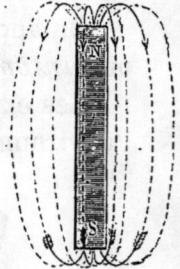

Fig. 64.
Sens des Lignes
de force.

flux de Lignes de force dont la limaille nous apporte la révélation et nous dessine, dans une certaine mesure, le nombre et la forme.

Nous étudierons plus loin, comme nous l'avons dit, la cause déterminante d'un Champ magnétique; nous n'avons besoin, en ce chapitre, que de rechercher ses propriétés fondamentales.

Ce qui frappe d'abord la vue et l'esprit, c'est qu'un petit barreau de fer doux, absolument sans action sur la limaille de fer, devient un véritable aimant dès qu'il est introduit dans un Champ magnétique; la limaille s'attache immédiatement en houppes vers ses extrémités.

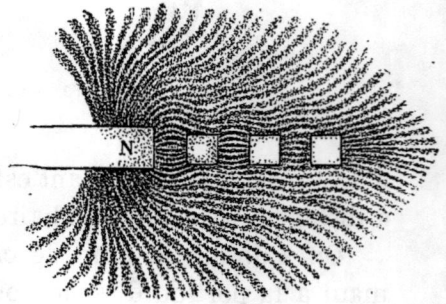

Fig. 65.
Déformation du Spectre magnétique.

En plaçant le barreau de fer doux sous le carton qui dissimule l'aimant dans l'expérience du Spectre magnétique, on voit ce Spectre se déformer. Les Lignes de force viennent en grand nombre se concentrer sur le fer doux, comme si elles étaient aspirées par lui. La figure 65 représente l'effet produit par trois petits barreaux de fer doux placés sous le carton dans le prolongement de l'aimant.

En explorant le barreau au moyen d'une petite aiguille aimantée dont on connaît les pôles, et en suivant des yeux la marche des Lignes de force à partir de l'aimant primitif, dans le sens conventionnel qu'on leur a donné, on constate sans peine que là où les Lignes de force sortent du fer doux, elles y déterminent une région Nord et, là où elles entrent, une région Sud.

La déformation des Lignes de force, sous l'influence d'un morceau de fer doux introduit dans le Champ magnétique, dépend de la forme du morceau de fer doux et de sa position.

Au lieu d'un barreau, s'agit-il d'un disque extrèmement mince, le Spectre primitif est à peine modifié; les Lignes de force le franchissent sans embarras (fig. 66); la face d'entrée est une face Sud S et la face de sortie une face Nord N. Le disque est alors dit aimanté transversalement, c'est-à-dire dans le sens de l'épaisseur, sous l'influence du Champ magnétique.

Fig. 66.
Disque aimanté transversalement.

Le disque est-il plus épais? (et quelques dixièmes de millimètres suffisent) alors les Lignes de force aspirées au centre du disque s'échappent par son pourtour (fig. 67); il y a donc une région Sud dans la partie centrale S, et une région Nord sur tout le pourtour N N. Le disque, en ce cas, est dit aimanté circulairement. Les Lignes de force se rassemblant sur le disque y produisent un Champ magnétique plus puissant que dans le cas précédent.

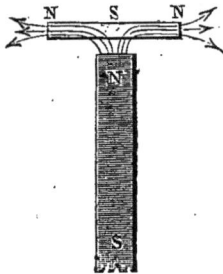

Fig. 67. — Disque aimanté circulairement.

Ce qui précède nous fait comprendre que l'Aimant N S — produisant le Champ magnétique du Téléphone de Graham Bell (fig. 58) — est l'organe essentiel de l'appareil, et que, sous son influence, le disque encastré D, qui a plusieurs dixièmes de millimètres d'épaisseur, s'aimante circulairement, c'est-à-dire concentre sur lui la puissance du Champ; de plus, il est évident que ce disque aimanté est constamment attiré vers l'aimant ('), puisque disque et aimant sont en regard par leurs

1. L'aimant pourrait être ici comparé à un céphalopode, à un poulpe, dont les multiples tentacules maintiennent une proie dans leurs replis. La proie, cherchant à s'échapper, tantôt s'éloigne et tantôt se rapproche; mais les tentacules ne l'abandonnent

pôles contraires; le disque se précipiterait sur l'aimant s'il n'était encastré par son pourtour.

Tel est l'état du Téléphone lorsque ses organes sont immobiles les uns par rapport aux autres : c'est l'état statique ([1]) du Téléphone à aimant.

Qu'arriverait-il maintenant si le disque D, que nous avons supposé jusqu'alors immobile, était mis en mouvement?

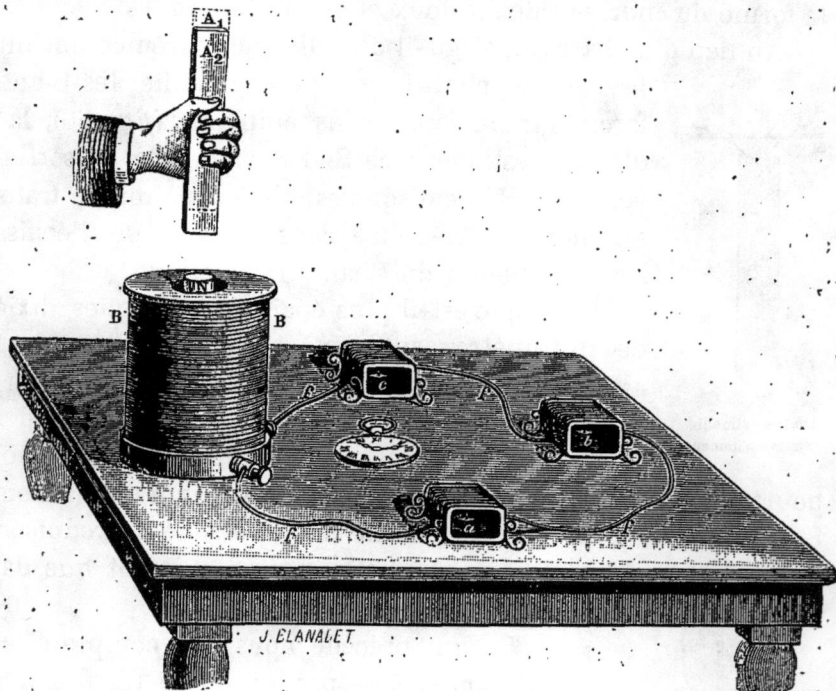

Fig. 68. — Phénomènes d'Induction magnétique.

Pour le savoir, il nous faut reprendre à ce point de vue nouveau, l'expérience de l'aimantation du fer doux sous l'influence

pas, s'allongent ou se contractent de manière à la suivre dans tous ses mouvements. Si, au contraire, ce sont les tentacules qui s'allongent ou se contractent, la proie sera alternativement éloignée ou rapprochée. L'effet final est le même quoique la cause soit différente puisqu'elle dépend, dans le premier cas, du mouvement de la proie, et, dans le second cas, du mouvement du céphalopode.

Les Lignes de force jouent le rôle de tentacules invisibles, et les molécules du disque remplissent le rôle de la proie. La force extérieure (qui serait la volonté de la proie) est remplacée ici par tout mouvement que l'on donnerait au disque.

1. *Statique*, du grec στατιχή (statikè) « équilibre, repos. »

d'un aimant. Sous le carton, qui cache l'aimant et porte le Spectre, le fer doux est introduit. Aussitôt le Spectre se déforme, puis tout rentre au repos. Mais tout mouvement qui sera donné à l'aimant ou au fer doux sera immédiatement accusé par une nouvelle déformation du Spectre, par un déplacement correspondant des Lignes de limaille. Ce mouvement des Lignes de force du Champ, cet état dynamique (¹), donne lieu, tant qu'il dure, à des phénomènes du plus haut intérêt, découverts par Faraday, vers 1831-32, et appelés phénomènes d'*Induction magnétique*.

Afin de révéler ces importants phénomènes, enfilons un aimant N suivant l'axe d'une bobine BB (*fig.* 68) (une bobine est un cylindre de bois, percé d'un trou suivant son axe, et sur lequel on enroule un fil métallique recouvert de soie et de gutta-percha). Plaçons le long du fil *f*, enroulé un grand nombre de fois sur la bobine, de petites aiguilles aimantées autour desquelles nous ferons passer le fil (pour cela, on enroule le fil sur une petite boîte de bois au centre de laquelle se trouve, suspendue par un fil de cocon, la petite aiguille amantée). Attachons maintenant l'une à l'autre les deux extrémités du fil *f*.

Ces préparatifs terminés, saisissons un barreau de fer doux et approchons-le brusquement de l'aimant. Le Champ magnétique, nous le savons, est aussitôt déformé, et les Lignes de force se précipitent sur le fer doux. Mais, pendant ce temps, chose que nous ne soupçonnions guère, les petites aiguilles *a*, *b*, *c*, quoique éloignées, sont toutes déviées, et déviées dans un même sens.

C'est la preuve manifeste qu'un Champ magnétique, que l'on a nommé Champ « induit » par le déplacement du barreau de fer doux, a été créé tout le long du fil et autour de ce fil. (Le Champ de l'aimant est appelé Champ inducteur.)

Dès que le déplacement du barreau de fer doux a cessé (nous avons vu qu'alors, d'après l'expérience précédente du Spectre magnétique déformé, les Lignes de force s'arrêtent et se fixent dans la position qu'elles occupent), nous remarquons que les petites aiguilles aimantées, indicatrices du Champ induit le long du fil, re-

1. *Dynamique*, du grec δύναμις (dunamis) « mouvement, force ».

viennent à leur position première. Le Champ induit a donc disparu.

En approchant de nouveau le barreau de fer doux, le Champ induit se rétablit, pour cesser dès que le barreau s'arrête. Le Champ induit n'existe donc que pendant la perturbation apportée, dans le Champ magnétique préexistant de l'aimant, par le mouvement du fer doux.

Il va sans dire que l'éloignement du barreau crée, de même que son approche, un Champ magnétique le long du fil; mais, fait à remarquer, le sens de ce Champ est opposé au précédent, c'est-à-dire que si, à l'approche du barreau les aiguilles aimantées ont tourné dans le sens des aiguilles d'une montre, elles tournent en sens inverse lors de son éloignement.

Ce n'est pas tout. Si le barreau passe de la position $A_1$ à la position $A_2$ avec lenteur, les aiguilles indicatrices $a$, $b$, $c$, restent immobiles. Elles sont d'autant plus violemment déviées que le déplacement du barreau est plus brusque, plus instantané. C'est donc la vitesse, la rapidité de la déformation du Champ magnétique préexistant qui règle la puissance du Champ induit.

Plus le déplacement du barreau est instantané, plus le Champ induit est puissant, mais aussi moins sa durée sera grande. L'expérience montre, d'autre part, et le bon sens l'indique, que plus le Champ magnétique préexistant ou Champ inducteur de l'aimant dans la bobine, sera fort, plus le Champ induit sera intense, pour un même déplacement $A_1 A_2$ effectué avec la même rapidité.

Pour bien fixer les idées sur ces divers phénomènes, qu'il est indispensable de connaître pour comprendre le Téléphone, imaginons que le barreau de fer doux soit remplacé par un disque de fer doux porté par l'une des branches d'un diapason ([1]) et mis en vibration par lui (*fig.* 69).

Suivons le phénomène pendant la durée d'une vibration, c'est-à-dire pendant la « période » du son rendu par le diapason. Que va-t-il se passer lorsque le disque de fer doux, entraîné par le diapason, va faire une vibration devant l'aimant NS? (Dans la figure 69

1. La note rendue par le diapason serait altérée lorsqu'on fixe le disque à sa branche inférieure si l'on ne prenait en même temps la précaution de placer un contre-poids sur la branche supérieure.

nous exagérons la vibration pour mieux en faire saisir les effets successifs; on voit en M et P les positions extrêmes du disque et en N sa position au repos.)

Le disque se comportant ici comme la molécule M dont nous avons expliqué la marche (*page* 63, *fig.* 42), on comprend que de M en N le disque s'approche de l'aimant avec une rapidité, une vitesse croissante, le Champ induit le long du fil va donc, lui aussi, constamment en croissant pendant ce temps et fait dévier les aiguilles indicatrices AA', dans le sens des aiguilles d'une montre. (Nous dirons que le Champ induit est alors de sens direct). Le disque

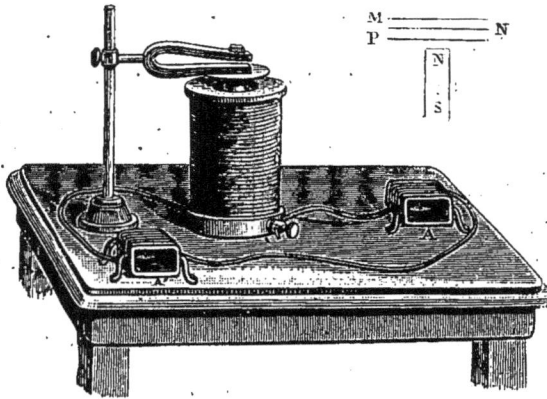

Fig. 69. — Vibration sonore « occasionnant » une vibration magnétique.

se déplaçant de N en P, le Champ induit est encore direct, mais il diminue jusqu'à s'annuler. De P en N, le disque s'éloigne avec une vitesse croissante, le Champ induit est alors inverse du précédent, car il fait tourner les aiguilles indicatrices en sens contraire; il croît de P en N, il diminue de N en M où il s'annule, et la vibration recommence.

Il résulte de là que les aiguilles indicatrices vibrent en même temps que le disque.

On peut dire que ces aiguilles ne font que suivre la vibration du Champ magnétique induit, c'est-à-dire la vibration des molécules du milieu inconnu dont les mouvements produisent et caractérisent le Champ.

La *vibration sonore* du diapason a donc « occasionné », grâce au fer doux et à l'aimant, une *vibration magnétique* qui se propage tout le long du fil avec une si grande rapidité qu'elle produit partout simultanément son effet.

Ce *Champ magnétique vibratoire* va nous servir à expliquer les effets du Téléphone.

Nous venons de voir qu'une *vibration sonore* peut « occasionner » une *vibration magnétique*. Nous disons « occasionner » et nous ne saurions employer un autre terme, tant cette sorte de transformation de vibration sonore en vibration magnétique est encore entourée de mystère.

Il nous importe de connaître à présent si cette *vibration magnétique* peut, amenée vers une station choisie, restituer à cette station la *vibration sonore*.

S'il en est ainsi, si la vibration magnétique peut reproduire au loin la vibration sonore qui lui a donné naissance, le *Téléphone* sera inventé.

Mais quel mécanisme imaginer pour produire cette transformation ?

Supposons que le fil de la bobine soumise à l'expérience vienne s'attacher aux extrémités d'un fil enroulé sur une seconde bobine $S_1$ semblable à la première, au diapason près, avec aimant

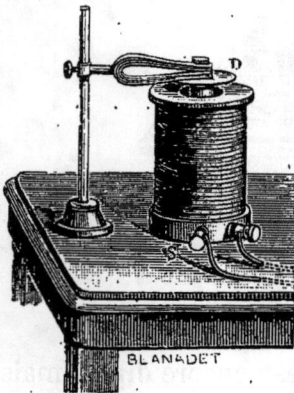

Fig. 70.
Transmetteur de la vibration sonore.

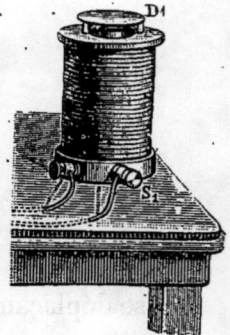

Fig. 71. — Récepteur de la vibration sonore.

et disque de fer doux $D_1$ (*fig.* 70 et 71), et que nous appellerons bobine réceptrice.

Si le diapason de la bobine S donne le *la₃*, c'est-à-dire effectue 435 vibrations en une seconde, sa « période » sera égale à la quatre cent trente-cinquième partie d'une seconde, et la vibration magnétique devra se produire en ce temps si court.

La vibration magnétique agit sur tout aimant placé dans le voisinage du fil qui sert d'axe au Champ induit. Elle fait dévier, tantôt dans un sens, tantôt en sens inverse, ainsi que nous l'avons vu, les aiguilles aimantées indicatrices $a, b, c$. Évidemment elle agira d'une manière semblable sur le disque de fer doux de la bobine receptrice puisque celui-ci est aimanté.

Selon le sens de la vibration magnétique, le Champ vibratoire ajoutera son action sur le disque $D_1$ (qui remplace ici les aiguilles indicatrices) à l'action qu'y exerce l'aimant ou l'en retranchera. Le disque se déplacera donc pour prendre une nouvelle position d'équilibre. L'attraction sur le disque $D_1$, augmentant et diminuant périodiquement, celui-ci s'approchera de l'aimant pour s'éloigner ensuite, et fera une vibration complète dans le même temps que le Champ magnétique vibratoire et, par suite, dans le même temps que le disque D. On devra donc entendre à la station $S_1$ le son $la_3$ puisque le disque $D_1$ devra effectuer 435 vibrations en une seconde.

L'amplitude de déplacement du disque n'a pas besoin d'être grande; le plus souvent elle n'est pas même visible. Lord Rayleigh, président de la Société royale de Londres, a démontré que l'amplitude des vibrations sonores peut, en effet, devenir extrèmement petite, très inférieure même à *un millionième de millimètre*, sans que le son cesse d'être perceptible.

Le disque D va nous servir de transmetteur et le disque $D_1$ de récepteur, mais on conçoit qu'on peut intervertir les rôles en plaçant en $D_1$ le diapason de D.

Voyons si l'expérience confirmera nos prévisions.

Mettons le diapason en vibration, selon la manière habituelle en faisant glisser une tige de grosseur convenable entre ses deux branches; les vibrations du diapason se communiquent au disque de fer doux, support du Champ magnétique. Par son intermédiaire, un Champ induit ou Champ magnétique vibratoire, est créé dans le fil. Ce Champ, en $S_1$, attire et repousse périodiquement le disque $D_1$. Les mouvements vibratoires de ce disque se communiquent à l'air et de là à l'oreille qui écoute et qui entend effectivement un son.

Mais ce son, entendu au récepteur, est-il bien identique au son qui a été produit devant le transmetteur?

En possède-t-il la hauteur, l'intensité, le timbre?

Rappelons que la « période » est la durée d'une vibration, et la

« hauteur » (¹) le nombre de vibrations complètes effectuées en une seconde. Ajoutons que nos moyens ne nous permettent d'avoir avec précision la mesure de la « période » qu'à la condition d'en mesurer un certain nombre; on mesure donc le nombre des « périodes » contenues dans une seconde, ce qui revient à mesurer la « hauteur » du son:

Il s'agit de nous assurer que la « hauteur » du son transmis n'est pas altérée dans les métamorphoses successives de la vibration sonore.

D'abord il faut connaître et mesurer la « hauteur » du son envoyé. Pour cela, on obligera le corps sonore, diapason ou autre, qui donne la note en D à inscrire ses vibrations à côté des oscillations d'un pendule à seconde. On comptera sur le dessin obtenu le nombre de vibrations correspondant à un certain nombre de secondes et en divisant le premier nombre par le second on aura la « hauteur » du son envoyé.

Il est évident que si l'on avait déjà comparé à la seconde la durée d'une vibration d'un diapason quelconque (comme chacune des vibrations qu'il effectue a la même durée), ce diapason pourrait servir à la mesure du temps. Il servirait de diapason « chronographe » (²), puisqu'en écrivant ses vibrations, il écrit aussi le temps.

C'est ainsi que M. Cornu, membre de l'Institut, professeur à l'École polytechnique, et M. Mercadier, inspecteur des Télégraphes, directeur des études à l'École polytechnique, ont déterminé la hauteur des diverses notes données par un violon sur lequel on a joué l'air de *Guillaume Tell* « Au sein de l'onde qui rayonne » et l'air de *La Juive* « O Dieu de nos pères. » (*Fig.* 72.)

Cette expérience, que nous avons signalée à propos de la transmission des vibrations sonores par un fil (*page* 86), a été faite en 1869 et répétée en 1872.

1. Les sons produisent sur notre oreille des impressions variées; les uns sont dits « bas » ou « graves », les autres « élevés » ou « aigus », et l'expérience montre que cette sensation dépend seulement de la *période* du son perçu. On la caractérise, on la mesure par la « hauteur », mais il est de toute évidence qu'il n'y a lieu de parler de la « hauteur d'un son » que si celui-ci se maintient identique à lui-même, s'inscrit suivant une courbe périodique, est, en définitive, un son musical. Les autres sons ou bruits sont un mélange de sons musicaux où l'oreille ne peut rien démêler de précis et de net.

2. Du grec χρονος (*chronos*) temps, et γραφω (*grapho*) j'écris.

Si nous pouvions inscrire directement les vibrations de D, au poste de réception, nous saurions tout de suite si le son reçu a la même « hauteur » que le son envoyé. Mais cette inscription directe est ici malaisée à cause de l'extrême petitesse des vibrations de ce disque, et il vaut mieux faire usage de la *Sirène*.

Fig. 72. — MM. Cornu et Mercadier déterminant la hauteur des diverses notes données par un violon.

Toutes les fois que deux sons produits simultanément affectent l'oreille d'une certaine manière que l'on caractérise par le mot « unisson », la méthode précédente, ou méthode graphique montre que les deux sons proviennent d'un même nombre de vibrations par seconde, c'est-à-dire qu'ils ont la même « hauteur ».

Si donc on peut construire un appareil indiquant le nombre des vibrations relatives au son qu'il rend et pouvant être porté à l'unisson d'un son quelconque, on aura, par une simple lecture, la hauteur de ce dernier.

La *Sirène* a été imaginée dans ce but par Cagniard de Latour [1].

En principe une Sirène se compose d'un plateau circulaire (*fig.* 73) portant une série de trous également espacés sur une circonférence. De l'air est injecté dans un tuyau placé au niveau des trous. En faisant tourner le plateau, le tuyau est alternativement ouvert ou fermé selon que les parties vides ou les parties pleines passent devant lui. Chaque bouffée d'air qui traverse les trous repousse l'air qui se trouve de l'autre côté du plateau, cet air revient en place lorsque le plein du plateau se substitue au vide. S'il y a 20 trous sur la circonférence et si le plateau fait 10 tours en une seconde, l'air sera refoulé 200 fois et reviendra 200 fois en arrière, le son produit correspondra donc à 200 vibrations complètes par seconde. Si au lieu d'un seul tuyau il y en avait plusieurs, le son entendu serait le même, car les trous étant bouchés ou débouchés ensemble, le nombre des vibrations n'est pas modifié; mais, cela est de toute évidence, le son est plus fort. (Ordinairement les plateaux de *Sirène* portent plusieurs séries de trous pour servir à des expériences de comparaison.)

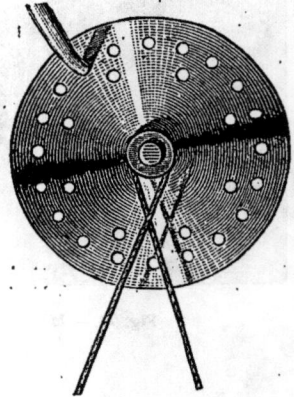

Fig. 73. — Sirène.

Nous pouvons maintenant déterminer la hauteur du son entendu au disque $D_1$. On fera tourner le plateau de la Sirène de plus en plus vite jusqu'à ce qu'il donne un son à l'unisson de celui du disque $D_1$, ce résultat obtenu on maintiendra le plateau dans son mouvement et au moyen d'un petit mécanisme très simple on en comptera les tours. On laissera ainsi marcher les choses pendant un certain nombre de secondes (qu'on lit sur un chronomètre), puis on arrêtera le moteur, et on lira le nombre de tours effectués; celui-ci multiplié par le

1. Cagniard de Latour, physicien, né à Paris en 1777, mort en 1859, a donné à son invention le nom de *Sirène*, parce qu'on peut lui faire rendre des sons dans l'eau.

nombre de trous du plateau fera connaître le nombre des vibrations complètes faites pendant le temps exprimé en secondes, lu sur le chronomètre. On rapportera ce nombre de vibrations à la seconde de manière à obtenir la hauteur du son rendu par la Sirène, c'est-à-dire la hauteur du son rendu par le disque $D_1$.

Ces deux méthodes respectivement appliquées au transmetteur et au récepteur montrent que le son reçu en $D_1$ a rigoureusement la même « hauteur » que le son produit en D : aux deux stations résonne un $la_2$.

C'est bien ce que nous avions pu conclure des lois qui gouvernent les phénomènes d'Induction.

A coup sûr Faraday, qui avait l'intelligence de ces phénomènes, n'aurait pas hésité à affirmer, en présence du système DS, $D_1S_1$, dont nous avons expliqué la constitution, que les mouvements du disque D devaient se transmettre en $D_1$. Il connaissait, en effet, cette sorte de réciprocité, de reversibilité entre les causes et les effets, qui caractérise les phénomènes d'Induction et qui nous fait concevoir la raison de leur infinie fécondité.

Mais l'expérience va bien au delà de nos prévisions. Il n'est pas nécessaire de fixer le diapason au disque, il suffit de faire vibrer le diapason à une faible distance pour que les molécules du disque entrent en vibration et permettent la transmission magnétique du son.

Il en est de même, cela va de soi, d'un son tiré d'un instrument quelconque. On entendra nettement en $D_1$ le morceau de musique joué en D sur un violon, par exemple. Si au violon on substitue le piano, la flûte, etc., on reconnaîtra parfaitement chacun des instruments.

Donc cette qualité que nous appelons le « Timbre » (¹) n'est pas

1. Nous avons vu dans le chapitre précédent que les cordes d'une harpe se mettent à chanter lorsqu'on produit près d'elles les sons qu'elles sont elles-mêmes capables de rendre. Cette propriété permet de démêler, d'analyser le chaos des sons qui arrivent jusqu'à la harpe.

C'est par un tel moyen, que le professeur Helmholtz, qui a ingénieusement défini le Timbre « la couleur d'un son », a montré quelle était la cause du Timbre. Toutefois il a substitué à la harpe une série de sphères creuses en cristal ou en laiton percées de deux ouvertures dont les volumes étaient graduellement décroissants. Ces sphères, appelées résonnateurs d'Helmholtz, et qui sont pleines d'air ont la même faculté que les cordes de la

altérée du moins d'une manière très sensible. Le son arrive en $D_1$, non seulement avec sa « Hauteur », mais encore avec son « Timbre ».

Il y a plus, les instruments peuvent être joués ensemble, le morceau d'harmonie sera entendu en $D_1$ et chaque instrument de l'orchestre sera reconnu.

Enfin la parole elle-même, le son articulé, le plus complexe de tous les sons, celui qui, inscrit au Phonautographe donne lieu aux courbes les plus irrégulières, les plus accidentées, les plus inattendues ([1]), est nettement transmis de D en $D_1$ ou de $D_1$ en D, car rien ne différencie les deux postes, lorsque le diapason est supprimé.

Ces expériences, dont il était difficile de prévoir la réussite, nous révèlent l'exquise sensibilité, la merveilleuse aptitude au mouvement de ce Monde invisible, de ce milieu inconnu dont l'activité rend possible ces phénomènes magnétiques.

Dans ce milieu, comme dans les corps matériels élastiques,

harpe, chacune d'elles n'est nettement sensible qu'à un seul son et cette sensibilité est bien supérieure à celle des cordes de la harpe ou du piano.

Si devant ces résonnateurs on fait vibrer une corde par exemple, on constate que plusieurs d'entre eux se mettent à accompagner celle-ci. On en conclut que la corde rend à la fois plusieurs sons. Le plus grave, qui est aussi de beaucoup le plus intense, le seul qu'une oreille commune perçoit, est le son dominant du petit orchestre caché dans les molécules de la corde. Les autres sons, beaucoup plus faibles, ont des périodes exactement égales à la moitié, au tiers, au quart, etc., de celle du son dominant, ils en sont les harmoniques et donnent au son dominant son caractère, son timbre. Ce sont les fleurs du bouquet sonore.

Un diapason ne peut influencer qu'un seul résonnateur ; le son rendu par un diapason est donc privé d'harmoniques, en ce sens il n'a pas de timbre. Le bouquet sonore est sans couleur, aussi l'oreille est-elle peu charmée de l'entendre.

Helmholtz a profité de cette propriété des diapasons, pour reconstituer le Timbre d'un son (de celui de la corde par exemple). Il fait résonner ensemble, avec des intensités relatives convenables, tous les diapasons qui rendent les sons trouvés dans l'analyse précédente et il arrive à produire sur l'oreille le même son, le même timbre, que si la corde vibrait et non les diapasons. Chacun des diapasons est une fleur, en choisissant convenablement ces fleurs et les associant, on reforme le bouquet de sons qui jaillissaient de la corde. Ainsi sur une même corde sont superposés plusieurs mouvements vibratoires dont les périodes sont toutes des sous-multiples exacts de celle du plus lent d'entre eux. Ce dernier domine et fournit le son le plus fort, mais les autres mouvements, beaucoup moins amples, produisent les sons harmoniques du précédent et lui donnent son caractère, sa grâce, son charme.

Ce résultat nous montre que l'harmonie des mouvements s'observe dans toutes les manifestations de la Nature, parmi les globes immenses qui gravitent au sein de l'espace et parmi les molécules infiniment petites des corps.

1. Les sons musicaux donnent, au contraire, au Phonautographe, des lignes bien régulières, reproductions d'une même courbe.

comme dans l'air, des mouvements de périodes très différentes peuvent coexister sans gêne puisque des sons simultanément transmis en D arrivent en $D_1$ avec le même caractère que s'ils y avaient été apportés par les ondes sonores à travers l'air.

Le déguisement magnétique du son, qui lui a permis d'effectuer commodément et instantanément un voyage trop pénible par l'air, et sa réapparition én $D_1$, où les circonstances rendent impossible un plus long incognito, n'ont en rien altéré ses qualités essentielles.

Il reparaît avec sa hauteur et son timbre.(¹).

La possibilité même de la transformation des ondes sonores en vibrations magnétiques, et des vibrations magnétiques en ondes sonores, nous démontrent combien est étroite la dépendance entre le Monde invisible et le Monde matériel, entre les particules du milieu dont le mouvement nous fait concevoir la raison d'être des

---

1. Peut-être la définition du professeur Helmholtz : « Le Timbre, c'est la couleur d'un son » ne serait-elle point seulement une ingénieuse image ? Peut-être un son aurait-il, effectivement, réellement, une couleur ? A la sensation auditive se joint, chez certaines personnes, une sensation lumineuse. Ces personnes possèdent une sensibilité telle qu'elles ne peuvent entendre un son sans voir une couleur. Ce phénomène a encore été peu observé et il n'a pas reçu d'explications. Nous avons vu qu'un Champ magnétique créait le long et autour d'un fil un Champ induit. Nous verrons qu'un courant électrique traversant un fil engendre dans les fils voisins des courants induits. Pourquoi des nerfs n'exerceraient-ils pas, dans certaines organisations, des actions analogues sur des nerfs voisins ? Au cas qui nous occupe, le nerf acoustique serait le nerf inducteur, et le nerf optique le nerf induit.

Voici les faits curieux que M. Henri de Parville a recueillis dans ses *Causeries scientifiques* : « C'est un médecin de Vienne, M. le docteur Nussmaumer, qui le premier a signalé ce singulier phénomène de répercussion nerveuse ; un jour qu'étant enfant encore il s'amusait avec son frère à faire résonner un verre en le frappant avec une fourchette, il reconnut qu'il *voyait* des couleurs en même temps qu'il *percevait* le son, et si complètement qu'à la couleur qu'il entrevoyait il devinait, en se bouchant les oreilles, l'énergie du son produit par la fourchette. Son frère percevait les mêmes sensations lumineuses sous l'influence des sons et des bruits. Aux observations intéressantes de M. Nussmaumer vinrent se joindre bientôt les observations à peu près identiques d'un étudiant en médecine de Zurich. Ce jeune homme voyait apparaître des couleurs variées en même temps qu'il entendait. Les notes musicales se traduisaient par des couleurs déterminées ; les notes hautes produisaient des couleurs claires, les notes basses des couleurs sombres. Plus récemment, un ophtalmologiste de Nantes, M. Pedrono, a pu constater les mêmes singularités chez un de ses amis.

« L'habitude est une seconde nature. L'ami de M. Pedrono s'était si bien habitué à cette double perception des sensations lumineuses et auditives, qu'il ne s'en inquiétait plus et ne l'avait même révélée à personne. Au début de l'affection, il cacha le fait pour ne pas être taxé d'originalité, et il n'y prit plus autrement garde.

« Un jour cependant, plusieurs personnes s'amusaient à répéter à tout propos, sous forme de plaisanterie, une expression baroque tirée d'une historiette quelconque : « Ceci,

phénomènes d'Induction et celles de la matière dont le mouvement produit le Son.

Entre ces deux modes de mouvements existe une liaison intime dont nous ignorons la nature, mais dont la négation est impossible. Ces mouvements s'accompagnent fatalement. Les molécules du disque D vibrent-elles? Aussitôt le mouvement magnétique apparaît. Inversement, par un moyen quelconque, un mouvement magnétique est-il produit? Aussitôt les molécules du disque entrent en vibrations. De plus, toutes les circonstances, tous les détails même les plus délicats de l'un des deux mouvements, ont leur équivalence dans l'autre.

Au fond, c'est une même individualité qui se métamorphose comme par instinct de conservation — pour pouvoir exister, vivre, dans deux milieux, dans deux mondes différents !

« mais c'est beau comme un chien jaune ! » Et toujours tout était beau comme un chien jaune. « Avez-vous remarqué sa voix, dit une des personnes présentes, elle est belle, « mais belle comme un chien jaune ! »

« — Mais pas du tout, interrompit vivement l'ami de M. Pedrono; elle n'est pas « jaune sa voix, elle est parfaitement rouge. ».

« L'observation avait été faite d'un ton si convaincu que toute l'assistance se prit à rire. « Comment, demanda-t-on, une voix rouge ! Qu'est-ce que vous dites ? »

« Il fallut s'expliquer. M. X... avoua la faculté singulière qu'il possédait de voir la couleur de la voix. Chacun, naturellement, voulut connaître la teinte de sa voix, et M. X... dut donner satisfaction à tout le monde. Le hasard voulut qu'il se trouvât parmi les assistants une voix à teinte jaune. C'était la plus belle !

« D'après M. Pedrono, il n'existe chez son ami, l'auditif-voyant, aucune lésion de l'œil ou de l'oreille, l'ouïe est bonne, la vue parfaite, la santé générale excellente. Et cependant la sensibilité du sujet est telle que l'impression lumineuse devance peut-être l'impression sonore ; avant de s'être rendu compte de la qualité et de l'intensité d'un son, il a déjà vu et il sait qu'il est rouge, bleu, jaune, etc...

« Chez ce sujet, il n'y a pas, comme chez l'étudiant de Zurich, de changement de teinte appréciable quand on change de ton. Une note dièze est seulement plus brillante qu'une note naturelle; une note bémol est plus sombre. Cependant, le même morceau exécuté sur des instruments différents provoque des sensations très diverses. M. Pedrono raconte qu'une mélodie bretonne donnait à son ami la sensation du jaune quand on l'exécutait sur un saxophone, du rouge sur une clarinette, du bleu sur le piano, ce qui prouve que c'est surtout le *Timbre* qui exerce son influence sur le phénomène.

« L'énergie du son correspond à l'intensité de la couleur. Les bruits retentissants font apparaître des teintes éclatantes. Les sons très aigus déterminent une sensation grisâtre qui passe au blanc brillant de l'argent quand ils deviennent intenses. Ainsi, par exemple, des coups de sifflet de plus en plus forts !

« La voix humaine détermine des impressions multiples. Les voyelles *i* et *e* produisent les couleurs les plus vives; *a*, *o*, des teintes moins accusées ; *u*, une teinte foncée. Généralement, pour M. X..., l'*e* donne du jaune, l'*a* du bleu foncé, l'*o* du rouge, de l'orange; l'*u* du noir. Les diphtongues amènent des associations de teinte; *eu* est gris, *ei* est gris

Cette métamorphose du son est rendue possible par la présence d'un aimant et d'un disque de fer dont les molécules sont immergées dans le Champ magnétique et emprisonnées par ses Lignes de force.

Nous avons vu que le degré de déformation des Lignes de force dépendait de la forme du morceau de fer doux introduit dans le Champ magnétique, mais cette déformation se produit toujours quand le morceau de fer doux — quelle que soit sa forme — est déplacé par rapport à l'aimant.

On conçoit donc que le disque de fer doux n'ait pas besoin d'être complet, rigide, solide, de former une seule et même pièce. Il peut être découpé et criblé de trous. Bien plus, M. Mercadier a vérifié par l'expérience qu'en substituant au disque D de la limaille de fer, qui vient former une houppe sur l'extrémité de l'aimant, le poste Transmetteur conserve ses propriétés. On peut faire de même au poste Récepteur sans que le système cesse de fonctionner. Les ondes sonores ébranlent ici les molécules de limaille comme elles ébranlaient auparavant les molécules du disque. Toutefois l'*Intensité* ([1]) du son transmis est diminuée, c'est-à-dire qu'il faut appro-

clair, *ue* violet. Pendant qu'on chante, le sujet voit surtout du jaune, du vert, du rouge et du bleu.

« M. X... *voit* tous les bruits, tous les sons, distingue toutes les voix; mais, fait singulier, il ne peut percevoir la sienne !

« Quand on lui demande quelle est, en définitive, la forme sous laquelle il voit les sons, il répond que l'apparition colorée se fait sur l'objet vibrant. C'est ce corps sonore qui se colore. Si l'on pince la corde d'une guitare, c'est cette corde qui se colore ; si l'on touche un clavier, l'image chromatique surmonte les notes. »

Ajoutons que déjà, en 1740, le jésuite Louis-Bertrand Castel, dans un livre curieux, l'*Optique des Couleurs*, prétendait trouver une analogie parfaite entre les Couleurs et les Sons en supposant que les sept couleurs du prisme se rapportent exactement aux sept tons de la musique. Selon lui, l'*ut* répond au bleu, le *ré* au jaune et le *mi* au rouge, et les autres tons de la musique répondent aux couleurs intermédiaires d'où résulte cette gamme de Musique et de Couleur : *ut*, bleu — *ut dièze*, céladon — *ré*, vert gai — *ré dièze*, vert olive — *mi*, jaune — *fa*, aurore — *fa dièze*, orangé — *sol*, rouge — *sol dièze*, cramoisi — *la*, violet — *la dièze*, violet bleu — *si*, bleu d'iris. Non content d'établir cette analogie des Sons et des Couleurs, le P. Castel a tenté de construire une machine, le *Clavecin oculaire*, avec laquelle on put substituer aux Sons les Couleurs qui, selon son système, lui apparaissaient analogues. Il affirmait qu'en faisant paraître aux yeux ces couleurs, et en observant des intervalles de temps de même durée que ceux des notes d'un air, l'âme recevra par la vue successive de toutes ces couleurs une sensation absolument semblable à celle qu'elle recevrait par les sons.

1. Si on ébranle plus ou moins énergiquement un diapason, il rend le même son, mais l'*Intensité* de ce son, sa puissance, est d'autant plus grande que l'écart des bran-

cher davantage l'oreille du Récepteur et prêter une plus grande attention pour percevoir les sons. Ce fait provient de ce que la limaille laisse les Lignes de force s'orienter librement, tandis que le disque les oblige à se concentrer sur lui et les met dans un état de tension beaucoup plus propre à favoriser, à amplifier les mouvements. Toutefois il n'y a pas avantage à choisir un disque épais; des expériences de M. Mercadier ont montré qu'il se trouve pour chaque téléphone une épaisseur de disque (et elle est de quelques dixièmes de millimètre) donnant une intensité maximum. En augmentant ou en diminuant cette épaisseur, on affaiblit le téléphone.

. Nous avons toujours jusqu'à présent parlé d'un disque de fer, car nous pouvions croire que le fer seul possède la propriété magnétique. Cependant, si nous remplacions le *disque de fer* par un *disque de cuivre*, nous verrions le système continuer à fonctionner. Est-ce donc possible! Oui, mais cela exige une courte explication.

Si, dans l'expérience du Spectre magnétique on place sous le carton, vis-à-vis d'un pôle de l'aimant, un petit barreau de cuivre, il est sans influence sur la forme du Spectre, il ne s'aimante pas sous l'action du Champ magnétique; en cela, il est donc bien différent du fer.

Cependant, à l'état dynamique, c'est-à-dire lorsque le barreau de cuivre se meut rapidement ou que le Champ magnétique subit des variations, le cuivre ne conserve plus sa neutralité. Nous expliquerons ultérieurement ce qui se passe alors. Il nous suffit pour le moment de savoir qu'à l'état dynamique, grâce à l'induction, un

ches est plus accentué. Autrement dit, si l'on fait inscrire les vibrations d'un diapason ébranlé de diverses manières, on remarque que les sinuosités du dessin sont d'autant plus hautes que l'on perçoit mieux, et de plus loin, le son rendu. Ajoutons que l'*Intensité* d'un son dépend aussi de sa « période »; plus la période est petite pour une même amplitude, plus le son est fort. La Physique ne possède actuellement aucun moyen pour comparer les sons avec quelque rigueur au point de vue de leur Intensité. L'oreille si délicate, si sensible lorsqu'il s'agit de percevoir un mouvement vibratoire d'amplitude infinitésimale et pour sentir avec justesse les intervalles, — c'est-à-dire le rapport des hauteurs des sons entendus successivement ou ensemble — est absolument incapable d'indiquer, même grossièrement, dans quelle mesure un son est plus intense qu'un autre. Aussi en est-on réduit à comparer les sons par leur « portée », et à dire que leur Intensité est d'autant plus grande qu'on les entend de plus loin.

disque de cuivre se comporte, quoi qu'à un degré beaucoup plus faible, comme un disque de fer.

Il en est de même, à des degrés variés, pour tous les métaux. Aussi M. Mercadier a-t-il pu substituer des disques de cuivre et d'aluminium aux disques de fer D et D' sans que l'appareil perde ses propriétés essentielles. Le son transmis est seulement beaucoup plus faible qu'avec le fer.

Nous comprenons maintenant pourquoi le Téléphone Bell (*fig.* 59) qui n'est que la réduction, la miniature d'un poste tel que DS, est formé d'un aimant, d'un disque de fer encastré par son pourtour, et d'une bobine dont le fil métallique porte à un système semblable — ou reçoit d'un système semblable — les ondes sonores.

Il nous apparaît en partie comme une conséquence rationnelle des faits de l'Induction et de l'Acoustique, et il nous montre (nous avons déjà insisté sur ce point) par celles de ses propriétés que l'expérience seule pouvait nous révéler :

1º Que dans le milieu magnétique peuvent coexister, comme dans les milieux matériels, des vibrations de périodes bien diverses;

2º Que le lien qui unit les molécules des corps à celles du milieu magnétique est d'une telle délicatesse que l'onde sonore, malgré ses métamorphoses, n'est altérée en rien dans aucune de ses qualités essentielles.

Le succès du Téléphone de Graham Bell a fait imaginer très vite de nombreux dispositifs différents. Dans chaque pays, on s'est ingénié à perfectionner l'appareil original, à changer la forme de ses organes de manière à augmenter l'intensité et la netteté du son transmis.

Mais c'est toujours un disque en fer doux qui vibre dans un Champ magnétique produit au moyen d'aimants. Il n'y a donc rien à changer aux explications précédentes. Seule la forme de l'aimant — et par suite celle des Lignes de force du Champ magnétique utilisé — a été modifiée.

Notre but n'est pas de décrire les modèles si nombreux en usage dans les divers pays ou relégués dans les laboratoires, nous signalerons seulement les modifications les plus typiques, les plus importantes qui ont été apportées dans la construction du Téléphone magnétique.

Au lieu d'un aimant rectiligne, Gower s'est servi d'un aimant

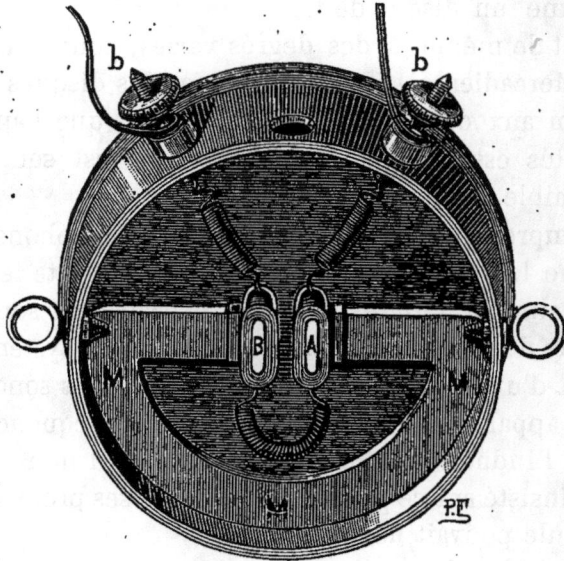

Fig. 74. — Le Téléphone Gower.

recourbé MM, ainsi que l'indique la figure 74. Les pôles A et B,

Fig. 75. — Le Crown Téléphone Phelps.

entourés chacun par une bobine aplatie, sont ici tous deux utilisés.

On voit en $b$, $b$ les bornes auxquelles on attache le fil de la ligne qui
se rend au poste correspondant.

Dans l'un de ses modèles de téléphone, Phelps produit le Champ
magnétique au moyen de plusieurs aimants en fer-à-cheval (*fig.* 75).

Les pôles S de ces aimants forment une couronne un peu au-
dessous de la partie centrale du disque vibrant. Le pourtour de ce
disque est supporté par les autres pôles N des aimants. L'ensemble

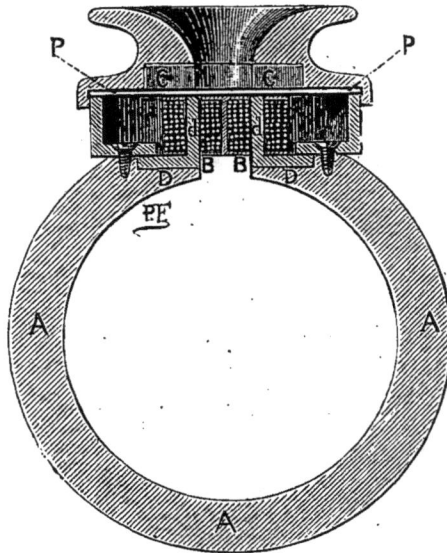

Fig. 76. — Le Téléphone Ader.

figure une sorte de couronne royale, aussi lui a-t-on donné le nom
de Crown Téléphone ([1]).

Ader, dans son téléphone d'un modèle aujourd'hui si connu,
a disposé l'aimant de façon qu'il serve de poignée. L'aimant A
(*fig.* 76) est un anneau d'acier poli. Ses pôles sont constitués par
deux pièces en fer doux D dont les prolongements $d$ $d$ s'enfilent
dans les bobines B. Au-dessus du disque vibrant P est fixé un
anneau de fer doux CC, nommé surexcitateur, et dont l'effet
est d'augmenter l'action produite sur le disque par les vibrations
du Champ magnétique.

1. *Crown*, en anglais : Couronne.

D'Arsonval n'emploie qu'un seul aimant en forme d'anneau, de même qu'Ader. Cet aimant (*fig.* 77) porte en AA un cylindre de fer doux, qui est l'un de ses pôles. L'autre extrémité de l'anneau est vissée à un cylindre creux B également en fer doux. Dans ce cylindre, qui est le second pôle de l'aimant, est placée la bobine C. Par cette excellente disposition la bobine se trouve entièrement noyée dans le Champ magnétique.

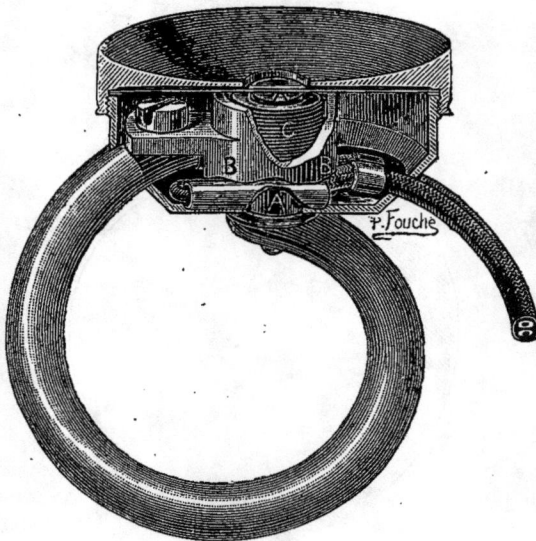

Fig. 77. — Le Téléphone d'Arsonval.

Avec des *Téléphones Magnétiques*, pris à la fois comme Transmetteurs et Récepteurs, on ne peut établir que la téléphonie à petite distance. « Une question toute naturelle pouvait se poser à l'esprit, écrivait M. Graham Bell dans son *Mémoire* : quelle est la longueur maxima de circuit à laquelle ces transmissions téléphoniques peuvent atteindre?... Mais il est difficile d'y répondre, en raison des conditions différentes dans lesquelles peut être placée l'expérience. Toutefois la plus grande longueur de circuit télégraphique sur laquelle j'ai pu obtenir une transmission nette de la parole n'a pas dépassé 250 milles. Dans cette expérience, aucune difficulté ne survint, tant que les lignes télégraphiques voisines n'étaient pas en activité; mais, aussitôt que les correspondances s'échangèrent à travers ces lignes, les sons vocaux, quoique **encore** perceptibles, étaient bien diminués d'intensité, et l'on aurait cru entendre une conversation échangée au milieu d'un orage. »

Que manque-t-il donc à cette sorte de Téléphone?

Une vibration magnétique puissante.

Par quel moyen obtiendrons-nous une telle vibration?

Elle va nous être donnée par le *Téléphone à pile.*

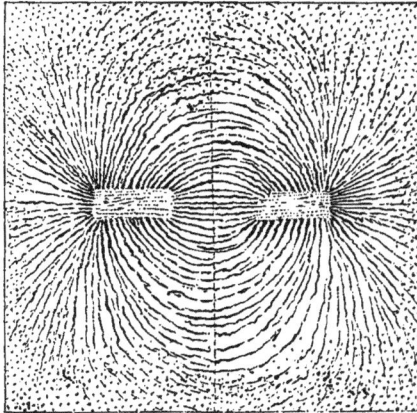

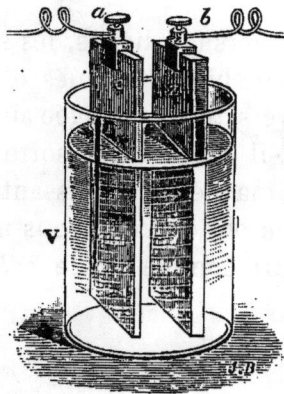

Fig. 79. — Pile voltaïque.

## CHAPITRE IV

### TÉLÉPHONES A PILE

Dans la Téléphonie à pile universellement en usage, c'est encore un téléphone à aimant qui sert de Récepteur; c'est avec un téléphone à aimant que l'on écoute; c'est lui qui est toujours chargé de reproduire, de restituer la parole. En France on a généralement adopté le Téléphone de M. Ader pour les communications entre habitants d'une même ville, et celui de M. d'Arsonval pour les communications lointaines, telles que la communication entre Paris et Marseille.

Ce qui différencie la Téléphonie à pile de la Téléphonie à aimant, c'est donc uniquement le Transmetteur.

Ce Transmetteur, devant lequel on parle, dont le rôle est de recueillir les vibrations de la voix et de les transformer en vibrations magnétiques, n'est plus ici un téléphone à aimant proprement dit.

C'est un appareil nouveau qui se compose de deux parties distinctes.

Nous pouvons assigner, avec exactitude et clarté, à la première partie le nom d'*Aimant à pile*.

La seconde partie s'appelle un *Microphone* ([1]).

Pour faire comprendre notre définition d'*Aimant à pile,* il nous faut savoir d'abord ce que c'est qu'une Pile.

Bien que nous réservions la théorie de la Pile, il est indispensable que nous donnions, dès à présent, le sens de certains mots qui font partie du langage courant des électriciens.

Pour fixer les idées, choisissons un cas particulier :

Versons dans un vase V (*fig.* 79) de l'eau et un peu d'acide sulfurique, immergeons en partie dans ce liquide deux lames métalliques (un couple), l'une en cuivre C, l'autre en zinc Z. Appliquons, sur ces deux lames, deux bandes ou deux pinces de cuivre $a$, $b$ et

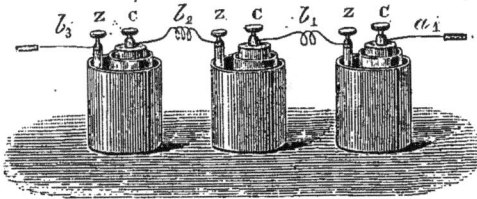

Fig. 80. — Association de piles en série.

nous aurons construit la pile Voltaïque. C'est en effet ainsi, en dernière analyse, que Volta, professeur à l'Université de Pavie, établit la première pile en l'an 1800, date mémorable en Électricité ([2]). Les bandes $a$ et $b$ se nomment extrémités ou pôles de la pile. La bande $a$ fixée au cuivre C en est le pôle, dit positif, que l'on représente souvent par le signe + (plus), la bande $b$ soudée au zinc Z en est le pôle, dit négatif, représenté par le symbole — (moins).

Souvent on associe les piles comme il suit. On les dispose à la suite les unes des autres de manière que le zinc Z de l'une soit en regard du cuivre C de la suivante (*fig.* 79) et on réunit par les fils métalliques $b_1$, $b_2$, les pôles en regard.

1. *Microphone,* du grec μιϰρός (micros) *petit* et φωνή (phonè) *voix, son :* appareil qui permet d'entendre les plus faibles sons.

2. L'appareil primitif d'Alexandre Volta (né à Côme en 1745, mort en 1827) se composait de rondelles de cuivre et de rondelles de zinc séparées par des rondelles de drap imbibé d'eau acidulée. Toutes ces rondelles étant empilées les unes sur les autres, donnaient à l'appareil la forme d'une petite colonne. Le mot latin *Pila* signifie, en effet, « petite colonne ».

Il reste alors deux bandes libres aux extrémités : $a_1$ et $b_3$ dans le cas de notre figure; $a_1$ est le pôle positif du système des piles assemblées, $b_3$ en est le pôle négatif.

Ce mode d'association porte le nom d'Association en série ou en tension.

Souvent aussi on réunit toutes les lames de cuivre C à une bande de cuivre A et toutes les lames de zinc Z à une autre bande de cuivre B. A et B sont respectivement les pôles positifs et négatifs

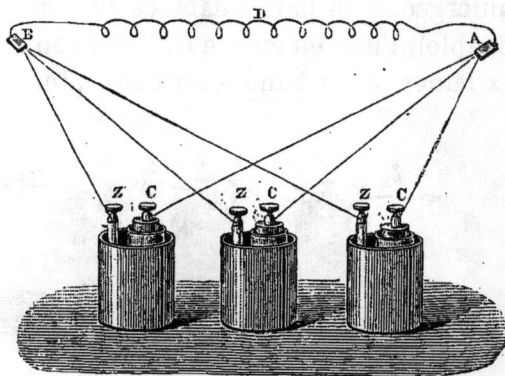

Fig. 81. — Association de piles en quantité.

des piles réunies. Ce mode d'association porte le nom d'Association en quantité (*fig.* 81).

Dans chaque cas il y a lieu de rechercher quel est le mode de réunion le plus avantageux, s'il faut les employer tous deux à la fois et dans quelle mesure. On forme alors une Association mixte [1].

En réalité Volta avait, nous l'avons vu, associé un certain nombre de piles en série, en superposant, toujours dans le même ordre, des rondelles de cuivre, de zinc et de drap imbibé d'eau acidulée.

Lorsqu'on attache les deux extrémités d'un fil métallique — et les fils employés sont généralement en cuivre — aux deux pôles d'une pile (*fig.* 81) ou d'une association de piles, ce qui revient au même, ce fil devient le siège d'une activité spéciale qui se traduit par des effets variés que l'on attribue — sans préciser davantage sa nature —

---

1. Bien entendu quand nous dirons que nous nous servons d'une pile pour faire une expérience, il s'agira le plus souvent, non d'une pile unique, mais d'une association de piles.

et faute d'un nom meilleur — à un courant d'électricité produit et
entretenu dans le fil A D B par la pile elle-même.

De même qu'on a fixé un sens pour les lignes de force d'un
champ magnétique (et cela uniquement pour faciliter et préciser la
description des phénomènes), on a fixé également un sens pour le
courant électrique. On convient de le regarder comme circulant, le
long du fil, du pôle positif (qui serait la source du courant) au pôle
négatif (qui en serait l'embouchure). Ce n'est là qu'une image

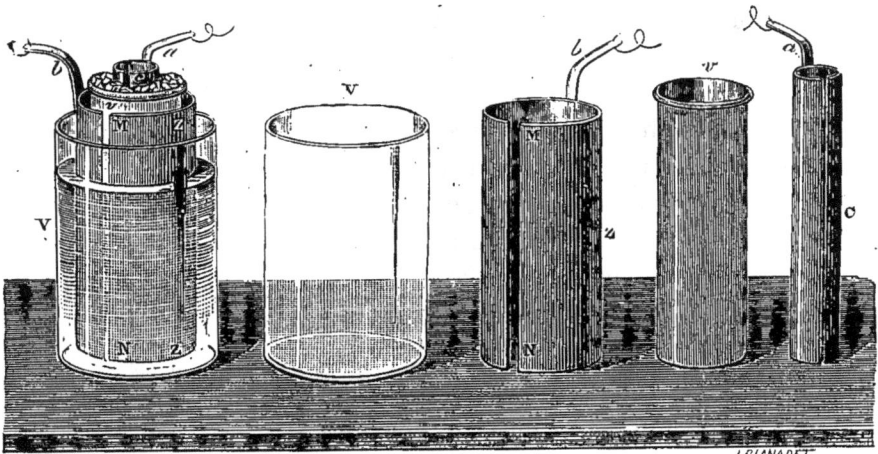

Fig. 82. — Pile Daniell montée et démontée.

commode, car on ne voit pas couler l'électricité, comme on voit
couler l'eau d'une rivière.

Pour que le tour du courant soit complet, on devra considérer
le courant comme allant, au contraire, du zinc au cuivre à l'intérieur de la pile.

On produit aujourd'hui ces courants d'électricité avec des piles,
autres que celle de Volta, et dont nous allons faire connaître rapidement la constitution. En 1829, César Becquerel imaginait la pile que
le physicien anglais Daniell, en 1836, établit de la manière suivante :
Le zinc Z Z est recourbé de manière à figurer un manchon coupé
suivant M N et plonge en partie dans de l'eau acidulée par l'acide
sulfurique contenue dans un vase V en verre ou mieux en grès. Dans
le cylindre Z Z est enfilé un vase en terre poreuse v renfermant une
dissolution de vitriol bleu (sulfate de cuivre) et dans laquelle plonge

en partie un manchon de cuivre c (*fig.* 82). Le physicien allemand Bunsen a monté, en 1843, une pile analogue à la précédente, mais il a substitué à la dissolution de sulfate de cuivre de l'acide azotique
ordinaire (eau-forte) et au manchon
de cuivre un bâton prismatique de
charbon. (Ce charbon n'est pas quelconque, on l'extrait des grands fours
ou cornues demi-cylindriques dans
lesquels on distille la houille pour en
extraire le gaz d'éclairage. Dans cette
opération les parois des fours se recouvrent d'un charbon dur et sonore
que l'on pulvérise et que l'on agglo-

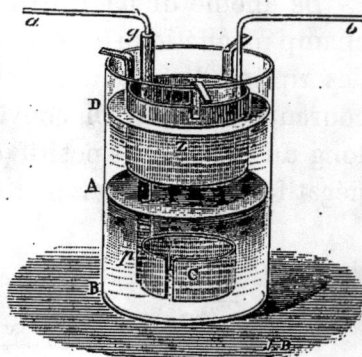

Fig. 83. — Pile Callaud.

mère ensuite par pression dans des moules prismatiques).

Citons aussi la modification de la pile Daniell par Callaud, il n'y a plus de vase poreux dans ce modèle (*fig.* 83), le sulfate de cuivre dissous occupe la partie inférieure BA du
vase, l'eau acidulée par l'acide sulfurique
flotte au-dessus en AD. La lame de cuivre
est en C et la lame de zinc en Z. La pile
Callaud est très employée en Télégraphie.
Le fil métallique qui se rend en C est
protégé contre l'action des liquides de la
pile par une gaine en gutta-percha g p.

Signalons encore quelques piles d'un
réel intérêt pratique : la pile à bouteille,
la pile Leclanché, la pile Chaperon et
Lalande.

La pile à bouteille renferme une dis-

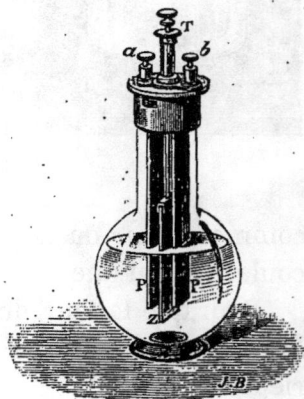

Fig. 84. — Pile à bouteille.

solution de bichromate de potasse et de l'acide sulfurique. Par litre d'eau on met 100 grammes de bichromate et 50 grammes d'acide sulfurique. Dans ce liquide plongent à demi deux prismes de charbon PP reliés entre eux par une lame de cuivre. On peut au moyen de la tige T descendre dans le liquide ou l'en retirer le zinc Z (*fig.* 84). Le zinc et les charbons sont portés par un couvercle en ébonite qui ferme la bouteille.

Dans la pile Leclanché (*fig.* 95) le zinc est dans l'angle que le vase forme sur sa droite, il plonge dans une dissolution de sel ammoniac; un charbon est renfermé dans le vase poreux qui contient du bioxyde de manganèse aggloméré autour de lui, et il est en contact, d'autre part, avec une dissolution de sel ammoniac. Cette pile est très employée pour actionner les sonneries. ·

Dans la pile Chaperon et Lalande, dont on fait un grand usage en Téléphonie, il n'y a pas d'acide. Au fond d'un vase en fer rectangulaire et peu profond (*fig.* 85) est placé en C du cuivre oxydé par grillage à l'air; ce vase contient, en outre, une dissolution de potasse

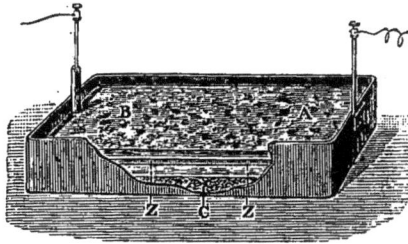

Fig. 85. — Pile Chaperon et Lalande.

dans laquelle est immergée une lame de zinc Z Z. Ce liquide est protégé du contact de l'air par une couche d'huile de pétrole AB.

En un mot, une Pile se compose toujours de un ou plusieurs vases renfermant des liquides qui varient avec le modèle employé et dans lesquels sont immergés deux bâtons cylindriques ou prismatiques, l'un en zinc et l'autre en cuivre ou en charbon. Le zinc qui est le métal attaqué, rongé, lorsque la pile fonctionne, porte la petite tige de cuivre qui constitue le pôle négatif (—) de la pile; et le cuivre ou le charbon porte la petite tige de cuivre qui constitue le pôle positif (+) de la pile. Les piles, quelles qu'elles soient, peuvent toujours être associées, comme il a été expliqué précédemment, soit en série, soit en quantité.

Nous allons maintenant porter toute notre attention sur l'un des effets les plus curieux du courant électrique établi dans un fil, dont les extrémités sont fixées aux deux pôles d'une pile simple ou d'une association quelconque de piles.

Depuis que les physiciens étudiaient le Magnétisme de l'aimant et l'Électricité, ils avaient bien remarqué que les aiguilles aimantées étaient altérées et, même, perdaient leurs propriétés sous l'action de décharges électriques, de la foudre, par exemple; mais les lois de ces phénomènes et la forme de cette relation entre le Magnétisme et l'Électricité étaient restées entièrement inconnues jusqu'au jour de la découverte d'Œrsted.

Hans Christian Œrsted ([1]) faisait dans son laboratoire un grand nombre de tentatives pour découvrir une action entre un aimant et un fil traversé par un courant; il plaçait toujours avec grand soin le fil à angle droit sur l'aimant, et ne constatait aucune action.

Un jour, en essayant de répéter l'expérience devant ses élèves, à l'Université de Copenhague, il plaça — par hasard — le fil parallèlement à l'aiguille aimantée qui se mit brusquement à osciller pour se fixer enfin dans une position perpendiculaire à la direction du fil.

Ce fut le 21 juillet 1820 qu'Œrsted communiqua à toute l'Europe le grand fait dont il venait d'enrichir la science; le mémoire qu'il adressa à toutes les Sociétés savantes est intitulé : « Expériences concernant l'effet du conflit électrique sur l'aiguille aimantée. » L'Institut de France décerna à Œrsted une médaille d'or de 3,000 francs pour « l'importance de la découverte de l'action de la pile voltaïque sur l'aiguille aimantée. »

Ce fut la première constatation scientifique des relations qui existent entre le courant électrique et l'aiguille aimantée. C'est cette expérience qui a conduit Ampère à s'occuper d'une manière plus complète de ces relations, à en fixer les lois, à fonder ainsi ce que l'on nomme « l'Électro-Magnétisme ».

Les propriétés magnétiques du courant, ainsi étudiées et reconnues, ont ouvert la voie aux chercheurs, aux savants de tous les

---

1. Œrsted, physicien et chimiste danois, né à Rudkjœbïng, le 14 août 1777, mort à Copenhague, le 9 mars 1851. Quelques mois avant sa mort, le 7 novembre 1850, à l'occasion du cinquantième anniversaire de son professorat, ses élèves et ses concitoyens lui donnèrent une preuve touchante de leur estime et de leur admiration. A l'issue d'une fête organisée en son honneur, il fut conduit triomphalement au château de Fasanhof, dont un décret royal lui assurait la jouissance. Il ne put prendre possession de sa résidence et fut enlevé par une légère indisposition au retour du printemps. Selon l'expression de Babinet « Œrsted fut le Christophe Colomb du Magnétisme dont Ampère fut le Pizarre et le Fernand Cortez. »

pays; et l'on peut dire, à ce titre, qu'Ampère a été un des inspirateurs les plus·directs du *Téléphone* et de toutes nos applications récentes de l'électricité à l'industrie.

Étudions les *effets magnétiques* produits par un *courant électrique* et, en particulier, les *effets magnétiques* produits par ce que nous avons dénommé. l'*Aimant à pile*.

Ces effets sont les seuls qui soient utiles en Téléphonie et, par

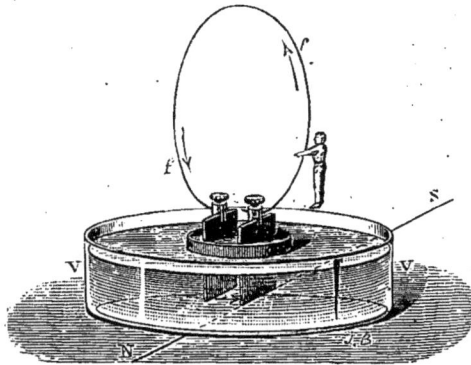

Fig. 86. — Orientation d'une spire unique.

conséquent, ce sont les seuls qui doivent nous intéresser en ce moment.

Attachons les extrémités d'un fil métallique quelconque *ff* aux deux pôles d'une pile (*fig*. 87). Ce fil constitue ce qu'on nomme le Circuit extérieur à la pile, ou encore le Fil Conjonctif, parce qu'il relie l'un à l'autre les deux pôles. La pile forme le Circuit intérieur.

Prenons maintenant une courte baguette de bois ou un tube de verre, et enroulons une portion de fil sur cette baguette ou ce tube; nous aurons ainsi construit un petit appareil duquel nous pouvons sans inconvénient retirer la baguette ou le tube qui a servi de moule. Cet appareil A B, intercalé dans le circuit *ff* possède intégralement toutes les propriétés d'un aimant.

S'il peut se mouvoir autour d'une charnière, il s'oriente et se place dans la direction Nord-Sud ([1]).

1. La charnière est constituée par deux pointes M et N disposées dans le prolongement l'une de l'autre et plongeant dans deux petits godets pleins de mercure; cette sus-

Ses extrémités Nord et Sud sont attirées ou repoussées par les extrémités Nord et Sud d'un aimant (*fig.* 87) selon que les extrémités placées en regard portent des noms différents ou portent le même nom.

Mis en présence d'un appareil semblable, il agira comme il

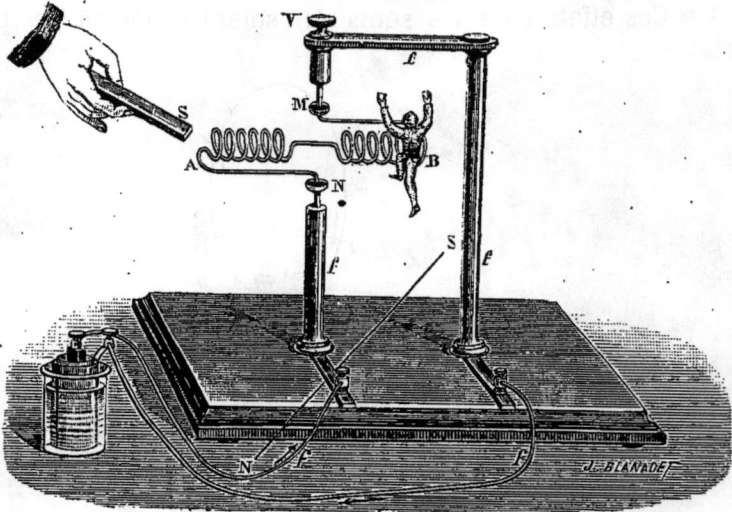

Fig. 87. — Le Solénoïde et le Bonhomme d'Ampère.

pension fort délicate, que l'on règle au moyen de la vis V, permet à l'appareil de tourner sous la plus faible influence.

Chaque spire prise isolément s'oriente et se place (*fig.* 86) en croix avec la direction Nord Sud et de telle manière que le courant soit ascendant dans la branche qui se porte à l'Ouest. On voit dans ces figures 86 et 87 un petit personnage qu'on appelle le Bonhomme d'Ampère. Pour formuler aisément, avec brièveté et précision les mouvements variés que peut prendre une aiguille aimantée sous l'influence d'un courant électrique, Ampère a eu recours à une heureuse fiction. Il représente le courant sous la forme d'un personnage couché sur le fil, recevant le courant par les pieds et le rendant par la tête; il a, de plus, les yeux fixés sur le pôle nord de l'aiguille aimantée. Dans ces conditions, quelle que soit la position relative du fil et de l'aiguille, l'expérience montre que le pôle Nord de l'aiguille aimantée se porte toujours à la gauche du Bonhomme.

Ce Bonhomme sert de même à caractériser les extrémités d'un appareil tel que A B. Quelle extrémité sera un pôle Nord? Quelle extrémité sera un pôle Sud? Si le Bonhomme est placé sur les spires de façon à recevoir le courant par les pieds et à regarder vers l'intérieur de l'appareil, l'expérience montre encore que l'extrémité Nord (ou pôle Nord) est toujours à la gauche du dit Bonhomme. Bien entendu ce personnage indicateur n'est utile que pour préciser les effets magnétiques d'un courant électrique. Par exemple, si le fil s'enroule plusieurs fois autour d'une aiguille aimantée, pour chacun des tours, la gauche du Bonhomme d'Ampère sera du même côté, et, par suite, les tours de fil — ou spires — combineront leur champ magnétique pour porter le pôle Nord de ce côté.

agit avec un aimant : ses extrémités Nord et Sud attireront ou re-
pousseront les extrémités Nord et Sud du second appareil selon que
les extrémités en regard seront de nom contraire ou de même nom.

Enfin, recouvert d'un mince carton sur lequel on répand de la
limaille de fer, il oriente cette limaille qui dessine des Lignes de
force disposées comme dans le Spectre magnétique que nous avons
représenté figure 63. Le petit appareil A B produit donc un Champ,
car il fait sentir ses effets sur un certain espace sans liens visibles,
exactement de la même manière qu'un Aimant.

Est-il nécessaire d'aller plus loin et de compléter l'identité?

N'est-il pas désormais évident qu'une tige d'acier ou de fer
doux introduite dans ce Champ deviendra un aimant?

Les variations de ce Champ ne produiront-elles pas, elles aussi,
des effets d'Induction le long d'un fil fermé sur lui-même et placé
en totalité ou en partie dans ce Champ? L'expérience confirme ces
prévisions. Ce Champ, qui ne diffère en rien de celui d'un aimant,
doit forcément être appelé un Champ Magnétique.

Le circuit $ff$ vient-il à être ouvert, coupé ou rompu en quelque
endroit, aussitôt l'appareil A B perd toute sa vertu. Il tire toute sa
vitalité de la pile P. Sans doute cette pile maintient tout le long du
circuit $ff$ un Champ magnétique (ainsi que nous l'a montré l'expérience d'Œrsted, puisqu'une aiguille aimantée est déviée quelle que
soit la portion du circuit qui passe auprès d'elle), mais il est nécessaire d'enrouler le fil, ainsi qu'il vient d'être expliqué, si l'on veut
obtenir un Champ magnétique en tout point comparable à celui
d'un aimant.

N'est-il pas obligatoire maintenant de nommer l'appareil A B un
« Aimant à Pile? » « Aimant », puisqu'il peut, en toute occasion,
jouer le rôle d'une aiguille aimantée ou d'un barreau aimanté « à
Pile », car c'est la dépense de zinc que l'on fait dans la pile qui produit cet aimant.

Et il faut bien remarquer que le fil A B peut être d'une nature
quelconque, en fer, en cuivre, en argent, etc., sans que la pile cesse
d'en faire un aimant, alors que nous étions précédemment limité
au fer, à l'acier.

C'est à Ampère, illustre physicien dont la distraction légendaire
égalait la profondeur d'esprit, que l'on doit la merveilleuse décou-

verte de l'aimant à pile, qui est l'âme de la plupart des grandes découvertes contemporaines, et des applications les plus utiles de la science.

Il avait appelé l'hélice A B un Solénoïde d'un mot grec σωλῆνος; (sôlènos), qui signifie tuyau. C'est la forme en tuyau donnée à l'hélice qui avait conduit Ampère à choisir ce nom.

Lorsque Ampère (¹) découvrit cette propriété des Solénoïdes de s'attirer et de se repousser selon que leurs pôles en regard sont de nom contraire ou de même nom — propriété qui complète irréfutablement l'analogie des Solénoïdes avec les Aimants ordinaires — l'admiration fut grande dans le monde scientifique.

« On admira Ampère, écrit M. Joseph Bertrand dans la préface

1. André-Marie Ampère, né à Lyon le 22 janvier 1775, nommé inspecteur général de l'Université en 1808, professeur à l'École Polytechnique en 1809, élu membre de l'Académie des Sciences (section de géométrie), 28 novembre 1814, mort à Marseille, 10 juin 1836, pendant une tournée d'Inspection générale.

« Dans les premiers jours de septembre 1820, a dit M. Cornu dans son discours prononcé à l'inauguration de la statue d'Ampère à Lyon, le 8 octobre 1888, l'Académie des Sciences apprenait le fait le plus curieux qu'on eût découvert en électricité depuis les travaux de Galvani et de Volta; un physicien danois, Œrsted, avait trouvé que le fil conjonctif des pôles d'une pile voltaïque agissait sur l'aiguille aimantée; l'action, il est vrai, paraissait bizarre, et le savant danois avait un peu obscurci la netteté de l'expérience par les explications singulières qu'il tenait à y mêler.

« Quelques jours après, Ampère vint compléter cette belle découverte en précisant toutes les conditions de l'expérience : le premier, il définit le courant électrique, lui donne une direction, le personnifie et résume le phénomène en une règle justement célèbre; le pôle Nord est dévié à la gauche du courant; l'électro-magnétisme était constitué. Désormais, Ampère applique toute la puissance de son esprit à l'étude de l'électromagnétisme. A chaque séance de l'Académie, il apporte des découvertes nouvelles; la sagacité du physicien n'a d'égale que sa fécondité.

« Coup sur coup, il annonce la réciprocité de l'action des aimants sur les courants, la direction d'un courant mobilé par le magnétisme terrestre, l'action réciproque des courants, créant ainsi une nouvelle branche de la Science, l'Électrodynamique, et finalement l'identification complète des courants et des aimants.

« Ce fut en quelques semaines une véritable révolution dans la physique : le magnétisme qu'on s'efforçait de séparer de l'électricité, cessait d'être un agent distinct; les propriétés magnétiques, singulier apanage du fer et de l'acier, devenaient un phénomène général commun aux conducteurs de toute nature. Ampère découvre en même temps la forme à donner à ces conducteurs pour reproduire le plus fidèlement possible les propriétés des aimants : c'est le cylindre électrodynamique, ou solénoïde, qu'on réalise en plaçant un fil métallique en hélice, à spires serrées; traversée par un courant, l'hélice présente à ses deux extrémités des pôles de noms contraires; suspendue librement, elle marque le Nord comme une boussole, et, tant que le courant l'anime, rien ne la distingue d'un véritable aimant. »

de sa *Thermodynamique,* c'était justice; on lé déprécia, c'était inévitable.

« — Quand on a su, disait l'un de ses détracteurs, que deux courants agissent sur un même aimant, n'était-il pas évident, dès lors, qu'ils agiraient l'un sur l'autre !

« Ampère cherchait à comprendre, quand Arago tira deux clefs de sa poche (*fig.* 88) :

« — Toutes deux, dit-il, attirent un aimant. Et cependant, elles ne s'attirent pas.

« La fausse évidence s'évanouit. »

Lorsque les spires, les tours de fils A B sont serrés les uns contre les autres et forment une ou plusieurs couches, le Solénoïde prend le nom de Bobine.

La Bobine a les mêmes propriétés magnétiques que le Solénoïde, mais elle donne un champ d'autant plus fort qu'elle contient un plus grand nombre de tours de fils (1).

Insistons maintenant sur l'une des propriétés particulièrement intéressante de « l'Aimant à pile » et à laquelle il faut apporter une grande attention, car c'est elle qui éclaire, qui fait comprendre le mécanisme de la Téléphonie à pile.

Construisons (*fig.* 89) une bobine B, percée, suivant son axe, d'un canal où s'emboîte exactement l'«Aimant à pile » B'. L'une des extrémités du fil de B' est attachée à l'un des pôles de la pile P, l'autre extrémité de ce fil est fixée à la queue d'un diapason D. Un second fil attaché à l'autre pôle de la pile se termine en F, près de la branche de gauche du diapason. Le fil de la bobine B se continue par un circuit qui passe dans le voisinage d'une aiguille aimantée *a*.

Dès que, par suite de la vibration du diapason (que nous supposerons d'abord lente pour en mieux suivre les effets), la branche de

1. Si on cherchait à réaliser les précédentes expériences en substituant au fil métallique *f f*, un fil de soie, de gutta-percha, d'ébonite, etc., il ne se produirait rien. Ces substances ne conduisent pas le courant électrique, la propriété magnétisante de la pile. Aussi tous les fils métalliques qui servent aux expériences sont-ils recouverts d'une de ces substances dites *isolantes;* on peut alors, sans inconvénient, faire toucher les tours de fils successifs, qui constituent une bobine; le courant sera ainsi obligé à suivre le fil, ce qui ne serait pas possible sans cette précaution, car autrement la couche de fils formerait une véritable gaine ou lame métallique, dont les propriétés sont bien différentes.

Fig. 88. — « Ampère cherchait à comprendre, quand Arago tira deux clefs de sa poche..... »

gauche vient toucher le fil F, le circuit de la pile se trouve fermé et, par conséquent, la bobine B' est transformée en un aimant dont les lignes de force se déploient dans l'espace environnant en traversant la bobine B.

La naissance de ce Champ, — le mouvement magnétique qu'elle produit, — induit un champ magnétique tout le long du fil de la

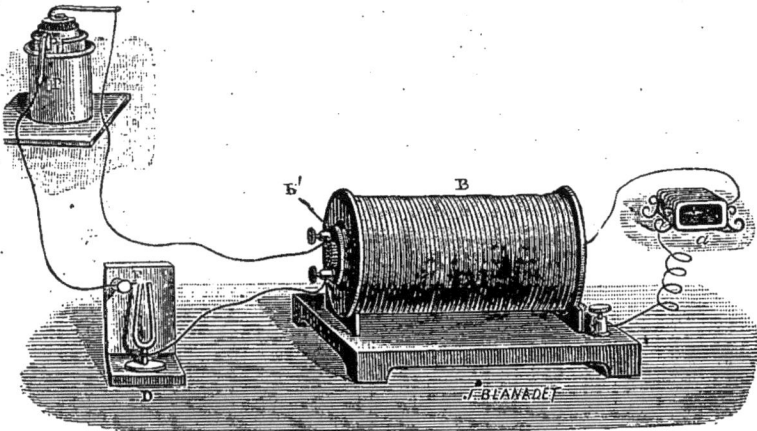

Fig. 89. — Bobine d'Induction : B', Bobine inductrice; B, Bobine induite.

bobine B. On constate, en effet, que l'aiguille indicatrice $a$ est déviée dans un certain sens.

Mais au moment où la branche du diapason, faisant retour vers la droite, cesse de toucher le fil F, le circuit de la pile est coupé, ouvert, la bobine B' perd sa vertu magnétique, les lignes de force de son Champ disparaissent : d'où un nouveau champ induit le long du fil de la bobine B. Cette fois l'aiguille $a$ est déviée du côté opposé à celui où elle s'était précédemment portée. Une nouvelle vibration du diapason D produira une nouvelle vibration magnétique le long du fil de la bobine B.

En résumé, le milieu magnétique qui avoisine le fil de la bobine B vibrera avec le même rythme que le diapason.

Si la période de ce diapason était assez courte pour qu'il pût faire entendre un son, et si l'on recevait les vibrations magnétiques du fil B dans un Téléphone Bell plus ou moins modifié, le disque de celui-ci vibrerait, ainsi qu'il a été longuement expliqué dans le précédent chapitre, et reproduirait le son du diapason.

Le Récepteur, on le sait, a la faculté de transformer fidèlement en vibrations sonores les vibrations silencieuses du milieu magnétique. Nous n'avons pas à expliquer de nouveau comment il s'anime et parle sous l'action du mouvement magnétique.

L'aimant à pile ou bobine B′ est souvent appelée *Bobine Inductrice*, et la bobine B *Bobine Induite*. Leur ensemble constitue une *Bobine d'Induction*. Les développements qui précèdent expliquent ces dénominations.

En attachant respectivement chacune des extrémites d'un fil métallique à celles du fil d'une bobine, on ferme le circuit de cette bobine. Sans doute le fil de fermeture peut avoir une longueur et une disposition quelconque.

Le Circuit de la Bobine inductrice B′ est appelé *Circuit primaire*, et celui de la bobine B *Circuit secondaire* (¹).

Il faut bien retenir la signification des diverses appellations qui précèdent, car, bien comprises, elles permettent, sans nuire à la clarté, d'utiles abréviations de Langage.

On augmente beaucoup le Champ induit le long du circuit secondaire en enfilant dans le canal, percé suivant l'axe de la Bobine Inductrice, un barreau de fer doux ou un faisceau de fils de fer doux noyés dans un vernis qui les sépare.

La raison en est facile à saisir.

Arago (²) avait découvert qu'une aiguille d'acier, placée en croix avec le fil de circuit d'une pile, en un endroit quelconque, était changée en un aimant. Ampère reconnut qu'il était bien plus aisé de fabriquer des aimants en introduisant la tige d'acier dans le solénoïde. (En substituant à la tige d'acier une tige de fer doux, elle s'aimante aussi tant qu'elle est dans le solénoïde ; mais retirée, elle n'est plus aimantée.)

Depuis Ampère on aimante l'acier sous forme de tiges ou de

1. *Circuit*, du latin *Circùm* : à l'entour, tout autour.

2. Dominique-François Arago, né le 26 février 1786 à Estagel (Pyrénées-Orientales), mort à Paris le 2 octobre 1853 ; reçu membre de l'Académie des Sciences à l'âge de 23 ans ; professeur à l'École Polytechnique ; directeur de l'Observatoire ; membre du Gouvernement provisoire en 1848 ; secrétaire perpétuel de l'Académie des Sciences.

prismes plats par ce procédé : on introduit le morceau d'acier suivant l'axe d'un tube en verre (*fig.* 90) sur lequel est enroulé un fil métallique, recouvert de soie, où circule un courant intense. C'est toujours par ce moyen rapide et commode que l'on prépare maintenant les Aimants Artificiels.

Les deux hélices magnétisantes de la figure 90 sont d'enroulement inverse. Cherchons où devra se trouver le pôle Nord de la tige d'acier aimanté dans l'hélice A. Il suffit pour cela de placer sur une spire de l'hélice le Bonhomme d'Ampère, de telle manière

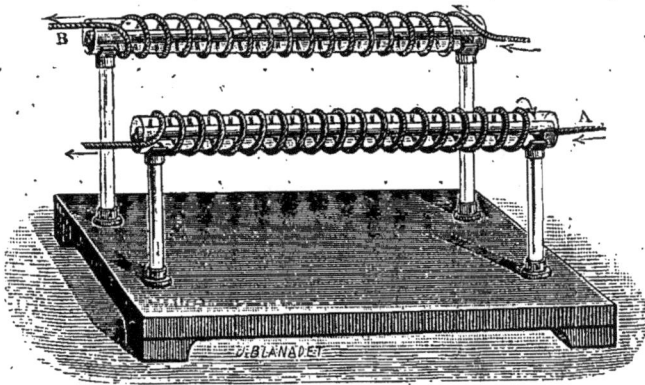

Fig. 90. — Préparation des Aimants artificiels.

que le courant lui arrive par les pieds et qu'il regarde à l'intérieur de la spire ; l'extrémité de la tige placée à sa gauche est celle qui regardera le Nord lorsque cette tige sera libre de s'orienter. C'est le pôle Nord. Il est ici du côté de A.

Pour l'autre hélice, il est au contraire du côté de B.

Une tige de fer ainsi entourée d'une hélice, ou d'une bobine, se nomme « Électro-Aimant », c'est-à-dire Aimant fait par l'Électricité (¹).

1. M. Cornu n'a eu garde d'oublier dans son discours cette découverte, dont les conséquences ont été si fécondes pour la Science et pour l'Industrie : « Ampère et Arago, a-t-il dit, franchirent le grand pas, qui restait à faire, dans l'expérience mémorable où les deux illustres amis eurent l'idée d'introduire un barreau de fer doux dans l'hélice magnétisante. L'électro-aimant était inventé !

« Nulle invention, depuis celle de l'Imprimerie, n'eut plus d'influence dans le monde que celle de l'électro-aimant ; c'est lui l'organe essentiel de toutes les applications électriques, c'est par lui que tous les progrès ont été accomplis.

« Si l'électricité est la messagère rapide et fidèle de la Société moderne, si cet agent

Revenons à notre Bobine d'Induction et voyons ce qui s'y passe : En même temps que la pile transforme la Bobine Inductrice en un aimant, elle aimante également le fer doux.

Dès lors la bobine B se trouve à la fois soumise aux sollicitations du Champ propre à la bobine inductrice B' et à celles du Champ relatif au fer doux aimanté. Et ces deux Champs combinant leurs efforts pour agiter plus fortement le milieu magnétique dans lequel est plongé le fil secondaire, y induisent un Champ plus puissant que si la Bobine inductrice existait seule.

On peut également modifier une Bobine d'induction en enroulant une plus ou moins grande longueur de fil soit sur B', soit sur B, et en rapprochant ou en éloignant davantage ces fils.

Ainsi l'ingénieur dispose ici d'un certain nombre de facteurs, il peut choisir une pile plus ou moins forte pour actionner la Bobine inductrice, augmenter ou diminuer la longueur de fil enroulée sur chacune des bobines B et B', ainsi que le nombre des fils de fer doux qui composent le noyau enfilé dans la Bobine inductrice.

Par un calcul convenable de la Bobine d'induction, il peut produire un mouvement magnétique tout le long du circuit secondaire à une distance dont on ne prévoit pas la limite.

C'est pourquoi la *Téléphonie à pile* est si précieuse : elle permet de relier verbalement entre elles les stations les plus éloignées, ce que ne permet pas de faire la *Téléphonie à aimant* proprement dit, où l'on demande tout l'effet aux faibles déplacements d'un disque de fer doux vibrant dans le Champ d'un aimant.

Nous savons donc maintenant, grâce à l'emploi de la Bobine d'Induction, envoyer dans un récepteur magnétique placé à une

mystérieux rend les services les plus extraordinaires et les plus variés par le télégraphe, le téléphone, par ces machines puissantes qui semblent avoir enchaîné la foudre; si d'un bout du monde à l'autre nous pouvons transmettre la pensée, la parole même, ainsi que la lumière et la force, c'est à l'électro-aimant, c'est, en définitive, au solénoïde d'Ampère que nous le devons; car il est là, partout où s'accomplit l'un de ces prodiges.

..... Lorsque Arago, voulant rendre l'admiration qu'il ressentait pour l'œuvre de son ami, s'écriait devant l'Académie des Sciences: « On dit les lois de Kepler, on dira les lois d'Ampère », il entrevoyait le jugement de la postérité.

Mais le témoignage suprême d'admiration lui est venu de l'étranger, de la patrie de Davy et de Faraday : un illustre savant anglais Maxwell a osé dire : « Ampère est le Newton de l'Électricité. »

distance quelconque et intercalé dans le circuit secondaire de la bobine, les vibrations du diapason D.

Mais ce n'est pas assez. Il ne s'agit pas seulement d'envoyer au loin le son d'un diapason. C'est la voix humaine, la parole, qui doit franchir des milliers de kilomètres.

Comment vaincrons-nous la difficulté?

En substituant au diapason un MICROPHONE.

Quel est le fonctionnement d'un Microphone? Nous allons sans peine le comprendre. Reportons-nous à la figure 89.

Pour faire varier le champ magnétique de la Bobine inductrice et du fer doux qu'elle renferme, il n'est pas nécessaire que le circuit de la pile soit franchement coupé, il suffit, ainsi que l'a remarqué Du Moncel [1] en 1856, que le contact entre deux portions contiguës du circuit, ici entre D et F, varie.

Si la pression qu'exercent D et F l'un contre l'autre change, le champ inducteur de la bobine B' varie : d'où un champ induit le long du circuit secondaire.

On peut aisément obtenir de telles variations, ainsi que l'a fait M. Clérac [2] en 1865, en fermant le circuit au moyen d'un cylindre de charbon pulvérulent aggloméré. Une vis permet de tasser, de comprimer plus ou moins ce cylindre. On constate qu'une aiguille aimantée placée près du circuit se meut dans un certain sens, dès qu'on touche à la vis si l'on comprime davantage le charbon, et en sens contraire, si on le décomprime.

Edison a su faire, en 1876, d'un tel cylindre très mince, d'une telle pastille de charbon, un transmetteur téléphonique.

On parle devant un disque ou diaphragme circulaire, disposé au fond d'une embouchure évasée, comme dans un téléphone Bell. Entre ce diaphragme et la pastille de charbon substituée au diapason D, est intercalé un bouton de platine ou d'ivoire qui presse à la fois contre le diaphragme et la pastille.

Le diaphragme est-il poussé par les ondes sonores, il comprime

---

1. Comte Th. Du Moncel, né en 1821, mort en 1884, ingénieur à l'Administration des Télégraphes, membre de l'Académie des Sciences.
2. Guillaume Clérac, né en 1835, ingénieur-inspecteur des Télégraphes, chargé du dépôt central télégraphique à Paris, organisateur de l'exposition postale et télégraphique à l'Exposition Universelle de 1889.

la pastille de charbon, grâce au bouton d'ivoire qui sert d'intermédiaire, et cette compression cesse dès que le diaphragme revient en avant.

Ces variations de pression, rythmées sur les ondes sonores qui les produisent, suffisent pour faire fonctionner la Bobine d'Induction, et, par suite, pour faire parler le Récepteur.

C'est fort extraordinaire, mais c'est ainsi.

La même année, Hughes ([1]) découvrit un moyen de modifier les contacts de parties contiguës d'un circuit primaire qui est beaucoup plus avantageux que le précédent, et qui est universellement employé aujourd'hui dans nos transmetteurs téléphoniques ([2]).

On nomme ces transmetteurs « Transmetteurs Microphoniques »,

1. D. E. Hughes, né à Londres en 1832, inventa en Amérique, à Bordstorn (Kentucky), l'appareil télégraphique imprimeur qui porte son nom et qui, dès 1863, était en service dans presque tous les pays de l'Europe.

2. Edison ayant revendiqué la priorité de la découverte du *Microphone*, sir William Thomson, un des plus grands physiciens d'Angleterre, membre de la Société royale de Londres, trancha le différend par une lettre dont nous extrayons les passages suivants :

« Au plaisir que le public a éprouvé en prenant connaissance de ces magnifiques découvertes qui, sous le nom de téléphone, de microphone et de phonographe, ont tant étonné le monde savant, est venu se mêler dernièrement, très inutilement, j'ai besoin de le dire, un des incidents les plus regrettables qui puissent se produire. Il s'agit d'une réclamation de priorité accompagnée d'accusation de mauvaise foi, qui a été lancée par M. Edison contre une personne dont le nom et la réputation sont depuis longtemps respectés dans l'opinion publique.

« Avant de faire intervenir le public dans une semblable affaire, M. Edison aurait dû, évidemment, établir sa réclamation en montrant avec calme la grande similitude qui pouvait exister entre son téléphone à charbon et le microphone de M. Hughes qui l'avait suivi. Mais par son attaque violente contre M. Hughes, par son accusation de piraterie, de plagiat, d'abus de confiance, il a ôté tout crédit à sa réclamation aux yeux des personnes compétentes. Rien d'ailleurs n'est moins fondé que ces accusations... Les magnifiques résultats présentés par M. Hughes, avec son microphone, ont été décrits par lui-même sous une forme telle qu'il est impossible de mettre en doute qu'il n'ait travaillé sur son propre fonds et en dehors de toutes les recherches de M. Edison qu'il n'avait pas le plus petit intérêt à s'approprier.

« Il est vrai que le principe physique appliqué par M. Edison dans son téléphone à charbon, et par M. Hughes dans son microphone, est le même, mais il est également le même que celui employé par M. Clérac dans son cylindre à charbon, qu'il avait donné à M. Hughes et à d'autres, en 1866, pour des usages pratiques importants, appareil qui, du reste, dérive entièrement de ce fait signalé, il y a longtemps, par M. Du Moncel, que l'augmentation de pression entre deux conducteurs en contact produit une diminution dans leur résistance électrique. »

car ils dérivent tous du *Microphone* de Hughes, que nous allons décrire.

Un crayon de charbon A, taillé aux deux bouts, appuie par ses extrémités (*fig.* 91) sur deux petites cavités creusées dans les blocs de charbon B B, portés par la planchette C. Cette planchette C est fixée perpendiculairement à une seconde planchette ou tablier D qui repose sur une table par l'intermédiaire de supports en caout-

Fig. 91. — M. Hughes et son Microphone.

chouc, destinés à arrêter les vibrations apportées au Microphone par la table.

En intercalant ce Microphone, toujours dans le circuit primaire de la bobine d'induction, on entend dans le Récepteur placé sur le circuit secondaire tous les sons qui frappent le Microphone.

Les ondes sonores en modifiant les contacts du crayon de charbon avec ses supports, induisent des vibrations magnétiques qui portent ces mêmes ondes sonores à l'endroit où est placé le Récepteur.

Dans la figure 91 on a supprimé la bobine d'induction.

L'expérience réussit en effet en plaçant la pile, le Microphone et le Téléphone Récepteur sur le même fil, ou, comme l'on dit, dans

Fig. 92. — « L'Oreille du Maître », ou Tableau-Microphone ayant servi à New-York
pour découvrir un crime...

le même circuit; mais il est toujours préférable d'employer une Bobine d'Induction. La Transmission est alors bien meilleure.

Si une mouche se promène sur le tablier du Microphone on a dans le Téléphone « la sensation du piétinement d'un cheval; le cri même de la mouche, surtout son cri de mort, devient, suivant M. Hughes, perceptible; le frôlement d'une barbe de plume ou d'une étoffe sur le tablier, bruits complètement imperceptibles à l'audition directe, s'entendent dans le Téléphone d'une manière marquée ([1]). »

C'est à cette propriété que l'appareil de Hughes doit son nom de *Microphone* : il rend perceptible dans le Téléphone le son le plus faible — même le cri d'une mouche!

Le charbon n'est pas d'un emploi indispensable, ce n'est pas

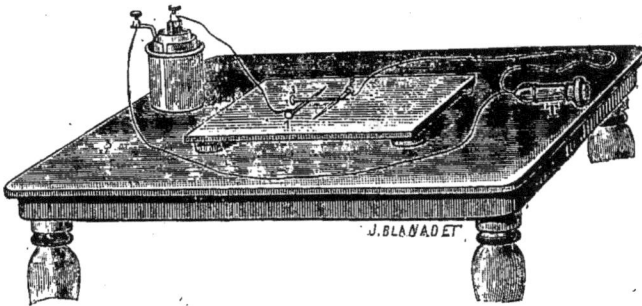

Fig. 93. — Le Microphone à clous.

l'unique substance microphonique. Voici une expérience de Hughes qui le démontre :

On dispose sur une planchette (*fig.* 93) deux clous, 1, 2, en rapport avec les deux pôles d'une pile; un téléphone T est placé entre l'un de ces clous, 2, et le pôle correspondant, on ferme le circuit par un troisième clou, 3, placé sur les deux autres. Le plus petit mouvement imprimé à la planchette détermine un changement dans les contacts du clou 3 avec les clous 1, 2 et par suite une variation dans l'intensité du courant. Cette variation d'intensité occasionnera à son tour un déplacement de la plaque du téléphone T.

Si une montre est placée sur la planchette, si même un insecte

1. *Le Microphone*, par Th. Du Moncel, 1882.

s'y promène, le téléphone devient bruyant. Mais, en dehors de la puissance de ces effets, le charbon est préférable à cause de son inoxydabilité.

Sous une planchette peinte, représentant un sujet quelconque, ayant enfin toute l'apparence d'un tableau dans son cadre, on peut dissimuler des microphones, dont les fils, traversant les murs, aboutissent à un téléphone placé dans une pièce éloignée.

Il est fort aisé par ce moyen de surprendre le secret d'une conversation tenue dans l'endroit où est placé le Tableau-Microphone. A l'Exposition universelle de 1889, un tableau-microphone était exposé avec cette légende : « L'Oreille du Maître. »

L' « Oreille du Maître » a déjà servi à New-York pour découvrir un crime (*fig.* 92).

Des complices, réunis et laissés seuls exprès dans la même pièce, échangèrent des paroles aussitôt recueillies par le tableau-microphone (qui était ici le tableau du Règlement de la Prison) et aussitôt répétées par le téléphone au gardien-chef de la prison. Celui-ci, dans son bureau, à l'étage supérieur, écoutait et faisait enregistrer les graves confidences des coupables qui, sans pouvoir s'en douter, venaient de se trahir.

Les Transmetteurs Microphoniques consacrés par la pratique sont un peu plus complexes que les précédents.

Signalons tout d'abord le transmetteur Ader ([1]), si répandu en France et dont on voit l'intérieur (*fig.* 94) et l'extérieur ainsi que la disposition (*fig.* 95).

Sous la mince planchette de sapin D, inclinée à la manière d'un cou-

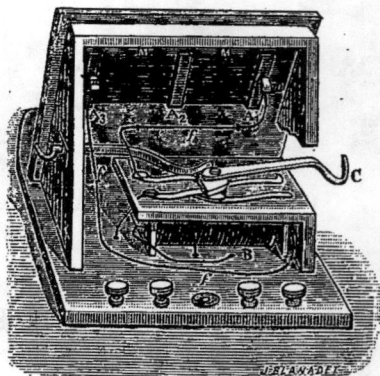

Fig. 94.
Intérieur du Transmetteur Ader.

vercle de pupitre, sont disposés deux par deux, douze microphones Hughes MM. Les extrémités de ces douze crayons de charbon sont

---

1. Clément Ader, électricien français, ancien conducteur des Ponts et Chaussées, ingénieur de l'ancienne Société générale des Téléphones.

insérées entre trois traverses de même matière $A_1 A_2 A_3$ fixées sous

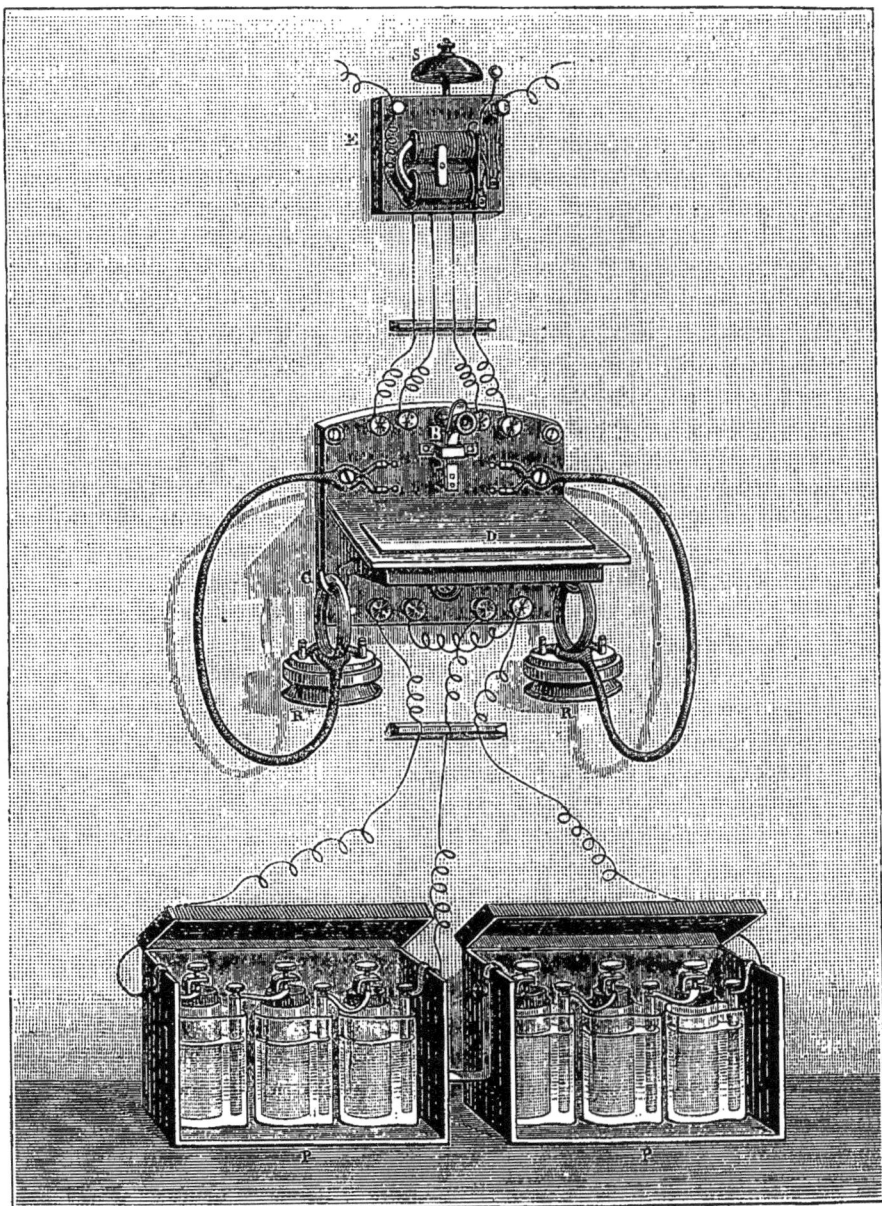

Fig. 95. — Téléphone Ader : poste de l'abonné.

la planchette D elle-même. Les extrémités du circuit primaire $ff$.

de la bobine d'induction B (qui comprend ici comme toujours une pile ou mieux un ensemble ou batterie de piles P) sont attachées en $m$ et $n$. Le fil du circuit secondaire se rend au Téléphone Récepteur. On suspend à deux crochets que l'on voit à droite et à gauche

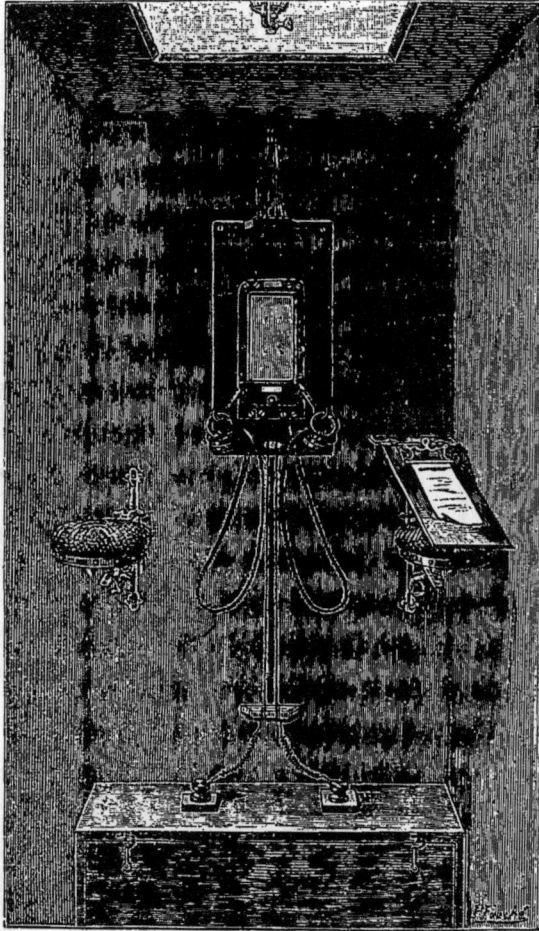

Fig. 96. — Téléphone d'Arsonval : poste de la communication téléphonique de la Bourse de Paris à la Bourse de Marseille.

du pupitre les deux récepteurs, que l'on appuie légèrement sur chacune des oreilles de manière à bien entendre. Le crochet de droite présente une particularité qu'il faut connaître. Par un mécanisme dont on voit les organes (*fig.* 94) ,mais qui intéresse uniquement le constructeur et l'ingénieur, le crochet C s'abaisse dès qu'on y suspend l'un des récepteurs, le circuit primaire se trouve alors ouvert et l'appareil ne peut fonctionner. Dès qu'on enlève au contraire le Récepteur, un ressort relève le crochet C et ferme le circuit primaire, le Transmetteur pourra désormais fonctionner.

Bien des possesseurs de Transmetteurs Ader sont dans l'embarras parce qu'ils ignorent cette particularité.

Avant Ader, Crossley avait construit un Transmetteur qui ne diffère de celui d'Ader que par la disposition des crayons de charbon (*fig.* 97). Ils sont au nombre de quatre et forment un losange.

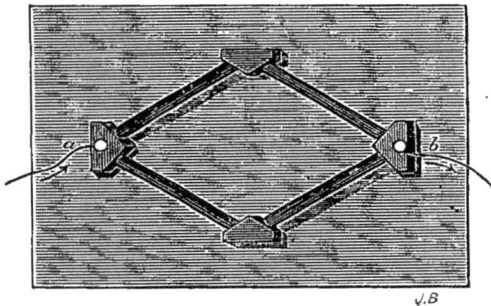

Fig. 97. — Transmetteur Microphonique Crossley.

Il y a huit contacts dans ce microphone; il y en a vingt-quatre dans la disposition adoptée par Ader.

Pourquoi ces transmetteurs ne sont-ils pas verticaux? Il serait moins fatigant de parler devant une planchette verticale, placée à la hauteur de la bouche, que d'incliner la tête sur un pupitre, tel que celui d'Ader.

C'est que si les crayons sont verticaux, l'appareil fonctionne mal. Rien ne s'opposant à ce qu'ils quittent leur appui supérieur, ils prennent des mouvements excessifs, désordonnés; ils cessent à chaque instant de toucher suffisamment à leur appui supérieur, ce qui occasionne les crachements que l'on entend dans le Récepteur.

En disposant horizontalement ces crayons, ainsi que l'ont fait en particulier Crossley et Ader, cet inconvénient est évité, car le poids des crayons règle leurs mouvements et les maintient sur leurs supports.

Toutefois on peut disposer la planchette verticalement à la condition de remplacer la pesanteur par une force jouant le même rôle.

On peut, par exemple, faire usage de ressorts convenablement disposés ou mettre à profit la poussée exercée par les liquides, en particulier par le mercure sur les corps en contact.

Mais Paul Bert [1] et M. d'Arsonval [2] ont résolu la difficulté d'une manière plus ingénieuse. Ils entourent simplement les crayons de charbon, dans leur partie médiane, d'un petit tube de fer-blanc.

Derrière l'ensemble des charbons est placé un aimant qui, attirant les tubes de fer-blanc, appuient les crayons contre les traverses qui les supportent. Ils sont ainsi préservés des inconvénients qui résultent de leur trop grande liberté.

En donnant à l'aimant régulateur diverses positions, il est aisé de faire varier le degré de liberté des crayons et par suite la sensibilité de l'appareil.

Ce transmetteur d'Arsonval, dit à régulation magnétique, est celui qui est employé dans la Téléphonie à grande distance. On l'aperçoit dans les cabines des postes de Paris et Marseille (fig. 96).

Pour les bureaux centraux destinés à mettre en rapport les abonnés d'une même ville, on a adopté le Transmetteur de M. Berthon, ingénieur en chef du service technique de l'ancienne société générale des Téléphones.

Ce Transmetteur (fig. 98) se compose de deux plaques circulaires A et B en charbon aggloméré. Ces plaques ont environ un millimètre et demi d'épaisseur et six centimètres de diamètre; elles sont séparées l'une de l'autre par une bague en caoutchouc C.

De la grenaille ronde de charbon — obtenue en concassant le charbon qui se dépose sur les parois des grandes cornues où l'on distille la houille pour en extraire le gaz d'éclairage, variété de charbon très employée en Téléphonie — remplit une petite assiette D

---

1. **Paul Bert**, né à Auxerre le 17 octobre 1833, mort à Hanoï le 11 novembre 1886, docteur en médecine, docteur ès-sciences, professeur à la Sorbonne, lauréat en 1875 du grand prix biennal de l'Académie des Sciences pour ses travaux de physiologie; à partir de 1878, Paul Bert abandonna la science pour la politique; député de l'Yonne, il fut nommé le 31 janvier 1886 résident général de la République française en Annam et au Tonkin.

2. **Arsène d'Arsonval**, né à La Borie (Haute-Vienne) le 8 juin 1851, docteur en médecine, préparateur de Claude Bernard au Collège de France, chargé du cours de médecine expérimentale au Collège de France.

en ébonite, moins haute que la bague C et disposée entre les deux plaques A et B.

Lorsqu'on incline ce petit système, la grenaille vient s'appuyer contre la plaque A, établissant des contacts analogues à ceux que nous avons rencontré dans les microphones précédents.

Le tout est enfermé dans une boîte en ébonite E, dont la partie inférieure est percée de trous.

Un anneau en caoutchouc H sépare la plaque B du fond de la boîte.

En inclinant plus ou moins ce Transmetteur, il va de soi que la pression de la grenaille contre le disque A varie. C'est l'inclinaison de l'appareil qui règle sa sensibilité ; la plus favorable est comprise entre 45° et 55°.

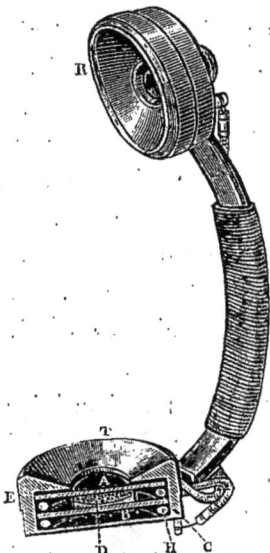

Fig. 98.

Transmetteur Berthon-Ader.

On voit (*fig.* 98) un transmetteur Berthon relié par une poignée métallique à un récepteur Ader R. La poignée a une forme telle que le Récepteur se place de lui-même en face de l'oreille dès qu'on approche le transmetteur de la bouche.

C'est ce petit appareil que tiennent à la main les dames chargées du service téléphonique dans nos bureaux centraux.

D'excellents microphones, fonctionnant admirablement, n'ont qu'un seul contact.

Nous décrirons celui qu'Édison a construit en 1878 et qui appartient à cette catégorie, bien qu'il ne soit ni le premier de ce genre, ni le meilleur, mais parce qu'il sera employé dans l'expérience de *Téléphonographie* dont nous aurons bientôt à parler.

Ce microphone d'Edison représenté (*fig.* 100) est décrit comme il suit dans le « Télégraphic Journal ».

« Ce transmetteur est contenu dans une boîte rectangulaire dont l'embouchure n'a qu'une légère saillie. Le diaphragme en mica D est supporté par un cadre et un ressort métallique placés à l'intérieur du couvercle de la boîte.

« Au centre de ce diaphragme est fixée par un écrou métallique B,

Fig. 99. — « Les vibrations magnétiques traversant le corps de deux personnes vont toucher l'oreille de l'auditeur..... »

mis en communication avec l'un des pôles d'une batterie de piles,
une équerre d'ébonite C C' qui est creusée devant l'écrou de manière
à former une cavité dans laquelle est introduit un bout de crayon
de charbon F G. L'extrémité F est recouverte par du cuivre, et
contre l'extrémité G appuie un ressort de platine H, fixé au bout C'
de l'équerre d'ébonite. L'extrémité de ce ressort porte une masse
métallique pesante I. La pression du ressort H est réglée au moyen
de la vis J. »

Nous répéterons encore que le Microphone Transmetteur est ici,
comme toujours, placé dans le circuit primaire
d'une bobine d'induction, renfermant également la pile, et que la bobine du Récepteur
fait au contraire partie du circuit secondaire
de cette même bobine d'induction.

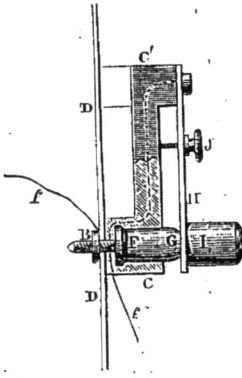

Le Transmetteur Microphonique peut-il être
employé comme Récepteur? Peut-il restituer
la parole sous l'impression des vibrations magnétiques qu'il reçoit? Autrement dit, est-il
réversible comme le Téléphone à aimant qui
peut indifféremment transmettre ou reproduire la parole?

Fig. 100.
Transmetteur Microphonique
d'Édison.

L'expérience répond affirmativement, mais
le Microphone est un parleur généralement
faible et de plus très capricieux. Il n'a la langue déliée qu'autant
qu'il lui plaît. Aussi la Réversibilité du Microphone n'a reçu
aucune application et n'est intéressante qu'à un point de vue tout
théorique.

Du reste presque tous les corps peuvent servir de Récepteur si
on les dispose bien. Citons à ce sujet la très curieuse expérience
ainsi décrite dans le Téléphone de Du Moncel « au lieu du Récepteur magnétique, deux personnes prennent chacune dans une main
le bout de l'un des deux fils venant du transmetteur, puis elles
placent chacune un doigt de la main qui reste libre sur l'une des
oreilles de l'auditeur, il est absolument nécessaire que ces mains
soient gantées, celles qui tiennent les fils étant nues. Dans ces conditions l'auditeur percevra bien le chant, et mêmes les paroles
émises dans le Transmetteur (fig. 99).

Les vibrations magnétiques traversant le corps des deux personnes vont toucher l'oreille de l'auditeur qui est ainsi le véritable Récepteur, les contacts des osselets de l'oreille jouant ici le rôle des contacts des charbons du Microphone.

Il est une autre expérience, aussi très intéressante. Cette fois, il s'agit de la transmission de la parole par un téléphone simplement appliqué sur l'une des parties du corps humain voisine de la poitrine.

« On a même prétendu, dit Du Moncel, que toutes les parties du corps pouvaient produire ce résultat; mais dans les expériences que j'ai faites, je n'ai pu réussir que quand le téléphone était fortement appliqué sur ma poitrine. Dans ces conditions, et à travers même mes vêtements, j'ai pu me faire entendre, mais en parlant à voix très haute, ce qui ferait supposer que le corps de l'homme participe tout entier aux vibrations provoquées par la voix. Dans ce cas, les vibrations sont transmises mécaniquement au diaphragme du téléphone transmetteur, non plus par l'air, mais par le corps lui-même. »

La transmission des vibrations à un téléphone peut produire encore des effets d'un autre genre non moins remarquables. Si on applique le manche d'un téléphone sur une montre, on entend fortement le tic-tac de la montre. Des sons propagés par la terre se trouvent facilement perçus et l'on se procure de cette façon une oreille extrêmement sensible qui permet, en écoutant à terre, de distinguer au loin le passage d'une voiture, d'un train de chemin fer ou la marche d'une armée.

Nous n'insisterons pas sur la théorie du Microphone encore très controversée.

Les variations aux contacts proviennent-elles, ainsi que le veut Hughes, des modifications apportées par les ondes sonores aux vibrations que le courant communiquerait aux molécules de la substance microphonique ?

Sont-elles dues, ainsi que le croit G. Berliner, aux variations d'épaisseur de la couche d'air interposée aux divers contacts ? L'intervention de l'air expliquerait pourquoi le charbon et les matières pulvérulentes peuvent donner de bons microphones.

Pour d'autres, tout résulte du changement de longueur, d'intensité ou de forme de petites étincelles jaillissant entre les aspérités des contacts microphoniques.

Hughes explique aussi la fonction réceptrice du Microphone, par ce fait que tout circuit rendrait un son sous l'influence d'un Champ magnétique vibratoire. Ce serait là une propriété générale. Toutefois, il en est qui pensent que les ondes sonores résultent d'un échauffement variable des contacts, et par suite de l'air environnant, sous l'influence des vibrations magnétiques. L'air est-il plus échauffé, il se dilate pour se contracter dès que l'échauffement diminue. Ces dilatations et contractions se propageant de proche en proche donneraient lieu aux ondes sonores reçues par l'oreille.

Il va sans dire que si deux personnes sont en conversation téléphonique, on pourra tout écouter en intercalant un Récepteur sur le fil métallique ou fil de ligne, qui réunit les stations où se trouvent nos deux interlocuteurs.

On pourrait couper le fil et attacher les deux bouts obtenus à chacun des fils du Récepteur magnétique dont on dispose. Toutefois, cela n'est pas nécessaire; il suffit de faire toucher les deux fils du téléphone à aimant en deux points du fil de ligne, c'est-à-dire, pour employer le langage des ingénieurs, de mettre un Récepteur « en dérivation sur la ligne ».

Souvent le Téléphone est indiscret. Il répète ce qui se passe dans les lignes voisines de celle dont il fait lui-même partie. C'est que ces lignes jouent alors, par rapport à la sienne, le rôle de la bobine inductrice par rapport à la bobine induite.

Il y a, en un mot, induction mutuelle entre les lignes voisines, et cela donne souvent des résultats fâcheux ou bizarres (¹).

1. Voici un fait, entre mille, publié par le *Figaro* du 6 juillet 1881 :
« Jusqu'au Téléphone qui se mêle de politique.
« — Eh bien ! non, mon cher ami, je viens d'apprendre que Testelin et Tolain vont prendre la parole au Sénat. Tu les connais. Ils n'ont pas l'oreille du Sénat et ils vont brouiller les cartes. Je me retire s'ils parlent. Qu'est-ce que tu penses ?
« — Empêche-les de parler, car, en général, la situation me paraît mauvaise. Du reste, je vais à l'instant au Sénat... »
« Telles sont, textuellement, les paroles qui s'échangeaient un matin, à dix heures, par le Téléphone, entre une voix méridionale et une voix... grommelante.
« Cela nous permet de dire aujourd'hui ce que nous pensons du fonctionnement de cette admirable invention.
« Si l'un de nos collaborateurs a si bien entendu le dialogue que nous venons de rap-

Parfois, le fil d'une ligne téléphonique fait parler les différentes parties d'une maison qui le supporte.

Fig. 101. — Le « Poste assis », inauguré le 1ᵉʳ janvier 1890, au Bureau Téléphonique de l'avenue de l'Opéra.

porter, cela tient à ce que, pendant qu'il voulait lui-même communiquer avec un de ses amis, on l'a mis involontairement en communication, non avec cet ami, mais avec deux personnages politiques qui seront bien étonnés d'apprendre qu'il y avait un tiers dans leur conversation.

« Cela ne serait pas arrivé si le service était fait par des hommes sérieux, au lieu d'être abandonné à des dames rêveuses ou à des jeunes filles distraites. »

L'explication que donne le journal ne doit pas être exacte, il est plus probable qu'il y

Citons, à ce propos, la communication faite à la Société d'encouragement, le 13 juin 1879, par M. Crépaux, chef de bataillon du génie, à Lunéville :

« Il y a, à Lunéville, une installation téléphonique faite dans des conditions assez primitives. Le fil de ligne est un fil de fer galvanisé de 3 millimètres, très tendu. Il est fixé à un poteau au-dessus d'un grenier et il s'infléchit à l'angle obtus sur la gaine de cheminée en briques du bâtiment voisin, éloigné d'une dizaine de mètres. La gaine de la cheminée correspond naturellement à l'âtre, dans une chambre du premier étage du bâtiment. Quand on parle dans le Téléphone d'une station à l'autre, non seulement le Récepteur parle, et pour l'entendre il faut le mettre près de l'oreille; mais, fait inexplicable, la cheminée où s'infléchit le fil *parle*, l'âtre *parle*, et une personne couchée dans la chambre entend, de son lit, *toutes les paroles* transmises au fil, plus distinctement que ceux qui, à l'extrémité de la ligne, se servent de l'appareil Récepteur. Impossible de nier ce fait, dont j'ai été témoin plusieurs fois.

« On a isolé le fil de la gaine de la cheminée au moyen de plaques de verre : la *parole* n'a pas pour cela cessé d'être entendue.

« A la station la plus éloignée, à 200 ou 250 mètres de distance environ, un fait semblable s'est reproduit :

« Le fil de terre suit, dans son parcours, un tuyau de descente en zinc; ce tuyau a des ramifications aboutissant à des pierres à évier : la pierre à évier *parle*.

a eu simplement induction d'un circuit sur l'autre. Cela est fort possible, et de pareilles surprises sont malheureusement trop fréquentes ; il serait urgent qu'on s'occupât d'apporter à cet état de choses les améliorations nécessaires.

Autre fait bizarre, cité par l'*Electrotechnisches Echo :*

Un abonné au téléphone demande la communication avec son médecin.

L'Abonné. « — Ma femme se plaint de violentes douleurs dans la nuque et de douleurs dans l'estomac.

Le Médecin. « — Elle a sans doute une forte fièvre...

Alors se produit un phénomène d'induction d'un circuit sur l'autre, et l'abonné entend :

« — ...Elle est probablement aussi recouverte à l'intérieur d'une couche de plusieurs millimètres d'épaisseur. Laissez-la refroidir pendant une nuit, et buttez-la le matin fortement avec un marteau, avant de la réchauffer. Lavez-la alors avec soin, au moyen d'un jet d'eau sous forte pression. »

L'abonné avait entendu la réponse d'un constructeur de machines qui avait été consulté par le propriétaire d'un moulin à vapeur.

« J'ai entendu dire qu'à chaque point d'attache le fil de ligne parlait; ainsi, si on lui fait faire quelques tours autour d'un clou fiché dans la muraille, le nœud ainsi produit *parle*.

« Il est probable que le fait dont je rends compte ne se produit que dans les environs des points d'attache et de contact. »

On peut admettre que cet effet est de même nature que celui qui se manifeste dans un Microphone employé comme récepteur : Là, il se produit au point de contact du fil avec ses supports; ici, c'est au point de contact des charbons.

La transmission des vibrations de ces points de contact du fil aux différentes parties de la maison s'explique dès lors par le simple phénomène du mouvement vibratoire moléculaire que nous avons examiné dans le téléphone à ficelle, et dans l'expérience de M. Lippmann (*fig.* 57).

Toujours est-il qu'un tel phénomène paraîtrait bien incompréhensible encore, et bien entouré de mystère, à la plupart des gens de la campagne. On conçoit la terreur dont seraient saisis les habitants d'une ferme isolée (*fig.* 106), dont la toiture servirait de point d'attache à un fil téléphonique reliant deux villes lointaines. La cheminée, l'âtre, se mettant à *parler* tout à coup au milieu d'une sombre nuit d'hiver! Quel réveil! quelle sensation de surprise et d'effroi!...

Nous avons représenté (*fig.* 95) la disposition générale du poste d'un abonné au Téléphone, et (*fig.* 101 et *fig.* 102) deux postes différents au Bureau Téléphonique de l'avenue de l'Opéra (¹).

Nous allons expliquer comment on procède pour établir les communications entre deux abonnés; nous allons voir quelle est la manipulation propre à l'abonné et quelle est celle des employées téléphonistes dans les Bureaux.

Les dames téléphonistes se tiennent sur une même ligne, devant une cloison en bois d'une hauteur de deux à trois mètres. Chacune d'elles correspond avec cinquante abonnés. Contre la paroi de la cloison sont appliqués deux cadres : l'un comprend

---

1. Le poste représenté dans la figure 102 est spécialement réservé au service de la Bourse; il ne reçoit et ne transmet que les communications qui lui arrivent de la Bourse.

les cinquante « annonciateurs » des abonnés, plaques de cuivre
retenues par une charnière et qui tombent lorsque l'abonné appuie
sur le bouton d'appel; l'autre, situé sous le premier, comprend
une série de trous appelés « conjoncteurs ou commutateurs à Jack-
knife (¹) », dans lesquels les téléphonistes enfoncent leurs «.fiches »
pour se mettre en communication avec l'abonné appelant et lui
répondre.

   Enfin, sous ce dernier cadre sont établis d'autres conjoncteurs
ou commutateurs, mettant la téléphoniste en rapport avec ses
collègues, soit du Bureau où elle travaille, soit des autres Bureaux
de Paris.

   La réunion de ces cinquante abonnés et des transmissions avec
les collègues forme ce qu'on appelle un « groupe ». Suivant leur
importance, les bureaux renferment vingt, trente ou quarante
groupes.

   Voyons maintenant comment s'établissent les communications.
Elles sont de trois sortes : ou l'abonné d'un groupe correspond avec
l'abonné d'un même groupe, ce qui est très rare, les abonnés étant
réunis dans un cercle restreint; ou l'abonné correspond avec une
personne placée dans un autre groupe, mais dépendant du même
bureau, ou, enfin, l'abonné correspond avec une personne placée
dans un autre bureau.

   Dans le premier cas, la téléphoniste établira rapidement la communication, non sans exécuter toutefois les mouvements suivants :
elle plante sa fiche dans le commutateur de l'appelant et écoute
et répond avec le récepteur spécial Berthon-Ader, que nous avons
décrit; quand elle a reçu la demande de l'abonné (qui, lui, parle,
de son poste, sur la planchette D du pupitre (*fig*. 95), et qui écoute
avec les récepteurs R retirés de leurs crochets C), elle appelle la
personne qu'on réclame en mettant en jeu la sonnerie E S du poste
de ce second abonné; elle se met en communication avec ce dernier, change de nouveau ses fiches pour mettre les deux abonnés

---

1. Le *Jack-knife*, terme américain se traduisant par « couteau de Jack », est une
mince lame de ressort rectangulaire en acier, qui s'appuie à la partie inférieure du commutateur. L'inventeur de cette disposition est un Français du Canada nommé Jack. Le
mot « knife » couteau, vient d'abord de ce que la lame rappelle celle d'un couteau, et,
ensuite, de ce que cette lame sert à « couper » le circuit local de l'annonciateur.

Fig. 102. — Bureau Téléphonique de l'avenue de l'Opéra : poste réservé au service de la Bourse.

en rapport et, au moyen de conjoncteurs spéciaux, remet les deux personnes en communication directe avec le Bureau, de telle façon que, tout en se parlant, elles peuvent encore réclamer la téléphoniste. C'est au moins une quinzaine de mouvements que la téléphoniste doit faire presque en un clin d'œil.

Dans le deuxième cas, la téléphoniste qui doit connaître les abonnés de *tous les groupes de son bureau*, est tenue de savoir dans quel groupe se trouve la personne qu'on réclame. Elle prévient sa collègue du groupe A, B ou C qu'on demande M. X..., et c'est cette dernière qui établit la communication. La chose se complique si la personne réclamée dépend d'un groupe situé dans un autre bureau. Elle prévient un groupe quelconque de ce bureau, mais là encore il faut, la plupart du temps, transmettre la demande à un autre groupe que celui qui l'a reçu. On voit toutes les lenteurs que crée forcément un pareil état de choses.

Pendant ce temps, l'abonné, impatient, ne cesse d'appuyer sur le bouton d'appel B (*fig.* 95) s'imaginant ainsi qu'il fait résonner aux oreilles de la téléphoniste une sonnerie assourdissante. Il n'en est rien. Dès qu'il a appuyé sur le bouton, l'annonciateur du bureau est tombé, presque sans bruit — et voilà tout. S'il continue à presser le bouton, il ne détermine qu'un léger bruit : tic, tic, tic, que l'employé peut percevoir, il est vrai, mais qui ne trouble pas le travail du bureau comme le feraient vingt ou trente timbres électriques carillonnant en même temps.

On voit en PP dans deux boites les piles Leclanché nécessaires au fonctionnement du poste de l'abonné.

L'idéal serait d'avoir un Bureau unique avec un appareil unique qui permettrait de faire figurer sur un quadrilatère ou une rosace tous les abonnés d'une même ville. Ils seraient ainsi servis aussi rapidement que les cinquante abonnés d'un groupe actuel lorsqu'ils ne communiquent qu'entre eux.

Au cours d'un voyage fait à Bruxelles, à Berlin, à Anvers, le directeur des postes et télégraphes a étudié les appareils les plus perfectionnés jusqu'à ce jour. Presque tous sont de création américaine. A Cincinnati fonctionne un appareil qui dessert directement 10000 abonnés. Les téléphonistes n'ont qu'à planter une fiche dans un conjoncteur pour mettre immédiatement deux abonnés en rapport. C'est d'un appareil de ce genre qu'on doit munir nos bureaux téléphoniques. Mais il faudra alors que les abonnés s'habituent à demander, non plus le nom des personnes, mais leur numéro. Les personnes ne figureront plus alors sur le quadrilatère que sous ce qu'on pourrait appeler un numéro matricule. Les chiffres seront placés par séries de cent et de mille, de façon que les employées puissent les trouver aussitôt.

En attendant le fonctionnement de ce nouvel appareil ainsi que la construction annoncée d'un Bureau unique, on s'est occupé de l'amélioration du personnel. Mais il convient de faire remarquer que l'apprentissage est long et pénible. Rien que « pour se faire l'oreille » il faut huit jours au moins. « On ne devient vraiment une bonne téléphoniste, disent les directrices de bureau, qu'au bout de cinq à six mois. »

Depuis le 1er janvier 1890, une innovation assez importante a été introduite au Bureau de l'avenue de l'Opéra dans le service des téléphonistes. Il s'agit du *Poste assis* (*fig.* 101). Le « Poste assis » ne reçoit que les communications des autres Bureaux, communications qu'il a pour devoir de distribuer dans le Bureau même de l'avenue de l'Opéra. Ainsi, une fois l'appel d'un des Bureaux entendus, la téléphoniste du « Poste assis » se met en communication, en abaissant un des petits leviers, ou *touches*, placés devant elle, avec sa collègue du « Poste debout » chargée d'un « groupe d'abonnés » et, à l'aide de son appareil Berthon-Ader, elle lui fait part de la demande du Bureau appelant et lui indique en même temps le numéro et le nom de la ligne qu'elle doit prendre. Exemple : « Sur 12, Lafayette, donnez X. » Il ne reste à la téléphoniste du « Poste debout » qu'à appeler de suite l'abonné demandé, abonné qui fait partie de son « groupe » et à le mettre en communication.

Dans la nouvelle installation, chaque téléphoniste a sous la main toutes les lignes des autres Bureaux. Elle peut donc, après avoir reçu l'appel d'un abonné de son groupe, le mettre en communication avec le bureau auquel est reliée la personne demandée.

Avant l'introduction de ce système, le même service exigeait la présence de deux téléphonistes : la première, recevant l'appel des Abonnés et prévenant la seconde, qui appelait les Bureaux intéressés.

Le « Poste assis » du Bureau de l'avenue de l'Opéra comporte huit téléphonistes qui suffisent pour recevoir toutes les demandes des autres Bureaux et les transmettre aux trente-six téléphonistes du « Poste debout ». D'où économie du personnel et simplification du service.

Au début du Téléphone on supposait que le Télégraphe n'allait plus tenir qu'un rôle effacé. Cependant ces deux services de correspondance ont fonctionné ensemble, sans se gêner, répondant chacun à des besoins différents.

Mais si le Téléphone, considéré comme « transmetteur de la

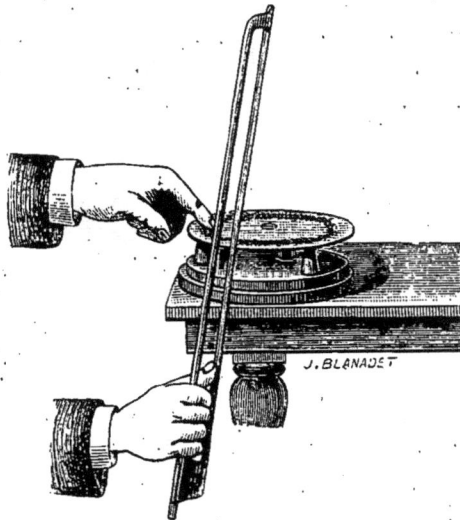

Fig. 103. — Disque représentant la circonférence nodale correspondant à son premier harmonique.

voix » ne saurait être remplacé par le Télégraphe, il peut devenir lui-même un excellent transmetteur de dépêches. Cela est si vrai que, grâce à une ingénieuse modification apportée par M. Mercadier, voici le Téléphone sur le point de se substituer au Télégraphe.

Entre les mains de M. Mercadier le Téléphone est devenu un Télégraphe parfait qui permet de lancer simultanément jusqu'à 16 dépêches sur le même fil de ligne.

Cet appareil actuellement en expérience entre Paris et Orléans et que l'on pouvait admirer dans la section du Ministère des Postes et Télégraphes à l'Exposition Universelle de 1889 est basé sur le fait suivant.

Si dans les Téléphones ordinaires ou « pantéléphones » ([1]) tous les sons peuvent être reproduits cela provient de ce que le disque des Récepteurs étant encastré par son bord n'est pas libre de vibrer à sa guise, sous l'influence de sa propre élasticité. Dès lors ses molécules sont mises en mouvement comme les molécules de l'air par tous les sons quels qu'ils soient. Mais si ce disque est libre

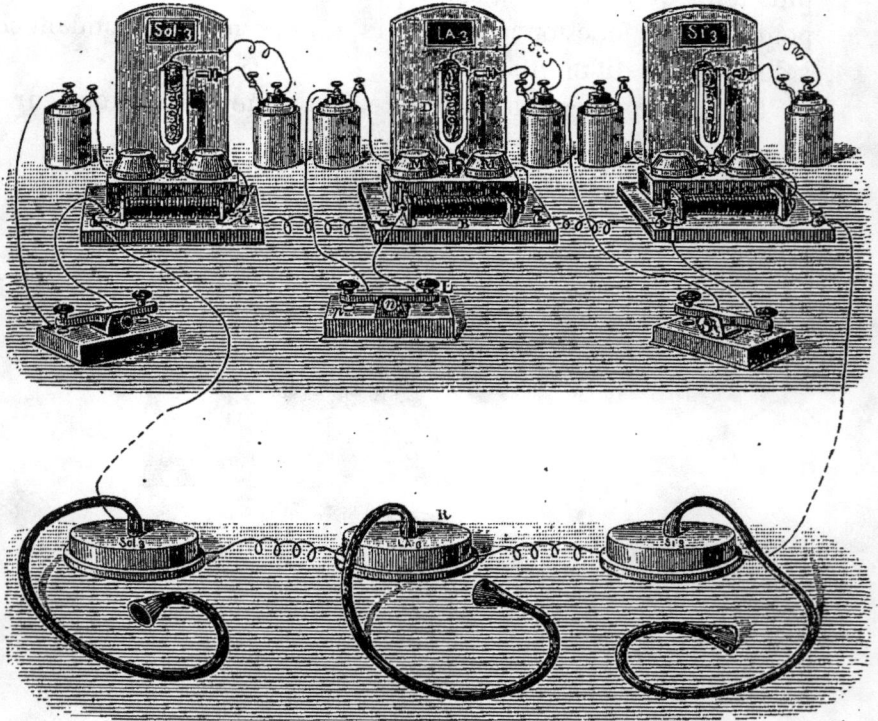

Fig. 104. — Le Télégraphe Acoustique multiplex de M. Mercadier.

par son bord et repose par trois points équidistants, disposés sur la circonférence nodale qui correspond à son premier harmonique ([2]) (fig. 103), seul parmi les sons émis devant le transmetteur, ce premier harmonique sera reproduit avec force et netteté dans le Récepteur à disque libre. Ce Récepteur choisit donc une

1. Du grec πᾶν (pan), tout et τῆλε et φωνη : qui transmettent au loin tous les sons.
2. Le premier harmonique est celui des sons, rendus par le disque, dont la hauteur suit immédiatement celle du son le plus grave ou Son fondamental du disque.

note déterminée pour la reproduire dans le faisceau des vibrations magnétiques qui lui arrivent. Si à la suite de ce premier Récepteur il s'en trouve un second réglé pour une autre note, il reproduira exclusivement celle-ci. On peut ainsi multiplier les Récepteurs « monotéléphoniques » ([1]) et analyser, séparer par leur moyen, les sons produits devant le Transmetteur.

Si ces récepteurs sont réglés pour reproduire respectivement les notes $sol_3$, $la_3$, $si_3$ etc., et si au poste de transmission on a disposé dans le même circuit divers transmetteurs devant lesquels sont placés des diapasons donnant respectivement les notes $sol_3$, $la_3$, $si_3$.., il sera aisé de faire de la ligne une ligne télégraphique.

Imaginons que l'employé chargé du diapason $sol_3$ veuille envoyer une dépêche à l'employé qui, au poste de Réception, a la surveillance du Récepteur $sol_3$.

Il appuiera sur une clef ou tige métallique de manière à fermer le circuit et envoyer le son $sol_3$ pendant des temps plus ou moins longs. Les durées pendant lesquelles on entend successivement la note $sol_3$ au Récepteur indiquent les lettres de la dépêche absolument comme les traits plus ou moins longs écrits par le Télégraphe Morse.

Bien que se servant du même fil de ligne, les autres employés préposés au $la_3$, $si_3$ etc., pourront aussi sans inconvénient communiquer, en même temps que le $sol_3$, avec leurs correspondants $la_3$, $si_3$, etc.

On voit dans le Transmetteur du « Télégraphe Acoustique » de M. Mercadier (*fig*. 104 et *fig*. 105) un diapason D qui donne une certaine note, un $la_3$ par exemple.

Il est vissé sur une caisse C dont il met l'air en vibration. Sur cette caisse reposent de part et d'autre du diapason deux petits microphones enfermés dans des boîtes circulaires MM. Ces microphones sont intercalés dans le circuit primaire d'une bobine d'induction B. Le circuit secondaire de cette bobine se rend à l'électro-aimant du poste de réception R. Cet électro-aimant ainsi que le disque qu'il met en vibration et qui est établi de manière à

---

[1]. Du grec μόνος (monos), *seul; monotéléphone :* qui transmet au loin ou reçoit de loin un seul son.

rendre seulement le la, est enfermé dans une boîte cylindrique en laiton très plate. Nous avons expliqué que ce disque repose en trois points de la circonférence nodale qui correspond à son premier harmonique.

L'installation générale ne diffère pas de celle qui a été indiquée dans la Téléphonie ordinaire.

Il est clair que le son du diapason n'est reçu en R qu'autant que le fil de ligne $ff$ est fermé sur lui-même. S'il est ouvert en un endroit, en $o$ par exemple, — ainsi que l'indique la figure 105 — l'employé qui écoute dans le tube T n'entend rien.

Si l'employé chargé du poste transmetteur appuie sur la tige

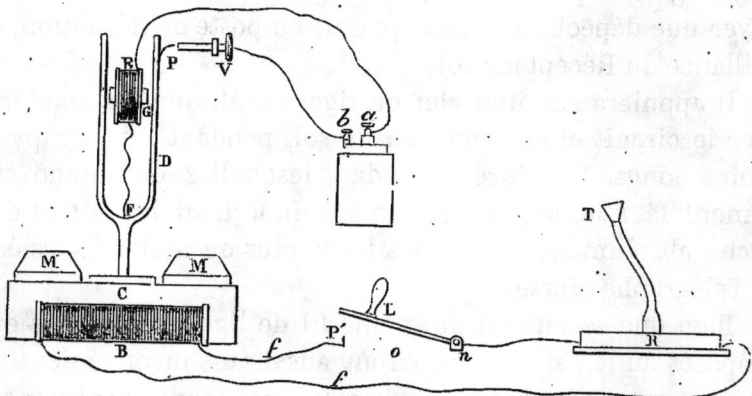

Fig. 105. — L'Electro-Diapason du Monotéléphone.

métallique ou clef L, celle-ci tournera autour d'une charnière $n$ et viendra au contact de la pointe P'.

Dès lors le circuit $ff$ étant fermé, le récepteur rendra le son du diapason et cela aussi longtemps que la clef L sera maintenue au contact de P'.

Mais aussitôt que cette clef sera rendue à elle-même, un ressort la soulèvera, le circuit sera de nouveau rompu et tout son cessera en R.

On conçoit sans peine comment on peut baser sur ce fait un langage conventionnel, un langage acoustique.

Au lieu de placer la clef sur le circuit $ff$, il revient au même de la placer sur le circuit primaire de la bobine B, ce qui est réalisé dans la figure 104 qui représente un poste Transmetteur composé de trois dispositifs analogues au précédent. Le premier est le poste sol₁ et les autres la₂ et si₃. Ils aboutissent aux trois Récepteurs correspondants.

Il serait bien ennuyeux, bien incommode d'avoir à mettre le diapason du poste en vibration chaque fois qu'il y a une dépêche à transmettre, aussi prend-on des diapasons entretenus électriquement : des *électro-diapasons*.

:: On va comprendre aisément comment l'emploi d'un électro-aimant permet de maintenir en vibration un diapason dans des conditions invariables et pendant un temps aussi long qu'on le désire.

Un électro-aimant E (*fig.* 105) est disposé à égale distance entre les branches du diapason, on voit en G le noyau de fer doux de l'électro.

La branche de droite du diapason porte un petit fil de platine P placé en regard d'une tige, également en platine, qu'une vis V permet d'approcher ou d'éloigner de P. L'un des bouts du fil de l'électro est attaché à la queue F du diapason et l'autre bout au pôle positif *a* d'une pile P; l'autre pôle *b* de la pile est relié par un fil à la vis V.

Cela étant, si le diapason est ébranlé, il vibrera continuellement si la vis V est bien réglée, c'est-à-dire à distance voulue de P.

En effet lorsque, le diapason s'éloignant de sa position d'équilibre vers l'extérieur, P et V viennent en contact, le circuit de la pile est fermé et un courant marche le long du chemin *a* E F P V *b*. En passant dans l'électro-aimant ce courant aimante le noyau G qui sollicite alors les branches d'acier du diapason à faire retour. En revenant sous cette action qui l'attire, le diapason rompt de nouveau le circuit en P V ce qui annule l'électro E. Le diapason continuant à vibrer recevra à chaque vibration une impulsion qui lui vient de l'électro; impulsion qui réparera les pertes de mouvement du diapason.

Lissajous, comparant avec raison le rôle joué par l'électro-aimant à celui de l'archet au moyen duquel on entretient les vibrations d'une corde, a appelé l'électro-diapason, dont il est l'inventeur (1857), un *archet électrique* (¹).

1. Ajoutons que M. Mercadier qui a imaginé la disposition que nous venons de décrire, a dans certains modèles assujetti l'électro-aimant E sur une coulisse le long de

Fig. 106. — La cheminée, l'âtre, se mettant à parler tout à coup au milieu d'une sombre nuit d'hiver!

Ainsi nous constatons que le problème de la transmission téléphonique est aujourd'hui complètement résolu. Le monde entier
est sillonné d'un réseau de fils téléphoniques. Aux États-Unis les
fils en service, placés bout à bout, feraient, dit une statistique
américaine, sept fois le tour de la Terre. ·

En Chine, où la Télégraphie n'a pu s'implanter à cause de la
multiplicité des caractères d'écriture ('), la Téléphonie semble
appelée à un rapide développement ; une société vient d'obtenir du
Céleste-Empire une concession cinquantenaire pour l'installation
d'un réseau téléphonique. Le Japon est un des premiers pays qui
ait adopté le téléphone. Enfin, le croirait-on ? à Honolulu, capitale
des îles Sandwich, au milieu de l'Océan Pacifique, fonctionnent
deux compagnies téléphoniques : l'Oriental Téléphone et la Mutual
Bell Téléphone. Ces deux sociétés établies à Honolulu, la première
en 1880, la seconde en 1885 comptent ensemble, sur 18 000 habitants, plus de 1 200 abonnés.

Nous voilà loin du jour où un instituteur allemand, Reis (²),
appliqua à un appareil qu'il nomma « Téléphone » l'observation
faite par Henry et Page, en 1837 ; ces deux physiciens américains
avaient remarqué qu'un barreau de fer doux peut rendre un son
sous l'influence d'aimantation et de désaimantation successives et
que l'acuité du son est d'autant plus grande que l'intervalle de
temps, séparant l'interruption et le rétablissement du courant, est
plus court.

laquelle il peut glisser entre les branches du diapason. Il attire, « attaque », alors les
branches du diapason en tel point désiré ; et il donnera un mouvement d'amplitude
d'autant plus grande que l'attaque aura lieu plus près des extrémités. On le place généralement au tiers de la longueur des branches. On peut aisément obtenir ainsi des vibrations d'une amplitude de 3 millimètres. De plus les branches portent chacune un poids
pouvant glisser le long de la branche. Plus ces poids sont près des extrémités du diapason,
plus la vibration de celui-ci est lente.

Cet électro-diapason est un excellent chronographe ou compteur du temps par l'écriture. Il inscrit une sinusoïde partout également nette pendant tout le temps que l'on veut,
alors qu'un diapason ordinaire donne une courbe dont la hauteur des sinuosités décroît
très vite et à un tel point qu'il est bientôt difficile de les compter.

C'est de ce diapason préalablement comparé au pendule à seconde, que l'on fait usage
dans la détermination de la hauteur d'un son.

1. Le grand dictionnaire chinois publié par les soins de l'empereur Khang-Hi (1654-
1722) n'en renferme pas moins de 43 496.

2. Philippe Reis, né à Gernhausen (Hesse-Cassel), le 7 janvier 1834, mort à Fried-
rischsdorf le 14 janvier 1874.

Se basant et sur cette découverte et sur le Phonautographe de Léon Scott, Reis parvint péniblement, en 1861 et 1862, à faire entendre à une faible distance quelques sons musicaux.

L'instituteur allemand avait, peut-être, emprunté son mot « Téléphone » au mot « Téléphonie » créé par un Français, le musicien François Sudre ([1]); il est probable aussi que Reis n'était pas sans avoir connaissance des idées d'un autre Français.

Cet autre Français était M. Charles Bourseul ([2]) qui, dans une note publiée en 1854, dans les *Annales télégraphiques*, disait :

« Après les merveilleux télégraphes qui peuvent reproduire à distance l'écriture de tel ou tel individu, et même des dessins plus ou moins compliqués, il semblerait impossible d'aller plus en avant dans les régions du merveilleux. Essayons cependant de faire quelques pas de plus encore. Je me suis demandé, par exemple, si la parole elle-même ne pourrait pas être transmise par l'électricité, en un mot, si l'on ne pourrait pas parler à Vienne et se faire entendre à Paris. La chose est praticable ; voici comment :

« Les sons, on le sait, sont formés par des vibrations et apportés à l'oreille par ces mêmes vibrations que reproduisent les milieux intermédiaires.

« Mais l'intensité de ces vibrations diminue très rapidement avec la distance, de sorte qu'il y a, même en employant des porte-voix, des tubes et des cornets acoustiques, des limites assez restreintes qu'on ne peut dépasser. Imaginez que l'on parle près d'une plaque mobile, assez flexible pour ne perdre aucune des vibrations produites par la voix, que cette plaque établisse et interrompe successivement la communication avec une pile : vous

1. Jean-François Sudre, né à Albi le 15 août 1787, mort à Paris le 3 octobre 1862 ; musicien, inventeur d'un système de télégraphie acoustique auquel il donna le nom de « Téléphonie » ; il employait certains instruments, clairon, cloche, tambour, et les notes transmises au loin, ou les intervalles laissés entre chaque coup frappé, donnaient aux mots et aux phrases leur signification ; dans le même ordre d'idées Sudre établit une « langue musicale universelle à l'aide de laquelle les différents peuples, et les aveugles, les sourds, les muets peuvent réciproquement se comprendre ; langue à la fois parlée, écrite, occulte et muette ». Malgré de multiples expériences, toutes couronnées de succès, Sudre ne put faire adopter son système ; cependant le jury de l'Exposition de 1855 lui vota une récompense de 10 000 francs et le Gouvernement Britannique lui fit une pension viagère.

2. Charles Bourseul, né le 28 avril 1829 ; inspecteur et directeur des Postes et Télégraphes à Auch et à Albi, mis en disponibilité en 1886, a pris sa retraite à Cahors.

pourrez avoir à distance une autre plaque qui exécutera en même temps les mêmes vibrations.

« Il est vrai que l'intensité des sons produits sera variable au point de départ, où la plaque vibre par la voix, et constante au point d'arrivée, où elle vibre par l'électricité; mais il est démontré que cela ne peut altérer les sons.

« Il est évident d'abord que les sons se reproduiraient avec la même hauteur dans la gamme.

« L'état actuel de la science acoustique ne me permet pas de dire a priori s'il en sera tout à fait de même des syllabes articulées par la voix humaine. On ne s'est pas encore suffisamment occupé de la manière dont ces syllabes sont produites. On a remarqué, il est vrai, que les unes se prononcent des dents, les autres des lèvres, etc., mais c'est là tout.

« Quoi qu'il en soit, il faut bien songer que les syllabes ne reproduisent, à l'audition, rien autre chose que des vibrations des milieux intermédiaires; reproduisez exactement ces vibrations, et vous reproduirez exactement aussi les syllabes.

« En tous cas, il est impossible de démontrer, dans l'état actuel de la science, que la transmission électrique des sons soit impossible. Toutes les probabilités, au contraire, sont pour la possibilité.

« Quand on parla pour la première fois d'appliquer l'électro-magnétisme à la transmission des dépêches, un homme haut placé dans la science traita cette idée de sublime utopie, et cependant aujourd'hui on communique directement de Londres à Vienne par un simple fil métallique. — Cela n'était pas possible, disait-on, et, cela est.

« Il va sans dire que des applications sans nombre et de la plus haute importance surgiraient immédiatement de la transmission de la parole par l'électricité.

« A moins d'être sourd et muet, qui que ce soit pourrait se servir de ce mode de transmission, qui n'exigerait aucune espèce d'appareils. Une pile électrique, deux plaques vibrantes et un fil métallique suffiraient.

« Dans une multitude de cas, dans de vastes établissements, par exemple, on pourrait, par ce moyen, transmettre à distance tel ou

tel avis, tandis qu'on renoncera à opérer cette transmission par l'é-
lectricité dès lors qu'il faudra procéder lettre par lettre et à l'aide de
télégraphes exigeant un apprentissage et de l'habitude.

« Quoi qu'il arrive, il est certain que dans un avenir plus ou
moins éloigné la parole sera transmise à distance par l'électricité.
J'ai commencé des expériences à cet égard : elles sont délicates et
exigent du temps et de la patience, mais les approximations obtenues font entrevoir un résultat favorable. »

M. Graham Bell.                              M. Elisha Gray.

Fig. 107. — Les deux inventeurs communiquent au moyen de leurs premiers Téléphones.

On voit, par cette note, avec quelle perspicacité M. Charles
Bourseul pressentait, dès 1854, la solution de ce difficile problème
qui ne devait être trouvé qu'en 1876.

Ce fut, en effet, le 14 février 1876 que M. Graham Bell et
M. Elisha Gray, ingénieur américain, né à Chicago, déposèrent chacun — à deux heures de distance — à l'Office des patentes américaines la description et les dessins d'une invention au moyen de
laquelle la transmission de la parole était possible.

Si certaines formalités n'eussent été omises, l'Office se serait
prononcé en faveur de M. Gray, dont la demande de brevet contenait des détails beaucoup plus précis que celle de M. Bell.

« A tous ceux que cela peut concerner, écrivait M. Gray, il convient d'établir que moi, Elisha Gray, de Chicago, ai trouvé un nouveau mode de transmettre les sons vocaux télégraphiquement. En voici la description.

« L'objet de mon invention est de transmettre les sons de la voix humaine au travers d'un circuit télégraphique et de les reproduire à l'extrémité réceptrice de la ligne de telle manière que des conversations réelles puissent être tenues par des personnes très éloignées l'une de l'autre.

« J'ai inventé et fait breveter des méthodes de transmettre par télégraphe des sons musicaux et mon invention actuelle est basée sur une modification du principe de ladite invention, décrite et exposée dans les brevets des États-Unis qui m'ont été accordés le 27 juillet 1875 et de plus dans une demande déposée par moi le 23 février de la même année.

« Pour atteindre le but que je me suis proposé, j'ai imaginé un instrument pouvant émettre des vibrations concordant avec celles produites par la voix humaine et par lequel ces vibrations sont rendues perceptibles.

« J'ai représenté sur des dessins un appareil renfermant mes perfectionnements, sans préjudice des changements qui seront indiqués dans la construction.

« Mon opinion actuelle est que la méthode la plus efficace pour obtenir un appareil capable de rendre les sons variés de la voix humaine, consiste à étendre un tympan, tambour ou diaphragme au travers d'une extrémité de la boîte qui porte un appareil produisant des fluctuations dans le courant électrique et par suite variant dans sa force.

« Sur mon dessin la personne qui transmet les sons est représentée parlant dans une boîte, en travers de l'extrémité extérieure de laquelle est tendu un diaphragme de parchemin ou de baudruche; à ce diaphragme est fixée une petite tige métallique (qui amène le courant d'une pile), cette tige descend jusque dans un vase dont la partie inférieure est fermée par un tampon métallique au travers duquel passe une seconde petite tige (à celle-ci s'attache l'autre fil de la pile). »

Le vase est rempli d'un liquide, d'eau par exemple, et comme la première tige ne touche pas entièrement la seconde tige, le courant doit traverser une faible épaisseur de liquide. Les vibrations de la voix en agitant le diaphragme de la boîte font descendre ou monter la première tige et, par suite, font varier l'épaisseur de la couche liquide traversée par le courant.

« Les vibrations communiquées de cette façon sont transmises à la station réceptrice qui comprend un électro-aimant agissant sur un diaphragme auquel est fixée une pièce de fer doux. Ce diaphragme est tendu au travers d'une boîte vocale réceptrice à peu près semblable à la boîte du transmetteur. Le diaphragme de cette seconde boîte reçoit alors des vibrations correspondant à celles du côté transmetteur et il se produit des sons ou mots perceptibles. »

C'était comme l'idée entrevue du téléphone à pile et du microphone à charbon.

Malgré cette note explicite la priorité de la découverte fut accordée à M. Graham Bell qui resta pendant douze ans, l'inventeur légal du Téléphone (¹).

Le procès, qui devait forcément sortir de cette situation, se prolongea, en effet, jusqu'au 18 novembre 1888, jour où la Cour suprême des États-Unis rendit un jugement par lequel le brevet de M. Graham Bell était annulé. La priorité de M. Elisha Gray se trouva donc enfin consacrée.

On vient de lire la description du premier téléphone d'Elisha Gray. Un des premiers dispositifs adopté par Graham Bell fut le suivant : au fond d'une sorte d'entonnoir une membrane, tendue au moyen de vis, porte en son centre une armature constituée par

1. Par une étrange coïncidence et par un destin singulier, le Téléphone, qui transmet au loin la parole, qui, pour elle, a supprimé la distance, et le Phonographe, qui la rend indélébile et la fixe à jamais, ont été imaginés dans des milieux où *la parole n'existe pas* : dans des asiles de Sourds-Muets.

Graham Bell, en effet, était instituteur dans une pension de *Sourds-Muets* à Boston quand il découvrit le *Téléphone* en cherchant à perfectionner l'éducation vocale de ses pensionnaires. Il espérait, disait-il, « trouver le moyen de rendre visible la parole (par une représentation graphique), et avoir ainsi la possibilité d'enseigner aux Sourds-Muets la manière de parler. »

Charles Cros était répétiteur à l'Institution des Sourds-Muets, à Paris, lorsqu'il imagina le Phonographe qu'il appelait *Paléophone*. Il espérait, disait-il sous une forme fantaisiste, « que ses élèves muets porteraient l'instrument en bandoulière avec une provision de phrases pour la journée. »

un disque mince de fer; à une faible distance est placé un électro-aimant, mis en action par une pile. Ce téléphone pouvait indifféremment fonctionner comme transmetteur et comme récepteur.

La figure 107 représente une communication (supposée) entre les deux inventeurs au moyen de leurs premiers téléphones respectifs, simultanément apparus le 14 février 1876. Les variations de l'épaisseur de la couche liquide traversée par le courant, dans le Transmetteur Gray, entraîne les variations du champ magnétique de l'électro-aimant du Récepteur Bell. D'où, reproduction de la voix par la membrane tendue.

Nous avons passé en revue les principaux téléphones qui ont succédé, en un court espace de temps, aux appareils primitifs d'Elisha Gray et de Graham Bell.

L'explication du Téléphone a été donnée aussi complète que possible. Nous tenions à montrer, par cet exemple, avec quels soins il faut examiner en toute circonstance les détails d'une machine, afin de fixer le rôle assigné à chacun de ses organes. Nous avons montré aussi qu'il faut toujours expérimenter, si improbable que paraisse le succès, car les prévisions logiques restent trop souvent bien en deçà de ce que l'expérience révèle. Il faut bien comprendre en quoi consiste ce qu'on appelle explication ou théorie d'un phénomène ou d'un mécanisme. Une longue et patiente observation de la Nature a permis aux savants de reconnaître que l'infinité des phénomènes qu'elle nous offre dépendent d'un petit nombre d'entre eux, auxquels on donne le nom de faits fondamentaux ou faits principes.

Toute application nouvelle de la science doit donc être analysée; elle sera expliquée dès qu'on aura découvert de quels faits principes elle relève. Le Téléphone magnétique, par exemple, est une conséquence du mécanisme vibratoire, qui fournit le son, et des propriétés de l'aimant. C'est pourquoi, avant de comprendre le téléphone, il était indispensable de faire connaissance avec les ondes sonores et les qualités des aimants.

Sans doute une telle explication, très satisfaisante au point de vue expérimental, laisse mécontent l'esprit qui toujours veut aller au fond des choses et en saisir le mystère.

Pourquoi le Champ magnétique a-t-il ce pouvoir? quelle est son essence? quelle est sa cause?

Nous touchons là aux limites de la science actuelle et nous ne pouvons que faire des conjectures, accumuler des hypothèses, construire des mondes avec notre raison et notre imagination. Les critériums manquent pour décider où est la vérité.

Quand on sera parvenu à pénétrer la cause intime du Champ magnétique et de l'Élasticité, le Téléphone et, avec lui, beaucoup d'autres découvertes recevront leur explication définitive.

Ce jour-là, la joie du penseur sera considérable; mais il faut bien se dire, pour se consoler de ne pas être à ce « jour-là », que l'effet utile du Téléphone ne sera pas alors plus grand qu'il n'est en ce moment même, où nous ignorons sa cause première!

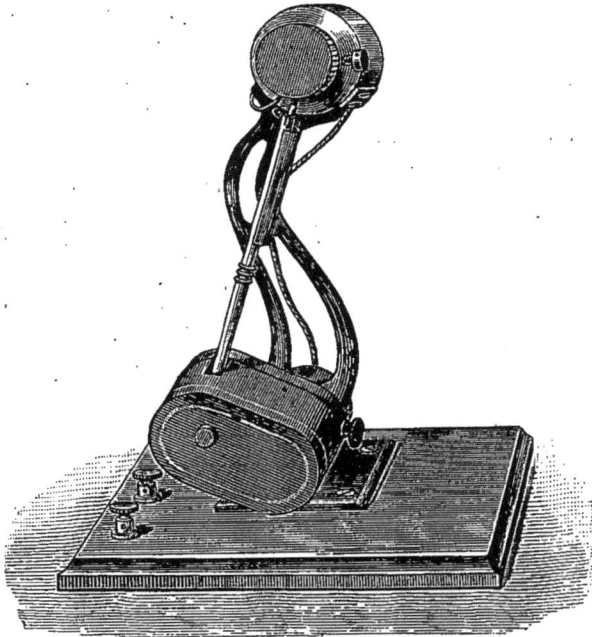

Fig. 109. — Le récepteur Motographe d'Edison.

# CHAPITRE V

## LA TÉLÉPHONOGRAPHIE

### LE TÉLÉPHONE A LUMIÈRE. — LE THERMOPHONE

Nous venons de voir comment la Science a su résoudre, avec une réelle simplicité, deux grands et beaux problèmes longtemps considérés comme des rêves insensés.

Avec le Phonographe nous savons fixer la voix et la reproduire à volonté, sans altérer aucun de ses caractères essentiels.

Par le Téléphone nous savons faire parvenir la parole ([1]), avec la rapidité de l'éclair, à des distances dont on ne peut fixer les limites.

Qu'obtiendrait-on en combinant Phonographe et Téléphone?

1. Au Congrès des Electriciens tenu à Paris, en août 1889, le mot *téléphème* a été proposé pour désigner une « communication téléphonique ». [Du grec τῆλε et φήμη (phèmè) : mot, parole].

Quel serait le résultat d'un assemblage convenable des deux appareils?

M. Mercadier, le premier, a eu l'idée d'une telle combinaison.

Par des expériences faites en septembre et octobre 1888, il a montré que le Phonographe d'Edison à feuille d'étain pouvait fort bien remplacer un interlocuteur et faire parler un Téléphone. Son dispositif est des plus simples : l'embouchure d'un Téléphone dont on a enlevé le disque vibrant est vissée sur l'embouchure du phonographe ancien modèle, dont le diaphragme est en fer. Les pôles de l'aimant du téléphone sont amenés très près du diaphragme du phonographe. Dès que l'on fait tourner le cylindre du phonographe, de manière à reproduire les paroles et les airs qui y sont gravés, on entend ceux-ci dans le téléphone du poste de réception. Sans doute cette reproduction n'est point parfaite, elle participe aux défauts du phonographe à feuille d'étain, à savoir : « articulations émoussées, prédominance de certaines voyelles, altération du timbre de la voix se traduisant par un nasillement peu agréable; mais, — écrivait M. Mercadier, — on améliorerait beaucoup la qualité en se servant des phonographes perfectionnés. »

Cette conclusion a reçu une confirmation remarquable en Amérique, le 4 février 1889.

Les expériences ont été faites sous la direction de M. W.-J. Hammer, un des collaborateurs d'Edison, et sont rapportées en particulier dans le *Telegraphic Journal* et *Electrical Review*, du 8 mars 1889. Non seulement, — comme nous l'avons dit au Chapitre premier, — un phonographe installé à New-York s'est fait entendre à une distance de 165 kilomètres aux auditeurs assemblés dans le « Franklin Institute » de Philadelphie, mais encore les paroles et les airs transmis ont pu se graver sur un phonographe placé à l'Institut.

Il y a là quelque chose de plus que dans les expériences de M. Mercadier, où l'on se contentait d'envoyer par le téléphone les sons emmagasinés dans un phonographe. Désormais il est démontré que si le phonographe fait parler le téléphone, celui-ci peut à son tour écrire ce qu'on lui confie sur un manchon de cire placé à sa portée. On voit combien sont délicats et parfaits ces petits appareils où se jouent les transformations des vibrations sonores en vibrations magnétiques et inversement, et à travers lesquels passent sans s'altérer sensiblement la musique et la parole humaine. Tantôt celle-ci est dissimulée dans les vibrations silencieuses d'un milieu subtil (l'Éther), tantôt elle se retrouve dans les vibrations bruyantes des milieux matériels, de l'air par exemple.

Quelle est la nature du lien qui établit une dépendance entre

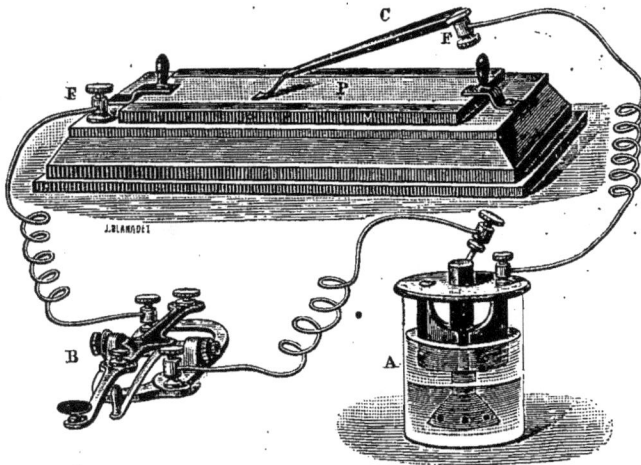

Fig. 110. — Principe du Motographe.

ces divers milieux? C'est ce qui nous échappe. Mais le lien existe, et nous l'utilisons pour le plus grand bien de l'humanité.

Dans ses expériences téléphonographiques, M. Hammer a fait usage du Récepteur Motographe, du Transmetteur à charbon et du Phonographe perfectionné d'Edison.

Il nous faut expliquer le fonctionnement du Récepteur Moto-graphe ([1]), récepteur bien différent des récepteurs téléphoniques à aimant, et qui a été imaginé par Edison.

Une expérience préliminaire est nécessaire, si l'on veut bien comprendre le principe de cet appareil.

Sur une lame en cuivre M (*fig.* 110) est posée une feuille de papier buvard P, imprégnée de potasse et d'eau (la potasse est une

---

1. Motographe « qui écrit le mouvement »; ce nom avait été donné à l'appareil lors d'une première application à la Télégraphie; employé comme récepteur téléphonogra-phique, le Motographe *écrit le mouvement* vibratoire sur la cire du phonographe.

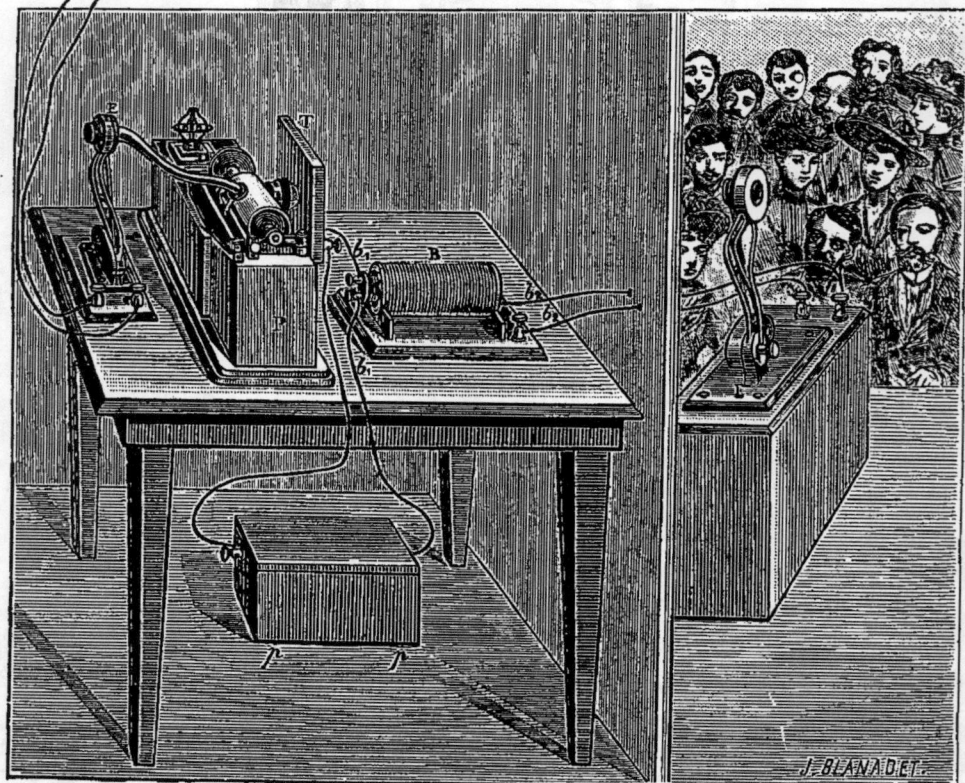

Fig. 111. — Transmission téléphonographique de New-York à Philadelphie (165 kilomètres de distance).
Dispositif de l'expérience de M. Hammer. Le poste de New-York et le poste de Philadelphie.

substance déliquescente : elle absorbe l'eau avec une très grande facilité); une lame de platine, que l'on peut aisément faire glisser à l'aide de la poignée isolante C, appuie par sa partie inférieure sur le papier buvard. Celui-ci est traversé au point d'appui par le courant dû à la pile A.

Tenant la lame de platine par la poignée C et la faisant glisser en pressant avec régularité sur la feuille P, on constate que toutes les causes qui font varier le champ magnétique établi par la pile A le long du circuit font également varier le frottement, la résistance au glissement, de la lame de platine sur la feuille de papier. On sent très bien ces variations dans la main, elles sont nettement accusées par la sensation musculaire ([1]).

Fig. 112.
Coupe du mécanisme du Motographe.

Il n'en a pas fallu davantage à Edison, qui fit cette expérience vers 1872, pour qu'il eût aussitôt la pensée de demander à cette variation de frottement ce que l'on demandait auparavant aux variations connexes du champ magnétique. Il en résulta l'invention de ce Récepteur Motographe qui est, sans doute, la plus originale et la plus personnelle des inventions d'Edison.

Le Récepteur Motographe (*fig.* 109) n'est que l'appareil précédent transformé.

La feuille de papier buvard est remplacée par un cylindre de chaux, pénétré d'une dissolution alcaline de phosphate de soude hydrogéné. La lame de platine est fixe, mais le cylindre de chaux tourne en la touchant, ce qui revient au même

Fig. 113.
Disposition du Motographe.

Cet appareil est disposé comme il suit (*fig.* 112 et 113) :

Un disque de mica A porte en son centre une tige plate en

---

1. Elles sont causées par l'inclusion dans les pores du platine de l'un des gaz de l'eau qui imprègne le buvard. La pile décompose, en effet, l'eau impure en ses éléments : l'hydrogène se porte sur le métal par lequel le courant sort du buvard, et l'oxygène sur le métal par lequel le courant entre dans le buvard.

laiton H, au bout de laquelle est fixée une mince lame de platine E. Un gros tampon de caoutchouc B, commandé par une vis F appuie cette lame sur la surface du cylindre de friction C, mis en rotation au moyen d'un moteur électrique dont on voit le détail (*fig.* 114), par l'intermédiaire d'engrenage et d'une tige G. On conçoit sans peine que, par suite du frottement qui s'exerce entre le cylindre C et le platine E, le cylindre entraîne E H, et par suite le disque de mica A. Cette force d'entraînement suit les variations du courant électrique qui traverse les deux surfaces en contact; par consé-

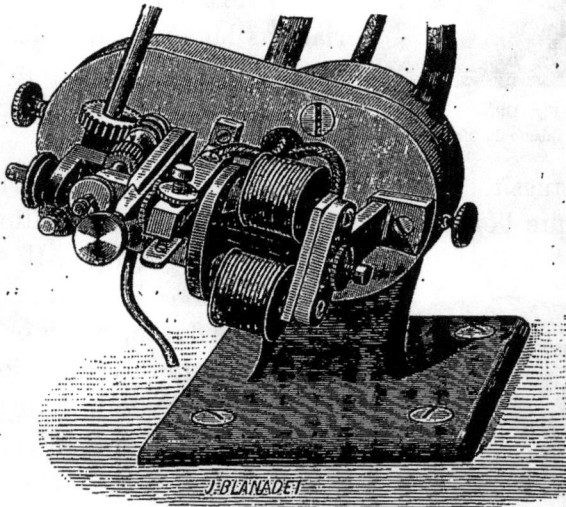

Fig. 114. — Moteur électrique du Motographe.

quent, les déplacements du disque augmentant et diminuant alternativement avec le courant, le disque sera mis en vibration. L'amplitude de ces vibrations sera d'autant plus grande que la vis F pressera plus fortement les surfaces E et C l'une contre l'autre. Cette vis F sert au réglage de cet appareil particulièrement propre à parler à haute voix, c'est-à-dire à vibrer avec une grande amplitude.

Examinons maintenant le dispositif de l'expérience de M. Hammer.

On voit (*fig.* 111; *haut*) le poste de New-York. Une personne parle ou chante dans un tube de manière à inscrire les sons sur le Phonographe perfectionné P. Celui-ci répète les sons dans le Trans-

metteur à charbon T traversé par le courant que fournit une association ou batterie de piles $p, p$; ce courant passe également dans
l'un des fils $b_1 \cdot b_1$ (fil inducteur) d'une bobine B. Le second fil (fil
induit) $b_2 \, b_2$ de cette bobine est continué par la ligne qui se rend
à Philadelphie. Une portion M N de cette ligne est souterraine sur
une longueur de six milles, c'est-à-dire de dix kilomètres environ.

Le poste de Philadelphie (*fig.* 111; *bas*) est un peu plus compliqué. Le courant fait d'abord parler le Récepteur Motographe E;
les ondes sonores produites viennent se graver sur un Phonographe P qui les rend au Transmetteur à charbon T installé, comme à
New-York, avec bobine B et piles $p \, p$.

Enfin les ondes sonores partent d'un dernier Motographe E et
se font entendre à toute l'assemblée sans qu'il soit nécessaire de
faire porter aucune espèce de cornet acoustique au Motographe [1].

C'est par un tel moyen que, dans notre expérience supposée au
début de ce livre, il a été donné aux habitants de la Martinique
d'entendre la parole de leurs députés défendant, au Palais-Bourbon,
les intérêts de la Colonie. [En substituant toutefois au tube dans
lequel parle le personnage de la figure, un microphone disposé
sur la Tribune devant l'orateur et destiné à recueillir les sons;
ceux-ci se rendant ensuite dans un premier motographe qui les inscrit sur le phonographe du poste de départ.] C'est ainsi que les
voix ont pu traverser les profondeurs de l'Océan sur une immense
distance et se fixer au manchon de cire d'un phonographe — témoin
plus impartial que nul sténographe, et fatalement forcé de rendre
un compte fidèle aux électeurs des discours de leurs élus.

Sans doute la ligne téléphonographique « Palais-Bourbon-Fort
de France » n'est point à l'*Officiel*. Les câbles sous-marins font la
sourde oreille, et dévorent les petits courants téléphoniques; bien
des problèmes difficiles et délicats sont encore à résoudre.

Mais si l'on se rappelle que la vraie science électrique n'est pas
encore centenaire et si l'on considère les prodiges qu'elle a déjà
enfantés, on voit qu'on peut tout attendre de sa fécondité et de sa
merveilleuse puissance!

1. M. Hammer nous a affirmé, à nous-même, le 8 octobre 1889, que le Motographe
pouvait se faire entendre facilement d'une assemblée de 4 à 5 000 personnes.

Nous ne quitterons pas la précieuse invention du Téléphone sans signaler des faits extrêmement curieux qui ouvrent à la Téléphonie un immense et nouvel horizon, et qui feront comprendre comment on a pu avoir l'idée du TÉLÉPHOTE.

Un fil de ligne est long à établir, fort coûteux et, de plus, aisé à couper.

Si l'on pouvait le remplacer! Mais comment et par quoi?

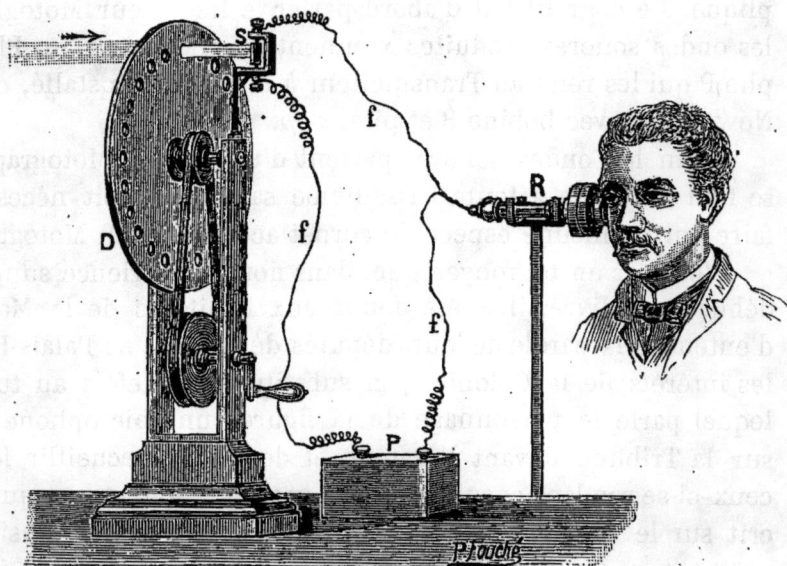

Fig. 115. — Principe du Téléphone à lumière.

Et voici qu'on a pensé à substituer au lourd fil métallique un impondérable rayon de lumière!

La Lumière n'est-elle pas, comme l'Électricité, une messagère rapide? Messagère qui franchit, d'après les expériences de M. Fizeau et celles plus récentes de M. Cornu, trois cent mille kilomètres environ en une seconde!

Ne sait-on pas produire de puissants faisceaux lumineux en utilisant le soleil, l'arc électrique, etc.? N'est-il pas facile de les envoyer très loin et de les diriger à volonté, très vite, vers telle station que l'on veut, grâce à un arrangement convenable de lentilles et de miroirs réflecteurs?

Qui n'a admiré pendant l'Exposition universelle de 1889 la

vitesse avec laquelle le faisceau de lumière du phare de la Tour Eiffel balayait horizontalement le ciel de Paris! Comment le faisceau des miroirs projecteurs montait ou descendait pour éclairer le Panthéon, l'Elysée, le dôme des Invalides, la Fontaine monumentale, et jusqu'aux visiteurs placés au pied de la tour!

Sans peine on conçoit qu'un tel faisceau de lumière puisse servir à la production de signaux dont le sens est une fois fixé. En le masquant, par exemple, pendant des temps variables on constitue un véritable langage, analogue à celui du télégraphe Morse, où la longueur des traits est remplacée par la durée des éclairs. On prend pour écrans les nuages qui flottent dans le ciel et on produit sur ces nuées les signaux lumineux.

Mais comment obliger ce faisceau de lumière à transporter la voix humaine?

Comment donner la parole à ces rayons?

On pourrait chercher longtemps sans succès. Voici le fait qui va nous permettre de faire parler la Lumière, de faire entendre ses variations d'éclat :

Plaçons un morceau de Sélénium S (*fig.* 115) convenablement préparé ([1]) dans le circuit d'une pile P et faisons tomber sur ce sélénium un rayon de lumière que nous arrêterons et laisserons passer alternativement au moyen d'un plateau opaque D percé de trous disposés sur une circonférence et que nous supposerons équidistants.

Nous nommerons cet appareil une Sirène-à-lumière; les bouffées d'air de la Sirène précédemment décrite, sont ici remplacées par des bouffées de lumière.

Chaque fois que le Sélénium est plus vivement éclairé, le champ

---

1. Le *Sélénium*, découvert par le chimiste suédois Berzélius en 1817, présente de très grandes analogies avec le soufre; aussi ces deux corps se rencontrent-ils fréquemment réunis. On trouve du Sélénium dans le soufre des îles Lipari (archipel de la Méditerranée), dans certains sulfures de Suède, de Bohême. Le Sélénium est un corps solide qui, comme le soufre, peut se présenter sous divers états : vitreux, en flocons rougeâtres appelés « Fleurs de Sélénium », en paillettes cristallines gris d'acier. Lorsqu'on chauffe le Sélénium, déjà amené à l'état de « Fleurs de Sélénium » qu'on a recueillies, séchées puis fondues, on obtient des plaques formées de très petits cristaux enchevêtrés les uns dans les autres, d'apparence métallique, mate, couleur de plomb. C'est ce Sélénium cristallisé qui possède la curieuse propriété dont nous nous occupons.

magnétique dû au courant qui circule dans le fil $ff$ augmente pour diminuer aussitôt que l'éclat s'affaiblit ([1]).

En conséquence si le plateau D tourne d'un mouvement de rotation régulier, uniforme, et de telle façon qu'il y ait en une seconde 435 interruptions du faisceau éclairant, il y aura 435 vibrations produites dans le champ magnétique du circuit.

Or, un Récepteur téléphonique est l'indicateur par excellence des vibrations rapides d'un champ magnétique, vibrations qu'il transforme en son.

Un récepteur téléphonique R placé dans le circuit $ff$ (ou dans un circuit voisin) donnera donc la note $la_3$ qui correspond précisément à 435 vibrations complètes en une seconde.

Sans doute, si le plateau tourne plus vite, le récepteur R donnera une note plus aiguë, et, inversement, il donnera une note plus grave s'il tourne moins vite.

Cette propriété du Sélénium (que d'autres corps possèdent également) a été découverte en 1873 par MM. May, Villoughby Smith, et a été étudiée par Sale, Graham Bell, Mercadier, etc.

Il est naturel de demander maintenant à l'expérience si le phénomène est assez sensible pour être utilisé à la reproduction de la voix et s'il est possible d'imprimer à un rayon de lumière, sans qu'ils se gênent mutuellement, tous les éléments des vibrations de la parole.

L'expérience a répondu affirmativement et l'on a pu correspondre de cette manière entre des stations distantes de plusieurs centaines de mètres.

Il suffit pour cela de parler dans un tube $t$ (*fig.* 116) dont la portion élargie est fermée par un disque de mica M, argenté extérieurement et qui réfléchit un puissant faisceau de lumière O que l'on dirige sur lui. Ce faisceau est rendu cylindrique par son passage à travers une lentille convenablement placée. De cette manière la lumière ne se dissipe pas inutilement dans l'espace, elle vient frapper un miroir courbe $m$ qui envoie enfin les rayons sur

---

1. Cette action de la lumière sur l'électricité (ou si l'on veut sur le courant électrique qui produit le champ magnétique utilisé) est loin d'être unique, mais c'est la première relation que nous rencontrons entre ces deux agents.

le morceau de Sélénium S dont nous avons expliqué le rôle. Les déformations du miroir M sous l'action des ondes sonores sont suffisantes pour faire varier d'une manière correspondante l'éclat, l'intensité du faisceau et par conséquent le champ magnétique du

Fig. 116. — Postes militaires communiquant à l'aide du Téléphone à lumière.

circuit établi par les piles P. On entend en effet dans les Récepteurs les paroles prononcées en *t*.

Le Sélénium S est réellement un Microphone à lumière et l'ensemble de l'appareil : un TÉLÉPHONE A LUMIÈRE.

La figure 116 représente deux postes militaires reliés par un rayon de lumière et qui communiquent par ce canal impalpable.

M. Mercadier a pu même supprimer le sélénium, la pile, le téléphone et constituer un récepteur très simple qu'il a appelé THERMOPHONE ([1]), car c'est par sa chaleur uniquement qu'agit la lumière dans cette circonstance.

Ce Récepteur R (*fig.* 117) est une boîte pleine d'air et contenant une petite lame de mica ([2]) enfumé *m* sur laquelle tombe le faisceau de ligne L.

Les variations d'échauffement de l'air de la boîte sont produites par les vibrations sonores émises au poste transmetteur, poste semblable à celui que nous venons de décrire. En effet, sous l'action de ces vibrations sonores, le disque de mica argenté se déforme, devient successivement concave et convexe; il en résulte des changements dans l'épanouissement du faisceau, des variations dans son intensité.

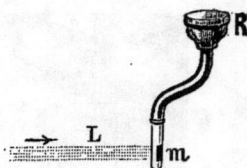
Fig. 117.
Thermophone récepteur.

Ces variations suffisent à produire des dilatations et des contractions de l'air enfermé dans la boîte; celle-ci mettent le disque du Récepteur R en vibration et, par suite, restituent le son.

Bien plus, dans certains cas, il suffit de recevoir directement le faisceau dans l'oreille pour percevoir le son!

Tels sont les faits surprenants qui prouvent avec quelle rapidité s'effectuent les échanges de lumière ou de chaleur. Nous les avons signalés non seulement pour les faire servir de préambule au *Téléphote*, mais encore pour montrer combien sont nombreux les phénomènes qui, en nous confondant, proclament le Monde invisible.

Quelle œuvre reste à accomplir avant que la Physique ait pleinement atteint son but, qui est la connaissance intime et complète de la vie des choses!

1. *Thermophone*, du grec θερμη (thermè), chaleur; et φωνη (phônè) : voix, son.
2. *Mica* (du latin *micare* : briller), composé de silice, d'alumine, de fer, de potasse, de magnésie; se trouve dans tous les terrains, surtout dans les sables et les grès.

Fig. 118. — Télescope de Foucault.

# CHAPITRE VI

## LE TÉLÉPHOTE

LA VISION A DISTANCE ET LA VISION DES INFINIMENT PETITS :
TÉLESCOPE. — TÉLÉPHOTE. — MICROSCOPE.

Si le problème de l'Inscription, de la Reproduction et de la Transmission de la parole, à quelque distance que ce soit, est désormais au rang des plus belles victoires de la Science, en est-il de même du problème de la *Vision à distance?*

Suivre les mouvements, les gestes, les jeux de physionomie de celui dont le Téléphone nous apporte la parole, voir les personnes qui l'entourent, ou jouir du spectacle d'un site pittoresque sans dérangement, sans en être empêché par les monuments, les montagnes, les mille accidents de terrrain qui arrêteraient la Lumière dans sa marche ordinaire : tel est le but à atteindre.

Ce n'est point là une chose irréalisable. A travers les données actuelles de la Science, on peut sans peine l'entrevoir. Ce qui a été accompli pour l'oreille le sera sans doute pour l'œil : la communication visuelle sera instantanée comme l'est déjà la communication auditive.

On entendra et on verra; et il sera possible, sans se déplacer, de faire en quelques minutes le tour du monde!

L'appareil qui permettra d'atteindre un si admirable but n'est pas encore construit, quoiqu'il ait été l'objet de recherches opiniâtres, éclairées et méthodiques. Toutefois, il a déjà un nom :

Il s'appellera TÉLÉPHOTE (¹).

Pour comprendre les faits qui servent de base aux recherches, pour saisir dans quelle mesure le *Téléphote* est possible, il est nécessaire d'examiner d'abord avec attention les moyens grâce auxquels le génie humain a su accroître déjà en de si larges limites le pouvoir de l'œil.

Depuis bien longtemps l'homme cherche à voir nettement les objets éloignés qui échappent à ses yeux ou ne peuvent être que vaguement aperçus. Pour cela, il a imaginé des instruments qu'on nomme TÉLESCOPES (²) et qui ont pour mission principale de nous révéler les secrets de ces Mondes lointains dont l'Astronomie a fait son domaine.

Avec le MICROSCOPE, inventé vers la même époque, ce ne sont plus les Corps que l'éloignement rend petits et confus que l'on observe, mais bien ceux qui sont près de nous et partout, qui existent par légions dans l'air, dans l'eau sans en troubler la transparence, et que leur extrême petitesse nous cache.

Que d'êtres plus fantastiques, plus mystérieux encore que tous ceux que l'imagination peut rêver sont offerts à notre curiosité par le Microscope !

Les animaux les plus petits, visibles à l'œil nu, ne sont-ils pas des géants auprès de ces Microbes dont la Science recherche avec anxiété les habitudes et la fonction dans la Lutte pour la vie?

A côté de ces inventions d'une si haute portée, il en est une foule d'autres qui s'appuient sur les mêmes faits, sur les mêmes principes et qui ont été établies en vue d'instruire et surtout de recréer. Ils permettent de produire aisément les illusions les plus dramatiques ou les plus amusantes.

1. *Téléphote*, du grec τῆλε (tèlé) : loin et φῶς (phôs) : lumière.
2. *Télescope*, du grec τῆλε et σκοπεώ (scopéô) : j'examine; j'observe.

Tous ces instruments précieux donnent des Images des objets qui leur envoient de la Lumière.

Comment ces Images se forment-elles?

Pour l'expliquer il faut connaître quelques-unes des propriétés de la Lumière, cet agent de la Vision dont l'étude fait l'objet de l'Optique ([1]).

Pour comprendre le jeu de ces instruments, il n'est pas nécessaire de savoir quelle est la nature, la cause de la Lumière. Il est impossible d'ailleurs, de la saisir directement, de l'obliger à écrire elle-même son histoire. Ici nous ne pouvons faire ce que nous avons fait pour le Son.

Mais, par un enchaînement d'observations et de raisonnements ingénieux qui seront exposés plus loin et qui sont dus surtout au génie de Fresnel ([2]), on a été amené à considérer comme infiniment probable que la Lumière est l'effet produit sur l'œil par un mouvement vibratoire extraordinairement rapide — nous avons donné précédemment des nombres à ce sujet — des particules d'un milieu qui a été appelé Éther ([3]), mais dont la balance et les instruments les plus délicats ont été impuissants à démontrer l'existence.

Le mouvement de l'Éther touché par l'œil serait la Lumière au même titre que le mouvement vibratoire de la Matière touché par l'Oreille est le Son.

Dans la langue de la partie de l'Optique qui s'occupe de la formation des Images, on ne parle pas de la Lumière en elle-même mais seulement du Rayon lumineux.

Une expression qui revient, elle aussi très souvent, est celle de Point lumineux.

Il est évident qu'un Point lumineux est un corps qui envoie de la lumière autour de lui et dont les dimensions sont plus petites que tout ce qu'on peut concevoir.

C'est une abstraction commode, car un corps lumineux par lui-même comme une flamme, le soleil, etc., ou éclairé comme

1. *Optique*, du grec οπτάζω (optazô) : voir. — Tout appareil qui donne une image des objets est un « Instrument d'optique ».

2. Jean-Augustin Fresnel, physicien français, né à Broglie (Eure) le 10 mai 1788, mort à Ville-d'Avray en 1827, ingénieur des ponts et chaussées, membre de l'Institut.

3. Du grec αἰθήρ (aither) : air pur, air subtil.

Fig. 119. — Image symétrique et virtuelle obtenue par un miroir plan.

la plupart de ceux que nous voyons peut toujours être considéré comme résultant de la réunion d'un très grand nombre de points lumineux qui se comporteront chacun comme un point lumineux isolé.

Un Point lumineux envoie de la Lumière autour de lui dans toutes les directions.

Chacune des directions rectilignes qui part du Point porte le nom de Rayon lumineux.

L'observation des faisceaux rectilignes de lumière qui filtrent à travers les petites ouvertures a conduit à la notion de Rayon lumineux, mais il est impossible d'obtenir expérimentalement un rayon lumineux car, en diminuant de plus en plus l'ouverture par où arrive le faisceau, le phénomène change bientôt de nature, la lumière se disperse dans toutes les directions. C'est là un phénomène de Diffraction ([1]).

Comme le Point lumineux, le Rayon lumineux est une abstraction.

L'un et l'autre correspondent au point et à la ligne de la Géométrie par lesquels nous les représenterons désormais constamment.

Comment un faisceau de lumière peut-il être canalisé, dirigé vers tel point, tel lieu que l'on désire?

En utilisant les phénomènes de Réflexion ([2]) et de Réfraction ([3]) des Rayons lumineux.

Une expérience fort simple va nous montrer immédiatement en quoi consistent ces phénomènes.

Si aucun obstacle n'entrave la propagation de la Lumière, celle-ci marche toujours droit devant elle. Jamais elle ne dévie de sa route.

Il n'en est plus de même si elle rencontre quelque obstacle ou si les milieux transparents qu'elle traverse successivement ne sont pas identiques.

Pour le voir il suffit d'observer ce qui se passe lorsqu'un très mince faisceau de lumière (fig. 120), cheminant d'abord dans l'air, rencontre une nappe d'eau C.

---

1. Du latin *Diffringo* : briser, mettre en pièces.
2. *Réflexion*, du latin *Reflecto* : recourber, replier, revenir en arrière.
3. *Réfraction*, du latin *Refringo* : rompre.

En B où le faisceau AB — qu'on appelle faisceau *incident* (¹) — tombe sur la surface de l'eau, il y a partage du faisceau. Une partie retourne dans l'air suivant le chemin BA₁, l'autre passe dans l'eau et se propage dans une direction BA₂.

BA₁ est un rayon de lumière réfléchie et BA₂ est un rayon de lumière réfractée.

C'est ce partage que constitue les phénomènes de RÉFLEXION et de RÉFRACTION de la Lumière (²).

Toutes les images que nous observons résultent de la *Réflexion* ou de la *Réfraction* de la lumière; les lois de ces phénomènes

1. *Incident*, du latin *Incidere* : tomber sur.

2. Traçons au point B une ligne droite BN qui ne s'incline pas plus d'un côté que d'un autre sur la surface de l'eau. On a donné à une telle ligne le nom de *normale* à la surface. L'expérience montre que le faisceau incident AB, la normale BN, les rayons réfléchi et réfracté BA₁ BA₂ sont placés dans un même plan. De plus le rayon réfléchi BA₁ et le rayon incident AB sont aussi inclinés l'un que l'autre sur la normale BN; l'angle ABN appelé *angle d'incidence* est égal à l'angle NBA₁ appelé *angle de réflexion*. En ce qui concerne le rayon réfracté, l'expérience montre qu'il est plus près de la normale NBN' que le rayon incident.

On exprime ce fait en ces termes : l'eau est une substance plus *réfringente* que l'air. Les différents verres se comportent dans le même sens que l'eau.

Si le rayon incident arrivait suivant la normale NB, il continuerait sa marche suivant BN' mais une portion de la lumière serait réfléchie suivant BN.

Si on trace du point B comme centre et dans le plan des rayons une circonférence puis qu'on abaisse des points $a$ et $a_2$, où cette circonférence est rencontrée par le rayon incident AB et par le rayon réfracté BA₂, des perpendiculaires $ab$, $a_2b_2$ sur la normale NBN', on trouve que le rapport des longueurs des deux lignes $ab$, $a_2b_2$ est toujours le même quelle que soit la grandeur de l'angle d'incidence ABN.

Ce rapport qui, dans le cas de notre expérience où le rayon passe de l'air dans l'eau, est sensiblement égal à $\frac{4}{3}$, porte le nom d'*Indice de réfraction de l'eau relativement à l'air*. L'indice de réfraction dépend des deux substances transparentes en présence.

Si le faisceau incident était tombé sur l'eau dans la direction A₁B, il serait réfléchi dans la direction BA. On exprime ce fait en disant que les deux directions AB et A₁B sont intimement liées l'une à l'autre, qu'elles sont *conjuguées par réflexion*. Les directions AB et A₂B sont également *conjuguées par réfraction*. Cette liaison est aussi appelée quelquefois *principe de la marche réciproque de la lumière*.

En un mot, si le rayon lumineux rebrousse chemin, il reprend successivement, en les parcourant dans l'ordre inverse, toutes les positions qu'il avait occupées d'abord dans sa marche directe. C'est là une considération des plus utiles dans l'optique des rayons lumineux ou optique géométrique.

Tous les rayons incidents compris dans l'angle CBN sont, après réfraction, contenus dans un angle tel que A₂BN'. Si donc un rayon, venant d'un point du fond de l'eau, fait avec la normale BN' un angle plus grand que A₂BN', il ne pourra pas sortir dans l'air, il sera renvoyé vers le fond de l'eau après réflexion en B. La surface de l'eau joue pour ces rayons le rôle d'un miroir plan. Tel est le phénomène dit de *Réflexion totale*.

permettent de déterminer dans chaque cas la forme et la position des images. L'accord des conséquences tirées de ces lois avec l'expérience directe est la meilleure preuve de leur exactitude.

Occupons-nous d'abord des Images obtenues par Réflexion.

Toutes les surfaces polies forment miroir (¹), car la lumière en s'y réfléchissant produit une image de l'objet d'où elle vient.

L'observation vulgaire montre que les corps transparents réfléchissent suffisamment la lumière pour donner, eux aussi, des images des objets, images d'autant plus nettes que les objets sont plus vivement éclairés.

Ne voit-on pas l'image du soleil, des étoiles, au fond d'une nappe d'eau limpide? Ne voit-on pas au dehors, à travers les vitres des fenêtres, l'image des lampes qui éclairent l'appartement?

Il est évident que l'usage des Miroirs remonte à l'antiquité la plus reculée.

On lit dans l'*Exode* que les femmes d'Israël se servaient de miroirs d'airain. On en faisait aussi avec des pierres précieuses et dures comme l'émeraude, les jaspes, l'obsidienne. On en a retrouvé de parfaitement conservés.

Nos miroirs plans actuels dont l'invention est attribuée aux habitants de Sidon (aujourd'hui Saïda, sur la côte orientale de la Méditerranée) sont constitués par une lame de verre recouverte d'un enduit métallique — d'argent, ou de mercure et d'étain — et que l'on nomme tain, abréviation du mot étain. On ne sut faire d'abord (VIᵉ siècle) que de petits miroirs plans. Les Vénitiens, très habiles dans l'art de souffler le verre, arrivèrent à leur donner d'assez grandes dimensions, mais comme ils n'étaient pas rigoureusement plans ils déformaient un peu les images. On verra bientôt pourquoi.

C'est en 1688 que Thévart trouva le moyen de construire les glaces en coulant du verre fondu sur une table en fer; la glace coulée est ensuite polie sur les deux faces et recouverte sur l'une d'elles d'un amalgame d'étain ou, depuis Drayton, vers 1860, d'une couche d'argent déposée par voie chimique.

Les plus importants miroirs ont une forme plane, ou une forme sphérique.

---

1. *Miroir*, du latin *mirari* : contempler, regarder.

Si les rayons de lumière qui proviennent d'un point A tombent
sur un miroir plan M, ils se réfléchiront et viendront *par leurs*

Fig. 120. — Phénomène de Réflexion et de Réfraction de la lumière.

*prolongements* concourir rigoureusement en un point A′ *symétrique* de A, par rapport au miroir* (¹) (*fig.* 119).

1. Soit en effet un rayon incident quelconque AB, il se réfléchit au point B sur le miroir suivant le rayon BA₁. D'après les lois de la réflexion, ce rayon a la même *incli-*

. A' est l'image du point A. *Et cette image n'existe pas réellement, on ne peut pas la recevoir sur un écran; les rayons lumineux ne la produisent qu'en raison de la faculté qu'a l'œil de
prolonger d'instinct les rayons lumineux qui viennent le toucher.* Tout se passe donc comme si ces rayons étaient partis de A'.

C'est à une telle image qu'on a donné le nom d'*Image virtuelle* ou illusoire (¹).

Chacun des autres points d'un même objet donnera de la même
manière son image, et l'ensemble de ces images de points produira
sur l'œil qui reçoit les rayons la même impression que s'il regardait directement l'objet convenablement placé.

Il n'est pas nécessaire de prendre un miroir métallique ou un
miroir en verre derrière lequel a été déposé une couche de tain,
une grande feuille de verre, sans tain, peut aussi jouer le rôle de
miroir ainsi qu'il a été dit déjà.

Une jolie expérience, à la portée de tous, démontre que l'image
est symétrique (²) de l'objet, relativement au miroir, c'est-à-dire
de même mesure, de même dimension, et à la même distance du
miroir que l'objet. Par exemple, l'objet étant à un mètre en avant
du miroir, son image virtuelle paraît être à un mètre en arrière du
miroir. Prenons une glace verticale sans tain et plaçons de part et
d'autre sur une même perpendiculaire à la glace deux candélabres (ou deux chandeliers) identiques à la même distance de la
glace, puis allumons les bougies de l'un des candélabres, l'autre pa-
raîtra également allumé, ce qui exige que les images des flammes
des premières bougies se forment exactement sur la mèche des

*naison* sur le miroir que le rayon AB et il est situé dans le plan mené par AB et la normale BN au miroir. Ce plan coupe le miroir suivant la ligne SS'.

Puisque les angles ABS et A₁BS' sont égaux, et que d'autre part l'angle SBA' est égal
à l'angle A₁BS' dont il est le prolongement, le rayon BA₁ prolongé en BA' rencontrera la
perpendiculaire ASA' abaissée de A sur le miroir en un point A' et la distance SA' est,
dans ces conditions, égale à la distance SA. Comme le point A est fixe il en sera de même
du point A'. La position du point A' est donc indépendante du rayon particulier considéré.

Tous les prolongements des rayons réfléchis viendront par suite rigoureusement concourir en ce point A'.

L'œil ne reçoit pas en même temps tous les rayons réfléchis. Dans la figure 119 il voit
l'image A' par le faisceau indiqué. Se déplace-t-il, c'est grâce à un autre faisceau de
rayons qu'il aperçoit la même image dans la même position.

1. *Virtuelle*, du latin *virtus* : force, puissance.
2. *Symétrique*, du grec συν (sun) : avec, et μετρόν (métron) : mesure.

bougies placées symétriquement ; un faible dérangement des candélabres, ou la simple usure des bougies allumées détruit l'illusion.

On a utilisé l'image symétrique dans l'étude du dessin. Une glace sans tain est dressée verticalement au milieu d'une planchette ; le dessin qu'il s'agit de copier est posé à plat sur une des deux moitiés de la planchette ; son image symétrique est reproduite par la glace sur le papier blanc disposé sur la seconde moitié de la planchette, et le crayon de l'élève n'a qu'à suivre les traits de l'image qu'il voit, bien entendu, à la condition de placer son œil du côté du dessin.

C'est encore avec une grande glace sans tain que l'on produit la saisissante *Évocation des Spectres* au théâtre.

Sur le bord de la scène (*fig.* 122) est placée une grande glace transparente G, inclinée du côté des spectateurs. En H se tient l'acteur habillé en spectre, il est vivement éclairé par une lampe électrique L ; après s'être réfléchis sur la glace, les rayons partis de H viennent impressionner les yeux des spectateurs qui voient alors sur la scène en H' un spectre impalpable, qui n'a rien de matériel et que l'on peut faire disparaître instantanément en tirant un rideau devant l'acteur habillé en spectre, ou en éteignant la lampe.

Le public voit en même temps, directement à travers la glace, les autres artistes qui sont en scène ; mais ceux-ci ne peuvent pas apercevoir le spectre puisqu'ils se trouvent derrière la glace.

La liste des illusions d'optique, dont les propriétés des miroirs dévoilent le secret, est fort longue.

Elles reposent sur ce que l'on peut, en faisant réfléchir successivement par différents miroirs convenablement placés les rayons lumineux qui émanent d'un objet, amener l'image de celui-ci en tel endroit que l'on veut, et aussi sur ce que l'œil voit toujours les objets dans la direction dernière suivant laquelle lui arrive la lumière.

Mais alors il serait donc possible de construire au moyen de miroirs un Téléphote ?

Suffirait-il de disposer des miroirs sur des poteaux convenablement espacés (*fig.* 121) et de les orienter de manière que les rayons partis de l'objet lointain se réfléchissent sur les miroirs successifs $m_3$ $m_2 m_1 m$, et arrivent enfin à l'œil de l'employé du poste de réception ?

Malheureusement non, car en dehors des difficultés de fixité et

de bonne orientation des miroirs que présenteraient une telle installation sur une longue distance, il faut tenir compte des pertes de
lumière de tous ordres qui s'effectuent sur le parcours et qui rendent impossible un Téléphote à miroirs.

Ce sont des combinaisons analogues de quelques miroirs seule-

Fig. 121. — Le Téléphote à miroirs est-il donc possible ?

ment qu'on nomme les *miroirs-espions*, à l'aide desquels les mar-
chands peuvent, de l'intérieur de leur boutique, surveiller leur
étalage ; le *Polémoscope ;* la *Lunette magique,* etc.

Le Polémoscope imaginé en 1637 par Hevelius (¹) qui lui a

1. Jean Hevelius ou Hovel, astronome allemand (1611-1687), auteur de la *Machine céleste ;* mis par Colbert au nombre des savants étrangers à qui Louis XIV faisait des pensions.

Fig. 122. — Spectre impalpable évoqué sur la scène d'un théâtre.

donné ce nom tiré du grec πόλεμος (polémos) combat et σκοπεω (scopeô) : je vois « parce qu'on peut, dit-il, s'en servir en guerre, surtout dans les sièges pour voir ce qui se passe dans le camp de l'ennemi sans se découvrir ».

Les rayons de lumière qui viennent du lointain rencontrent d'abord un premier miroir qui envoie ces rayons sur un second miroir placé derrière un abri, et dans lequel on peut examiner sans danger, à l'aise, les images des objets extérieurs.

En disposant quatre miroirs $m_1$ $m_2$ $m_3$ $m_4$ comme l'indique la figure 123 on forme une *Lunette magique* en ce sens qu'un objet O est visible, bien qu'on interpose un écran E entre les deux tubes T T, c'est-à-dire dans la direction même où l'on regarde.

Jusqu'ici nous n'avons obtenu qu'une seule image d'un même objet, mais il est aisé d'en obtenir un très grand nombre visibles à la fois.

L'objet est-il placé entre deux glaces parallèles, il enverra des rayons qui se réfléchiront successivement sur les deux glaces, en allant de l'une à l'autre et qui donneront par suite un grand nombre d'images disposées sur une ligne perpendiculaire aux miroirs et passant par l'objet.

Cet effet peut être observé à volonté dans la plupart des cafés où des glaces sont disposées parallèlement sur des murs opposés.

Si les deux miroirs au lieu d'être parallèles sont inclinés l'un sur l'autre, ils donnent de la même manière une suite d'images régulièrement distribuées sur une circonférence ayant son centre sur la ligne d'intersection des deux miroirs et dont le plan passant par l'objet est perpendiculaire à cette ligne.

C'est là le principe du Kaléidoscope imaginé par Brewster en 1817.

Le Kaléidoscope ([1]) de Brewster se compose de deux miroirs inclinés l'un sur l'autre et disposés dans un tube en carton. Les objets dont on veut regarder les images multiples sont placés dans une boîte fixée à l'une des extrémités du tube. Le fond de cette boîte est formée par une lame de verre dépoli; la face opposée est

---

1. *Kaléidoscope*, du grec κάλος (calos) : beauté, εἶδος (cïdos) : forme, image, et σκοπεω (scopeô) : j'observe.

en verre ordinaire. Les objets sont des morceaux de verre ou de
papier coloriés. On regarde par une petite ouverture placée à l'autre
extrémité du tube. Les dessins réguliers que l'on peut obtenir et
qu'il est aisé de varier en déplaçant les objets par quelques secousses donnent souvent des combinaisons mises à profit par les dessi-
nateurs pour tissus imprimés.

Le miróir plan qui nous a occupé jusqu'ici ne peut jamais

Fig. 123. — Illusion d'optique : la Lunette magique.

donner qu'une image virtuelle et de même dimension que l'objet.

Les miroirs sphériques concaves se prêtent à des effets beaucoup
plus variés.

Ils peuvent donner une image réelle ou virtuelle, plus grande
que l'objet ou plus petite que lui. Elle peut être de plus droite ou
renversée par rapport à l'objet.

Tout dépend de la position relative de l'objet et du miroir.

Le raisonnement appliqué aux lois de la Réflexion permet d'établir *a priori* ce qui doit arriver dans chaque cas, mais nous pré-
férons le demander à l'expérience.

.Disons auparavant qu'on nomme axe principal du miroir la ligne qui passe par le centre O et le sommet S du miroir.

Le milieu F de OS est le foyer principal du miroir, FS en est la distance focale.

Déplaçons maintenant le long de l'axe du miroir un objet quelconque, une bougie allumée par exemple, et cherchons-en l'image avec l'œil ou un petit écran de papier blanc ou d'étoffe blanche.

Les résultats de l'expérience qu'il est nécessaire d'avoir en mé-

Fig. 124. — Image d'un objet A B placé entre le centre et le foyer d'un miroir concave.
Si l'objet était en A' B' l'image serait en A B.

moire lorsqu'on recherche l'effet d'un miroir dans une combinaison donnée sont résumés dans ce qui suit.

1° L'objet est en AB entre le foyer F et le centre O.

Le miroir donne alors de l'objet une image A' B' réelle, renversée, *plus grande* que l'objet et toujours placée au delà du centre O (*fig.* 124).

2° L'objet est placé près du centre O du miroir.

L'image A' B' est alors réelle, renversée, *égale à l'objet* et placée symétriquement à lui par rapport à l'axe principal du miroir.

Cette propriété donne la clef de la jolie illusion du *Bouquet immatériel* et qu'il est aisé de réaliser comme il suit (*fig.* 125). Disposons au-dessous du centre O du miroir un bouquet de fleurs renversé B et au-dessus du centre un vase droit, le bouquet étant masqué aux spectateurs par un écran opaque et noirci. Il semble alors qu'il y ait un bouquet que l'on ne peut pas toucher, impalpable, dans le vase. Ce bouquet magique est tout simplement l'image du bouquet caché.

3° L'objet est placé au delà du centre.

C'est le cas de la figure 124; mais les rôles sont intervertis, l'image est à la place de l'objet et réciproquement.

L'image est alors réelle, renversée, *plus petite* que l'objet, et d'autant plus petite (et d'autant plus près du foyer) que l'objet est plus éloigné.

Fig. 125. — Le bouquet immatériel.

Image d'un objet placé près du centre O d'un miroir concave.

4° L'objet AB se trouve entre le foyer F et le miroir.

L'œil voit alors se former derrière le miroir une image virtuelle cette fois, droite et plus grande que l'objet ([1]).

En examinant les images agrandies, obtenues dans les expériences précédentes, on s'aperçoit sur-le-champ qu'elles pâlissent de plus en plus, que leur clarté diminue, au fur et à mesure qu'elles augmentent en dimension. Cela est bien évident si l'on considère que la même quantité de lumière émise par l'objet est alors répartie sur des surfaces croissantes.

Nous dirons peu de chose du miroir convexe, car il donne tou-

---

1. Les propriétés du foyer et la construction des images sont en tout point semblables à celles qui vont être indiquées à propos des Lentilles, le centre O du miroir jouant le rôle du centre optique d'une lentille.

jours d'un objet placé devant lui une image virtuelle, droite et plus petite que l'objet, d'autant plus *petite* que l'objet est à une plus *grande* distance du miroir. Il offre donc une miniature des objets qui l'environnent et dont un peintre pourra aisément saisir et reproduire l'ensemble (*fig.* 126).

Puisque l'image donnée par un miroir convexe est d'autant moins grosse que l'objet est plus éloigné du miroir, s'il s'agit d'un relief, du visage par exemple, le nez qui est plus près sera plus grossi relativement que le front, les oreilles, etc., et par suite on y voit une image telle que l'objet semble déformé.

Dans le miroir concave la déformation est inverse : en plaçant le miroir près de la figure, ce sont les parties les plus rapprochées du miroir (le nez) qui sont les moins agrandies, car l'image virtuelle est d'autant plus grande que l'objet est plus éloigné du miroir, tout en restant entre le foyer et le sommet.

Les déformations des images sont beaucoup plus considérables dans les miroirs cylindriques, coniques et autres. Elles donnent lieu aux curieux phénomènes de changement de forme ou anamorphose dans lesquels on voit une figure irrégulière donner par réflexion un dessin régulier et inversement.

Les anciens connaissaient les Miroirs sphériques. Ils avaient observé les images données par les miroirs concaves, et il résulte de plusieurs passages des *Questions naturelles,* de Sénèque, qu'ils avaient remarqué les images réelles et renversées formées en avant de ces miroirs.

Le phare d'Alexandrie, en Égypte, phare construit par le cnidien Sostrate, sous le règne de Ptolémée Philadelphe, 283 ans avant notre ère, et que l'antiquité considérait comme une des sept merveilles du monde, portait à son sommet, élevé de cent mètres environ, un grand miroir concave qui, dit-on, réfléchissait les vaisseaux avant que l'œil pût les apercevoir à l'horizon.

Ce fait n'a rien d'impossible, car la grandeur du miroir lui permettait de recueillir une grande quantité de la lumière qui arrivait de l'objet lointain; de plus, l'image très petite de cet objet résultant du concours des nombreux rayons reçus sur le miroir, était très brillante et, par conséquent, très visible. C'était là le TÉLÉPHOTE des anciens.

Les images qui viennent de nous occuper ont toutes été produites par la *Réflexion* de la lumière.

Il nous faut voir maintenant comment on peut également obtenir des images d'objets par *Réfraction* de la lumière, au moyen de ce qu'on nomme les Lentilles, et comment, en combinant ces Lentilles, on peut établir divers instruments d'optique répondant à un but déterminé.

Une *Lentille* est formée d'une substance transparente limitée par deux surfaces ordinairement sphériques. C'est par analogie avec la forme de la graine de lentilles qu'on a d'abord donné le nom de « Lentille » ou de « Verre lenticulaire » à tout morceau de verre mince limité par deux surfaces convexes opposées.

Les Lentilles sont connues depuis des siècles. David Brewster (¹) a présenté à l'Association britannique, le 1ᵉʳ septembre 1852, une Lentille plan convexe en cristal de roche, de quatre centimètres de largeur, semblant avoir fait partie d'un instrument d'optique, et qui venait d'être trouvée à Khorsabad près des ruines de Ninive. En 1859, une Lentille de verre a été découverte dans un tombeau romain.

D'autre part, M. Ernest Renan nous dit au sujet de Néron : « Comme il était myope, il avait coutume de porter dans l'œil, quand il suivait les combats de gladiateurs, une émeraude concave, qui lui servait de lorgnon (²). » Cela nous montre que quelques-unes des propriétés des Lentilles étaient connues il y a plus de dix-huit cents ans, et que Néron est peut-être l'inventeur du Monocle (*fig.* 127) (³).

Les Lentilles que l'on fabrique aujourd'hui, et qui ont quelquefois de grandes dimensions, sont généralement en verres, appelés « Crown glass » et « Flint glass » (⁴).

1. David Brewster, physicien anglais, né en Ecosse en 1781, mort en 1868; auteur de nombreux ouvrages, entr'autres un *Traité d'optique* et un *Traité sur le Kaléidoscope* qu'il avait inventé; membre associé de l'Institut.

2. E. RENAN. L'*Antéchrist*, p. 172, d'après Pline, *Hist. nat.*, XXXVIII, v.

3. Il faut dire que les anciens attribuaient la propriété de ces émeraudes plutôt à leur substance qu'à leur forme.

4. En anglais, *glass* : verre; *crown* : couronne; *flint* : silex. Voici l'une des compositions de ces verres :

*Crown glass.*

| | | | |
|---|---|---|---|
| Sable blanc | 120 parties. | Craie | 20 parties. |
| Carbonate de potasse | 35 — | Acide arsénieux | 1 — |
| — de soude | 20 — | | |

La forme et la dimension d'une lentille dépendent des rayons O S, O' S' des surfaces sphériques qui la limitent, et de la position relative des centres O et O' de ces surfaces.

La ligne des centres O O' est appelée Axe de la Lentille. Tout plan passant par cet axe coupe la lentille, suivant ce que l'on nomme une section principale.

La figure 128 représente la section principale d'une lentille bombée des deux côtés ou bi-convexe.

Fig. 126. — Image droite et virtuelle des objets vue dans un miroir convexe
et copiée par un peintre.

La figure 129 est la section principale d'une lentille dont l'une des surfaces est plane. C'est une lentille plan-convexe. Ici, l'axe est la perpendiculaire abaissée du centre O de la surface sphérique sur la surface plane.

*Flint glass.*

| | | | |
|---|---|---|---|
| Silice . . . . . . . . . | 42,5 parties. | Alumine . . . . . . . . | 48 parties. |
| Oxyde de plomb . . . . | 48,5 — | Chaux. . . . . . . . . . | 0,5 — |
| Potasse. . . . . . . . . . | 11 — | Acide arsénieux . . . . | tracés. |

Un verre où la potasse domine est un Crown glass. C'est un Flint glass ou cristal s'il contient une forte proportion d'oxyde de plomb, il est légèrement jaune.

Fig. 127. — « Comme Néron était myope, il avait coutume de porter dans l'œil, quand il suivait les combats de gladiateurs, une émeraude concave qui lui servait de lorgnon. » (E. RENAN, *L'Antéchrist*.)

Si enfin les deux surfaces sphériques, tout en se coupant, ont leurs centres du même côté par rapport à la lentille, celle-ci est concavo-convexe (*fig.* 130). '

Il est à remarquer que toutes les lentilles précédentes sont à

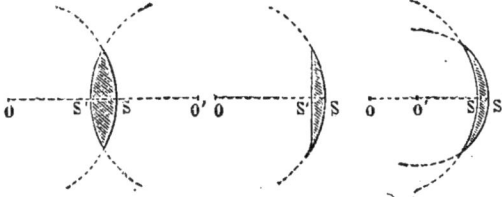

Fig. 128.          Fig. 129.          Fig. 130.

bord tranchant, c'est-à-dire plus épaisses au milieu que sur le bord; à défaut de l'œil on le reconnaît aisément au toucher.

Dans les lentilles, que les figures 131, 132, 133 expliquent suffisamment, l'épaisseur est au contraire plus grande sur les bords qu'au milieu.

La première est en creux des deux côtés ou biconcave, la seconde est plan concave, et la troisième est convexo-concave.

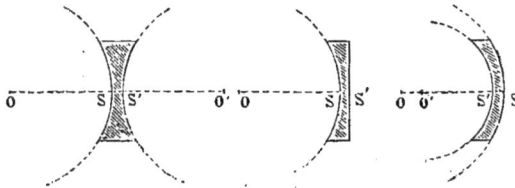

Fig. 131.          Fig. 132.          Fig. 133.

Quel effet produit une lentille biconvexe, par exemple, sur la lumière qui la rencontre?

Pour le voir nettement, et pour ne pas être gêné par la lumière qui vient de toutes parts, il faut opérer dans une chambre obscure. On procède toujours ainsi lorsqu'on cherche à réaliser une expérience d'optique.

Soit une flamme de très petite dimension ou point lumineux P, placée sur l'axe de la lentille L (*fig.* 134). Des rayons lumineux partent du point P dans toutes les directions. Ceux qui tombent sur la lentille, et qui sont seuls représentés dans la figure 134, sont compris dans le cône qui a pour sommet P et pour base la lentille L.

On constate sans difficulté que ces rayons, rendus visibles par *diffusion* (réflexion en tous sens) sur les poussières en suspension dans l'air, traversent la lentille et vont se rencontrer, concourir, en un point P′ de l'axe.

Si l'on marque les deux points P et P′ et que l'on transporte le point lumineux en P′, les rayons qui sortent de la lentille viennent précisément concourir en P.

Fig. 134. — Effet produit sur la lumière par une lentille bi-convexe :
Points et plans conjugués.

On a donné pour cette raison aux points P et P′ le nom de *points ou foyers conjugués.*

Les deux plans menés par P et P′ perpendiculairement à l'axe de la lentille sont deux plans dits conjugués. L'expérience montre en effet que si le point lumineux P se déplace dans le plan P *p*, son foyer conjugué P′ (qu'on appelle aussi l'image du point P), se déplace dans le plan P′*p* à la condition toutefois que le point lumineux s'éloigne peu de l'axe O O′.

Si la position du point lumineux sur l'axe varie, il en est de même de celle de son image P′.

Mais, fait très important, pour une certaine position F, du point lumineux, l'image P′ n'existe plus, car les rayons qui émergent alors de la lentille ne vont plus concourir sur l'axe, mais sortent parallèlement à celui-ci (*fig.* 135).

Le faisceau conique de lumière $F_1$ L a été transformé en un faisceau cylindrique, parallèle à l'axe de la lentille. Dans ces conditions, la lentille constitue ce que l'on nomme un Collimateur ([1]). Ce collimateur a pour objet de rendre parallèles tous les rayons qui concourent en $F_1$.

Le point $F_2$, placé de l'autre côté de la lentille, jouit des mêmes propriétés que $F_1$. Les plans menés par $F_1$ et $F_2$ perpendiculairement à l'axe de la lentille en sont les plans focaux.

Lentille constituant un Collimateur.

Fig. 135. — Faisceau conique de lumière transformé en faisceau cylindrique.
(Première propriété du foyer.)

On a donné le nom de foyers principaux aux points $F_1$ et $F_2$, leurs distances à la lentille sont les distances focales de celle-ci.

Il importe de bien retenir que tout rayon lumineux qui passe par $F_1$ (ou par $F_2$) et qui rencontre la lentille, en sort parallèlement à l'axe de celle-ci. C'est une première propriété du foyer.

Déterminons, comme il vient d'être fait pour la lentille L, les foyers principaux $F'_1$ et $F'_2$ d'une seconde lentille L′ (*fig.* 136), puis faisons coïncider les axes des deux lentilles L L′ (cette opération porte le nom de centrage des lentilles). Si le point lumineux P est alors placé au foyer $F_1$, les rayons de lumière qui sortent de L et qui tombent sur L′ sont parallèles à l'axe de cette lentille, et on les voit au sortir de L′ concourir vers l'axe et se couper au foyer principal $F'_2$ de la lentille L′.

Cela nous montre que :

1. Du latin *collimare* : viser.

Tout rayon de lumière parallèle à l'axe d'une lentille bi-con-vexe, et qui rencontre celle-ci, en sort pour aller passer par le foyer principal de la lentille, situé du côté opposé à celui d'où vient la lumière. C'est une deuxième propriété du foyer.

Un Phare (¹) est un Collimateur d'une forme spéciale, destiné à envoyer dans telle direction horizontale que l'on veut un faisceau de rayons lumineux parallèles.

Celui qui est placé au sommet de la Tour Eiffel est construit de

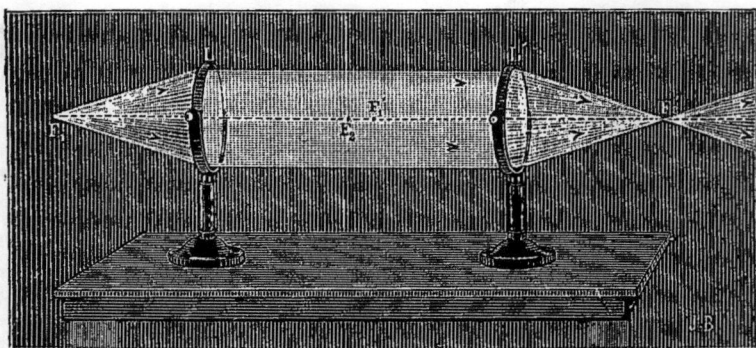

Fig. 136. — Faisceau cylindrique de lumière L L' transformé en faisceau conique L'F'₂.
(Deuxième propriété du foyer.)

la même manière que ceux qui éclairent nos côtes, mais il est plus puissant.

La lumière est fournie par un arc électrique placé au foyer F, du système qui forme phare. Cet arc est entretenu par des machines électriques installées dans la pile Sud.

1. Le nom de Phare vient de l'île de *Pharos*, située à l'entrée du port d'Alexandrie, où s'élevait la tour de cent mètres que nous avons signalée à propos des miroirs concaves. Cette île fut détruite par un tremblement de terre en l'an 1303. Les Phares se divisent actuellement en sept genres principaux : *feux fixes*, le plus souvent blancs, parfois rouges ou verts; *feux à éclipses*, qui se succèdent à des intervalles qui varient de dix à soixante secondes; *feux variés par des éclats*, qui se succèdent à des intervalles de deux à quatre minutes; *feux scintillants*, dont les éclipses se succèdent à des intervalles de moins de cinq secondes; *feux* alternativement *fixes* et *scintillants*, où plusieurs éclats se suivent de très près, suivis d'une éclipse totale; *feux clignotants*, à éclipses courtes et fréquentes; enfin *feux* diversement *colorés*, les uns ayant des éclats alternativement rouges et blancs, les autres un éclat rouge suivant deux éclats blancs. La France compte aujourd'hui 425 phares, dont 45 de premier ordre. Un phare de premier ordre, celui de Belle-Isle, par exemple, envoie sa lumière jusqu'à vingt-huit milles (le mille marin est de 1 852 mètres).

Le phare se compose de deux tambours en verre, l'un intérieur
et fixe A, l'autre extérieur B, qui tourne autour d'un axe vertical,
en un temps que l'on règle à volonté. Le mouvement est donné par
un moteur Gramme.

Le tambour intérieur est formé de cinq anneaux en verre, plans
du côté du foyer et convexes de l'autre côté. Ces anneaux sont
disposés en échelons, ainsi que l'indique la coupe (*fig.* 137) (¹).

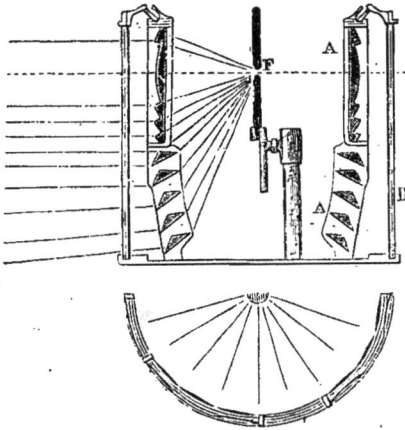

Fig. 137.

Lentilles à échelons des Phares.

Tout est calculé pour que les
rayons qui traversent les anneaux
sortent en un faisceau très sensiblement cylindrique.

La lumière étant envoyée tout
autour du phare, celui-ci est dit
à feu continu.

Le tambour mobile, qui a
même axe que le premier, porte
4 systèmes identiques comprenant chacun 3 lentilles et 3 verres
de couleurs, destinés à colorer
les rayons qui les traversent en
bleu, blanc, rouge.

Les rayons qui se propagent
dans une direction donnée, sont successivement rouge, blanc,
bleu, par suite de la rotation du tambour.

Au-dessous des anneaux en échelons sont disposés cinq petits
prismes de verre, qui agissent comme des miroirs (²) et envoient
la lumière qui leur vient de F dans une direction un peu inclinée
sur l'horizon.

Le plus bas éclaire entre 1500 et 1800 mètres.

Le suivant entre 1500 et 2000 mètres.

Le troisième entre 1700 et 2300 mètres.

1. L'idée des lentilles à échelons est due à Buffon. C'est Fresnel qui l'a appliquée à la
construction des phares.

2. Nous avons vu, en effet (p. 187), qu'un rayon lumineux qui chemine dans une
substance plus réfringente que l'air : eau, verre, etc., ne peut sortir de cette substance
qu'autant qu'il fait avec la normale à la surface de séparation un angle qui ne soit pas
trop grand ; autrement le rayon se réfléchit sur la surface de séparation comme sur un
miroir.

Le quatrième entre 2200 et 5350 mètres.

Le cinquième entre 4100 et 17200 mètres.

A partir de la zone de 6 kilomètres, le tambour à échelon commence à faire sentir son effet. Il peut être vu de très loin.

Si l'observateur est placé au niveau de la mer, il ne verra le

Fig. 138. — Projecteur Mangin de la tour Eiffel éclairant un nuage.

phare que s'il en est distant de moins de 67 kilomètres, puisqu'un rayon qui part du sommet de la Tour Eiffel devient tangent à la surface prolongée des mers, à une distance de 67 kilomètres de la Tour.

Le phare de la Tour Eiffel a été vu du haut de la cathédrale de Chartres, à 75 kilomètres; du haut de la cathédrale d'Orléans, à

115 kilomètres, et aussi, dit-on, de Bar-sur-Aube, à 190 kilomètres·
de Paris.

Dans ces conditions, on le voit comme une véritable étoile.

Au-dessous du plancher du phare, ou projecteur à lentilles, sont
placés deux projecteurs à miroirs du colonel Mangin (*fig.* 138). Ils
sont plus puissants encore que le phare et, par réflexion, sur une
couche de nuage on peut, grâce à eux, envoyer des signaux à 300 kilomètres de distance.

Les miroirs réfléchissants, dont le verre sort des ateliers de
Saint-Gobain, ont 90 centimètres de diamètre; la lumière leur
est fournie par un arc électrique intense. Pour éviter que le vent

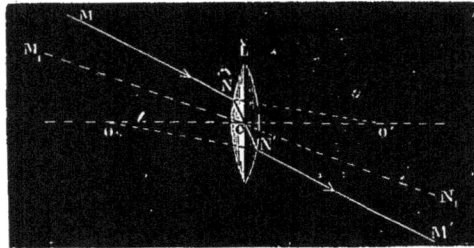

Fig. 139. — Centre optique d'une lentille biconvexe.

agite l'arc, le tube, au fond duquel est fixé le miroir et qui contient l'arc, est fermé par une série de lames de verre.

Les projecteurs Mangin sont employés en stratégie; ils permettent d'éclairer les points de l'horizon que l'on veut examiner avec
les lunettes.

Placés à l'avant d'un navire, ils en éclairent la route.

Ils ont été employés par nos avant-postes pendant la guerre
du Tonkin; grâce à eux l'île de la Réunion et l'île de France ont
pu communiquer régulièrement entre elles.

Revenons à notre Lentille : En recevant un mince faisceau de
lumière M N sur une lentille L (*fig.* 139), on constate, en donnant
une inclinaison convenable à cette lentille, qu'il existe dans son
intérieur un point C, tel que tout rayon N N' qui y passe sort dans
une direction N' M', parallèle à celle M N qu'il avait avant de pénétrer dans la lentille.

Le point C est appelé Centre optique de la lentille.

En supposant, ainsi que cela est légitime dans la plupart des cas, que la lentille est très mince, on substituera sans erreur appréciable à la marche brisée M N C N' M' du rayon précédent la marche rectiligne M₁ C N₁.

Les propriétés des foyers principaux et du centre optique permettent de construire commodément l'image d'un point P quel qu'il soit donnée par la lentille.

Où la lentille L, dont les foyers principaux sont en F₁ et F₂, va-t-elle former l'image P' du point P ? (*fig.* 140).

Où se trouve le point de concours, que nous savons exister, des rayons partis de P qui rencontrent la lentille L ?

Fig. 140. — Construction de l'image d'un point donnée par une lentille convergente.

Voici un premier moyen de le trouver, basé uniquement sur les propriétés des foyers.

Parmi les rayons qui partent du point P dans toutes les directions, il en est un P A qui passe par le foyer F₁ et qui sortira (ainsi que nous l'avons vu) parallèlement à l'axe de la lentille, suivant A A₁.

Le point de concours des rayons est situé quelque part sur A A₁.

Il existe de même un rayon P B qui est parallèle à l'axe et qui, par suite, passera en F₂ après sa sortie en B B₁ de la lentille.

Le point P' devant être à la fois sur A A₁ et sur B B₁ ne peut se trouver qu'à leur point de rencontre P'.

L'image de P est donc en P'. Plus le point P s'éloigne de la lentille, plus son image se fait près du plan focal $F_2 p$. Un objet quelconque est un ensemble de points. En répétant la construction précédente pour un certain nombre d'entre eux, on dessinera l'image de l'objet donnée par la lentille.

Si l'on veut faire usage du centre optique de la lentille, on considérera le rayon PC qui, pour une lentille mince, marche en ligne droite absolument comme si la lentille n'existait pas.

Ce rayon PC passe aussi par P'. On l'appelle *Axe secondaire* du point P.

Toutes les lentilles à bord mince se comportent comme la lentille biconvexe, elles font concourir réellement sur leur axe les rayons parallèles à l'axe qui les rencontrent.

Ce sont des lentilles convergentes, leurs foyers principaux sont réels, les rayons lumineux y viennent matériellement passer.

Dans les lentilles à bord épais, les rayons parallèles à l'axe sont écartés à leur sortie, et ce sont, non pas les rayons eux-mêmes, mais leurs prolongements qui vont se rencontrer sur l'axe.

Il est aisé de s'en assurer en plaçant sur le trajet du faisceau des rayons parallèles qui sortent de la lentille L, au foyer $F_1$ de laquelle se trouve la source de lumière, une lentille à bord épais L' centrée sur la première (*fig*. 141).

L'œil placé en avant de L', prolongeant d'instinct les rayons qui lui arrivent, croit voir en $F'_1$ un point brillant; tout se passe pour lui comme si les rayons lumineux émanaient vraiment du point $F'_1$. Mais ce n'est là qu'une illusion, le point lumineux $F'_1$ est fictif, virtuel, il n'existe pas et il est impossible de le recevoir sur un écran blanc que l'on disposerait en $F'_1$.

$F'_1$ est un foyer principal de la lentille L', il y en a évidemment un autre en $F'_2$.

Les lentilles telles que L' sont divergentes, elles ont leurs deux foyers principaux virtuels.

On démontre pour les lentilles divergentes, comme pour les lentilles convergentes, l'existence d'un centre optique C.

On se sert également des propriétés des foyers principaux et du centre optique des lentilles divergentes pour construire les images qu'elles donnent des objets.

La figure 142 représente la construction de l'image P' du point P pour une lentille divergente. Elle s'explique comme il a été exposé précédemment pour les lentilles convergentes.

Voyons quelques applications des Lentilles convergentes : la figure 140 montre qu'un objet placé derrière une lentille convergente au delà du foyer en P vient former son image en avant de la lentille dans le plan P' conjugué de P. Et cette image est plus grande que l'objet et renversée par rapport à lui.

L'image étant réelle, on la verra se peindre sur un écran placé en P'. Cette image sera droite si l'on prend la précaution de renverser l'objet.

C'est là le principe des instruments que l'on nomme, suivant les

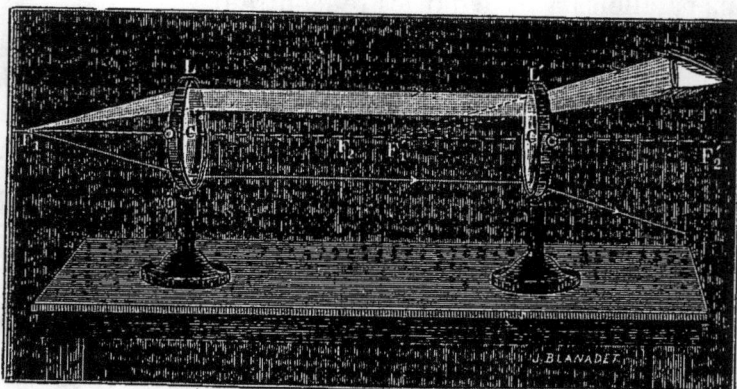

Fig. 141. — Foyers principaux virtuels d'une lentille diverge.

cas, Lanterne magique, Fantascope, Mégascope, Microscope photo-électrique, Microscope solaire, etc.

Disons quelques mots de la *Lanterne magique* qui paraît avoir été connue de l'antiquité. Une telle lanterne aurait été en effet trouvée dans les ruines d'Herculanum.

Elle a été reconstruite par le P. Kircher, vers 1645; celui-ci, dans son *Grand art de la lumière et de l'ombre*, déclare en tenir la méthode de Rodolphe II, cet empereur d'Allemagne à qui Kepler dédia ses tables du mouvement des planètes sous le nom de *Tables Rudolphines*.

La *Lanterne magique* (*fig.*143) se compose d'une lentille L qui projette sur l'écran E l'image d'un dessin D, peint sur verre au moyen de couleurs translucides, et porté sur des coulisseaux CC, ou

encore l'image d'une photographie sur verre. Le dessin est éclairé
par un système formé d'une lampe B, d'un réflecteur R et d'une
lentille L'.

Une légère modification de la Lanterne magique conduit au
Fantascope ([1]).

C'est une lanterne magique montée sur un support à roulettes.

L'écran qui reçoit l'image est généralement en percale et placé
entre la lanterne et les spectateurs.

En même temps que la lanterne s'approche ou s'éloigne de
l'écran un mouvement convenablement combiné déplace la lentille

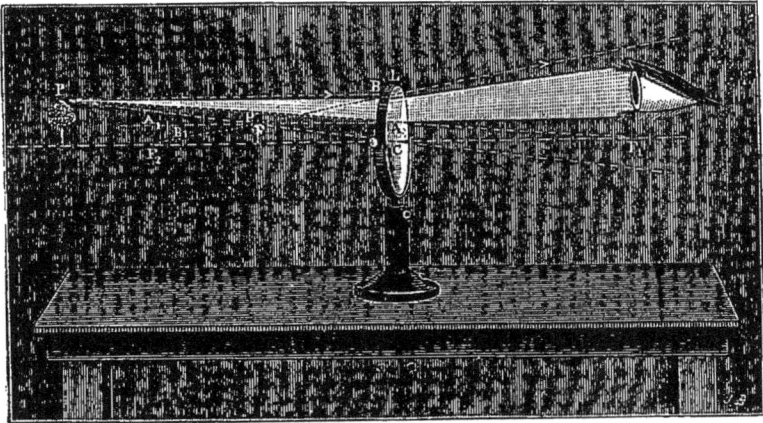

Fig. 142. — Construction de l'image d'un objet donnée par une lentille divergente.

de l'appareil de façon à maintenir l'écran au plan conjugué de celui où est l'objet, de plus un diaphragme formé de deux lames articulées comme les branches des ciseaux laissent plus ou moins
passer de lumière. Tout est réglé pour que l'image diminue d'éclat
en même temps que de grandeur comme dans le cas où un
objet s'éloigne. La plaque de verre qui porte les dessins translucides n'est transparente que là où est le dessin; ailleurs elle est
opaque.

Les spectateurs qui sont plongés dans l'obscurité et qui n'ont
par suite aucun moyen pour juger des distances, croient voir l'image
tantôt se rapprocher d'eux, tantôt s'en éloigner.

1. *Fantascope*, du grec φαντασμα (fantasma) : fantôme, et σκοπεω (scopeô) : je vois.

La *Fantasmagorie* (¹) que le prestidigitateur Robertson a introduite en France en 1798, repose sur l'emploi du Fantascope.

Les effets produits par l'appareil de Robertson stupéfièrent le public qui, au lieu d'admettre de curieux phénomènes d'optique, imagina des artifices surnaturels, comme en témoigne ce récit d'une séance publié sous la signature du conventionnel Poultier d'Elmotte dans son journal, l'*Ami des lois*, du 8 germinal an VI :

Fig. 143. — Application des lentilles convergentes : la Lanterne magique.

« Dans un appartement très éclairé, au pavillon de l'Échiquier, nº 18, je me trouvai, avec une soixantaine de personnes, le 4 germinal. A sept heures précises, un homme pâle, sec, entre dans l'appartement où nous étions. Après avoir éteint les bougies, il dit : « Citoyens et messieurs, je ne suis point de ces aventuriers, de ces « charlatans effrontés qui promettent plus qu'ils ne tiennent : j'ai « assuré que je ressusciterais les morts, je les ressusciterai. Ceux « de la compagnie qui désirent l'apparition des personnes qui

1. Du grec, φαντασμα et ἀγορά (agora) : assemblée de fantômes.

« leur ont été chères, et dont la vie a été terminée par la maladie
« ou autrement, n'ont qu'à parler, j'obéirai à leur commandement. »
Il se fit un instant de silence; ensuite un homme en désordre, les
cheveux hérissés, l'œil triste et hagard, dit : « Puisque je n'ai pu
« rétablir le culte de Marat, je voudrais au moins voir son ombre. »

« Robertson verse, sur un réchaud enflammé, deux verres de
sang, une bouteille de vitriol, douze gouttes d'eau-forte, et deux
exemplaires du *Journal des Hommes libres;* aussitôt s'élève, peu
à peu, un petit fantôme livide, hideux, armé d'un poignard et couvert
d'un bonnet rouge : l'homme aux cheveux hérissés le reconnaît
pour Marat; il veut l'embrasser; le fantôme fait une grimace
effroyable et disparaît...

« ...Robertson annonce ensuite qu'il peut faire voir aux méchants
les ombres des victimes qu'ils ont faites. Aussitôt il jette sur un brasier
le procès-verbal du 31 mai, celui des massacres des prisons
d'Aix, de Marseille et de Tarascon, un recueil de dénonciations et
d'arrêtés, une liste de suspects, la collection des jugements du tribunal
révolutionnaire, une liasse de journaux démagogiques et aristocratiques,
un exemplaire du *Réveil du peuple;* puis il prononce,
avec emphase, les mots magiques : *Conspirateurs, humanité,*
*terroriste, justice, jacobin, salut public, exagéré, alarmiste,*
*accapareur, girondin, modéré, orléaniste...* A l'instant on voit
s'élever des groupes couverts de voiles ensanglantés; ils environnent,
ils pressent les deux individus qui avaient refusé de se rendre au
vœu général, et qui, effrayés de ce spectacle terrible, sortent avec
précipitation de la salle, en poussant des hurlements affreux... L'un
était Barère et l'autre Cambon.

« La séance allait finir, lorsqu'un chouan amnistié, et employé
dans les charrois de la république, demanda à Robertson s'il pouvait
faire revenir Louis XVI. A cette question indiscrète, Robertson répondit
fort habilement : « J'avais une recette pour cela avant le
« 18 fructidor; je l'ai perdue depuis cette époque; il est probable
« que je ne la retrouverai jamais, et il sera désormais impossible de
« faire revenir les rois de France. »

Robertson raconte dans ses *Mémoires* que, sans cesse, des
jeunes gens venaient lui demander d'évoquer l'ombre de leur
fiancée, des femmes celle de leur mari, des orphelins celle de leur

père ou de leur mère. « Tout en écoutant le récit de leurs peines, dit-il, je désabusais leur crédulité. Cependant mes efforts restèrent infructueux devant l'exaltation d'une femme dont le mari m'avait été connu. Il était maître de musique de la chapelle de Versailles. Son épouse, inconsolable de sa mort, conçut l'espoir que je pourrais faire apparaître son ombre devant elle; ce fut dès lors une idée fixe que rien ne put affaiblir. Elle m'accusait de prendre plaisir à prolonger et à accroître sa douleur par mon refus. Je voyais une femme près de perdre la raison. Je m'adressai au bureau de police et je demandai la permission d'adoucir le chagrin de cette femme en complétant une erreur qu'on ne pourrait dissiper qu'en la réalisant. Cette permission me fut accordée. Je m'appliquai à la bien persuader que si cette évocation était possible, le pouvoir n'en existait que pour en faire usage une seule fois. Je dessinai de souvenir les traits de son mari, certain que l'imagination malade de la spectatrice ferait le reste. En effet, l'ombre parut à peine qu'elle s'écria : « O mon « mari, mon cher mari, je te revois! C'est toi, reste! reste! ne me « quitte pas si tôt! » L'ombre s'était approchée presque sous ses yeux; elle voulut se lever, mais l'ombre disparut, et alors elle resta interdite, puis versa des larmes abondantes. Elle me remercia, dit qu'elle avait la certitude que son mari l'entendait, la voyait encore et que ce lui serait toute sa vie une douce consolation. »

Le célèbre artiste italien, Benvenuto Cellini, a décrit dans ses *Mémoires* (livre III, chapitre LXIV intitulé: « Le Prêtre nécromant »), une étrange scène de Fantasmagorie, dont il fut, en 1534, un des auteurs principaux :

« Je me liai, dit-il, avec un prêtre sicilien, d'un esprit très distingué, très versé dans la connaissance des auteurs grecs et latins. Un jour, que la conversation se tourna sur l'art de la nécromancie, je lui dis que j'avais le plus grand désir de connaître quelque chose à cet égard, et que je m'étais senti toute la vie une vive curiosité de pénétrer les mystères de cet art.

« Le prêtre me répondit qu'il fallait être d'un caractère résolu et entreprenant pour étudier cet art, et je répliquai que je ne manquais ni de courage, ni de résolution, pour peu que j'eusse l'occasion de m'instruire. Le prêtre ajouta : Si vous avez le cœur d'essayer, je vous procurerai cette satisfaction; nous convînmes alors d'un plan

d'étude de nécromancie. Un soir, le prêtre se prépara à me satisfaire, et désira que j'emmenasse un ou deux compagnons.

« Je pris avec moi Vincenzio Romoli et Agnolino Gaddi, mes
intimes amis, et un jeune garçon de douze ans que j'avais à mon
service. Quand nous arrivâmes au Colisée, le prêtre nous plaça dans
le cercle qu'il avait tracé avec un art puissant et d'une manière
solennelle. Alors ayant laissé le soin d'entretenir le feu et les parfums à mon ami Vincenzio, aidé par Agnolino Gaddi, il me mit en
main le talisman m'ordonnant de le tourner vers les endroits qu'il
me désignerait. Mon jeune apprenti était placé sous mon talisman.
Le magicien ayant commencé à faire ses invocations terribles,
appela par leurs noms une multitude de démons qui étaient les
chefs de différentes légions, et il les questionna, par le pouvoir du
Dieu éternel et incréé, qui vit pour toujours, en langage hébraïque,
latin et grec. Bientôt le Colisée fut rempli d'un nombre de démons
considérable. Le prêtre me dit : « Benvenuto, demande-leur quelque
chose. » Je répondis que je désirais qu'ils me réunissent à ma sici-
lienne Angelica. Le nécromant se tourna vers moi et me dit : « Ne
les as-tu pas entendus t'annoncer que dans un mois tu serais avec
elle ? »

« Alors, il me recommanda de me tenir ferme à lui, parce que
les légions étaient maintenant plus de mille au-dessus du nombre
qu'il avait désigné, et des plus dangereuses d'ailleurs; ensuite, qu'il
fallait les traiter avec douceur puisqu'elles avaient répondu à ma
question et les renvoyer tranquillement. L'enfant, sous le talisman, avait une terrible frayeur, disant qu'il y avait sur la place un
million d'hommes féroces, qui s'efforçaient de nous exterminer ; et
que quatre géants armés, d'une énorme stature, s'efforçaient de
rompre notre cercle. Pendant que le magicien, saisi de crainte,
tâchait par des moyens doux et polis de les renvoyer du mieux
qu'il pouvait, Vincenzio Romoli tremblait comme la feuille en prenant soin des parfums. Quoique je fusse plus effrayé qu'aucun
d'eux, je tâchais de cacher la terreur que je ressentais, et je con-
tribuai puissamment à les armer de résolution ; mais la vérité
est que je me regardais comme un homme perdu, voyant l'horrible
pâleur du magicien. L'enfant plaça sa tête entre ses genoux et dit :
Je mourrai dans cette posture, car nous périrons tous sûrement. Je

Fig. 144. — Invention du Télescope (d'après la légende) par les enfants d'un lunetier
de Middelbourg, en 1590.

lui dis alors : « Ces créatures sont toutes au-dessous de nous, et ce que tu vois est comme ombre et fumée. » Je lui ordonnai donc de lever la tête et de prendre courage. Il ne l'eut pas plutôt relevée qu'il s'écria : « Tout l'amphithéâtre est en feu et le feu vient sur nous. » Couvrant alors ses yeux avec ses mains, il s'écria de nouveau : que cette destruction était inévitable et qu'il désirait ne pas en voir davantage. Le prêtre me supplia de tenir ferme et de faire brûler de l'assa-fœtida; sur quoi je me tournai vers Romoli, et je lui ordonnai de jeter vite de l'assa fœtida sur le feu. En même temps je portai les yeux sur Agnolino Gaddi, qui était si terrifié qu'il pouvait à peine distinguer les objets, et semblait avoir perdu la tête. Le voyant ainsi, je lui dis: « Agnolino, dans ce cas, un homme ne doit pas montrer de crainte, mais s'évertuer à prêter assistance ». L'enfant m'entendant, se hasarda à lever la tête davantage, et se rassura un peu en disant que les démons s'enfuyaient précipitamment.

« Nous restâmes ainsi jusqu'à ce que les cloches sonnèrent les prières du matin. L'enfant nous dit encore qu'il ne restait plus que quelques démons, et qu'ils étaient fort loin. Enfin, dès que le nécromant eut accompli le reste de ses cérémonies, quitté son costume et ramassé un gros tas de livres qu'il avait apportés, nous sortîmes ensemble du cercle, nous tenant aussi serrés que possible.

« Alors que nous retournions chez nous dans la rue des Banchi, l'enfant nous dit que deux des démons que nous avions vu dans le Colisée allaient devant nous, sautant et quelquefois courant sur le toit des maisons. Le prêtre déclara que quoiqu'il fût souvent entré dans les cercles magiques, rien de si extraordinaire ne lui était jamais arrivé. »

Un fait imprévu, une rixe avec le marchand florentin Benedetto, obligea Benvenuto à s'enfuir de Rome; il gagna Naples où un hasard le réunit à son Angelica :

« Pendant que j'étais plongé dans une ineffable joie, dit-il (chapitre LXVIII, intitulé « Angélica retrouvée »), je m'aperçus que ce jour-là même expirait le mois qui m'avait été fixé, dans le cercle du nécromant, par les démons. Que les hommes qui ont recours à eux jugent à quels dangers incalculables j'ai échappé ! »

David Brewster, dans ses *Lettres sur la magie naturelle*, affirme que Benvenuto Cellini et ses compagnons ont été illusionnés par de simples phénomènes optiques produits soit par une lanterne magique ou un fantascope, soit par des jeux de miroirs concaves.

Acceptons l'opinion de Brewster, mais constatons que les prestidigitateurs modernes ont perdu la recette d'aussi surprenants artifices.

Il est une Lentille naturelle : c'est le Cristallin, l'un des éléments les plus essentiels de l'œil.

C'est le Cristallin qui donne l'image des objets extérieurs, il se place toujours de manière à porter ces images sur le fond de l'œil où elles sont reçues par un écran appelé Rétine (¹). Cette rétine provient de l'épanouissement d'un nerf chargé de transmettre au cerveau les impressions lumineuses et qu'on nomme pour cette raison Nerf optique.

On verra se former les images des objets extérieurs sur le fond d'un œil fraîchement extrait du cadavre d'un animal et débarrassé des muscles et des graisses qui l'environnent, en l'engageant dans une ouverture pratiquée au volet d'une chambre obscure, après avoir aminci toutefois la membrane opaque ou sclérotique qui l'enveloppe en grande partie. Il va sans dire que cet œil doit être ouvert, doit regarder du côté de l'extérieur de la chambre.

On constate aussi dans cette expérience que les images qui se peignent sur la rétine sont renversées par rapport aux objets extérieurs comme cela doit être d'après le mode de construction des images que nous avons indiqué.

A ce propos, on se demandera comment il se fait que ces images nous paraissent droites? Avouons qu'on n'en sait encore rien. Les uns pensent que c'est une véritable éducation de l'œil qui nous a permis de redresser les images. Les autres supposent que, les images de tous les objets nous arrivant renversées, nous manquons de termes de comparaison. Une dernière hypothèse est que le cerveau a la notion de la direction que prennent les rayons lumineux venant toucher la rétine, et qu'il en rectifie le sens.

1. Si le Cristallin est trop convergent, l'image se forme en avant de la Rétine (c'est le cas de la Myopie); on corrige ce défaut en mettant devant l'Œil une lentille divergente qui, diminuant la convergence des rayons, reporte l'image sur la Rétine. Si le Cristallin n'est pas assez convergent, l'image se forme au delà de la Rétine (c'est le cas du Presbytisme); on emploie alors des lunettes ou bésicles à verres convergents.

L'impression des images sur la rétine persiste pendant un certain temps, une fraction de seconde, après que l'objet qui a produit
cette impression a disparu ou s'est éloigné. C'est ainsi que si l'on
fait tourner rapidement un charbon, une allumette en ignition, on
croit apercevoir un cercle continu de feu. En faisant tourner un
cercle sur lequel on a peint diverses couleurs, celles-ci se confondent et donnent la sensation de la couleur qui résulterait de leur
mélange. Un jouet d'enfant, bien connu, le Phénakisticope, s'explique par cette persistance de l'impression des images sur la
rétine.

Nous signalerons encore le cas des « images accidentelles ou
consécutives. » On n'est pas sans avoir remarqué que l'œil, après

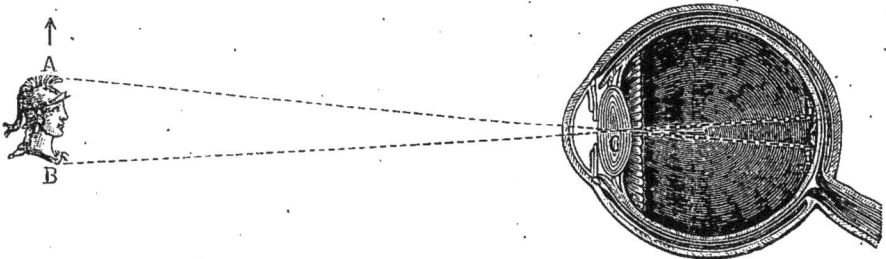

Fig. 145. — Vision : Image des objets sur la Rétine. — C, Cristallin.

avoir été frappé par une vive lumière, conserve la sensation
d'une autre couleur. Si, par exemple, on regarde fixement pendant quelque temps un dessin blanc bien éclairé, et si, ensuite,
on dirige ses yeux sur un carton blanc ou un plafond blanc également
ment éclairé, on voit, en noir, une image du dessin. Pour un objet
vert, l'image paraît rouge; pour un objet jaune, l'image est vio-
lette. L'image est aperçue toujours de la même forme que le dessin, mais elle est d'une couleur « complémentaire », c'est-à-dire
d'une couleur qui formerait du blanc si elle était réunie à celle du
dessin. (Voir la figure de la 1re *Expérience*.)

Plusieurs théories ont été proposées pour expliquer le phénomène des « images accidentelles. » Aucune n'est tout à fait
satisfaisante. Nous ne citerons que celles de Darwin et de Plateau.
La partie de la rétine, d'après Darwin, fatiguée par une couleur,
devient insensible aux rayons de cette couleur et, dès lors, ne

peut plus être impressionnée que par sa couleur complémentaire. D'après Plateau, la rétine semble résister à l'impression qu'elle reçoit par une réaction opposée, qui persiste après que l'impression a cessé. C'est ainsi qu'elle voit du noir après l'impression du blanc, du blanc après celle du noir, du vert après le rouge, etc., et qu'ensuite elle revient au repos par des réactions secondaires qui produisent ces alternatives.

Dans sa *Grammaire des arts du dessin*, Charles Blanc raconte que le grand peintre Eugène Delacroix, occupé à peindre

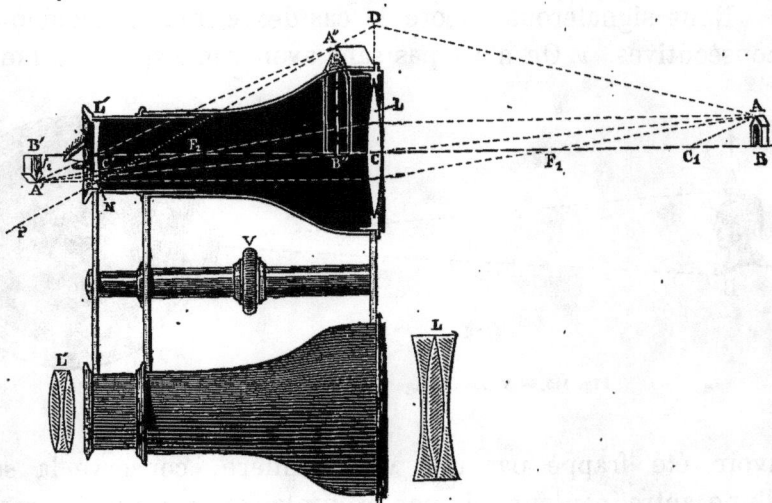

Fig. 146. — Marche des rayons dans la lunette de Galilée. — Jumelle Objectif L et oculaire L' achromatiques.

une draperie jaune, se désespérait de ne pouvoir lui donner l'éclat qu'il aurait voulu. Il se disait : « Comment donc s'y prenaient Rubens et Véronèse pour trouver de si beaux jaunes et les obtenir aussi brillants? » Là-dessus, il résolut d'aller au Louvre, et il envoya chercher une voiture. C'était en 1830; il y avait alors dans Paris beaucoup de cabriolets peints en jaune serin : ce fut un de ces cabriolets qu'on lui amena. Au moment d'y monter, Delacroix s'arrêta court, observant à sa grande surprise que le jaune de la voiture produisait du violet dans les ombres. Aussitôt il expédia le cocher, et, rentré chez lui, tout ému, il appliqua sur-le-champ la loi qu'il venait de découvrir, à savoir : que l'ombre se colore tou-

jours légèrement de la couleur complémentaire du clair, phénomène qui devient surtout sensible lorsque la lumière du soleil n'est
pas trop vive et que nos yeux portent sur un fond propre à faire
voir la couleur complémentaire.

Examinons maintenant comment il se fait que la distance
amoindrit à nos yeux les dimensions d'un objet.

L'image de la tête A B est en *a b* sur la Rétine (*fig.* 145). Si A B
s'éloigne de plus en plus, l'angle A C B diminue et il en est de même
de l'image rétinienne *a b*. C'est pour cela que des objets éloignés nous
paraissent beaucoup plus petits que les mêmes objets placés plus
près de nous.

L'angle A C B sous lequel l'œil voit l'objet A B est appelé *diamètre apparent* de cet objet.

C'est de la grandeur de cet angle que dépend celle de l'image
rétinienne et par suite aussi la netteté de la vision de l'objet A B.

Ce fait est fondamental.

Deux objets vus sous le même diamètre apparent et éclairés de
même sont vus avec la même netteté. Seulement le plus grand des
deux objets sera vu ainsi de plus loin.

Construire un Télescope c'est combiner des lentilles et des
miroirs de telle manière que, interposé entre l'œil et l'objet lointain regardé, le système produise le même effet que si cet objet se
rapprochait de l'œil, c'est-à-dire qu'il substitue à l'objet une image
de celui-ci vu par l'œil sous un angle plus grand.

Le Télescope aurait été inventé — d'après la légende — par les
enfants d'un lunetier de Middelbourg, chef-lieu de la Zélande
(Pays-Bas). Ayant regardé par hasard le coq du clocher voisin à
travers une lentille convergente suivie du côté de l'œil d'une
lentille divergente, ils virent ce coq rapproché et grossi (*fig.* 144).
Leur père mis au courant du fait n'eut plus qu'à placer convenablement les deux lentilles dans un tube pour faire le premier télescope.

La plupart des écrivains donnent à ce lunetier le nom de Jean
Lippershey.

Nous allons, grâce à un savant français du XVII^e siècle, dont le
nom est trop oublié, rectifier la légende et restituer à son véritable
auteur l'invention du Télescope.

Pierre Borel, médecin ordinaire et conseiller de Louis XIV,

membre de l'Académie des Sciences, a laissé, entre autres ouvrages (¹), un livre fort curieux portant ce titre *De vero Telescopii
inventore* « Du véritable inventeur du Télescope ».

Cet ouvrage, inspiré par l'amour de la vérité, a été composé en
1655, c'est-à-dire soixante-cinq ans seulement après l'invention
du Télescope. Pierre Borel, par l'étendue de ses relations, était à
même de se procurer les documents les plus exacts sur le sujet
qu'il traitait. Nous devons donc nous en rapporter à lui et à son
livre dédié « au Sénat et au peuple middelbourgeois ».

Après s'être étonné et s'être plaint que personne ne connaisse
encore le nom de l'inventeur du Télescope, que toutes les nations
s'attribuent; après avoir démontré que l'inventeur n'est ni Galilée,
ni le Hollandais Métius, ni son compatriote Cornélius Drebel, il
écrit au chapitre xii intitulé « du vrai nom de l'inventeur » :

« L'inventeur du Télescope est *Zacharias Jansen;* c'était un
très habile artisan en lunettes de Middelbourg (Zélande), qui, en
l'année 1590, ayant approché de son œil (*non par hasard*) deux
verres de lunette, à savoir une lentille concave et une lentille convexe, et ayant placé ces lentilles dans un tube, avec un très grand
bonheur (comme le veut Descartes), trouva le Télescope.

« Il fut amené à ces essais par son désir ardent de découvrir les
secrets de l'Optique, où il était expert. Aussi Descartes se plaint-il
mal à propos, pour le déshonneur de la science, que cette invention si utile, si admirable, soit due à un hasard, à d'incertaines
expériences.

« Il est avéré que c'est à force de recherches que l'artisan de
Middelbourg a découvert le Télescope; il construisit d'abord des
tubes de seize pouces qu'il offrit au prince Maurice de Saxe et à
l'archiduc Albert, comme nous le prouverons ci-dessous par des
témoignages. Pour ces télescopes, il reçut des sommes d'argent;
mais il fut engagé à ne pas pousser la chose plus avant, afin que les
deux princes pussent seuls s'en servir pour les guerres. Par amour

---

1. Pierre Borel, né à Castres en 1620, mort à Paris en 1689, médecin, chimiste et
antiquaire; parmi ses nombreux ouvrages, on cite un *Recueil d'Observations médico-
physiques* (1653); une *Vie de Descartes*, la *Bibliothèque des Philosophes hermé-
tiques* (1654); le *Trésor des Recherches et Antiquités gauloises* (1655), et le *Discours
prouvant la pluralité des Mondes* (1657).

de la patrie, il obéit..Et c'est pourquoi l'inventeur du Télescope
resta longtemps ignoré.

« Zacharias Jansen découvrit ensuite le Microscope, comme cela
est évident.par les preuves suivantes (¹). »

Pierre Borel cite à l'appui de son dire un grand nombre d'attes-
tations et de témoignages de hauts personnages prouvant *que
l'invention du Télescope en* 1590 *et l'invention du Microscope,
qui suivit, sont réellement dues à Zacharias Jansen.*

Le livre de Pierre Borel contient deux portraits gravés. L'un a
comme légende : « ZACHARIAS JANSEN, *premier inventeur* (²). » Sous
l'autre on lit : « *Hans Lipperhey,* second inventeur. »

Ce « second inventeur » que Borel appelle « Lipperhey » et non
« Lippershey », était fabricant de besicles à Middelbourg, mais il
était né à Wesel (Prusse).

D'après les *Archives de La Haye*, ce Hans Lipperhey adressa
— le 2 octobre 1606 — aux États généraux des Pays-Pas une demande de brevet pour un instrument « servant à faire voir au
loin ».

Les États décidèrent qu'on refuserait un brevet à Lipperhey
« parce qu'il était notoire que déjà différentes personnes avaient
eu connaissance d'une semblable invention. »

Il nous paraît donc bien établi désormais que le véritable inventeur du Télescope est *Zacharias Jansen.*

Ce premier Télescope, qui garda longtemps le nom de Lunette

1. *De vero Telescopii inventore,* cap. xii, de Inventoris vero nomine : « Zacharias
Jansen inventor est vertus Telescopii; eratque autem conspiciliorum artifex peritissimus
Middelburgensis Zeelandus,·qui, anno 1590, admotis (non fato quodam) oculo duobus
conspiciliis, nempè lentem cavam et convexam, Tuboque imminis felicissimè (ut vult
Cartesius) invenit Telescopium. Sed rerum abstrusarum et reconditarum in optica, quam
callebat, desiderio flagrans, ad hæc tentanda motus fuit : quare malè conqueritur Cartesius, hoc Inventum adeo utile et mirandum, scientiarum nostrarum opprobrio, vagis
experimentis, et casui fortuito deberi. Telescopium ergo Artifex noster rimando ex pro-
fesso indigavit, et Tubos 16 pollicium primo fecit, optimum tamen, quem principibus
Mauritio et Archiduci Alberto, ut testimoniis infrà probabimus, obtulit, pro quibus
pecunias accepit, rogatus ne rem amplius propularet, ut ipsi eo uti interim ad bellica
possent, quibus ille in patriæ gratiam obtemperavit, et sic diù delituit in obscuro Inventor noster. Invenit præterea Microscopium ut testimoniis patebit sequentibus. »
2. *Zacharias Jansen (sive Joannides) primus conspiciliorum inventor (Joannides* : traduction latine de Jansen; *Conspicilium* : instrument d'observation, d'optique.)
Borel a sans doute employé ce mot pour indiquer à la fois le Télescope et le Microscope.

Batave ou Hollandaise, porte aujourd'hui le nom de Lunette de Galilée.

Vers la fin de 1608 Galilée sut, en effet, deviner la construction de la lunette grossissante hollandaise dont il connaissait l'existence; il sut de plus en faire usage dans les observations astronomiques. Il découvrit ainsi coup sur coup les satellites de Jupiter, les taches du Soleil, les montagnes de la Lune, les phases de Vénus, etc. Ces découvertes furent si rapides qu'il dut fonder un écrit périodique, *Nuntius Sidereus* (Le Courrier du Ciel), pour les faire connaître aux savants.

La figure 146 représente la marche des rayons lumineux venant d'un point de l'objet et le mode de formation des images dans une Lunette de Galilée réduite à sa plus simple expression.

Bien que l'objet A B soit éloigné de la lunette, nous l'avons indiqué sur la figure 146 afin de faciliter l'explication.

La lentille convergente L placée du côté de l'objet et qui reçoit la première les rayons lumineux envoyés par l'objet est appelée ici, comme dans tous les autres instruments d'optique, la lentille objective ou plus simplement l'Objectif de la lunette.

La lentille divergente L' placée près de l'œil et à travers laquelle on regarde est la lentille oculaire ou plus brièvement l'Oculaire ([1]).

Où va se former l'image du point A? Si la lentille L existait seule, on voit — en traçant le rayon A C qui, passant par le centre optique de la lentille la traverse sans déviation, et le rayon $AF_1$ qui, passant par le foyer de la lentille convergente en sort parallèlement à l'axe $F_1F_2$ — que l'image de A se produirait en A'. L'objectif donnerait donc en A'B' une image réelle et renversée de l'objet.

Mais cette image ne peut pas se former si une lentille divergente L' est interposée sur le trajet de la lumière, nous la supposerons placée de façon que son foyer $f_2$ soit en deçà de l'image A'B' qui se serait produite avec l'objectif seule.

Où cette image va-t-elle être alors reportée?

Pour le savoir, considérons d'abord le rayon $A F_1$ qui tombe sur

1. Du latin *Oculus* : œil.

la lentille L' parallèlement à son axe $f_1 f_2$, ce rayon diverge en NP à sa sortie de la lentille, mais on sait qu'il doit passer, — par son prolongement $Nf_1$ — au foyer $f_1$ de la lentille. L'image de A sera donc reportée quelque part sur le prolongement $Nf_1$ du rayon N P. De plus, le rayon A D C', qui, venant de A, traverserait la lentille divergente par son centre optique C', sort sans déviation suivant C' A', l'image de A est donc reportée aussi quelque part sur le prolongement du rayon C' A'.

L'image de A est par suite en A″ intersection des rayons NP et C′A′ prolongés.

L'œil qui regarde de C' et qui prolonge instinctivement les rayons de lumière qui lui arrivent, voit en A″B″ l'image de l'objet AB. Mais cette image est fictive, virtuelle, ce ne sont pas les rayons eux-mêmes qui se rencontrent sur A″B″, mais seulement leurs prolongements géométriques.

Si nous supposons l'ouverture de l'œil, ou *Pupille*, placée très près du point C' il voit, après suppression des lentilles, l'objet AB sous l'angle A C′ B; au contraire, à travers l'instrument, il voit l'objet en A″B″ sous l'angle beaucoup plus grand A″C′B″.

L'objet sera donc vu beaucoup plus nettement et avec ses détails

Tout se passe comme si l'œil venait se placer près de AB en un point $C_1$, tel que l'angle A $C_1$ B soit égal à l'angle A″C′B″.

L'effet de l'instrument est donc de rapprocher l'observateur de l'objet.

Vers 1611, l'étude raisonnée des lentilles conduisit Képler [1] à la conception de la lunette astronomique et aussi de la lunette terrestre qui en diffère peu, mais c'est le P. Scheiner [2] qui construisit pour la première fois ces instruments.

La figure 147 représente, réduite à ses éléments essentiels, une lunette astronomique, L est un objectif convergent, L' un oculaire

---

1. Képler, ou Jean Keppler, un des créateurs de l'astronomie moderne, né à Magstatt Wurtemberg) en 1571, mort à Ratisbonne le 15 novembre 1630, avait commencé par être garçon de cabaret chez son père, un bourgmestre ruiné; auteur de célèbres ouvrages d'astronomie : le *Prodromus*, les *Harmonies*, l'*Astronomie nouvelle;* découvrit, entre autres choses, que les orbites des planètes sont des ellipses dont le soleil occupe un des foyers.

2. Scheiner, jésuite et astronome allemand, né en Souabe, 1575, mort à Neiss (Silésie), 1650, disputa à Galilée la découverte des taches du soleil.

également convergent. On voit en F₁ et F₂ les foyers principaux de l'objectif et en f₁ et f₂ les foyers principaux de l'oculaire.

Les images A′B′ et A″B″ se forment d'après les règles ordinaires, qu'il serait fastidieux de répéter constamment. En suivant les rayons qui viennent de A, le lecteur verra sans peine que A′B′ est une image réelle et renversée de l'objet AB donnée par l'objectif L et que A″B″ est l'image virtuelle et renversée de l'objet AB formée par les rayons après leur passage à travers l'oculaire L′. C'est celle que voit l'œil.

La pupille de l'œil étant en C′, celui-ci voit l'image A″B″ sous l'angle A″C′B″ beaucoup plus grand que l'angle très voisin ACB,

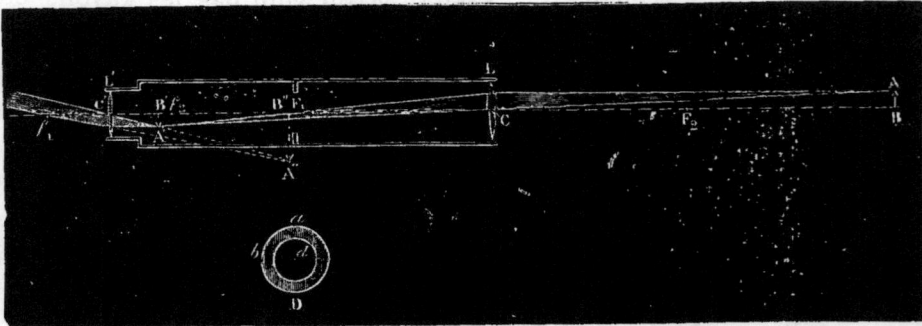

Fig. 147. — Marche des rayons dans la Lunette astronomique.

— car C est près de C′ relativement à la distance BC, — sous lequel l'œil verrait AB s'il regardait directement cette petite ligne droite.

Pour les observations astronomiques, le renversement des objets est sans inconvénient, mais il est très désagréable quand il s'agit de regarder un monument, un paysage lointains. On emploie aujourd'hui pour redresser l'image, et depuis le P. Rheita (¹) un système de deux lentilles convergentes convenablement disposées entre l'objectif et l'oculaire. La lunette astronomique est ainsi transformée en une lunette terrestre.

1. Le Père capucin Schyrle de Rheita, né en Bohême en 1597, mort à Ravenne en 1660. Il avait cru apercevoir cinq nouveaux satellites autour de Jupiter et avait fait hommage de sa découverte au pape Urbain VIII, mais on reconnut bientôt que ces prétendus satellites étaient des étoiles devant lesquelles se trouvait alors Jupiter.

Telle est la théorie des télescopes à lentilles, ou *Lunettes*.

Les miroirs sphériques donnent comme les lentilles l'image des objets placés devant eux. Les miroirs sphériques concaves produisent, ainsi que nous l'avons vu, les mêmes effets que les lentilles convergentes. Aussi, un jésuite italien, le père Zucchi, eut-il, dès 1616, l'idée de remplacer l'objectif des lunettes astronomiques, objectif qui est une lentille convergente, par un miroir sphérique concave, ainsi qu'il l'assure dans un livre publié à Lyon en 1652.

Fig. 148. — Marche des rayons dans le Télescope de Newton.

Le Télescope à lentilles est alors transformé en un Télescope à miroir.

C'est aux télescopes à miroir qu'on donne particulièrement, en France surtout, le nom de *Télescopes*.

Les premiers de ces Télescopes ne furent construits que plus tard, en 1663, par l'écossais Gregory, et en 1672 par Cassegrain, professeur au collège de Chartres.

Voici comment Newton a disposé les organes de son Télescope (*fig.* 148) :

Le miroir concave objectif est en M au fond d'un tube T, il donne
en A'B' une image réelle et renversée d'un objet AB. Au lieu de laisser
cette image se former en A'B', il la rejette par réflexion, en A"B"
au moyen d'un petit miroir plan ou d'un prisme à réflexion
totale m. Cette image peut être enfin regardée aisément avec un
oculaire convergent fixé dans le tube t que l'on aperçoit sur le
côté du tube T dont l'ouverture est dirigée vers les objets à
examiner. De cette manière l'observateur, n'étant pas en face de
l'objectif, comme dans le télescope d'Herschel, où l'on voit (*fig.* 155)
les observateurs placés dans une sorte de cage à l'ouverture du

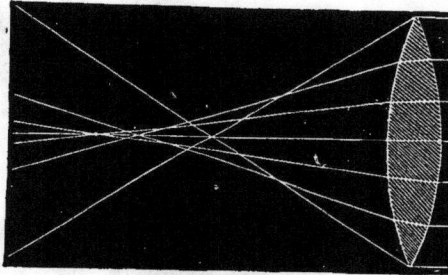

Fig. 149. — Rayons produisant la Caustique d'une lentille.

Télescope par laquelle entre la lumière qui arrive des astres observés, n'apporte aucune entrave à la marche de la lumière dans
l'instrument.

Regardé directement, l'objet serait vu par l'œil sous un petit
angle, son image A'''B''' fourni par le télescope est au contraire,
comme dans les cas précédents, vue sous un angle beaucoup plus
grand A'''C'B'''.

Le *Grossissement linéaire* d'un Télescope quelconque est, par
définition, le rapport des deux angles sous lesquels un objet rectiligne AB est vu à travers l'instrument et à l'œil nu.

Si le premier angle vaut trente fois le second, le Télescope gros-
sit trente fois. C'est un tel grossissement qu'obtint Galilée.

Il est clair que le grossissement en surface sera alors égal à
trente fois trente ou neuf cents.

On a aujourd'hui des Télescopes grossissant utilement jusqu'à
deux mille fois et plus en diamètre.

Les Télescopes actuels ne sont pas aussi simples que nous l'avons supposé. Les lentilles et les miroirs présentent en effet des défauts ou *aberrations* ([1]) qu'il faut corriger si l'on veut obtenir des images nettes.

En premier lieu la lumière qui nous paraît blanche est en réalité, ainsi que l'a démontré le grand Newton ([2]), composée de lumières de différentes couleurs. Celles qui dominent sont le Rouge, l'Orangé, le Jaune, le Vert, le Bleu, l'Indigo et le Violet. Ces diverses couleurs ne suivant pas rigoureusement le même chemin lorsqu'elles traversent une lentille, celle-ci donne des images rouge, orangé, etc., de l'objet, images qui ne coïncident pas exactement. C'est là ce que l'on appelle *l'aberration chromatique* ([3]) des lentilles.

Les miroirs sont à ce point de vue supérieurs aux lentilles, car ils sont dépourvus d'aberration chromatique : ils n'irisent pas les images.

Les lentilles, surtout lorsqu'elles sont grandes, ont un autre défaut : les rayons partis d'un même point P ne vont plus alors rigoureusement concourir vers un même point P′, ils se coupent en des points différents de façon à former une surface qu'on appelle *surface caustique* ([4]). La figure 149 représente, après leur sortie, des rayons qui tombent sur une grande lentille parallèlement à l'axe, et qui, en se coupant deux à deux, produisent la Caustique.

Cette aberration est connue sous le nom d'*Aberration de sphéricité*.

Elle est commune aux lentilles et aux miroirs excepté aux miroirs plans. On peut observer à chaque instant cette caustique des miroirs (*fig. 150*). Il suffit de placer un anneau métallique, une bague, sur une feuille de papier blanc pour voir se dessiner sur le papier la Caustique relative à la surface réfléchissante de l'anneau. A la surface du lait, du café, d'un liquide non transparent, qui

---

1. Du latin *aberratio* : erreur, écart, déviation.
2. Isaac Newton, mathématicien, physicien et astronome anglais, né à Woolsthorpe le 25 décembre 1642, mort le 20 mars 1727 ; auteur de nombreux ouvrages, entre autres des *Principes mathématiques de philosophie naturelle*, son principal titre de gloire, où il révélait sa grande découverte : la loi de la Gravitation universelle.
3. Du grec χρῶμα (chroma) : couleur.
4. Du grec καυστικός (causticos) : brûlant, car la chaleur, comme la lumière, est accumulée sur cette surface.

remplit incomplètement une tasse polie, on voit également se dessiner la Caustique des rayons réfléchis par la surface de la portion de la tasse restée vide.

Les constructeurs de Télescopes se sont naturellement efforcés de corriger leurs instruments des mauvais effets produits par les aberrations chromatique et de sphéricité.

Newton croyait qu'il était impossible de corriger l'aberration chromatique d'une lentille sans annuler en même temps son effet sur la marche de la lumière. Léonard Euler [1], remarquant que le cristallin est achromatique, c'est-à-dire ne donne pas une image colorée d'un objet blanc, pensa qu'il était possible aussi de construire

Fig. 150. — Caustique formée par les rayons réfléchis à l'intérieur d'une alliance.

des lentilles artificielles achromatiques. Il donna même des règles pour cela vers 1753. En 1757 l'opticien anglais Dollond chercha par l'expérience à démontrer la fausseté des règles d'Euler. Mais il vit bientôt que ces règles sont exactes. C'est dans ces conditions qu'il fabriqua les premières lentilles achromatiques.

On les obtient en accolant une lentille convergente, généralement plan convexe en crown-glass à une lentille divergente, convexoconcave, par exemple en flint-glass. Par un tâtonnement régulier, les constructeurs arrivent à établir une telle combinaison douée d'une distance focale donnée et privée des aberrations chromatique et de sphéricité. Il y a assez d'éléments variables dans le système pour

1. Euler, géomètre, né à Bâle le 15 avril 1707, mort à Saint-Pétersbourg le 7 septembre 1783, auteur d'un *Traité dé Mécanique*, de la *Théorie nouvelle de la Lumière*, etc.

qu'il soit possible d'atteindre un tel but. C'est de cette manière que sont faits les objectifs des lunettes.

Dans certains cas, les lentilles employées, et il en est ainsi dans la Lunette de Galilée, sont formées de trois verres différents. On obtient alors une plus grande netteté encore dans les images produites.

Sans cette précaution, dans la lunette de Galilée l'objectif étant formé d'une grande lentille et les objets observés étant souvent assez rapprochés, les aberrations seraient fortes et les images obtenues imparfaites.

Il y a donc six verres dans la lunette de Galilée. Ils sont accolés

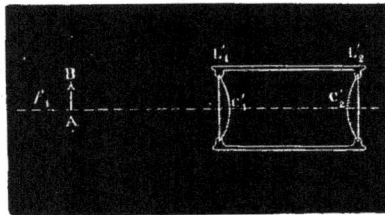

Fig. 151. — Oculaire de Ramsden.

trois par trois pour constituer l'objectif d'une part et l'oculaire de l'autre. Cet oculaire, ainsi que nous l'avons fait remarquer, est divergent.

En 1671, le père capucin Chérubin (1) eut l'idée de monter l'une à côté de l'autre deux lunettes de Galilée de manière que chacun des deux yeux eut la sienne.

Cette lunette binoculaire perfectionnée est la *Jumelle* actuelle. Elle contient en tout douze verres (*fig.* 146).

Dans tous les autres Télescopes, l'objectif seul est achromatique.

Quant à l'oculaire il est formé de deux lentilles convergentes plan convexes que l'on peut disposer de diverses manières.

On emploie concurremment, selon le but poursuivi, l'oculaire de

---

1. Chérubin, né à Orléans, auteur de la *Dioptrique oculaire*, de la *Vision parfaite*, de l'*Expérience pour l'élévation des Eaux;* s'il faut en croire ce qu'il dit dans une de ses lettres (1675), il avait inventé un instrument avec lequel il fit entendre très distinctement des paroles prononcées à voix basse à quatre-vingts pas de distance. Le supérieur de son ordre lui défendit de divulguer cette invention, à son avis, dangereuse.

Fig. 152. — Galilée mesurant le grossissement de sa lunette.

Ramsden monté en 1782 et l'oculaire d'Huygens qui date de 1656.

Mais c'est Campani (¹) qui eut le premier l'idée des oculaires à deux verres séparés qui donnent un meilleur résultat que l'emploi d'un oculaire formé d'une seule lentille L', ou oculaire de Képler.

L'oculaire de Ramsden (²) (*fig.* 151) se compose de deux lentilles L'₁ et L'₂ plans convexes, égales, dont les faces sphériques sont en regard.

Ces deux lentilles ont même distance focale et sont placées de telle façon que la longueur C'₁ C'₂ soit égale aux deux tiers de cette distance focale.

On laisse l'image de l'objectif se former en A B entre $f_1$ et C'

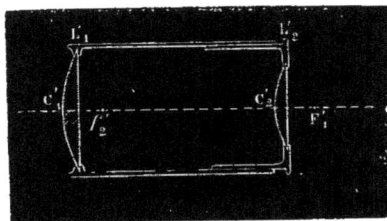

Fig. 153. — Oculaire d'Huygens.

foyer et centre optique de la lentille L'₁ et on regarde cette image réelle à travers l'oculaire L'₁ et L'₂.

L'oculaire d'Huygens (*fig.* 153) se compose également de deux lentilles plans convexes L'₁ et L'₂, dont les faces planes sont toutes deux tournées du côté de l'œil qui observe; la plus grande L'₁ sur laquelle tombe d'abord la lumière qui vient de l'objectif a une distance focale un peu supérieure à la distance C'₁ C'₂ des deux lentilles; la lentille L'₂ qui est plus petite a, au contraire, une distance focale un peu inférieure à C'₁ C'₂.

Cet oculaire reçoit la lumière qui vient de l'objectif avant que l'image que donne celui-ci ait pu se former. Or, l'image des objets très éloignés donnée par une lentille, ici par l'objectif, se produit

1. Joseph Campani, astronome italien du XVIIᵉ siècle, construisit de longs télescopes à l'aide desquels il découvrit les taches de Jupiter.
2. Jessé Ramsden, opticien anglais, 1735-1800.

dans le plan focal de celle-ci; l'oculaire d'Huygens est donc placé de manière que le foyer principal de l'objectif soit entre $C'_1$ et $C'_2$.

En un mot on regarde avec l'oculaire de Ramsden un objet, ou ce qui revient au même, une image réelle; et avec l'oculaire d'Huygens on regarde au contraire les images non formées devant cet oculaire.

Pour cette raison, on désigne souvent le premier sous le nom d'oculaire positif et le second sous celui d'oculaire négatif.

Tout le monde sait que l'on déplace le tube qui porte l'oculaire jusqu'à ce que l'image à observer soit nettement vue.

C'est en cela que consiste l'opération de la *mise au point*. Cette mise au point est variable avec la vue de chaque observateur.

Indiquons rapidement, en prenant la Lunette astronomique comme exemple — l'oculaire employé étant celui de Ramsden — le sens de quelques termes très usités en optique.

En premier lieu le *Champ* de l'instrument est la région de l'espace où doit se trouver un objet pour être vu à travers l'instrument, celui-ci ayant bien entendu une position fixe, car en le déplaçant on pourra voir évidemment un objet quelconque.

Ainsi que nous l'avons dit les objets très éloignés viennent former leur image à travers l'objectif dans le plan focal de celui-ci. Ce plan focal est en avant de l'oculaire de Ramsden qui sert à la regarder.

Si l'on considère un point placé aux limites du champ, il sera vu avec un faible éclat, car la lumière qu'il envoie sur l'objectif ne rencontre qu'en partie l'oculaire. On élimine de tels points en plaçant dans le plan focal de l'objectif une plaque métallique noircie, percée d'une ouverture circulaire convenable et qu'on appelle un *Diaphragme* D (*fig.* 147).

De cette façon le champ est moins étendu, mais il a l'avantage de présenter à l'œil un éclat uniforme et d'être nettement limité par l'image du contour de l'ouverture du diaphragme donnée par l'oculaire.

Souvent on tend, suivant deux diamètres du diaphragme, deux fils très fins, *a* et *b* — (fils de platine ou fils d'araignée), — qui constituent ce que l'on appelle le *Réticule* de la lunette représenté au-dessous de la Lunette astronomique (*fig.* 147).

Le point de rencontre des deux fils se nomme la *Croisée* des fils du réticule.

La ligne droite qui passe par le centre optique C de l'objectif et la croisée *d* porte le nom d'*Axe optique* de la lunette. C'est une ligne bien déterminée.

Si l'on regarde un point très éloigné A il vient faire son image à travers l'objectif à l'intersection du plan focal de celui-ci et du rayon qui, partant de A passe par le centre optique de l'objectif.

Si l'on déplace la lunette de manière à voir l'image de A sur la croisée *d* du réticule, c'est qu'on aura amené là ligne qui passe par C et le point A sur l'axe optique C *d*.

Opérer ainsi c'est *viser* le point A avec la lunette. Aussi appelle-

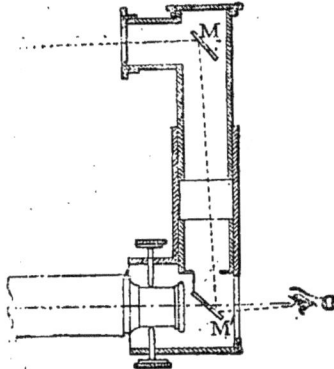

Fig. 154. — Chambre claire de Pouillet servant à la mesure du grossissement d'un télescope.

t-on souvent l'axe optique ligne de visée et encore ligne de collimation.

Si au delà de l'oculaire on promène un écran blanc le long de l'axe de la lunette, on trouve une position de cet écran pour laquelle un petit disque très lumineux se peint sur lui. Ce disque est l'image de l'objectif donnée par l'oculaire, tous les rayons qui vont de l'objectif à l'oculaire passent donc par ce disque. Il est appelé *disque oculaire*, car c'est là qu'il faut placer la pupille de l'œil si l'on veut voir nettement dans tout le champ; en effet tous les rayons lumineux envoyés par le champ de la lunette traversent ce disque.

Cette place est marquée par un petit anneau métallique plat : l'*œilleton*.

. Comment mesurer le grossissement d'un télescope, d'une lunette donnée?

Galilée (¹) employait un procédé très simple (*fig.* 152). Il visait une mire lointaine, par exemple un monument à assises régulières, ou mieux une règle portant des divisions égales. Avec un œil il regardait la règle à travers la lunette et de l'autre il regardait la même

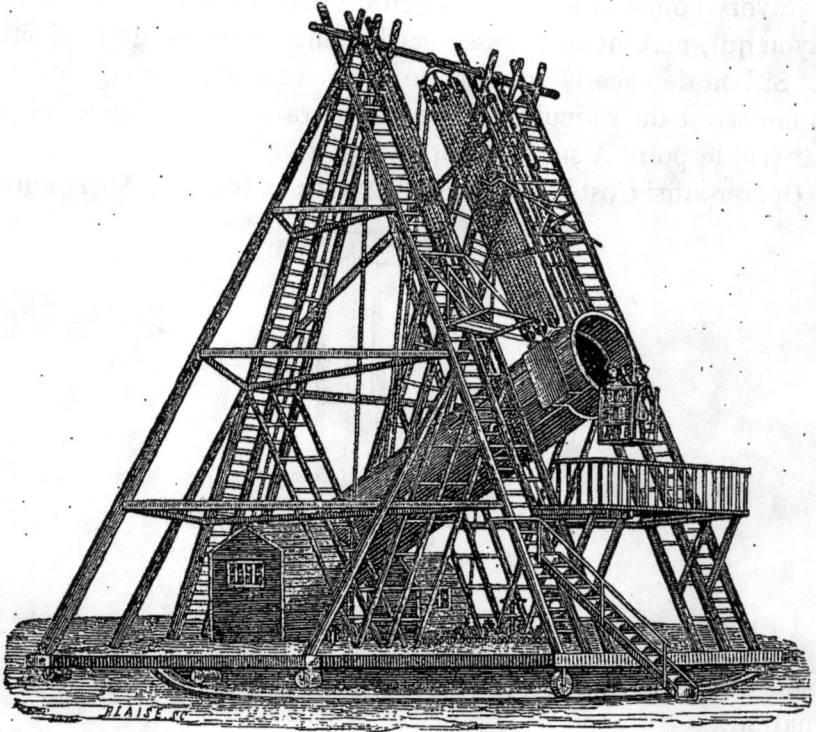

Fig. 155. — Le Télescope d'Herschel.

1. Galileo-Galilei, mathématicien, physicien, astronome italien, né à Pise en 1564, mort à Arcetri le 19 janvier 1642. Il était à Venise lorsqu'il construisit en 1608 son télescope d'après des indications peu précises qui lui étaient venues de Middelbourg. Ses observations lui permirent de faire la preuve du système inauguré par l'astronome polonais Nicolas Copernic (1473-1543) sur la rotation de la Terre autour de son axe et de son mouvement périodique autour du soleil. Traduit devant le tribunal de l'Inquisition en 1633, à l'âge de 70 ans, Galilée dut faire cette déclaration : « J'ai été jugé suspect d'hérésie pour avoir cru que le soleil était immobile et que la terre se mouvait..... J'abjure, maudis et déteste les susdites erreurs et hérésies et généralement tout autre erreur, etc.» La tradition veut qu'en se relevant Galilée ait frappé du pied la terre, en murmurant : « *E pur si muove!* (Et pourtant elle tourne!)

règle directement, il suffit alors pour avoir la mesure du grossissement de compter combien une division de la règle vue à travers l'instrument recouvre de divisions vues à l'œil nu.

Ce moyen est un peu fatigant, car il est difficile de regarder ainsi pendant quelques instants sans mouvoir les yeux. De plus, le tube masque dans certains cas la Règle ou Mire.

Pouillet ([1]) évite ces inconvénients en regardant avec le même œil la règle et son image. Voici comment il est arrivé à ce résultat. Il dispose devant la lunette un tube contenant deux miroirs plans M et M' (*fig.* 154), inclinés à 45 degrés. Les rayons lumineux qui viennent de la règle se réfléchissent sur M puis sur M' et l'œil placé en O voit alors la règle comme s'il la regardait directement dans la direction OM' de l'axe de la lunette. Le miroir M' étant désétamé (sans tain) sur une petite portion, l'œil voit au travers l'image de la règle donnée par la lunette. Ces deux images se trouvant ainsi superposées, rien n'est plus aisé que de compter combien une division grossie couvre de divisions de la Règle. C'est le procédé dit de la Chambre claire ([2]).

En se reportant à la figure 147 et en suivant les rayons de construction de l'image, on voit immédiatement que le grossissement d'une lunette est d'autant plus fort que la distance focale de l'objectif est plus grande et celle de l'oculaire plus petite.

D'autre part l'image observée sera d'autant mieux éclairée que l'objet enverra plus de lumière sur l'objectif.

A ce double point de vue, on s'est efforcé de tout temps de construire des objectifs de grande distance focale et de grand diamètre.

---

1. Claude Pouillet, né à Cuzance (Doubs) en 1791, professeur à l'Ecole polytechnique, directeur du Conservatoire des Arts-et-Métiers, professeur de physique à la Sorbonne, membre de l'Académie des Sciences, mort à Paris, le 13 juin 1868.

2. Autre procédé plus simple : Dirigez l'instrument sur un objet assez éloigné, et mettez bien exactement à votre point. Puis, placez devant l'ouverture de l'oculaire un morceau de papier végétal ou transparent (papier à décalquer) et cherchez la position à laquelle le disque lumineux formé sur ce papier par l'ouverture de l'oculaire est absolument net. Mesurez à l'aide d'un fin compas ou d'un décimètre divisé en millimètres, le diamètre de cette image. Le diamètre de l'objectif divisé par celui de cette image donne le grossissement cherché. On peut faire la même opération pour chaque oculaire. Pour plus de précision, le mieux est de coller le papier végétal à l'extrémité d'un petit cylindre de carton que l'on enfoncera autour de l'oculaire. Ainsi immobilisée, l'image est plus facile à mesurer. (*L'Astronomie*, n° 5, 1890).

Dans le télescope que construisit Herschel ([1]), de 1785 à 1789 pour son observatoire de Slough, près de Windsor (Angleterre), le miroir avait 12 mètres de distance focale et $1^m,47$ de diamètre. Son grossissement linéaire atteignait 6000; mais pratiquement on ne peut guère dépasser utilement 2000.

Dans celui que lord Rosse ([2]) fit établir à Birr (Irlande), dans le parc de son château, le miroir est plus grand encore. Il a $16^m,76$ de distance focale et un diamètre égal à $1^m,83$. Il permet d'apercevoir nettement sur la Lune un espace de 70 à 80 mètres. Et la Lune est à environ 384000 kilomètres de nous !

Les miroirs des premiers télescopes étaient en bronze, contenant une partie d'étain pour deux de cuivre. Leur travail était coûteux et difficile, car on obtient malaisément une masse de métal bien homogène. De plus, étant très lourds ils exigeaient pour leur manœuvre des charpentes, des mâts et des cordages solides et encombrants, comme on le voit par l'installation du Télescope d'Herschel (*fig.* 155).

Le miroir du télescope de lord Rosse pèse seul environ 3800 kilogrammes et le tube cerclé de fer qui le porte pèse plus de 6000 kilogrammes.

Un grand progrès a été réalisé, vers 1857, par Léon Foucault ([3]), dans la construction des miroirs objectifs.

1. William Herschel, astronome, né à Hanovre en 1738, mort le 23 août 1822; d'abord professeur de musique et organiste, se rendit en Angleterre en 1757 et devint maître de chapelle à Halifax; s'étant essayé à construire un télescope et ayant pu apercevoir Saturne, il prit goût à l'astronomie et, en 1781, fit sa brillante découverte de la planète Uranus; il découvrit à lui seul 2500 nébuleuses; on lui doit de très importantes observations; son principal ouvrage est le *Catalogue d'Étoiles* qu'il dressa avec sa sœur Caroline Herschel.

2. William Parsons, comte de Rosse, astronome anglais (1800-1877); la construction de son télescope exigea plusieurs années d'expériences et de travail et coûta 300000 francs; lord Rosse s'en servit principalement pour analyser et décrire les nébuleuses.

3. Jean-Bernard-Léon Foucault, physicien français, né à Paris le 18 septembre 1819, mort le 13 février 1868, auteur de nombreux travaux extrêmement remarquables, parmi lesquels il faut citer les expériences de la comparaison de la lumière électrique à la lumière solaire; de la transformation du mouvement en chaleur; de la détermination de la vitesse de la lumière. Sa découverte du mouvement continu de rotation du plan d'oscillation d'un pendule, servant à démontrer le mouvement terrestre et la rotation du globe, fut une révélation pour le public qui, en 1851, accourut en foule contempler le gigantesque appareil que Léon Foucault avait fait suspendre au sommet de la coupole du dôme du Panthéon.

Il a substitué aux lourds miroirs en bronze des miroirs plus légers qu'il obtient en recouvrant d'une mince couche d'argent la concavité d'un miroir sphérique en verre, retouché sur les bords de manière à en faire un miroir parabolique, c'est-à-dire de manière à supprimer toute aberration de sphéricité pour le foyer.

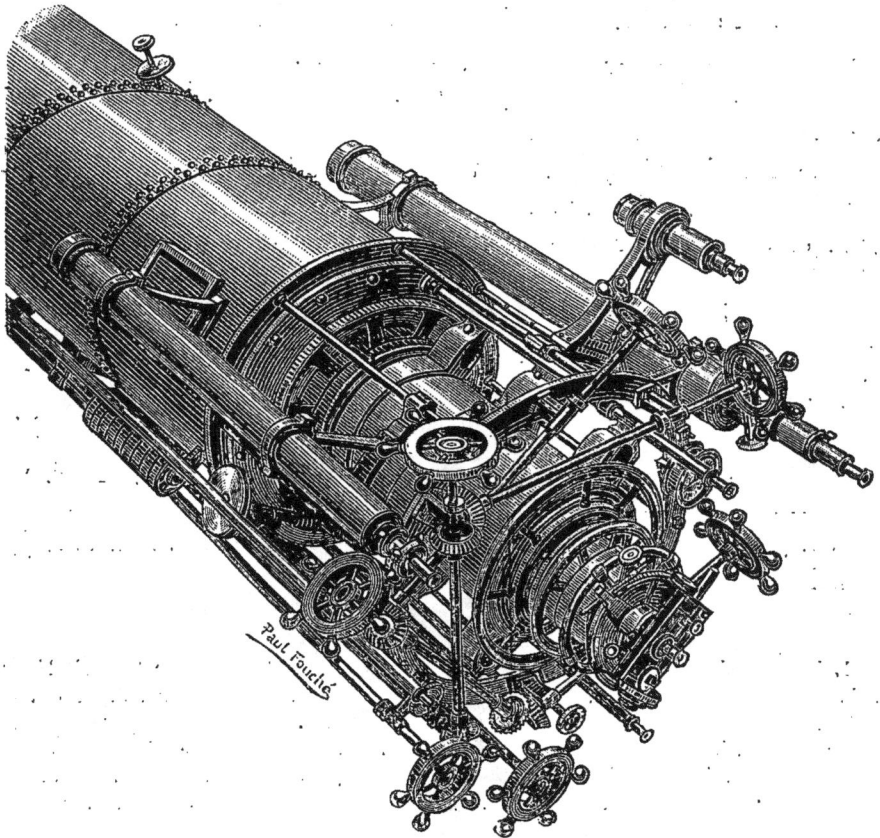

Fig. 156 — Oculaire du Télescope de l'observatoire Lick du Mont Hamilton (Californie.)

Le dépôt d'argent est obtenu par un procédé découvert par Steinheil, de Munich, et retrouvé par l'anglais Drayton. Il consiste à réduire le nitrate d'argent par le sucre interverti. Ce procédé a été porté à un tel degré de perfection par Foucault et Martin que la couche d'argent déposée sur le verre ne modifie pas la forme parabolique du miroir en verre.

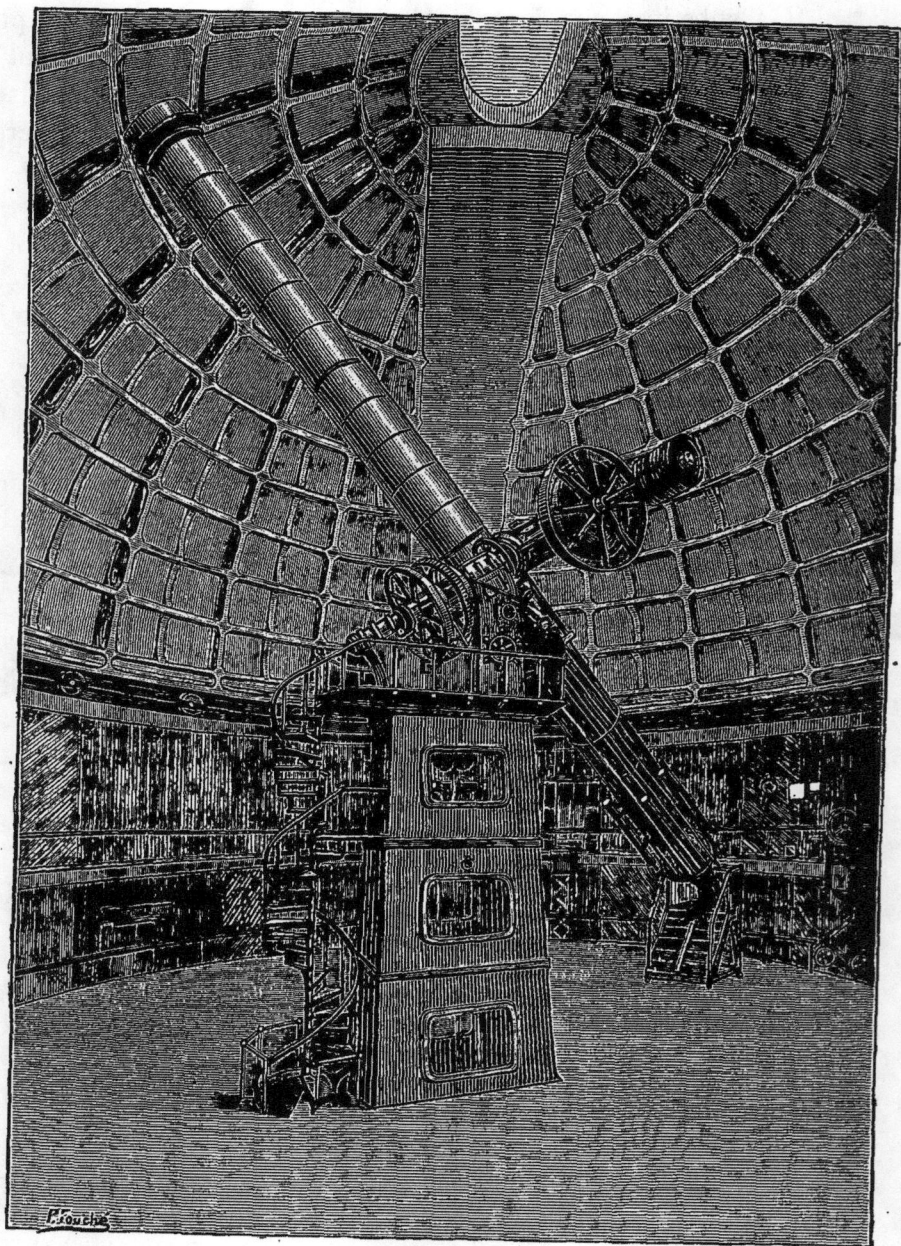

Fig. 157. — Le plus grand Télescope du monde : Télescope de l'observatoire Lick du Mont Hamilton
(Californie.)

Un tel miroir présente encore sur ceux en bronze l'avantage
d'envoyer plus de lumière sur l'oculaire.

Les Télescopes à miroir se prêtent mal aux visées. Aussi, aujourd'hui que l'on peut construire de grandes et bonnes lentilles, on leur préfère des Télescopes à lentilles, ou Lunettes Astronomiques, dont plusieurs ont des dimensions colossales.

Le plus grand instrument qui ait été construit est la Lunette de l'observatoire Lick du Mont Hamilton (Californie). Elle est représentée dans son ensemble (*fig*. 157) et par son oculaire (*fig*. 156).

L'objectif achromatique a un diamètre d'environ un mètre ($0^m,912$) et une distance focale de $17^m,20$, l'image du soleil à $0^m,152$.

La lentille en flint de l'objectif a été livrée par Feil, de Paris, en avril 1882. Quant à la lentille de crown qu'il fallut recommencer dix-neuf fois, elle ne fut fondue qu'en septembre 1885.

La lunette porte trois *chercheurs*, lunettes plus petites, mais ayant un champ plus grand et servant à reconnaître rapidement le point que l'on veut soumettre à un examen plus minutieux.

La grande complexité de l'oculaire provient de ce que cette lunette est montée pour servir aux observations et aux mesures infiniment délicates et variées de l'astronomie contemporaine ([1]).

Voilà où en est arrivé la science en ce qui concerne la vision à distance.

Voilà ce qu'elle a obtenu par des efforts qui ont duré trois siècles (1590 à 1890) en faisant appel aux seules ressources de l'optique.

Ce sont des télescopes qui ont ouvert aux hommes l'immense horizon du ciel et permis à nos astronomes de dresser avec tant de précision la carte des mondes qui y gravitent et de pénétrer les détails de la topographie de la lune et des planètes (*fig*. 158).

Le télescope de lord Rosse, par exemple, ne produit-il pas le même effet que si une force souveraine plaçait la lune à seize lieues environ de notre œil!

Mais entre le Télescope et la Lune il n'existe aucun obstacle. Il n'en est pas de même sur la Terre où l'emploi du Télescope est forcément restreint. La Terre n'est pas, en effet, un disque plat et inaccidenté. La Lumière ne peut pas s'y propager d'un lieu à un

---

1. Pour plus amples détails consulter l'*Astronomie* (8ᵉ année), revue publiée sous la direction de M. Camille Flammarion.

autre, comme dans les espaces vides et immenses du Ciel; elle est arrêtée par mille aspérités naturelles et artificielles semées sur sa route.

Cependant, quelquefois, grâce à certains concours de circonstances, ces obstacles terrestres, ces écrans gigantesques dressés par la Nature, sont impuissants à soustraire à nos yeux les objets qu'ordinairement ils nous cachent.

Un phénomène, qu'on désigne, suivant les cas, sous les noms de *Mirage*, Réfraction atmosphérique, Déplacement, Suspension, permet, par hasard, dans des conditions tout à fait exceptionnelles, de voir des objets placés hors de la portée habituelle de la vue.

Voici comment Monge ([1]) décrit les *Mirages* dont il fut témoin en Égypte lors de la campagne de 1798.

Dès que la surface du sol est suffisamment échauffée par la présence du soleil, et jusqu'à ce que, vers le soir, elle commence à se refroidir, le terrain ne semble plus avoir la même extension, et il paraît terminé à une lieue environ, par une inondation générale. Les villages qui sont placés au delà de cette distance paraissent comme des îles situées au milieu d'un grand lac, et dont on serait séparé par une étendue d'eau plus ou moins considérable. Sous chacun des villages on voit son image renversée; telle qu'on la verrait effectivement s'il y avait une surface d'eau réfléchissante; seulement, comme cette image est à une assez grande distance, les petits détails échappent à la vue, et l'on ne voit distinctement que les masses; d'ailleurs, les bords de l'image renversée sont un peu incertains et tels qu'ils seraient dans le cas d'une eau réfléchissante, si la surface de l'eau était un peu agitée.

A mesure que l'on approche d'un village qui paraît placé dans l'inondation, le bord de l'eau apparente s'éloigne, le bras de mer qui semblait nous séparer du village se retrécit; il disparaît enfin entièrement, et le phénomène qui cesse pour ce village se reproduit sur-le-champ pour un village que vous découvrez derrière, à une distance convenable.

Ainsi tout concourt à compléter une illusion qui quelquefois est

---

1. Monge, géomètre français (1746-1818), créateur de la géométrie descriptive, l'un des fondateurs de l'École Polytechnique.

cruelle, surtout dans le désert, parce qu'elle vous présente vainement l'image de l'eau dans le temps même où vous en éprouvez le plus grand besoin.

Monge a donné une explication du *Mirage* fondée sur le phénomène de la réfraction et sur celui de la réflexion totale. Cette explication n'est pas parfaite, elle établit simplement une relation de cause à effet.

Au contact du sol brûlant, l'air s'échauffe, devient plus léger et par suite s'élève dans l'atmosphère ; il cède ainsi sa place à une nouvelle couche d'air qui s'échauffe bientôt et suit la première.

A un moment donné on peut donc considérer l'air comme distribué en assises d'autant plus chaudes que l'on s'approche davantage du sol.

La réfringence de l'air va alors en diminuant de haut en bas ; par suite un rayon lumineux tend de plus en plus à devenir horizontal au fur et à mesure qu'il s'approche du sol.

Lorsqu'il fait un angle suffisamment grand avec la verticale, il se réfléchit sur la couche d'air correspondante comme il le ferait sur un miroir, et remonte pour atteindre enfin l'œil du spectateur qui, prolongeant le rayon lumineux qui lui arrive, voit un objet symétrique de celui qui envoie la lumière par rapport à la couche où la réflexion s'est produite.

Il n'y a pas d'explication générale à donner.

Les couches d'air pouvant prendre accidentellement des densités très variables et se disposer de toutes les manières possibles, la réfraction à travers un tel système de couche donnera un phénomène dont l'apparence pourra être excessivement variée.

Souvent l'observation attentive des conditions dans lesquelles le phénomène se produit en fera comprendre la raison générale.

Signalons quelques observations curieuses :

Biot et Arago, en Espagne, observant de la montagne de Desierto de las Palmas (royaume de Valence) une lumière placée à une distance de 161 kilomètres et à 420 mètres de hauteur, sur la montagne de Campwey, dans l'île d'Yviza, virent plusieurs fois cette lumière accompagnée de plusieurs images situées sur la même verticale, et se formant et disparaissant dans un ordre quelconque.

Le lendemain matin, la mer était couverte de brouillards précipités pendant la nuit, indiquant que l'air avait été très humide
pendant l'apparition des images.

En 1851, M. Parès, étant à Aigues-Mortes, aperçut un soir des
villages et des arbres au-dessus des dunes qui les cachent habi-

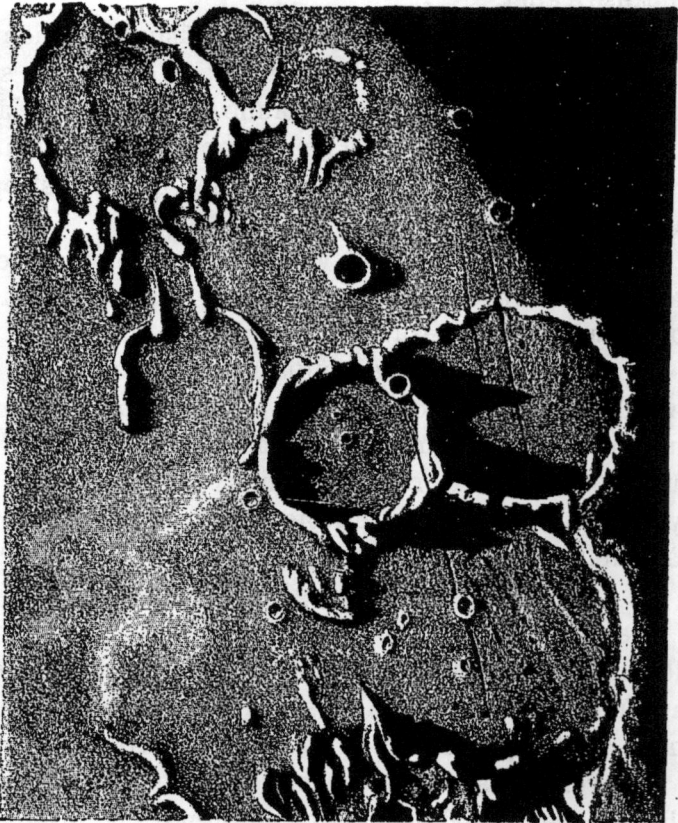

Fig. 158. — Cirques et cratères de la Lune.

tuellement. Le docteur Vince étant à Ramsgate, à 24 mètres au-
dessus de la mer vit, le 6 août 1806, à sept heures du soir, le château de Douvres très distinctement jusqu'à sa base, comme s'il eut
été transporté sur les collines qui le cachent ordinairement presque
en entier.

Douvres est à 20 kilomètres de Ramsgate, et un tiers de cette distance, du côté de Ramsgate, est occupée par la mer. M. de Bréauté aperçut un jour, de Dieppe, les côtes d'Angleterre, quoiqu'elles soient cachées par la courbure de la mer.

Les marins ont été longtemps intrigués par l'apparition fantastique, entre l'île d'Aland et la côte suédoise d'une île qui disparaissait quand on voulait en approcher.

L'illusion était produite par un écueil situé à une petite profondeur, et qui paraissait élevé au-dessus de la mer par la courbure des rayons lumineux dans l'atmosphère.

M. Andraud vit, en 1852, d'une distance de 40 kilomètres, le clocher de Strasbourg illuminé un jour de fête publique. L'image d'une grosseur colossale, paraissait n'être qu'à 2 kilomètres, et était assez nette pour qu'on pût distinguer les couleurs des différentes parties de l'illumination.

Les apparitions des villes aériennes, d'armées et même de batailles au milieu des airs, que l'on trouve dans les récits du moyen âge, s'expliquent de même.

En voici deux exemples relativement récent :

J.-G. Garnier rapporte dans son *Traité de météorologie* que, le 20 septembre 1835, les habitants des collines du Mandip, en Angleterre, virent, à cinq heures du soir, des corps de cavalerie défiler dans les airs au milieu d'un ciel qui semblait couvert de vapeurs assez épaisses. On distinguait parfaitement le cavalier et son cheval, et même l'allure de ce dernier.

M. Camille Flammarion, après avoir signalé ce mirage surprenant, écrit dans son beau livre, l'*Atmosphère* :

« D'après le témoignage de plusieurs personnes dignes de foi, je pourrais ajouter à ce fait une observation analogue, qui a été faite à Verviers en juin 1815 (le mois et l'année de la bataille de Waterloo!). Trois habitants de cette ville ont vu distinctement, un matin, une armée dans le ciel, et avec tant de précision qu'ils ont reconnu les costumes de l'artillerie, et, entre autres objets, une pièce de canon dont une roue venait d'être brisée et qui était près de tomber... » (Pl. I.)

Mais comme nous ne sommes pas maître de modifier à notre gré l'état de l'atmosphère, nous devons chercher ailleurs le moyen de découvrir les objets que les obstacles dérobent à notre vue.

Comment supprimer, tourner ces obstacles?

La mystérieuse électricité, cette fée bienfaisante qui a déjà tant fait pour nous, ne pourrait-elle pas d'un coup de sa baguette magique faire apparaître à nos yeux les sites les plus lointains, les choses et les hommes des autres latitudes en même temps que le Téléphone nous apporterait leur langage?

Peut-être sera-t-il nécessaire qu'un autre Ampère ou un autre Faráday lui dérobe ce secret; mais déjà, à travers les données actuelles de la science on entrevoit nettement la possibilité d'atteindre à un aussi merveilleux résultat par un Télescope électrique, auquel, nous l'avons dit, on a donné le nom de TÉLÉPHOTE.

Le siècle prochain, à défaut du nôtre, applaudira certainement cette belle découverte et consacrera l'immortalité de son auteur.

Par le Téléphone et le Téléphote, l'humanité ne sera plus matériellement qu'une grande famille!

L'idée hardie du *Téléphote* est encore venue à un Français, comme celle du Phonographe et celle du Téléphone. Ce Français est, cette fois, M. Senlecq, notaire à Ardres (Pas-de-Calais), qui travailla à sa réalisation dès les premiers mois de l'année 1877.

Comment se peut-il faire que l'idée du *Téléphote* soit autre chose qu'une chimère, que le rêve d'une folle imagination?

Quels sont les faits positifs, démontrés, sur lesquels elle se base?

C'est ce que nous allons dire.

Nous ne passerons pas en revue toutes les actions qu'exercent la Lumière sur l'Électricité ou inversement, nous ne nous occuperons que de celle qui a été signalée déjà et que nous rappelons.

Si un morceau de sélénium, ou une surface enduite de sélénium convenablement préparé, est intercalé dans le circuit d'une pile, toute variation dans l'éclairement du sélénium est accompagnée d'une variation du courant électrique qui le traverse; en particulier le champ magnétique dû à ce courant varie. C'est là la base du Téléphone à lumière.

Quelle relation y a-t-il entre ce phénomène et le problème de la transmission d'une image?

La voici:

Une image, de quelque manière qu'on la produise, n'est pas autre chose que la juxtaposition de points diversement éclairés.

Si donc on promène sur toute la surface d'une image la petite plaque sensible de sélénium, le courant qui traverse celle-ci prendra une valeur variable. Il augmentera lorsque le sélénium traversera un point plus éclairé que les points voisins, il diminuera dans le cas contraire.

De cette manière, grâce à la curieuse propriété du sélénium, on obtiendra une image électrique ou magnétique — photographie d'une sorte particulière — de l'image lumineuse.

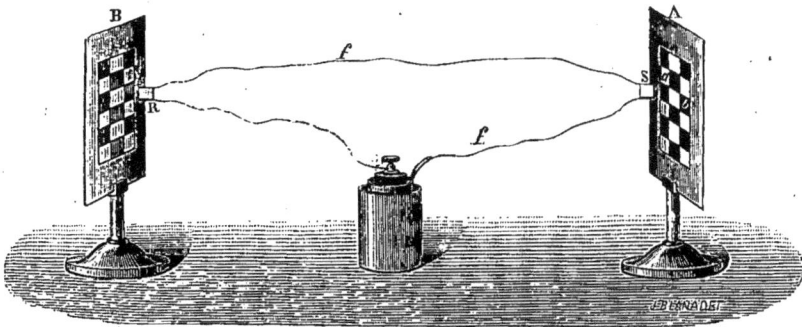

Fig. 159. — Principe de la transmission d'une image : Electrophosphore.

Mais, comment repasser de l'image magnétique à l'image lumineuse?

Comment reproduire celle-ci en un lieu quelconque où passe le fil de ligne $ff$ (*fig.* 159)?

C'est cette seconde partie du problème qui est surtout délicate et difficile.

Toutefois, si l'on connaissait une substance qui fût douée de la propriété de devenir lumineuse sous l'influence du courant qui la traverserait, et de prendre instantanément des éclats proportionnés à l'intensité de ce courant, rien ne serait plus simple.

On intercalerait cette substance R dans le circuit au poste de réception, et on l'animerait du même mouvement que le sélénium qui explore l'image à transmettre A (*fig.* 159).

Dans ces conditions la substance R, que nous appellerons pour fixer les idées « Electrophosphore », tracerait dans l'espace en B

l'image A qu'il s'agirait de transmettre, et l'œil la verrait totalement si le mouvement de l'explorateur S, et par suite de R qui fait
le même trajet, était assez rapide pour que l'image A fût explorée
entièrement en un temps très petit, assez petit pour qu'aucune des
impressions successives reçues par la Rétine n'ait eu le temps ni
de s'effacer, ni même de s'affaiblir sensiblement.

On verrait en B l'image A de la même manière qu'on voit la
circonférence lumineuse que trace dans l'air un charbon incandescent, que l'on y fait rapidement tourner.

On conçoit en effet sans peine que le sélénium S étant en regard

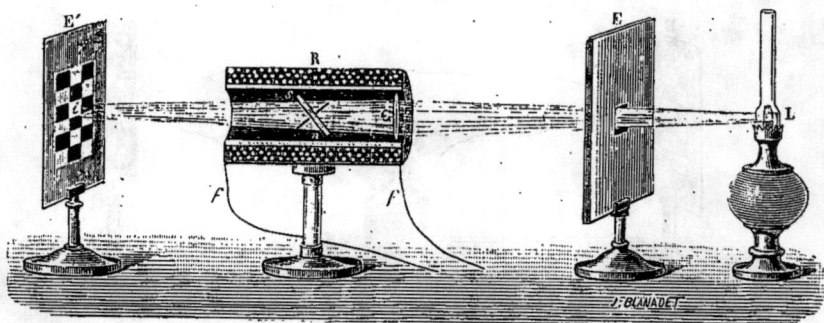

Fig. 160. — Illuminator Ayrton et Perry jouant le rôle de l'Electrophosphore.

d'une région éclairée $a$, le courant donnera à R un éclat correspondant; si S passe devant une région moins éclairée $b$, le courant
s'affaiblira aussitôt, et par suite aussi l'éclat de l'Électrophosphore R.
L'éclat de R suit exactement ceux des divers points de l'image A,
en occupant des positions relatives qui sont absolument les mêmes
que celles des points de l'image A, celle-ci sera donc bien reproduite en B.

Si l'Electrophosphore jouissait de plus de la propriété de prendre des éclats de même couleur que ceux qui leur correspondent
en A, la question serait entièrement résolue.

Mais l'Électrophosphore, cette pierre philosophale du Téléphote, est encore à trouver; les chercheurs actuels ont été obligés
de s'adresser ailleurs.

MM. Ayrton et Perry ont imaginé un récepteur indirect qu'ils ont
appelé Illuminator ($fig$. 160), dont voici la description. Une lampe L

éclaire un écran E, percé d'un petit trou carré dont une lentille G projette l'image sur un écran E'. Sur le tube R qui porte la lentille est enroulée un fil de cuivre recouvert de soie et qui reçoit le courant de la ligne $ff$. Ce courant, par le champ magnétique qu'il produit, dévie l'aiguille aimantée $n s$ d'angles qui dépendent des valeurs successives que prend ce champ, c'est-à-dire de l'image magnétique qui résulte de l'exploration de l'image lumineuse A par le sélénium S. Or, une plaque noircie, en aluminium, métal très léger, est solidaire de l'aimant; elle ferme, obture complètement le tube R lorsqu'aucun courant ne traverse le fil qui s'enroule sur lui, et la lumière qui vient de la lampe L ne passe pas. Si le courant prend naissance et varie, l'aiguille est plus ou moins déviée, suivant que le courant augmente ou diminue. L'ouverture du tube R croît donc ou décroît avec le courant. L'image $i$ est plus lumineuse dans le premier cas, et moins lumineuse dans le second. Si un mécanisme convenable anime cette image du même mouvement rapide que le sélénium explorateur, elle tracera sur l'écran E' l'image A absolument comme le ferait l'Électrophosphore supposé.

Cela exige toutefois que l'Illuminator d'Ayrton et Perry soit très sensible et verse sur l'écran E' des quantités de lumière proportionnelles à chaque instant à l'intensité qu'a le courant à ce moment.

Ce sont là des conditions bien difficiles à réaliser, aussi MM. Ayrton et Perry ont-ils simplement pu reproduire par leurs procédés une image formée de lignes alternativement lumineuses et obscures.

En juin 1880, M. Sawyer a proposé de remplacer l'image $i$ par l'étincelle que donnerait une bobine d'induction. Voici comment : Supposons que le courant qui parcourt le fil de ligne passe dans le fil primaire d'une bobine d'induction. Sous l'influence des variations de ce courant, des étincelles jailliront entre les extrémités très rapprochées du fil secondaire de la bobine. Il est clair que l'éclat de ces étincelles sera d'autant plus grand que le sélénium passera d'un point plus sombre à un point plus vivement éclairé, car c'est alors que la variation du champ inducteur est la plus intense.

En donnant comme dans les récepteurs précédents au sélénium S et à l'étincelle réceptrice le même mouvement rapide, peut-être observerait-on la reproduction de l'image A explorée par S? Disons toutefois qu'un tel procédé est défectueux, même en théorie.

Pour avoir l'impression en B de l'image A, il n'est pas nécessaire de reproduire tous les points de celle-ci, mais seulement un certain nombre de points suffisamment rapprochés, formant par exemple des lignes serrées, la forme de ces lignes dites d'exploration étant du reste absolument arbitraire.

Ainsi toutes les recherches précédentes sont basées sur trois faits :

1° Le courant électrique qui traverse une plaque de sélénium intercalée dans le circuit d'une pile varie avec le degré d'éclairement du sélénium.

2° L'œil voit complètement une image bien que les différents points de celle-ci lui arrivent successivement, à la condition qu'ils emploient à cela une petite fraction de seconde.

3° L'œil a la sensation nette d'une image bien qu'il ne reçoive qu'une partie des points de celle-ci. Il lui suffit par exemple de voir tous ceux qui sont distribués sur une série de lignes voisines, lignes dont la forme est arbitraire et que l'on choisit en vue de la plus grande perfection du mécanisme.

M. Lazare Weiller, tout en s'appuyant sur ces mêmes faits, a proposé de les mettre en œuvre d'une manière très originale.

Si au poste récepteur est placé un téléphone à aimant intercalé dans le fil de ligne, il est clair que les variations du courant de ligne venant du sélénium feront parler le téléphone, ainsi qu'il a été précédemment expliqué.

Le téléphone donne une image sonore de l'image lumineuse.

Comment, de cette image sonore, extraire l'image lumineuse correspondante qui lui a donné naissance?

Pour bien comprendre les moyens que propose M. Weiller, il est nécessaire de connaître quelques faits d'optique acoustique et en particulier ce qui concerne la capsule manométrique de Kœnig et la manière de produire les figures connues sous le nom de figures de Lissajous ([1]), du nom du physicien qui les obtint le premier.

---

1. Lissajous, professeur de physique au lycée Saint-Louis de 1848 à 1873; recteur de l'Académie de Chambéry, puis de l'Académie de Besançon, mort en 1883.

Rien n'est simple et sensible comme la capsule ou flamme manométrique imaginée en 1862 par le constructeur Kœnig et dont
l'usage est aujourd'hui si répandu dans les recherches sur le son.
Cet excellent indicateur optique des vibrations sonores est représenté (*fig.* 161).

Il consiste en une petite boîte, le plus souvent de forme circulaire, dont l'une des parois *a* est formée par une membrane élastique.

Du gaz d'éclairage arrive dans cette boîte par un tube en caout-

Fig. 161. — Capsule manométrique de Kœnig.

chouc T et en sort par un tube très étroit *t* à l'extrémité duquel on
l'enflamme en *f*.

Si la membrane *a* vibre, que se passera-t-il?

Lorsqu'elle s'avancera vers la droite, le gaz sera comprimé et
poussé dans la flamme *f*, le contraire se produira au retour vers la
gauche de la membrane *a*.

Des variations périodiques de pression du gaz d'éclairage entraî-
neront des variations périodiques dans la longueur et l'éclat de la
flamme *f*.

L'œil apercevra ces saccades, mais il est aisé de séparer si on le veut les vibrations de la flamme par un artifice analogue à celui qui nous a servi à séparer les vibrations d'un style vibrant en contact avec une surface enfumée. Dans le cas actuel, la surface enfumée est remplacée généralement par un miroir vertical prismatique (*fig.* 161) que l'on peut animer d'un mouvement de rotation rapide autour de l'axe *bc* au moyen de la manivelle M et de l'engrenage E.

Pour expliquer l'effet du miroir, prenons pour plus de simplicité

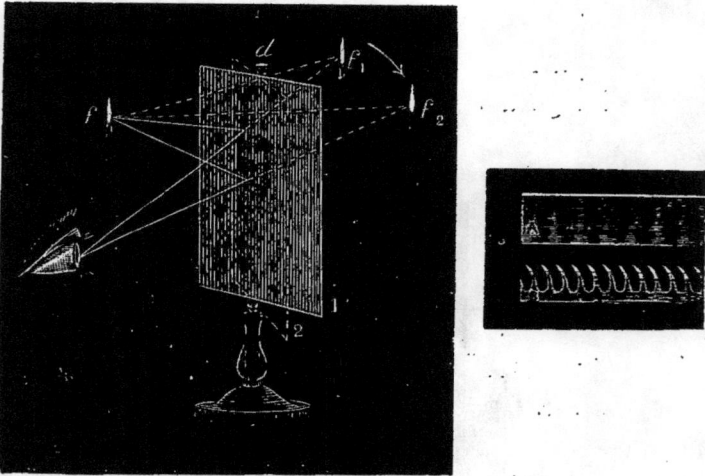

Fig. 162.— Effet de la rotation d'un miroir plan : A, bande lumineuse unie. — B, bande dentelée.

un miroir plan (*fig.* 162) sur lequel un œil, indiqué sur la figure, regarde l'image de la flamme *f*. Ce miroir peut tourner autour d'un axe *d*.

Lorsque le miroir occupe la position 1 l'œil, voit en *f*, l'image de la flamme *f*. Lorsque le miroir a tourné et est arrivé dans la position 2, l'œil voit en *f₂* l'image de la flamme *f*. Si celle-ci ne vibre pas l'œil verra simplement pendant la rotation du miroir, non l'image de la flamme, mais une bande lumineuse A bien constante formée par la sucession des images de cette flamme Si, au contraire, pendant que le miroir a passé de la position 1 à la position 2 la flamme a varié de longueur, on apercèvra des dents très accentuées sur cette bande lumineuse B. Si la flamme repasse périodiquement par les mêmes états, la bande sera formée de portions identiques périodiquement reproduites à chaque vibration complète de la membrane $a$.

Il est naturel dès lors, si l'on veut manifester optiquement les vibrations d'un Téléphone, de chercher à le transformer en une véritable capsule manométrique, le disque du Téléphone jouant le rôle de la membrane $a$; c'est ce qu'a proposé M. Weiller. La figure 168 représente le Téléphone manométrique. On voit en T le tube par lequel arrive le gaz d'éclairage qui entretient la flamme $f$. C'est le disque vibrant qui remplit ici le rôle de la membrane $a$ de la capsule. Les vibrations du disque proviennent des variations d'intensité du courant qui se produisent au cours de l'exploration par le sélénium de l'image à transmettre. Le difficile est d'obtenir que

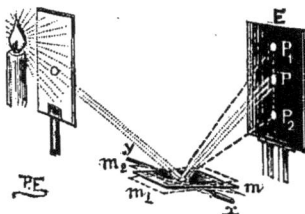

Fig. 163.

Effet d'un miroir oscillant horizontal.

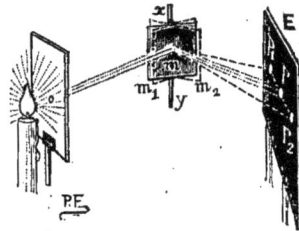

Fig. 164.

Effet d'un miroir oscillant vertical.

l'éclat de la flamme $f$ soit à chaque instant proportionnel à celui du point de l'image à transmettre qui est en regard du Sélénium.

C'est du Téléphone ainsi modifié que M. Weiller veut faire le reproducteur de l'image comme il est déjà le reproducteur du son.

Par quel mécanisme?

Pour le comprendre nous allons expliquer rapidement en quoi consistent les figures du professeur Lissajous.

Il a été expliqué, au chapitre premier, comment un petit style fixé sur un corps vibrant quelconque, verge, diapason corde, etc., écrit l'histoire des vibrations de ce corps sur une surface recouverte de noir de fumée. Au petit style, Lissajous a substitué un rayon lumineux plus délicat et plus sensible encore.

Voici le principe fort simple de cette élégante et précieuse substitution :

Un rayon de lumière tombe-t-il sur un miroir plan $m$, il est réfléchi et marque en P sur un écran E, qu'il rencontre en sa route, un point lumineux. Dans la figure 163, le miroir est supposé d'abord dans une position horizontale. Il est monté de façon à pouvoir tourner autour d'un axe horizontal ou charnière $xy$.

Si, en tournant autour de $xy$, le miroir passe de la position $m$ à la position $m_1$ le rayon réfléchi tournera et l'on verra le point lumineux P aller sur l'écran de P à $P_1$ le long d'un chemin vertical $PP_1$.

Si le miroir passe de $m$ à $m_2$, on voit de même le point lumineux P aller en $P_2$.

Si maintenant le miroir oscille rapidement entre les positions $m_1$ et $m_2$, l'œil verra sur l'écran une petite ligne verticale lumineuse $P_1 P_2$, et cela en vertu du fait de la persistance des impressions lumineuses sur la rétine.

En reprenant les mêmes explications sur la figure 164 dans laquelle le miroir plan $m$ est mobile autour d'une charnière verticale $xy$, on constate que, lorsque ce miroir oscille entre les positions $m_1$ et $m_2$, l'œil aperçoit sur l'écran une petite ligne lumineuse horizontale $P_1 P_2$.

Il est de toute évidence que si le rayon lumineux est réfléchi, avant de rencontrer l'écran, par un miroir tel que $m$ (*fig*. 163) et par un miroir tel que $m$ (*fig*. 164), il sera déplacé à la fois horizontalement et verticalement. En conséquence, le point lumineux P décrira sur l'écran une courbe lumineuse dont la forme dépend à la fois de l'oscillation des deux miroirs.

On a donné à ces courbes le nom de *Courbes ou Figures de Lissajous*.

Plaçons-nous dans un cas particulier : le seul qui nous intéresse pour le but que nous voulons atteindre.

Fixons un miroir $m_1$ (*fig*. 165) sur un diapason, qui vibre dans un plan vertical, et un miroir $m_2$ sur un diapason qui vibre dans un plan horizontal. Le rayon lumineux issu de L, se réfléchissant d'abord sur le miroir $m_2$, puis sur le miroir $m_1$, se trouve dans les conditions que nous venons d'indiquer. Par suite, le point P décrira sur l'écran E la courbe de Lissajous qui correspond au mouvement du système des deux diapasons choisis.

La forme de ces courbes varie avec le rapport des périodes de vibrations des deux diapasons; elle varie également (lorsque les deux diapasons ont même période) avec la différence de phase qu'ils présentent, c'est-à-dire avec la fraction de la période qui sépare les deux instants auxquels les deux diapasons ont été mis en vibration.

Les figures 166 représentent quelques-unes des courbes remarquables ainsi obtenues et dont la variété est infinie.

On a inscrit sur les cinq figures de gauche le rapport des périodes; les formes qui suivent correspondent, pour chacun de ces

Fig. 165. — Expérience des diapasons de Lissajous.

rapports, à diverses valeurs de la différence de phase des deux diapasons qui les ont données.

La première est la plus simple. C'est une ligne droite inclinée à 45°, tracée par le point lumineux P de l'écran lorsque les deux diapasons sont à l'unisson, c'est-à-dire ont une même période et ont, de plus, une différence de phase nulle, c'est-à-dire sont partis au même instant de leur position d'équilibre.

Il nous reste, avant de passer à la forme dernière du TÉLÉPHOTE, à présenter une remarque de la plus haute importance au point de vue du mécanisme que nous allons choisir, d'après M. Weiller, *pour la transmission et la reproduction des images.*

Considérons (*fig*. 165) les deux diapasons précédents à un moment donné : le point lumineux est alors sur l'écran E en un point P de la courbe qu'il décrit et il provient du rayon particulier L $m_2 m_1$ P. Maintenant intervertissons les rôles : à la place de la source de lumière L, mettons un petit écran X et portons la source L au point P. Aussitôt nous verrons un point lumineux se peindre en O sur cet

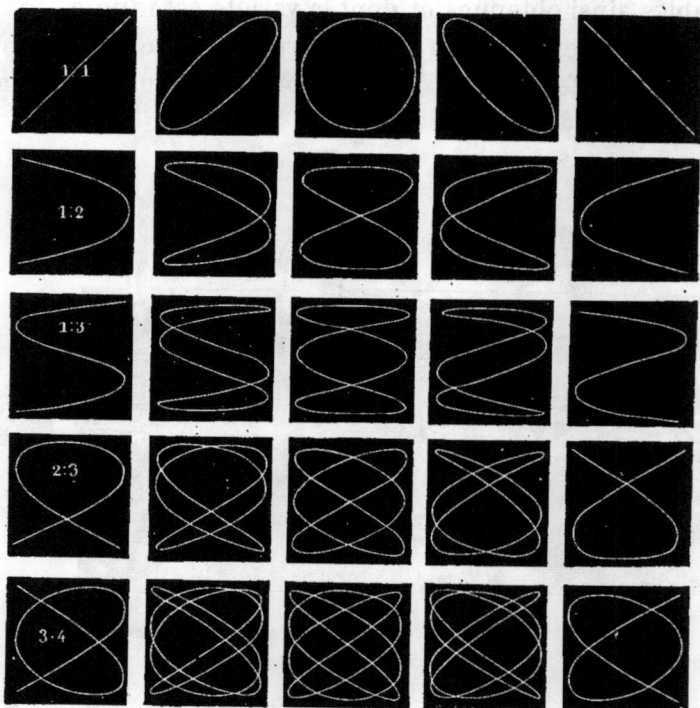

**Fig. 166.** — Courbes lumineuses obtenues par la méthode des diapasons vibrants de Lissajous.

écran, précisément à l'endroit où était tout à l'heure, la source de lumière — (la lampe) — et cela en vertu du principe de la marche réciproque de la lumière, qui a été expliqué page 187.

Il en est ainsi quel que soit l'instant auquel on fait l'expérience, c'est-à-dire quel que soit le point choisi sur la courbe C.

Si donc la courbe C est maintenue lumineuse par un moyen quelconque, nous verrons, malgré le mouvement des diapasons, un point lumineux fixe en O. Mais, comme ce point provient aux divers instants des rayons lumineux issus des différents points de la courbe lumineuse C, son éclat sera, à un instant donné, proportionnel à celui du point P qui le produit. Il y a plus : si l'écran E est éclairé sur toute sa surface, il n'y a que les points situés sur la courbe C qui viendront donner un point lumineux en O. Le système des deux diapasons extrait donc uniquement les éclats des points de la courbe C pour les porter tous successivement en O dans un temps très court.

Si deux points de la courbe, $P_1$ et $P_2$ par exemple, sont, le premier très lumineux et le second sombre, le point O prendra un vif éclat au moment où il sera formé par des rayons issus de $P_1$ et, au contraire, il sera sombre à l'instant où il sera formé par des rayons issus de $P_2$. On comprend comment le système des deux miroirs agités par les diapasons va chercher successivement la lumière des points $P_1$ et $P_2$ pour la porter au même point O.

Au lieu d'une courbe faisons en sorte que ce soit une ligne droite qui corresponde au mouvement du système des deux diapasons, comme dans la première figure de Lissajous. Appelons cette ligne droite $L_1$. Sur un écran E (*fig.* 167) projetons, à l'aide d'un projecteur T, l'image lumineuse d'une personne : Seuls les points lumineux de cette image, disposés sur la ligne droite $L_1$, auront leur éclat transporté en O.

Si l'on dispose sur un même support M le système des deux diapasons vibrants, et si l'on donne à ce support un mouvement de translation très petit aussitôt que la ligne $L_1$ aura été complètement explorée, ce sera dès lors une ligne voisine $L_2$, qui enverra à son tour en O successivement l'éclat de ses points.

A chacune des positions du support correspond une Ligne d'exploration. On pourra donc, en donnant à ce support un mouvement convenable, transporter au point fixe O les éclats d'un très grand nombre de points appartenant à toutes les régions de l'image projetée sur l'écran E.

Or, c'est au point O qu'est disposé le Sélénium sensible traversé par un courant; et nous savons que le courant variera, qu'il augmentera lorsque l'éclat du point de l'image arrivant au Sélénium sera plus vif, qu'il diminuera dans le cas contraire.

On aura donc, si l'on reçoit ces variations de courant dans un Téléphone, une *image sonore* de notre *image lumineuse*.

Si ce Téléphone a été transformé en une capsule manométrique, ainsi qu'il a été précédemment expliqué, la flamme de celle-ci prendra des éclats qui varient dans le même sens que ceux du point O et, par conséquent, dans le même sens que ceux de l'image explorée.

Il reste à présent à disposer sur l'écran du poste Récepteur les différents éclats de la flamme manométrique dans la même position relative qu'ils occupent sur l'image à transmettre.

C'est encore un système de diapasons identiques aux précédents, munis de miroirs, et montés avec le Téléphone sur un support animé en tout point du même mouvement que celui du poste Transmetteur, qui sera chargé de cette disposition.

Pendant que les diapasons du poste Transmetteur explorent les points de l'image disposés sur la ligne $L_1$, — ligne qui joue le rôle de source de lumière, — le point lumineux formé par la flamme du Téléphone R envoie sur les diapasons du poste Récepteur un rayon de lumière qui trace sur l'écran de ce poste la même ligne $L'_1$, présentant, en chacun de ses points, le même éclat que le point correspondant de la ligne $L_1$ du poste Transmetteur.

[La flamme du Téléphone tient ici le même emploi que la source de lumière L qui nous a servi dans l'explication des courbes de Lissajous.]

Quand le poste Transmetteur suivra la ligne $L_2$, le poste Récepteur tracera sur son écran la ligne correspondante $L'_2$, et il en sera de même pour toutes les autres lignes qui seront explorées.

Ainsi, toutes les lignes d'exploration $L_1$, $L_2$, etc., se trouveront transportées avec leurs éclats respectifs sur l'écran du poste Récepteur en assez grand nombre, et en un temps assez court pour qu'il soit possible d'apercevoir *une forme nette et complète de l'image qu'il s'agissait de transmettre.*

C'est de cette manière qu'est obtenue (*fig.* 168) la transmission de l'image d'une personne projetée au poste Transmetteur sur un écran à l'aide de lentilles et d'un faisceau de lumière électrique.

Si les deux diapasons font, par exemple, seize mille vibrations, en une seconde, une ligne telle que $L_1$ sera explorée en un temps très court, égal à la seize millième partie d'une seconde, et comme l'image doit être complètement explorée en un temps sensible-

ment égal à un huitième de seconde environ pour que l'œil aperçoive la totalité de l'image, — cela en vertu de la persistance des
impressions lumineuses sur la rétine, — il n'y aura que deux mille
lignes utiles explorées.

Ces deux mille lignes seront déjà suffisantes pour donner la

LE TÉLÉPHOTE.

Fig. 167. — Poste transmetteur du Téléphote : envoi d'une image.

ressemblance de l'image. Un dessinateur habile ne peut-il pas
faire un portrait ressemblant en quelques coups de crayon ?

Mais si un nombre plus grand de lignes est nécessaire, on
prendra des diapasons vibrant avec une rapidité plus grande. Il est
vrai que les lignes explorées seront alors fort courtes, car les diapa-

sons donnant de telles vibrations ont des mouvements d'amplitude
extrêmement petite; il deviendrait difficile d'explorer une image de
grande dimension. Mais, au moyen de Lentilles, on sait réduire une
image donnée à telle grandeur que l'on veut et que l'on choisira
dans chaque cas, au poste Transmetteur, en vue du but à atteindre.

**LE TÉLÉPHOTE.**

Fig. 168. — Poste récepteur du Téléphote : arrivée d'une image.

Au poste Récepteur un même système de Lentilles fonctionnera
d'une manière inverse, grossira la petite image transmise et lui
donnera sa vraie grandeur.

Et le problème sera résolu; la difficulté sera vaincue : on
verra de même qu'on entendra!

Le *Téléphote*, tel que nous venons de le décrire et de le construire en nous servant des expériences de Lissajous, de la capsule
manométrique de Kœnig, du Sélénium — idée de M. Senlecq — et
du Téléphone à flamme manométrique — idée de M. Lazare
Weiller — paraît donc être bien réellement sorti du domaine de
l'hypothèse.

Sa réalisation, sa création est-elle prochaine?

Tout nous porte à le croire.

Le passage de la théorie à la pratique n'est plus qu'une question
de temps et de temps très court, car, si on a saisi nos explications,
on admettra bien que le principe du *Téléphote*, dans l'ordre d'idées
où nous nous sommes placé, est aujourd'hui découvert.

Rien donc n'empêchera bientôt la vision à distance, à toutes
les distances sur la surface de notre planète.

Nul obstacle — la sphéricité de la Terre moins que tout autre
— ne se placera entre notre l'œil et les personnes que nous voudrons contempler ([1]).

Non seulement nous pourrons converser avec des voyageurs
amis, se trouvant à nos antipodes, mais il nous sera donné de les
voir.

Nos yeux pourront observer leurs gestes, l'expression de leur
visage, les mouvements de leurs lèvres, au moment même où les
mots sortis de ces lèvres viendront frapper notre oreille.

---

1. Aussi est-il intéressant de prendre note de l'opinion d'Edison sur la question du
*Téléphote*, opinion exprimée le 15 août 1889 devant un rédacteur du *New-York
Herald*.

Le journaliste américain demandait à son compatriote s'il était vrai qu'il eût inventé
une machine à l'aide de laquelle un homme, à New-York, pouvait voir ce que sa femme
faisait à Paris.

« Je ne sais si ce serait un réel bienfait pour l'humanité, répondit Edison. Les
femmes protesteraient. Mais, sérieusement, je travaille à une invention qui permettrait
à un homme demeurant dans Wall Street, non seulement de téléphoner à un ami habitant Central Park (à l'autre extrémité de la ville) mais encore de voir cet ami pendant
qu'il cause téléphoniquement avec lui. Cette invention-là serait utile et pratique et je ne
vois pas pourquoi elle ne deviendrait pas bientôt une réalité, et une des premières
choses que je ferai en rentrant en Amérique sera d'établir cet appareil entre mon laboratoire et mes ateliers de téléphones. D'ailleurs, j'ai déjà obtenu des résultats satisfaisants
en reproduisant des images à cette distance qui n'est seulement que d'environ mille
pieds. *Il est ridicule de songer à voir quelqu'un entre New-York et Paris, la
forme ronde de la terre, s'il n'y avait pas d'autre difficulté, rend la chose impossible.* »

Le jour prochain où le *Téléphote* sera créé comptera un prodige nouveau, venant s'ajouter aux prodiges de la Conservation et de la Transmission de la parole. Admirable invention qui couronnera les bienfaisantes conquêtes de notre siècle scientifique dans une apothéose resplendissante, — apothéose dont l'éclat pâlira vite peut-être, selon la loi du progrès, devant les premiers rayons de la mystérieuse aurore du Vingtième Siècle!

Nous avons constaté que l'oreille, quoique douée d'une excessive sensibilité, ne peut pas entendre les sons trop faibles. Mais souvent il est possible, en usant d'artifice, de rendre perceptible un son qui nous échappe dans les circonstances ordinaires. Par exemple, vient-on à ébranler un diapason dont la queue ou poignée est tenue dans la main, on entendra celui-ci à une certaine distance pendant un temps variable, puis le silence se fera.

Il ne faudrait pas croire qu'à partir de cet instant le diapason est au repos, immobile. Si, en effet, on en appuie la queue sur une planchette, une table, ou mieux sur une caisse en bois pleine d'air et d'un volume bien choisi, on entend de nouveau résonner le diapason.

D'où cela provient-il? De ce que les vibrations du diapason ébranlent les molécules de la planchette, de la table ou de la caisse, celles-ci unissent leurs efforts pour agiter l'air et par là elles impressionnent l'oreille.

Mais toute médaille a son revers. Le diapason pour se faire entendre doit faire vibrer son support, il dissipe très vite à cela la réserve de mouvement qu'il possédait et qui eût été suffisante à le maintenir en vibration pendant un temps relativement long si on avait continué à le tenir à la main.

C'est par une raison analogue qu'une mouche se promenant sur la petite planchette du Microphone Hughes fait entendre le bruit de ses pas et même son cri de mort dans le Téléphone Récepteur.

Grâce au Microphone notre oreille peut percevoir une infinité de sons d'une extrême faiblesse et ouïr la voix de milliers d'êtres que, sans lui, nous aurions à jamais cru muets.

Or, le domaine de l'Œil est limité comme celui de l'Oreille.

Déjà nous avons appris comment le Télescope augmente la portée de l'œil en lui permettant d'examiner les objets lointains que l'éloignement nous cache si souvent, et comment l'invention du Téléphote viendra définitivement supprimer la distance en ce qui concerne toutefois les communications, les observations terrestres.

Mais puisqu'il existe des sons trop faibles pour que nous puissions les entendre directement, ne pourrait-il pas exister aussi tout près de nous des objets que nous n'apercevons pas en raison de leur extrême petitesse?

Ne serait-il pas possible, s'ils existent, de les apercevoir en com-

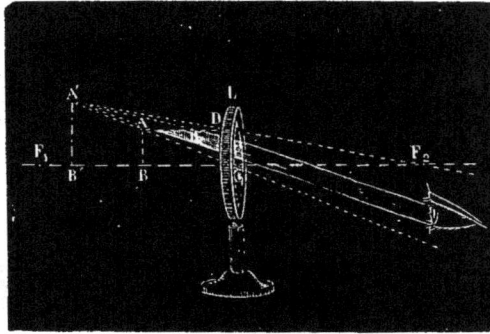

Fig. 169. — Loupe.

binant des lentilles de façon qu'elles offrent à l'œil une image de l'objet beaucoup plus grande que l'objet lui-même?

Une telle combinaison n'est pas difficile à trouver.

Prenons tout simplement une lentille convergente L (*fig.* 169) dont les foyers principaux sont en $F_1$ et $F_2$ et supposons que l'objet AB que l'on regarde est placé entre le foyer $F_1$ et la lentille.

Où va se former l'image de l'objet et quelle sera sa grandeur?

Pour le voir il suffit de tracer le rayon AC qui, parti de A passe par le centre optique de la lentille L et le rayon AD qui tombe sur la lentille parallèlement à son axe $F_1$ $F_2$, et qui à sa sortie prendra la direction $DF_2$ puisqu'il doit passer par le foyer principal $F_2$. Les prolongements des rayons AC et $DF_2$ se coupent en A'. L'image de A se fait donc en A' et celle de l'objet en A'B'.

L'image A'B' est virtuelle, droite et de plus grande dimension que l'objet AB lui-même.

On appelle un tel appareil : *Microscope* ('), car il fait voir les petits objets plus gros qu'il ne sont réellement. Si l'image est en longueur mille fois plus grande que celle de l'objet, on dit que le grossissement de la lentille L est de mille diamètres.

Un microscope ainsi formé d'une seule lentille se nomme souvent *Loupe* et encore Oculaire de Képler.

La Loupe est connue depuis fort longtemps.

Le philosophe latin Sénèque ne dit-il pas qu'à travers une boule de verre pleine d'eau les lettres sont vues plus grandes et plus distinctes que si on les regarde à l'œil nu?

Et le grec Aristophane, 400 ans avant notre ère, ne parle-t-il pas des verres grossissants dans sa comédie des *Nuées*?

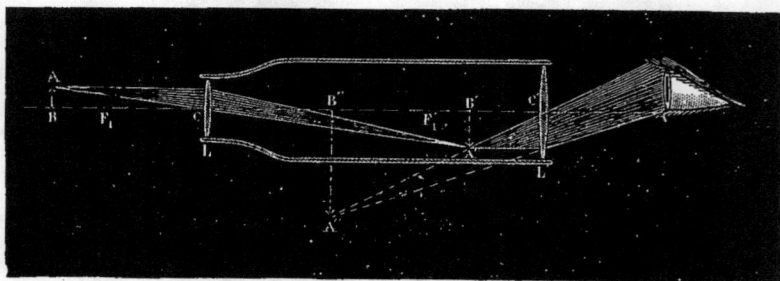

Fig. 170. — Marche des rayons dans le Microscope composé.

La Loupe au XVIIe siècle, était appelée la « Lunette à puces ». Descartes qui, dans son génie pressentait les services que cette « Lunette à puces » rendrait un jour, écrivait en 1637 : « On pourra par son moyen voir les divers mélanges et arrangements des petites parties dont les animaux et les plantes, et peut-être aussi les autres corps qui nous environnent, sont composés, et de là tirer beaucoup d'avantages pour venir à la connaissance de leur nature. »

Huygens, ayant construit de petites lentilles, les interposait entre son œil et deux morceaux de talc comprenant l'objet à examiner : « Une très petite goutte d'eau, dit-il, prise dans un verre dans lequel on aura laissé tremper du poivre deux ou trois jours, étant ainsi enfermée, paraît comme un étang où l'on voit nager une infinité de petits poissons » (*fig.* 174). Et Zahn, de Nuremberg, à la

1. *Microscope*, du grec μικρός (micros) : *petit*, et σκοπεω (scopeó) : *j'examine*.

PHYSIQUE POPULAIRE.                                            **34**

fin du XVII<sup>e</sup> siècle, était saisi de stupeur au même spectacle :
« Si l'on met entre deux verres un peu d'eau qui renferme plusieurs vermisseaux vivants, on voit, non sans émotion ni vif plaisir, des serpents étonnants qui rampent » (*fig.* 174).

Rappelons qu'avec le Télescope il ne s'agissait pas d'obtenir une
image de l'objet plus grande que celui-ci, mais seulement plus
grande que celle que l'on voit lorsqu'on regarde l'objet à l'œil nu.

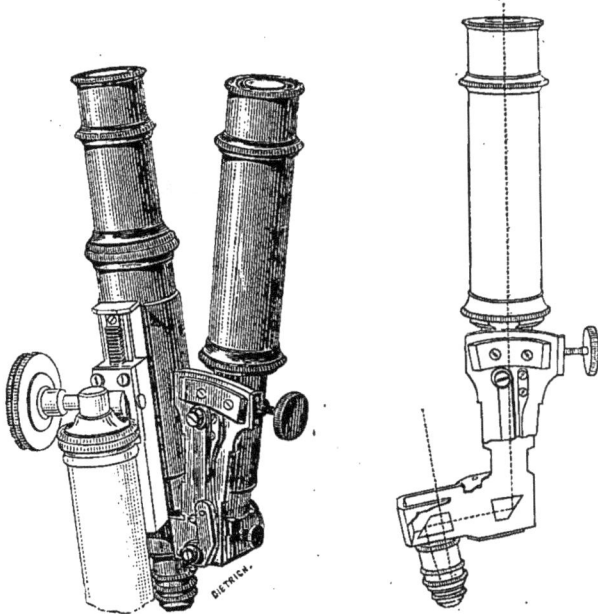

Fig. 171. — Appareil binoculaire Nachet. — Coupe intérieure.

Plus les faces d'une Loupe sont bombées plus la Loupe est puissante, mais alors les images qu'elle donne sont confuses et si l'on
veut éviter cet inconvénient il ne faut utiliser que la portion
centrale de la lentille.

Les naturalistes emploient beaucoup une Loupe obtenue en prenant une portion de sphère en verre coupée, sciée en partie suivant un plan diamétral et de part et d'autre du centre. C'est la
Loupe de Brewster appelée Loupe de Coddington.

Il est possible d'obtenir un grossissement beaucoup plus considérable que celui que la Loupe peut donner au moyen d'un instrument que l'on nomme *Microscope composé* et qui, nous l'avons

dit, fut inventé à la même époque que le Télescope (1590) et par le même Zacharias Jansen, de Middelbourg. Il fut répandu en France,

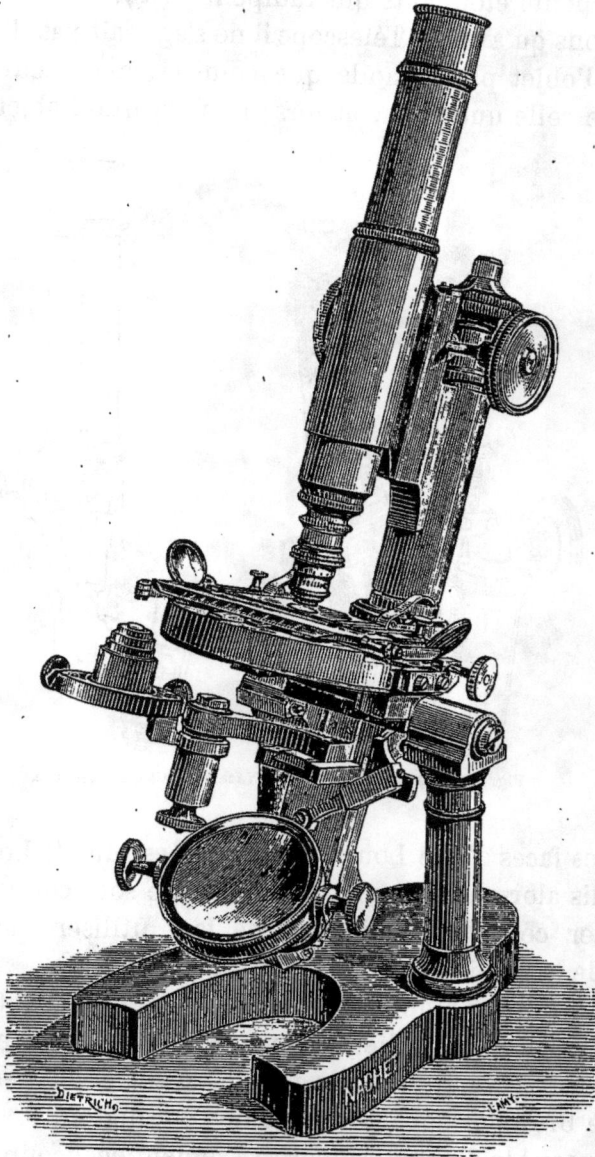

Fig. 172. — Microscope Nachet grand modèle.

en Angleterre et en Italie par Cornelius Drebbel (ou Drebel, selon Pierre Borel).

Il se compose en principe (*fig*. 170) de deux lentilles convergentes L et L' que l'on désigne sous les noms d'Objectif et d'Oculaire, comme dans le Télescope, et pour les mêmes raisons ('').

L'objet AB étant placé au delà du foyer $F_1$, mais près de ce foyer l'objectif L en donne une image A' B' réelle, renversée et plus grande que l'objet AB.

On regarde cette image à travers la lentille L' fonctionnant

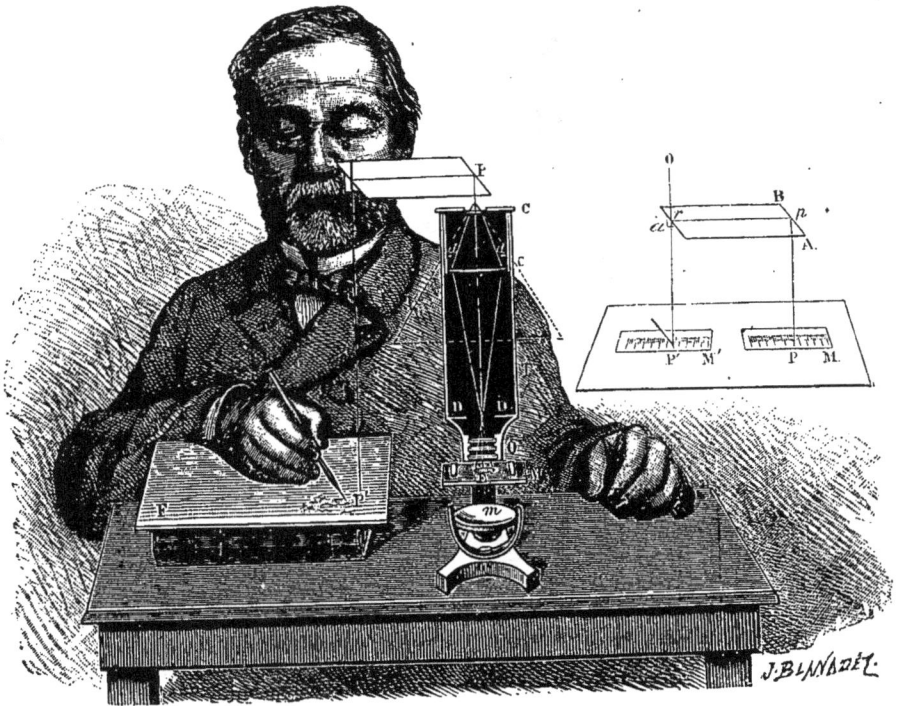

Fig. 173. — Grossissement et copie d'un objet vu au Microscope.

comme une loupe, c'est-à-dire placée de telle façon que l'image A' B' se forme entre le foyer F', et la lentille L'.

Celle-ci donne alors en A" B" une image agrandie et virtuelle de A' B'.

Ainsi dans le Microscope composé les deux lentilles L et L' ajoutent en quelque sorte leur grossissement, on conçoit donc qu'il soit

1. Dans les Télescopes l'objectif a une grande dimension et l'oculaire une petite dimension; c'est le contraire dans les Microscopes.

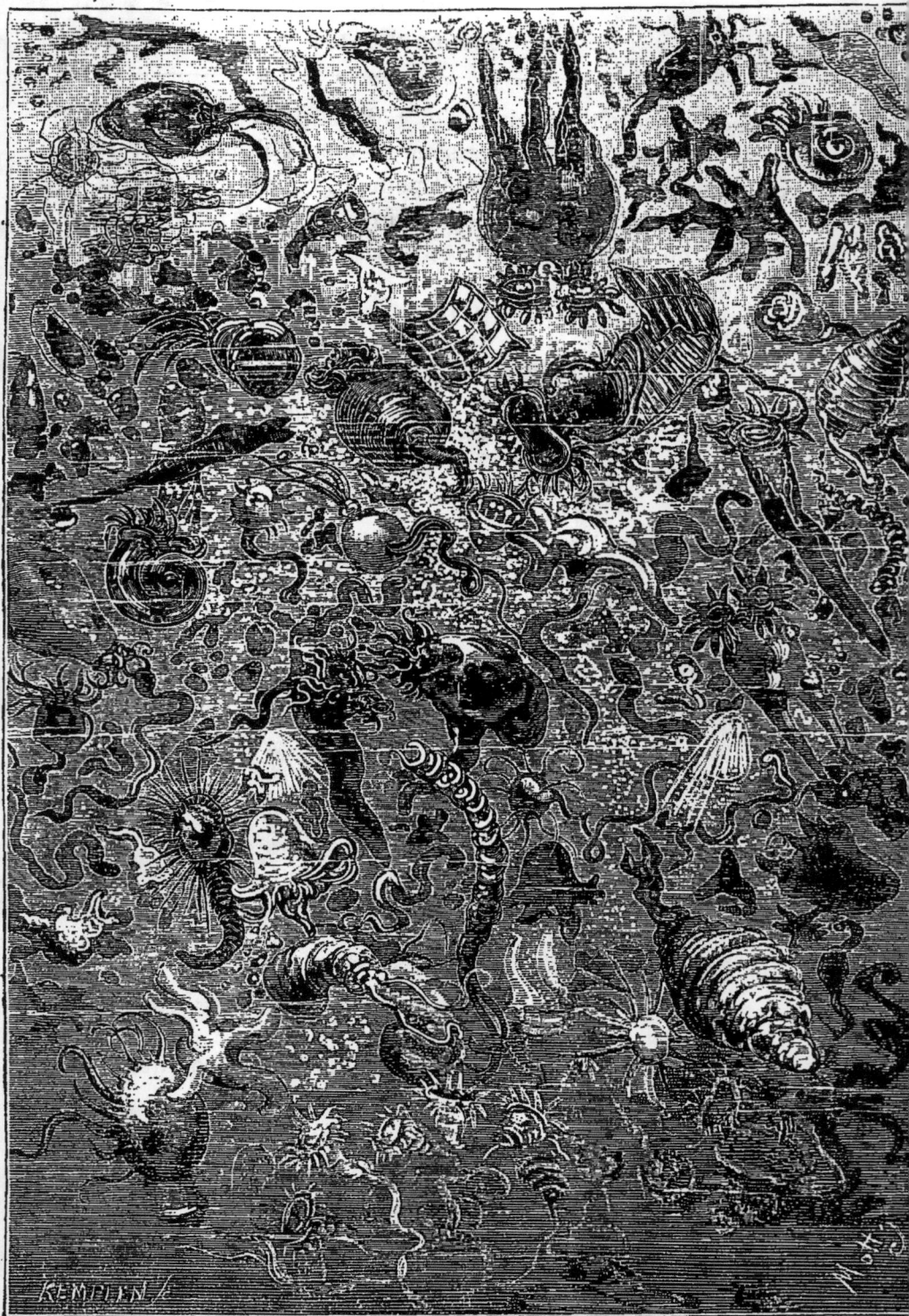

Fig. 174. — Population d'une goutte d'eau corrompue observée au Microscope.

plus puissant qu'une loupe qui, elle, est formée d'une simple lentille.

La figure 173 représente la coupe d'un *Microscope composé* dans sa construction actuelle.

L'objectif O est formé d'un système de trois lentilles séparément achromatisées. DD est un diaphragme qui ne laisse passer que les rayons qui ne sont pas trop inclinés sur l'objectif.

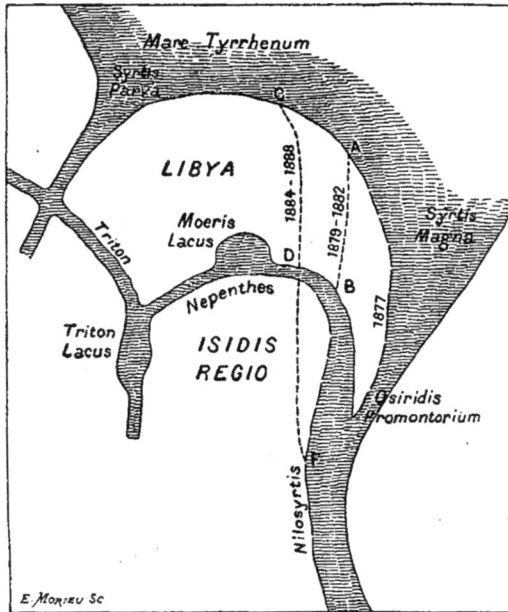

FIG. 175. — OBSERVATION TÉLESCOPIQUE.

Cartes des variations de la mer du Sablier, de 1877 à 1888, dans la planète Mars (1).
Distance minimum de la Terre : 56 millions de kilomètres.

L'oculaire CC est un oculaire à deux lentilles, c'est celui d'Huygens que nous avons antérieurement décrit. Cet oculaire ainsi qu'un diaphragme *dd* est porté par un tube enfilé dans le tube T du Microscope.

L'objet à étudier est placé sur une plate-forme M et éclairé en dessous par un miroir réflecteur *m,* s'il est transparent, et par-dessus au moyen de lentilles, s'il est opaque.

1. *L'Astronomie* (n° 8, 1889).

La figure 172 représente le même appareil monté et avec ses organes accessoires. C'est le grand modèle Nachet. Souvent le Microscope est binoculaire, c'est-à-dire porte un tube pour chaque œil (*fig.* 171).

Comment peut-on mesurer le grossissement d'un objet vu au Microscope et même dessiner les sujets observés?

On fait pour cela usage d'un morceau de verre ayant la forme réprésentée par la figure 173 et auquel est fixé en *a* un petit prisme également en verre. Supposons que l'œil placé en O regarde à tra-

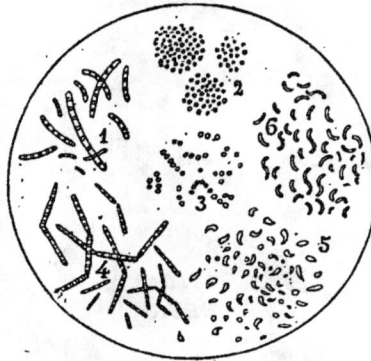

FIG. 176. — OBSERVATION MICROSCOPIQUE.

Microbes de diverses maladies contagieuses vus au Microscope dans une goutte d'eau.

1. Microbes de la tuberculose. — 2. Microbes de la diphtérie. — 3. Microbes du vaccin. — 4. Microbes du charbon. — 5. Microbes de l'influenza. — 6. Microbes du choléra.

vers le système, il verra le point P en P'. En effet un rayon tel que P*p* se réfléchit sur la face AB du verre et vient en *r* où il se réfléchit de nouveau pour se rendre enfin dans l'œil O, celui-ci qui voit toujours dans la direction où la lumière lui arrive reportera le point P en P'.

Il en sera de même pour tous les autres points de l'objet M, celui-ci que nous supposons être par exemple un micromètre, c'est-à-dire une petite lame sur laquelle on a tracé des divisions très rapprochées et équidistantes, sera donc vu en M' avec sa vraie grandeur. On a donné à un tel système, qui joue le même rôle que la chambre de Pouillet, le nom de *Chambre claire*.

Si on tient un crayon à la main et qu'on appuie la pointe en P, l'œil O verra la main et le crayon posé en P'.

Avec cette chambre claire il va être très facile de dessiner sur une feuille de papier le dessin de l'objet examiné au Microscope. Cet objet est en E et la feuille sur laquelle on veut dessiner est en F. L'œil voyant cette feuille, ainsi que la main et le crayon, pourra sans difficulté suivre les contours de l'image de l'objet qu'il voit également sur la feuille de papier. De cette manière le dessin sera tracé sur le papier F.

Et maintenant combien de fois en diamètre le dessin obtenu est-il plus grand que l'objet ?

Pour le savoir observons d'abord au Microscope un micromètre objectif, lame de verre sur laquelle une longueur de un millimètre a été divisée en cent parties égales.

Le Microscope montre ces divisions très grossies.

Si au moyen de la chambre claire on superpose au micromètre objectif ainsi grossi, l'image d'un autre micromètre portant des divisions égales au millimètre, on verra combien un centième de millimètre grossi par le Microscope recouvre de millimètres. Supposons qu'il en recouvre deux.

On pourra dire alors que le grossissement du Microscope employé est égal à 200 diamètres puisque un centième de millimètre vu à travers le Microscope prend une longueur de 2 millimètres qui est 200 fois plus grande.

Si maintenant l'objet examiné est substitué au micromètre et que son diamètre vienne recouvrir aussi deux millimètres du micromètre M. C'est que cet objet a une longueur vraie de un centième de millimètre.

C'est de cette façon que l'on peut mesurer les dimensions des petits êtres ou des très petits objets et évaluer le grossissement avec lequel les dessins (*fig.* 174 et 176) les représentent.

Ainsi, de même que la Science est parvenue à remédier à l'imperfection relative du sens de l'ouïe, à donner à l'oreille la puissance qui lui manquait et que le surcroît de nos besoins rendait indispensable, à lui faire entendre la parole à toutes les distances si grandes qu'elles soient et à lui faire saisir les sons les plus infimes, de même elle est parvenue lentement mais sûrement à donner au sens de la vue un pouvoir déjà considérable aujourd'hui.

Avec le Télescope, elle a montré la splendeur, l'immensité de l'Univers, la multiplicité des mondes; elle a même permis de mesurer ces mondes, de les décrire, d'en dresser des cartes topographiques (*fig.* 175). Elle a presque rendu visible l'Infini.

Avec le Microscope, elle a révélé l'existence d'êtres innombrables dont l'esprit de l'homme ne pouvait même soupçonner l'existence. Elle a fait voir, compter, classer, étudier les infiniment petits, ce monde des imperceptibles si faibles en apparence et peut-être, selon nos modernes micrographes, en réalité si redoutables!

Enfin avec le Téléphote, elle va nous permettre de voir ce qui se passe au bout du monde, en n'importe quelle contrée terrestre, résolvant ainsi le plus extraordinaire des problèmes?

Quel sera ensuite le désir des hommes? Lorsqu'ils pourront se parler, se voir, sans nul obstacle, sur toute la surface de la terre, ils trouveront cette terre encore plus petite qu'elle n'est, il s'y sentiront à l'étroit, isolés, et se mettront à chercher... Quoi? sans doute, le moyen de communiquer avec une autre planète. Et quand ce moyen sera trouvé... Quoi encore? Autre chose que nous ne pouvons et ne saurions supposer. Mais si quelque cataclysme ne vient pas anéantir les pays civilisés où régnera la Science, un but nouveau se dressera devant l'homme de ce temps-là qui cherchera à l'atteindre, et qui l'atteindra!

# LIVRE II

## L'ÉNERGIE ÉLECTRIQUE

Fig. 178. — Énergie mécanique : arc tendu.
(Archer Asiatique et l'Amazone Dinomaque, marbres d'Égine.)

# LIVRE II

## L'ÉNERGIE ÉLECTRIQUE

### CHAPITRE PREMIER

#### L'ÉNERGIE

Les Mécaniciens, les maîtres de la science de la Mécanique ([1]), ont déclaré la *Matière inerte ;* ils lui ont refusé la *volonté,* c'est-à-dire la faculté de modifier d'elle-même l'état dans lequel elle se trouve à chaque instant.

Si donc les *Corps* ou *Systèmes matériels* ([2]), disséminés au sein de l'espace, existaient seuls, l'Univers, immobile et rigide, ne serait qu'un immense cadavre.

Ce qui donne le Mouvement, la Vie à l'Univers, l'agent mystérieux qui rend la matière active, a reçu le nom d'*Énergie* ([3]).

---

1. *Mécanique,* du grec μηχανή (mèchanè) : machine.
2. *Système,* du grec σύστημα (sustèma) : assemblage; *système matériel :* assemblage de matière.
3. *Énergie,* du grec ενεργεια (énergeia) : activité ; le mot est formé de εν εργον (en ergon) : travail dans.

Pour la Physique moderne, deux individualités — actuellement considérées comme distinctes — la *Matière* et l'*Énergie* se partagent l'empire du monde. Et c'est l'*Énergie* qui commande. Rien ne se fait sans elle, rien ne s'accomplit sans son ordre.

Dans ses actes, dans son tempérament, elle montre une très grande variété.

Tantôt elle se conduit avec prudence, avec douceur, animant par des moyens d'une délicatesse inouïe les organes fragiles des plus petits appareils (nous en avons vu précédemment des exemples). Tantôt, au contraire, comme saisie d'une folle colère, elle bouleverse l'Atmosphère, ébranle la Terre et la Mer et produit les plus épouvantables cataclysmes, prouvant ainsi sa toute-puissance.

Aussi l'Humanité frappée, terrifiée par les grandioses manifestations de l'*Énergie* avait-elle divinisé chacune d'elles : c'est Jupiter qui lançait la Foudre ; c'est Eole qui déchaînait les Vents ; c'est Neptune qui mettait en furie les flots de la Mer.

La quantité d'*Énergie* emmagasinée, recelée dans chaque Système, organisé ou non, est infiniment variable. Qu'est-ce que l'Énergie d'un Acarus, du plus petit des animalcules visibles à l'œil nu, auprès de l'Énergie du Lion, de l'Éléphant, de la Baleine ? Et, cette Énergie des puissants animaux, qu'est-elle en face de l'Énergie qui se manifeste dans les Tempêtes, les Éruptions de volcan, les Tremblements de terre ? Et, encore, cette Énergie n'est rien, si on la compare à l'Énergie qui emporte la Terre et tous les Astres dans leur course éternelle !

La conception de l'*Énergie* n'est ni plus abstraite, ni plus fantaisiste que celle de la *Matière*. L'existence de l'une et de l'autre est affirmée au même titre par leur Indestructibilité. L'illustre chimiste Lavoisier a dit un jour, dans une inspiration de génie, que « rien ne se perd, rien ne se crée dans la Nature », et, depuis, les nombreuses mesures de la Chimie n'ont pu que confirmer la vérité de ce principe simple et profond, écrit dans tous les creusets. L'expérience montre en effet que nous ne pouvons ni produire, ni détruire la plus petite quantité de *Matière*.

Les mesures de la Science Physique prouvent qu'il en est de même de l'*Énergie*.

Comme la *Matière*, l'Énergie peut changer d'aspect, passer

d'un Système à un autre Système, mais ce qui semble disparaître quelque part se retrouve toujours ailleurs.

Anéantir ou créer une parcelle d'*Énergie* ou une parcelle de *Matière* est chose impossible.

CONSERVATION DE LA MATIÈRE et CONSERVATION DE L'ÉNERGIE, voilà le double flambeau qui éclaire les recherches et les considérations de la Physique moderne.

L'homme, pour ses besoins, a cherché à se servir de l'Énergie existant autour de lui. Il a voulu augmenter l'Énergie, qui lui est propre, en empruntant des quantités d'Énergie aux divers systèmes de la Nature.

Mais comment s'emparer de cette Énergie? Comment l'emmagasiner? Comment la conduire? Comment la dresser à tous les travaux que nous allons exiger d'elle?

Examinons d'abord — et nous pouvons faire cet examen avec une certaine fierté — l'étendue de notre puissance aujourd'hui. Regardons la *Ville-modèle* représentée dans la figure 179.

Une Chute d'eau, éloignée de la ville, vient frapper sur les palettes de plusieurs grandes Roues, et donne à ces roues un Mouvement de rotation. Le Mouvement se transmet à des Machines d'induction placées sous un hangar, à droite des Roues. L'Énergie du mouvement de l'eau est alors transformée en Énergie électrique; celle-ci voyage le long d'un réseau de fils aériens et souterrains et se rend aux divers postes où elle va être utilisée.

Une partie de cette Énergie électrique est transformée en Lumière, qui éclaire la ville; une autre partie est transformée en Chaleur et employée dans des usines métallurgiques (Fonte, Fer, Aluminium); une autre se rend au Télégraphe et au Téléphone; une autre actionne un atelier de Galvanoplastie, les machines-outils d'ateliers de constructions mécaniques, les wagons de chemins de fer, de tramways, une machine à battre le blé, etc., etc. ([1]) Cette Énergie se prête à toutes les applications possibles.

1. « La Ville électrique », tel est le nom donné à la ville de Scranton, près de Philadelphie, qui compte 90 000 habitants et n'a que vingt-trois ans d'existence. Non seulement ses rues sont éclairées à la lumière électrique, non seulement la presque totalité de ses machines marche par l'électricité, mais encore toutes les voitures publiques sont mises en mouvement par des électro-moteurs.

Comme on le voit, le pouvoir de l'homme est devenu considérable; longtemps il a dû se contenter de son Énergie propre, ou
de l'Énergie de quelques animaux apprivoisés, mais, grâce aux
efforts de son intelligence, il sait maintenant ravir aux divers Systèmes de la Nature l'Énergie dont il manque, et il sait l'employer
selon ses besoins.

Qu'est-ce donc que l'*Énergie ?*

Il n'est pas plus possible, en l'état actuel de nos connaissances
— et cela doit singulièrement diminuer la fierté que nous mon-
trions tout à l'heure — de définir la nature intime de l'*Énergie*
que la nature intime de la Matière.

Les apparences ou formes variées sous lesquelles la Matière et
l'Énergie impressionnent nos sens sont seules accessibles à l'observation. Nous voyons, nous analysons les déguisements du Magicien, mais le Magicien lui-même nous échappe encore.

*Tous les phénomènes* (¹) *ont la Matière pour siège, et un
déplacement ou une transformation d'Énergie pour cause.*

Ils ont été groupés au point de vue des impressions qu'ils
exercent sur nos sens : on distingue les phénomènes mécaniques,
électriques, calorifiques, lumineux. Par une extension assez naturelle on a donné la même qualification à l'Énergie correspondante,
aussi parle-t-on couramment aujourd'hui d'Énergie mécanique,
électrique, calorifique, lumineuse.

L'étude de ces diverses formes de l'Énergie en elles-mêmes et
dans leurs rapports les unes avec les autres fait l'objet de la Physique.

Précisons maintenant ce qu'on entend par ÉNERGIE MÉCA-
NIQUE.

Voici un Arc (*fig.* 178) dont la corde est maintenue tendue;
aucun mouvement ne se manifeste, mais il y a dans l'arc, dans le
Système, quelque chose qui ne demande qu'à agir et qui agira
aussitôt que la corde ne sera plus retenue. La flèche est alors immédiatement projetée, lancée au loin et, en même temps, la corde
reprend son état normal.

---

1. *Phénomène,* du grec φαίνω (phainô) : faire voir; « chose qui se présente, qui
apparaît ».

FIG. 179. — LA VILLE-MODÈLE.

Énergie électrique, Énergie calorifique, Énergie lumineuse, fournies par l'Énergie
d'une chute d'eau.

On exprime un tel fait en disant que l'arc tendu renferme, quoique immobile, de l'Énergie mécanique cachée à nos yeux.

Cette forme d'Énergie s'appelle *Énergie potentielle* (¹); c'est de l'Énergie *en réserve, endormie.*

Un ressort comprimé possède également de l'*Énergie potentielle,* car, en se décomprimant, il est capable de soulever un corps placé sur lui.

Il en est de même d'un Système formé par la Terre et par un corps immobile et élevé, suspendu par exemple à un fil : il suffit, en effet, de couper le fil pour voir aussitôt le corps se déplacer, se diriger vers le sol.

Voilà des exemples qui montrent qu'une *Énergie potentielle, cachée, latente* — le mot ne fait rien à la chose — se dépense, disparaît en communiquant du mouvement à la *Matière.*

Remarquons que l'*Énergie potentielle* des Systèmes précédents dépend de leur forme, de leur configuration, de leur position: ainsi plus le Ressort est comprimé, plus l'Arc est tendu, plus le corps suspendu est éloigné du sol, plus leur Énergie potentielle est grande; pour cette raison, on donne souvent aussi à l'Énergie potentielle le nom d'*Énergie de position.*

Un corps en mouvement est encore une source d'Énergie, car il peut mettre d'autres corps en mouvement lorsqu'il les rencontre : une Bille de billard vient-elle heurter une autre bille, elle déplace cette autre bille et s'arrête visiblement elle-même en partie.

L'Énergie que possède un corps par le fait seul qu'il se meut a reçu le nom d'*Énergie cinétique* (²) ou d'*Énergie actuelle* (³), ou encore de Force vive.

Nous pouvons donc indifféremment puiser le mouvement dans l'*Énergie potentielle* d'un système ou dans son *Énergie actuelle.* La somme de ces deux formes d'Énergie constitue l'*Énergie Mécanique* totale du système.

Les deux Énergies, l'*Énergie potentielle* et l'*Énergie actuelle,* sont-elles réellement distinctes?

1. Du latin *Potentia :* puissance. L'*Energie potentielle est la puissance, possédée par un corps en repos, d'accomplir du travail.*
2. *Cinétique,* du grec κινημα (kinéma) : mouvement.
3. *Énergie actuelle,* du latin *actus :* acte, mouvement, impulsion, élan.

M. Maurice Lévy ([1]) pense « qu'il serait téméraire, dans l'état actuel de la science, d'essayer de trancher une telle question. Il arrivera peut-être un jour où tous les phénomènes mécaniques s'expliqueront par de simples transformations de mouvement opérées par l'intermédiaire de l'Éther considéré comme reliant les uns aux autres tous les corps de la Nature, et où, par suite, la notion

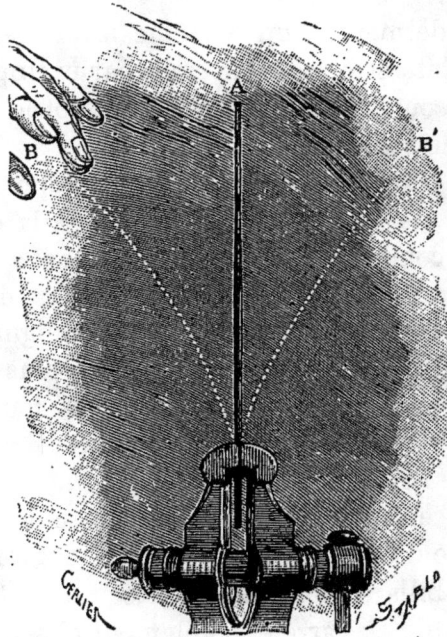

Fig. 180. — Transformations réciproques d'Énergie potentielle et d'Énergie actuelle.

d'*Énergie potentielle* disparaîtrait de la Science. Jusque-là, il convient d'envisager les deux espèces d'Énergie. »

Voyons, par un exemple classique, comment l'*Énergie potentielle* et l'*Énergie actuelle* se transforment l'une dans l'autre avec la plus grande facilité.

Une lame élastique A est tenue par l'une de ses extrémités dans un étau (*fig*. 180). Dans cette *position*, et si on la considère à l'exclusion de tout autre corps, comme une sorte de petit univers ou microcosme ([2]) indépendant, on peut dire qu'elle ne possède pas

1. Leçon professée au Collège de France, 1880.
2. *Microcosme*, du grec μικρός (micros) : petit, et κόσμος (cosmos) : monde.

d'Énergie potentielle, et il en sera de même chaque fois qu'elle reprendra cette même *position*. Mais portons-la en B, elle est alors déformée et, dans cette nouvelle *position*, elle possède de l'Énergie potentielle, et elle en possède d'autant plus qu'elle est déformée davantage.

Abandonnée à elle-même en B, la lame tend à reprendre sa configuration normale A en perdant l'Énergie potentielle que sa déformation a apportée dans le système. Mais à mesure que la lame élastique partie de B se rapproche de A, — c'est-à-dire *dépense l'Énergie potentielle qu'elle renfermait*, — de *l'Énergie actuelle apparaît;* celle-ci était nulle lorsque la lame était au repos en B, elle croît constamment et visiblement jusqu'en A. C'est l'Énergie actuelle qui remplace l'Énergie potentielle. La lame se porte ensuite à gauche de A et se déforme à nouveau de plus en plus jusqu'en B'. Visiblement le mouvement diminue de A en B' et la lame s'arrête en B' pour faire retour vers la droite. *De A en B' l'Énergie actuelle a repris progressivement la forme d'Énergie potentielle*, et les mêmes phénomènes se reproduisent désormais indéfiniment.

De telles transformations d'Énergie abondent dans la nature. L'Énergie potentielle *qui résulte de la position* des neiges au sommet des montagnes est considérable, et l'on sait combien sont terribles les effets des avalanches où l'Énergie potentielle se transforme par la chute en Énergie actuelle.

De l'eau, immobile dans un réservoir élevé, possède par sa situation une Énergie potentielle ou Énergie de position, qui se transformera, par la chute de l'eau, en Énergie actuelle utilisable. C'est là le secret de l'Énergie d'une rivière, d'un fleuve, d'une cataracte. L'Énergie potentielle se transforme graduellement en Énergie actuelle à mesure que l'eau, quittant sa position première, descend à un niveau plus bas.

Si l'on considère un ressort, et le système formé par la Terre et le poids supporté par le ressort, lorsque le repos, l'*équilibre*, est établi, les deux systèmes ont une tendance égale à se communiquer de l'Énergie : autrement dit, ils agissent l'un sur l'autre avec la même *Force;* l'Action égale la Réaction. Ainsi, on appelle *Force* la tendance que possèdent deux systèmes, liés l'un à l'autre, à se communiquer leur Énergie respective.

Le sort de toutes les variétés d'Énergie potentielle ou de position, dit Balfour Stewart (¹), est de finir par se convertir en Énergie actuelle ou de mouvement. « L'une peut se comparer à un capital déposé dans une banque, l'autre à une somme d'argent que nous sommes en train de dépenser. Quand nous avons de l'argent dans une banque, nous pouvons l'en retirer toutes les fois que nous avons besoin ; de même nous pouvons faire usage, quand il nous plaît, de l'Énergie actuelle ou de position. Pour être mieux compris, comparons un moulin mû par un étang et un autre mû par le vent. Dans le premier cas nous avons la faculté d'ouvrir les écluses quand il nous conviendra ; dans l'autre, nous serons obligés d'attendre que le vent (Énergie cinétique) vienne à souffler. L'un possède l'indépendance d'un riche, l'autre la dépendance d'un pauvre. Si nous poursuivons l'analogie un peu plus loin, nous dirons que le grand capitaliste, l'homme qui a acquis une *position élevée*, est respecté parce qu'il a à sa disposition une *grande quantité* d'Énergie ; souverain ou général en chef, il n'est puissant que parce qu'il possède quelque chose lui permettant de faire usage des services des autres. Lorsque l'homme opulent paie un ouvrier qui travaille pour lui, en réalité il convertit une certaine quantité de son Énergie potentielle ou de position, en Énergie actuelle, ou de mouvement, absolument comme le meunier fait écouler une certaine quantité de l'eau de son étang afin de l'obliger à accomplir un travail quelconque. »

Nous n'utilisons pas uniquement l'Énergie potentielle ou l'Énergie actuelle d'un système dont le mouvement est visible ou est rendu perceptible par un artifice quelconque, mais encore des Énergies que ni la configuration du système ni son examen attentif ne peuvent faire soupçonner.

Montrons-le par quelques exemples : Plaçons 12 grammes de charbon dans la petite coupelle *c* (*fig.* 183) disposé au sein d'une atmosphère de gaz oxygène. Rien ne semble actif dans le système ainsi obtenu. Mais si l'on vient à enflammer le charbon en un de ses points, il brûle rapidement avec un vif éclat et donne naissance

1. *La Conservation de l'Énergie*, par Balfour Stewart, de la Société royale de Londres, professeur de philosophie naturelle au collège Owen à Manchester.

à un gaz nouveau, l'acide carbonique. En effectuant cette combustion au sein d'un vase plein d'eau, ou *Calorimètre* ('), ainsi que l'indique la figure, on constate qu'il se dégage assez de chaleur pour porter un kilogramme d'eau à la température de 97° centigrades. On dit alors qu'il se dégage 97 calories, car, par définition, une calorie est la quantité de chaleur qu'il faut fournir à 1 kilogramme d'eau pour élever sa température de 1 degré.

C'est cette chaleur dégagée par la Combustion du charbon que nos machines à vapeur transforment partiellement, comme on le verra, en Énergie cinétique ou actuelle. C'est elle qui fait tourner les roues de ces machines et mouvoir leurs différentes pièces.

Chaque calorie qui disparaît donne lieu à 425 kilogrammètres de travail, c'est-à-dire correspond à une Énergie suffisante pour élever un poids de 1 kilogramme à une hauteur de 425 mètres. Ce fait sera vérifié plus loin.

En dissolvant un Métal dans un Acide, du cuivre dans de l'acide azotique, par exemple, il se dégage également de la chaleur. Toutes les réactions de la Chimie sont ainsi accompagnées d'une manifestation d'Énergie calorifique à la mesure de laquelle on apporte aujourd'hui beaucoup de soin. Elle fait l'objet de la Thermochimie.

Il est des systèmes plus extraordinaires encore que le précédent et qui recèlent une Énergie considérable.

Ce sont les *systèmes explosifs* qui, sous les influences les plus minimes, donnent lieu à des effets mécaniques terribles. Signalons les poudres diverses (²), le fulmicoton (³), la dyna-

1. Du latin *calor* : chaleur, et du grec μέτρον (métron) : mesure.
2. Les poudres sont très variées, les unes contiennent en diverses proportions du salpêtre, du soufre et du charbon ; dans d'autres on ajoute à ces matières du chlorate de potassium. Les premières sont appelées Poudres Salpétrées ; les secondes Poudres chloratées.
Les Poudres à l'acide picrique renferment un picrate, du salpêtre et du charbon. L'acide picrique a été découvert par Hausmann en 1788; on le prépare aujourd'hui en traitant l'acide phénique retiré des huiles de goudron de houille et légèrement chauffé par l'acide nitrique concentré : il se forme une pâte jaune foncée, soluble dans l'eau bouillante et qui cristallise en paillettes jaunes claires par refroidissement.
3. Le *Fulmicoton ou coton-poudre* a été préparé pour la première fois par Schönbein, de Bâle, en 1845, en traitant *du coton par un mélange bien choisi d'acide nitrique et d'acide sulfurique*. Le procédé fut d'abord tenu secret, mais il fut bientôt trouvé par divers chimistes d'Allemagne, d'Angleterre, etc. En France, la fabrication du

mite ([1]), etc., et surtout le fulminate de mercure employé dans la fabrication des capsules et des amorces.

La grande quantité d'Énergie renfermée dans des quantités relativement petites de ces matières et la facilité avec laquelle l'on en peut faire sortir, rendent leur emploi précieux.

Au nombre des systèmes explosifs les plus récents se trouve la *poudre sans fumée* trouvée par M. Vieille, répétiteur à l'École Polytechnique, ingénieur en chef des poudres et salpêtres.

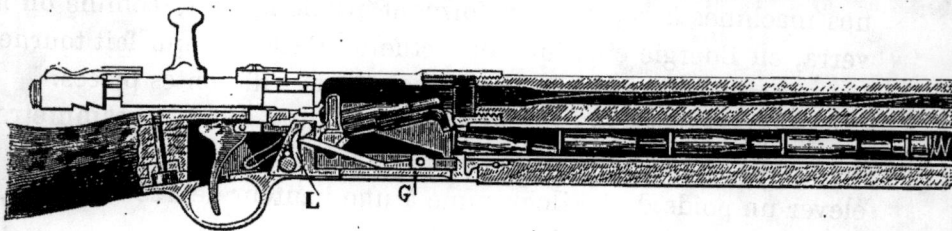

FIG. 181. — LE FUSIL LEBEL.

Coupe du mécanisme : la cartouche contenue dans l'auget est poussée dans le tonnerre quand on ferme la culasse mobile.

C'est avec cette poudre que sont confectionnées les cartouches du *Fusil Lebel* (*fig* 181) ([2]).

L'Allemagne, en retard sur la France, a fini par obtenir aussi

coton-poudre fut installée au Bouchet en 1846. On dut la suspendre à cause des mauvais résultats obtenus ; elle fut reprise vers 1870, au Moulin-Blanc, près de Brest.

Ce corps a absolument l'aspect du coton ; frotté dans l'obscurité, il est lumineux alors que le coton ordinaire ne le devient pas. Il brûle rapidement et sans résidu.

1. On appelle ainsi des mélanges de nitroglycérine avec des substances poreuses — charbon, sable, sciure de bois, coton, etc. La Nitroglycérine avait été découverte en 1847, par A. Sobrero, au laboratoire de Pelouze. En 1860, un ingénieur suédois, Alfred Nobel, réussit à préparer cette substance, si dangereuse, en grand. On verse dans de la glycérine refroidie, extraite des graisses animales, un mélange d'acide nitrique et d'acide sulfurique. On obtient ainsi une huile jaune qui gagne le fond du vase et qui est de la Nitroglycérine.

2. Le réservoir ou magasin du *Fusil Lebel* se compose d'un tube contigu au canon ; les cartouches y sont placées bout à bout ; un ressort à boudin les pousse, vers l'arrière, dans un auget qui, en s'élevant, les fait passer du magasin dans le tonnerre, lorsque la culasse mobile est mise en mouvement. Lorsque l'auget se relève, une griffe d'arrêt G fait saillie en arrière de la dernière cartouche restée dans le magasin. Enfin un levier L, sert à paralyser l'action du mécanisme de répétition. Lorsque ce levier est poussé en avant, l'auget reste relevé et l'arme fonctionne alors comme fusil à un coup, où l'on introduit les cartouches à la main dans le tonnerre. Le *Fusil Lebel* mesure, sans son épée-baïonnette, 1m,307mm de hauteur et pèse 4k,180gr à vide et 4k,415gr avec huit cartouches dans le magasin.

une poudre sans fumée dont elle se sert dans son nouveau fusil, dit « modèle 1888 » (*fig* 182) ([1]).

Les propriétés balistiques([2]) des deux fusils sont à peu près semblables. La vitesse initiale est de 620 mètres par seconde et la portée maxima de $3^k,800^m$. A cent mètres, la balle perce $0^m,80^{cent}$ de sapin et $0^m,90^{cent}$ de sable; à deux cents mètres, $0^m,45^{cent}$ de sapin et $0^m,50^{cent}$ de sable; enfin, à dix-huit cent mètres elle traverse encore cinq centimètres de sapin. Telle est l'Énergie que l'explosion de quelques grammes de poudre Vieille communique à la balle, grâce à la pression que les gaz produits exercent sur elle.

Les appareils qui permettent de déterminer les effets mécaniques et en particulier, la pression développée par un poids connu

FIG. 182. — LE FUSIL ALLEMAND. (Nouveau modèle.)

Coupe du mécanisme : Chargeur placé et culasse mobile ouverte.

d'une substance explosive, éclatant au sein d'un espace connu sont nombreux. Nous décrirons seulement en quelques mots et d'après M. Berthelot([3]) celui que l'on nomme *Crusher* (*fig*. 183). Il se

1. Le nouveau *Fusil allemand* diffère du Fusil Lebel, au point de vue du principe, en ce qu'il est une arme à *chargeur*, tandis que le nôtre est un fusil à *magasin*. Le chargeur est-il préférable au magasin? L'Allemagne se prononce pour l'affirmative puisque son fusil à répétition était à magasin et qu'elle vient d'adopter le chargeur. Les cartouches du nouveau fusil sont réunies par paquet de cinq dans une boîte-chargeur C, qui se loge dans une chambre ménagée dans la boîte de culasse de l'arme. L'élévateur E pousse les cartouches de bas en haut; la plus élevée de celles-ci se logeant dans la chambre et ainsi de suite jusqu'à épuisement de la provision; la boîte-chargeur, une fois vide, tombe alors à terre par son propre poids, sans qu'il soit besoin de l'extraire. Le fusil, vide, ne pèse que $3^k,800$ grammes.

2. Balistiques, du grec βάλλω (balló) : Je lance.

3. Pierre-Eugène-Marcellin Berthelot, né à Paris le 27 octobre 1827; professeur au Collège de France, membre de l'Académie des Sciences, membre de l'Académie de Médecine, Inspecteur général de l'enseignement supérieur, président de la Commission

compose d'une éprouvette cylindrique en acier doux de 0ᵐ,022 de diamètre intérieur et d'une capacité de 24ᶜᶜ,3. L'extrémité supé-

1.                                          2.

Fig. 183. — 1. Énergie calorifique produite par la combustion du carbone.
D, Calorimètre de platine contenant de l'eau. — E, Enceinte argentée. — F, Double enceinte de fer-blanc remplie d'eau. — f f, Enveloppe de feutre épais. — V, Chambre à combustion, vase en verre où arrive le gaz oxygène par le tube I. — S S, Serpentin en verre s'ouvrant dans la chambre V et par lequel peuvent s'échapper les gaz de la chambre. — A, Agitateur. — T, Thermomètre. — c, Coupelle renfermant le charbon.
2. Expérience du Crusher, par M. Berthelot : pression développée par un explosif.
g, Cartouche renfermant la charge. — a, Piston. — b, Cylindre de cuivre. — f f, fils amenant le courant dans la cartouche.

des substances explosives, sénateur (1881), ministre de l'Instruction publique (1887), grand officier de la Légion d'honneur; parmi ses remarquables travaux, citons : le

rieure de l'éprouvette est fermée par un bouchon métallique portant le dispositif de la mise de feu.

La charge est suspendue au milieu de l'éprouvette et placée dans une cartouche cylindrique g de figure semblable à la capacité intérieure de l'éprouvette. Elle est traversée par un fil f f que l'on portera au rouge en y faisant passer un courant électrique aussitôt qu'on voudra faire éclater la charge.

Le Crusher proprement dit ('), qui a été appliqué par le capitaine Noble en Angleterre dans ses recherches sur la combustion de la poudre, est ajusté en a b ; il est formé d'un piston en acier trempé mobile, à frottement doux, dans un canal percé suivant l'axe du bouchon, et d'un petit cylindre de cuivre rouge b engagé entre la tête du piston et un tampon vissé à la partie inférieure de l'appareil.

Au moment de l'explosion le piston a est poussé et comprime le cylindre de cuivre b qui se trouve alors plus ou moins écrasé. Si on a, au préalable, taré l'appareil, c'est-à-dire évalué l'écrasement d'un tel cylindre de cuivre sous l'action de pressions exercées par des poids connus, on aura toutes les données nécessaires pour évaluer la pression développée par un explosif quelconque. L'Énergie communiquée au projectile dépend non seulement de cette pression, mais encore du degré de rapidité avec lequel elle se développe.

L'Explosif qui développe la pression la plus considérable est le Fulminate de mercure ([2]).

_Traité de Chimie organique_, la _Force de la Poudre et des Matières explosives_, la _Synthèse chimique_, l'_Essai de mécanique chimique fondée sur la thermochimie_, les _Origines de l'Alchimie_ et _Science et Philosophie_.

1. _Crusher_, de l'anglais _crush_ : choc, frottement, écrasement.

2. On prépare le _fulminate de mercure_ en dissolvant une partie de mercure dans douze parties d'acide azotique, et l'on ajoute à la dissolution 11 parties d'alcool à 86 centièmes, puis on la porte à l'ébullition sur un bain de sable. Aussitôt que l'ébullition a commencé, le vase est retiré du feu ; on laisse la réaction continuer d'elle-même. Dès que l'action a cessé, le fulminate se dépose au fond de la liqueur. Pour le recueillir, on étend d'eau, on verse sur un filtre ; enfin on lave le fulminate recueilli jusqu'à ce que les eaux provenant du lavage ne manifestent plus la Réaction acide.

Le fulminate de mercure présente l'aspect de petits cristaux blancs jaunâtres. Ce corps détone avec une extrême violence, soit par la chaleur, soit par le choc, et devient très difficile à manier lorsqu'il est sec.

La décomposition du fulminate se faisant instantanément, cette substance ne saurait être employée comme poudre de tir, aucune arme n'étant susceptible de résister à son action. Le fulminate de mercure brise les parois d'un canon sans que le boulet soit déplacé.

Lorsqu'il détone dans son propre volume cette pression atteint le chiffre colossal de *vingt-sept mille kilogrammes par centimètre carré*, c'est-à-dire produit le même effet sur les parois que si chaque centimètre carré supportait un poids égal à 27 000 kilogrammes.

Par ces exemples nous voyons que la Nature offre à l'Industrie des quantités immenses d'Énergie non encore utilisées par elle, mais qui le seront dans un avenir plus ou moins prochain.

On utilise bien en partie, l'Énergie des vents, des chutes d'eau, du courant des rivières et des fleuves, celle développée par diverses combustions et réactions chimiques; mais cela n'est rien en comparaison de l'Énergie que pourraient fournir les vibrations des milieux, le mouvement des vagues, celui de la marée, l'éruption des volcans, les tremblements de Terre, etc.

Nous devons signaler cependant une utilisation récente de l'*Énergie des vagues* qui a été faite à Océan-Grove, à environ vingt lieues au sud de New-York (*fig.* 184)([1]).

« Dans cette localité, la force des vagues a été employée à élever les eaux de la mer dans un château d'eau, d'où elles étaient distribuées dans le voisinage pour l'arrosage des rues.

« Entre les piles de la jetée, on a suspendu des portes mobiles autour d'un axe horizontal placé à leur partie supérieure; plusieurs travées ont reçu des portes pareilles — la figure représente particulièrement l'une d'elles — ces portes sont de longueurs telles qu'elles plongent dans la mer de $0^m,50$ à marée basse et de $2^m,10$ à marée haute. Chacune a près de deux mètres de large, et les vagues, dans leur mouvement de va-et-vient, les font osciller sur des tourillons qui les soutiennent. Chacune d'elle est prolongée à sa partie supérieure par une barre rigide articulée avec la tige du piston d'une pompe horizontale; à chaque mouvement de la porte correspond un mouvement du piston qui refoule l'eau de mer dans un réservoir placé à douze mètres de hauteur sur un château d'eau. Pendant les jours calmes, cette installation a suffi à alimenter abondamment ce service ([2]). »

1. D'après *Le Cosmos* et *La Nature*, octobre et novembre 1889.
2. Dans une communication faite à l'Académie des Sciences (Séance du 12 mai 1890), M. Maurice Lévy a exposé un système nouveau dû à M. Decœur, ingénieur des Ponts et

La force des vagues est parfois colossale; d'après les expériences de l'ingénieur Stewenson sur la côte ouest d'Écosse, exposée à toute la furie de l'Atlantique, la pression moyenne exercée par la vague sur une surface d'un pied carré anglais (ou de $0^m,0929^{dm}$ carré)

Fig. 184. — Utilisation de l'Énergie des vagues.

Chaussées, qui aurait trouvé un moyen pratique, consistant dans une disposition spéciale de bassins avec turbines, de retenir et de transmettre l'*Énergie des marées*.

Suivant ce système, les turbines sont installées dans un barrage transversal créant une chute entre deux bassins séparés de la mer par une digue insubmersible.

L'eau entre dans le premier bassin, pendant la haute mer, en traversant des ouvertures pratiquées dans la digue et fermées par des clapets s'ouvrant à l'intérieur. Elle passe *continuellement* d'un bassin à l'autre en traversant les turbines, qui utilisent la force motrice due à la chute variable entre les deux bassins, et elle s'échappe à mer basse par des ouvertures fermées par des clapets s'ouvrant à l'extérieur du second bassin.

La chute moyenne serait de 2 mètres pour une amplitude de marée de 3 mètres. La

est égale à un poids de 277 kilogrammes pendant les mois d'été et à 946 kilogrammes pendant les six mois d'hiver. Pendant une tempête, cette pression s'éleva à 2 759 kilogrammes. Le même observateur a calculé que le phare de Bell-Rock, sur la mer du Nord, eut à supporter, de la part des vagues soulevées par une tempête, une pression de 3 000 kilogrammes par pied carré. Dans une autre tempête, un bloc de calcaire du poids de 7 000 kilogrammes fut arraché à l'extrémité ouest de la jetée de Plymouth et transporté à 45 mètres de distance. Enfin, dans les Hébrides, un bloc évalué à 42 000 kilogrammes, fut repoussé à plusieurs mètres par la seule Énergie des vagues.

Il n'est pas étonnant que l'utilisation de l'Énergie naturelle soit encore relativement peu avancée si l'on se souvient que les premiers Moteurs à vapeur n'ont figuré dans nos Expositions qu'en 1855.

Il faudrait savoir, dans tous les cas, recueillir, emmagasiner l'Énergie là où elle se manifeste et pouvoir aisément la conduire à l'endroit où elle doit être utilisée, transformée.

Le problème sera résolu, et l'est déjà en grande partie, au moyen de la forme d'Énergie la plus curieuse que nous connaissions : de l'ÉNERGIE ÉLECTRIQUE, dont nous allons nous occuper.

force recueillie serait alors de 3 chevaux-vapeur par hectare de surface endiguée. Pour une amplitude moyenne de 5$^m$,50 (qui est celle des marées à l'embouchure de la Seine) la force serait de 6 chevaux-vapeur, représentant un revenu annuel de 1 200 francs. (On compte 200 francs par cheval-vapeur, consommant 10 tonnes de houille par an à 20 francs la tonne; un cheval-vapeur vaut 75 kilogrammètres.)

Ce système d'utilisation des marées s'appliquerait avec avantage sur les côtes de la Manche, où les marées atteignent, en certains points, des hauteurs considérables, et aux embouchures des fleuves où la construction de digues serait utile pour fixer le chenal et faire disparaître la barre qui met obstacle à la navigation.

De nombreux projets ont été étudiés pour l'amélioration de la navigation dans la Seine maritime. La combinaison de ces projets avec celui qui aurait pour but l'utilisation des marées à l'embouchure de la Seine, permettrait de résoudre économiquement ce double problème. Avec une digue d'environ 25 kilomètres de longueur, entre Tancarville et le Havre, on pourrait séparer du lit du fleuve 7 000 hectares de terrains recouverts à marée haute. Ces terrains, utilisés comme réservoirs de force motrice, donneraient un revenu de 8 400 000 francs pour 42 000 chevaux-vapeur. Les procédés de transport connus permettraient la distribution de cette Énergie dans les environs du Havre et même à Paris avec un rendement satisfaisant.

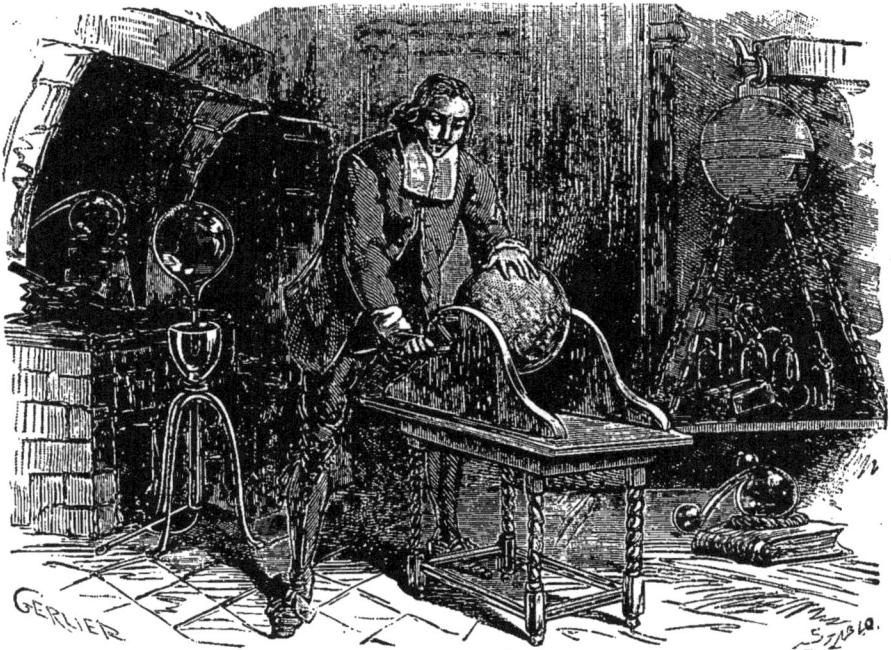

Fig. 185. — Otto de Guéricke et la première Machine électrique à frottement.
(Globe de soufre.)

# CHAPITRE II

## L'ÉNERGIE ÉLECTRIQUE

On désigne aujourd'hui sous le nom de *Phénomènes électriques*, ou concernant l'ÉNERGIE ÉLECTRIQUE, un ensemble considérable de faits extrêmement variés et qu'il est impossible de caractériser brièvement. Il est nécessaire de les examiner successivement si l'on veut avoir une idée exacte de la physionomie actuelle de la *Science électrique*.

L'histoire des pénibles débuts de cette Science éclaire l'ensemble de l'édifice d'une vive lumière. Aussi en signalerons-nous les points les plus importants.

Le plus ancien des phénomènes, celui qui sert à *définir* ce que l'on doit entendre par un corps *électrisé* ou *chargé d'électricité* était connu plus de six siècles avant notre ère.

Thalès de Milet, l'un des sept sages de la Grèce, mentionne en effet la curieuse faculté que possède le *Succin* ou *Ambre jaune* d'attirer à lui, d'aspirer les corps légers placés dans son voisinage, quelle qu'en soit la nature. Le succin, affirme le philosophe, « est doué d'une âme et attire, comme par un souffle, les corps légers. »

Pline ajoute, six cents ans plus tard, « que le *Frottement* est nécessaire pour donner au Succin la chaleur et la vie. »

L'Ambre, ou Succin, est une résine fossile qui accompagne les dépôts combustibles des terrains tertiaires; on le rencontre surtout dans les dunes sablonneuses qui bordent la Baltique. C'est de cette mer que les Phéniciens l'apportaient aux Grecs, et ceux-ci lui attribuaient une origine mythologique : l'Ambre aurait été formé par les larmes des Héliades, filles du Soleil. « N'est-il pas curieux, a dit Hoefer, de voir ici intervenir le Soleil, que Képler devait plus tard considérer comme un immense Aimant, régulateur de notre monde ? »

Tout corps qui se comporte comme l'Ambre frotté est dit *électrisé*, qualification tirée du nom grec de l'Ambre [1].

L'indice de l'*Électrisation* d'un corps, le caractère *Électroscopique* [2] primitif est donc l'attraction des corps légers : boules de moelle de sureau, barbes de plume, morceaux de papier, gouttelettes liquides, fumées épaisses, etc.

Les connaissances électriques restèrent stationnaires pendant plus de deux mille ans, et il faut arriver au commencement du XVIIe siècle pour constater enfin un progrès.

Dans un livre remarquable publié en 1600 par William Gilbert, médecin de la reine d'Angleterre Élisabeth, et ayant pour titre : *De Magnete* (de l'Aimant) [3] sont décrites un grand nombre d'expériences électriques. De cette époque date l'avènement dans la science de la vraie méthode expérimentale qui seule est féconde.

Après s'être occupé de la « Pierre d'Aimant » ou Aimant naturel,

---

1. ἤλεκτρον (electron) : *Ambre* ou *Succin*.
2. Du grec ἤλεκτρον : Électricité et σκοπεω (scopeō) : j'observe.
3. Le titre exact de l'ouvrage de Gilbert est le suivant : *De magnete magneticisque corporibus, et de magno magnete tellure; physiologia nova plurimis experimentis demonstrata Guelielmi Gilberti, colcestrencis medici londiniensis. Londinio, anno 1600*: Gilbert, né à Colchester en 1540, mourut à Londres le 30 novembre 1603.

Gilbert constate que des pierres précieuses telles que le Diamant, le Saphir, le Rubis, l'Améthyste, l'Opale, l'Aigue marine; ou des substances vulgaires, le Soufre, la Gomme-laque, la Résine, le Sel Gemme, le Verre, ont, elles aussi, la propriété d'attirer les corps légers, de déplacer une aiguille légère posée horizontalement sur un pivot, dès qu'elles ont été frottées sur du drap ou autrement.

Désormais l'Ambre, le Jayet ou Jais, le Lyncurium (¹) des Anciens n'étaient plus les seules substances favorisées.

L'électrisation des substances sous l'influence du frottement devenait un phénomène très général.

Dès lors les Progrès furent rapides. L'année précédant la mort de Gilbert naissait, à Magdebourg, Otto de Guericke (²). Celui-ci, étant bourgmestre de cette ville, construisit la première *Machine électrique* (*fig.* 185). Elle se composait simplement d'un globe de soufre, fondu dans un ballon de verre, et qui était monté sur un axe, après avoir été séparé du ballon qui avait servi de moule. Cet axe était posé horizontalement sur des montants en bois. On l'animait d'une main d'un mouvement rapide de rotation au moyen d'une manivelle, pendant qu'on appuyait l'autre main bien sèche, nue ou enveloppée de drap, sur le globe. Celui-ci s'électrisait fortement et on l'enlevait de ses montants pour le faire servir aux diverses expériences.

Entre autres choses Otto de Guericke signale dans ses *Expériences nouvelles, dites de Magdebourg, sur le vide :*

1° Que l'Attraction d'un corps léger par le globe de soufre est suivie de la Répulsion de ce corps léger (1672);

2° Que si l'on emporte le globe avec soi dans un cabinet obscur, et qu'on le frotte avec la main sèche, il devient lumineux de la même façon que le sucre lorsqu'on le broie;

1. Le *Lyncurium* était, disait-on, produit par le Lynx. Cet animal jaloux avait soin de cacher en terre sa précieuse urine qui ne tardait pas à s'y durcir. Pline, qui fait justice de ce conte ridicule, dit que de son temps on ne voit plus de *Lyncurium* et pense que ce corps n'est autre chose que le Succin mal connu.

2. Otto de Guéricke, physicien, né à Magdebourg (Saxe) en 1602, mort à Hambourg en 1686; il imagina non seulement la première *Machine électrique*, mais encore la première machine à faire le vide, ou *Machine pneumatique;* s'occupa aussi d'astronomie et annonça un des premiers, qu'on pourrait prédire le retour des comètes.

3° Que les lueurs électriques sont accompagnées d'un bruisse-ment très perceptible lorsqu'on approche le globe de l'oreille.

D'après Th. Henri Martin ([1]) on avait observé, bien entendu sans en connaître la nature, des étincelles et des lueurs électriques dans l'Antiquité. Voici, par exemple, ce que raconte Damascius, chef de l'Ecole d'Athènes sous Justinien : au Vᵉ siècle, sous le règne d'Anthémius, le patrice romain Sévérus, à Alexandrie, avait un cheval qui, lorsqu'on le frottait, émettait des étincelles; ce prodige annonçait à Sévérus le consulat dont il fut revêtu en 460. Damascius dit, d'après Plutarque, que Tibère, encore enfant, avait un âne qui, par le même phénomène lui annonçait le pouvoir impérial, et que Valamir, compagnon d'Attila et père du grand Théodoric, émettait lui-même des étincelles. « Il m'arrive à moi-même, quoique rarement, ajoute Damascius, lorsque je prends ou quitte mes vêtements, d'en voir partir des étincelles nom-breuses qui font souvent entendre un petit bruit; quelquefois même mes vêtements semblent couverts de flammes qui éclairent sans brûler, et je ne sais où aboutiront ces prodiges. » Le même philo-sophe affirme avoir vu un homme qui, en se frottant la tête avec une étoffe de laine bien rude, en tirait des étincelles au point de produire de la flamme.

Strabon dit que peu avant le meurtre de César, on vit des étin-celles nombreuses sortir des extrémités des doigts du valet d'un soldat, de telle sorte que ses mains paraissaient en flammes, sans qu'il éprouvât aucun mal. Pline écrit que quelquefois, le soir, des hommes ont la tête entourée d'une auréole de lumière, et que c'est là un présage de la plus haute importance. L'historien Valé-rius, d'Antium, rapportait que des flammes non malfaisantes avaient entouré la chevelure de Servius Tullius dans son berceau, et la tête de Marius, lorsqu'en Espagne, après la mort de Scipion, il exhortait les soldats romains à la vengeance. Enfin Julius Obsé-quens dit qu'à Anagni, l'an 619 de Rome, la tunique d'un esclave parut en feu et fut trouvée intacte quand la flamme eut disparu, et qu'en Lucanie, l'an 660, des bestiaux parurent entourés de flammes sans éprouver aucun mal.

1. *La Foudre, l'Électricité et le Magnétisme chez les Anciens* (1866).

A peu près à la même époque qu'Otto de Guericke, le docteur anglais Wall constatait de son côté l'étincelle et le bruit électriques qui se dégageaient d'un gros morceau d'ambre, taillé en forme de cône, après frottement ; il n'était pas nécessaire cette fois d'approcher le cône d'ambre de l'oreille.

Wall a fait le récit de ses expériences dans les *Transactions philosophiques de la Société royale de Londres*, année 1708 :

« En frottant vivement, dit-il, le morceau d'ambre avec du drap et en le serrant ensuite avec force dans ma main, j'entendis un nombre prodigieux de petits craquements dont chacun produisit un petit jet de lumière. Si quelqu'un présentait le doigt à une petite distance de l'ambre, on entendait un craquement assez fort, accompagné d'un grand éclat de lumière. Ce qui me surprend beaucoup dans ce phénomène, c'est que le doigt est frappé très sensiblement et qu'on y éprouve une impression de vent par quelque côté qu'on le présente. Le craquement est aussi fort que celui d'un charbon sur le feu ; une seule friction en produit cinq ou six et plus, suivant la promptitude avec laquelle on place le doigt, et chacun est toujours suivi de lumière. Maintenant je ne doute pas qu'en se servant d'un morceau d'ambre plus long et plus gros les craquements et la lumière ne fussent beaucoup plus intenses. Cette lumière et ce craquement paraissent en quelque façon représenter le tonnerre et l'éclair. »

Le physicien anglais Hawksbee ([1]) substitua vers la fin du XVIIe siècle un globe ou un cylindre de verre (*fig.* 187) au globe de soufre d'Otto de Guericke. On obtient ainsi des effets électriques plus marqués. A partir de cette époque, l'emploi du verre en Électricité devint de plus en plus général.

C'est au moyen d'un tube de verre de 3 pieds 1/2 de longueur et de plus d'un pouce de diamètre, fermé à ses deux extrémités par des bouchons de liège que Stephen Gray ([2]) fit les mémorables expé-

---

1. Francis Hawksbee ou Hauksbee, physicien anglais, membre de la Société royale de Londres, a consigné les résultats de ses expériences sur l'Électricité dans les *Transactions philosophiques de la Société royale de Londres* (qui correspondent à nos *Mémoires de l'Académie des Sciences*) de 1705 à 1711 ; auteur des *Expériences de physique-mécanique sur la production de la Lumière et de l'Électricité*. (Londres, 1709.)

2. Stephen Gray, physicien anglais, né en 1662, mort en 1736. Ses travaux ont été publiés dans les *Transactions philosophiques*, années 1731-1732.

La dernière expérience que fit Stephen Gray causa une telle émotion à cet éminent

riences de *Conductibilité électrique* que nous allons rapporter et desquelles il sut tirer des conséquences d'une importance capitale.

Voici un résumé fort exact ([1]) de ces expériences :

« Un jour, Gray, ayant frotté son tube comme de coutume avec de la laine, remarqua qu'un duvet de plume, dont il approcha par hasard un des bouts du tube, était attiré et repoussé alternativement par le bouchon, tout comme par le verre. Il en conclut naturellement que par le contact l'électricité se communiquait de l'un à l'autre ([2]). Il voulut savoir si le liège était privilégié à cet égard, ou si toute autre substance, le bois, par exemple, était aussi susceptible de s'électriser ainsi indirectement. Il prit donc une petite baguette de bois de sapin de quatre pouces de longueur, fixa à l'une

physicien qu'elle abrégea sa vie; c'était, du moins la croyance du docteur Mortimer, alors secrétaire de la Société royale de Londres, à qui Stephen Gray confia le résultat de l'expérience la veille de sa mort : « Qu'on prenne, dit Gray, une petite boule de fer d'un pouce à un pouce et demi de diamètre, qu'on la pose au centre d'un gâteau de résine électrisé de sept à huit pouces de diamètre, et qu'on tienne entre le pouce et l'index, droit au-dessus du centre de la boule, un corps léger tel qu'un petit fragment de liège suspendu à un fil mince de cinq à six pouces de longueur : on verra le corps léger commencer de lui-même à se mouvoir autour de la boule, et cela de l'occident à l'orient. Si le gâteau de résine est de forme circulaire et que la boule de fer en occupe exactement le centre, le corps léger décrira un cercle autour de la boule; mais si la boule n'occupe pas le centre du gâteau électrisé, il décrira une ellipse dont l'excentricité est proportionnelle à la distance du centre de la boule au centre du gâteau. Si le gâteau est de forme elliptique et que la boule en occupe le centre, l'orbite tracée par le corps léger sera encore une ellipse de même excentricité que la forme du gâteau. Si la boule est placée à l'un des foyers de l'ellipse, le corps léger se mouvra plus vite au périgée qu'à l'apogée de son orbite. » Stephen Gray, après cet expérience, se croyait sur le point de résoudre le problème de la dynamique du système solaire : « Ce mouvement se fera constamment du même sens que celui dans lequel les planètes se meuvent autour du soleil, c'est-à-dire de droite à gauche ou d'occident en orient; mais la petite planète, si je puis m'exprimer ainsi, se meut beaucoup plus vite dans les parties de l'apogée, que dans celle du périgée de son orbite, ce qui est directement contraire au mouvement des planètes autour du soleil. » Gray ajoute qu'il n'avait pu réussir l'expérience que lorsque le fil était tenu par la main d'un homme; il supposait toutefois qu'elle réussirait en faisant soutenir le fil par quelque être vivant. Le docteur Mortimer répéta l'expérience avec succès, mais Wheeler n'obtint que des résultats indécis. Le Français Du Fay, ami de Gray, qui refit ces expériences déclare, dans les *Mémoires de l'Académie des Sciences* (année 1737), qu'il obtint le mouvement circulaire du corps léger, mais non pas constamment dans le sens indiqué par Gray; ce mouvement était tantôt d'occident en orient, tantôt d'orient en occident.

1. D'après *Le feu du ciel*, par Arthur Mangin, 1861.

2. Déjà, un demi-siècle auparavant, Otto de Guericke avait remarqué l'électrisation d'un corps par simple contact avec un corps déjà électrisé, et la transmission de la « Vertu électrique » le long d'une corde de chanvre jusqu'à une distance d'une aune. Mais ces faits n'attirèrent pas alors l'attention.

de ses extrémités une petite boule d'ivoire et la planta dans un des
bouchons servant à fermer le tube ; puis ayant frotté le verre, il
approcha la boule d'ivoire de quelques corps légers, qui furent aussitôt attirés.

A la baguette de quatre pouces, Gray en substitua successivement d'autres de plus en plus longues, et jusqu'à des roseaux de 3 à
4 mètres, sans que l'attraction exercée par la boule d'ivoire dimi-
nuât d'intensité. Il suspendit alors ces roseaux à une corde de
chanvre passée dans le bouchon, et monta sur le balcon du premier
étage de sa maison. Là, le verre ayant été frotté, la boule, qui

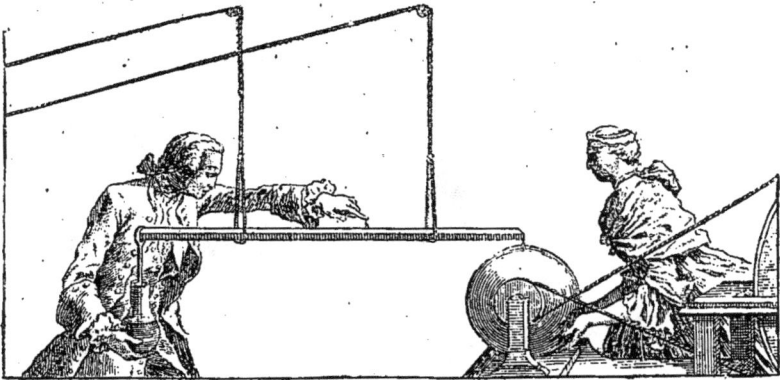

Fig. 186. — Conducteur de la machine Nollet. (Charge et décharge d'une bouteille de Leyde.)

pendait à quelques centimètres seulement au-dessus du sol, et
qu'une distance de 26 pieds (environ 8 mètres 50 centimètres) séparait du tube, attira les corps légers comme auparavant. Gray
allongea la corde, et monta au second étage ; l'attraction se fit sentir
également. Il monta sur le toit ; même résultat. Parvenu à ce point,
il fut un moment empêché de pousser plus loin son essai : prendre
une corde plus longue était chose facile ; mais où se placerait-il ? Il
lui eût fallu, comme à Galilée pour des expériences sur la pesanteur, la célèbre tour de Pise, d'où son conducteur électrique eût pu
tomber verticalement jusqu'au sol sans toucher le mur de l'édifice.
Mais il songea, par bonheur, que la position verticale n'était pas
indispensable, non plus que la ligne droite, et il s'avisa de suspendre
sa corde dans une salle, à l'aide de ficelles attachées à des clous fixés

dans les murs et dans le plafond, et de lui faire faire plusieurs circuits. Les choses étant ainsi disposées, il frotta le tube de verre et interrogea la boule d'ivoire adaptée, comme précédemment, à l'autre extrémité du conducteur. Mais il constata que l'attraction ne se produisait plus. Le fluide s'était arrêté ou perdu en chemin. Par où? comment? Gray ne put le deviner, et dans sa perplexité il résolut de recourir aux lumières et à la sagacité d'un sien ami, nommé Wheeler, physicien distingué, et particulièrement versé dans la connaissance des phénomènes électriques.

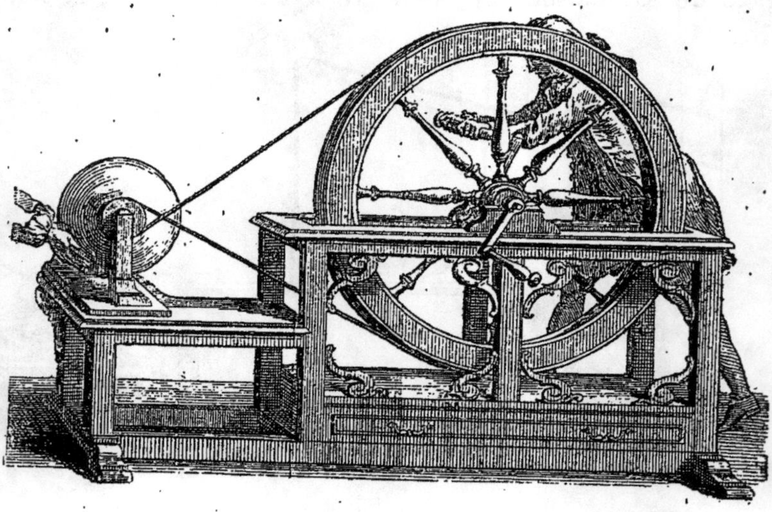

Fig. 187. — Machine électrique à frottement de l'abbé Nollet. (Globe de verre.)
(Fac-simile de la gravure de l' « Essai sur l'Électricité », par Nollet.)

De concert avec lui, il renouvela d'abord ses premières expériences, qui réussirent à souhait; mais lorsqu'ils en vinrent à expérimenter sur une corde suspendue horizontalement à l'aide de ficelles de chanvre, l'essai, plusieurs fois répété, n'eut aucun résultat. Un jour pourtant, les deux physiciens résolurent de tenter une dernière épreuve. La corde dont ils se servaient n'avait pas moins de 80 pieds de long. Wheeler, pensant que des ficelles ne suffiraient pas à la soutenir, eut l'idée d'employer pour la suspendre des cordons de soie, cette substance étant beaucoup plus résistante que le chanvre. Qu'on se figure l'étonnement et la joie des expérimentateurs lorsqu'ils virent le fluide se transmettre sans obstacle et sans affaiblissement jusqu'à l'extrémité de la corde ainsi suspendue !

Ils renouvelèrent le lendemain cet essai, mais avec une corde de 147 pieds de long, repliée deux fois sur elle-même ; puis, le sur-lendemain, avec une corde de 124 pieds, maintenue en ligne droite, toujours avec des cordons de soie ; et la transmission s'effectua avec le même succès.

Enfin, le 3 juillet 1729, tout était prêt pour l'expérience, lorsque le cordon de soie se rompit. On eût pu sans doute le renouer ; mais dans la crainte qu'il ne se rompît encore, et n'en ayant point de rechange, Wheeler imagina de le remplacer, pour plus de sûreté, par un fil de laiton ; lequel étant solidement attaché, et la corde dûment suspendue, on frotta le bâton de verre, et l'on présenta à l'extrémité du conducteur des corps légers ; mais le conducteur ne conduisait plus, et l'attraction ne se faisait nullement sentir. Le fluide s'était donc encore une fois perdu en chemin. En rapprochant ce résultat de ceux qu'ils avaient précédemment constatés, Gray et Wheeler ne furent pas longtemps à en conclure que tout dépendait de la substance dont était fait le fil servant à suspendre la corde. Celle-ci, qui était de chanvre, transmettant bien la force électrique, il était naturel, en effet, que de la ficelle de même matière la transmît également et que par cette voie elle allât se perdre dans le sol. Le fil de laiton évidemment jouissait de la même propriété conductrice, tandis que la soie en était entièrement privée. »

Ces observations, dues, comme on le voit, à des circonstances toutes fortuites, furent pour Gray et Wheeler le point de départ de recherches d'un autre ordre. Ils se mirent à étudier, au point de vue de la *Conductibilité électrique*, les différentes espèces de corps, et ils constatèrent : premièrement, que le verre, le soufre, les résines, le diamant, les huiles, les oxydes métalliques (ou les *terres*, comme on les appelait alors), etc., ne conduisaient point l'électricité, qui, au contraire, se propageait facilement par les métaux, les liqueurs acides et alcalines, les corps des animaux, l'eau, et, en général, toutes les substances humides, etc.; deuxième-ment, que les corps mauvais conducteurs (¹) s'électrisaient bien par

---

1. Appelés aussi *corps isolants*, ou, depuis Faraday, *diélectriques* [du grec ἤλεκτρον et διά (dia) : indiquant séparation entre les conducteurs]. Il n'y a pas d'isolant

le frottement, tandis que les corps bons conducteurs ne s'électrisaient point.

Pour démontrer que l'électricité se transmet par le corps des animaux et en particulier par le corps humain, l'illustre physicien Gray plaça un enfant sur une substance isolante (gâteau ou disque de résine), ou bien le suspendit horizontalement au moyen de cordes de crin, puis il le toucha avec son tube électrisé. Aussitôt il vit que l'enfant attirait par ses mains, son visage et toutes les parties de ses vêtement les corps légers qui en étaient approchés (*fig.* 305).

Il résulte évidemment de là qu'il est impossible de constater l'électrisation d'un corps conducteur, d'une tige métallique, par exemple, lorsqu'on la frotte en la tenant à la main. Ce n'est plus, en effet, la tige seule qu'il faut charger, mais la tige, le corps et la terre. On conçoit donc que la charge qui pourrait se développer étant répartie dans un aussi vaste système, au lieu de rester sur les parties frottées, ne sera plus capable de produire des effets appréciables.

Ce raisonnement est exact, car l'expérience montre que la tige métallique sera parfaitement électrisée par frottement, si l'on prend la précaution de la tenir au moyen d'un manche, ou poignée, formée par une substance isolante telle que le verre, la résine, l'ébonite, etc. De plus, dès qu'on touche à la tige électrisée, elle reprend son état naturel, elle se décharge par sa mise en communication avec le sol [1].

Du Fay [2], membre de l'Académie des Sciences, compléta les expériences de Gray sur l'électrisation du corps humain.

absolu, les substances forment une chaîne continue depuis les moins conductrices jusqu'aux métaux, qui sont les meilleurs conducteurs.

On isole aujourd'hui les conducteurs au moyen de gommes diverses, de verre, de cires, de gâteaux de paraffine ou par des supports de verre en forme de vase, mais tenus secs par l'acide sulfurique qu'ils renferment, et que l'on appelle *Isolatoirs Mascart*.

1. Le Sol en Physique, c'est un corps quelconque en relation métallique avec la terre : un bec de gaz, un tuyau de conduite d'eau, par exemple.

2. Charles-François de Cisternay du Fay, né à Paris le 14 septembre 1698, membre de l'Académie des sciences, section de chimie; s'occupa des sujets scientifiques les plus divers; se lia avec Stephen Gray et, comme le dit Fontenelle dans son *Éloge des Académiciens*, ces deux grands esprits « s'éclairèrent, s'animèrent mutuellement et arrivèrent ensemble à des découvertes si surprenantes et si inouïes qu'ils avaient besoin de s'en attester et de s'en confirmer l'un à l'autre la vérité; il fallait, par exemple, qu'ils se rendissent réciproquement témoignage d'avoir vu un enfant devenu lumineux pour en être

S'étant couché lui-même sur une planche supportée par des fils de soie, il se fit électriser par le contact d'un tube de verre frotté, analogue à celui de Gray, et que son aide, l'abbé Nollet, tenait à la main. Celui-ci, approchant ensuite un doigt du visage de Du Fay, provoqua une étincelle qui leur fit éprouver à tous deux la sensation d'une légère piqûre.

C'est la première étincelle qui fut tirée du corps humain.

De plus, dans l'obscurité, Nollet ([3]) vit avec stupéfaction tout le corps de son illustre maître enveloppé d'une auréole lumineuse.

En 1733, Du Fay fit faire un pas considérable à la science électrique. Il découvrit, par hasard, que les corps électrisés ne se comportent pas de même vis-à-vis d'un même corps également électrisé. Il s'aperçut qu'un fil de soie, d'abord attiré par un tube de verre, était ensuite constamment repoussé par lui alors qu'il était attiré par un bâton de gomme électrisé. C'est le contraire qui se produisait si le fil de soie était d'abord venu au contact du bâton de gomme. Voici comment Du Fay rapporte ses expériences, dans la terminologie de son époque qui n'est pas absolument celle d'aujourd'hui, mais qu'il est intéressant de méditer.

« J'ai découvert, dit Du Fay, un principe fort simple, qui explique une grande partie des irrégularités et, si je puis me servir du

assuré. » On voit combien les phénomènes électriques tenaient du merveilleux pour les savants de cette époque. Les travaux de du Fay ont été publiés dans les *Mémoires de l'Académie des Sciences* (années 1733, 1734, 1737).

Du Fay mourut le 16 juillet 1739, étant intendant du Jardin du roi ou Jardin des plantes; pour lui succéder il désigna un jeune savant, encore ignoré de ses contemporains, et qui plus tard devait être le grand Buffon.

3. Nollet (l'abbé Jean-Antoine), physicien, né à Pimpré, en 1700, mort à Paris en 1770. Associé par du Fay à ses recherches sur l'Électricité, membre de l'Académie des Sciences; a publié l'*Essai sur l'Électricité des Corps* (1746), les *Lettres sur l'Électricité* (1753), les *Leçons de Physique expérimentale*, les *Recherches sur les Causes particulières des Phénomènes électriques*.

Dans l'*Essai sur l'Électricité des Corps*, Nollet décrit minutieusement la *Machine électrique*, dont il se servait et dont nous reproduisons le fac-similé (*fig*. 186); il ajoute : « Pour frotter commodément le globe de verre, il faut qu'on le fasse tourner et tenir les deux mains nues et sèches, appliquées vers son équateur et à la partie inférieure. Ce n'est pas qu'on ne puisse l'électriser aussi en y appliquant une étoffe ou quelque autre chose : la plupart des Allemands se servent d'un coussinet couvert de peau et, quelques-uns enduisent cette peau de tripoli pulvérisé; mais après avoir essayé de toutes les façons, j'en suis revenu à frotter avec la main nue, comme au moyen le plus prompt, le plus commode et le plus efficace. »

terme, des caprices qui semblent accompagner la plupart des expériences en électricité.

« Ce principe est que *les corps électriques attirent tous ceux*

Fig. 188. — Expérience sur la Conductibilité électrique du corps humain.

(Fac-simile de la gravure de l'« Essai sur l'Électricité des corps », par l'abbé Nollet, édition de 1746.)

*qui ne le sont pas, et les repoussent sitôt qu'ils sont devenus* *électriques par le voisinage ou par le contact du corps électrique.* Ainsi, une feuille d'or est d'abord attirée par le tube, acquiert de l'électricité en le touchant et conséquemment en est aussitôt repoussée. *Elle n'est point de nouveau attirée, tant qu'elle conserve sa qualité électrique; mais si, tandis qu'elle est ainsi soutenue en l'air, il arrive qu'elle touche quelque autre corps, elle perd à l'instant son électricité et, conséquemment, est attirée de nouveau par le tube,* lequel, après lui avoir donné une nouvelle charge d'électricité, la repousse une seconde fois, et cette répulsion continue aussi longtemps que le tube conserve sa puissance. En appliquant ce principe aux différentes expériences d'électricité, on sera surpris du nombre de faits obscurs qu'il éclaircit ».

Les observations qui précèdent avaient été faites déjà par Otto de Guericke, mais la grande découverte de Du Fay est exposée dans les lignes suivantes :

« Le hasard, dit-il, m'a présenté un autre principe plus universel et plus remarquable que le précédent, et qui jette un nouveau jour sur l'électricité. Ce principe est qu'il y a deux sortes d'électricités fort différentes l'une de l'autre : l'une que j'appelle *électricité vitrée;* l'autre, *électricité résineuse.* La première est celle du Verre, du cristal de roche, des pierres précieuses, du poil des animaux, de la laine et de beaucoup d'autres corps. La seconde est celle de la Résine, de l'ambre, de la gomme copal, de la gomme-laque, de la soie, du fil, du papier et d'un grand nombre d'autres substances.

Le caractère de ces deux électricités est de se repousser elles-mêmes et de s'attirer l'une l'autre. Ainsi, un corps doué de l'électricité vitrée repousse tous les corps qui possèdent de l'électricité vitrée, et, au contraire, il attire tous ceux qui possèdent de l'électricité résineuse. Les Résineux pareillement repoussent les Résineux et attirent les Vitrés. On peut aisément déduire de ce principe l'explication d'un grand nombre d'autres phénomènes, et il est probable que cette vérité nous conduira à la découverte de beaucoup d'autres choses. »

On n'a pas conservé les dénominations d'Électricité vitrée ou d'Électricité résineuse qu'avait introduites l'illustre physicien Du Fay.

Elles pèchent en effet en ce qu'un même corps, le verre et la résine aussi bien que tout autre, peut prendre les deux électrisations selon les conditions dans lesquelles on le place.

Canton (¹), le premier, a remarqué que le verre dépoli, frotté avec une étoffe de laine, prend une électrisation contraire à celle d'un bâton de verre parfaitement propre et poli frotté dans les mêmes conditions, en sorte que le verre dépoli serait résineux.

Aussi appelle-t-on, dans des conditions données, corps électrisés positivement ou *Positifs* ceux qui se comportent de la même manière que le verre poli frotté sur du drap, et corps électrisés négativement ou *Négatifs* ceux qui se comportent au contraire comme la résine également frottée sur du drap. On désigne tou-

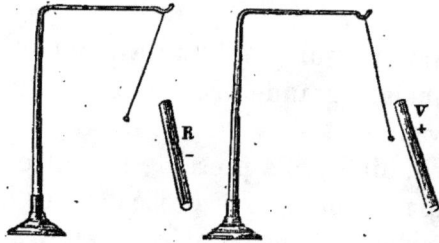

Fig. 189. — Découverte de Du Fay : Électricité vitrée et Électricité résineuse.

jours le premier état (état *positif*) par le signe + (plus), et le second état (état *négatif*) par le signe — (moins) (²) (*fig.* 189).

Il n'y a pas lieu d'introduire une troisième qualification distinctive, car jamais l'expérience n'a montré d'exemple de corps électrisés qui ne rentreraient pas dans l'une ou l'autre des catégories précédentes.

On sait, depuis Æpinus, Wilke, et les autres physiciens de la fin du XVIIIᵉ siècle, que deux corps frottés l'un sur l'autre s'électrisent simultanément et prennent des électrisations *opposées*. L'un des deux corps est *Positif*, l'autre *Négatif*. De plus, ces deux électrisations sont *équivalentes* en ce sens que les deux corps maintenus au contact n'exercent aucune action sur des corps légers placés dans leur voisinage.

1. John Canton, physicien et astronome anglais, né à Stroud en 1718; mort en 1762, membre de la Société royale de Londres, directeur de l'Académie de Spital-Square; fut le premier à reproduire en Angleterre les expériences de Franklin sur l'électricité atmosphérique; fit la première démonstration expérimentale de la compressibilité des liquides.

2. L'auteur de cette désignation est Benjamin Franklin; d'après la théorie de ce célèbre savant, sur laquelle nous reviendrons, l'Électricité s'accumu e dans certains corps où elle est alors en *plus*, et abandonne certains autres corps où elle est alors en *moins*.

Voici comment on peut, d'après Faraday, démontrer ces divers faits.

On prend un bâton de cire d'Espagne dont on électrise l'une des extrémités en la frottant avec un petit bonnet de soie qui la coiffe et qui se continue par un petit fil de soie au moyen duquel on peut enlever le bonnet sans le toucher. Si l'on approche le système de corps légers, d'une balle de moelle de sureau, par exemple, suspendue à un fil isolant (*fig*. 190), celle-ci reste au repos, ce qui prouve bien que la cire coiffée du bonnet est sans action extérieure. Enlève-t-on le bonnet, on voit aussitôt la balle de sureau

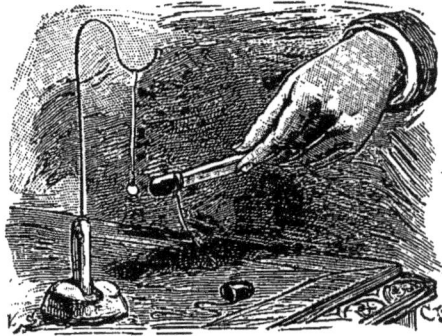

Fig. 190. — Expérience de Faraday : les deux électrisations se développent simultanément.

se précipiter sur la cire, s'électriser comme elle par le contact, et retourner en arrière par suite de la répulsion qu'exerce dès lors sur elle le bâton de cire. Si on approche de la balle ainsi électrisée le bonnet de soie, elle est au contraire attirée, ce qui prouve nettement que par le frottement la cire et la soie ont pris des électrisations antagonistes, opposées.

Cette *double Électrisation,* cette *Polarité électrique,* comme l'on dit souvent en assimilant les deux électrisations observées aux effets opposés des deux moitiés d'un aimant, est absolument générale. Elle se manifeste toujours invariablement, quel que soit le mode d'Électrisation employé, en exceptant, bien entendu, l'électrisation par contact ou par conductibilité, qui sont des électrisations indirectes.

Il est nécessaire, au point où nous sommes arrivés, de jeter un regard en arrière et de résumer, en quelques Propositions nettes qu'il faut avoir constamment en Mémoire, les résultats acquis :

I. — *Tous les Corps, sans distinction aucune, s'électrisent lorsqu'on les frotte et montrent leur électrisation par les Attractions ou les Répulsions qu'ils exercent, par les Lueurs dont ils s'enveloppent dans l'obscurité, ainsi que par les Étincelles variées qu'on peut en tirer par l'approche d'un autre corps.*

II. — *Plus un corps conserve l'Électrisation à l'endroit même où le Frottement l'a développée, plus il est* Isolant, *plus au contraire la propriété électrique envahit vite une plus grande partie du corps, plus il est* Conducteur.

III. — *Il y a deux espèces d'Électrisation, et deux seulement, qui se manifestent par des actions extérieures antagonistes, et qui sont telles que deux corps doués de la même Électrisation se repoussent alors que deux corps doués d'Électrisations contraires s'attirent.*

IV. — *Deux corps frottés l'un contre l'autre prennent une Électrisation différente, et ces deux Électrisations sont équivalentes en ce sens que les deux corps maintenus au contact sont sans action sur les corps légers voisins.*

V. — *L'Électrisation développée est temporaire; elle se perd plus ou moins vite* (¹).

Il faut expliquer comment chacun peut démontrer aisément les faits qui précèdent.

Il n'est pas nécessaire pour cela de faire usage des appareils élégants mais coûteux que l'on admire dans les laboratoires de Physique ou dans la vitrine des Constructeurs. On peut faire soi-même et vite la plupart des appareils indispensables et en utilisant des objets que l'on a constamment sous la main.

Ceux qui s'intéressent à la Science et qui désirent voir de leurs propres yeux les choses dont on leur parle, doivent conduire leurs essais avec beaucoup de méthode et de patience. Une tentative

---

1. Cette déperdition est quelquefois très lente. William Thomson a pu conserver pendant des années l'électrisation à l'intérieur d'ampoules de verre hermétiquement closes.

infructueuse ne doit pas engendrer le découragement, toujours le succès couronne l'opiniâtreté. Avec un peu d'application on devient vite habile et rien n'égale la joie profonde que l'on éprouve lorsqu'on sait forcer la Nature, souvent discrète et rétive, à répondre aux questions qu'on lui pose.

Un observateur doit toujours être sincère, c'est-à-dire prêter une égale attention à toutes les particularités des Phénomènes, ne

Fig. 191. — Attraction de gouttelettes liquides.

rien négliger de ce qui s'y trouve, n'y rien mettre de ce qui ne s'y trouve pas.

Chaque genre de recherches, de même que chaque métier, exige des outils, des appareils spéciaux. Quels sont ceux qui nous sont nécessaires? Comment devrons-nous procéder à leur emploi?

Nous allons l'expliquer avec des détails qui pourront paraître superflus, mais que nous estimons nécessaires, car nous voulons éviter, à tous, les ennuis et les difficultés des débuts.

Il faut remarquer toutefois que les dispositions que nous indiquons n'ont rien d'absolu, qu'elles peuvent être modifiées par chaque expérimentateur au gré de ses propres inspirations. Il sera sage cependant de les suivre dans les premiers essais.

Une dernière et importante observation : *Toutes les expériences qui suivent ne doivent être tentées que par un temps sec et avec des objets également secs.*

En premier lieu il faut constater qu'après Frottement les Corps jouissent de la curieuse propriété d'attirer à eux des fragments de papier, des cheveux, des barbes de plumes, des brins de paille, etc.

Pour cela on prend un bâton de cire à cacheter et un morceau d'étoffe de laine — drap ou flanelle plié en plusieurs doubles — puis on frotte légèrement et vivement la cire avec l'Étoffe. Après quelques frictions il suffit d'approcher le bâton de cire de corps légers quelconques pour les voir se précipiter sur lui.

L'expérience réussit tout aussi bien en substituant au bâton de cire, une tige ou un tube de verre, un canon de soufre, du papier, etc.

Au lieu de petits corps légers on peut attirer des gouttelettes liquides en présentant, par exemple, le corps frotté à de l'huile qui remplit un godet (*fig.* 191) ou encore attirer les particules qui constituent la fumée.

En frottant une tige de Métal comme il vient d'être fait pour la cire à cacheter, elle n'acquiert pas la propriété attractive.

Il est possible de donner à cette expérience d'Attraction des formes amusantes qu'on imaginera sans peine.

Nous allons, à titre d'exemple, en indiquer deux :

*La Colombe d'Archytas* (figure de la 3ᵉ *Expérience*) et *La Danse des Forçats* (figure de la 8ᵉ *Expérience*).

Mais avant il faut apprendre à communiquer à une feuille de papier la vertu attractive.

On choisit une demi-feuille de papier écolier un peu fort, on la chauffe au feu de la cheminée afin de lui enlever son humidité.

Lorsqu'elle est encore chaude, on l'applique sur une table et on la frotte avec la main sèche en faisant glisser celle-ci, un certain nombre de fois, du bord de la feuille le plus rapproché de l'expérimentateur au bord opposé.

Si on enlève la feuille ainsi traitée et qu'on la présente à une petite colombe en papier, attachée à l'une des extrémités d'un fil dont on tient l'autre à la main, elle prend aussitôt son vol vers la feuille et se précipiterait sur elle si le fil ne la retenait. La Colombe suit tous les mouvements que l'on donne à la feuille absolument comme si elle y était attachée par quelque cordon invisible.

Nous avons donné à cette expérience le nom de « Colombe d'Archytas » en mémoire d'une expérience analogue que l'on peut faire au moyen d'un Aimant et dont le P. Athanase Kircher parle dans son curieux ouvrage : *L'Aimant ou de l'Art magnétique* (¹).

Après avoir décrit plusieurs expériences faites avec des aimants, Kircher arrive au *Problème X* qu'il intitule : « *La colombe d'Archytas volant dans l'air et indiquant les heures* ».

« Il nous reste à montrer, dit-il, que nous pouvons donner un mouvement progressif aux choses suspendues en l'air par l'aimant, et, d'abord faisons l'expérience de la « Colombe volante d'Archytas » (²) si souvent mise en doute par les auteurs.

« Qu'il soit fait d'abord un tableau de cette forme que vous voyez A B C D (*fig.* 192), que vous couvrez par derrière d'une lame très mince de bronze ou de cuivre; vers le milieu établissez un petit disque (où sont marquées les heures), sur ce disque et au bord, fixez un aimant, et munissez ce disque d'un cordon afin, d'une façon occulte et cachée, de le faire tantôt tourner, tantôt s'arrêter. Ce mécanisme n'est pas exprimé dans la figure. De plus, élevez au bas du tableau une petite montagne artificielle G E; au sommet de cette montagne, placez une figure H, que j'appelle Archytas, faite de matière très légère, de papier ou d'une tige de roseau desséché;

1. Athanase Kircher, physicien, mathématicien, philologue, né à Geyssen (Hesse) en 1602, mort à Rome en 1680, a écrit sur toutes les matières de la connaissance humaine à son époque; on lui doit, entre autres ouvrages : *Le Grand Art de la Lumière et de l'Ombre* (1645), où, comme nous l'avons déjà signalé, il a décrit la Lanterne magique; *Le Royaume magnétique de la Nature*, où il cherche à expliquer tous les phénomènes à l'aide du Magnétisme; *L'Obélisque Pamphilius* (Rome, 1650) et *L'Œdipe égyptien*, où il explique le sens des hiéroglyphes; *Le Monde souterrain; L'Arithmétologie ou les Mystères sacrés des nombres* (1665).

2. Archytas, philosophe pythagoricien, né à Tarente (Italie) 440 avant notre ère, mort en 360 dans un naufrage sur les côtes de l'Apulie, contemporain et ami de Platon; philosophe et général, appelé sept fois par ses concitoyens à la tête du gouvernement. On le croit l'inventeur de la vis, de la poulie, de la crécelle et de plusieurs découvertes en géométrie; célèbre dans l'antiquité par la construction de sa *Colombe volante;* auteur de nombreux ouvrages dont il ne nous est parvenu que des fragments; Horace consacra une ode au souvenir de sa mort.

COLVMBA ARCHITÆ
*magnetica* *arte exhibita*

Cum studio Aβχνάτ8 uolat ecce Columba per orbem.
Non rota, nec uentus, Sed lapis urget opus.

FIG. 192. — LA COLOMBE D'ARCHYTAS MONTRÉE PAR L'ART MAGNÉTIQUE.

« Grâce à Athanase voici la Colombe qui vole circulairement. Ce n'est pas le disque, ni le vent, mais c'est l'Aimant qui fait son œuvre. »

(Fac-simile de la gravure de l'*Art magnétique*, par Athanase Kircher).

enfilez-la dans une aiguille afin qu'elle puisse pivoter au moindre souffle.

« Cela terminé, construisez une Colombe de la même matière légère et traversez-la en longueur par une aiguille d'acier. Apprêtez ensuite un fil de chanvre, de soie, d'aloès ou de lin, en tout cas très ténu afin qu'il trompe la vue, et attachez l'un de ses bouts à la queue de la colombe et l'autre bout à la main d'Archytas. Élevez ensuite la colombe jusqu'à ce que vous la sentiez attirée par l'aimant fixé derrière le disque.

« A présent, si vous désirez montrer le spectacle de la colombe volante, faites tourner le disque, muni de son aimant. Celui-ci, en tournant, fait tourner avec lui la tremblante colombe qui paraît sollicitée du désir d'attraper quelque chose. Et encore, la colombe étant attirée et tournant, fait tourner sur son aiguille la figure d'Archytas. Ainsi, dans l'air la colombe volera, et Archytas semblera guider son vol ».

Kircher termine par quelques considérations sur le mécanisme de l'expérience et ajoute qu'un aimant d'une grande puissance (pour son époque) est nécessaire pour la réaliser : « Je n'en ai vu, dit-il, qu'un seul de cette sorte; il tenait en suspension une aiguille presque à quatre doigts de distance. »

Nous avons, comme on l'a vu, trouvé un procédé bien simple pour reproduire l'expérience compliquée d'Archytas, restituée par Athanase Kircher ([1]).

On réalise là « Danse des Forçats » en substituant à la colombe des bonshommes en papier qui se trouvent rivés à la table sur laquelle ils sont placés par de petits boulets qu'ils portent aux pieds (un fil et un grain de plomb). En donnant à la feuille des mouvements capricieusement rythmés, on voit les bonshommes danser ensemble avec un imprévu bizarre.

Sans doute ces expériences ne peuvent avoir une très grande durée. Il est nécessaire de recommencer à chaque instant à frotter la feuille de papier. On constate toujours, en effet, *une déperdition* plus ou moins rapide de la vertu attractive ([2]).

1. La figure 192 est la reproduction photographique, de la gravure de l'édition de Rome, 1654. La légende montre qu'Athanase Kircher tirait gloire de cette restitution.

2. Les expériences sont analogues à celles indiquées dans les divers traités de Phy-

Selon le terme usité, on dit que les corps qui jouissent de la propriété d'attirer les fragments légers *sont électrisés*, ou *chargés d'électricité*. Mais il faut bien remarquer que ce n'est là que l'expression d'un fait et non pas une explication.

Les corps sont dits *neutres* ou *naturels* s'ils n'ont pas la faculté d'attraction.

Tout corps léger disposé de façon à indiquer si le corps qu'on lui présente est naturel ou électrisé se nomme *Électroscope*.

Fig. 193. — Électroscope à paille.

La Colombe d'Archytas, les Forçats sont des Électroscopes. Nous allons en établir d'autres plus commodes et plus répandus.

Soit d'abord l'*Électroscope à paille*. On choisit une belle paille de 15 à 20 centimètres de longueur *pp*. On prend d'autre part un petit morceau de paille ayant un nœud en *n*, on le fixe par ce nœud,

sique sous le nom de *Grêle électrique*, *Danse des pantins*, etc., que l'on réalise au moyen de Machines électriques.

et au moyen d'un peu de cire à cacheter au milieu de *pp* (*fig.* 193).

Le système repose sur la tête d'une aiguille *a* piquée sur un support. Celui de la figure 193 est formé d'un morceau de cire à cacheter *c* fixé, par l'action de la chaleur, sur le fond d'un verre *v*. Pour piquer l'aiguille dans le support, on en chauffe la pointe, la cire s'amollit et laisse passer l'aiguille qui se trouve scellée après refroidissement.

Fig. 194. — Pendule électrique.

Un *corps neutre* est celui qui est sans action sur la paille.

Un *corps électrisé* la fait au contraire tourner sur son pivot.

En faisant fuir le corps électrisé devant la paille qui en recherche le contact, elle prend un mouvement continu de rotation absolument comme si on la commandait directement par une manivelle.

On appelle *Pendule* (¹) tout système formé par un corps suspendu à un fil, à une tige.

----

1. *Pendule*, du latin *pendere* : être suspendu.

Cela explique pourquoi on donne le nom de « *Pendule électrique* » à un Électroscope formé d'un corps léger — on choisit ordinairement une petite balle *b* faite avec de la moelle de sureau — suspendu à l'extrémité d'un fil de soie. Nous attachons ce fil *s* (*fig.* 194) à l'extrémité recourbée d'un fil de fer *f* dont nous avons enfoncé l'extrémité inférieure dans un bâton de cire *c*; ce bâton

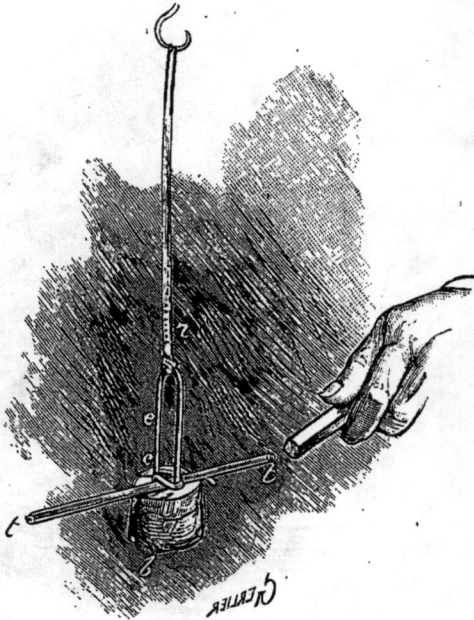

Fig. 195. — Support mobile ; attraction.

peut être fixé sur le fond d'un verre, ou maintenu dans une entaille pratiquée sur un large bouchon de liège *l*. En suspendant deux balles pareilles, de façon qu'elles soient en contact, on a un Pendule électrique double ; les balles se chargeant de même par contact avec un corps électrisé, se repoussent.

Si l'Électroscope indique que deux corps sont l'un neutre et l'autre électrisé, que se passera-t-il lorsque ces deux corps seront approchés l'un de l'autre?

Si le corps neutre est mobile et assez léger, on sait par ce qui précède qu'il tendra à s'approcher davantage du corps électrisé, mais

·inversement — ainsi que l'a constaté Robert Boyle (¹) — si le corps ·électrisé est mobile, c'est lui qui ira vers le corps neutre.

Ils marcheront à la rencontre l'un de l'autre si tous deux peuvent se mouvoir.

Il est aisé de vérifier l'attraction des corps électrisés par les corps neutres. Une feuille de papier électrisée est-elle approchée d'une table, d'un mur, elle s'infléchit du côté de ces corps, et il faut exercer un effort pour la maintenir à distance. La paille électrisée de l'*Électroscope* se porte également vers les corps naturels que l'on en approche.

On peut observer encore cette attraction en plaçant une baguette électrisée (verre ou cire) sur un support qui la laisse se déplacer sous l'influence des plus faibles actions. On voit dans ces conditions la baguette se porter vers tout corps naturel qu'on lui présente.

On réalise sans difficulté un support propre à cette expérience (*fig.* 195) en piquant les deux pointes d'une épingle à cheveux *e* dans un bouchon *b*. L'épingle est elle-même portée par un fil ou un étroit ruban de soie *r*. Un petit anneau en caoutchouc *c* permet d'assujettir solidement la baguette électrisée sur le bouchon.

Sans doute, dans ces expériences, c'est bien le corps électrisé qui est la cause première, déterminante du mouvement, puisque sans lui tout reste en repos, mais l'attraction n'est pas localisée dans le corps électrisé. Le système tout entier tend à prendre une ·disposition nouvelle compatible avec la présence du corps électrisé, et toutes les parties mobiles du système se déplacent plus ou moins.

En un mot, ces Mouvements électriques obéissent comme les autres Mouvements au principe de l'Action et de la Réaction.

Un corps électrisé communique sa propriété aux corps naturels qu'il touche.

C'est ainsi que s'il est mis en contact avec la balle d'un Pendule électrique, celle-ci devient capable d'attirer la paille de l'Électroscope, ou d'être attirée par la paille.

1. Robert Boyle, physicien et chimiste, né à Lismore (Irlande) en 1626, mort à Londres en 1691; ce fut lui qui introduisit dans la science le mot *Electricitas* : Electricité; un de ses ouvrages est, en effet, intitulé *de mechanica Electricitatis productione* (De la production mécanique de l'*Electricité*); ce mot avait été jusqu'à lui peu employé, bien qu'il paraisse avoir été créé par William Gilbert.

Comme l'a remarqué pour la première fois Otto de Guericke, un corps suffisamment léger s'éloigne d'un corps électrisé après l'avoir touché. On peut s'en assurer de bien des manières.

Indiquons d'abord l'expérience des « *Projectiles électriques* » (figure de la 9ᵉ *Expérience.*)

On place sur une feuille de papier électrisée, comme il a été dit, des morceaux de papier, de la cendre, des balles de sureau, etc. Après leur contact avec la feuille, quand on la détache, quand on l'enlève de la table, ces corps sont brusquement projetés au loin.

On peut aussi remarquer que la balle du Pendule ou la paille de l'Electroscope sont repoussées après s'être électrisées par contact ([1]).

*La répulsion après le contact* se manifeste beaucoup mieux lorsque, par un moyen quelconque, le corps électrisé, au lieu de rester rigoureusement au contact du corps qu'il a touché, vient se placer à une faible distance de lui. On évite ainsi une sorte d'adhérence qui trouble le phénomène.

Nous disposons donc déjà de deux moyens pour électriser un corps :

1° L'Électrisation peut être déterminée par le *Frottement;*

2° L'Électrisation peut être déterminée par le *Contact d'un corps préalablement frotté.*

Les corps précédemment électrisés sont des *Isolants* ([2]).

Ils conservent, en effet, la propriété attractive à l'endroit même de leur surface où elle a été développée. Cette propriété attractive n'envahit que plus ou moins lentement les régions voisines.

### TABLEAU I.

Corps Isolants usuels classés dans un ordre d'isolement croissant.

| | |
|---|---|
| Laine. | *Gutta-percha.* |
| Soie. | *Caoutchouc.* |
| Verre. | *Gomme-laque.* |
| Cire à cacheter. | *Paraffine.* |
| Soufre. | *Ebonite.* |
| Résine. | *Air sec* (dans certaines conditions). |

1. Les deux balles d'un pendule double restent écartées aussi longtemps qu'elles sont électrisées.
2. *Isolant,* du latin *insula :* île, et *insulatus :* séparé des parties voisines, mis à part.

Faisons maintenant connaissance d'une autre catégorie de corps
que l'on nomme des *corps Conducteurs* par opposition aux précédents : ils conduisent, en effet, dans un temps extraordinairement
court en tous les points de leur surface l'électrisation produite sur
l'une de leurs parties.

Prenons une règle plate et mince en bois (*fig*. 196) et plaçons-la
sur deux bâtons de cire à cacheter posés à plat et formant support,
puis touchons l'une des extrémités de la règle avec un corps électrisé, on voit aussitôt l'Electroscope à paille et le pendule indiquer
par leurs mouvements que tous les points de la règle d'une extrémité à l'autre sont électrisés.

Un long crayon de charpentier, une tige de métal, un fruit
allongé, etc., se comporteront de même ; un corps isolant, — une
baguette de verre, par exemple, — agit comme conducteur *si sa
surface est humide*, et cela a toujours lieu pour les corps hygrométriques (¹) ; aussi ne faut-il faire les expériences qu'avec des
objets bien secs.

Le corps humain, le corps des animaux, la terre sont également
de bons Conducteurs : Si un oiseau est posé sur un corps isolant,
sur un tube de verre, par exemple (figure de la 10ᵉ *Expérience*), il
suffit de lui toucher le bec avec un corps électrisé pour voir les
objets légers s'approcher de sa queue et des diverses parties de son
corps. (On peut faire la même expérience avec un chien couché sur
un coussin de soie.)

Si l'oiseau était posé directement sur le sol ou sur la main de
l'expérimentateur, on ne pourrait plus l'électriser. Cela se conçoit
sans peine, ainsi qu'il a déjà été dit, si l'on considère qu'on n'a plus
seulement alors l'oiseau à électriser, mais l'oiseau, le corps humain
et la terre qui forment par leur ensemble un immense conducteur.
L'électrisation de l'oiseau ainsi répartie devient inappréciable.

Cette raison explique aussi pourquoi il est impossible d'électriser par frottement une tige de métal qu'on tient à la main.

---

1. Les corps *hygrométriques* sont ceux qui absorbent facilement l'humidité [du grec,
ὑγρός (ugros) : humide, et μέτρον (métron) : mesure]. C'est Du Fay qui appela l'attention,
le premier, sur l'influence de l'humidité ; il put répéter les expériences de Gray et conduire l'électrisation du tube frotté à une distance d'environ 400 mètres, en prenant une
corde de chanvre *mouillée*.

Elle s'électrise, au contraire, comme tout autre corps, si on la tient par l'intermédiaire d'un manche isolant en cire à cacheter, en verre sec, etc.

L'isolant empêche, en effet, l'électrisation de se communiquer

Fig. 196. — Expérience sur la conductibilité électrique.

au corps de l'expérimentateur, puis à la terre. Il n'y a aucune difficulté à vérifier ces affirmations.

### TABLEAU II.

| Corps conducteurs usuels. | Corps semi-conducteurs. |
|---|---|
| *Argent.* | *Charbons de bois.* |
| *Cuivre.* | *Coke.* |
| *Or.* | *Acides.* |
| *Zinc.* | *Dissolutions salines.* |
| *Platine.* | *Eau de mer.* |
| *Fer.* | *Air raréfié.* |
| *Étain.* | *Glace fondante.* |
| *Plomb.* | *Bois sec.* |
| *Mercure.* | *Papier sec.* |
| *Corps humains et des animaux.* | |
| *La Terre.* | |

Mais arrivons au « *Contraste électrique* » ou double électrisation. Pour répéter les expériences de Du Fay, frottez un bâton de verre sec et poli avec le frottoir en drap ou en flanelle, puis électrisez par contact la paille ou le pendule de votre Electroscope. Electrisez, d'autre part, un bâton de cire à cacheter ou de résine en le frottant également avec un *autre* morceau de drap ou de flanelle :

La paille électrisée par contact avec le verre est repoussée par lui.

Au contraire, elle est attirée par le bâton de cire à cacheter.

Ainsi la même paille placée dans les mêmes conditions est attirée par la cire et repoussée par le verre.

En intervertissant l'ordre de cette expérience, la cire repousserait la paille, et celle-ci serait attirée par le verre.

On exprime ce Contraste présenté par l'expérience en disant que le verre et la cire frottés avec du drap ou la flanelle prennent une électrisation opposée : celle du verre poli frotté avec une étoffe de laine est appelée *Électrisation positive*, et celle de la cire également frottée avec une étoffe de laine, *Électrisation négative*.

En variant les conditions de l'expérience, on voit que tout corps se comporte toujours soit comme le Verre, soit comme la Cire à cacheter ou Résine (on sait, en effet, que la cire à cacheter est un composé de substances résineuses). Il est *positif* ou *négatif* selon les cas. Pour déterminer le « Signe d'un corps électrisé », c'est-à-dire pour savoir s'il est *positif* ou *négatif* il faudra toujours comparer ses effets à ceux du verre poli ou de la cire frottés avec une étoffe de laine.

Ces deux électrisations se développent simultanément.

En effet, après avoir électrisé un bâton de cire à cacheter, comme il vient d'être dit, approchons-le d'un Électroscope. S'il s'agit de l'Électroscope à paille, celle-ci est d'abord attirée, s'électrise au contact de la cire, puis est repoussée. Le morceau de flanelle qui a servi de frottoir est-il substitué à la cire, la paille est attirée et, si on évite qu'elle vienne au contact de la flanelle, elle sera à nouveau repoussée lorsqu'on lui présentera la cire.

La cire prend l'*électrisation négative*, le frottoir l'*électrisation positive*.

## TABLEAU III.

Liste des Corps usuels disposés dans un ordre tel que, frottés deux à deux, celui que l'on rencontre le premier dans la liste devient positif alors que l'autre devient négatif.

| | |
|---|---|
| *Verre poli.* | *Résines.* |
| *Etoffes de laine.* | *Verre dépoli.* |
| *Plumes.* | *Soufre.* |
| *Bois.* | *Métaux.* |
| *Papier.* | *Caoutchouc.* |
| *Soie.* | *Gutta-percha.* |
| *Gomme-laque.* | |

Il reste à constater « *le bruit et le feu électriques.* »

A cet effet électrisez une feuille de papier blanc, ainsi qu'il a été expliqué, et présentez dans l'obscurité le doigt ou un corps quelconque à la feuille, vous en verrez jaillir aussitôt un feu prenant des formes variées et allant de la feuille au corps (figure de la 2ᵉ *Expérience*); en même temps un crépitement caractéristique se fait entendre; après l'apparition de ce feu, la feuille n'est plus électrisée : on dit que le Feu électrique ou l'Étincelle l'a *déchargée.*

Ainsi peuvent être réalisées en peu de temps, et par tous, les Expériences dont nous avons tracé l'histoire, et qui ont occupé les Savants de tous les pays pendant plus d'un siècle.

Il faut bien savoir que les moyens les plus simples sont toujours les meilleurs et les plus démonstratifs. Ayant vu les choses on les apprécie d'une manière plus juste et plus saine, on ne court pas le risque de bâtir dans son imagination des châteaux en Espagne, ce qui arrive fort souvent en ce qui concerne l'Électricité.

Les Attractions, les Répulsions, le Bruit et le Feu électriques sont autant de manifestations *actuelles* ou *cinétiques* de l'*Énergie électrique potentielle* développée sur les corps par le Frottement.

Comment développer plus facilement, et en plus grande quantité, cette forme d'*Énergie potentielle ?*

Par l'emploi de *Machines*, dites *électriques*.

Mais auparavant, en mettant à profit les phénomènes d'Attraction ou de Répulsion, apprenons à mesurer, à *peser* l'*Électrisation* ou *Charge électrique* des corps de petites dimensions sans nous préoccuper, bien entendu, de la nature intime et inconnue de cette Charge.

Évaluons d'abord l'Attraction de deux balles de sureau métalli-

sées superficiellement au moyen d'un fragment de feuille d'or,
par exemple, dont l'une *b* est à l'état neutre, l'autre *b′* étant électrisée.

Pour cela il faut préparer une délicate Balance et un ensemble
de très petits poids, la première idée qui se présente étant d'équi-
librer par des poids l'action électrique des deux balles.

Au milieu d'une planchette P (*fig.* 197), on fixera une tige de
bois verticale S S′ portant vers son sommet une fine aiguille horizontale *a*. P S S′ est le support de la Balance, l'aiguille *a* en est
l'axe ou Pivot.

Fig. 197. — Mesure d'une Attraction.

On choisira ensuite une forte paille, ou si l'on désire une plus
grande solidité, une tige de bois bien régulière, longue et légère,
que l'on percera en son milieu d'un petit trou circulaire et net,
grâce auquel on enfilera la tige A B sur l'aiguille *a*. Cette tige, qui
peut tourner avec la plus grande facilité autour de l'aiguille *a*, se
nomme le Fléau de la Balance. A l'extrémité A de ce fléau on sus·
pend un plateau *p*, obtenu en découpant d'abord un petit rond de
papier dans une feuille, puis en faisant passer par trois trous équidistants, percés sur le pourtour du rond de papier, trois fils fins
égaux en longueur, et retenus par de petits nœuds. L'autre extrémité de ces trois fils est attachée en A.

En B on suspend par un fil ou par une paille, ou un **support**
rigide, la balle de sureau *b* que l'on se propose d'attirer.

Pour mettre la Balance en équilibre, c'est-à-dire pour amener le fléau dans une position bien horizontale, on prépare de petites bandes de papier que l'on plie en deux *c* et que l'on met à cheval sur le fléau en des points convenables, que l'on cherche par tâtonnements.

Ces morceaux de papier se nomment des Cavaliers.

Pour assurer la stabilité de l'équilibre, il faut fixer perpendiculairement au fléau et au-dessous du pivot *a* un petit morceau de bois relativement lourd.

On se procure aisément, d'autre part, des poids égaux et très

Fig. 198. — Mesure d'une Répulsion.

faibles en coupant des longueurs égales d'un fil fin et régulier, dont on connaît le poids total.

En variant convenablement ces longueurs, on pourra se faire une sorte de Boîte à Poids parfaitement appropriée au but particulier que nous avons en vue.

Pour terminer ces préparatifs, plaçons au-dessous de B un vase, une boîte quelconque, dont la face supérieure est percée d'un petit trou livrant passage au fil de suspension de la balle *b*; une petite paille *e* attachée à ce fil, et plus longue que l'ouverture de la boîte, empêche la boule *b* de descendre trop bas. Le vase, ou la boîte, est de plus percé d'une ouverture latérale *o*, par laquelle on introduit la balle de sureau électrisée *b'* piquée sur le bout d'un bâton de cire à cacheter effilé. Un petit disque de liège enfilé sur ce bâton sert à le maintenir dans l'orifice $o$ et on règle sa distance à la balle $b'$, de façon que le bouchon étant dans l'orifice, les balles $b$ et $b'$ soient exactement sur la même verticale.

Dans le bas de cette boîte on met des substances desséchantes (chaux vive, chlorure de calcium ou acide sulfurique), de manière que l'air de la boîte soit parfaitement sec. On diminue ainsi beaucoup la déperdition, et avec de l'habitude et de l'habileté, on a assez de temps pour procéder à la mesure.

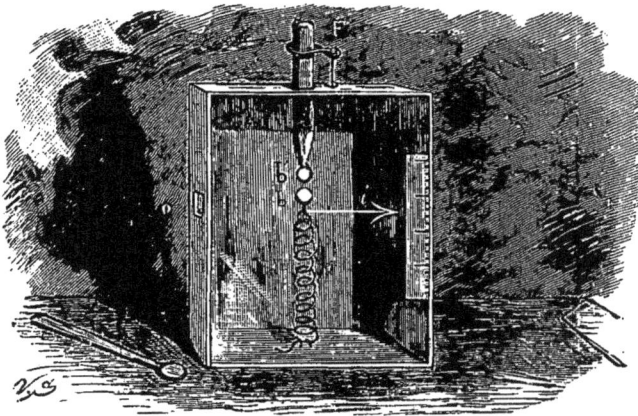

Fig. 199. — Autre mesure d'Attraction et de Répulsion.

Ayant introduit la balle électrisée $b'$, la balle $b$ est attirée et se précipiterait sur $b'$ si l'arrêt $e$ n'intervenait.

On rétablit l'équilibre de la Balance en déposant, au moyen d'une petite pince, les brins de fils qui constituent les poids dans le plateau $p$.

La somme des poids nécessaires pour établir l'équilibre mesure l'Attraction. Plus rigoureusement cette Attraction est mesurée par les fils qu'il faudrait mettre sur $b$, après avoir enlevé $b'$, pour maintenir l'équilibre, car la balance n'est pas très juste.

S'il s'agit d'évaluer une Répulsion, la Balance précédente ne peut pas servir, car la Répulsion et les poids tendent à faire tourner le fléau dans le même sens.

Une légère modification permet de résoudre la difficulté. On attachera (*fig.* 198) le plateau à un fil qui, partant de A passe, sur une petite poulie *r*, de plus le support de la balle *b* ne doit plus être un fil, mais une fine tige rigide que nous supposerons isolante, et l'arrêt *e* est supprimé. Enfin on recourbera la cire qui supporte *b'*, ainsi que l'indique la figure.

Ayant introduit la balle électrisée *b'*, la balle *b* est attirée, elle vient au contact de *b'*, s'électrise comme celle-ci et est alors repoussée; le fléau tourne dans le sens de la flèche 1.

En mettant des fils-poids dans le plateau *p*, on tend au contraire à faire tourner le fléau dans le sens de la flèche 2, et on arrive à donner au fléau la position horizontale. On mesure la Répulsion des deux balles comme on a mesuré l'Attraction.

On peut réaliser les mesures d'Attraction et de Répulsion par des moyens moins directs, mais plus sensibles auxquels les méthodes précédentes ont servi d'acheminement.

Ayant un fil métallique extrêmement fin, on l'enroulera autour d'une tige cylindrique de manière à en faire un ressort R d'une extraordinaire douceur (*fig.* 199).

On piquera sur l'une des extrémités du ressort, au préalable enduite de cire à cacheter, la balle de sureau *b*; l'autre extrémité étant fixée au fond d'une boîte renfermant des substances desséchantes, et qui de plus protège le ressort si délicat contre les courants d'air.

Le couvercle de la boîte est percé d'un trou par lequel on introduit la balle électrisée *b'*. Le manche isolant, relatif à cette balle, est maintenu dans un anneau que l'on forme en retournant l'extrémité d'un fil de fer F; en faisant varier les dimensions de cet anneau, on pourra approcher ou éloigner la balle *b'* de la balle *b*.

En introduisant la balle électrisée *b'*, *b* est d'abord attirée, vient au contact de *b'* prend une électrisation de même nom, puis est repoussée. Un petit index *i* qui se meut sur une graduation indique la déformation du ressort. En produisant la même déformation au moyen de poids, on aura en poids la mesure de la Répulsion.

Si les balles *b* et *b'* étant ainsi électrisées, on introduit par l'orifice latéral *o* une balle identique à *b* et neutre, on admet qu'après le contact la balle *b* a perdu la moitié de sa charge, ce qui est conforme à l'idée de symétrie, car on ne conçoit pas que deux boules identiques en contact ne prennent pas une électrisation identique, et si l'on a soin de faire qu'à l'équilibre nouveau qui s'établit la distance des deux balles soit la même qu'auparavant, on constate que la Répulsion a diminué de moitié.

En touchant à nouveau la balle *b* avec une balle neutre et égale la Répulsion diminue encore de moitié, c'est-à-dire devient quatre fois plus faible qu'elle n'était avant le premier contact. En répétant les mêmes opérations on trouve toujours la même loi de diminution, ce qui s'énonce comme il suit : *La Répulsion est proportionnelle à la charge de la balle* b'. Elle est dirigée suivant la droite qui joint les centres des deux boules en présence.

Tout se passe évidemment de même pour la balle *b* que rien ne distingue de *b'*.

Si on conserve les charges et qu'on fasse varier la distance *b b'* on constate que si la distance *b b'* devient deux fois plus grande, la Répulsion devient deux fois deux ou quatre fois plus faible; si la distance devient trois fois plus grande, la Répulsion devient trois fois trois ou neuf fois plus faible..., etc.

On énonce ce fait en disant que : *La Répulsion qui s'exerce entre les deux balles électrisées* b *et* b' *non seulement est proportionnelle aux charges de chacune de ces boules, mais encore varie en raison inverse du carré de leur distance.*

Ce sont les deux lois de Coulomb ([1]) qui conviennent également aux Attractions et aux Répulsions électriques *élémentaires*, c'est-à-dire s'exerçant entre de petits corps électrisés ou, par extension, entre les différents *éléments*, les différentes parties de corps électrisés de dimensions quelconques

Ce n'est point exactement par les moyens que nous venons d'indiquer que l'illustre physicien français a opéré. Son appareil, sa Balance indirecte était plus sensible encore. Il équilibrait les Attrac-

---

1. Charles-Augustin de Coulomb, né à Angoulême en 1736, mort en 1806, membre de l'Académie des Sciences; ses travaux sur l'Attraction et la Répulsion, sur le Frottement, etc., sont consignés dans les *Mémoires de l'Académie des Sciences;* en 1779, il a écrit un ouvrage sous le titre : *Recherches sur les moyens d'exécuter sous l'eau toutes sortes de travaux hydrauliques sans employer aucun épuisement.*

tions et les Répulsions électriques par la torsion d'un fil d'argent si fin, qu'une longueur d'un mètre ne pesait qu'un centigramme.

Les Attractions et Répulsions des balles sont en effet si faibles qu'il faut avoir des torsions très délicates pour les combattre.

Cette Balance, qui s'explique d'elle-même, est représentée (*fig.* 200). Le fil d'argent est suspendu verticalement en A suivant l'axe d'une cheminée en verre; il porte à sa partie inférieure une tige isolante et légère G dont les extrémités se terminent par la balle E et par un contrepoids F. La seconde balle D est introduite par un orifice, ménagé dans le couvercle de la cage de verre qui protège l'appareil, et est disposée au contact de la première. On touche ces deux balles

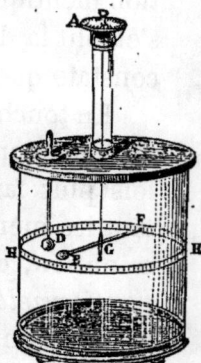

Fig. 200.
La balance de Coulomb.

avec une tige électrisée que l'on fait passer par un trou percé dans le couvercle de la cage; étant électrisées, les balles se repoussent et tordent plus ou moins le fil d'argent qui réagit; on lit l'angle d'écart sur la bande de papier graduée H H. On conçoit qu'une étude préalable de la Torsion du fil, déterminée au moyen de poids, permette d'exprimer en poids l'action électrique. La grande difficulté de ces expériences provient de la déperdition rapide de l'électrisation, qui fait tout varier à chaque instant.

Revenons à l'expérience de la Balance à Ressorts et indiquons comment on définit *l'unité de charge électrique.*

Si les balles *b* et *b'* supposées identiques et chargées de même par leur contact sont en équilibre à une distance d'un centimètre l'une de l'autre, elles possèdent, par définition, *l'unité de charge* lorsqu'il faut, après avoir enlevé *b*, placer une dyne (') sur le ressort pour le maintenir dans son état de tension. Si la Charge d'un corps peut communiquer *l'unité de charge* à 20, 30, etc., balles

---

1. La dyne vaut $1^{mm^s},01...$, sa définition sera ultérieurement expliquée. Cette limite de charge sert à mesurer les charges de la même manière que le mètre sert à mesurer des longueurs. On place devant le nombre qui mesure une charge le signe + si la charge est positive, et le signe — si la charge est négative. Dans tout phénomène, après la description pure et simple, la mesure est indispensable, car on est d'autant plus près de oien connaître un phénomène qu'on en sait mieux exprimer les circonstances en Nombres.

identiques, telles que $b$ et $b'$, on dit qu'il y a une Charge mesurée par les nombres 20, 30, etc.

Ayant maintenant le moyen de comparer les charges prises par une petite balle $b'$, ou par un petit disque métallique monté comme elle et appelé *Plan d'épreuve*, il est aisé de montrer : que la charge sur un conducteur *est d'autant plus forte en un point déterminé de la surface que ce point appartient à une région plus aiguë;* elle s'accumule sur les arêtes, sur les pointes; pour une sphère, rien ne distinguant un point d'un autre, la charge est partout la même, la *distribution* est uniforme.

Fig. 201. — L'Électrisation se porte à la surface des Conducteurs.

Vérifions d'abord que si un *corps conducteur* creux est électrisé, il n'y a pas de charge sur les parois de la cavité; autrement dit, *la charge électrique se porte à la surface externe du corps conducteur.* Pour cela, on électrise un corps conducteur creux isolé C (*fig.* 201), puis on touche les parois de la cavité avec la boule $b'$. En la portant ensuite dans la Balance ou la présentant à un Électroscope, on ne constate aucun mouvement.

On peut aussi suspendre un conducteur C (*fig.* 201) plein et électrisé à un fil isolant, puis l'entourer avec deux hémisphères métalliques creux H H, fixés à deux manches isolants. Si on sépare ensuite les hémisphères après leur avoir fait toucher le conducteur qu'ils enferment, on constate que les deux hémisphères sont électrisés alors que le corps C est neutre : la charge de C s'est donc portée tout entière à la surface.

Un filet à papillons électrisé et isolé (*fig.* 202), est touché avec le Plan d'épreuve à l'intérieur, puis dans une seconde opération, à l'extérieur. Il indique une électrisation seulement pour l'extérieur; si, à l'aide d'un fil de soie, on retourne le filet sur lui-même, on constate, avec le plan d'épreuve, que le dedans du filet (qui tout à l'heure était le dehors) n'est plus électrisé, et que l'Électrisation s'est portée sur la nouvelle surface externe.

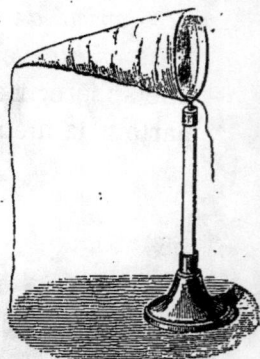

Fig. 202.
Filet à papillons électrisé.

Si ayant électrisé une bande d'étain fixée par l'une de ses extrémités à un bâton de verre on enroule cette bande sur le bâton, en faisant tourner le bâton sur lui-même, on diminue la surface, la charge se porte sur la surface restante, ce qui fait dévier de plus en plus deux balles de sureau, suspendues, tout près l'une de l'autre, à l'extrémité libre.

On peut faire une expérience identique en substituant une chaîne métallique à la bande d'étain. Ordinairement on dépose la chaîne sur un plateau conducteur isolé auquel est fixé un *Pendule double* (*fig.* 203). En soulevant la chaîne avec une tige de verre, on augmente la surface du conducteur, d'où une distribution nouvelle de la charge qui diminue la Répulsion des deux pendules. Cette répulsion augmente, au contraire, lorsqu'on laisse la chaîne se replier sur elle-même, ce qui diminue la surface de la totalité des parties qui viennent se toucher.

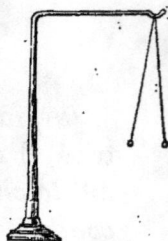

Fig. 203.
Pendule double.

Cette distribution de l'Électrisation à la surface des corps *conducteurs* (dans les corps *isolants* l'électrisation reste aux points où on l'a développée aussi bien à l'intérieur qu'à la surface), s'effectue toujours, même si le conducteur est un treillis de mailles plus ou moins serrées. L'expérience du Filet à papillons, due à Faraday, l'a déjà montré.

Prenons encore un panier à salade en fils de fer (*fig.* 204) isolé; suspendons à l'intérieur et à l'extérieur de ce panier de petites balles de sureau; relions-le par une chaîne métallique à une machine électrique, et nous verrons les balles extérieures être repoussées, tandis que les balles intérieures demeureront immobiles.

Faraday a répété en grand cette expérience. Voici en quels termes il en a fait connaître les résultats : « Je construisis une chambre en forme d'un cube de douze pieds. Une légère charpente en bois fut assemblée et des fils de cuivre passés en long et en large dans différentes directions, de façon à transformer les parois en un grillage; puis on couvrit le tout de papier mis en communi-

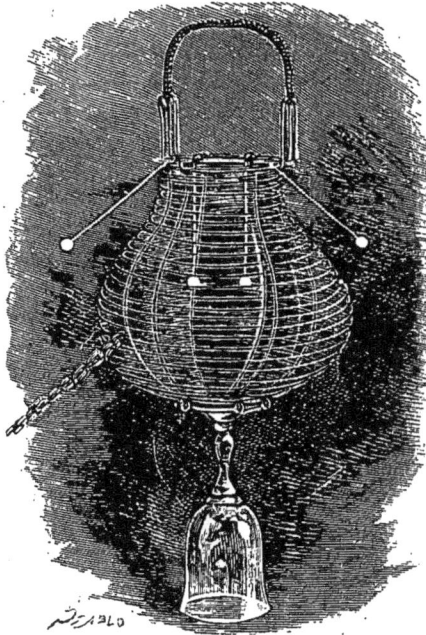

Fig. 204. — Distribution de l'Électrisation dans le cas d'un Conducteur à mailles.

cation avec les fils et garni de toutes parts de feuilles d'étain, de telle façon que le tout pouvait être mis en bonne communication électrique et constituait en chacune de ses parties un corps bon conducteur. Cette chambre fut isolée dans la salle de Cours de l'Institution royale. J'entrai dans le cube, je vécus dans son intérieur, et je ne pus, en me servant de bougies allumées, d'électroscopes propres à déceler l'état électrique, apercevoir la moindre influence sur eux, quoique pendant tout le temps le cube fut puissamment chargé, et que de grandes étincelles et de grandes aigrettes partissent constamment de tous les points de la surface. »

Ces expériences montrent que la charge électrique se porte uniquement à la surface d'un *corps conducteur;* il ne faut la chercher que là; peu importe que le conducteur soit plein ou creux. De plus, un corps placé dans la cavité d'un conducteur est soustrait à l'action des corps électrisés placés à l'extérieur. Le Conducteur creux isolé constitue donc une sorte d'Écran électrique qui protège les corps placés dans son intérieur de l'action de ceux qui sont à l'extérieur.

Pour comparer la charge en deux points de la surface d'un corps électrisé, on les touche successivement, mais à des époques très rapprochées afin d'éviter les inconvénients de la déperdition, avec la boule $b'$ et on mesure la charge prise par celle-ci avec la Balance. On constate aisément que cette charge est d'autant plus grande qu'elle a été prise dans une région plus aiguë de la surface. On admet implicitement que le Plan d'épreuve prend des charges égales, ou au moins proportionnelles, à celles qui se trouvent sur le conducteur aux points touchés. En faisant l'expérience avec une sphère, qui est la figure symétrique par excellence, le Plan d'épreuve indique en tout point la même charge; cela légitime, dans une certaine mesure l'hypothèse. On caractérise la charge en chaque point de la surface d'un conducteur, c'est-à-dire la distribution de la charge, par la *densité électrique*, qui est égale, par définition, au quotient de la charge que possède une très petite surface entourant ce point par l'étendue de cette surface.

Puisque deux corps qui ont la même Électrisation se repoussent, on conçoit que les différents éléments électrisés de la surface d'un même corps se repoussent, ce qui doit produire un état de tension particulier à la surface du corps. Si les diverses parties de celui-ci sont mobiles, on constate en effet des mouvements.

Lorsqu'on électrise une Bulle de savon on la voit augmenter de volume sans changer de forme, ce qui indique que la Bulle est tirée vers l'extérieur normalement à sa surface et également en tous ses points. Les choses se passent absolument comme si la pression de l'air qui gonfle la Bulle augmentait.

On voit de même le filet de Faraday gonfler lorsqu'on l'électrise. Le physicien anglais Symmer rapporte que ses bas de soie étaient électrisés lorsqu'il les quittait et qu'ils montraient alors la forme entière de la jambe au lieu de se replier sur eux-mêmes.

On appelle Pression électro-statique, ou encore *Tension électrique* en un point de la surface d'un Conducteur, cette répulsion qui tend à entraîner l'élément du Conducteur qui comprend ce point. Elle est dirigée normalement au Conducteur et vers l'extérieur et est évidemment d'autant plus grande que la densité électrique au point considéré est plus forte. Par suite la tension électrique est excessive sur les arêtes ou les pointes par rapport à ce qu'elle est sur les parties planes et sur les portions sphériques de grand rayon.

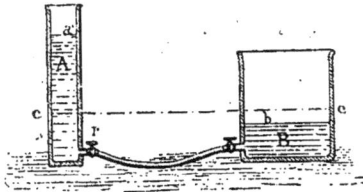

Fig. 205. — Vases communiquants : Courant liquide.

Il faut expliquer maintenant une notion fort importante qui règle l'échange des charges entre conducteurs que l'on met en communication par un fil métallique : c'est la notion de *Potentiel.*

Quelques analogies convenablement choisies vont faire saisir le rôle du Potentiel ou mieux de la *Différence de Potentiel* qui existe entre deux conducteurs.

Si deux vases A et B (*fig.* 205) contiennent de l'eau et si le niveau $a$ de l'eau du vase A est plus élevé que le niveau $b$ de l'eau du vase B, il y a écoulement du vase A au vase B dès qu'on ouvre le robinet $r$ placé sur le tube de communication.

Le courant d'eau va du vase A au vase B et la quantité d'eau qui s'écoule est d'autant plus grande que la différence des niveaux $a$ et $b$ est elle-même plus grande.

Ce n'est pas la plus ou moins grande quantité de liquide renfermé dans les vases qui règle l'écoulement, mais uniquement la DIFFÉRENCE DES NIVEAUX : la source la plus petite envoie de l'eau à la mer parce qu'elle est placée à un niveau plus élevé que la mer.

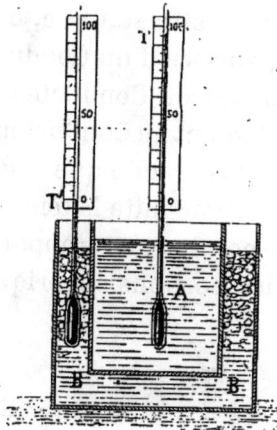

Fig. 206. — Échange de chaleur : courant calorifique.

L'équilibre, le repos se rétablit dès que LES NIVEAUX SONT LES MÊMES DANS LES DEUX VASES.

L'échange de chaleur entre deux coros est réglé de même par LA

Fig. 207. — Récipients communiquants : courant gazeux.

DIFFÉRENCE DE LEURS TEMPÉRATURES. Si deux corps A et B (*fig.* 206) sont tels que la température indiquée par le thermomètre T soit supérieure à celle qu'indique le thermomètre T', il y aura, dès que les corps seront mis en contact, passage de chaleur de A sur B. Le thermomètre T baissera, le thermomètre T' montera et tout deviendra stationnaire dès que les deux thermomètres marqueront la même température.

Soient enfin deux récipients R et R' (*fig.* 207) renfermant de l'air et ayant une forme et une capacité quelconque. Deux manomètres ou Indicateurs de pression P, P' indiquent à quelle pression se trouve l'air des Récipients. Supposons que la pression dans le récipient R soit plus grande que dans le récipient R'.

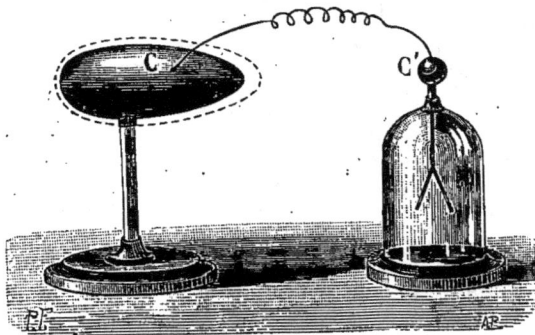

Fig. 208. — Conducteurs électrisés communiquants : Courant électrique.

En ouvrant le Robinet *r* placé sur le canal de communication de R et de R', on voit aussitôt baisser le manomètre P et monter le manomètre P'; puis l'immobilité, l'équilibre s'établit dès que les deux manomètres indiquent la même pression, intermédiaire entre les deux pressions qui existaient avant l'ouverture du robinet.

De l'air a passé de R dans R' pendant la période de variation.

Le sens de l'écoulement de l'air est donc tel qu'il va du vase renfermant de l'air à plus haute pression au vase renfermant de l'air à plus basse pression, et l'écoulement cesse dès que la pression qui règne dans tout le système est la même.

C'est LA DIFFÉRENCE DES PRESSIONS qui règle le sens de l'écoulement de l'air et la quantité d'air qui change de récipient.

Peu importe que R ait des dimensions plus petites que R', contienne un poids d'air moindre, s'il possède la plus haute pression,

Fig. 209. — Franklin observant le Pouvoir des pointes.

il perdra encore de l'air et l'autre récipient R′ en contiendra davantage encore.

Les choses se passent d'une manière semblable en électricité; il y a aussi un facteur qui règle l'échange des charges. Si deux corps électrisés, positivement par exemple, sont mis en communication par un fil (*fig.* 208), celui qui cède de sa charge à l'autre est au plus *haut potentiel* et la perte de charge de ce corps C, perte qui est égale au gain de charge du conducteur au plus bas potentiel C′, est d'autant plus grande que la DIFFÉRENCE DE POTENTIEL est elle-même plus grande. L'équilibre se rétablit dès que le même Potentiel règne dans tout le système.

Si l'on déplace l'extrémité du fil de communication sur la surface de C, l'*équilibre se maintient*, ce que l'on reconnaît à l'immobilité des deux pailles de l'Électroscope C′. Ce n'est donc pas la densité électrique au point touché qui a une influence sur l'échange, comme *a priori* on pourrait le supposer.

La charge a donc bien une qualité particulière, nouvelle, que l'on nomme son Potentiel.

La même quantité d'air enfermée dans des récipients de diverses capacités produit des pressions d'autant plus faibles que l'un des récipients est plus grand. De même une charge donnée porte un conducteur considéré seul à un Potentiel d'autant plus faible que la surface de ce conducteur est plus grande. Un conducteur électrique a, lui aussi, une capacité électrique qui dépend de la forme et des dimensions de sa surface. Une grosse boule a une capacité électrique plus considérable qu'une petite boule. Si la charge de la petite boule était sur la grande, elle y serait à un Potentiel moins élevé, elle aurait moins de tendance à quitter cette boule.

Si le Récipient R′ (*fig.* 207) a une capacité extrêmement grande par rapport à celle du Récipient R, l'air qui se rend de R en R′ ne modifie pas d'une manière appréciable la pression P′; on peut donc dire dans ces conditions que si le Récipient R est mis en communication avec le Récipient R′, la pression qui règne en R deviendra P′.

La Terre joue en électricité le même rôle que le Récipient R, tout conducteur, mis en communication avec elle, en prend le Potentiel. Et il est convenu de regarder ce Potentiel comme nul.

*Tout Potentiel plus élevé que celui du sol est positif ; tout poten-
tiel plus bas est négatif* ('). Lorsque les Potentiels de divers conducteurs s'égalisent par l'intermédiaire de fils de communication,
ceux-ci sont dans un état d'activité spéciale : ils sont parcourus
par un *courant électrique*, de même lorsque les Niveaux ou les
Pressions s'égalisent les tubes de communication sont parcourus
par des courants d'eau ou d'air.

Le Potentiel joue dans l'échange des charges le rôle de la Pression dans l'échange de l'air entre les deux récipients précédents ou
encore le rôle du Niveau et de la Température dans les échanges
d'eau et de chaleur.

Lorsque la différence des pressions qui s'exercent sur les deux
faces des récipients tels que R ou R' devient trop grande, leur
enveloppe est brisée et le gaz s'échappe.

L'air qui sépare deux corps électrisés joue le même rôle qu'une
paroi, il oblige les deux charges à rester sur leurs Conducteurs respectifs. Cependant si la différence de Potentiel présentée par ces
deux Conducteurs devient suffisante, cette paroi, cet air est percé
et une Étincelle éclate entre les deux conducteurs et produit le
même résultat que si on avait subitement placé un fil métallique
d'un Conducteur à l'autre. Une telle décharge, qui s'effectue par la
rupture d'un Isolant, s'appelle *Décharge disruptive*.

La distance qui sépare deux corps au moment où l'étincelle
éclate se nomme *distance explosive* correspondant à cette étincelle. La distance explosive à partir de laquelle les Étincelles ne
peuvent plus éclater entre deux Corps électrisés dans des conditions données, permet de se rendre compte approximativement de
la différence de Potentiel qu'ils peuvent présenter dans ces conditions.

Ces notions posées, revenons aux *Machines électriques*.

Nous dirons seulement quelques mots des Machines à frottement, car elles ne présentent plus aujourd'hui qu'un intérêt historique et théorique.

La plus ancienne, qui est naturellement la plus rudimentaire,

---

1. On mesure les différences de Potentiel au moyen d'appareils que l'on nomme
Électromètres et qui seront décrits plus loin.

est celle qu'a construite Otto de Guericke et qui a été précédemment décrite.

On voit (*fig.* 187) une Machine électrique dont se servait l'abbé Nollet vers le milieu du XVIII° siècle.

Elle se compose d'un globe de verre auquel on donne un mouvement rapide de rotation à l'aide d'une grande roue et d'une corde de renvoi ou courroie. Les deux mains qu'un observateur appliquait sur le globe constituaient le Frottoir de la Machine. Toutes les mains étaient loin de convenir également bien, car elles doivent être très sèches; celles de l'abbé Nollet raconte le physicien français Sigaud de la Fond étaient particulièrement propres à exciter la vertu électrique.

Une chaîne conduit l'Électrisation sur un conducteur métallique suspendu par des cordons de soie qui passent sur des poulies (*fig.* 186).

Ce conducteur est le Réservoir auquel on puise l'électrisation par contact ou par conductibilité. Il est dû à Bose, professeur à l'Université de Wittenberg, qui se servait d'un tube de fer-blanc tenu par un aide placé sur un gâteau de résine.

Les accidents auxquels donnait lieu la rupture du globe par suite des éclats projetés sur l'observateur qui frottait ont fait introduire dans la machine les frottoirs de Winkler en laine ou en cuir. En recouvrant la surface de ces frottoirs de diverses substances (or mussif ou bisulfure d'étain, amalgame d'étain ou de zinc, etc.), on augmente l'intensité de l'électrisation.

Dans diverses Machines, dans celle du Physicien de Leyde, Musschenbroeck par exemple, un cylindre de verre fut substitué au globe.

Il présente l'avantage de pouvoir être frotté sur une grande surface. Sigaud de la Fond, à cause du prix élevé des cylindres de verre résultant des difficultés de leur fabrication, eut l'idée de faire usage comme organe mobile de la Machine d'un plateau de verre.

Cette idée fut reprise vers 1766 par l'opticien anglais Ramsden.

Mais pour bien saisir le fonctionnement des dernières machines à frottement, type Ramsden, Nairne, etc.; il faut savoir en quoi consiste le *Pouvoir des pointes* découvert par Franklin en 1747 et qu'il fit connaître à Pierre Collinson l'un de ses amis, membre de la Société Royale de Londres par la lettre suivante :

« Je vous ai annoncé dans ma dernière lettre qu'en suivant nos recherches électriques nous avons observé quelques phénomènes singuliers que nous avons regardés comme nouveaux. Le premier de ces phénomènes est l'étonnant effet des corps pointus, tant pour *tirer* que pour *pousser* le feu électrique. Par exemple : placez un boulet de trois à quatre pouces de diamètre sur l'orifice d'une bouteille de verre bien nette et bien sèche (*fig.* 209). Avec un fil de soie attaché au plafond, précisément au-dessus de l'orifice de la bouteille, suspendez une petite boule de liège, environ de la grosseur d'une balle de Mousquet; que le fil soit de longueur convenable pour venir s'arrêter à côté du boulet; électrisez le boulet, et le liège sera repoussé à la distance de 4 à 5 pouces, plus ou moins, suivant la quantité d'électricité. Dans cet état, si vous présentez au boulet la pointe d'un poinçon long, mince et affilé, à six ou huit pouces de distance, la répulsion est détruite sur-le-champ et le liège vole vers le boulet. Pour qu'un corps émoussé produise le même effet, il faut qu'il soit approché à un pouce de distance, et qu'il tire une étincelle.

« Voici ce qui prouve que le feu électrique est tiré par la pointe (seulement lorsqu'elle est en communication avec le sol) : Si vous ôtez de son manche le gros bout du poinçon et que vous l'attachiez à un bâton de cire à cacheter, vous aurez beau présenter le poinçon à la même distance ou l'approcher encore plus près, le même effet n'en résultera point; mais glissez le doigt jusqu'à ce que vous touchiez la tête du poinçon, le liège volera aussitôt vers le boulet. Si vous présentez cette pointe dans l'obscurité, vous y verrez paraître quelquefois, à un pied et plus de distance, une lumière semblable à un feu follet, ou à un ver luisant. Moins la pointe est aiguë, plus il faut l'approcher pour voir la lumière; et à quelque distance que vous aperceviez la lumière, vous pouvez tirer le feu électrique et détruire la répulsion.....

« Pour montrer que les Pointes sont aussi propres à lancer qu'à tirer le feu électrique, couchez une longue aiguille pointue sur le boulet, et vous ne pourrez assez électriser le boulet pour lui faire repousser la boule de liège (telle fut l'expérience de M. Hopkinson,

qui la fit dans l'attente de tirer plus et de plus fortes étincelles de
la pointe, comme d'une sorte de foyer, et qui fut surpris de n'en
tirer que de faibles, ou point du tout). Ou bien faites tenir à l'extrémité d'un canon de fusil suspendu, ou d'une verge de fer, une
aiguille qui pointe en avant comme une sorte de petite baïonnette,
et tant qu'elle y restera, le canon de fusil ou la verge ne saurait,
malgré l'application constante du tube électrisé à l'autre extrémité,
être électrisé aux points de donner une étincelle, parce que le feu
s'échappe continuellement à la sourdine par la pointe. Dans l'obscurité, vous pouvez lui voir produire le même phénomène que dans
le cas dont nous venons de parler. »

Il est à remarquer que la pointe fixée au conducteur qui se

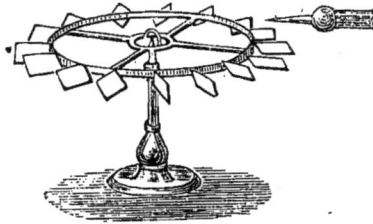

Fig. 210. — Moulinet électrique.

décharge est terminée par une aigrette brillante d'un *bleu violacé*
lorsque le conducteur est électrisé *positivement;* elle porte un
simple *point blanc* ou légèrement *jaunâtre* si le conducteur est
au contraire électrisé *négativement*. Le simple examen de la pointe
dans l'obscurité permet donc de reconnaître le signe de l'Électrisation du conducteur.

En mettant la main devant la pointe on sent comme un courant
d'air qui s'en échappe et qui peut être assez fort pour éteindre
une bougie placée devant la pointe ou pour mettre en rotation un
petit *Moulinet* dont il frappe les palettes (*fig*. 210).

On explique ce *Vent électrique* en disant que les particules
d'air s'électrisent au contact de la pointe et sont par suite repoussées par elle. S'il en est ainsi, l'air doit réagir sur la pointe et la
repousser. On vérifie cette conséquence de l'explication du Vent
électrique au moyen du *Tourniquet électrique* (*fig*. 222). Le Tour-

niquet se compose de petites tiges conductrices recourbées aux extrémités et terminées par des pointes toutes orientées dans le même sens. Il est mobile sur un pivot vertical porté par un pied isolant. Dès qu'on le met en rapport avec un conducteur électrisé, il se met à tourner comme s'il était repoussé par les particules d'air, c'est-à-dire dans un sens contraire à celui suivant lequel les pointes sont orientées.

Nous possédons maintenant toutes les données nécessaires pour comprendre la construction de la machine Ramsden.

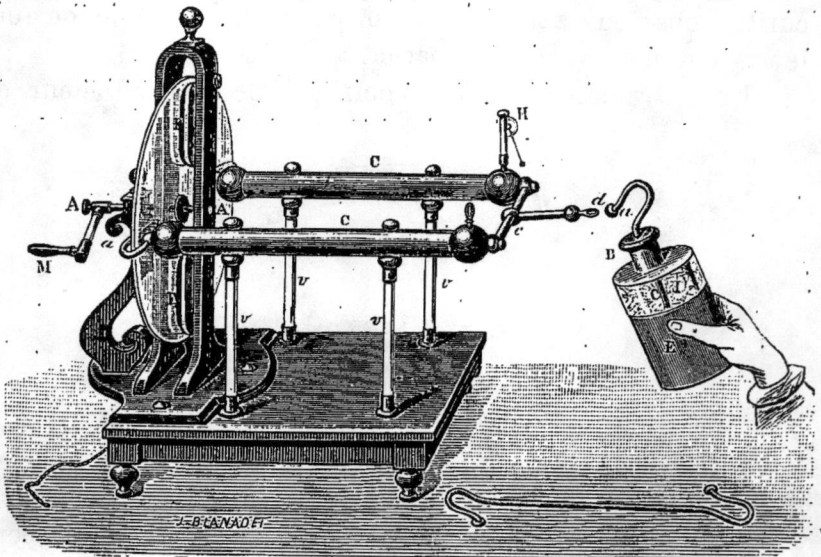

Fig. 211. — Machine de Ramsden chargeant une bouteille de Leyde.

Elle se compose (*fig.* 211) comme toutes les autres Machines électriques à frottement d'un corps frotté, de frottoirs et de conducteurs à électriser.

Le Corps frotté est un plateau de verre fixé perpendiculairement par son centre sur un axe horizontal AA porté par un support. Une manivelle M, également calée sur cet axe permet de faire tourner directement le plateau.

Les frottoirs F sont formés par quatre coussins en cuir rembourrés de crin. Ils sont disposés deux par deux en haut et en bas du support et de part et d'autre du plateau. On métallise leur surface par des enduits de composition extrèmement variable, nous signalerons seulement l'or mussif bien privé de sel ammoniac et l'amalgame de Kienmayer qui contient deux parties de mercure pour une de zinc et une d'étain.

Ces frottoirs jouent le rôle des mains de l'observateur dans la Machine de Nollet. Le rôle conducteur du Corps de l'observateur est rempli par des tiges de cuivre encastrées dans les montants en bois de la Machine et qui se continuent par une chaîne métallique qui traîne sur le sol, ou mieux que l'on attache maintenant en un point d'une conduite d'eau ou à un bec de gaz. Les coussins se trouvent ainsi reliés au sol.

Le Conducteur C c C de la Machine est généralement en laiton et ne présente aucune arète vive. On évite ainsi la déperdition rapide signalée par Franklin.

On a mis autrement à profit les expériences de Franklin.

Le Conducteur C c C, porté par des pieds de verre $v$ ainsi que l'avait indiqué Sigaud de la Fond, est terminé en $a$ par des U en laiton à l'intérieur desquels sont plantées de fines aiguilles. C'est entre ces sortes de mâchoires à aiguilles que passe le Plateau électrisé.

Conformément aux expériences de Franklin l'électrisation du plateau est soutirée, disparaît sous l'action de ces peignes pour apparaître sur le Conducteur de la Machine.

Ces peignes jouent finalement le même rôle que la chaîne métallique qui reliait le conducteur de la Machine de Nollet au globe de verre tournant.

On peut faire tourner le conducteur $cd$ et l'amener au contact de tout corps isolé que l'on désire électriser. Il se termine même par une boucle à laquelle on peut accrocher un conducteur tel que celui représenté dans la figure 211, ou attacher une chaîne métallique devant conduire l'électrisation à l'endroit où l'on veut la manifester.

Le conducteur C c d C se nomme *un Pôle de la Machine :* on donne cependant plus spécialement ce nom à $c\,d$.

S'il est électrisé positivement, comme cela a lieu d'ordinaire : c'est un Pôle positif.

L'autre pôle appelé Pôle négatif, où apparaît nécessairement l'électrisation négative (puisque les deux électrisations se produisent toujours simultanément) est formé par les coussins, la chaîne et la Terre, ou mieux par les coussins et par un conducteur isolé auquel on les relierait métalliquement.

En 1773 le constructeur anglais Nairne fit pour le grand-duc de Toscane une Machine célèbre beaucoup plus symétrique que celle établie par Ramsden.

Deux conducteurs identiques y reçoivent en effet l'un l'Électrisation positive, l'autre l'Électrisation négative équivalente ; alors

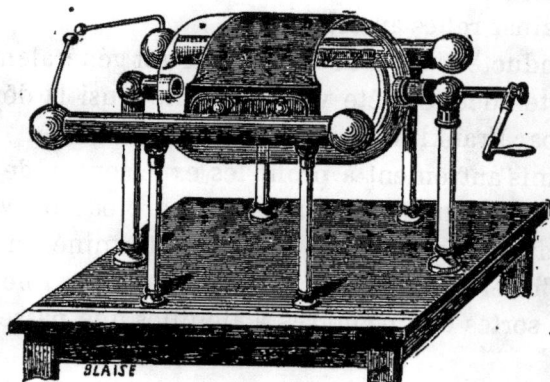

Fig. 212. — Machine de Nairne.

que dans la Machine de Ramsden l'électrisation positive est reçue par tout le grand conducteur en forme d'U et l'électrisation négative par les deux paires de coussins.

Aussi la Machine de Nairne doit-elle être considérée comme le type des machines à frottement.

Elle se compose (*fig.* 212) d'un cylindre creux de verre, monté sur un axe, supporté par deux pieds de verre et qui peut être mis en rotation au moyen d'une manivelle dont une portion est en verre.

Ces précautions ont pour but d'isoler complètement l'axe de rotation du sol.

Deux conducteurs, reposant eux aussi sur deux pieds de verre, sont placés à la hauteur de l'axe du cylindre tournant et de chaque côté de ce cylindre.

A l'un des conducteurs est fixé un peigne, c'est-à-dire une série de pointes métalliques aiguës. Ces pointes sont en regard du cylindre et voisines de sa surface.

A l'autre conducteur est fixé un coussin allongé dont tous les points pressent uniformément le cylindre grâce à des ressorts flexibles placés à l'intérieur du coussin et qui prennent leur appui sur le conducteur.

Dans cette machine comme dans les précédentes, le frottement du verre et du coussin fait apparaître les deux électrisations. L'électrisation positive se manifeste sur le cylindre, et, par suite, grâce au pouvoir des pointes, sur le conducteur armé de ces pointes. L'électrisation négative se développe sur le coussin et par suite sur le conducteur qui en est solidaire.

Les deux conducteurs portent respectivement, à leur extrémité, des tiges métalliques que l'on peut éloigner ou rapprocher l'une de l'autre; ces tiges sont terminées par des boules métalliques électrisées comme les conducteurs correspondants, et que l'on nomme plus particulièrement les *pôles de la machine*.

La boule, qui appartient au conducteur armé de pointes, est électrisée positivement; elle est le *pôle positif*.

L'autre boule, qui est électrisée négativement, est le *pôle négatif*.

Lorsque la machine fonctionne, et que les pôles sont convenablement écartés, des étincelles jaillissent entre eux à intervalles réguliers, si le mouvement de la machine se maintient uniforme.

Si l'on veut électriser positivement un corps conducteur quelconque, on commencera par l'isoler du sol, puis on le reliera au pôle positif au moyen d'une tige, d'une chaîne ou d'un fil métalliques.

Mis de même en relation avec le pôle négatif, il s'électriserait négativement, et, si le corps est alors la Terre, la machine de Nairne fonctionne comme celle de Ramsden.

Dans la machine historique de Nairne, le cylindre de verre avait 19 pouces de longueur (48 centimètres) et 12 pouces de diamètre. La longueur du frotteur était de 14 pouces et sa largeur de 5. Elle pouvait donner des étincelles entre les deux pôles, lors même qu'ils étaient distants de 35 centimètres.

Un an auparavant, en 1772, le physicien français, Le Roy, avait imaginé une machine à frottement, sans peigne et à deux pôles pouvant être aussi utilisés séparément ou ensemble. Le constructeur autrichien, Winter, a disposé les organes de cette machine de la façon suivante :

Le corps frotté est un plateau de verre (*fig.* 213). Le frottoir se compose d'une paire de coussins confectionnés comme les précédents. Vis-à-vis et sur le bord opposé du plateau un double anneau en bois embrasse et rase la surface du plateau. Cet anneau commu-

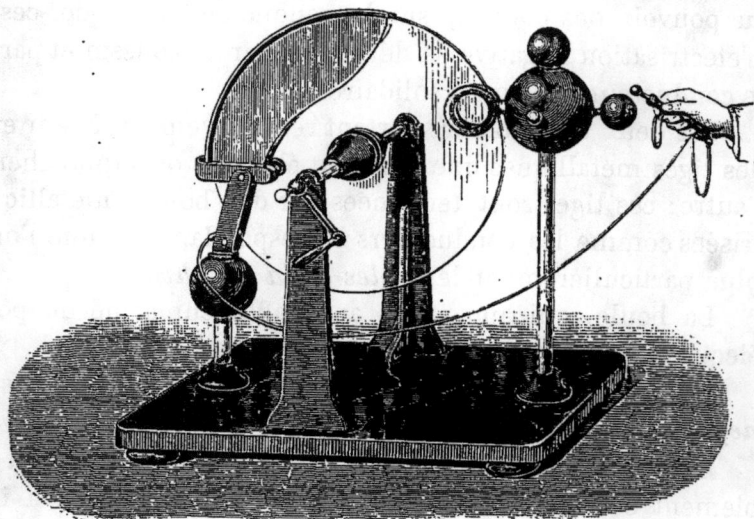

Fig. 213. — Machine de Winter.

nique avec un conducteur sphérique isolé portant souvent un anneau creux de grand diamètre rempli de fils de fer et destiné à augmenter la surface du conducteur. Le conducteur, qui soutient les coussins, s'électrise négativement.

L'autre conducteur et son anneau de fils de fer s'électrise positivement.

Signalons encore une intéressante machine imaginée par Van Marum, de Harlem, et dans laquelle le même conducteur est à volonté le pôle positif ou le pôle négatif de la machine.

Elle se compose (*fig.* 214) d'un plateau de verre fixé à l'extré-

mité de l'axe de rotation et isolé de cet axe par de la gomme-laque.
Un contrepoids fait équilibre au plateau.

Les frotteurs sont disposés aux extrémités d'un même diamètre
horizontal et sont isolés par des pieds de verre. Un conducteur sphérique A également isolé et deux arcs métalliques BB' et LL', terminés par de petits cylindres et qu'on peut faire pivoter, complètent
la machine.

Lorsque les arcs sont disposés ainsi que l'indique la figure, les
coussins communiquent avec le sol, grâce à l'arc métallique LL'

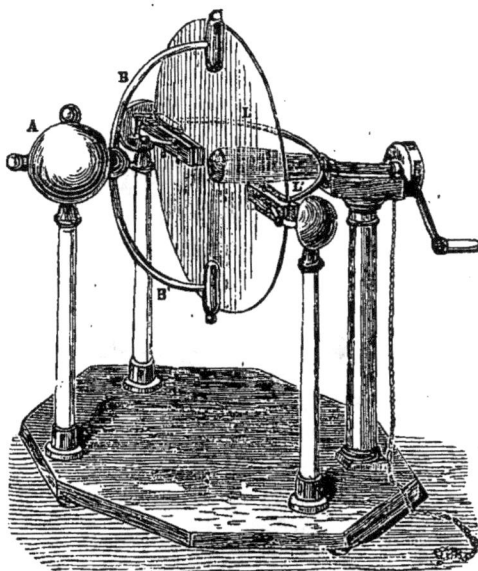

Fig. 214. — Machine de Van Marum.

et à la colonne conductrice. Dans ces conditions, l'électrisation
négative se porte sur le sol, et l'électrisation positive du plateau
tournant passe sur le conducteur A par l'intermédiaire de l'arc BB'.

Si l'on place, au contraire, l'arc BB' horizontalement et l'arc LL'
verticalement, le plateau communiquera avec le sol et les coussins
communiqueront avec le conducteur A. Celui-ci s'électrisera alors
négativement et deviendra le pôle négatif de la machine.

Toutefois Van Marum fit surtout usage dans ses expériences
d'une grande machine, multiplication de celle de Ramsden construite par Cuthbertson (1787-88) et dont les deux plateaux qui

avaient 1<sup>m</sup>,65 de diamètre, et qui étaient distants de 19 centimètres, frottaient sur huit paires de coussins situés aux deux extrémités du diamètre vertical et soutenus par des montants reposant sur une table à pieds de verre, ce qui permettait d'utiliser, s'il était nécessaire, l'électrisation négative des coussins. Deux sphères conductrices de 30 centimètres de diamètre, et portées par des pieds de verre mobiles, étaient reliées métalliquement à deux peignes doubles situés entre les plateaux aux extrémités du diamètre horizontal.

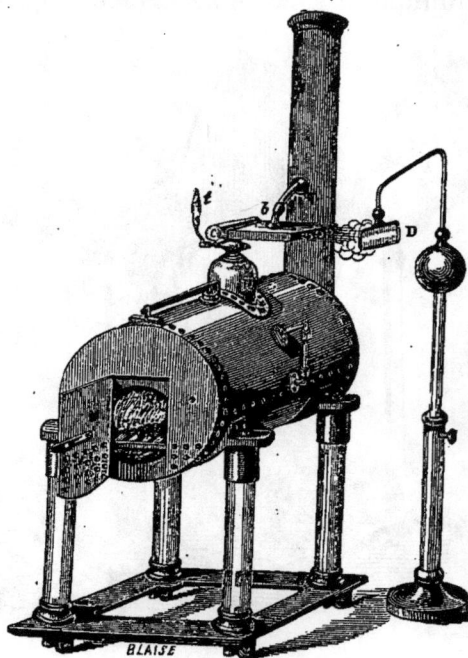

Fig. 215. — Machine d'Armstrong.

Cette machine, minutieusement construite, est aujourd'hui au musée Teyler, à Amsterdam.

Elle donna à Van Marum des étincelles de 61 centimètres de longueur et des aigrettes lumineuses en forme de houppes qui avaient un diamètre de 38 centimètres.

Il est inutile de multiplier les descriptions de Machines à frottement, cependant nous dirons que dans certaines machines l'organe mobile est en ébonite et les frotteurs en bois ou en fourrure. Dans ces conditions, les frotteurs s'électrisent positivement et le plateau négativement; de plus, nous ferons connaître encore, en quelques mots, la machine d'Armstrong, à cause de son originalité.

Elle se compose (*fig.* 215) d'une chaudière isolée dans laquelle on vaporise de l'eau *distillée*. Lorsque la vapeur atteint une forte pression, on tourne le robinet *t* qui la conduit dans un tube de fonte *b c*, long de 25 centimètres sur 5 de diamètre; de là, la vapeur s'échappe par 4 ou 6 tubes horizontaux qui sont renfermés dans une boîte de laiton pleine d'eau froide; ces tubes sont terminés par des ajutages de buis contournés à l'intérieur afin d'augmenter le frottement de la vapeur à sa sortie. Cette vapeur, qui s'est condensée en partie en traversant la boîte de laiton, s'échappe chargée de gouttelettes liquides dans l'atmosphère. Elle rencontre alors un peigne D relié à un conducteur. Dans ces conditions, le frottement développe l'électrisation négative sur le buis, et, par suite sur la chaudière; les gouttelettes sont, au contraire, positives, et elles communiquent leur électrisation positive au peigne D et au conducteur.

La machine d'Armstrong de l'Institution polytechnique de Londres possède 46 jets et donne d'une manière continue des étincelles qui ont jusqu'à 60 centimètres de longueur.

Cette bruyante machine n'est pas employée, car elle répand autour d'elle une grande quantité de vapeur d'eau qui nuit bientôt à son fonctionnement.

C'est Faraday qui a établi qu'il était nécessaire d'opérer avec une vapeur non sèche, c'est-à-dire chargée de gouttelettes liquides; et que, de toutes les substances dont on pouvait faire les becs d'échappement, le buis est celui qui donne les meilleurs effets. De plus, l'eau qui alimente la chaudière doit avoir été distillée au préalable.

En opérant avec un gaz au lieu de vapeur, il faut, pour que l'électrisation se produise, que les gaz soient chargés de poussières.

Le phénomène qui a servi de point de départ à la machine d'Armstrong fut découvert par un ouvrier mécanicien chargé de réparer les fuites d'une machine à vapeur près de Newcastle. Ayant les pieds posés sur des briques chaudes peu conductrices, il plaça une main dans le jet de vapeur qui s'échappait d'une fuite et mit par hasard l'autre main sur la chaudière, il se produisit alors une vive étincelle et l'ouvrier ressentit une forte commotion. C'est en étudiant ce fait inattendu qu'Armstrong établit sa machine électrique à vapeur d'eau.

Dans les machines précédentes le frottement absorbe inutilement une grande partie du travail dépensé à faire tourner la machine.

Le professeur C. Maxwell s'exprime ainsi à ce sujet : « La surface de verre fortement positive, qui s'éloigne du frotteur, est attirée par les frotteurs qui sont négatifs avec plus d'intensité que la surface en partie désélectrisée qui approche. Les attractions électriques agissent donc comme résistance aux forces employées à faire tourner la machine. Le travail dépensé à faire tourner cette machine est donc plus grand que le travail dépensé pour vaincre le frottement et les résistances ordinaires; l'excès de ce travail sert à produire un état d'électrisation dont l'énergie est équivalente à cet excès.

« Aussi toute disposition dans laquelle l'électrisation est produite uniquement en dépensant du travail mécanique contre les actions électriques aura, sinon une valeur pratique, du moins une grande importance scientifique. La première machine de ce genre paraît avoir été celle de Nicholson, décrite dans les *Philosophical transactions* de 1788 comme un instrument où, en agissant sur une manivelle, on produit les deux sortes d'électrisations sans frottement ni communication à la terre. »

De telles machines reposent sur le phénomène de l'*électrisation à distance* ou, comme l'on dit, de l'*électrisation par influence à travers un isolant, un diélectrique*, qui paraît n'avoir été remarqué d'une façon nette qu'en 1753 par Canton.

Les premiers expérimentateurs Otto de Guericke, Gray, etc., avaient inévitablement observé l'influence, mais ils n'y attachèrent aucune importance : le terrain n'était pas alors propre à féconder cette semence. L'histoire des sciences montre, en effet, qu'il ne suffit pas d'avoir observé un phénomène pour le comprendre et en saisir la portée. Il faut aussi posséder un ensemble d'idées qui en éclairent les particularités, idées qui ne s'acquièrent que lentement et progressivement. Souvent la moisson met des siècles à mûrir.

On peut sans difficulté répéter les expériences fondamentales de

l'*Influence électrique* en faisant usage comme précédemment d'é-
lectroscopes, d'un corps électrisé aussi fortement que possible de
façon que les effets soient nets, de conducteurs isolés, petite barre
métallique sans arête ni pointe, tige ou règle en bois, œuf, fruits
divers, posés sur un support isolant : verre sec et chaud, bâtons de
cire à cacheter, etc. On emploiera de plus un petit appareil que
l'on nomme un *plan d'épreuve* et dont nous avons déjà parlé. On le
prépare en fixant simplement un très petit disque métallique D, de
clinquant, de zinc (ou même d'étain coupé dans une feuille à chocolat) à l'extrémité effilée d'un bâton de cire à cacheter C (*fig.* 216).

Est-il besoin de rappeler qu'un corps indique surtout qu'il est
électrisé par les mouvements qu'il communique aux corps légers
voisins.

On appelle *champ électrique* la portion de l'espace dans
laquelle le corps électrisé exerce son empire, c'est-à-dire dans
laquelle un corps léger, par exemple, doit être compris pour être
attiré. Le *Champ électrique* correspond au *Champ magnétique*
défini chap. II, liv. Ier.

Qu'arrive-t-il lorsqu'un corps conducteur isolé est introduit en
partie ou en totalité dans le champ d'un corps électrisé?

Telle est l'une des faces principales du *problème de l'influence
électrique* que nous allons demander à l'expérience de résoudre.

Pour fixer les idées, électrisons positivement un corps A et supposons son champ électrique limité par la surface S S (*fig.* 216).

Prenons, d'autre part, un conducteur B, neutre et isolé du sol
par un bâton de cire à cacheter C. Enfilons sur ses bouts deux
boucles de fil conducteurs OO′ (lin ou chanvre) dont les extrémités
portent un corps léger : des balles de sureau si l'on veut. Un petit fil
de soie *ff′* permet de déplacer ces boucles sur le conducteur B sans
courir le risque de mettre le conducteur en communication avec le
sol.

Supposons, de plus, que l'on dispose d'un plan d'épreuve et
d'un électroscope dont on a électrisé positivement l'organe mobile :
paille ou balle de sureau.

Si le conducteur B est *hors du champ* de A, il reste *neutre*.

Il s'électrise, au contraire, si on l'approche assez de A pour
qu'une de ses parties *pénètre dans le champ*. Il attire, en effet,

dans ces conditions les corps légers; ou, ce qui démontre le même fait, les balles $n\,n$, $n'\,n'$ des pendules s'écartent l'une de l'autre, divergent.

On sait qu'alors elles possèdent une électrisation de même nom qu'elles ont empruntée, grâce aux fils conducteurs qui les portent, aux portions du conducteur B, sous lesquelles elles sont placées.

Fig. 216. — Électrisation par influence. — D C, Plan d'épreuve.

On constate de plus, ce qui devait arriver, que les balles $n\,n$ étant dans le champ de A sont attirées vers ce corps en même temps qu'elles divergent. En déplaçant les boucles $o\,o'$ sur le conducteur au moyen des fils de soie $f\,f'$, on remarque que l'*écart des pendules est d'autant plus grand qu'ils sont plus voisins des bouts du conducteur* et qu'il existe une région intermédiaire qui reste neutre, c'est-à-dire pour laquelle les pendules ne divergent pas. C'est la *région ou ligne neutre* du conducteur électrisé.

On dit que l'électrisation de B s'est produite *sous l'influence* du corps A.

A est souvent appelé *corps influençant* ou *inducteur* et B corps *influencé ou induit.*

Dans ce phénomène d'influence, *les deux électrisations séparées par la région neutre sont opposées, l'une est négative, c'est celle qui est la plus rapprochée de* A, *l'autre est positive.* Æpinus a démontré ces faits vers 1758. Ce contraste électrique qui, déjà, s'est révélé dans l'électrisation par frottement, est aisé à mettre en évidence.

Touchons l'extrémité *o* avec le *plan d'épreuve* D C, il s'électrisera par contact et prendra une électrisation de même nom que la partie touchée.

Si on approche le plan d'épreuve ainsi électrisé de la paille d'un électroscope, préalablement électrisée positivement, on constate une répulsion.

Donc le plan d'épreuve et, par suite, le point *o* sont électrisés positivement.

Si l'on avait touché un point *o* de l'autre région, on eût constaté, au contraire, une attraction.

A gauche de la ligne neutre, le conducteur est donc électrisé positivement et à droite de la ligne neutre négativement.

Il est à remarquer que les attractions ou les répulsions de la paille par le plan d'épreuve sont d'autant plus énergiques que le point touché est plus voisin des bouts du conducteur.

On exprime ces faits en disant que la *distribution* de l'électrisation à la surface du conducteur B est telle que l'électrisation va en croissant de la région neutre aux extrémités; qu'il s'agisse de la portion électrisée positivement, ou pôle positif du conducteur, ou de celle qui est électrisée négativement, ou pôle négatif.

Si on approche davantage le conducteur B du corps électrisé A, on constate les mêmes faits, mais l'électrisation devient plus intense et la ligne neutre se rapproche de plus en plus de l'extrémité voisine de A.

Si on éloigne B de façon qu'il quitte le Champ électrique dû à A, tous les pendules tombent instantanément, le conducteur est à nouveau neutre. On ne constate plus ni électrisation positive ni électrisation négative, il est identiquement dans le même état qu'avant d'avoir été introduit dans le champ.

On exprime ce fait en disant que les deux électrisations, les deux charges électriques, provoquées par A sont absolument équivalentes et se neutralisent, disparaissent, dès qu'elles ne sont plus maintenues séparées par le corps électrisé A. Déjà, à propos de l'électrisation par frottement, nous avons constaté une telle équivalence.

Qu'arrive-t-il si le conducteur B, étant sous l'influence du corps électrisé A, on vient à le toucher en quelque point de manière à le mettre en communication avec la Terre ?

Il arrive que l'électrisation de même nom que celle du corps influençant A, c'est-à-dire, dans le cas présent, l'électrisation positive disparaît. On voit, en effet, les balles $n'$ $n'$ venir au contact dès que le doigt touche le conducteur et cela que le point touché soit $o$ ou $o'$.

L'électrisation négative reste au contraire, et si, APRÈS AVOIR ENLEVÉ LE DOIGT, on éloigne le corps A, on aura un conducteur B *électrisé négativement* et qui pourra servir à électriser positivement un autre conducteur par le même mécanisme que le précédent.

Si on approche suffisamment le corps influencé isolé B de l'inducteur positif A, on voit une étincelle jaillir entre eux après quoi le corps inducteur n'est plus que faiblement électrisé. *Quant à* B *il est entièrement électrisé positivement.*

Si l'étincelle éclatait entre A et B alors que ce corps est en communication avec le sol, A et B ne seraient plus électrisés après l'étincelle ou ne le seraient plus que faiblement. Bien entendu, l'Influence s'exerce aussi entre deux conducteurs électrisés qu'on approche l'un de l'autre et varie avec leur distance, leur forme, d'une façon complexe.

L'Électrisation par influence précède toujours les phénomènes d'attraction ou d'étincelles, l'*action des pointes*, etc.; prenons un exemple :

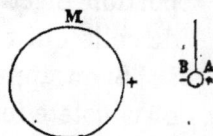

Fig. 217.

Un corps électrisé M (*fig.* 217) doit être *approché* de la balle de sureau A B que l'on veut faire mouvoir, et celle-ci ne se déplace qu'au moment où elle se trouve dans le champ du corps électrisé. Mais alors, d'après ce qui précède, elle est électrisée par Influence. Si son fil de suspension est conducteur ainsi que le support, elle a une Électrisation opposée à celle du corps influençant approché d'elle, d'où une Attraction ; s'il est Isolant, les deux Électrisations se manifestent sur la balle de sureau, mais l'Attraction l'emporte sur la Répulsion puisque c'est l'Électrisation de nom contraire à celle du corps influençant qui apparaît le plus près de lui. En un mot, les phénomènes électriques ne se produisent qu'entre corps tous électrisés, tous plongés dans un *Champ électrique*. Dans un Champ électrique un corps n'est jamais neutre.

On donne à ces expériences d'Attraction ou de Répulsion des formes variées : lorsque la balle de sureau, que nous supposerons suspendue par un fil isolant, vient par attraction toucher le corps électrisé, elle prend une charge de même signe que lui et est, par suite, repoussée ; mais si elle rencontre un conducteur en communication avec le sol, elle se décharge, l'Influence s'exerce de nouveau, et la balle prend un mouvement de va-et-vient entre les deux corps jusqu'à ce qu'elle ait déchargé celui qui est électrisé ; cette décharge est dite convective, elle s'effectue par contacts successifs. Si, au lieu d'une balle de sureau, on prend un morceau de liège noirci portant des fils de manière à imiter le corps et les pattes d'une araignée, on a l'expérience de l'*Araignée de Franklin* (figure de la 17° *Expérience*). Si la balle est métallique et que les conducteurs soient deux timbres, on a le *Carillon électrique* (*fig.* 218). La *Danse des Forçats* (figure de la 8° *Expérience*) s'explique de même.

On peut séparer l'inducteur de l'induit par un plateau de verre, d'ébonite, etc., sans qu'il soit possible d'empêcher l'influence. Son

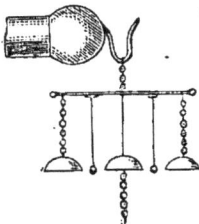

Fig. 218.
Carillon électrique.

intensité est simplement plus ou moins modifiée selon la nature de l'isolant interposé. Elle est plus grande avec les corps solides qu'avec l'air, ainsi que l'a montré Faraday.

Nous savons déjà communiquer l'électrisation à un corps par frottement ou — si l'on possède un corps ainsi électrisé — par contact direct et par conductibilité. Le phénomène de l'Influence permet d'opérer à distance et à travers les isolants et de faire prendre à un corps une électrisation de même nom ou de nom contraire à celle du corps inducteur selon qu'on opère par *étincelle* ou par *communication avec le sol*.

Signalons encore un cas remarquable d'Influence :

Le corps influençant fixé à l'extrémité d'un manche isolant B' (*fig.* 219) est introduit à l'intérieur d'un conducteur creux V sup-f porté par un pied isolant. Ce conducteur communique par un fil métallique avec la boule de laiton B d'un Électroscope dont les feuilles mobiles sont en F.

Par influence le corps introduit charge le vase V; s'il est positif il électrise négativement la surface intérieure du vase et positive- ment la surface extérieure; de plus, les feuilles de l'Électroscope font un angle qui reste invariable quelle que soit la position de

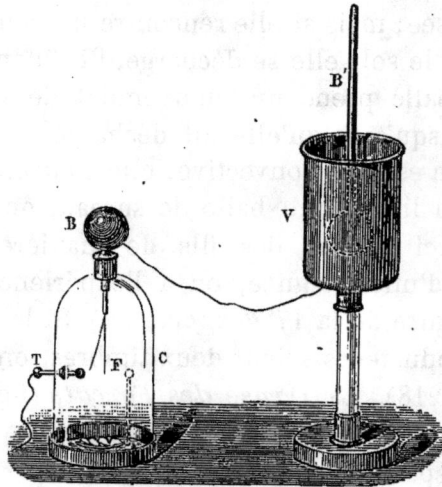

Fig. 219. — Influence sur un Conducteur creux. — Ecran électrique.

l'Influençant à l'intérieur du vase V. Dans le cas précédemment examiné où les deux corps influençant et influencé sont au con- traire *extérieurs l'un à l'autre,* l'Électrisation dépend de leur distance, de leur position relative, et bien qu'ils puissent présenter des cavités, la charge ne se porte pas à la surface de ces cavités mais seulement à la surface externe des conducteurs. En retirant l'Influençant du vase V, les feuilles F reviennent au contact, le vase V redevient neutre. Les deux charges positive et négative développées par influence sont donc encore équivalentes. Si avant d'enlever l'Influençant on lui fait toucher le vase V, l'écart des feuilles F n'est pas modifié mais l'Influençant, ainsi que la surface interne du vase V se trouvent déchargés, c'est-à-dire que la charge positive du corps influençant est équivalente à la charge négative que sa présence avait développée sur le vase. En résumé, après un tel contact la surface externe du vase porte une charge équivalente, égale, à celle qu'avait le corps influençant avant le contact. En répétant de tels contacts avec des conducteurs électrisés quelconques introduits successivement ou ensemble dans le vase V, leur charge passera entièrement sur la surface externe où elles s'ajouteront ou se retrancheront suivant que les corps introduits sont positifs ou négatifs.

Si le vase V est mis en *communication avec le sol* et qu'il contienne des conducteurs électrisés à l'intérieur, ceux-ci seront sans action sur des conducteurs extérieurs voisins. du vase..S'ils étaient neutres avant l'introduction des corps électrisés dans le vase, ils resteront encore neutres après, ainsi que l'indique l'Électroscope. *L'Influence ne se produit pas alors à travers le vase :* celui-ci fait *Écran électrique.* Tous ces faits sont d'une extrême importance.

Les appareils, qui ont pour but de produire aisément une forte électrisation en mettant à profit le phénomène d'Influence, de manière à supprimer la perte de travail due aux frottements, se nomment des *Machines électriques à influence.*

Nous allons décrire les plus employées.

Une petite machine à Influence fort simple et facile à réaliser porte le nom d'*Électrophore de Volta* (*fig.* 220). Wilcke, de son côté, avait imaginé un appareil analogue vers 1762.

Comme l'Électrophore peut servir à répéter la plupart des expériences d'Électricité il faut savoir le construire.

Il suffit de couler dans un moule métallique circulaire et plat — dans le couvercle d'une large boîte de fer-blanc, par exemple — une matière isolante préalablement fondue.

On peut prendre de la Résine mêlée d'un peu de poix de Bourgogne et de Térébenthine afin d'éviter d'avoir un gâteau de Résine à surface trop bulleuse. Si on n'a pas de Résine on coule simplement dans le moule de la cire à cacheter. Mais ce qui est de beaucoup préférable est un simple disque en caoutchouc durci ou ébonite.

On recouvre, d'autre part, d'étain un disque en bois, moins large que le moule, et au centre duquel on fixe un manche isolant : un bâton de cire à cacheter si l'on veut. Nous avons indiqué, d'ailleurs, la construction d'un Électrophore très simplifié (Voir la figure de la 5e *Expérience*).

Tels sont les deux seuls organes de l'*Électrophore*.

Pour s'en servir on électrise d'abord le gâteau de Résine en le frappant avec une peau de chat, dans ces conditions il s'électrise négativement, on place ensuite le disque sur le gâteau. Cela fait, on touche du doigt le disque et on l'enlève par son *manche isolant*. Il est alors électrisé positivement. Si on en approche le doigt on en peut tirer des étincelles qui atteignent jusqu'à 4 ou 5 centimètres de longueur. Lichtenberg construisit un *Électrophore* dont le

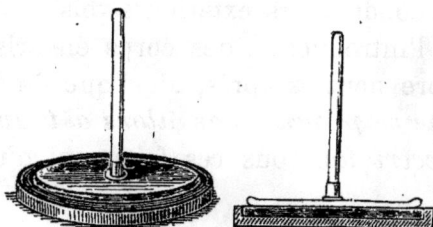

Fig. 220. — Électrophore de Volta. — Coupe de l'appareil.

gâteau avait 6 pieds de diamètre, le disque 5 pieds et qui fournissait des étincelles de 14 à 16 doigts de longueur.

Ce qu'il y a à remarquer, c'est que le disque étant déséléctrisé il suffira, sans rebattre le gâteau de Résine, de reporter le disque sur la résine et d'effectuer la série des opérations indiquées pour le charger à nouveau, et cela à de multiples reprises. Il y a plus, ayant une fois électrisé le gâteau, si on y place le disque, puis qu'on abandonne l'appareil dans un endroit sec, il pourra servir au bout de plusieurs semaines et même de plusieurs mois sans qu'il soit nécessaire de faire usage de la peau de chat.

Aussi Volta avait-il appelé son appareil « *Électrophore perpétuel.* »

En général lorsqu'un corps influencé et isolé s'approche trop du corps Inducteur, une étincelle éclate entre eux et il ne reste plus, ainsi qu'on l'a dit déjà, sur le corps influencé qu'une Électrisation de même nom que celle de l'Inducteur.

L'électrophore montre que si l'Inducteur est un isolant et le
corps influencé un disque sans arête ni pointe, les choses ne se
passent pas de même : on peut mettre les deux corps au contact
sans qu'il se produise d'étincelle visible et sans que les électrisations en regard disparaissent. Si on approchait au contraire du gâteau
de Résine un corps anguleux, le doigt, une étincelle éclaterait entre
eux. Et ce qu'il y a de singulier et d'imprévu, c'est que le gâteau
s'électrise positivement au point où a éclaté l'étincelle ; une région
neutre entoure ce point, puis on retrouve l'électrisation négative
sur le reste du gâteau.

Tout le monde peut vérifier ces faits en projetant sur le gâteau,

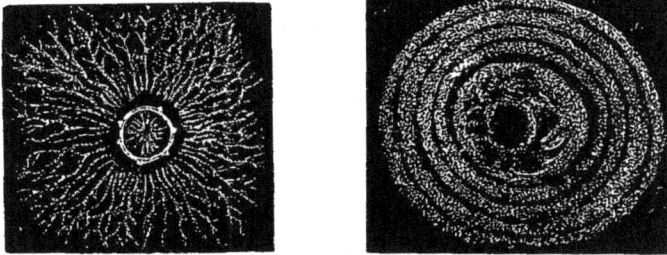

Fig. 221. — Figures de Lichtenberg.

au moyen d'un petit soufflet, un mélange de fleur de Soufre et de
Minium. Ces poudres, en frottant l'une sur l'autre et sur la tuyère du
soufflet, s'électrisent : le Soufre négativement et le Minium positivement.

Le soufre négatif est attiré par la Région positive du gâteau et
colore la résine en Jaune.

Le Minium qui est Rouge et positif se porte au contraire sur la
Région négative.

Entre les zones Jaune et Rouge la Résine se montre à découvert
par suite de l'existence d'une plage neutre.

Les figures ainsi obtenues, appelées *figures de Lichtenberg* ([1]),
présentent les apparences les plus variées (*fig.* 221) et sont plus

1. Christophe Lichtenberg, physicien allemand, 1742-1799.

belles lorsqu'on produit l'étincelle en approchant de la Résine et par son bord le disque une fois électrisé.

Si immédiatement après avoir chargé le disque, on projette les poudres électrisées sur le gâteau de Résine, on voit se dessiner une infinité de point jaunes entourés d'un nombre variable de rayons. Ces étoiles sont plus étendues par endroit et surtout dans le voisinage des bords.

Lichtenberg qui a étudié avec des gâteaux et des poudres variées ces figures les décrit avec admiration et enthousiasme et les com-

Fig. 222. — Machine de Bertsch. — T, Tourniquet électrique.

pare à un firmament parsemé de constellations et illuminé par plusieurs soleils.

Cela s'explique en remarquant que les surfaces du disque et du gâteau ne sont pas parfaitement planes, et là où elles prennent contact se produisent de très petites étincelles auxquelles sont dues les apparences observées.

Il ne faut pas attendre trop longtemps lorsqu'on veut faire cette expérience, car bientôt l'électrisation négative s'étend sur toute la surface du gâteau de Résine.

Ces observations suffisent pour montrer combien est complexe le phénomène de l'Influence lorsque le corps inducteur est un Isolant.

Le disque de l'Électrophore une fois électrisé peut servir à charger par contact, conductibilité ou étincelle, un conducteur quelconque, mais la manipulation nécessaire est ennuyeuse.

N'est-il pas possible de la remplacer par une autre plus commode et permettant d'obtenir de fortes électrisations.

Nous allons voir comment les MACHINES A INFLUENCE proprement dites résolvent, et de plusieurs manières, le Problème.

Voici d'abord la Machine de M. Bertsch, physicien Suisse.

Elle se compose d'un plateau circulaire en ébonite P (¹) (*fig.* 222) que l'on peut animer d'un mouvement rapide de rotation, au moyen d'une Manivelle M et de deux roues R et R', à la condition de donner à la roue R' qui est calée sur le même axe que le plateau un diamètre beaucoup plus petit que celui de la roue R directement commandée par la manivelle. Une courroie relie les deux roues.

On retrouve ce mode de *Multiplication* du nombre des tours de la manivelle dans la plupart des machines à Influence.

En face des deux extrémités du diamètre vertical du plateau sont placés deux peignes métalliques $p, p'$, communiquant par les conducteurs $p\,a, p'\,b$ avec les boules $a, b$ qui sont les *pôles de la Machine*. Ces conducteurs sont portés par des pieds en verre $v, v$.

Une lame verticale d'ébonite I que l'on nomme l'*Inducteur* de la Machine fait vis-à-vis au peigne inférieur $p'$ et est séparée de lui par le plateau P.

Rappelons qu'avant Bertsch, M. Piche, ingénieux amateur français, avait établi une machine toute semblable, mais dans laquelle le plateau P était en fort papier au lieu d'être en ébonite.

Le fonctionnement de cette Machine est des plus simple.

En premier lieu il faut *l'amorcer*.

Pour cela on frotte ou l'on bat l'inducteur I avec une peau de chat, ou une étoffe de laine, ce qui *l'électrise négativement*.

L'inducteur agit alors *par influence* à travers le plateau P sur le conducteur $p'\,b$.

---

1. L'*Ébonite* est un caoutchouc « vulcanisé » qui contient jusqu'à 60 pour 100 de soufre. Le mot « vulcanisé » vient du latin *Vulcanus* (Vulcain, dieu du feu); c'est par le mot *Vulcanus* que le *Soufre* était désigné chez les Alchimistes.

*L'électrisation de même nom que celle de l'Inducteur, c'est-à-dire l'électrisation négative se porte le plus loin possible de l'Inducteur et va par suite en b, l'électrisation positive se manifeste au contraire en p' sur la partie la plus rapprochée de l'Inducteur.*

Grâce au *Pouvoir des Pointes,* cette électrisation positive passe sur le plateau P et reste en face de *p'* où elle se produit, puisque l'ébonite est une substance isolante.

Fig. 223. — Machine de Carré.

Mais en faisant tourner le plateau la face électrisée positivement vient bientôt se placer en regard du conducteur *p a.* Ce conducteur s'électrise alors par influence. Comme toujours l'électrisation de même nom que celle du plateau influençant, ici l'électrisation positive, gagne la partie *a* du conducteur qui est la plus éloignée du Plateau et l'électrisation négative s'établit au contraire sur le peigne *p* près du plateau.

Comme tout à l'heure encore, par suite du Pouvoir des Pointes, cette électrisation négative passe sur le plateau P et détruit l'effet de l'électrisation positive de celui-ci.

Les parties du plateau qui passent devant le peigne P sont ainsi ramenées à l'état neutre, naturel.

La rotation du plateau ramenant les parties neutres entre l'inducteur I et le peigne $p'$, la même série de phénomènes se reproduira tant que durera la Rotation.

Si les pôles $a$ et $b$ sont à une distance convenable, des étincelles éclatent entre eux d'une manière régulière et continue.

On règle la distance des pôles $a$, $b$ en faisant glisser dans la boule B au moyen de la poignée isolante A le conducteur A $b$.

On donne souvent à un tel conducteur mobile le nom d'*Excitateur* de la machine.

En réalité l'Inducteur I perd graduellement son Électrisation et la machine fonctionne de moins en moins bien jusqu'au moment où elle ne produit plus rien, l'Inducteur étant alors incapable d'exercer l'influence sur le conducteur $p'$ $b$.

M. Carré, constructeur, a évité ingénieusement les inconvénients de cette *déperdition* en prenant un inducteur mobile, plateau de verre ou d'ébonite A (*fig.* 223) que le jeu de la manivelle M fait tourner lentement entre une paire de coussins D et que le frottement maintient électrisé.

En un mot l'Inducteur de la Machine de Carré est le plateau d'une petite machine de Ramsden privée de conducteurs.

Si le plateau inducteur A est en verre, il s'électrise positivement et alors le pôle positif de la machine est figuré par la boule du conducteur T et son pôle négatif par le gros conducteur horizontal C.

Souvent la Machine porte comme dans le cas de la figure 223 en B derrière le plateau un second Inducteur maintenu électrisé par le conducteur C auquel il est suspendu. Les peignes sont en E F.

C'est entre T et C qu'éclatent les étincelles.

L'ébonite étant une substance peu hygrométrique et restant par suite facilement sèche, la Machine de Carré présente le précieux avantage de fonctionner même par les temps les plus humides et dans une salle que la respiration d'un nombreux auditoire remplit de vapeur d'eau.

C'est l'une des Machines les plus fidèles, les plus commodes pour les expériences d'électricité.

Examinons maintenant des Machines plus complexes, construites antérieurement aux précédentes par M. Holtz, simple préparateur dans une Université d'Allemagne.

Il y en a de *plusieurs espèces*.

La Machine Holtz, dite de *Première espèce* (fig. 224), fort délicate et fort sensible à l'humidité se compose d'un plateau vertical P de verre verni à la gomme-laque et que l'on peut faire rapidement tourner autour de l'axe *o* au moyen d'une manivelle M et de roues R.

Des supports isolants rectangulaires *v, v...*, soutiennent par l'intermédiaire de quatre cales circulaires à gorge *c* un second pla-

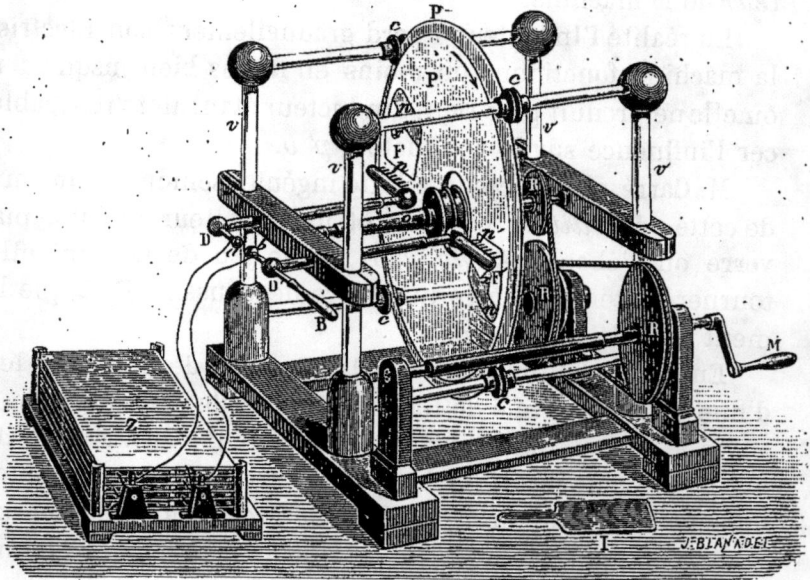

Fig. 224. — Machine de Holtz (1re espèce) chargeant une batterie de condensateurs plans Z.

(Le plateau fixe P′ a été légèrement tourné sur lui-même de manière que l'on puisse voir nettement les détails des Fenêtres et des Armatures.)

teau de verre fixe P′ disposé parallèlement au premier plateau P et à une faible distance de lui.

Le plateau fixe P′, dont le diamètre est plus grand que celui du plateau mobile, est percé de trois ouvertures :

Une ouverture centrale, circulaire et large, qui livre passage à l'axe de rotation *o* ; et deux ouvertures F, F′ sensiblement rectangulaires et placées aux extrémités d'un même diamètre légèrement incliné sur l'horizon, que l'on nomme les *Fenêtres* de la Machine.

Sur l'un des bords de chacune de ces fenêtres est collé un morceau de fort papier. Ces deux morceaux de papier constituent ce que l'on nomme les *Armatures*, ou Armures, ou Inducteurs de la Machine; la partie rectangulaire $n$ se nomme la *base* des Armatures, la partie relativement aiguë $x$ en est la *Pointe*.

La base de l'Armature relative à la fenêtre F est collée sur le bord supérieur de celle-ci et de telle façon que la pointe $x$ tombe dans la partie évidée de la fenêtre et soit très rapprochée du plateau mobile.

Au contraire la Base de l'Armature relative à la Fenêtre F', est collée sur le bord inférieur de celle-ci et la pointe tombe encore dans la partie évidée; les deux armatures occupent des positions symétriques par rapport au centre du plateau.

Enfin le mouvement de Rotation du Plateau mobile est choisi de telle sorte qu'un observateur se déplaçant sur le plateau fixe dans le sens de la Rotation du plateau mobile, *rencontre la Pointe de chacune des Armatures avant d'en rencontrer la Base*.

La Machine est complétée comme précédemment par deux peignes $p, p'$ qui font face aux armatures des fenêtres F, F' et sont séparés d'elle par le plateau mobile.

Comme toujours, ces peignes sont reliés à deux conducteurs $a, b$ qui constituent les *Pôles de la Machine*.

On peut éloigner ces pôles ou les amener en contact à volonté en faisant glisser dans les deux boules D D', ou seulement dans l'une d'elles, par exemple dans D', un conducteur mobile B $b$, ou *Excitateur*, par l'intermédiaire d'une poignée isolante B.

Pour faire fonctionner cette machine de Holtz, il faut d'abord l'*Amorcer*.

A cet effet on amène les pôles $a, b$ en contact de manière à former un conducteur unique $p a b p'$.

On électrise ensuite une petite plaque auxiliaire d'ébonite I en la frottant vivement sur du drap, puis on fait tourner la machine en même temps qu'on introduit brusquement l'ébonite électrisée entre les deux plateaux de façon à toucher seulement l'une des armatures, celle de la fenêtre F par exemple. Cette armature se trouve ainsi électrisée négativement.

On est prévenu que la Machine est amorcée lorsqu'on perçoit un *bruissement* très accusé et tout à fait caractéristique.

Il faut choisir comme Inducteur auxiliaire une lame d'ébonite I qu'il soit possible d'électriser assez pour en tirer du doigt des étincelles d'un centimètre environ de longueur.

C'est par un temps sec et froid, alors que soufflent les vents d'est, que cette machine d'Holtz fonctionne le mieux.

Pour réussir *à coup sûr* l'amorcement il faut placer la machine

Fig. 225. — Machine de Holtz (1re espèce) avec Conducteur diamétral D D et disque inducteur C.

sur une table percée d'une large ouverture et dont les pieds sont entourés d'une toile formant cheminée.

Sous la table on brûle dans un fourneau du charbon de bois bien allumé et ne donnant pas de fumée.

Par ce procédé on dessèche suffisamment les organes de la Machine et l'Atmosphère qui l'entoure pour lui permettre de fonctionner même dans les plus mauvaises conditions.

Le bruissement que l'on entend provient des lueurs qui s'échappent des peignes $p$ et $p'$ ainsi que des pointes des armatures F et F'.

Si c'est l'armature F que l'on touche avec l'ébonite on voit, dans l'obscurité, des points lumineux perler à l'extrémité des pointes du peigne négatif $p'$ et de l'armature F'. Du peigne positif $p$ part une nappe lumineuse qui se rend sur le plateau mobile en suivant une direction contraire à celle dans laquelle tourne ce plateau. La pointe de l'armature F est positive et envoie aussi une ligne lumineuse sur le plateau mobile.

Si, continuant à tourner on éloigne les pôles $a$ $b$ de manière à supprimer leur contact, le conducteur $pabp'$ donne deux conducteurs isolés, distincts, $pa$, $p'b$, et des étincelles éclatent entre $a$ et $b$ sous forme de traits lumineux bleuâtres, parallèles ou en houppes.

Si, comme on l'a supposé, c'est l'armature F qu'on a touché avec la plaque d'ébonite, $a$ est le pôle positif de la machine et $b$ le pôle négatif.

Comme tout est symétrique dans cette machine de Holtz, les pôles seront intervertis si l'on touche d'abord F' : $a$ sera alors le pôle négatif et $b$ le pôle positif.

Cherchons maintenant à nous rendre compte du jeu de la Machine.

L'armature F étant électrisée négativement agit par influence à travers le plateau mobile sur le conducteur $pabp'$, l'électrisation positive se manifeste en $p$ dans la partie du conducteur voisine de l'armature F qui est négative, et l'électrisation négative en $p'$ qui est la partie du conducteur la plus éloignée de l'inducteur F. Grâce au pouvoir des pointes, l'électrisation positive de $p$ passe sur le plateau mobile dans la partie qui lui fait face, et l'électrisation négative de $p'$ passe également sur la portion de ce même plateau isolant qui est en regard de lui.

Après un demi-tour la moitié de la surface du pourtour du plateau P qui a passé devant le peigne $p$ est électrisée positivement, l'autre moitié qui a passé devant le peigne $p'$ est au contraire électrisée négativement.

La base de l'armature F se trouvant alors en face d'une région négative du plateau et sa pointe en face d'une région positive prendra pour cette double raison une électrisation positive à sa base et *une électrisation négative à sa pointe.*

Pour la même raison l'armature F' ne pourra pas rester entièrement négative comme elle l'était au début, elle devient en effet négative à sa base et *positive à sa pointe.*

`L'électrisation de ces pointes passe sur chacune des moitiés de la seconde face du plateau mobile qui défilent devant elles pendant un tour du plateau P. En conséquence le pourtour du plateau P se trouve électrisé positivement dans sa moitié supérieure et sur ses

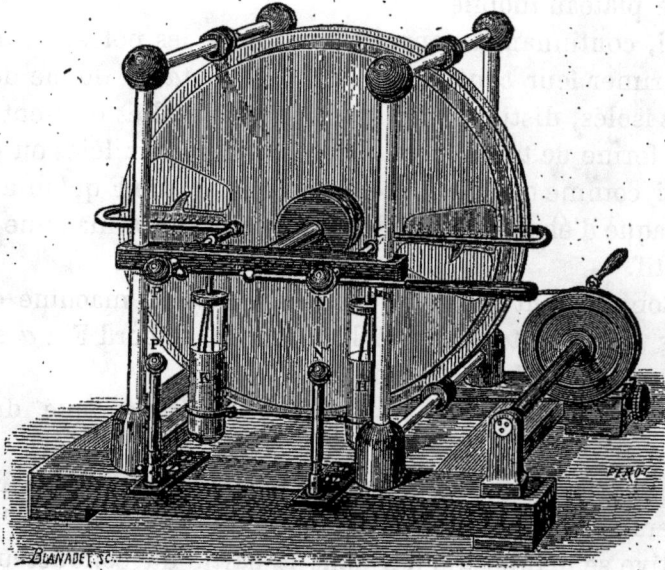

Fig. 226. — Machine de Holtz à quatre plateaux.

P et N, Pôles de la machine. — K et H, Bouteilles de Leyde. — P' et N' Conducteurs à coulisse que l'on peut amener au contact de P et de N lorsqu'on veut lancer le courant dans un fil dont les extrémités sont fixées dans des trous percés à la partie inférieure de P' et N'.

deux faces et négativement sur les deux faces de sa moitié inférieure.

Si le plateau reçoit un mouvement de rotation en sens contraire du sens normal, c'est-à-dire de façon qu'il rencontre *la base des armatures avant d'en rencontrer les pointes,* l'électrisation des armatures est appelée sur le plateau et au bout de quelques tours celles-ci sont neutralisées et la machine ne fonctionne plus, si bien amorcée qu'elle soit, au moment ou change le sens de rotation du plateau P.

Si la Machine étant amorcée on écarte les pôles *a, b,* jusque-là maintenus en contact, tout se passe comme il a été expliqué à propos de la machine plus simple de M. Carré.

Des étincelles éclatent entre $a$ et $b$ dès que la différence de Potentiel des pôles est suffisante, c'est-à-dire à intervalles réguliers si la machine tourne uniformément.

Nous n'insisterons pas sur toutes les singularités remarquables, et non encore élucidées complètement par les savants, présentées par cette machine de Holtz.

Il faut savoir cependant que si les pôles $a$, $b$ sont assez écartés pour qu'il ne puisse plus se produire d'étincelles entre eux, il arrive souvent que la machine se désamorce et cesse de fonctionner; il se produit même, dans certaines conditions, une interversion des pôles.

On peut obvier à cet inconvénient en munissant la machine (*fig.* 225) d'un *conducteur diamétral* DD qui, jouant constamment le même rôle que le conducteur $pabp'$ de la machine précédente pendant l'amorcement, maintient la machine en marche normale, malgré l'écartement des pôles. Les bases des armatures de F et F' s'étendent alors sur un arc de près d'un quadrant et fait face en partie au conducteur diamétral D D que l'on incline plus ou moins sur l'horizon.

On voit également dans la figure 225 une modification apportée par M. Ducretet.

Ce constructeur a substitué à la lame d'ébonite, qui sert de premier Inducteur, un plateau en verre C qui s'électrise par frottement sur deux coussins et passe ensuite devant l'armature $a$ qu'il électrise positivement.

Poggendorff ([1]) le premier a eu l'idée de réunir sur un même bâti quatre plateaux formant par leur ensemble deux machines de Holtz ayant les mêmes pôles. Le constructeur Ruhmkorff a disposé cette double machine de la manière suivante : les deux plateaux fixes qui portent les armatures sont voisins et compris entre les deux plateaux mobiles. Deux peignes en forme de mâchoire embrassent l'ensemble des plateaux. Les pôles de la machine sont en P et N (*fig.* 226).

1. Jean Chretien Poggendorff, chimiste et physicien, né à Hambourg (1796-1877).

Cette machine s'amorce et fonctionne comme la précédente. Bien qu'elle n'ait pas de conducteurs diamétraux, elle ne se désamorce pas ou rarement, si écartés que soient les pôles. Il est difficile de trouver la vraie raison de ce fait. De plus, elle peut rester longtemps amorcée bien qu'on ne la fasse pas fonctionner.

Sans entrer dans le détail nous signalerons encore la *machine de Holtz, de seconde espèce,* dans laquelle il y a deux plateaux

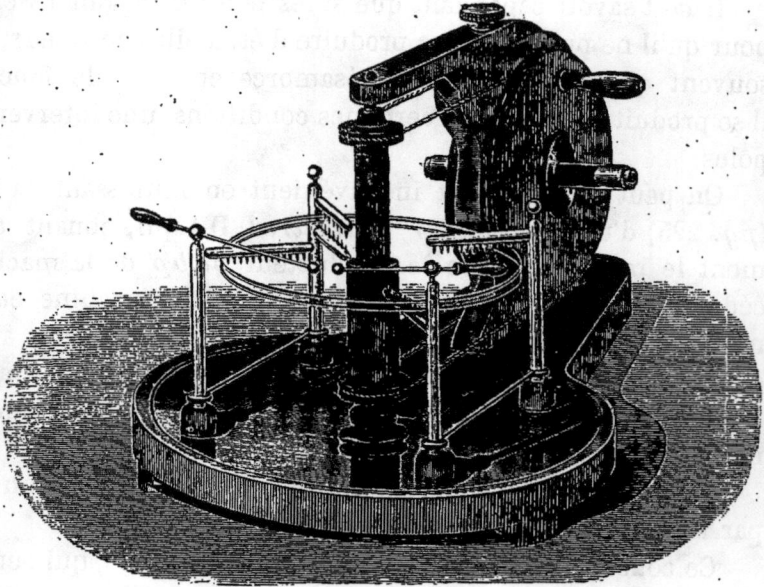

Fig. 227. — Machine de Holtz (seconde espèce).

horizontaux mobiles en sens inverse et qui ne portent ni fenêtre, ni armature. Quatre peignes sont disposés de part et d'autre des deux plateaux, et aux extrémités de deux diamètres à angle droit. Ils sont reliés deux à deux par les tringles que l'on voit près du socle de la figure.

Un Inducteur auxiliaire, une plaque d'ébonite électrisée, est encore nécessaire ici pour amorcer la machine. On la présente à l'un des peignes après avoir mis les deux pôles en contact.

Dans les machines de Voss (1881) et de Wimshurst (1885), l'amorcement se fait de lui-même dès qu'on met la machine en mouvement.

Pour ne pas multiplier des descriptions d'appareils semblables, nous avons expliqué par des légendes les figures 228 et 239 qui représentent les machines de Voss et de Wimshurst.

M. Ducretet a construit une belle machine Wimshurst à douze plateaux qui est, en somme, la réunion sur un même bâti de six machines ordinaires ayant les deux mêmes pôles. Elle a été fort remarquée à l'Exposition universelle de 1889 et à l'Exposition de la Société française de Physique (avril 1890) (*fig.* 229).

Il est clair que la déperdition électrique d'une part et les étincelles de décharge qui éclatent entre les diverses pièces d'une machine électrique ne permettent pas d'accroître indéfiniment la charge des conducteurs, la différence de Potentiel des pôles, il y a une limite rapidement atteinte. L'Électroscope H de Henley placé sur le conducteur de la machine de Ramsden, par exemple (*fig.* 211), s'écarte d'abord progressivement, puis s'arrête et reste immobile quelle que soit la vitesse de rotation du plateau.

La charge que peut fournir une machine, placée dans des conditions définies, pendant une seconde se nomme son *Débit*. Plus il est grand, plus la limite de charge est rapidement atteinte, plus le *courant électrique* qu'elle maintient dans un fil qui réunit ses pôles est intense. Pour comparer approximativement le débit de deux machines, on réunit leurs pôles respectifs aux deux branches d'un excitateur dont les boules sont à une distance de quelques centimètres. En un mot, on donne les mêmes pôles aux deux machines, puis on les met en marche successivement; celle qui produit le plus d'étincelles dans le même temps entre les deux boules a le plus grand débit, et le rapport du nombre des étincelles qu'elles fournissent dans un même temps mesure grossièrement le rapport de leur débit. On peut constater ainsi que le débit d'une machine à frottement dépend presque exclusivement des dimensions de la machine et de la vitesse de rotation, c'est-à-dire de l'étendue de la surface frottée dans un même temps; en augmentant la pression des coussins sur le plateau on ne modifie pas le débit et, comme on perd inutilement de l'Énergie du moteur lorsque le frottement est considérable, il y a lieu de le rendre aussi faible que possible. Une machine à influence, une machine de Holtz même de petites dimensions, a un débit qui dépend de la vitesse de rotation,

ment. De
plus, la limite de charge maximum correspond à une bien plus
grande différence de Potentiel des pôles. Si la différence de Potentiel des pôles règle la longueur des étincelles, elle n'en règle pas
la grosseur, l'énergie.

Lorsque les pôles d'une machine électrique et les conducteurs
avec lesquels ils communiquent sont de faibles dimensions, les étincelles qui éclatent entre eux sont pâles, grêles et peu bruyantes.

Pour obtenir des étincelles plus puissantes il faut augmenter

Fig. 228. — Machine de Voss.

G', Plateau fixe. — G, Plateau mobile. — I'' I''', Conducteur diamétral. — I I' Petites bandes d'étain. —
a a', Inducteurs. — g g, Pastilles métalliques. — M M', Piliers. — e e' e'', Supports du plateau G', — K, Ouverture circulaire pratiquée dans le plateau fixe et donnant passage à l'axe de rotation. — A A' Conducteur diamétral à balais métalliques. — E E', Tiges de l'excitateur. — B B', Bouteilles de Leyde. — S S',
Base de la machine. — T, Borne d'attache pour les fils, l'autre est derrière la bouteille B. — P, Plateau
dont le mouvement commande la rotation du plateau G.

les dimensions des conducteurs, leur capacité, ce qui rend les machines encombrantes.

Heureusement le Hasard est venu apprendre aux Physiciens, et
à leurs dépens, comment on pouvait accumuler, condenser, une
forte électrisation sur deux surfaces conductrices en regard, planes,
sphériques, cylindriques, etc., de dimensions relativement petites
et séparées par une substance isolante. On donne à un tel appareil
le nom de *Condensateur* (') *électrique.*

1. *Condensateur*, du latin *condensare* · presser, serrer, rendre dense.

C'est Von Kleist, doyen du chapitre de Camin, en Poméranie, qui, sans le vouloir, fit en 1745, le premier *Condensateur*.

Voulant électriser du mercure renfermé dans une bouteille en verre, ce prélat planta dans le bouchon de la bouteille une tige de fer dont l'extrémité plongeait dans le mercure. Puis, tenant la bouteille d'une main, il en mit la tige au contact du conducteur d'une machine. Il toucha alors sans intention ce conducteur avec l'autre main. Il ressentit aussitôt une forte commotion dans le bras et dans le coude.

Sans la bouteille, la machine ne donnait que des étincelles absolument inoffensives. Aujourd'hui la plupart des machines portent constamment accrochées à leur conducteur une ou deux bouteilles (*fig.* 225, 226, 228, 229 et 239). On augmente ainsi l'Énergie des étincelles, des commotions, etc.

L'année suivante, en 1746, le même fait fut retrouvé à Leyde (Hollande).

Le professeur Musschenbroek ([1]), pensant qu'en renfermant le corps à électriser dans une enveloppe en verre il perdrait beaucoup moins vite son électrisation que dans l'air, demanda à Cunœus et Allaman d'électriser de l'eau contenue dans une bouteille.

Cunœus qui tenait la bouteille d'une main, voulant enlever avec l'autre main la chaîne métallique qui mettait en communication l'eau et le conducteur de la machine, ressentit, comme Kleist, une violente commotion.

Musschenbroek répéta l'expérience et la fit connaître au physicien français Réaumur par l'intéressante lettre qui suit, datée du 20 avril 1746 :

« Je veux vous communiquer, écrit-il, une expérience nou-

1. Pierre Van Musschenbroek, né à Leyde (Hollande) en 1692, docteur en philosophie, docteur en médecine, prit à Londres des leçons de Newton dont il adopta les idées ; professeur de philosophie expérimentale et d'astronomie à l'Université d'Utrecht ; membre de l'Académie des Sciences. Sa célébrité était devenue telle que l'Angleterre, l'Espagne et le Danemark lui firent les offres les plus brillantes pour l'attirer et profiter de son enseignement ; il refusa et quitta Utrecht pour revenir à Leyde occuper la chaire de philosophie ; il mourut en 1761. La ville de Leyde était alors un des principaux foyers scientifiques de l'Europe et comptait un grand nombre de savants qui se livraient à l'étude de l'électricité, entre autres un riche bourgeois, nommé Cunœus, et le professeur de physique Allaman.

velle, mais terrible, que je vous conseille de ne point tenter vous-
même. Je faisais quelques recherches sur la force de l'électricité.
Dans ce but, j'avais suspendu à deux fils de soie un canon de fer,
qui, par communication, recevait de l'électricité d'un globe de
verre qu'on faisait tourner rapidement sur son axe, pendant qu'on
le frottait en y appliquant les mains. A l'autre extrémité pendait
librement un fil de laiton dont le bout était plongé dans un vase
de verre rond en partie plein d'eau que je tenais dans ma main
droite; avec l'autre main j'essayais de tirer des étincelles du canon
de fer électrisé. Tout à coup ma main droite fut frappée avec tant
de violence que j'eus tout le corps ébranlé comme d'un coup de
foudre. Le vase, quoique fait d'un verre mince, ne se casse point
ordinairement et la main n'est point déplacée par cette commotion;
mais le bras et tout le corps sont affectés d'une manière terrible,
que je ne puis exprimer. En un mot, je croyais que c'était fait
de moi.

« Mais voici des choses bien singulières : quand on fait cette
expérience avec un vase en verre d'Angleterre, l'effet est nul ou
presque nul. Il faut que le verre soit d'Allemagne : il ne suffirait
même pas qu'il fut de Hollande. Il n'importe qu'il soit arrondi ou
sphéroïde, ou de toute autre forme : on peut employer un verre à
boire ordinaire, grand ou petit, épais ou mince, profond ou non,
mais il est absolument nécessaire que ce soit du verre d'Allemagne
ou de Bohème ([1]). Celui qui m'a pensé donné la mort était d'un
verre blanc et mince, et de cinq pouces de diamètre. La personne
qui fait l'expérience peut être placée simplement sur le plancher,
mais il faut que ce soit la même qui tienne d'une main le vase et
de l'autre tire l'étincelle. Si l'on place le vase sur un support de
métal porté sur une table de bois, en touchant ce métal seulement
du bout du doigt et tirant l'étincelle avec l'autre main, on ressent
encore un très grand coup. »

L'abbé Nollet ne fut pas effrayé par le récit évidemment exagéré
de Musschenbroek. A son tour, il fit l'expérience de Leyde avec un
vase de verre de France, ce qui n'empêcha pas la réussite.

---

1. Cela veut dire uniquement que le verre ne doit pas être humide, soit d'une composition aussi peu hygrométrique que possible, sans quoi il devient conducteur et la bouteille ne fonctionne plus que comme un conducteur ordinaire.

« Je ressentis, dit-il, jusque dans la poitrine et les entrailles une commotion qui me fit involontairement plier le corps et ouvrir la bouche, comme il arrive dans les accidents où la respiration est coupée : le doigt index de ma main droite qui tirait l'étincelle reçut un choc ou une piqûre très violente, mon bras gauche fut secoué et repoussé de haut en bas, au point de me faire lâcher le vase à demi-plein d'eau que je tenais. »

La curiosité et l'enthousiasme pour ces expériences furent poussées à un tel point que Bose ([1]), professeur de physique à l'Université de Wittemberg (Saxe), disait : « Je ne regretterais pas de mourir d'une commotion électrique, puisque le récit de ma mort fournirait le sujet d'un article aux *Mémoires* de l'Académie royale des sciences de Paris. »

La figure 187, tirée de l'« Essai sur l'Électricité », montre la manière dont Nollet opérait. Elle ne diffère pas de celle indiquée par le physicien de Leyde dans la lettre qu'il écrivit à Réaumur.

La « Bouteille de Leyde », comme l'appela Nollet, devint vite populaire, chacun voulut avoir le plaisir de ressentir la « Commotion électrique ».

Pour satisfaire plus vite ses visiteurs, Nollet leur faisait se donner la main de manière à former une chaîne. Il se mettait à l'un des bouts de la chaîne tenant la bouteille de Leyde électrisée dans sa main libre. La personne placée à l'autre extrémité s'approchait alors, afin de fermer le cercle, puis touchait de sa main libre la tige conductrice enfoncée dans la bouteille. C'est de cette manière que l'expérience fut faite à Versailles sous les yeux de Louis XIV et de sa cour; la chaîne était formée par une compagnie de gardes

---

1. Georges Mathias Bose, né à Leipzig en 1710, mort en 1761, auteur de divers ouvrages sur l'électricité, l'astronomie et la médecine, entre autres d'une *Description poétique de l'Électricité depuis sa découverte* (Wittemberg, 1744) qui fut traduite en vers français. Une de ses expériences est connue sous le nom de : *La béatification de Bose;* en faisant arriver l'électricité sur une personne isolée sur un gâteau de résine, Bose disait avoir vu une flamme s'élever autour du sujet jusqu'à la tête qu'elle avait entourée d'une auréole semblable à la gloire des saints. Le médecin anglais William Watson, auteur des *Expériences et observations sur l'électricité,* après s'être efforcé vainement de reproduire cette expérience, écrivit à Bose; celui-ci avoua que la « béatification » ne s'opérait qu'en revêtant le sujet d'une cuirasse et en le coiffant d'un casque métallique.

Fig. 229. — Machine de Wimshurst à douze plateaux.

A et B. Pôles de la Machine. — *m m'*, Poignées isolantes servant à modifier la distance des pôles. — Co Co', Conducteurs reliant les pôles aux conducteurs plus gros I I' et isolés auxquels sont fixés les peignes P P'. C C', Bouteilles de Leyde. — Ba, Conducteurs diamétraux munis de boutons armés de fils métalliques qui frottent sur les petites lames d'étain que l'on aperçoit disposées en circonférence sur le pourtour des plateaux isolants. — T, Rectangle isolant recouvert de poussières conductrices fixées à la gomme et entre lesquelles éclatent des étincelles dont l'ensemble présente des effets variés. — La flèche indique le sens de rotation des plateaux, la manivelle est derrière la machine.

françaises, soit deux cent quarante soldats. Chacun d'eux ressentit la secousse produite sur les muscles par la décharge.

La mode fut telle que l'on fit des bouteilles de Leyde ayant l'apparence d'une canne, d'un objet usuel quelconque et avec lesquels chacun mettait à l'épreuve la patience de ses amis.

Le docteur anglais Bevis trouva, en 1747, qu'un carreau de verre d'un pied carré recouvert d'une mince lame métallique sur ses deux faces était un aussi bon *Condensateur* qu'une bouteille de Leyde d'une demi-pinte remplie d'eau. Benjamin Franklin et Æpi-

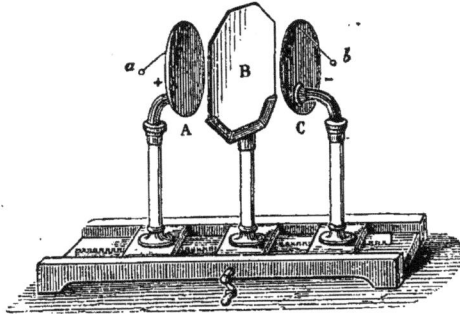

Fig. 230. — Condensateur d'Æpinus.

nus firent avec ces Carreaux électriques de nombreuses expériences, et Æpinus (¹) inventa le *Condensateur* qui porte son nom. Il se

1. Ulrich Théodore Æpinus, né à Rostock (Allemagne) en 1724, mort en Livonie en 1802; appelé à Saint-Pétersbourg pour professer la Physique; son principal ouvrage est un *Essai de la théorie de l'électricité et du magnétisme* (1787); Æpinus découvrit la propriété singulière de la *Tourmaline*, pierre composée de silice, d'alumine, de fer et de manganèse qui se rencontre dans les roches primitives, montagnes de Suisse, d'Espagne, d'Italie, du Tyrol. Æpinus remarqua que la Tourmaline avait la propriété de s'électriser, par l'action de la chaleur, *positivement* à l'une de ses extrémités, *négative-ment* à l'autre, et il admit des pôles positif et négatif à la Tourmaline comme à la pierre d'Aimant. Depuis Æpinus, les physiciens qui ont étudié ce cristal ont constaté que la Tourmaline, graduellement chauffée, prend une électrisation qui augmente jusqu'à cent degrés, puis qui diminue jusqu'à s'annuler; mais, en continuant à chauffer, l'électrisation reparaît, et cette fois, l'extrémité qui d'abord s'était électrisée *positivement* s'électrise *négativement*, et l'extrémité qui portait l'électrisation *négative* porte une électrisation *positive*. Un phénomène analogue se présente lorsque la Tourmaline, après avoir été échauffée, est abandonnée au refroidissement : l'extrémité *positive* devient *négative* et inversement pour l'autre extrémité. L'action de la chaleur n'est même pas nécessaire, il suffit de comprimer une lame de Tourmaline parallèlement à son axe pour que les faces normales à cet axe prennent des électrisations de noms contraires ; si après avoir comprimé la lame, on la décomprime, on produit l'effet inverse. M. E. Mallard, dans son *Traité de cristallographie*, signale ce dernier phénomène : Quand on brise un prisme de Tourmaline en voie d'échauffement ou de refroidissement et possèdant, par suite, deux pôles de noms contraire, *chacun des fragments possède deux pôles*, comme cela aurait lieu pour les fragments d'un aimant.

compose (*fig.* 230) de deux plateaux métalliques A C supportés par des colonnes en verre et auxquels sont attachés des pendules électriques *a b*. Les deux plateaux sont séparés par un carreau de verre B. Au moyen d'une manivelle et d'une crémaillère, on peut approcher A et C de B et même les appliquer sur B.

On emploie beaucoup dans les recherches de laboratoire des condensateurs plans (*fig.* 224) qui ont conservé la forme en carreau ; mais au verre on substitue généralement le mica ou du papier paraffiné.

On a modifié successivement les bouteilles de Leyde primitives.

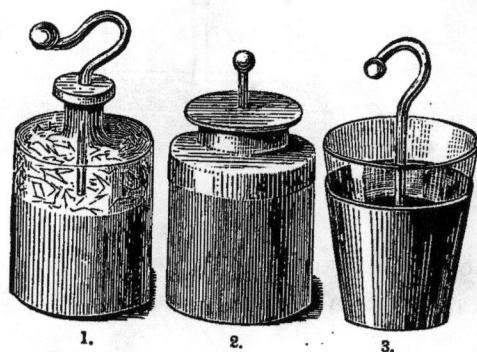

Fig. 231. — Bouteilles de Leyde.
1. Bouteilles à armatures fixes. — 2. Jarre. — 3. Bouteilles à armatures mobiles.

L'intérieur des bouteilles de Leyde actuelles est rempli aux deux tiers environ de feuilles d'étain ou de clinquant I, chiffonnées et convenablement tassées (*fig.* 211 et 231).

Dans ces feuilles plonge un conducteur C terminé par un bouton *a* et assujetti dans l'axe du bouchon B de la bouteille.

On colle une feuille d'étain E sur la surface extérieure de la bouteille dont la partie supérieure, laissée nue, est vernie à la gomme-laque ou enduite de cire à cacheter, de manière à empêcher les étincelles d'éclater entre les feuilles I et E en suivant la surface de la bouteille. Le verre condense, en effet, assez facilement l'humidité de l'atmosphère et devient par là conducteur.

Quand on emploie des vases assez larges qu'on appelle des Jarres électriques, on colle à l'intérieur une feuille d'étain mise en communication, par des ressorts qui la pressent ou par des feuilles métalliques avec le conducteur.

Le conducteur l (mercure, eau, feuilles d'étain, de clinquant, etc.) placé à l'intérieur de la bouteille se nomme Armature interne; le conducteur extérieur E, c'est-à-dire la feuille d'étain

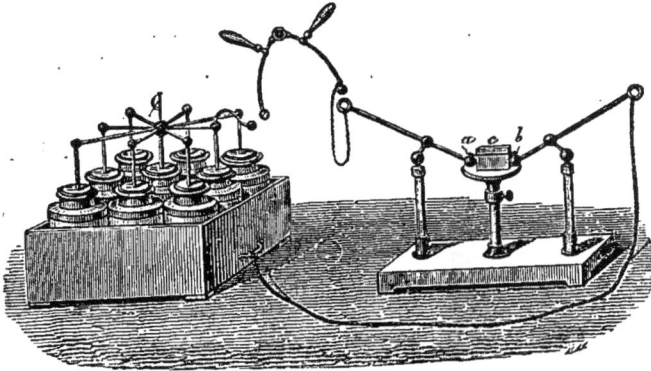

Fig. 232. — Volatilisation d'un fil métallique *a b* par la décharge d'une Batterie de bouteilles de Leyde; l'or pulvérulent laisse une trace noire sur la carte *c*.

collée, ou — comme dans les premières bouteilles, — la main constitue l'*Armature externe*.

Souvent l'Armature interne que l'on met généralement en communication avec la machine est appelée *Collecteur*.

On forme rapidement une bouteille de Leyde en mettant de la grenaille de plomb ou du plomb de chasse dans un verre bien sec.

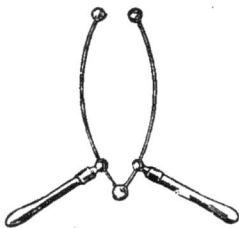

Fig. 233. — Excitateur.

C'est l'Armature intérieure. On enfonce une cuiller dans le plomb, c'est le conducteur C, puis on prend la bouteille à pleine main; celle-ci est l'Armature extérieure.

Pour électriser, pour charger une bouteille de Leyde au moyen d'une machine de Ramsden, on l'accroche au conducteur de la machine, après quoi on met l'Armature externe en communication avec la terre par l'intermédiaire d'une chaîne qui y est attachée ou plus simplement en tenant la bouteille dans la main.

Avec les machines de Holtz, de Voss, de Wimshurst, etc., on

relie l'une des armatures de la bouteille au Pôle positif de la machine et l'autre armature au Pôle négatif.

Pour décharger, désélectriser brusquement la bouteille sans inconvénient, on emploie un petit appareil appelé Excitateur (*fig.* 233 et 232). Il est composé de deux tiges conductrices articulées

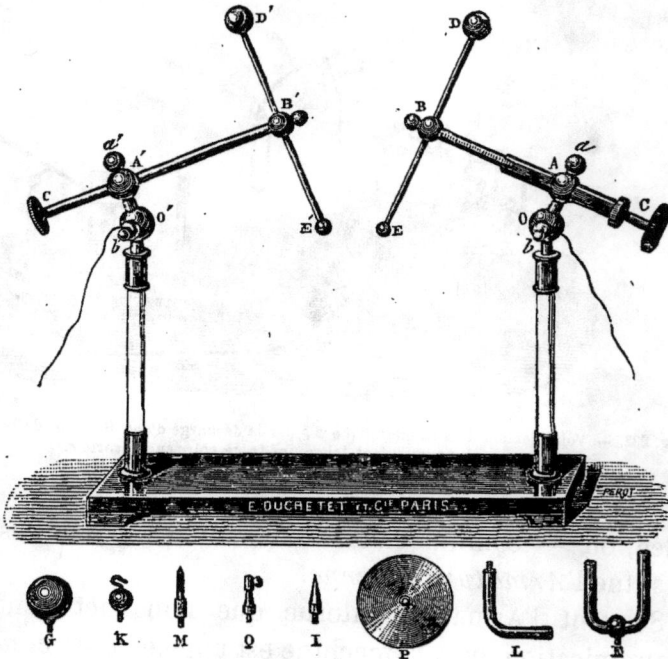

Fig. 234. — Grand Excitateur Universel.

B C, B′ C′, Tiges de l'excitateur mobiles suivant l'axe des boules A A′. — *a a′*, Boutons de pression servant à immobiliser les tiges que l'on peut faire tourner autour d'axes horizontaux. — O O′ Boules auxquelles on attache les fils qui se rendent à l'excitateur. — Les tiges secondaires D E D′ E′ terminées par des boules peuvent glisser à l'intérieur des boules B B′. — A la place des boules B B′ D D′ E E′, on peut visser des boules différentes G K, des crayons de charbon M, des pinces Q, des pointes I, des plateaux P, des supports tels que L et F.

comme les deux lames d'une paire de ciseaux, terminées à l'une de leurs extrémités par des boules et à l'autre extrémité par des poignées isolantes généralement en verre.

Pour s'en servir on prend l'excitateur par les poignées, on met l'une de ses boules en contact avec l'armature externe de la bouteille et on approche l'autre boule du bouton de la bouteille. Une étincelle éclate entre les boules lorsque leur distance devient assez faible. C'est l'étincelle de *décharge* (¹).

1. On peut se servir pour un grand nombre d'expériences de l'Excitateur Universel (*fig.* 234).

L'expérience montre que cette étincelle est d'autant plus puissante que le vase de verre qui sépare les armatures est plus mince et les surfaces des armatures plus grandes.

Il n'est pas pratique de faire des bouteilles trop minces ou de trop grande surface.

On arrive au même résultat en associant convenablement un certain nombre de bouteilles ordinaires en formant des Batteries.

La figure 232 représente une Batterie de neuf bouteilles *associées en Surface* que l'on décharge avec l'Excitateur.

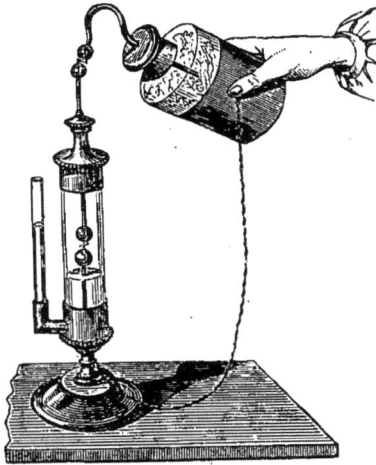

Fig. 235. — Appareil de Kinnersley.

On associe de même des condensateurs de forme quelconque.

Les tiges conductrices réunissent toutes les armatures internes des bouteilles à la boule.

Une feuille d'étain qui tapisse les parois de la boîte où sont contenues les bouteilles en met toutes les armatures externes en communication avec la poignée métallique d'où part une chaîne allant au sol. La boule et la poignée sont les deux pôles de la Batterie.

On charge et on décharge une Batterie comme il a été expliqué pour une seule bouteille : la boule joue le rôle de l'Armature interne et la poignée celui de l'Armature externe (*fig.* 232).

Franklin a indiqué une autre disposition des bouteilles dont il n'a pas pu tirer grand profit. Elle est désignée sous le nom d'*Asso-*

*ciation en Cascade* et correspond à l'association des Piles en série.

L'Armature interne de la première bouteille étant libre, son armature externe est réunie, par une tige ou une chaîne métallique, à l'armature interne de la seconde bouteille. L'Armature externe de la seconde bouteille communique de même avec l'armature interne de la troisième bouteille et ainsi de suite jusqu'à la dernière bouteille dont l'Armature externe est libre.

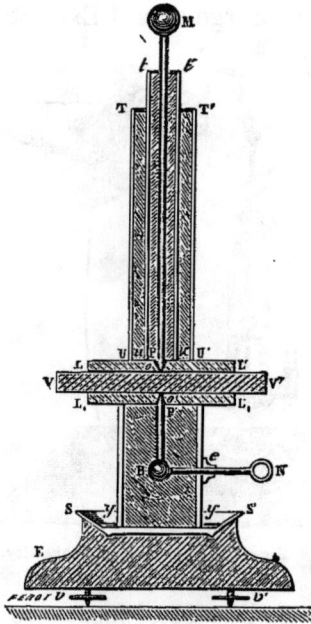

Fig. 236. — Perce-verre de M. Terquem

V V', Lame de verre à percer et comprise entre deux autres lames de verre L L' L L' qui livrent passage en *o o'* aux pointes qui terminent les deux branches M P N B P' de l'excitateur. Ces tiges sont entourées de tubes de verre *t t' u u'* T T' U U' remplies d'un mélange de cire et de résine fondues. — E S S' Supports. — *v v'*, Vis calantes.

L'*Énergie potentielle* emmagasinée dans une bouteille de Leyde ou dans une Batterie est fournie par le Moteur qui met en mouvement la Machine employée pour la Charge.

Cette *Énergie potentielle*, en se transformant en *Énergie cinétique* par la Décharge, donne lieu à des Effets très variés que l'on met en évidence par des Expériences classiques que nous allons brièvement décrire.

.Voici d'abord l'*appareil de Kinnersley* au moyen duquel ·on rend visible le refoulement de l'air par la décharge.

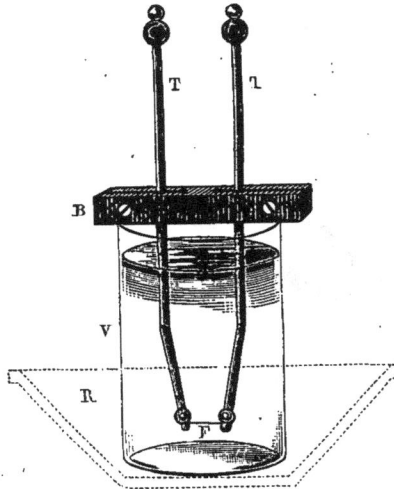

Fig. 237. — La Torpille électrique.

V, Vase en verre contenant de l'eau. — B, Support des tiges T T′ que l'on met en rapport avec les pôles de la batterie à décharger. — F, Fil à volatiliser. — R, Terrine recevant l'eau du vase V lorsqu'il se brise.

Deux tiges de cuivre terminées par de petites boules (*fig.* 235)

Fig. 238. — Perce-verre ou Perce-carte.

sont disposées en regard et suivant l'axe d'un tube de verre qui communique avec un autre tube de verre plus étroit et placé latéralement. De l'eau est placée au fond de ces tubes. Dès que l'étincelle de décharge éclate entre les boules au sein de l'air, on voit l'eau du large tube passer brusquement dans le tube étroit.

Si le premier tube existait seul et était plein d'eau, la décharge le briserait.

Si l'étincelle éclate entre deux pointes (*fig.* 238) séparées par une lame de verre ou par une carte de visite, la lame ou la carte se

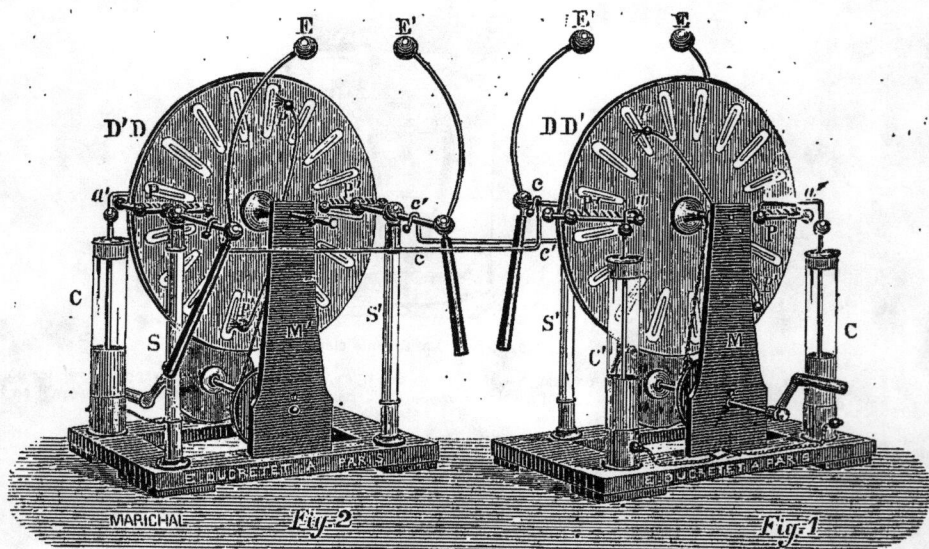

Fig. 239. — Transmission de l'Énergie à distance au moyen de deux machines Wimshurst.

D D' Plateaux de la machine mobiles en sens contraire. — E E', Pôles. — M M' S S', Support des diverses pièces. — *p p'*, Balais aux extrémités d'un conducteur diamétral. — *a c' a c'*, Bouteilles de Leyde. — P P, Peignes. — C C C' C', Conducteurs en forme de tiges réunissant les pôles des deux machines. — L'une présente la face où est la manivelle et l'autre la face opposée.

trouve percée. Une bouteille de Leyde est souvent percée par la décharge d'une armature à l'autre à travers le verre.

Le trou de la carte présente une particularité curieuse : le papier est soulevé sur chacune des deux faces, comme si l'étincelle était partie du milieu de l'épaisseur du papier.

Pour percer aisément des lames de verre de plusieurs centimètres d'épaisseur et éviter que l'étincelle ne contourne la lame, on emploie le *Perce-verre* de M. Terquem (*fig.* 236).

On peut également employer la décharge d'une batterie à foudroyer des animaux, à mettre le feu à des substances inflammables : l'éther, l'alcool, la poudre…, etc. La *chaleur développée* par la décharge est suffisante pour volatiliser un fil métallique. La disposition de l'expérience est indiquée (*fig.* 232).

Lorsque cette volatilisation d'un fil F (*fig.* 237) a lieu au sein de l'eau, celle-ci est violemment projetée et le vase de verre V est souvent brisé. C'est l'expérience dite de la *Torpille électrique*. Quand la décharge s'effectue ainsi à travers un fil, elle prend le nom de *Décharge conductrice* ou *conductive*.

Ce qui est particulièrement intéressant c'est qu'il est possible, en utilisant l'Énergie potentielle d'une Batterie de mettre une Machine électrique en rotation.

Le premier Poggendorff a montré que si, après avoir chargé une Batterie au moyen d'une machine de Holtz, on fait sauter la courroie qui passe sur les diverses roues de la machine de manière à diminuer les résistances, la Batterie se décharge mais en faisant tourner le plateau en sens contraire du mouvement qu'il avait lors de la charge.

On comprend facilement cette inversion de mouvement si l'on remarque que la Batterie résiste lorsqu'on la charge, elle s'oppose au mouvement de la machine. Elle tend à électriser les organes de la machine, fixes ou mobiles, de telle sorte que des répulsions s'exercent entre eux par rapport au mouvement donné au plateau.

On peut faire autrement l'expérience et éviter de passer par l'intermédiaire d'une Batterie.

On prend deux machines à Influence (Holtz, Voss, Wimshurst) (*fig.* 239) et on réunit respectivement par des tiges métalliques les deux pôles de la première machine aux deux pôles de la seconde. Dès qu'on met la première machine en mouvement la seconde tourne aussi, mais elle prend un sens de rotation inverse à celui de sa marche normale.

La machine sur laquelle on dépense l'Énergie du Moteur et qui transforme cette Énergie en Énergie électrique se nomme un *Électro-Moteur* ou encore une machine Génératrice d'Électricité; la seconde machine que cette Électricité met en mouvement se nomme au contraire un *Moteur-Électrique*. Envisagée comme recevant de l'Électricité de la Génératrice on l'appelle aussi Réceptrice. Bien entendu la même machine peut servir indifféremment d'Électro-

Moteur et de Moteur-Électrique, de Génératrice et de Réceptrice, en un mot elle est *Reversible*.

Cet exemple nous montre déjà comment on peut emmagasiner l'*Énergie électrique* dans une Batterie ou transporter l'*Énergie mécanique* d'un lieu à un autre.

Nous sommes à présent en possession de deux générateurs d'Électricité :

1° La Pile qui nous a servi en Téléphonie;

2° Les Machines Électriques qui précèdent, et que l'on nomme souvent *Machines électro-statiques* pour les distinguer des machines plus récentes qui reposent sur l'Induction par les champs magnétiques et que nous étudierons plus loin.

Ce qui frappe tout d'abord, c'est qu'une Pile peut à peine donner des étincelles entre les deux boules d'un excitateur dont les branches communiquent avec les pôles de la pile, même lorsque ces boules sont très voisines, alors que les Machines électriques peuvent donner de longues étincelles. Comme la longueur des étincelles dépend de la différence de Potentiel établie par l'électro-moteur entre les deux boules de l'excitateur, on voit que la Pile détermine une faible différence de Potentiel alors que les Machines électriques en produisent une forte. On exprime ces faits en disant que la Pile est un générateur d'électricité à *bas Potentiel* et la Machine électro-statique un générateur à *haut Potentiel*.

Mais, par compensation, la Pile fournit beaucoup d'électricité, elle a un débit incomparablement plus grand qu'une Machine électro-statique. Du reste, si l'on veut obtenir de longues étincelles avec une pile, c'est-à-dire de l'électricité à haut Potentiel on peut, à l'exemple de Planté, charger avec la pile un grand nombre de condensateurs plans en les associant en surface, et les décharger en les associant en cascade. C'est la machine Rhéostatique de Planté.

La *Bobine d'induction* conduit au même but. Nous allons voir comment.

La disposition des organes fondamentaux d'une *Bobine d'induction* a été expliquée dans le chapitre consacré au Téléphone.

Le *Courant inducteur* venant d'une pile circule dans le *fil primaire* et ses variations d'intensité déterminent dans le *fil secondaire*, qui est fermé sur lui-même, des *Courants induits* dont le sens est facile à fixer au moyen d'une aiguille aimantée et de la règle d'Ampère (note, p. 125).

En observant la déviation d'une aiguille aimantée par le courant inducteur et par le courant induit, puis disposant sur chacun des circuits un bonhomme d'Ampère de façon que, regardant l'aiguille, il ait le pôle nord de celle-ci à sa gauche, on constate que les courants inducteur et induit ont le *même sens* dans les deux bobines lorsque le courant induit provient *d'une diminution*, d'un affaiblissement du courant inducteur et qu'ils ont des *sens opposés* lorsque le courant induit provient d'une *augmentation*, d'un accroissement d'intensité, du courant inducteur.

Dans le premier cas, le courant induit est dit de *sens direct* ou plus brièvement *direct*, et dans le second cas il est *inverse*.

En Téléphonie, les variations du courant inducteur résultent des vibrations du transmetteur intercalé dans le circuit primaire.

Dans la bobine d'induction perfectionnée par Masson, Bréguet (1842), Fizeau, Foucault, etc., et qui a été construite avec une si grande perfection par Ruhmkorff (1851) dont elle porte le nom, le courant inducteur est *alternativement lancé et supprimé* dans le fil primaire par le jeu d'une pièce que l'on nomme *Interrupteur* et qui joue le même rôle que le diapason de la figure 89 (p. 130).

Le courant de la pile est-il lancé dans la bobine primaire? Il est d'abord nul, augmente progressivement et atteint, en une fraction de seconde, sa grandeur normale. *Cet établissement, cette augmentation* par degrés du courant inducteur engendre dans le fil secondaire un *courant induit inverse*.

Le courant inducteur est-il supprimé? Il diminue et tombe rapidement, mais non pas instantanément, à zéro. Cette *disparition* du courant inducteur donne dans le fil secondaire un *courant induit direct*.

Il est à remarquer qu'il n'est pas plus possible de faire prendre instantanément à un courant sa valeur normale ou une valeur nulle qu'il n'est possible de faire prendre à une locomotive sa vitesse de régime ou une vitesse nulle : la marche normale, ainsi que l'arrêt, sont toujours précédés d'un état variable, d'un état de transition. Il en est de même de l'établissement et de la cessation d'un courant.

L'état de transition, l'*état variable* est seul précieux au point de vue qui nous occupe, car c'est lui qui provoque les courants induits. Ceux-ci n'existent plus lorsque le courant inducteur devient stationnaire, invariable.

Grâce à l'Interrupteur, cet état stationnaire ne peut pas se produire, il n'en a pas le temps, et par suite le fil secondaire est parcouru sans trêve par des courants alternativement directs et inverses.

Les courants qui se succèdent ainsi rapidement dans un fil, de telle manière que deux courants consécutifs y circulent en sens contraire, se nomment *courants alternatifs.*

Voyons maintenant comment fonctionne l'Interrupteur. Les

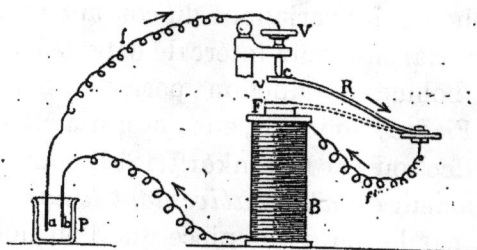

Fig. 240. — Principe des Interrupteurs électriques.

dispositions de cet appareil sont très variées, en voici le principe général : Une pile P (*fig.* 240) fournit un courant qui suit le fil *f*, passe dans une vis métallique V, de là dans un morceau de fer doux *v*, puis dans une lame R formant ressort et à laquelle est fixé le fer doux *v*. Du ressort le courant se rend par le fil *f'* dans le circuit de la bobine B et de là à la pile en *b*.

Au moment où le courant passe dans la bobine, il aimante le fer doux F placé suivant son axe. Ce fer doux aimanté attire *v*, qui ouvre le circuit en *c*; le courant ne peut plus passer. Mais alors le fer doux F cesse d'être un aimant, le ressort R ramène *v* au contact de la vis V et le courant circule à nouveau pour donner lieu aux mêmes effets que précédemment.

En réglant la force du ressort R, ses dimensions, le degré de pression de la vis V sur le contact *v*, on fera varier la période des établissements et des interruptions du courant par le courant lui-même (interruptions automatiques).

Si le ressort R portait un petit marteau pouvant frapper sur un timbre, on aurait une sonnerie électrique fonctionnant aussi long-temps que la pile P elle-même (*fig.* 241).

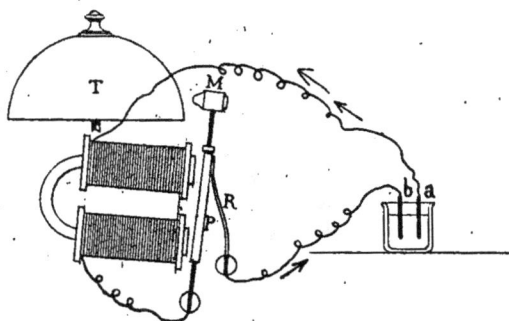

Fig. 241. — Interrupteur à sonnerie (sonnerie électrique).

Souvent à la lame vibrante R on substitue, à l'exemple de M. de la Rive, de Genève (*fig.* 242), un marteau M fixé à l'extré-

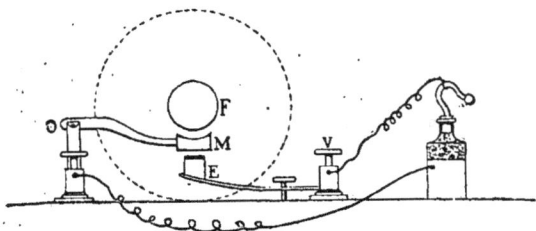

Fig. 242. — Interrupteur à marteau.

mité d'un bras mobile sans frottement autour d'une charnière O. Les communications étant établies comme précédemment, le cou-rant passe et aimante par suite le fer doux F. Celui-ci attire alors le marteau M et ouvre le circuit, le courant ne passe plus, le fer doux F se désaimante et le marteau retombe sur l'enclume E fermant à nouveau le circuit. Le poids du marteau joue ici le même rôle que la tension de la lame R de l'interrupteur précédent.

D'autres interrupteurs sont basés sur le principe suivant.

Soit une roue en verre portant sur son épaisseur (*fig.* 243) un anneau métallique continu sur le bord A et denté sur le bord opposé B. Le courant de la pile P passe lorsque le ressort B' appuie sur une dent métallique de la roue; mais chaque fois que la roue en tournant présente une partie nue au ressort B', celui-ci touche au verre et le courant ne passe plus; le ressort A' appuie toujours sur le bord continu de l'anneau. Cette roue est due à Pouillet. Gordon s'en sert pour produire dans le courant inducteur d'une bobine 6 000 interruptions environ par minute. A la roue en verre

Fig. 243. — Interrupteur tournant. (Roue de Pouillet.)

Le courant part du pôle +, traverse le circuit C et se rend à la borne et au ressort A'. puis il suit le bord continu A de l'anneau et revient au pôle — lorsque B' passe sur une dent de l'anneau.

on substitue quelquefois un disque de cuivre évidé suivant un certain nombre de secteurs et dont les vides sont remplis par des lames d'ébonite.

Pour mettre en marche ou arrêter sans inconvénient la bobine d'induction, on emploie ce que l'on nomme un *Commutateur*. Cette dénomination provient de ce que ce petit appareil permet de changer à volonté le sens du courant inducteur, de le renverser.

Il y a bien des sortes de Commutateurs. L'un des plus simples et des plus commodes est dû à Ruhmkorff. Il se compose (*fig.* 245) d'un cylindre isolant en ébonite recouvert en partie par deux lames métalliques M' N' qui sont opposées. Le cylindre est mobile autour d'un axe interrompu en son milieu et soutenu par les supports conducteurs SS terminés par les poupées A.B auxquelles arrivent les fils de la pile. Chacune des moitiés de l'axe communiquent respectivement avec les lames M',N' par l'intermédiaire des vis $m$ et $n$. De cette manière, la lame M' est constamment en relation avec le pôle positif de la pile, par exemple, et la lame N' avec le pôle négatif. Voilà le Commutateur. Comment s'en servir? Deux poupées F.G (*fig.* 245.) auxquelles sont attachées les extrémités du fil $f$ qui doit recevoir le courant de la pile, se continuent par deux lan-

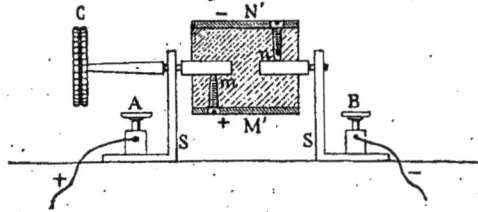

Fig. 244. — Coupe du Commutateur Ruhmkorff.

guettes L L' qui arrivent à la hauteur de l'axe du commutateur dont elles touchent la surface.

Dans la position (1) les languettes touchent à la partie isolante du commutateur, rien ne passe dans le fil $f$.

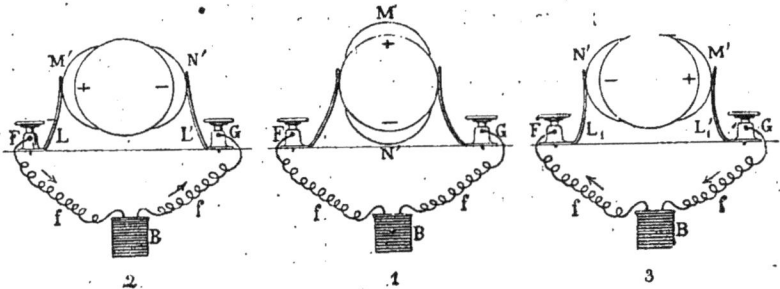

Fig. 245. — Positions diverses du Commutateur Ruhmkorff.
1. Le courant ne passe pas dans le circuit $f$ B $f$. — 2. Le courant va de F vers G.
3. Le courant va de G vers F.

Dans la position (2) les languettes appuient sur les lames M'N', le courant circule dans le fil $f$ de F vers G.

Dans la position (3) le courant circule, au contraire, dans $f$ de G vers F, puisqu'il va toujours du pôle positif + au pôle négatif — de la pile à travers le fil qui réunit les deux pôles.

Le commutateur Bertin en forme de lyre a été adapté par M. Ducretet à la bobine Ruhmkorff (*fig.* 246 et 247).

Les extrémités du fil dans lequel on veut lancer le courant de la pile sont ici attachées à deux pièces métalliques *b b'* munies

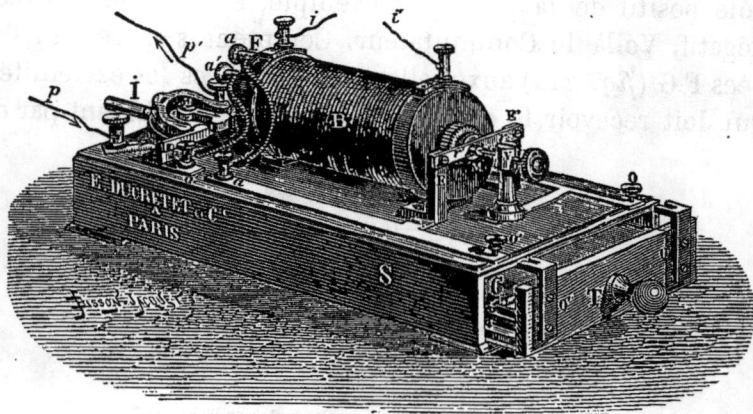

Fig. 246. — Bobine démontable de Ducretet.

de ressorts *r r'*. Dans la position indiquée sur la figure, la lyre qui est reliée au pôle négatif N de la pile touche au ressort *r'*; le conducteur *o* fixé au centre du disque isolant qui supporte le com-

Fig. 247. — Commutateur lyre de Bertin.

mutateur communique, par l'intermédiaire d'une lame métallique en partie cachée par le disque, avec le pôle positif P de la pile. Dans ces conditions, le courant marche de *r* vers *r'* dans le fil attaché en *b b'*. En faisant tourner le commutateur autour de l'axe, au moyen de la poignée *m*, on amène le conducteur entre *r r'*; il n'y a plus alors contact, et par suite le courant est interrompu. Il est rétabli en sens contraire si l'on met *e* en contact avec *r* et *o* en contact avec *r'*.

Nous connaissons maintenant tous les organes d'une *Bobine de Ruhmkorff* (*fig.* 248). Celle-ci comprend une bobine primaire formée d'un fil relativement gros et court dont les extrémités aboutissent en *f f'* et, de là, aux bornes *b b'* auxquelles on attache les fils qui viennent des pôles de la pile, un fil secondaire très long et très fin qui se termine en A et en B, un noyau de fils de fer doux vernis placé dans l'axe, un interrupteur automatique L M du

Fig. 248. — Bobine Ruhmkorff avec interrupteur Foucault simplifié.

courant inducteur, et un commutateur C pour la mise en marche ou l'arrêt de la bobine.

Ce n'est pas comme machine propre à donner des courants alternatifs que la bobine de Ruhmkorff est précieuse, c'est comme appareil transformant la faible différence de potentiel présentée par les deux pôles de la pile qui fournit le courant inducteur en une grande différence de potentiel entre les deux boules d'un excitateur porté par des pieds de verre (ou simplement entre les deux extrémités du fil secondaire).

A cet effet, au lieu d'attacher l'une à l'autre les deux extrémités du fil secondaire, on attache chacun des bouts du fil aux deux tiges de l'excitateur.

Dans de telles conditions, la bobine de Ruhmkorff peut donner lieu aux mêmes effets que les machines électriques précédemment étudiées.

Il est extrêmement important de savoir que la suppression du courant étant beaucoup plus instantanée que son établissement, le courant induit direct est beaucoup plus intense que le courant induit inverse. Il établit entre les deux boules de l'excitateur une différence de potentiel de beaucoup plus grande que celle relative au courant inverse. Aussi les étincelles d'induction dues à la suppression du courant inducteur passeront seules dès que la distance des deux boules (ou des deux extrémités du fil) prendra une valeur suffisante.

C'est la même boule qui a, dans ces conditions, lorsque l'étincelle éclate, le plus haut potentiel; c'est le *pôle positif* de la bobine; l'autre boule de l'excitateur est le *pôle négatif* ([1]). Bien entendu tous les points du fil secondaire ont des potentiels qui vont en décroissant graduellement du pôle positif au pôle négatif, c'est-à-dire de l'une des extrémités à l'autre du fil.

Avec les premières bobines on obtenait des étincelles de petite longueur.

La différence de potentiel établie entre les deux boules de l'excitateur et de laquelle dépend la longueur de l'étincelle est d'autant plus grande que l'interruption du courant inducteur se produit en un temps plus court.

Or le phénomène dit *de l'extra-courant de rupture* qui prend naissance dans les spires du fil primaire lui-même, lorsqu'on interrompt le courant inducteur, a pour effet de diminuer l'instantanéité de cette interruption.

Voyons en quoi consiste cet *extra-courant de rupture*.

La première observation se rattachant à ce phénomène a été faite en 1832 par Henry. Les extrémités de deux fils de cinq à six mètres de longueur, fixés respectivement aux deux pôles (+ et —) d'une association en série de quelques piles, étaient plongées dans un godet G (*fig.* 249) contenant du mercure destiné à fermer le circuit.

---

1. Le *pôle positif* d'une pile, d'un électromoteur quelconque est l'extrémité qui est au potentiel le plus élevé; l'autre extrémité est le *pôle négatif*.

En retirant l'un des fils du godet, Henry observa la production d'une étincelle éclatant entre le mercure et le fil. Cette étincelle est d'autant plus vive que les fils ont une plus grande longueur ou encore, à longueur égale, présentent un plus grand nombre de spires voisines. Elle est encore augmentée si l'on place un noyau de fer doux suivant l'axe de ces spires. La rupture du circuit de la pile peut également donner lieu à des commotions. Il suffit dans l'expérience précédente de toucher d'une main le mercure du godet et de l'autre le fil que l'on en retire.

Vers la même époque, Pouillet ressentit les effets de cette com-

Fig. 249. — Commotion produite par l'extra-courant de rupture.

motion à la Faculté des sciences de Paris; ayant ouvert le circuit d'un grand électro-aimant en prenant dans ses mains les extrémités de l'hélice magnétisante, qui plongeaient dans une capsule pleine de mercure, il reçut une violente commotion à laquelle il était loin de s'attendre.

Faraday a établi que l'Étincelle et la Commotion qui accompagnent la Rupture du Circuit de la Pile proviennent d'un Courant Induit dans ce circuit même par la cessation du courant fourni par la Pile. On le nomme *Extra-courant de Rupture*. Il circule dans le même sens que le courant primitif et a, par suite, pour effet de prolonger celui-ci. Il le prolonge encore d'une façon plus directe : l'étincelle d'extra-courant contient des vapeurs métalliques arrachées aux extrémités du fil, elle échauffe l'air qu'elle rencontre; pour ces deux raisons, elle est conductrice, et aussi longtemps qu'elle dure tout se passe comme si un fil d'une grande longueur

était intercalé entre les deux extrémités du fil qu'elle réunit; c'est
dire que le courant de la Pile passe à travers l'étincelle, mais avec
une intensité moindre qu'avant la Rupture. Il résulte de là que le

Fig. 250. — Grand interrupteur Foucault.

courant de la Pile s'éteint dans un temps très court, mais non point
subitement par la Rupture du Circuit.

Dans la Bobine d'Induction on constate très nettement l'étincelle
d'extra-courant entre les deux pièces qui constituent le contact
Interrupteur. Comme tout ce qui nuit à l'instantanéité de la disparition du Courant Inducteur est une cause d'affaiblissement pour

la Bobine, on a cherché à diminuer autant que possible l'Étincelle d'extra-courant qui prolonge la période d'Induction. De plus, ces étincelles détériorent rapidement les surfaces de l'Interrupteur, ce qui nuit au bon fonctionnement de l'appareil.

Fizeau, en 1853, a atteint un résultat favorable en réunissant respectivement par deux fils deux points du Circuit primaire pris de part et d'autre de l'Interrupteur, et près de lui, aux armatures d'un condensateur. De cette manière le Condensateur est intercalé dans le Circuit primaire dès que l'Interruption se produit, et l'Énergie de l'Extra-Courant qui se dépensait auparavant dans l'étincelle de Rupture se trouve employée en grande partie à charger le Condensateur. Si l'Étincelle n'est pas absolument supprimée, elle est considérablement diminuée et les courants induits dans le fil secondaire sont beaucoup plus intenses.

Dès que la petite étincelle qui reste encore cesse à l'Interrupteur, le condensateur se décharge et produit un courant de sens contraire à celui que donne la Pile, il tend par suite à remettre la Bobine dans son état normal en désaimantant le noyau central de la Bobine. On sait, en effet (p. 132), que deux courants de sens contraire aimantent une tige de fer doux d'une manière inverse.

En 1856, Foucault, s'inspirant des observations faites par Poggendorff vers 1840, réussit à affaiblir beaucoup l'étincelle de rupture en produisant l'interruption entre du mercure et une pointe au sein de l'alcool absolu, liquide mauvais conducteur et dont le pouvoir refroidissant bien plus considérable que celui de l'air, condense rapidement les vapeurs métalliques dont nous avons expliqué le rôle conducteur.

Dans l'interrupteur Foucault (*fig.* 250) une pile auxiliaire P envoie un courant dans l'électro-aimant E par l'intermédiaire d'un commutateur M; ce courant suit la flèche pleine, il passe en particulier dans un vase V, du mercure qui est au fond du vase à une pointe *b;* de l'alcool flotte sur le mercure. Dès que le courant passe, l'électro s'aimante, attire le fer doux C et fait basculer vers la droite la lame ressort R qui porte le levier C *b b'*. Dès lors, la pointe *b* est soulevée et le courant de la pile P est interrompu, par suite l'électro se désaimante, le ressort R ramène le levier dans sa première position et le même manège se continue indéfiniment.

Mais le levier emporte dans ses mouvements la tige $b'$ qui est placée dans un vase V' identique au vase V. Le courant inducteur qui vient de la pile P' pour se rendre dans le circuit primaire de la Bobine B suit la route tracée par la flèche pointillée.

En particulier, il traverse le vase V' lorsque la pointe $b'$ et le mercure se touchent. Or, le contact est périodiquement interrompu par la vibration du ressort R entretenu par l'Électro E. L'interruption du courant inducteur se trouve ainsi assurée; de plus, elle se produit au sein de l'alcool absolu qui flotte sur le mercure du vase V' et qui agit ainsi qu'il a été dit.

Nous avons vu (p. 99) que l'aimantation du noyau de fer doux d'une bobine par le courant inducteur accroît beaucoup l'intensité du courant induit; mais si l'interruption du courant inducteur est trop brusque, l'aimantation n'a pas le temps de se développer suffisamment dans le noyau, surtout si ce noyau est de grande dimension : par là le courant induit se trouve diminué.

En séparant le mécanisme Interrupteur de la Bobine, en le rendant indépendant, ainsi que l'a fait Foucault, il est aisé de produire des interruptions donnant le maximum d'effet en réglant convenablement la période. On règle cette période en déplaçant un poids le long du ressort R.

La Bobine (*fig.* 251) est munie d'un Interrupteur Foucault complet.

On fait des bobines de dimensions variables.

L'une d'elles construite en Angleterre par M. Apps et qui a figuré à l'Exposition d'Électricité en 1881 donne des étincelles de 108 centimètres de longueur.

Le fil primaire est un fil de cuivre de 512 mètres de long et de $0^{mm},245$ de diamètre formant 1.344 tours sur une bobine de 106 centimètres de long.

A l'intérieur, suivant l'axe de la Bobine, est disposé un faisceau de fils de fer doux de 112 centimètres de long et de 9 centimètres de diamètre.

Le fil secondaire est enroulé en 341.850 tours, il a une longueur de 450.000 mètres et un diamètre égal à $0^{mm},024$.

Le condensateur a une surface de 26 mètres carrés. La Bobine qui valut, en 1867, à Ruhmkorff le prix du concours ouvert par le gouvernement français sur « l'application de la Pile » donnait des étincelles de 80 centimètres de longueur.

Dans de telles bobines, la différence de potentiel entre deux points du fil secondaire éloignés l'un de l'autre est considérable et si ces deux points sont superposés par suite de l'enroulement du fil, il est clair que l'isolant qui recouvre le fil pourra être percé absolument comme est parfois percé le verre d'une bouteille de Leyde dont les armatures présentent une différence de potentiel suffisante.

Afin d'éviter ce grave inconvénient, on cloisonne la Bobine

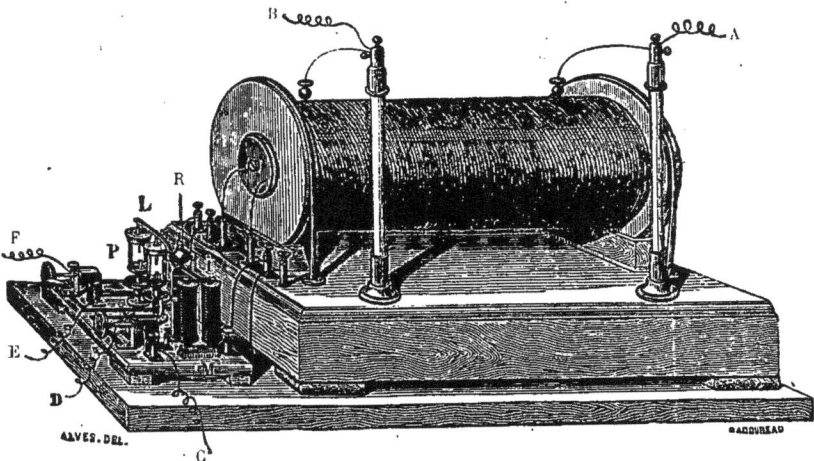

Fig. 251. — Bobine Ruhmkorff avec interrupteur Foucault.

ainsi que l'a indiqué Poggendorff en 1850, c'est-à-dire que l'on forme avec le fil induit plusieurs bobines plates, ou galettes, que l'on juxtapose ensuite en les séparant par un disque isolant, puis on relie ces bobines en réunissant leurs extrémités comme s'il s'agissait d'associer des piles en série. De cette façon on évite de placer l'une sur l'autre deux spires séparées par une trop grande longueur de fil.

Les grandes bobines produisent des effets foudroyants, aussi faut-il les manipuler avec précaution. Certaines bobines peuvent percer des lames de verre ayant jusqu'à 15 centimètres d'épaisseur.

Le nombre des Piles associées en tension nécessaire à la bonne marche d'une Bobine varie avec les dimensions de celle-ci. Un seul couple Bunsen suffit pour les Bobines destinées à donner des étincelles de 5 à 10 centimètres de longueur; on emploie de 10 à 12 couples pour les grosses Bobines.

Les Bobines médicales servant à provoquer des commotions dans certains cas de maladies musculaires sont relativement faibles et sont munies de *Graduateurs* au moyen desquels on peut régler à volonté l'intensité de la Commotion. Il suffit qu'il soit possible d'enfoncer ou de retirer plus ou moins de l'axe de la Bobine le faisceau de fils de fer doux ou la Bobine primaire elle-même pour

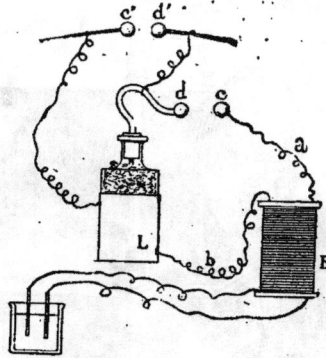

Fig. 252. — Charge d'une Bouteille de Leyde au moyen d'une Bobine d'induction.

graduer la commotion. Il n'y a en effet que les parties superposées qui soient réellement actives.

On peut ménager aussi un espace entre les Bobines primaire et secondaire dans lequel on introduit une longueur variable d'un manchon cylindrique en cuivre dont la présence affaiblit beaucoup l'Induction, ainsi que l'a observé le physicien américain Henry, en 1840. Ce tube de cuivre est appelé pour cette raison un *Écran d'Induction*.

Si l'on veut ressentir des commotions d'une façon continue, on prend dans chaque main l'une des poignées qui terminent le fil induit. On peut aussi développer l'excitation sur tel muscle particulier choisi à volonté en le plaçant dans le circuit.

L'*Énergie* que la Bobine emprunte aux réactions chimiques s'effectuant dans la Pile qui entretient le courant Inducteur est

employée aux mêmes usages que l'*Énergie* empruntée à un
Moteur mécanique par une Machine électrique : celle de Holtz, par
exemple.

Mais comme la Bobine donne une succession de courants induits
directs et inverses, certaines précautions seront parfois nécessaires.

S'agit-il de charger une bouteille de Leyde, une Batterie? Il ne
suffira pas de relier chacune de ses Armatures aux deux pôles de
la Bobine : les courants induits de sens opposés détermineraient en
effet dans ces conditions des électrisations contraires sur la même
armature.

Il faut opérer comme il suit : on réunit l'armature extérieure de
la bouteille L (*fig.* 252) d'une part à l'une des extrémités *b* du fil

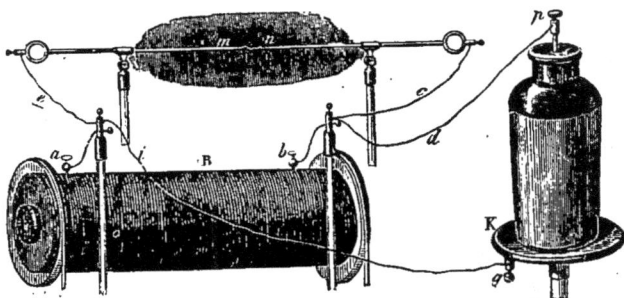

Fig. 253. — Condensateur en dérivation sur l'excitateur d'une Bobine Ruhmkorff.

secondaire et d'autre part à la branche *c'* d'un excitateur. On relie
l'armature intérieure à la seconde branche *d'* de l'excitateur, puis
on amène la seconde extrémité du fil secondaire *a* de la Bobine B
au contact d'une tige terminée par la boule *c* placée en regard du
bouton *d* de la bouteille. Ces communications établies on met la
Bobine en marche en tournant les commutateurs et on règle convenablement la distance *cd* de manière que l'étincelle directe passe
seule. L'étincelle qui éclate entre *cd* accumule alors la même électricité sur l'armature interne de la Bouteille qui se charge. Dès que
cette Bouteille par suite de sa charge établit une différence de
potentiel suffisante entre les boules *c'* et *d'* (qui sont plus rapprochées que *c* et *d* afin que la Décharge ne se fasse pas entre *c* et *d*
et par suite à travers la Bobine) une étincelle éclate entre *c'* et *d'*.
Ainsi entre *c* et *d* éclatent les étincelles de charge fournies par la

Bobine B et entre *c'd'* éclatent les Étincelles de Décharge qui proviennent de la Bouteille. Il est clair que le nombre des Étincelles de Charge indispensables pour provoquer une Étincelle de Décharge dépend à la fois du *Débit* de la Bobine et de la *Capacité* de la Bouteille. Or rien ne se perd, l'étincelle de décharge contenant un certain nombre d'étincelles de charge sera beaucoup plus grosse, plus nourrie que ces dernières.

On obtient un résultat semblable en reliant les branches *m, n* (*fig.* 253) de l'excitateur aux armatures K et *p* d'un condensateur. Ce condensateur *en dérivation* sur l'excitateur se charge, ce qui, en diminuant la fréquence des étincelles qui jaillissent en *m n*, augmente leur *Énergie* de toute celle du condensateur.

M. Jamin a pu fondre, volatiliser des fils métalliques de plus de 1 mètre de longueur en les faisant traverser par la décharge de 120 bouteilles de Leyde chargées par l'étincelle donnée par quatre bobines associées, le courant inducteur de chacune d'elles étant alimenté par deux piles Bunsen.

On a beaucoup étudié les phénomènes très variés produits par la décharge de la Bobine d'Induction au sein d'un espace contenant un gaz plus ou moins raréfié ou des traces de vapeurs de différents liquides. Supposons d'abord que l'étincelle éclate dans l'air à la *pression ordinaire*. L'*Énergie* de l'étincelle qui éclate détermine un échauffement considérable de l'air qu'elle traverse et une production de vapeurs métalliques arrachées aux extrémités du fil induit. Mêlées à l'air échauffé qui lui aussi est conducteur elles complètent le circuit secondaire.

En observant cette étincelle on voit qu'elle est formée d'un *trait de feu* central enveloppé par une gaine lumineuse ou auréole. M. Lissajous a appliqué à l'observation de l'étincelle la méthode du miroir tournant imaginée en 1834 par Wheatstone et dont nous avons expliqué le principe p. 253. Au lieu de la flamme *f* que l'on voit d'une manière permanente et qui donne par suite dans le miroir tournant une bande lumineuse continue, c'est l'étincelle, qui jaillit à sa place, que l'on regarde dans le miroir. Si cette étincelle est instantanée elle ne sera pas étalée par le miroir, bien qu'il tourne avec une très grande vitesse, si au contraire elle brille pendant un temps appréciable elle donnera une bande lumineuse dont la longueur dépend à la fois de la vitesse de rotation du miroir et de la durée de l'étincelle. Par ce moyen on voit que le trait de feu est instantané et que l'auréole qui fait suite à ce trait et qui l'enveloppe a au contraire une durée sensible : quelques millionièmes de seconde. On mesure la durée des étincelles au moyen du *Chronoscope à étincelles* (*fig.* 254).

Fig. 254. — Chronoscope permettant d'observer la durée d'une étincelle éclatant en *a b*.
On observe l'étincelle *a b* à travers la lunette L.

C est un collimateur. En tournant la roue cachée dans la boite D, on amène en coïncidence des traits transparents *o* à travers lesquels on aperçoit la lumière. Du nombre de traits vus simultanément et de la vitesse de la roue on déduit la durée approximative de l'étincelle *a b*.

Pour pouvoir faire varier aisément la pression et la nature du milieu dans lequel est placé l'excitateur *a d* on enferme celui-ci dans un vase de verre en forme d'œuf que l'on nomme l'*Œuf électrique* (*fig.* 255).

La garniture inférieure de ce vase est munie d'un canal commandé par un robinet et par lequel une machine pneumatique aspire le gaz qui s'y trouve. La tige *a* peut glisser dans une boite garnie de cuir.

Pour fixer les idées, supposons que la tige *a* soit reliée au pôle positif de la Bobine et la tige $d$ au pôle négatif et faisons le vide. Lorsque l'air prend une pression, mesurée par une colonne verticale de mercure, de 5 à 6 centimètres seulement, on voit l'étincelle qui s'était d'abord ramifiée se transformer en une véritable aigrette ; une multitude de petites bandes d'une lumière pourprée partent de la bande positive $a$ et se dirigent les unes vers la paroi de

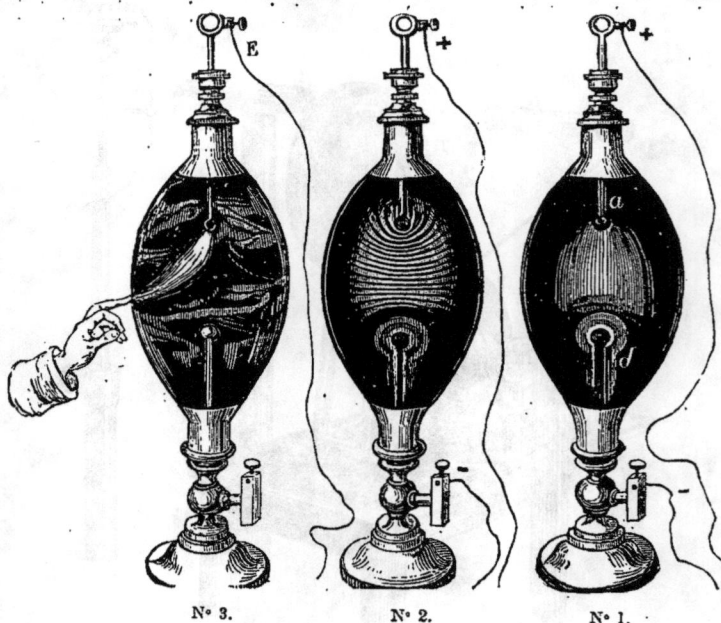

Fig. 255. — Décharge au sein de l'œuf électrique.

l'Œuf, les autres se réunissent en un fuseau qui aboutit à la boule négative $d$ ; en même temps cette boule et sa tige sont immergées dans une nappe épaisse de lumière violacée (n° 1, *fig*. 255).

Lorsque la pression s'affaiblit encore et tombe à quelques millimètres, les bandes précédentes se multiplient à un tel point qu'on ne voit plus qu'un fuseau uniforme de lumière pourprée, rougeâtre, qui est surtout éclatante dans le voisinage de la boule positive. La boule négative conserve son auréole bleu violette.

Les lueurs électriques se manifestent également dans le vide barométrique. Pour le montrer, Davy construisit un double baromètre avec un tube de verre recourbé (*fig*. 256) et mit les cuvettes en communication avec les pôles d'une machine électrique, il vit

alors une faible lueur remplir le vide barométrique *a b c*. En chauffant le mercure de manière à lui faire émettre des vapeurs la lueur
devient brillante et verte. En introduisant quelques bulles d'air
dans le vide *a b c* la lueur passe du vert au bleu, puis au pourpre.

En augmentant de plus en plus le vide dans l'œuf, M. Gassiot,
de Londres, montra, en 1859, que la lumière ne s'y produit plus.

M. Alvergniat répéta la même expérience à Paris en faisant le

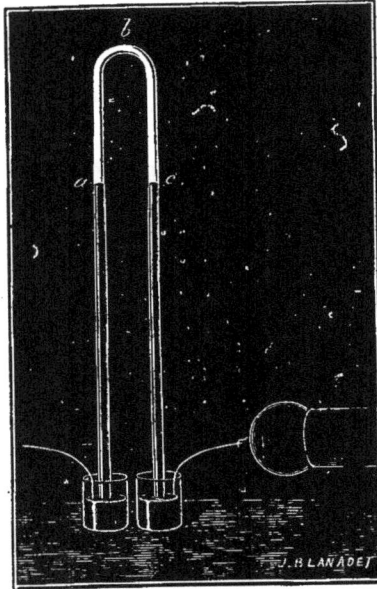

Fig. 256. — Lueur dans le vide barométrique observée par Davy.

vide aussi parfait que possible dans une ampoule de verre (*fig.* 257)
jouant le même rôle que l'œuf; la bobine d'induction ne donne plus
d'étincelle à travers ce vide de *a* en *b*.

Déjà en 1785 W. Morgan communiquait à la Société Royale de
Londres un mémoire intitulé *Expériences électriques sur l'absence de conductibilité du vide parfait*, et dans lequel il s'exprime comme il suit : « J'ai pris un tube de verre ouvert à une
extrémité seulement d'environ 375 millimètres de long, et l'ai rempli de mercure soigneusement purgé d'air par l'ébullition, puis je
l'ai recouvert d'une feuille d'étain sur une longueur de 125 millimètres à partir de l'extrémité fermée. J'ai ensuite plongé l'extré-

mité ouverte dans une cuve à mercure fermée par une plaque de cuivre, en faisant passer le tube par une ouverture pratiquée dans cette plaque, et en le mastiquant ensuite avec le plus grand soin, de manière à ne laisser aucune communication avec l'air extérieur; puis j'ai enlevé tout l'air situé à la partie supérieure de la cuve à mercure, en mettant l'intérieur en communication avec une machine pneumatique par une soupape pratiquée dans la monture supérieure. J'ai ainsi obtenu dans le tube de verre un vide parfait, ce qui m'a donné un instrument excellent pour les expériences que je méditais. Mon appareil étant ainsi préparé — j'avais d'abord adapté à l'intérieur de la cuve un fil métallique destiné à faire

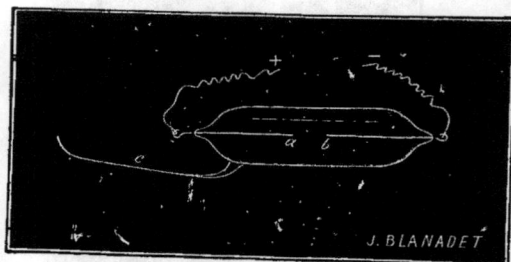

Fig. 257. — Ampoule de verre d'Alvergniat.

L'étincelle ne se produit pas dans le vide. — a b, Fils métalliques. — c, Tube par lequel on fait le vide.

communiquer la monture en cuivre et le mercure dans lequel le tube plongeait — j'ai mis l'armature supérieure du tube en communication avec le conducteur d'une machine électrique, et malgré tous mes efforts, je n'ai pu obtenir dans ce vide parfait ni le moindre rayon de lumière, ni la plus faible décharge. »

Dans l'ampoule d'Alvergniat les deux tiges métalliques sont en regard et pénètrent à l'intérieur de l'ampoule; dans l'expérience de M. Morgan le vide constitue une partie de l'isolant d'un condensateur dont les deux armatures sont le mercure de la cuve et la feuille d'étain collée sur le tube.

Si le mercure contenu dans le tube n'est qu'imparfaitement purgé d'air, l'expérience ne réussit pas; mais alors la lumière électrique qui, dans l'air raréfié par la machine pneumatique a une couleur violette, paraît d'une belle teinte verte, et, chose fort curieuse, ce fait peut servir à marquer le degré de raréfaction de l'air.

En effet, il est arrivé quelquefois, dans le cours de ces expériences, qu'une bulle d'air s'étant introduite dans le tube la lumière électrique est aussitôt devenue visible, en présentant une couleur verte comme à l'ordinaire; mais la fréquente répétition de la charge a enfin fêlé le tube à sa partie supérieure, et l'air extérieur, rentrant dans le tube, a peu à peu fait passer la couleur de la lumière électrique du vert au bleu, du bleu à l'indigo, et enfin au violet.

M. Cailletet a vérifié, d'autre part, que l'étincelle éclate de plus en plus difficilement entre les pôles d'une Bobine d'Induction à mesure que l'on comprime davantage l'air qui baigne ces pôles. Ainsi une bobine qui fournissait des étincelles de 30 centimètres dans l'air sec ordinaire ne pouvait plus donner dans un air sec 40 à 50 fois plus comprimé que des étincelles d'environ un demi-millimètre.

Il est donc naturel de conclure avec Morgan « que la raréfaction de l'air présente une limite au delà de laquelle ce corps cesse de laisser passer l'étincelle; en d'autres termes, que les molécules d'air peuvent s'éloigner assez les uns des autres pour ne plus pouvoir transmettre l'Électrisation; au contraire, si on les ramène à une certaine distance les unes des autres, l'air devient conducteur, et cela jusqu'à ce que la condensation des molécules ait atteint une limite à partir de laquelle le pouvoir conducteur cesse de nouveau. »

« Il est certain, dit M. Joubert dans son *Traité d'Électricité*, que l'*Aurore boréale* est un phénomène électrique. C'est une décharge dans l'air raréfié, tout à fait analogue à celle qui se produit dans les tubes de Geissler. Il est difficile de dire dans quel sens la décharge a lieu; elle paraît cependant se faire des régions supérieures vers la surface. Ce phénomène se produit d'ailleurs à des distances très variables : on a observé des *Aurores boréales* qui ne s'élevaient pas à plus de 2 kilomètres, d'autres qui dépassaient 150 kilomètres. La lumière est due, comme dans les tubes où on fait le vide, aux substances gazeuses rendues incandescentes par la décharge électrique. » (*Planche* III.)

La décharge électrique présente d'autres particularités encore.

Le premier, M. Abria, a remarqué, en 1843, que la lumière de décharge d'une Bobine d'Induction qui illumine l'œuf électrique

PHÉNOMÈNE ÉLECTRIQUE
DE L'ATMOSPHÈRE : AURORE BORÉALE.

Imp.Lemercier et Cie Paris

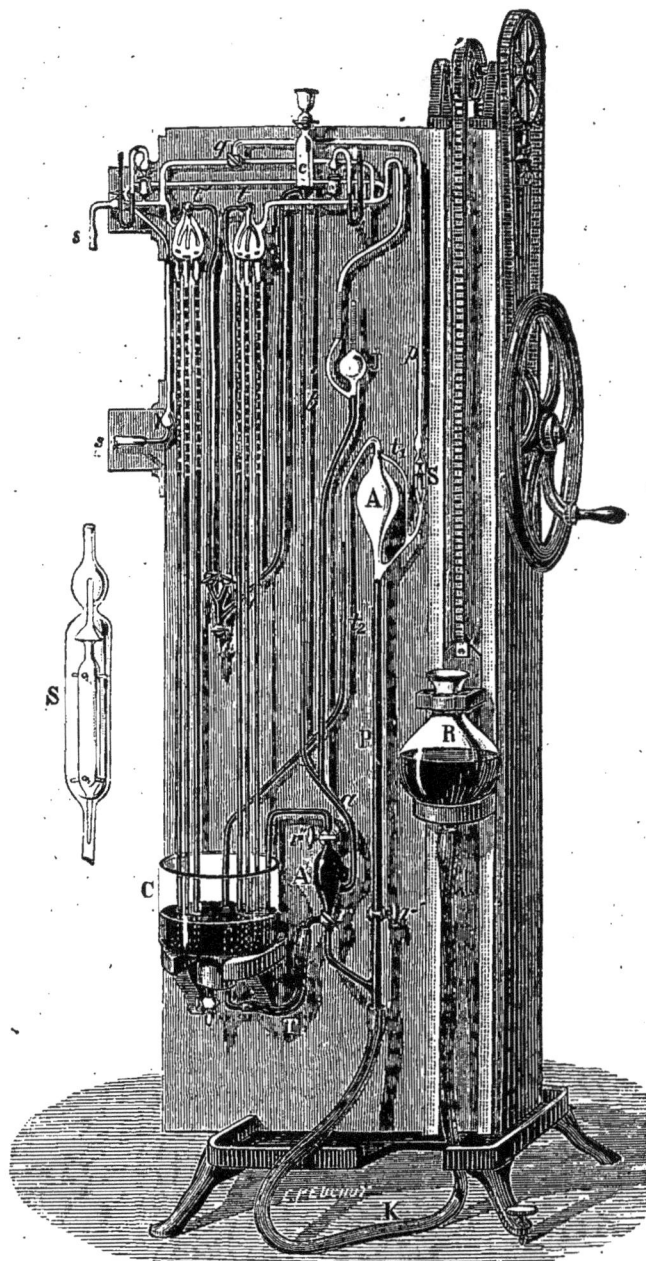

Fig. 258. — Pompe-Trompe d'Alvergniat à six chutes.

ou un tube de verre renfermant de l'air très raréfié — correspondant à environ un millimètre de mercure — est sillonnée de

bandes ou stries transversales alternativement lumineuses et obscures. C'est là le Phénomène *de la Stratification* de la décharge.

On voit (n° 2, *fig.* 255) un œuf ainsi illuminé : le pôle positif se termine par un point très brillant, puis les bandes apparaissent, elles sont courbes et présentent leur concavité au pôle. La lumière est pâle dans les parties larges de l'œuf, éclatante dans les parties étroites. Enfin une zone obscure, appelée *Décharge obscure* par Faraday, précède le pôle négatif dont le fil est cependant enveloppé d'une gaine lumineuse.

C'est seulement vers 1852 que Grove, en Angleterre; Ruhmkorff, Quetz, Seguin, en France, étudièrent le phénomène de la stratification que l'on montre si aisément aujourd'hui au moyen de tubes préparés pour la première fois par Geissler, constructeur à Bonn, grâce à la pompe à faire le vide qu'il imagina (¹).

1. Cette pompe modifiée en particulier par le constructeur Alvergniat se compose (*fig.* 258 et 259) d'un réservoir R contenant du mercure et qu'un tube en caoutchouc K fait communiquer avec un tube vertical P. Celui-ci est terminé par une grosse ampoule A de laquelle partent trois tubes : l'un d'eux $t_1$ fait communiquer la partie supérieure et la partie inférieure de l'ampoule entre elles ; $t_2$ est un tube deux fois recourbé dont l'extrémité plonge dans une cuve à mercure C. Le tube $p$ arrive au vase dans lequel on se propose de faire le vide, d'enlever l'air, le gaz qu'il renferme. Ce tube $p$ présente en S un renflement qui contient le *robinet* ou soupape automatique de l'appareil, c'est une pièce conique en verre qui ferme le tube $p$ lorsqu'elle vient s'appliquer contre son extrémité.

Voyons maintenant comment fonctionne l'appareil. Supposons que nous ayons d'abord à enlever du vase un gaz, de l'air par exemple, à la pression atmosphérique. Au moyen des engrenages et de la chaîne que l'on voit sur la figure, on fait monter le réservoir R, le mercure qu'il renferme passe alors en partie dans le tube K P et refoule devant lui le gaz que contient le tube, gaz qui va se dégager en C. Dès que le mercure est arrivé au bas de l'ampoule A, il rompt toute communication entre l'ampoule A et le vase à vider, on continue à faire monter le réservoir à mercure jusqu'à ce que l'ampoule A et le tube $t_2$ soient pleins de mercure, de cette façon l'air que contenaient l'ampoule A et les tubes $t_1$ et $t_2$ est chassé dans l'air extérieur.

Le réservoir R est-il descendu, ramené à sa première position, le mercure cesse d'obturer le point de jonction des tubes $t_1$ et $p$ et le vase où il y a de l'air communique aussitôt avec l'ampoule A qui ne contient rien, puisqu'elle vient d'être vidée lors de l'ascension du mercure; dans ces conditions, l'air du vase se répandra en partie dans A et par suite se raréfiera d'autant plus, cela est de toute évidence, que l'ampoule A est plus grande. Une nouvelle course du réservoir, chassera pendant l'ascension l'air de l'ampoule; celle-ci se remplira ensuite pendant la descente d'une nouvelle quantité d'air empruntée au vase qui perdra ainsi progressivement l'air qu'il renferme. On suit la raréfaction sur un petit manomètre $b$ dans les deux branches duquel le mercure tend de plus en plus à se mettre au même niveau à mesure que le vide augmente. Au fond, la course du réservoir correspond au coup de piston d'une Pompe à eau, dans l'une des

Ces tubes renferment généralement en même temps que de l'air très raréfié des traces d'alcool, ou d'essence de térébenthine,

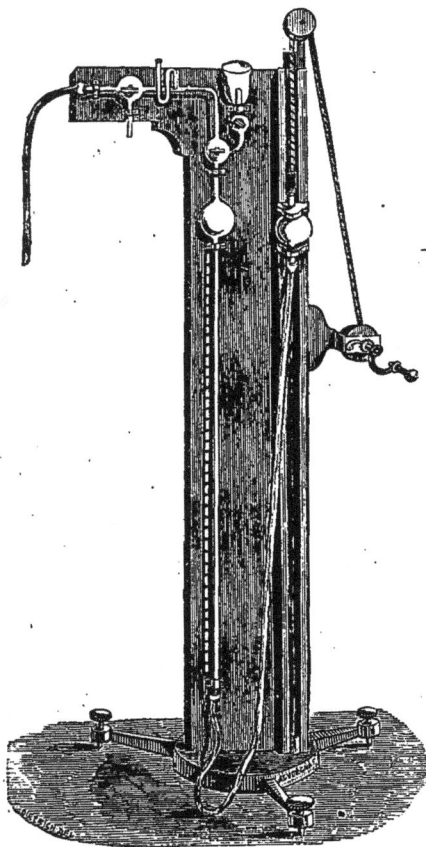

Fig. 259. — Pompe à mercure d'Alvergniat (petit modèle).

moitiés de la course l'air est aspiré de s en A et dans l'autre moitié il est rejeté, déversé à l'extérieur.

Il est à remarquer que la pression atmosphérique s'exerce constamment à la surface du réservoir R et de la cuvette C. Cette pression fait monter le mercure dans les tubes P' et $t_2$ à un niveau de plus en plus élevé au fur et à mesure que le vide croît : la hauteur du mercure dans le tube P' au-dessus du niveau de R, ou celle du mercure dans le tube $t_2$ au-dessus de la cuvette C étant au plus égale à la hauteur indiquée par le Baromètre.

Quand on approche du vide et que le réservoir R est à l'extrémité supérieure de sa course, le mercure qui tend à s'élever dans le tube $p$ d'une hauteur qui peut atteindre celle qu'indique le Baromètre, vient pousser la soupape S et, en appuyant celle-ci sur $p$ il se ferme tout passage dans le tube $p$.

Lorsque le mercure redescend, la soupape retombe en vertu de son propre poids, et la communication indispensable entre le vase à vider et l'ampoule A se trouve rétablie.

de sulfure de carbone, de bichlorure d'étain, d'huile de naphte, de fluorure de calcium (solide), etc. Des bouts de fil de platine sont soudés aux extrémités du tube et reçoivent les fils de la Bobine. La lumière de ces tubes prend des colorations qui dépendent de la substance contenue dans le tube. Certains tubes présentent de très beaux effets et ont des formes arbitrairement contournées.

L'étincelle ordinaire éclatant (*fig.* 260) au sein de tubes contenant différents gaz et entre des fils de platine n'ont pas non plus la même couleur : dans l'azote, le trait de feu est plus vif et plus

Fig. 260. — La Couleur de l'Étincelle dépend du gaz ou de la vapeur au sein duquel elle éclate.

bruyant que dans l'air; dans l'hydrogène, il est de couleur cramoisie et peu bruyant; dans l'acide carbonique, le trait est vert, la pression, la température, etc., influent également sur les qualités de la lumière.

La Bobine d'Induction se prête admirablement aux expériences de stratification, mais on peut les réaliser par d'autres voies en se plaçant dans des conditions convenables. Supposons qu'il s'agisse d'une Bouteille de Leyde. La décharge pure et simple de la Bouteille à travers un tube de Geissler illumine bien le tube, mais il est nécessaire si l'on veut faire apparaître les stratifications ou de n'employer qu'une bouteille très faiblement chargée ou de réunir l'un des fils du tube à l'armature extérieure de la Bouteille par une corde de chanvre mouillée, de façon à accroître la durée de la décharge que l'on provoquera en touchant le second fil du tube avec le bouton de la Bouteille. Nous n'insisterons pas sur les explications diverses de ces phénomènes, car aucune n'est admise, aucune n'est suffisante.

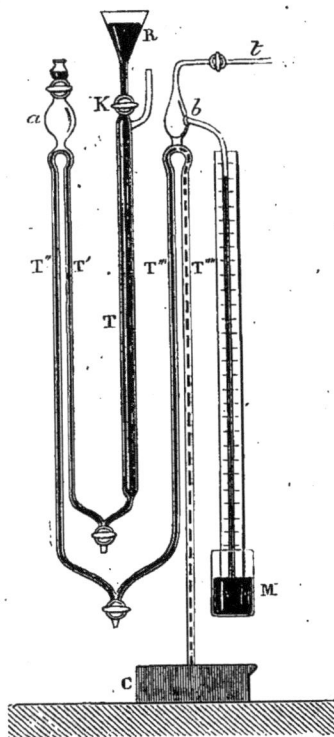

Fig. 261. — Principe de la trompe de Sprengel.

Quand on fait passer la décharge d'une Bobine d'Induction, non plus dans un tube de Geissler, mais dans un tube où le vide est mille fois plus parfait encore ([1]), on observe des phénomènes bien inattendus signalés et étudiés en 1879 par William Crookes.

1. Pour obtenir un vide convenable dans ses appareils, W. Crookes a fait usage de la Trompe de Sprengel (*fig.* 261) dont le fonctionnement est des plus simples. Le vase où l'on veut faire le vide est fixé au tube *t*, puis on ouvre le robinet K. Le mercure s'écoule alors du réservoir R, passe dans le tube T, puis dans le tube T' abandonne dans l'ampoule *a* l'air qu'il peut entraîner, redescend par le tube T″ pour remonter par le tube T‴. Le tube T‴ est terminé en pointe et de telle manière que le mercure ne

Sans douté il reste encore des particules d'air en très grand nombre dans un tel vide, mais elles ne s'y contrarient plus d'une manière incessante et désordonnée comme dans les conditions ordinaires.

D'après divers savants et grâce à des hypothèses admissibles, un ballon de verre de 13$^{cm}$,5 de diamètre contiendrait un septillon (1 000 000 000 000 000 000 000 000) de ces particules; dans le vide des tubes de Crookes, leur nombre se trouve réduit à un quintillon (1 000 000 000 000 000 000), ce qui est loin d'être une quantité négligeable.

Une telle matière raréfiée dont il nous est impossible *a priori* de prévoir les propriétés a été appelée par Faraday, en 1816 : MATIÈRE RADIANTE :

« Si nous imaginons, dit-il dans une de ses leçons, intitulée *La matière radiante*, un état de la matière *aussi éloigné de l'état gazeux que celui-ci l'est de l'état liquide* nous pourrons, peut-être, pourvu que notre imagination aille jusque-là, concevoir à peu près la matière radiante. » L'existence de ce quatrième état de la Matière, l'état radiant, rayonnant, admis par Faraday, a été démontrée par William Crookes ([1]).

puisse le quitter que goutte à goutte. Ces gouttes viennent enfin se réunir dans la cuve *c* par le tube T''''.

Le vase qui contient l'air communique par le tube *t* avec la série des petits espaces vides successifs compris entre deux gouttes consécutives, et l'air qu'il renferme vient remplir tous ces petits espaces lorsqu'ils passent de T''' en T''''. Cet air s'échappe à son arrivée dans la cuve *c*. Le vide se fait de cette manière avec une très grande perfection, mais lentement; on va plus vite en multipliant les tubes T''''.

Il faut mettre de temps en temps du mercure que l'on puise en *c* dans le réservoir R, sans quoi la pompe cesserait bientôt de fonctionner. On prend souvent la précaution de chauffer le vase où l'on veut faire le vide, on peut alors pousser celui-ci plus loin. Un manomètre *b* indique le vide atteint à chaque instant.

Généralement, on fait d'abord le vide avec une machine pneumatique quelconque, une Pompe de Geissler par exemple, et on l'achève avec la Trompe de Sprengel multipliée. La figure 261 représente les deux appareils montés sur le même support.

1. William Crookes, né à Londres le 17 juin 1832, fit de très brillantes études au collège royal de Chimie où, en 1848, il remporta le grand prix Ashburton; à dix-neuf ans, préparateur du chimiste Hofmann; à vingt ans, professeur suppléant au Collège royal; à vingt-trois ans, professeur titulaire de chimie au collège de Chester. En 1861, à l'aide de l'analyse chimique et du spectroscope, il découvrit un nouveau métal : le Thallium. En 1863, élu membre de la Société royale de Londres. A la suite de recherches sur les phénomènes de répulsion produits par les rayons de lumière, répulsion qui avait été signalée par Fresnel, il inventa le *Radiomètre* et présenta à la Société royale un travail intitulé : *Expé-*

Dans sa conférence sur la *Matière radiante*, faite en 1879 à Sheffield, au Congrès de l'Association britannique pour l'avancement des Sciences, Crookes expose sa théorie de la façon suivante :

« Au commencement de ce siècle si quelqu'un avait demandé ce que c'est qu'un gaz, on lui aurait répondu que c'est de la matière dilatée et raréfiée au point d'être impalpable — sauf le cas où elle

*riences de répulsion résultant de la radiation*. Après avoir été nommé président de la Société de chimie, il écrivit son ouvrage la *Physique moléculaire dans le vide*, où il admet un quatrième état de la Matière, l'état extra-gazeux, où la Matière est radiante, rayonnante. Il répéta à Paris en 1879, à la Sorbonne, ses expériences sur ce sujet et l'Académie des Sciences lui décerna une médaille d'or et un prix de trois mille francs. En 1881, William Crookes a fait partie du jury de l'Exposition internationale d'Électricité de Paris ; il ne pouvait accepter, à ce titre, aucune récompense, mais ces collègues du jury, après avoir examiné tous les systèmes de lampes à incandescence, déclarèrent « qu'aucun de ces systèmes n'aurait donné de résultat pratique sans l'application du vide presque absolu, et W. Crookes est le premier et, jusqu'à ce jour, le seul physicien, qui nous a montré comment nous pouvons l'obtenir. » En 1887, W. Crookes a lu devant la Société chimique de Londres une étude de chimie générale, *la Genèse des éléments*, où il dit «que les éléments chimiques ne sont pas simples et primordiaux, qu'ils ne sont pas l'effet du hasard, qu'ils n'ont pas été créés d'une façon désordonnée et machinale, mais qu'ils sont une évolution de matières plus simples, ou peut-être même d'une seule espèce de matière. Le premier élément né serait l'hydrogène, le plus simple de tous les corps connus dans sa structure et celui qui a le poids atomique le plus bas. »

William Crookes a publié de nombreux ouvrages qui font autorité; mais ce qui a valu au savant anglais la grande notoriété dont il jouit dans le monde entier, c'est après sa découverte de la *Matière radiante*, la hardiesse, le courage qu'il montra en abordant l'étude des phénomènes dits de *Spiritisme*.

Après de multiples efforts pour décider la Société royale à étudier officiellement les phénomènes dits spirites, il communiqua à cette Société en 1874 le résultat de ses propres recherches dans un travail intitulé : *Recherches sur les phénomènes du spiritualisme*. Le peu d'empressement que mirent ses collègues à examiner ces problèmes poussa William Crookes à soumettre la question à la Société britannique pour l'avancement des sciences, et il proposa, à l'ouverture de la session de 1876, que le *Spiritisme* fût l'objet des délibérations de la section biologique de cette Société.

Dans son enquête sur les phénomènes dits spirites, William Crookes prit les précautions les plus minutieuses et se servit du contrôle le plus sévère : « Je ne saurais me prononcer, dit-il, au début de son livre : *Recherches sur les phénomènes du spiritualisme*, sur la cause des faits dont j'ai été témoin, mais que certains phénomènes physiques se produisent dans des circonstances où l'on ne peut les expliquer par *aucune loi physique actuellement connue*, c'est un fait dont je suis aussi certain que du fait le plus élémentaire de la chimie. Toutes mes études scientifiques n'ont été qu'une longue série d'observations exactes, et je désire qu'il soit bien compris que les faits que j'affirme sont le résultat des recherches les plus scrupuleuses.

« Le spiritualiste parle de corps pesant 50 ou 100 livres, qui sont enlevés en l'air sans l'intervention de force connue; mais le savant chimiste est accoutumé à faire usage d'une balance sensible à un poids si petit qu'il en faudrait dix mille comme lui pour faire un grain. Il est donc fondé à demander que ce pouvoir, qui se dit guidé par une intelligence,

est animée d'un mouvement violent — invisible, incapable de prendre une forme définie comme celle des solides, ou de former des gouttes comme les liquides; toujours prête à se dilater lorsqu'elle ne rencontre pas de résistance, et à se contracter sous l'action d'une pression. Telles étaient les principales propriétés que l'on attribuait aux gaz il y a une soixantaine d'années. Mais les re-

qui élève jusqu'au plafond un corps pesant, fasse mouvoir sous des conditions déterminées sa balance si délicatement équilibrée. Le spiritualiste parle de coups frappés qui se produisent dans les différentes parties d'une chambre, lorsque deux personnes ou plus sont tranquillement assises autour d'une table. L'expérimentateur scientifique a le droit de demander que ces coups se produisent sur la membrane tendue de son phonautographe. Le spiritualiste parle de chambres et de maisons secouées, même jusqu'à en être endommagées, par un pouvoir surhumain. L'homme de science demande simplement qu'un pendule placé sous une cloche de verre et reposant sur une solide maçonnerie, soit mis en vibration. Le spiritualiste parle de lourds objets d'ameublement se mouvant d'une chambre à l'autre sans l'action de l'homme. Mais le savant a construit des instruments qui diviseraient un pouce en un million de parties : et il est fondé à douter de l'exactitude des observations effectuées, si la même force est impuissante à faire mouvoir d'un simple degré l'indicateur de son instrument. Le spiritualiste parle de fleurs mouillées de fraîche rosée, de fruits et même d'êtres vivants apportés à travers les croisées fermées, et même à travers de solides murailles en briques. L'investigateur scientifique demande naturellement qu'un poids additionnel (ne fût-il que la millième partie d'un grain) soit déposé dans un des plateaux de sa balance, quand la boîte est fermée à clef. Et le chimiste demande qu'on introduise la millième partie d'un grain d'arsenic à travers les parois d'un tube de verre dans lequel de l'eau pure est hermétiquement scellée. Le spiritualiste parle des manifestations d'une puissance équivalente à des milliers de livres, et qui se produit sans cause connue. L'homme de science qui croit fermement à la conservation de la force et qui pense qu'elle ne se produit jamais sans un épuisement correspondant de quelque chose pour la remplacer, demande que lesdites manifestations se produisent dans son laboratoire où il pourra les peser, les mesurer et les soumettre à ses propres essais. »

William Crookes vérifia scientifiquement ces phénomènes inattendus, et conclut à l'existence d'une *Énergie non définie* qu'il nomme : *Force psychique*.

« La théorie de la *Force psychique* n'est autre chose que la simple constatation du fait presque indiscutable maintenant que, dans de certaines conditions encore imparfaitement fixées et à une certaine distance, encore indéterminée, du corps de certaines personnes, douées d'une organisation nerveuse spéciale, il se manifeste une force qui, sans le contact des muscles ou de ce qui s'y rattache, exerce une action à distance, produit visiblement le mouvement de corps solides et y fait résonner des sons. Comme la présence d'une telle organisation est nécessaire à la production des phénomènes, il est raisonnable d'en conclure que cette force, par un moyen encore inconnu, procède de cette organisation. De même que l'organisme lui-même est mû et dirigé intérieurement par une Force qui est l'Ame, ou est gouvernée par l'Ame, l'Esprit ou l'Intelligence (donnez-lui le nom qu'il vous plaira) qui constitue l'être individuel que nous appelons l'*homme* ; de même il est raisonnable de conclure que la force qui produit le mouvement au delà des limites du corps est la même que celle qui le produit en dedans de ses limites. Et, de même qu'on voit souvent la force extérieure dirigée par une Intelligence; de même il est raisonnable de conclure aussi que l'Intelligence qui dirige la force extérieure est la même que celle qui la gouverne intérieurement. C'est à cette force que j'ai donné le nom de *Force psy-*

cherches de la science moderne ont bien élargi et modifié nos idées
sur la constitution de ces fluides élastiques. On considère maintenant les gaz comme composés d'un nombre presque infini de petites
particules ou molécules, lesquelles sont sans cesse en mouvement
et animées de vitesses de toutes les grandeurs imaginables. Comme le

Fig. 262. — Expériences sur la Matière radiante.

nombre de ces molécules est extrêmement grand, il s'ensuit qu'une
molécule ne peut avancer dans aucune direction sans se heurter

*chique*, parce que ce nom définit bien la force qui, selon moi, prend sa source dans l'Ame
ou l'Intelligence de l'homme. »

Les phénomènes psychiques qui, jusqu'à présent, ont échappé à toute explication, sont
le sujet des études d'une savante société de Londres, *Society for psychical researches*
(Société pour les recherches psychiques) dont le président est M. Balfour Stewart, l'émi
nent physicien, membre de la Société royale, et qui compte parmi ses membres correspondants français, MM. Taine, Th. Ribot et Ch. Richet.

presque aussitôt à une autre. Mais si nous retirons d'un vase clos
une grande partie de l'air ou du gaz qu'il contient, le nombre des
molécules diminue, et la distance qu'une molécule donnée peut
parcourir sans se heurter contre une autre s'accroît, la longueur
moyenne de la course libre étant en raison inverse du nombre des
molécules restantes. Plus le vide devient parfait, plus s'accroît la
distance moyenne qu'une molécule parcourt avant d'entrer en collision ; ou, en d'autres termes, plus la longueur moyenne de la
course libre augmente, plus les propriétés physiques du gaz se mo-
difient. Aussi, en poussant la raréfaction du gaz encore plus loin,
c'est-à-dire si nous diminuons le nombre des molécules qui se
trouvent dans un espace donné, et que par là nous augmentions la
longueur moyenne de leur course libre, nous rendrons possibles
les expériences que je vais décrire. Ces phénomènes diffèrent telle-
ment de ceux présentés par les gaz de tension ordinaire, que nous
sommes forcés d'admettre que nous sommes en présence d'un
*quatrième état de la matière, lequel est aussi éloigné de l'état
gazeux que celui-ci l'est de l'état liquide.*

« *Course libre moyenne. — Matière radiante.* —Depuis longtemps déjà je pense qu'un phénomène bien connu que l'on observe
dans les tubes de Geissler doit avoir un rapport intime avec la
course libre moyenne des molécules. Quand on examine le pôle négatif pendant que le courant fourni par une bobine d'induction traverse un tube de verre où l'on a fait le vide, on voit autour de ce
pôle un espace sombre. On constate que cet espace sombre croît et
décroît selon que le vide est rendu plus ou moins parfait, c'est-à-
dire selon que la course libre moyenne des molécules devient plus
longue ou plus courte. De même que l'esprit voit cette course libre
s'accroître, de même les yeux voient l'espace sombre grandir ; et si
le vide est trop imparfait pour laisser aux molécules beaucoup de
liberté avant qu'elles n'entrent en collision entre elles, le passage
de l'électricité montre que l'espace sombre est réduit à des dimensions minimes. On voit donc que l'espace sombre représente la
course libre moyenne du gaz rémanent, et il est tout à fait différent
dans les tubes où le vide est parfait, et dans les tubes où le vide est
fait incomplètement. Dans les tubes où le vide est le meilleur, les
molécules du gaz qui restent peuvent les traverser presque sans col-

lision; et comme les molécules venant du pôle négatif ont une vitesse énorme, et accusent des propriétés nouvelles et caractéristiques, on peut très bien se servir du terme *Matière radiante* emprunté à Faraday. »

La Matière radiante, rayonnante, ne se comporte pas, au point de vue de la décharge de la Bobine d'Induction, comme un tube de Geissler; ce n'est plus une illumination générale du tube qui se manifeste, mais le vase de verre est illuminé seulement sur sa *surface directement opposée au pôle négatif*. Crookes explique ce phénomène en disant : *La matière radiante se meut en ligne droite.*

Pour faire l'expérience on prend un vase de verre (n° 7 de la *fig.* 262), on attache en *a* le pôle négatif de la Bobine d'Induction (n° 10, même figure); la tige *a* est terminée par un petit miroir métallique *a'*. *Quel que soit le point de ce vase où on attache le pôle positif de la Bobine, c'est toujours sur la paroi du vase opposée à a' que se manifeste l'illumination.* Dans un vase semblable, mais où le vide est moins parfait, où la raréfaction correspond à celle des tubes de Geissler, on voit une ligne de lumière violette partir de *a'* mais se diriger toujours vers le point du vase, quel qu'il soit, où l'on a attaché le pôle positif.

William Crookes suppose que les particules de *Matière radiante* sont lancées avec une très grande vitesse du pôle négatif normalement à la surface du miroir métallique *a'* et qu'elles cheminent en *ligne droite,* sans se heurter en route à cause de l'extrème raréfaction de l'air. Ces petits projectiles se déplaçant sans résistance et sans choc au sein du verre, il ne s'y produira ni chaleur ni lumière; mais, en touchant la paroi, ils y perdront une grande partie de leur Énergie cinétique, et la surface frappée sera à la fois échauffée et illuminée.

En plaçant au centre d'une boule de verre (n° 4 de la *fig.* 262) un morceau de platine iridié sur lequel convergent les rayons partant d'un miroir métallique fixé au pôle négatif, on voit le platine devenir étincelant et finir par fondre.

Quelle que soit la forme du miroir fixé au pôle négatif, la Matière rayonné encore suivant la normale à sa surface; les tubes 2 et 3 de la figure permettent de constater cette propriété.

*La matière radiante interceptée par une substance solide donne une ombre.* — La matière radiante chemine en ligne droite à partir du pôle négatif d'un courant d'induction, et ne se répand pas simplement dans toutes les parties d'un tube en le remplissant de lumière, comme cela arriverait si le vide était moins parfait. Quand ils ne trouvent aucun obstacle sur leur route, les rayons vont frapper un écran et y déterminer une lueur phosphorescente, et quand une substance solide se trouve sur leur passage, ils sont arrêtés et une ombre se projette sur l'écran. Le n° 1 de la figure 262 représente un tube en forme de poire dans lequel le pôle négatif est situé à l'extrémité la plus étroite. Vers le milieu se trouve une croix découpée dans une feuille d'aluminium, et placée de manière à intercepter une partie des rayons qui partent du pôle négatif; ainsi l'image de cette croix est projetée sur l'extrémité hémisphérique du tube, laquelle est phosphorescente. Dès que le courant traverse le tube, on voit l'ombre noire de la croix se dessiner sur l'extrémité lumineuse. Or, la matière radiante qui vient du pôle négatif a passé à côté de la croix d'aluminium pour produire cette ombre; le verre de l'extrémité a été frappé et bombardé par les molécules au point de s'échauffer d'une manière appréciable, et a en même temps subi un autre effet : sa sensibilité a été amortie.

« La phosphorescence qui lui est imposée, dit William Crookes, a fatigué le verre; le bombardement moléculaire a déterminé un changement qui empêchera le verre de répondre aisément à une excitation nouvelle. Mais la partie de la surface que l'ombre recouvrait n'est point fatiguée; elle n'a pas eu de phosphorescence et est par conséquent toute fraîche; aussi, si je fais tomber cette croix — ce que je puis faire en donnant à l'appareil une légère secousse — de manière à laisser les rayons partis du pôle négatif arriver librement sur l'extrémité du tube, on voit la croix noire se changer brusquement en une croix lumineuse, parce que le fond ne peut plus donner qu'une faible phosphorescence, tandis que la partie que couvrait tout à l'heure l'ombre noire a conservé toute sa sensibilité. Malheureusement l'image de la croix lumineuse s'affaiblit, et ne tarde pas à s'effacer. Après un certain temps de repos, le verre reprend en partie sa faculté de phosphorescence, mais ne redevient jamais aussi sensible qu'au début.

« Voilà donc encore une propriété importante de la matière radiante. Elle est lancée avec une fort grande vitesse du pôle négatif, et non seulement elle frappe le verre de manière à le faire vibrer et à le rendre momentanément lumineux pendant la durée du courant, mais encore les coups portés par les molécules sont assez énergiques pour faire sur le verre une impression durable. »

Les premières expériences de Crookes ont été presque toutes faites à l'aide de la phosphorescence que le verre présente sous l'influence d'un « courant de matière radiante », mais il a trouvé que d'autres substances possèdent cette faculté de phosphorescence à un degré plus élevé que le verre; par exemple, le sulfure de calcium, phosphorescent quand il a été exposé à la lumière, prend une phosphorescence beaucoup plus marquée sous l'action de la *Matière radiante;* Crookes le prouve en faisant passer le courant électrique à travers un tube (n° 9 de la *fig.* 262) contenant du sulfure de calcium. De petits rubis placés dans un tube où l'on a fait le vide (n° 6, même *fig.* 262) semblent devenir incandescents sous le choc de la *Matière radiante.*

Pour montrer que l'Énergie de la *Matière radiante* peut faire rouler un petit moulinet dont l'axe est appuyé sur deux tiges en verre, on emploie l'appareil représenté sous le n° 5 (*fig.* 262). A chaque extrémité du tube on attache les fils conducteurs. Dès que le courant passe, on voit le moulinet se déplacer, rouler en s'éloignant du pôle négatif, ce qui doit être, s'il est vrai que les particules d'air partent du pôle négatif.

Signalons enfin cette propriété, non la moins curieuse de la *Matière radiante :* Dans un tube, où a été disposé sur une grande partie de sa longueur un écran phosphorescent, on fait passer le courant d'induction : une ligne de lumière phosphorescente parcourt le tube d'un bout à l'autre. Si l'on place sous le tube un puissant aimant en fer-à-cheval, on voit aussitôt le rayon lumineux s'abaisser vers l'aimant. Les molécules de matière radiante lancées du pôle négatif peuvent être comparées aux projectiles qui partent d'une mitrailleuse, et l'aimant situé au-dessous représentera la terre dont l'attraction courbe la trajectoire de ces projectiles : *La Matière radiante est donc déviée par un aimant.*

Nous avons dit qu'un ballon de verre de 13$^{cm}$,5 de diamètre,

où le vide a été poussé aussi loin que possible par les moyen
dont nous disposons, contient encore un quintillion de particule
d'air, nombre suffisant pour autoriser à donner le nom de Matièr
au gaz restant dans le ballon.

« Pour donner une idée de ce nombre énorme, dit Willian
Crookes, je perce le ballon avec l'étincelle d'une bobine d'induction. Cette étincelle produit une ouverture tout à fait microscopique, mais qui est assez grande pour permettre aux molécule
d'air de pénétrer dans le ballon et de détruire le vide. Supposon:
qu'il en entre cent millions par seconde. Combien de temps croit-or
qu'il faille dans ces conditions pour que ce petit récipient se remplisse d'air? Sera-ce une heure, un jour, une année, un siècle? I
faudra presque une éternité, — un temps si énorme que l'imagination elle-même est impuissante à le bien concevoir. Si l'on suppose qu'on ait fait le vide dans un ballon de verre de cette grosseur,
rendu indestructible, et que ce ballon ait été percé lors de la création du système solaire; si l'on suppose que ce ballon existât à
l'époque où la terre était informe et sans habitants; si l'on suppose
qu'il ait été témoin de tous les changements merveilleux qui se
sont produits pendant la durée de tous les cycles des temps géolo-
giques, qu'il ait vu apparaître le premier être vivant, et qu'il doive
voir disparaître le dernier homme; si l'on suppose qu'il doive durer
assez pour voir s'accomplir la prédiction des mathématiciens d'après
laquelle le soleil, source de toute énergie sur la terre, doit n'être
plus qu'une cendre inerte, quatre millions de siècles après sa
formation; si l'on suppose tout cela, — avec la vitesse d'entrée
que nous avons admise pour l'air, vitesse égale à cent millions
de molécules par seconde, ce petit ballon aura à peine reçu un
septillion de molécules. D'après Johnstone Stoney un centimètre
cube d'air contient environ un sextillion de molécules. Par conséquent un ballon de 13$^{cm}$,5 de diamètre contient un nombre de
molécules égal à  13,5$^3$ × 0.5236 × 1 000 000 000 000 000 000 000,
c'est-à-dire  1 288 252 350 000 000 000 000 000  de molécules d'air
sous la pression ordinaire. Par conséquent, lorsque l'air du ballon
est amené à ne plus exercer que la pression d'un millionième
d'atmosphère, il contient encore 1 288 252 350 000 000 000 de molécules, et si l'on perce le ballon à l'aide de l'étincelle d'induction,

1 288 251 061 747 650 000 000 000 de molécules devront rentrer par l'ouverture. S'il passe 100 millions' de molécules par seconde, le temps nécessaire pour le passage de toutes ces molécules sera :

|  |  |  |
|---|---:|---|
|  | 12 882 510 617 476 500 | secondes, |
| ou | 214 708 510 291 275 | minutes, |
| ou | 3 578 475 171 521 | heures, |
| ou | 149 103 132 147 | jours, |
| ou | 408 501 731 | ans. |

« Que pensera-t-on maintenant si je dis que le septillion de molécules va entrer dans le ballon par le trou microscopique avant que cette conférence ne soit terminée ? Les dimensions de l'ouverture restant les mêmes, ainsi que le nombre des molécules, ce paradoxe apparent ne peut s'expliquer que si l'on suppose les molécules réduites à des dimensions presque infiniment petites — de manière à entrer dans le ballon, non plus avec une vitesse de 100 millions par seconde, mais bien avec celle d'environ 300 quintillions par seconde. J'ai fait le calcul; mais quand des nombres sont si considérables, ils cessent d'avoir un sens pour nous, et ces calculs sont aussi inutiles que s'il s'agissait de compter les gouttes d'eau contenues dans l'Océan.

« Dans l'étude de ce quatrième état de la Matière, il semble que nous ayons saisi et soumis à notre pouvoir les petits atomes indivisibles qu'il y a de bonnes raisons de considérer comme formant la base physique de l'univers. Nous avons vu que par quelques-unes de ses propriétés la Matière radiante est aussi matérielle que la table placée ici devant moi, tandis que par d'autres propriétés elle présente presque le caractère d'une force de radiation. Nous avons donc en réalité atteint la limite sur laquelle la Matière et la Force semblent se confondre, le domaine obscur situé entre le Connu et l'Inconnu. J'ose croire que les plus grands problèmes scientifiques de l'avenir recevront leur solution dans ce domaine inexploré, où se trouvent sans doute les réalités fondamentales, subtiles, merveilleuses et profondes. »

La théorie de William Crookes a rencontré, c'était inévitable, des contradicteurs. Un de ceux qui se sont élevés le plus vivement contre les idées du savant anglais est le docteur J. Puluj, profes-

seur à l'Université de Vienne. Le docteur Puluj croit que, sous l'in
fluence du courant électrique, des particules empruntées à
masse de l'électrode, sont mécaniquement (non par vaporisatio
arrachées et repoussées normalement à la surface des électrod
avec une vitesse de translation relativement très grande. Ces pa
ticules sont chargées d'électricité statique négative, et, comme elle
se déplacent, elles servent de véhicule à cette dernière et perme
tent de cette manière le passage du courant d'une électrode
l'autre. Que des particules gazeuses prennent également part à c
transport électrique, c'est ce dont il n'y a pas à douter. Ce ne sera
pas le gaz rémanent, la matière radiante, qui remplit l'espac
sombre dans les tubes de Crookes, mais des particules métallique
arrachées à l'électrode qui chassent devant elles les particules d'ai
de la même façon que dans la flamme d'un bec de gaz le jet, e
s'échappant, chasse devant lui les particules d'air et produit u
espace sombre dans le voisinage immédiat de l'orifice de sortie
En résumé, d'après le professeur viennois, la subtile *Matièr
radiante* de Crookes, ne serait que de la « matière électrodiqu
rayonnante. »

Après cette digression nécessaire sur la découverte si intéres
sante de William Crookes, reprenons l'étude de l'Étincelle élec
trique et examinons encore diverses circonstances qui influent su
les apparences présentées par la lumière électrique au sens géné
ral de l'expression.

La lumière électrique, ainsi que nous venons de le voir, appa
raît sous des *formes très variées,* lueurs, aigrettes, globes, étin
celles diverses, etc., qui dépendent d'une foule de circonstances
formes et distances des conducteurs entre lesquelles la décharge de
l'électro-moteur se produit, pression du gaz qui sépare les deux con
ducteurs, etc. (*fig.* 263).

De même que les premiers physiciens ont établi une analogie
entre les Éclairs, le Tonnerre et les Étincelles bruyantes produites
par leurs machines électriques, de même on ne peut s'empêcher de
penser à la *Foudre globulaire* lorsqu'on observe ces boules lumi-
meuses qui se forment entre le conducteur électrisé d'une ma-

*Imp.Lemercier et Cⁱᵉ Paris*

## FOUDRE GLOBULAIRE

« Trois boules, la plus grande de couleur jaune,
les deux autres pourprées se mouvaient
le long d'un ravin.....» Livre II .

chine et un plateau conducteur qu'on lui présente par la face. Les observations relatives à la Foudre globulaire sont nombreuses.

La plus récente a été faite par M. Agé, à Vladicaucase, Saint-Pétersbourg. Le 30 juillet 1888, vers six heures du soir, un groupe de boules brillantes a été vu se mouvant le long d'un ravin. On

Fig. 263. — Etincelles électriques de formes variées.

distinguait clairement trois boules : une grande boule jaunâtre, ayant l'éclat de l'or, et deux petites boules pourprées sur les côtés de la grande. Les pentes du ravin étaient éclairées d'une lumière pourprée. Environ trois minutes après, les boules devinrent plus petites et disparurent instantanément, sans aucun bruit (¹) (*Planche* II).

1. *Année scientifique et industrielle*, de Louis Figuier.
PHYSIQUE POPULAIRE.

Il n'y a pas longtemps, à Andrinople (Turquie d'Europe), on vit tout à coup flotter dans l'air un corps lumineux ovale d'un diamètre apparent cinq fois plus grand que celui de la lune. Il progressa lentement, jetant une vive lumière sur le camp installé aux postes d'Andrinople. On a dit que son éclat était environ dix fois plus vif que celui d'une puissante lampe électrique. Le lendemain, dès l'aube, on signala, à Scutari (Turquie d'Asie), une flamme très vive, d'apparence sphérique, d'abord bleuâtre, puis verdâtre, assez mobile, se maintenant à dix mètres de hauteur. Cette flamme a fait à plusieurs reprises le tour de l'embarcadère de Ferry-boat de Scutari. Sa clarté éclairait la rue et les maisons. Ce météore a brûlé deux minutes et a fini par tomber dans la mer. Ceci se passait le 1er et le 2 novembre 1885. Singulière coïncidence, le 3 novembre, on a observé en France, dans tout le département de la Haute-Marne, une lueur immense qui a embrasé l'horizon pour disparaître presque aussitôt ([1]).

Depuis l'époque où Arago signalait ces singuliers phénomènes, longtemps mis en doute, on s'est occupé de les mieux observer, et voici un exemple qu'il paraît impossible de contester ([2]).

« Passant devant ma fenêtre qui est très basse, je fus étonnée, dit Mme Espert, demeurant à Paris, cité Odiot, n° 1, de voir comme un gros ballon rouge, semblable à la lune lorsqu'elle est colorée, qui descendait lentement du ciel sur un arbre des terrains Beaujon. Pendant que mon esprit cherchait à deviner ce que cela pouvait être, je vis le feu prendre au bas de ce globe. On aurait dit du papier qui brûlait doucement avec de petites étincelles, puis tout à coup une détonation effroyable fit éclater toute l'enveloppe et sortir une douzaine de rayons de foudre en zigzag, dont l'un fit un trou dans le mur, comme l'aurait fait un boulet de canon; enfin un reste de matière électrique se mit à brûler avec une flamme blanche et à tourner comme un soleil de feu d'artifice. »

En août 1885, à Sotteville (Seine-Inférieure), on a vu à la suite d'un orage tomber dans la rue un assez grand nombre de petites boules de la grosseur d'un poids ordinaire, qui, en touchant terre,

1. *Causeries scientifiques*, de H. de Parville.
2. *Cours de physique*, de Jamin et Bouty (t. IV).

laissèrent échapper une petite flamme rouge. Un des témoins mit le pied sur l'une d'elles, il en sortit de nouveau une flamme rouge violacée.

Babinet a transcrit le récit de ce tailleur de la rue du Val-de-Grâce, à Paris, qui, un jour d'orage, vit tout à coup le châssis garni de papier fermant la cheminée s'abattre et un globe de feu gros comme la tête d'un enfant sortir doucement de la cheminée et se promener lentement par la chambre; puis il se dirigea vers un trou ayant servi à faire passer un tuyau de poêle, trou que, selon l'expression du tailleur, « le tonnerre ne pouvait pas voir », car du papier avait été collé devant. Le globe de feu alla droit à ce trou, décolla le papier sans l'endommager et remonta dans la cheminée au bout de laquelle il éclata avec une explosion épouvantable.

Un fait analogue est survenu, à huit heures du soir, en octobre 1885, à Péra. M. Mavrocordato s'était réfugié, pendant un violent orage, dans une maison occupée par une famille qui était encore à table. Brusquement apparut dans la pièce un globe de feu gros environ comme une orange; il était entré par la fenêtre entr'ouverte. Le globe vint frôler un bec de gaz, puis, se dirigeant vers la table, il passa entre deux convives, tourna autour d'une lampe centrale, fit entendre un bruit analogue à un coup de pistolet, reprit le chemin de la rue et, une fois hors de la pièce, éclata avec un fracas épouvantable.

« Ces cas de « Tonnerre en boule », écrit Camille Flammarion dans son livre L'Atmosphère, sont très authentiques. Il est probable néanmoins qu'assez souvent certains éclats de foudre, vus de loin, simulent la forme globulaire quoiqu'ils ne soient que de simples éclairs. Ainsi le 2 juillet 1871, à midi, mon frère Ernest Flammarion, se trouvant à Rouen, sous le péristyle du Palais de justice, fut enveloppé par un vaste éclair de forme circulaire qui parut s'élever violemment du sol au moment où le tonnerre éclata et frappa l'un des paratonnerres de l'édifice. De loin, on crut voir une grosse boule de feu se précipiter du sol vers la nue. De près, ce n'était qu'un éclair. »

Quant à la Couleur de l'étincelle électrique elle dépend non seulement du gaz qu'elle traverse, mais encore des conducteurs

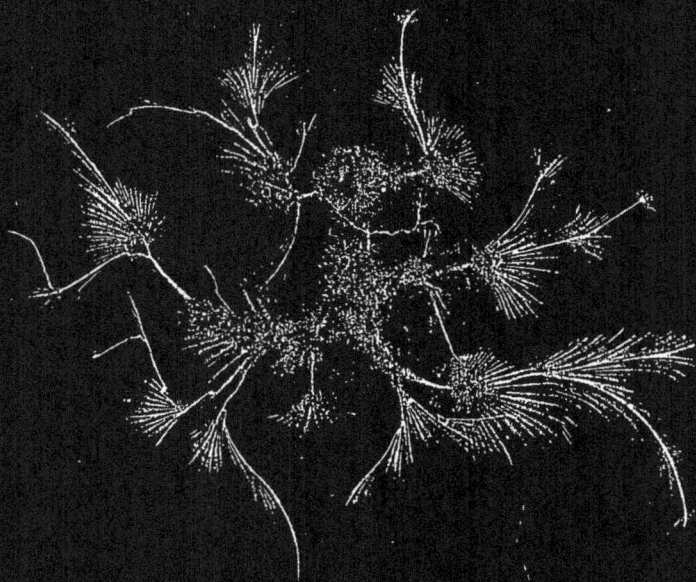

Fig. 264. — Photographie directe de l'étincelle électrique : Pôle négatif.

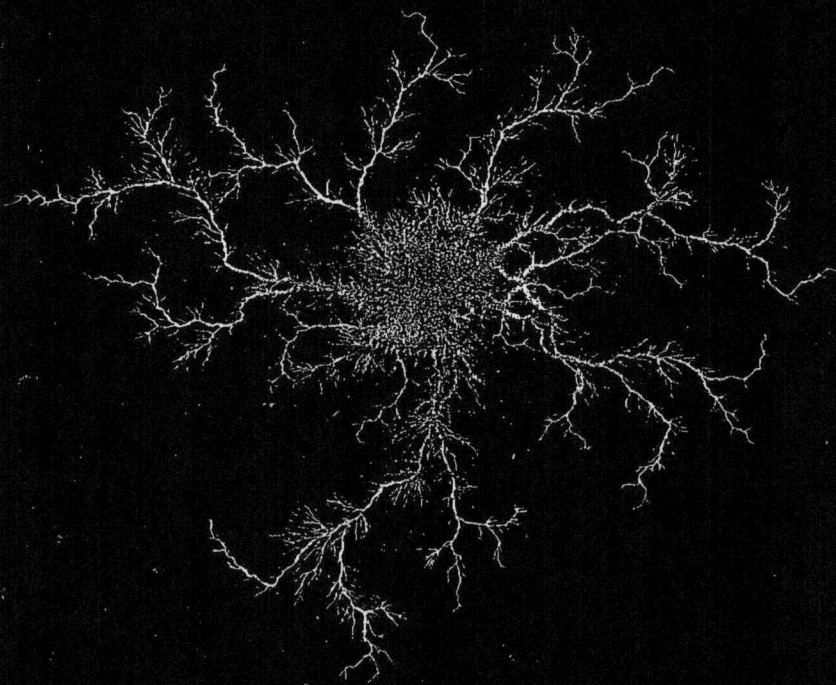

Fig. 265. — Photographie directe de l'étincelle électrique : Pôle positif.

entre lesquels elle jaillit. L'étincelle est blanche entre deux boules de fer, verte entre deux boules de cuivre, bleuâtre entre deux boules de zinc, rouge entre deux boules d'étain. Pour suivre sans peine ces variations de couleur, il est bon de n'employer que des étincelles de faible éclat, celles que donne une petite Bobine de Ruhmkorff, par exemple.

On se rend très bien compte et d'un seul coup d'œil de l'in-

Fig. 266. — Globe étincelant.

fluence de divers métaux sur la couleur de l'étincelle au moyen d'un carreau magique tel que celui que l'on aperçoit à la partie supérieure de la machine de Wimshurst à 12 plateaux (*fig.* 229). Il est formé par des poussières de zinc, de cuivre, d'étain, etc., fixées par de la gomme sur une plaque d'ébonite. L'étincelle de la machine va d'un pôle à l'autre, en éclatant successivement, en serpentant, entre les grains métalliques et prend en chaque point la couleur qui dépend de la nature des grains qu'elle rencontre; elle est verte, rouge ou bleue là où se trouve du cuivre, de l'étain ou du zinc.

Le mécanisme de ces étincelles est le même que celui que l'on observé dans les carreaux, tubes ou globes étincelants. La figure 266 représente un globe étincelant, globe de verre sur lequel sont collés de petits losanges d'étain formant une sorte de spirale; les pointes de ces losanges sont à une faible distance les unes des autres. En mettant les deux conducteurs du globe en relation avec les pôles d'une machine, on voit une étincelle passer simultanément d'un losange au suivant; la spirale se trouve alors dessinée par une ligne lumineuse.

Ces losanges d'étain sont des conducteurs isolés successifs qui s'influencent mutuellement et des étincelles éclatent entre eux comme il a été expliqué.

Pour étudier en détail la structure d'une étincelle, on peut la photographier.

On sait photographier les étincelles électriques dont la durée est

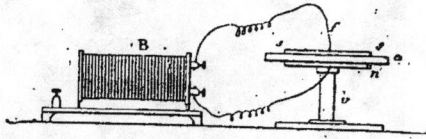

Fig. 267. — Photographie d'une étincelle positive ou d'une étincelle négative.

cependant si courte. Il est possible de saisir cette étincelle soit à la sortie du pôle positif, soit à la sortie du pôle négatif.

Voici comment opère M. A. Rouillée. Sur un disque métallique $n$ (fig. 267) porté par un pied isolant $v$ repose une lame d'ébonite mince et large $e$ suivie d'une plaque au gélatino-bromure dont la face sensible est en $ss$. Au disque $n$ est fixé l'un des pôles de la Bobine B; l'autre pôle, formé par un fil rectiligne, est disposé verticalement en $f$ et touche la couche sensible $s$. Au lieu de laisser l'Interrupteur de la bobine fonctionner automatiquement, on produit simplement une interruption avec la main; une étincelle éclate alors vers l'extrémité du fil $f$ qui est le pôle positif ou le pôle négatif de la Bobine, selon la position occupée par le Commutateur. Cette étincelle impressionne alors le gélatino-bromure et se trouve fixée par la photographie. Les images obtenues présentent les formes les plus variées et il est très intéressant d'en faire une étude comparative.

M. Trouvelot avait photographié ces étincelles aux pôles par la même méthode, la lame d'ébonite étant remplacée par une lame de verre vernie avec soin pour éviter que l'étincelle n'aille d'un pôle à l'autre en contournant la lame. Le procédé de M. Trouvelot a été inséré dans le Compte rendu académique du 29 octobre 1888.

Déjà M. Bertin avait obtenu des images d'étincelles en opérant à peu près comme il vient d'être expliqué, la plaque sensible étant formée avec du collodion sec sensibilisé. Il est de toute évidence que l'on peut substituer dans ces recherches une machine électrique de Holtz, de Wimshurst ou autres à la Bobine d'Induction.

Voici quelques remarques de M. Trouvelot sur les nombreux dessins d'étincelles qu'il a observés.

« Le pôle positif (*fig.* 265) donne une image dont les traits les plus saillants se présentent sous forme de lignes sinueuses desquelles s'échappent de nombreuses ramifications qui leur donnent une certaine ressemblance avec les grands fleuves et les nombreux affluents tels qu'on les représente sur les cartes géographiques, mais à cette particularité se borne l'analogie. Des branches principales, aussi bien que des ramifications, s'échappe une espèce de chevelure broussailleuse composée de milliers de ramilles dentelées et très serrées qui s'enchevêtrent de toutes les manières. Vers les parties terminales des longs filaments, on voit souvent de courtes ramilles tout à fait indépendantes et entièrement séparées des premières. Elles ont pour origine un petit point blanchâtre, duquel elles s'élancent, formant une ou plusieurs petites queues soit simples, soit ramifiées, qui leur donnent l'aspect de petits météores ou de certains bouquets de feu d'artifice. »

« Le pôle négatif donne une image (*fig.* 264) d'une délicatesse et d'une élégance de forme qui a un tout autre caractère; elle ressemble à s'y méprendre à certaines plantes de la famille des palmiers. On reste confondu de rencontrer une telle analogie entre un phénomène lumineux et un corps organisé. C'est à un tel point qu'il est permis de croire qu'un botaniste, auquel on présenterait la photographie de l'extrémité de certaines branches, croirait avoir affaire à une plante et non à un phénomène électrique. Il ne faut pas oublier que la décharge électrique photographiée est la projection de son image sur le plan de la couche sensible, elle apparaît, par suite, comme une plante conservée dans un herbier. Il est permis de penser que la décharge électrique, produite dans l'air, a une autre forme.

La lueur électrique, qui s'échappe dans la nuit de la pointe

Fig. 263. — Lavoisier déterminant la formation de l'eau en faisant éclater des Étincelles électriques au sein d'un mélange de gaz hydrogène et oxygène venant de réservoirs ou Gazomètres placés à droite et à gauche de la figure.

terminale du pôle négatif d'une bobine d'induction, présente le même caractère que la fleur épanouie en éventail qui termine les branches de nos photographies prises au pôle négatif; un verre grossissant permet de s'assurer de l'identité de structure. Or cette lueur n'est pas aplatie, elle s'épanouit circulairement et forme un calice de feu, une fleur électrique, en un mot. »

Non seulement l'allure générale d'une photographie d'étincelle permet de reconnaître si celle-ci est positive ou négative, mais encore deux étincelles de même nom étant données, un œil exercé sait reconnaître de quel appareil chacune d'elles a été tirée.

Cette différence de structure des étincelles positives et négatives est à rapprocher des différences déjà signalées à propos des figures de Lichtenberg et des lueurs qui terminent les pointes des peignes positif ou négatif d'une machine de celle de Holtz, par exemple. Ajoutons à ce propos qu'un conducteur, chargé négativement, émet dans l'obscurité des lueurs dans des conditions où une charge positive même supérieure ne lui en ferait pas émettre. Les différences nombreuses que présentent les deux modes d'électrisation d'une part, et les décharges de l'autre, sont importantes à signaler; minutieusement étudiées, elles ouvriront peut-être aux physiciens des voies nouvelles.

Les étincelles proprement dites, que donnent les bobines d'induction, ont reçu de nombreuses applications dont nous allons faire saisir l'esprit par quelques exemples.

Et d'abord en prolongeant le fil secondaire, de façon que ses extrémités soient dans un lieu avec lequel on désire être en correspondance, on pourra communiquer télégraphiquement au moyen d'un langage conventionnel basé sur la fréquence des étincelles que l'on produit à son gré en interrompant à la main le courant inducteur qui anime la bobine du poste transmetteur.

Si l'on fait en sorte qu'un projectile, un cheval, un corps en mouvement quelconque produise une interruption dans le courant inducteur, seulement quand il passe dans des endroits déterminés, on pourra, en enregistrant ces passages par le trou que percera l'étincelle dans un petit disque de papier qui tourne uniformément avec une vitesse donnée entre les deux pôles, connaître la vitesse moyenne du projectile, etc., entre les stations choisies.

En faisant éclater l'étincelle au moment où un mobile quelconque passe devant la bobine, on éclaire le mobile pendant un temps extrêmement court, suffisant pour qu'il soit possible de photographier le mobile ainsi éclairé, l'instantanéité de l'éclairement est tel que la vitesse qui anime le mobile est sans influence sur la photographie. Tout se passe comme s'il était immobile à l'instant où on le saisit.

Lancé dans une mine, elle la fera sauter bien plus sûrement et sans présenter les inconvénients de la mèche que l'ouvrier allumait jadis et qui se consumant progressivement, finissait par arriver à la mine et à produire l'explosion.

Si l'étincelle jaillit au sein du gaz d'éclairage, qui s'échappe d'un bec, celui-ci se trouve allumé. On emploie quelquefois ce moyen pour allumer instantanément et sans se déranger les diffé-

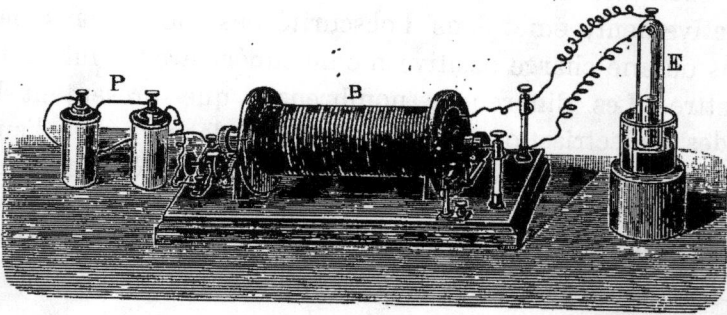

Fig. 269. — Décomposition du gaz ammoniac par une série d'étincelles électriques produites par la Bobine d'induction B.

rents becs d'une salle. On pourrait fort bien l'appliquer dans l'éclairage public au gaz.

Eclatant pendant un temps variable, suivant les cas, au sein d'un gaz composé (*fig.* 269), souvent elle le détruit; l'ammoniaque, par exemple, est décomposée presque totalement en ses éléments constituants qui sont l'azote et l'hydrogène; d'autres fois ces étincelles déterminent la combinaison d'un mélange de gaz; ainsi un mélange d'hydrogène et d'oxygène donne de l'eau sous l'excitation de l'étincelle, comme l'a démontré Lavoisier (') dans une expérience célèbre (*fig.* 268). Dans ces différents cas,

1. Antoine Laurent Lavoisier, né à Paris le 13 août 1743; après d'excellentes études de chimie et d'astronomie, il remporta, à l'âge de 23 ans, un prix à l'Académie des Sciences pour un *Mémoire sur le meilleur système d'éclairage de Paris*, il était resté six semaines enfermé dans sa chambre tendue de noir sans voir d'autre lumière que

elle agit par la chaleur qu'elle développe sur son passage. On emploie également la décharge sous forme d'étincelles obscures et silencieuses, ou *effluves* (*fig.* 270).

Nous venons d'énumérer les effets des *Décharges électriques*, mais nous n'avons rien étudié encore de ceux produits par un *cou-*

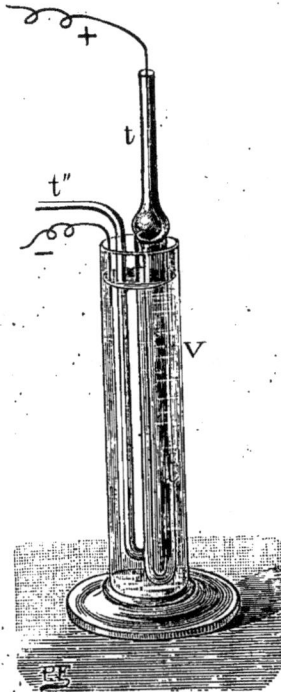

Fig. 270. — Appareil à Effluves électriques de M. Berthelot.

V, Éprouvette en verre renfermant de l'eau acidulée par de l'acide sulfurique et dans laquelle plonge le fil qui va au pôle négatif de la Bobine. — *t'*, Éprouvette renfermant le gaz que l'on veut soumettre à l'action de l'Effluve électrique, gaz amené par le tube *t''*. — Le tube *t* placé suivant l'axe de *t'* contient de l'eau acidulée et reçoit le fil qui va au pôle positif de la Bobine. La décharge, ou Effluve, traverse l'espace annulaire formé par les tubes *t* et *t'*.

celle des lampes qu'il expérimentait. A 25 ans, il devenait membre de l'Académie des Sciences. Lavoisier découvrit l'Oxygène et l'Azote. Il étudia, le premier après le physicien anglais Cavendish, le gaz auquel il donna le nom d'Hydrogène. On doit à Lavoisier la théorie de la respiration. Pendant les années qui précédèrent sa mort, ses travaux se portèrent vers la chimie appliquée à la physiologie. Lavoisier avait obtenu en 1769 une place de fermier général dont les revenus considérables devaient le mettre à même de subvenir aux dépenses de ses recherches. Or, le 2 mai 1794, le conventionnel Dupuis déposa un acte d'accusation contre tous les fermiers généraux. Lavoisier vint se constituer prisonnier. Le 6 mai, il était, avec tous ses compagnons, condamné à mort. Malgré ses titres à l'admiration de tous, cet homme de génie mourut sur l'échafaud; il fut guillotiné le quatrième des vingt-huit fermiers généraux qui moururent ce jour-là.

*rant continu* maintenu par un *Electro-Moteur* dans un fil métallique qui en réunit les pôles. Pour fixer les idées, nous prendrons
des piles comme *Electro-Moteurs.*

Nous savons déjà que le courant électrique produit un *champ*
*magnétique* autour de lui (p. 124); une aiguille aimantée, placée

Fig. 271. — Joule mesurant l'échauffement des fils métalliques par le passage d'un courant électrique.

dans ce champ, est déviée; au sens de cette déviation, Ampère a
rattaché le sens du courant (p. 125). En employant un cadre contenant une aiguille aimantée, ce qui constitue un galvanomètre (tel
que celui de la figure 68), on voit que la déviation reste la même
*quel que soit le point du circuit où on l'intercale*; que ce soit
près des piles, entre les piles, loin des piles. Il y a donc une action
sur l'aiguille aimantée qui est la même, qui est constante dans les

mêmes conditions *tout le long du circuit*. Aussi peut-on considérer la déviation de l'aiguille aimantée comme définissant la grandeur, l'*Intensité* du courant électrique. Plus la déviation d'un
même galvanomètre intercalé dans divers circuits sera grande,
plus l'intensité du courant qui produit cette déviation est grande..

Si, *sans toucher à la pile*, on change le fil qui en réunit les
pôles, le courant varie d'intensité, le galvanomètre ne donne plus
la même déviation.

Plus le fil est long et fin, plus la déviation de l'aiguille aimantée
est faible.

On exprime ce fait en disant que les divers fils présentent une
*Résistance* différente au passage du courant électrique. Sans doute
le courant, qui traverse la pile, subit de ce chef une diminution. Il
faut considérer dans le circuit total la résistance du fil qui relie les
pôles ou résistance *extérieure* et celle présentée par les organes de
la pile qui font partie du circuit et qui constituent la résistance
*intérieure*.

La résistance d'un fil est d'autant moindre que le fil est plus
court et plus gros; à égalité de dimensions, elle varie avec la nature
du métal avec lequel le fil est formé. Le cuivre, par exemple, est
moins résistant au point de vue électrique que le fer.

Enfin si, conservant le même fil et la même résistance totale du
circuit, on change de pile, on observe encore pour chaque type de
pile une déviation différente de l'aiguille aimantée; les diverses
piles ne sont donc pas équivalentes au point de vue du courant
qu'elles maintiennent dans une même résistance : on dit qu'elles
ont des forces *Electro-Motrices* différentes.

Un fil, traversé par un courant, s'échauffe d'autant plus que l'intensité du courant et la résistance sont plus grandes. Le physicien
anglais Joule [1] a vérifié ce fait en mesurant la chaleur cédée à

1. James Prescott Joule, né à Salford (Angleterre) en 1818, étudia la chimie sous la
direction de Dalton; ses premières recherches se portèrent sur le Magnétisme et il découvrit le phénomène de la *saturation magnétique;* c'est en 1842 qu'il formula la loi qui
porte son nom relative à la quantité de chaleur dégagée dans un conducteur par le passage d'un courant électrique. En 1843, il publia les premiers résultats de ses recherches
relatives à l'équivalent mécanique de la chaleur. Après des travaux considérables, qui
comprennent une centaine de Mémoires, Joule s'est éteint à Sale, près de Manchester, le
11 octobre 1889.

divers calorimètres par des fils qui y sont immergés et que traverse un même courant électrique. Ce dégagement de chaleur est souvent appelé *Effet Joule* (fig. 271).

Une dernière action du courant que nous allons expliquer en détail à cause de son importance, est celle qu'il exerce sur certains corps liquides qu'il traverse. L'énergie du courant est alors employée à provoquer des réactions chimiques.

Lorsqu'un courant électrique circule au travers d'un conducteur métallique homogène, il se produit uniquement un échauffement de circuit. Dans le cas où le courant passe à travers un circuit complexe formé d'un solide et d'un liquide, il pourra se présenter deux cas. Ou bien le liquide qui donne passage au courant est un corps simple (mercure, brome, etc.), et dans ce cas les phénomènes observés sont identiques à ceux que l'on rencontre dans le cas des conducteurs métalliques; ou bien le liquide est un corps composé, le courant échauffe encore ce liquide mais, de plus, il arrive souvent qu'il le décompose.

Avant de procéder à l'étude de cette action nouvelle des courants, quelques définitions sont indispensables.

La décomposition d'un corps composé en ses éléments constituants ([1]) sous l'influence d'un courant électrique prend le nom

1. Les substances si nombreuses, que le chimiste prépare et étudie, sont en général décomposables en d'autres substances plus simples jusqu'à ce que le corps obtenu ne puisse plus être scindé quel que soit le moyen que l'on emploie. On arrive de cette manière aux *Éléments chimiques* ou *Corps simples*. Par leurs combinaisons ils donnent les *Corps complexes* ou *composés*.

Le tableau suivant contient les noms des *Corps simples*. Les uns qui sont doués d'un éclat spécial comme l'argent, l'or, le fer, etc., sont des *Métaux;* les autres qui n'ont pas en général cet éclat caractéristique comme le phosphore, le soufre, etc., sont des *Métalloïdes.*

### Métalloïdes.

| | (1) | (2) | | (1) | (2) |
|---|---|---|---|---|---|
| *Oxygène* | O. | 8 | *Azote.* | Az. | 14 |
| *Soufre* | S. | 16 | *Phosphore* | Ph. | 31 |
| *Sélénium* | Se. | 39,75 | *Arsenic.* | As. | 75 |
| *Tellure* | Te. | 64,5 | *Carbone.* | C. | 6 |
| *Fluor* | Fl. | 19 | *Silicium* | Si. | 14 |
| *Chlore* | Cl. | 35,5 | *Bore.* | Bo. | 11 |
| *Brome* | Br. | 80 | *Hydrogène* | H. | 1 |
| *Iode.* | Io. | 127 | | | |

## Métaux.

| | (1) | (2) | | (1) | (2) |
|---|---|---|---|---|---|
| Potassium | K. | 39 | Zinc | Zn. | 33 |
| Sodium | Na. | 23 | Galium | Ga. | 35 |
| Lithium | Li. | 7 | Vanadium | Va. | 51,3 |
| Thallium | Tl. | 204 | Cadmium | Cd. | 56 |
| Cœsium | Cs. | 133 | Indium | In. | 56,7 |
| Rubidium | Rb. | 85 | Uranium | Ur. | 60 |
| Calcium | Ca. | 20 | Tungstène | Tu. | 92 |
| Strontium | St. | 43,75 | Molybdène | Mo. | 48 |
| Baryum | Ba. | 68,5 | Osmium | Os. | 99,5 |
| Magnésium | Mg. | 12 | Tantale | Ta. | 91 |
| Manganèse | Mn. | 27,5 | Titane | Ti. | 25 |
| Aluminium | Al. | 13,50 | Étain | Sn. | 59 |
| Glucinium | Gl. | 4,55 | Antimoine | Sb. | 120 |
| Zirconium | Zi. | 45 | Niobium | Nb. | 47 |
| Yttrium | Yt. | 30,85 | Cuivre | Cu. | 31,5 |
| Thorium | Th. | 58,5 | Plomb | Pb. | 103,5 |
| Cérium | Ce. | 47,25 | Bismuth | Bi. | 210 |
| Lanthane | La. | 46 | Mercure | Hg. | 100 |
| Didyme | Di. | 48 | Palladium | Pa. | 53,25 |
| Erbium | Er. | 166 | Rhodium | Ro. | 52 |
| Ytterbium | Yt. | 173 | Ruthénium | Ru. | 52 |
| Fer | Fe. | 28 | Argent | Ag. | 108 |
| Nickel | Ni. | 29,5 | Platine | Pt. | 99,5 |
| Cobalt | Co. | 29,4 | Iridium | Ir. | 98,5 |
| Chrome | Cr. | 26,25 | Or | Au. | 98,3 |

On abrège l'écriture en représentant un corps par un symbole : on désigne le soufre par S, le fer par Fe, l'argent par Ag, etc. Les colonnes (1) renferment les symboles qui représentent les différents éléments chimiques. De plus, les savants ont fait correspondre à ces symboles des poids. Ainsi, en exprimant tout en grammes, Ag n'indique pas seulement qu'il s'agit de l'argent, mais encore de 108 grammes d'argent; Fe représente 28 grammes de fer; Cu, 31$^{gr}$,5 de cuivre, etc. Les valeurs numériques de ces symboles ou *équivalents* ont été fixées pour satisfaire à un ensemble d'analogies chimiques dans l'examen desquels il est hors de notre cadre d'entrer, sont inscrits en regard dans les colonnes (2) du tableau.

Aux différents corps composés correspond une formule qui en indique la composition. Ainsi, la formule de l'eau est : HO.

Elle indique tout d'abord que l'eau est formée de deux éléments, c'est un composé binaire, l'un est l'hydrogène (H), l'autre de l'oxygène (O); elle veut dire aussi que dans 9 grammes d'eau il y a 1 gramme d'hydrogène et 8 grammes d'oxygène.

La formule du sel marin est : Na Cl ce qui veut dire que 78$^{gr}$,5 de sel marin renferment 23 grammes de sodium et 35$^{gr}$,5 de chlore.

Le vitriol bleu ou sulfate de cuivre a pour formule : $SO^4$ Cu, c'est un composé de trois éléments ou ternaire : soufre, oxygène, cuivre, et il y a 16 gr. de $S + 4 \times 8$ ou 32 gr. d'oxygène $+ 31^{gr}$,5 de cuivre dans 79$^{gr}$,5 de vitriol bleu.

Le tableau précédent et la formule d'un corps font immédiatement connaître sa composition.

Les métalloïdes, en se combinant à l'oxygène, donnent des acides oxygénés : Le soufre (S), fournit ainsi l'acide sulfurique $SO^4$ H ; L'azote (Az), l'acide azotique $AzO^6$ H.

Il existe des acides non oxygénés, tels que l'acide chlorhydrique H Cl.

Les acides sont des corps *qui rougissent la teinture bleue de tournesol.* Les méd'*Électrolyse* (¹) et le corps soumis à l'action du courant se nomme alors *Électrolyte*.

Les extrémités du conducteur métallique qui plongent dans le liquide et le mettent ainsi en communication avec la pile électrique ou plus exactement avec les pôles d'un générateur d'électricité, d'un électro-moteur, portent le nom d'*électrodes* (²) : celle des électrodes qui amène le courant prend souvent le nom d'*anode* (³), celle qui lui sert d'issue, celui de *catode* (⁴).

L'expérience met en évidence dans toute électrolyse ce fait particulier que la décomposition de l'électrolyte n'a lieu qu'au contact des électrodes et non dans toute la masse, et, de plus, qu'une partie des éléments constituants se dégage seule autour de l'une des électrodes, la seconde partie se dégageant autour de l'autre électrode.

Faraday a donné un nom à ces deux groupes d'éléments : il les appelle les *ions* (⁵), et l'on nomme parfois *anion* celui qui se dégage au contact de l'anode; *cation* celui qui prend naissance autour de la catode.

Les liquides proprement dits : eau, alcool, éther, benzine, etc., *lorsqu'ils sont à l'état de pureté ne donnent en général passage à aucun courant.* Il est aisé de concevoir qu'ils ne peuvent, dans ces conditions, subir aucune décomposition électrolytique, il n'y a pas de courant. Les seuls liquides susceptibles d'électrolyse sont donc les sels fondus ou dissous, ainsi que quelques composés binaires dans ces mêmes conditions.

---

taux en se combinant à l'oxygène donnent des oxydes, la plupart *ramènent au bleu la teinture de tournesol rougie par un acide :* ce sont des Bases.

Ces oxydes ou bases, en réagissant sur les acides, donnent des corps nouveaux que l'on nomme des *sels.*

L'acide chlorhydrique et la soude (oxyde de sodium) donnent le sel marin ou chlorure de sodium (Na Cl.)

L'acide sulfurique et l'oxyde de cuivre donnent du vitriol bleu ou sulfate de cuivre (SO⁴ Cu.)

Un sel peut être fondu sous l'action de la chaleur ou dissous dans l'eau; plus il y a de sels dissous dans une même quantité d'eau, plus la dissolution est dite concentrée.

Ces notions suffisent pour l'intelligence des phénomènes que présentent l'Électrolyse.

1. Du grec ἤλεκτρον (électron) et λύω (luô) : *dissoudre.*
2. Du grec ἤλεκτρον (électron) et οδος (odos) : *route, route de l'électricité.*
3. Du grec ανω (anô) : *en haut.*
4. Du grec κατα (cata) : *en bas.*
5. Du grec ιον (ion) : *allant vers.*

L'étude des phénomènes d'électrolyse, faite au point de vue purement expérimental, montre que ces phénomènes obéissent à des lois uniformes.

Si l'on électrolyse un sel fondu dans un vase inattaquable et par le sel fondu et par les éléments de la décomposition, en utilisant des électrodes également inattaquables dans les conditions de l'expérience, on observe ce fait constant que *quel que soit le sel électrolysé, le métal qui entre dans sa composition se dépose à l'électrode négative et la partie non métallique, qu'elle soit simple ou complexe, se dégage autour de l'électrode positive.*

L'expérience peut se faire dans un appareil analogue à celui imaginé par Faraday pour opérer l'électrolyse du protochlorure d'étain (*fig.* 272).

On prend un tube en verre dans le fond duquel on soude une électrode en platine. Une source de chaleur quelconque, lampe à alcool ou brûleur Bunsen maintient en fusion la substance que l'on a mise en expérience dans le tube. Enfin, le courant est amené par une autre électrode en graphite *b*, plongeant à la partie supérieure du tube, et reliée au pôle positif du générateur d'électricité ; le fil soudé au fond du tube est mis en relation avec le pôle négatif.

Dans l'expérience de Faraday, l'électrode négative terminée par un bouton *a* se recouvrait d'étain métallique, pendant que le pôle positif devenait le siège d'un dégagement régulier de chlore.

Si au lieu d'électrolyser du chlorure d'étain on électrolyse dans un appareil analogue un sulfate ou tout autre sel à acide oxygéné, on voit le pôle négatif se recouvrir comme précédemment d'une couche de métal, tandis que la partie non métallique se porte au pôle positif.

De nombreux composés binaires, les oxydes notamment s'électrolysent de la même manière ; c'est ainsi que si l'on soumet à l'électrolyse de la potasse, de la soude maintenues en fusion, on voit au pôle négatif le métal (potassium, sodium, etc.) surnager et brûler au contact de l'air ambiant en régénérant l'oxyde, pendant que le pôle positif est le siège d'un dégagement régulier d'oxygène.

Nous reviendrons d'ailleurs sur ce fait un peu plus tard quand nous nous occuperons des applications de l'Électrolyse.

Les sels dissous dans l'eau, sont aussi susceptibles d'électrolyse, et, dans ce cas, l'électrolyse produit en *principe* exactement les mêmes effets que si le sel était en fusion, c'est-à-dire que le métal du sel se dépose exclusivement sur l'électrode négative, le radical acide se dégageant sur l'électrode positive, que ce radical soit simple ou composé.

L'électrolyse des corps acides obéit à une loi analogue.

Dans toute électrolyse d'acide, nous voyons l'hydrogène constitutif de l'acide se dégager au contact de l'électrode négative, le reste de la molécule de l'acide, c'est-à-dire ce que nous appelions dans les sels le *radical acide*, se rend à l'électrode positive. *Tout se passe donc comme si un acide était un véritable sel dont le métal serait l'hydrogène.*

Enfin les oxydes métalliques en dissolution suivront une loi de décomposition semblable. Leur métal se rendra à l'électrode négative, tandis que leur oxygène sera mis en liberté au contact de l'électrode positive.

Les Sels, les Acides et les Bases ou Oxydes suivent donc en dernière analyse une même loi de décomposition électrolytique.

Les expériences de ce genre se font dans des instruments nommés *Voltamètres* (*fig.* 276). Ces instruments, dont il existe des modèles très variés $V_1$, $V_2$, $V_3$, se composent tous essentiellement d'un vase à parois isolantes inattaquable par l'électrolyte et par les ions, et donnant passage à deux lames ou fils de métal, généralement deux fils de platine, qui constituent les électrodes et que l'on met en relation avec les pôles d'un générateur d'électricité. Dans les cas où il s'établit au contact des électrodes un dégagement gazeux, ce dispositif permet de recouvrir les électrodes d'une petite cloche pleine de liquide destinée à recueillir les gaz.

Le fait capital de toute décomposition électrolytique est qu'elle ne se produit qu'au contact des électrodes exclusivement. On doit à Grothus une explication au moins très ingénieuse de ce fait d'expérience.

Grothus ([1]) suppose que sous l'influence du courant électrique,

---

1. Théodore de Grothus, physicien, né à Leipzig le 20 janvier 1785, publia son *Mémoire sur la décomposition de l'eau et des corps qu'elle tient en dissolution à l'aide de l'électricité galvanique*, qui eut un grand retentissement en Europe. Il vint à

les molécules liquides comprises sur le passage du courant subissent avant toute décomposition une orientation, se polarisent comme on dit fréquemment, tournant leur portion métallique H vers l'électrode négative, leur portion non métallique $So^4$ vers l'électrode

Fig. 272. — Faraday établissant la loi fondamentale de l'Électrolyse.

positive (*fig.* 273). Cette polarisation effectuée, le courant brise la molécule en ses deux parties qui se dirigent alors vers l'électrode

Paris en 1806 et fut attaqué par des voleurs qui lui dérobèrent ses belles collections scientifiques. Revenu dans sa propriété de Geddutz, il s'occupa de nouvelles recherches; mais atteint d'une maladie incurable, il se suicida le 14 mars 1822.

pour laquelle elles ont le plus d'affinité. Mais dans son trajet la partie métallique H de l'une de ces molécules rencontre la partie non métallique $So^4$ de la molécule suivante avec laquelle elle se recombine pour donner une nouvelle molécule d'électrolyte. De même la partie métallique de cette molécule se recombine avec la partie non métallique de la molécule qui suit, etc.

Il ne restera donc en liberté que la partie métallique de la dernière molécule qui ne pouvant se recombiner, se déposera sur l'électrode négative, et la partie non métallique de la première molécule qui se dégagera au contact de l'électrode positive.

La décomposition des sels, acides ou bases en dissolution, se

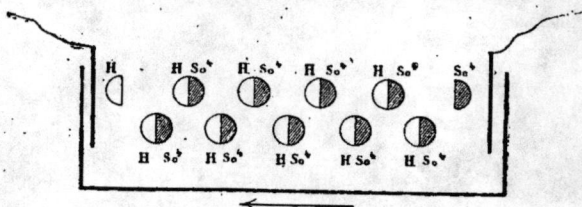

Fig. 273. — Polarisation des molécules.

complique fréquemment par suite de la présence de l'eau du dissolvant, ou simplement par suite de l'action possible des ions sur l'électrolyte, sur eux-mêmes ou sur les électrodes, de *réactions secondaires* qui peuvent changer entièrement l'allure apparente du phénomène, au point d'induire en erreur pendant longtemps les physiciens qui ont traité de l'Électrolyse.

Tout d'abord la plupart du temps les radicaux d'acides oxygénés ne sont pas stables, ils ne peuvent pas persister dans les conditions où ils ont pris naissance et se décomposent immédiatement au contact de l'eau en mettant de l'oxygène en liberté pendant qu'ils se recombinent à l'eau pour donner l'acide normal, en sorte que l'électrode positive n'est le plus souvent le siège que d'un dégagement d'oxygène.

Dans l'électrolyse du sulfate de cuivre, par exemple, nous aurons un dépôt de cuivre à l'électrode négative et il se reformera de l'acide sulfurique à l'électrode positive avec dégagement régulier d'oxygène sur cette électrode.

Pour une raison identique, si nous électrolysons une dissolution d'acide sulfurique ou d'acide phosphorique, ces acides produisent à l'électrode négative un dégagement d'hydrogène, pendant que l'acide *se reforme à l'électrode positive aux dépens de l'eau en donnant de l'oxygène qui se dégage. Une quantité finie d'acide peut donc servir à effectuer, par suite des réactions secondaires qui se produisent, la décomposition d'une quantité d'eau indéfinie, ce qui avait amené Carlisle et Nicholson, à qui l'on doit d'avoir pour la première fois réalisé cette expérience en 1800, à croire que l'acide ajouté à l'eau n'intervient pas dans la réaction et sert uniquement à rendre l'eau conductrice.

Un autre exemple intéressant de réactions secondaires est le suivant :

Nous avons, dans l'électrolyse du sulfate de cuivre, supposé que les électrodes étaient en platine.

Il se reforme dans ces conditions à l'électrode positive de l'acide sulfurique ($SO^4H^2$) et de l'oxygène se dégage. Si, au lieu d'être en platine, les électrodes étaient en cuivre ou en tout autre métal attaquable par l'acide sulfurique, la réaction qui se produit est la suivante. Le radical $SO^4$, mis en liberté au contact du cuivre, dissout celui-ci à mesure qu'il se produit en redonnant du sulfate de cuivre ($SO^4Cu$). Il n'y a donc cette fois aucun dégagement gazeux, ainsi que le montre l'expérience, et tout se passe uniquement comme si une partie du métal (cuivre) était transportée d'une électrode à l'autre dans le sens du passage du courant. L'électrode positive porte alors le nom d'Électrode *soluble*. Cette propriété est utilisée en *Galvanoplastie;* elle en est le principe.

Il peut arriver encore que tout en n'étant pas attaquable par les produits de la décomposition, une des électrodes soit susceptible d'emmaganiser un des produits de la décomposition. C'est ce qui se passe dans l'électrolyse de l'acide sulfurique étendu entre des électrodes de palladium. Ce métal dissout 900 fois son volume d'hydrogène pour donner d'abord un composé défini ($Pd^2H$), puis une véritable dissolution. Graham, en 1864, a, pour la première fois, mis cette propriété en lumière, en vernissant une des faces de l'électrode. L'absorption ne pouvant se faire que par la face non vernie, et le métal augmentant considérablement de volume, de ce côté, on voit l'électrode s'incurver et même s'enrouler sur elle-même, la face vernie étant à l'intérieur.

C'est aussi, par suite de réactions secondaires que le sulfate de protoxyde de fer, qui est vert, jaunit à l'électrode positive quand on l'électrolyse; il se transforme sous l'influence de l'oxygène en sulfate ferrique, qui est jaune.

Au contraire ce dernier, dans l'électrolyse, donnerait à l'électrode négative du sulfate ferreux vert provenant de la réduction du sulfate ferrique par le fer qui s'est déposé.

C'est encore en vertu de réactions analogues que certains métaux se déposent à l'électrode négative, non à l'état de métal, mais à l'état d'oxydes, comme le plomb et le manganèse *sous l'influence de courants faibles, alors que les courants intenses les déposent à l'état métallique.*

Signalons enfin une réaction secondaire très importante qui se produit dans l'électrolyse des sels alcalins. Introduisons dans un tube en U (*fig.* 274) une dissolution de sulfate de potassium (sel de potassium, de sodium) coloré avec un peu de teinture de violette. Quand le courant est amené dans les deux branches du tube, on voit dans la branche correspondant à l'électrode positive A le sirop rougir indiquant la formation d'un acide avec un dégagement d'oxygène. La branche correspondant à l'électrode négative B verdit d'autre part avec dégagement d'hydrogène, indiquant la mise en liberté d'un alcali. Il semble donc que le sulfate de potassium se soit scindé en acide sulfurique d'une part, potasse de l'autre, et que tout se réduise à une décomposition de l'eau qui sert de véhicule.

La formation de l'acide à l'électrode positive, ainsi que le dégagement d'oxygène, s'expliquent aisément comme précédemment. La présence de la base s'explique aussi simplement, si l'on remarque que les métaux alcalins décomposent l'eau à froid en donnant un alcali et un dégagement du gaz hydrogène de l'eau.

Le métal s'est donc bien déposé à l'électrode négative, mais ne pouvant exister au contact de l'eau, il a réagi immédiatement en donnant de la potasse et le dégagement d'hydrogène observé. Aussi, en employant une électrode de mercure, peut-on arriver a recueillir le potassium qui se dissout dans le mercure au moins en grande partie à mesure de sa formation et est ainsi soustrait à l'action de l'eau.

Les exemples de décompositions secondaires analogues sont pour ainsi dire en nombre infini. Nous n'avons voulu signaler que les plus importants, soit au point de vue historique, soit en ce qu'ils servent de type à toute une classe de réactions.

Nous venons d'indiquer ce que l'on pourrait nommer les lois qualitatives de l'électrolyse, il nous reste à voir comment Faraday a

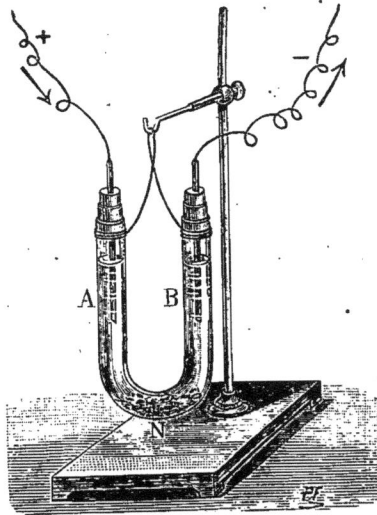

Fig. 274. — Électrolyse du sulfate de potasse ($So^4K$). On voit en N des morceaux de sulfate de potasse.

pu arriver à l'énoncé des lois régissant les proportions d'électrolytes décomposées en un même temps par les divers courants.

Les seuls appareils nécessaires pour cette étude et dont Faraday ait fait usage, sont l'appareil que nous avons décrit pour l'électrolyse des sels fondus, et un voltamètre V (*fig.* 275) muni de clochettes graduées nécessaires à la mesure des gaz.

La première loi expérimentale, énoncée par Faraday est la suivante :

*Dans un temps donné, un courant déterminé met toujours une même quantité d'hydrogène en liberté*, et pour le démontrer Faraday introduisait dans un circuit plusieurs voltamètres semblables ou non, que le courant traversait successivement. Ces voltamètres contenaient de l'acide sulfurique étendu, et les quantités d'hydrogène mises en liberté dans les divers voltamètres au bout d'un même temps étaient trouvées égales quelles que soient les dimensions des voltamètres.

Dans les expériences de cette nature qui exigent beaucoup de

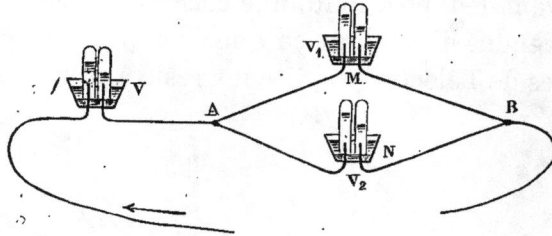

Fig. 275. — Voltamètres en circuits dérivés.

précautions, il est utile d'éviter toute cause d'erreur, soit par suite de réactions secondaires, soit par occlusion des gaz qui se dégagent dans les électrodes. M. Mascart a montré qu'il était préférable d'é-

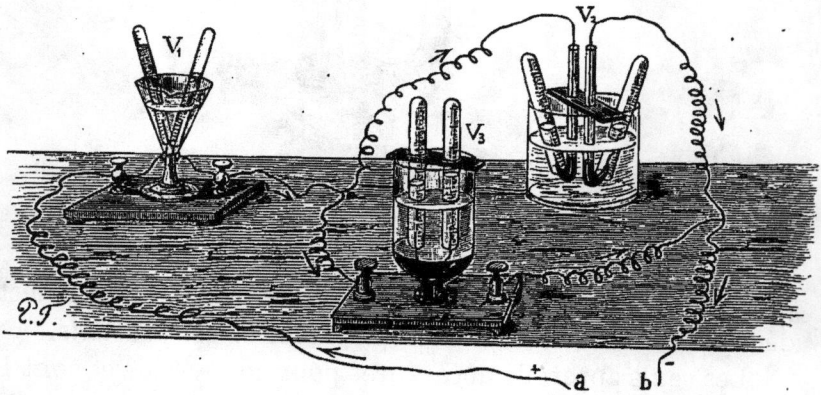

Fig. 276. — Le volume d'hydrogène dégagé dans le Voltamètre $V_1$ placé sur le circuit principal est égal à la somme des volumes d'hydrogène dégagés dans les Voltamètres $V_2$, $V_3$ placés sur les circuits dérivés.

lectrolyser une solution très étendue d'acide phosphorique en prenant comme électrodes des fils de platine recouverts par des tubes de verre, sauf à leur extrémité. On évite ainsi les réactions secondaires qui se produisent dans l'électrolyse de l'acide sulfurique (eau oxygénée, ozone, acide persulferrique) et on réduit au minimum la perte de gaz par occlusion dans les électrodes de platine.

Une autre loi quantitative peut se déduire encore de la considération des phénomènes d'électrolyse.

Prenons, comme Faraday, trois voltamètres identiques, et nous appellerons voltamètres identiques des voltamètres qui, intercalés successivement dans un même circuit, produisent en un même temps, si on les remplit d'un même électrolyte, une même quantité d'hydrogène.

Prenons donc trois voltamètres identiques et plaçons-les sur un circuit (*fig.* 275), qui se divise à partir d'un point A en deux autres A M B, A N B identiques entre eux et que l'on nomme circuits dérivés.

Plaçons les voltamètres l'un en V sur le circuit principal les autres en $V_1$ et $V_2$ sur les circuits dérivés.

Le courant primitif donnera naissance à deux courants que nous nommerons courants dérivés et qui, par raison de symétrie, ont une intensité égale, et par suite moitié de l'intensité du courant total.

Or on vérifie qu'ils dégagent à l'intérieur des voltamètres $V_1$ et V des quantités égales de gaz hydrogène, et égales à la moitié de celle dégagée dans le voltamètre principal V.

De même si nous établissions au lieu de deux, trois, quatre, etc., dérivations identiques, chacun des voltamètres dérivés indiquerait une quantité d'hydrogène égale au 1/3 au 1/4 et de la quantité d'hydrogène du voltamètre principal.

Si les voltamètres n'étaient pas identiques, on verrait encore que la somme des quantités d'hydrogène dégagées en $V_2$ et $V_3$ est égale à celle dégagée dans le voltamètre $V_1$ (*fig.* 276.)

Nous avons donc ainsi le moyen de comparer entre eux divers courants, par l'action décomposante qu'ils exercent sur un même électrolyte, et il est évident que nous pouvons dire qu'un courant est deux, trois fois plus intense qu'un autre, lorsqu'il mettra dans un même temps en liberté un poids d'hydrogène double, triple, etc., que cet autre; *nous pouvons donc mesurer les intensités des courants par des nombres proportionnels aux poids d'hydrogène qu'ils mettent en liberté dans un même temps*; et, si nous définissons l'intensité d'un courant au moyen du voltamètre, ce que nous pouvons toujours faire en disant que *l'unité d'intensité de courant serait celle d'un courant qui en une seconde mettrait en liberté* 1 *gramme d'hydrogène,* nous voyons que les nombres qui mesurent les poids d'hydrogène mis en liberté mesurent aussi l'intensité des courants.

L'expérience montre d'ailleurs que cette définition de l'intensité s'accorde parfaitement à un facteur constant près (¹) avec la définition qu'on en donne le plus généralement et qui est fondée sur la considération des phénomènes électro-magnétiques.

L'électrolyse des acides dissous dans l'eau vient donc de nous fournir une relation entre l'intensité du courant et la quantité d'hydrogène mis en liberté.

Faraday a immédiatement étendu ses recherches aux sels fondus, et s'est proposé de chercher s'il y avait une relation entre l'intensité du courant et le poids de métal mis en liberté.

Le procédé expérimental est le suivant:

Sur un circuit on place d'abord un voltamètre V (*fig:* 272) contenant, par exemple, de l'acide phosphorique très étendu, puis un tube *a b* tel que celui qui a été déjà décrit pour l'électrolyse des sels fondus contenant un sel maintenu en fusion au moyen d'une lampe à alcool. Le courant passant simultanément dans les deux électrolytes, il y a mise en liberté d'hydrogène en V, de métal en *a*.

Le volume d'hydrogène donne de suite son poids P, qui est proportionnel à l'intensité du courant, et l'on mesure directement, on pèse le poids P' du métal déposé en *a*.

L'expérience montre que le rapport $\frac{P'}{P}$ reste invariable pour un même métal, quelle que soit l'intensité du courant qui passe, et si l'on évalue ce rapport, on le trouve précisément égal à l'équivalent du corps fixé par des considérations chimiques (Voir le tableau des Équivalents dans la note, p. 439).

Ce fait qu'un courant qui met en liberté P grammes d'hydrogène, met nécessairement P' grammes d'un métal déterminé, a amené Faraday à donner à ces rapports $\frac{P'}{P}$ le nom d'*équivalents*

---

1. D'après les recherches les plus récentes de M. Mascart, un courant de 1 ampère met en liberté en une seconde 0ᵍʳ,000 010 415 d'hydrogène, soit 1/96600 de gramme. Il faut donc 96 600 ampères pour mettre en 1 seconde 1 gramme d'hydrogène en liberté.

*électro-chimiques*, car ils représentent bien le poids de métal qui, dans les conditions de l'expérience correspond à 1 gramme d'hydrogène ([1]).

Nous venons de voir que ces équivalents électro-chimiques étaient identiques aux équivalents chimiques des corps, on peut donc énoncer la loi de Faraday comme suit :

*Lorsque l'on électrolyse plusieurs sels, fondus ou dissous au moyen d'un même courant, les poids des métaux mis en liberté en un même temps sont proportionnels à leurs équivalents chimiques.*

La loi de Faraday ainsi énoncée présente une ambiguïté dans certains cas.

L'expérience montre, en effet, que si l'on électrolyse deux sels d'un même métal avec un même acide, par exemple du chlorure cuivreux (Cu Cl) et du chlorure cuivrique (Cu Cl²), les poids du cuivre qui se déposent en un même temps à l'électrode négative sont entre eux comme 1 est à 2.

M. Ed. Becquerel, a montré que pour un équivalent d'hydrogène mis en liberté dans un voltamètre à eau acidulée, il y a toujours un équivalent de chlore ou d'acide mis en liberté au pôle positif d'un voltamètre renfermant un chlorure de cuivre.

On peut donc dire brièvement que *c'est le métalloïde qui fait la loi.*

Cette règle présente cependant quelques exceptions et il ressort notamment des recherches de M. Wiedemann, que pour les phosphates de soude *c'est le métal qui fait la loi.*

Enfin Matteucci en électrolysant des mélanges de sels a montré que, suivant les cas, un seul des sels était décomposé ou bien tous les sels du mélange laissaient déposer à l'électrode négative un mélange des métaux qu'ils contiennent.

Mais alors il ne se dépose qu'une fraction d'équivalent de chacun des métaux pendant qu'il se dégage un équivalent d'hydrogène dans un voltamètre à eau acidulée placé sur le même circuit, et

---

1. Il s'ensuit que si l'on évalue les intensités de courant en ampères, le poids d'un métal quelconque mis en liberté par un courant de 1 ampère sera $1/96\,600$ E, E représentant son équivalent chimique.

Matteucci *a vérifié que la somme de ces fractions était égale à l'unité.*

L'électrolyse des sels se complique parfois d'un phénomène spécial connu sous le nom de *phénomène du transport des ions.*

Prenons un voltamètre de grandes dimensions, dont les électrodes en platine soient à une assez grande distance l'une de l'autre pour que l'on puisse aisément les séparer par une cloison poreuse, par exemple. Si dans ce voltamètre on électrolyse du sulfate de potasse, et que la cloison divise le voltamètre en deux parties égales, on constate, en faisant l'analyse des deux portions, qu'il manque 1/2 équivalent d'électrolyte de chaque côté et qu'il y a en revanche un équivalent d'acide sulfurique ($SO^4 H^2$) mis en liberté à l'électrode positive, un équivalent de potasse au pôle négatif. C'est le cas normal de l'électrolyse.

Pour certains autres sels, tels que le chlorure de calcium, par exemple, on constate, au contraire, que, pendant le passage du courant, outre que l'électrolyte est décomposé, la concentration de la liqueur augmente autour de l'électrode négative, diminue autour de l'électrode positive; tout se passe comme s'il se produisait, en dehors du phénomène de l'électrolyse, un transport du sel dissous d'un pôle à l'autre dans le sens du courant.

Il est à remarquer que ce phénomène ne se produit jamais dans le cas des sels fondus.

Deux explications ont été données de ce phénomène. Hittorf suppose que les ions se déplacent à travers l'électrolyte avec des vitesses différentes, mais cette hypothèse n'est guère admissible.

Une autre hypothèse consiste à supposer que la molécule électrolytique d'un corps diffère de sa molécule chimique, et en est, par exemple, un multiple, un polymère ([1]). Dans ce cas, si la molécule chimique est M A, et la molécule électrolytique $M^n A^n$, par exemple, on peut supposer qu'elle s'électrolyse d'après le symbole

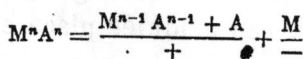

$$M^n A^n = \frac{M^{n-1} A^{n-1} + A}{+} + \frac{M}{-}$$

Ce qui équivaut au transport de $(n-1)$ molécules chimiques du

[1]. Du grec πολυς (polus) : *nombreux*, et μερος (méros) : *parties.*

sel au pôle positif en même temps qu'une molécule d'électrolyte est décomposée.

Pour les sels qui ne donnent pas lieu au phénomène de transport, la molécule chimique et la molécule électrolytique seraient identiques.

Cherchons maintenant ce qui se passe dans les piles?

Faraday, en opérant sur un couple voltaïque, avait observé qu'un équivalent de zinc se dissout dans le couple alors qu'un équivalent d'hydrogène est mis en liberté dans un voltamètre.

Daniell a démontré le même fait d'une manière un peu différente.

Il prenait une pile électrique disposée de manière qu'il soit possible de recueillir au moyen d'éprouvettes l'hydrogène qui se dégage sur la lame de cuivre sous l'action du courant; il mettait en communication cette pile avec un voltamètre contenant de l'acide sulfurique étendu. On faisait passer le courant pendant quelque temps et on constatait que la quantité d'hydrogène dégagé était la même dans chacun des deux éléments de pile et dans le voltamètre.

On peut donc énoncer ces résultats de la manière suivante :

1° Le poids de zinc dissous par élément de pile et le poids d'Hydrogène mis en liberté dans le voltamètre sont entre eux dans le rapport de leurs poids équivalents;

2° La quantité d'eau décomposée dans chaque élément de pile et dans le voltamètre est la même.

D'ailleurs dans la pile comme dans le voltamètre, l'hydrogène se dépose sur l'*électrode de sortie* du courant; il est à remarquer; en effet, que si dans le circuit extérieur le courant va de l'électrode positive à l'électrode négative, il va dans la pile du pôle négatif au pôle positif. Ce pôle est, par suite, *pour la pile*, l'électrode de sortie.

Toutes les décompositions chimiques exigeant une certaine quantité d'Énergie pour se produire, et la seule source d'Énergie étant la pile, on est conduit à penser que l'Énergie absorbée par les décompositions est entièrement produite par la pile.

On doit à Favre une élégante démonstration expérimentale de ce fait.

Favre emploie le calorimètre qui porte son nom et pour ces expériences y introduit deux moufles.

On met dans le premier moufle un couple voltaïque (zinc, eau acidulée, cuivre), et on mesure au moyen du calorimètre la chaleur cédée par le couple en activité.

Dans le second moufle on place un conducteur qui s'échauffe par le passage du courant, et cède également sa chaleur au calorimètre. Ce conducteur s'échauffe plus ou moins suivant ses dimensions.

On fait pour chaque résistance trois lectures calorimétriques :

1re LECTURE. — La pile étant dans le calorimètre, la résistance est à l'extérieur. Soit $Q_1$ la quantité de chaleur dégagée.

2e LECTURE. — La résistance est à l'intérieur du calorimètre, la pile étant à l'extérieur. Soit $Q_2$ cette quantité de chaleur.

3e LECTURE. — La pile et la résistance sont toutes deux dans le calorimètre. Soit Q la quantité de chaleur dégagée. On trouve toujours

$$Q = Q_1 + Q_2.$$

En faisant des observations avec des conducteurs divers et une même pile, on observe que Q reste sensiblement constant; c'est dire que la chaleur $Q_1$ augmente quand $Q_2$ diminue, et réciproquement Q correspond à la chaleur dégagée par les actions chimiques dont la pile est le siège.

On peut démontrer en employant des dispositifs identiques que la chaleur nécessaire aux décompositions chimiques est empruntée à la pile. Il suffit pour cela de mettre un certain nombre de couples dans un des moufles, un voltamètre dans l'autre et de les relier.

On trouve pour la somme des quantités de chaleur dégagées par l'ensemble du système des piles et du voltamètre un nombre inférieur à celui qu'on trouverait pour les piles, le voltamètre étant supprimé et remplacé par un conducteur équivalent.

La différence est précisément la quantité de chaleur exigée par la décomposition électrolytique dont le voltamètre est le siège.

Il nous reste à indiquer un dernier phénomène. Lorsque le courant d'une pile passe à travers un électrolyte, le métal est entraîné vers l'électrode négative, le radical acide vers l'électrode positive, et chacun d'eux s'accumule sur l'électrode ou dans son voisinage immédiat. L'expérience (*fig.* 277) montre que si l'on vient à remplacer la pile P à ce moment par un galvanomètre G ou tout autre instrument susceptible d'accuser la présence d'un courant électrique, on voit l'aiguille du galvanomètre dévier, indiquant la production d'un courant électrique de sens contraire au courant primitif.

En même temps on voit les éléments de la décomposition se recombiner, et le courant persiste tant que les électrodes restent en contact avec une portion quelconque des ions.

On dit que les électrodes modifiées par l'action du courant primitif sont *polarisées*, et la force électromotrice, l'énergie, qui ré-

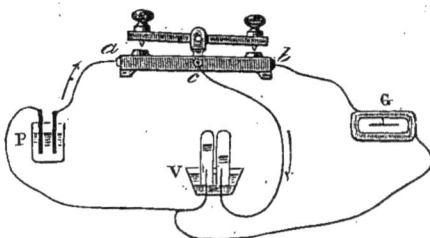

Fig. 277. — Expérience montrant la polarisation des Électrodes.

sulte de la polarisation des électrodes prend le nom de *force électromotrice de polarisation*.

Cette force électromotrice tend à produire un courant de sens inverse à celui du courant primitif; elle aura donc pour effet de diminuer l'intensité du courant primitif. C'est bien ce qui se produit. On observe, en effet, que si l'on met une pile électrique en communication avec un galvanomètre très résistant, c'est-à-dire ayant un cadre formé d'un fil long et fin et un voltamètre, l'intensité du courant décroît peu à peu jusqu'au moment où il atteint une valeur minimum constante. C'est le moment où la force électromotrice de polarisation a atteint sa valeur maxima.

L'expérience indique, que si l'on intervertit le sens du courant primitif, en laissant toutes choses dans le même état, la force électromotrice de polarisation change de sens, mais non de grandeur, tandis qu'un changement dans la nature des électrodes ou dans leurs dimensions change la valeur même de cette force électromotrice.

En outre, pour un élément déterminé, la polarisation reste la même quand la surface de la catode et l'intensité du courant varient dans le même rapport. On a donc avantage, au point de vue

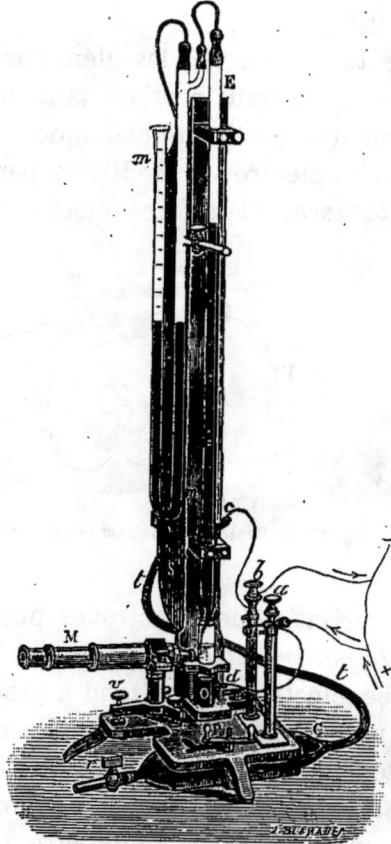

Fig. 278. — Électromètre capillaire de M. Lippmann.

de la polarisation, à diminuer la densité du courant, c'est-à-dire l'intensité du courant par unité de surface des électrodes.

M. Lippmann a fait une application curieuse et intéressante de la *Polarisation des Électrodes*.

Dans l'eau acidulée (par de l'acide sulfurique) qui flotte sur le mercure (*fig.* 278) renfermé dans un vase O, plonge l'extrémité très effilée d'un tube vertical E qui renferme du mercure. Ce mercure est limité à sa partie inférieure par une surface sphérique (un ménisque) qui maintient le liquide dans le tube à la façon d'une véritable membrane.

Si on met en relation les deux mercures par des fils $d\,a$ et $c\,b$ avec deux points d'un circuit parcouru par un courant, les électrodes qui sont ici les deux mercures se polarisent et aussitôt le mercure s'élève dans le tube E; un microscope M permet d'observer la disparition du ménisque. Pour ramener le ménisque à la place qu'il occupait tout d'abord il faut comprimer de l'air sur le mercure dans le tube E. La plus petite différence de potentiel entre deux points d'attache des fils $d\,a$ et $c\,b$ est ainsi nettement accusée, aussi l'appareil de M. Lippmann, appelé *Électromètre capillaire*, est-il très employé dans les mesures électriques.

Déjà nous avons vu à propos du *Motographe* d'Edison comment la polarisation de deux électrodes mobiles l'une sur l'autre modifie le frottement qui s'exerce entre les deux surfaces.

Signalons enfin l'influence exercée par la lumière sur cette polarisation. Si on prend comme électrode une lame d'argent recouverte de sulfure d'argent et qu'on l'éclaire périodiquement, le courant varie de même périodiquement et met par suite en action un Téléphone placé dans le courant. C'est là le principe du *Radiophone électro-chimique* de MM. Mercadier et Chaperon.

Il est à remarquer que l'on n'a pas de polarisation en électrolysant un sel entre deux électrodes de même métal, par exemple un sel de cuivre entre deux électrodes de cuivre. Dans une telle électrolyse tout revient à un transport de métal d'une électrode sur l'autre. L'Électrolyse, en effet, n'introduit aucune dissymétrie, aucune différence, entre les deux électrodes.

Ce fait est vérifié par l'expérience, du moins tant que le courant principal n'est pas trop intense.

Le phénomène de la *Polarisation des Électrodes* permet de construire de véritables piles appelées *piles secondaires*, et qui ont puisé leur Énergie aux piles qui ont déterminé l'électrolyse, celles-ci étant les *piles primaires*.

Il existe de nombreux types de *piles secondaires*. Nous ne signalerons pour le moment que la pile à gaz de Grove :

Elle consiste uniquement en une série de vases dans lesquels plongent des éprouvettes de verre dont une lame de platine occupe toute la hauteur. Les vases et les éprouvettes étant pleines d'acide sulfurique étendu et mis en communication avec une pile, chacun de ces appareils fonctionne comme un voltamètre.

Quand les éprouvettes sont pleines de gaz, on supprime la communication avec la pile et on a ainsi autant de couples secondaires prêts à fonctionner, et que l'on peut employer en les associant soit en série, soit en quantité, comme des piles ordinaires.

Les applications courantes des lois de l'Électrolyse sont très nombreuses, elles peuvent se diviser en deux catégories.

Dans la première se rangent divers appareils de mesure ou divers procédés de dosage des substances contenues dans une dissolution, basés sur les lois de Faraday.

Dans la seconde, nous trouvons d'importantes applications industrielles : Désinfection des alcools mauvais goût, purification ou isolement de divers corps (cuivre, aluminium, fluor), galvanoplastie, dorure, argenture, etc.

Enfin la connaissance des courants secondaires a permis la construction de divers appareils qui, sous le nom commun d'*accumulateurs*, sont de véritables piles secondaires couramment employées dans l'Industrie.

Nous allons passer en revue ces diverses applications en ce qu'elles ont de plus intéressant.

Le seul compteur électro-chimique d'intensité qui soit un peu pratique est le *compteur d'Edison*. Encore comporte-t-il des manœuvres délicates si l'on veut éviter toute erreur.

Il se compose essentiellement de deux voltamètres à zinc identiques montés sur des résistances en cuivre installées dans le circuit, et réglées de façon à ne laisser passer qu'une fraction très petite du courant total : $\frac{1}{100}$ ou $\frac{1}{1000}$ pour n'avoir pas à peser de trop lourds dépôts. On relève les voltamètres tous les quinze jours et tous les mois, l'un servant de contrôle à l'autre. La lame de zinc qui forme l'électrode négative est alors lavée d'abord à l'eau, puis à l'alcool, pour éviter toute oxydation, séchée et pesée. Une lampe à incandescence placée dans l'intérieur de la boîte, renfermant les voltamètres, se trouve intercalée dans le circuit dès que la tempé-

rature s'abaisse au dessous d'une certaine limite; elle a pour objet
d'échauffer la boite entière et d'empêcher le liquide de geler dans
les voltamètres.

Un autre compteur également dû à Edison est basé exactement
sur le même principe. Ici les deux voltamètres sont suspendus au
fléau d'une balance et montés de telle sorte que, lorsque l'un d'eux
reçoit un dépôt de l'électrolyte, l'autre, au contraire, perd du poids.
Autrement dit, lorsque l'une des lames de zinc forme l'électrode
négative dans un des voltamètres, l'autre forme l'électrode positive
dans l'autre voltamètre. La balance est en outre tarée pour osciller
lorsqu'il y a entre les deux zinc une différence de poids déterminée (1 gramme, par exemple). Le mouvement d'oscillation du
fléau fait à la fois avancer d'une division l'aiguille d'un compteur,
et, d'autre part, intervertit le courant à l'intérieur des voltamètres,
en sorte que celui qui perdait du poids en gagne et réciproquement.
Ce compteur peut donc manœuvrer indéfiniment.

Quoique très ingénieux, cet appareil n'est jamais entré dans le
domaine de la pratique.

Les propriétés électrolytiques des courants permettent encore
de séparer et même de doser certains métaux dans leurs solutions
salines. On se base, à cet effet, sur ce que certains métaux ne sont
précipitables par électrolyse que s'ils sont en solution fortement
acide : or, platine, mercure, argent, arsenic, etc., tandis que
d'autres ne se peuvent déposer qu'en solution neutre ou même
alcaline : cadmium, zinc, cobalt, nickel, fer. Enfin d'autres métaux
se déposent à l'électrode négative sous forme de bioxyde : plomb,
manganèse, etc.

Dans les laboratoires où l'on fait beaucoup d'analyse électrolytique, on emploie de préférence comme générateurs de courant des
machines dynamos, que nous étudierons dans la suite, à courants
continus, susceptibles de déposer environ 1 gramme de cuivre en
quatre heures.

Les divers métaux se précipitent successivement au sein d'une
même liqueur dans l'ordre de leurs affinités.

Les appareils employés dans l'analyse électrolytique quantitative
étant fort nombreux et variés, nous nous contenterons de décrire
l'un des plus employés. Il se compose essentiellement d'un creuset

en platine, mis en communication avec l'un des pôles d'une pile, à l'intérieur duquel on peut descendre un cône renversé également en platine que l'on met en communication avec l'autre pôle.

C'est toujours sur ce cône que doit se faire le dépôt métallique. Un entonnoir en verre, renversé, recouvre tout le système, et empêche l'entraînement de gouttelettes liquides par les gaz qui se dégagent.

Enfin, on peut chauffer tout l'appareil au bain-marie ou au bain de sable.

Pour faire une opération on lave le cône, on le jette à l'étuve et on le pèse, puis on commence l'électrolyse que l'on poursuit jusqu'à complète décomposition de l'électrolyte.

Le cône est alors retiré, lavé à l'eau puis à l'alcool, séché et repesé. La différence de ce poids et du poids primitif donne le poids de métal déposé.

Ce mode d'analyse a pris depuis quelques années une grande importance ; on a pu l'appliquer avec succès à la séparation de métaux tels que le fer, le zinc, le nickel, d'avec le cuivre, et au dosage de ces métaux pris isolément.

La durée d'une précipitation complète est souvent de plusieurs heures ; on met en moyenne de $0^{gr},1$ à $0^{gr},2$ de métal en liberté par heure.

Les applications industrielles sont de beaucoup les plus nombreuses.

Les alcools de l'industrie sont souvent souillés de proportions variables d'aldéhyde, qui leur donnent un goût brûlant et une odeur désagréable ; on les débarrasse aisément de cet inconvénient en les soumettant à l'action d'un couple voltaïque, le couple zinc-cuivre.

Sous l'influence de ce couple que l'on obtient aisément en baignant quelques secondes des lames de zinc dans une solution de sulfate de cuivre étendu, l'eau qui accompagne toujours l'alcool est décomposée, et l'aldéhyde, fixant l'hydrogène naissant, se transforme intégralement en alcool qu'il ne reste plus qu'à rectifier ; alors qu'une rectification n'aurait produit aucun résultat avant le traitement chimique.

On a pu, de même par électrolyse, procéder aisément au blanchiment rapide des tissus : ici il semble, au contraire, que l'on ait affaire à un phénomène d'oxydation.

L'affinage des métaux par l'électrolyse présente l'avantage de précipiter à l'état insoluble les plus petites traces du métal précieux (or, argent).

Le procédé à employer est parfaitement général, quel que soit le métal qu'il s'agit d'affiner. On électrolyse un sel approprié du métal, en employant comme anode le métal impur qu'il s'agit de purifier. Le métal pur va se déposer à la catode, alors que les impuretés tombent au fond du bain où elles forment une sorte de boue que l'on peut recueillir.

Dans ces diverses questions, il importe d'agir avec des courants dont la *densité* (¹) soit bien déterminée.

C'est ainsi que pour affiner le cuivre, on électrolysera du sulfate de cuivre entre deux électrodes en cuivre (²). Le cuivre précipité est ensuite fondu.

Pour le plomb, on électrolyse une dissolution de sulfate de plomb dans l'acétate de soude, en prenant soin de faire tomber à mesure le plomb qui se dépose au fond du bain où on le recueille.

Enfin, en électrolysant un alliage d'or et d'argent, où le cuivre pris comme anode avec du sulfate de cuivre comme électrolyte et des lames de cuivre comme catodes, on dissout l'argent et le cuivre et l'or tombe au fond du bain. Pour le pouvoir recueillir plus facilement, on installe l'anode dans de l'acide sulfurique étendu contenu dans un vase poreux qui plonge au milieu du bain.

On peut, par un procédé analogue, recueillir l'étain de vieilles plaques de fer-blanc.

Les propriétés électrolytiques des courants ont, d'autre part, été mises à profit pour préparer de toutes pièces divers corps simples.

En 1886, M. Moissan, professeur de chimie à l'École supérieure de pharmacie, est parvenu à électrolyser l'acide fluorhydrique sec, préparé par la méthode de M. Fremy et rendu conducteur par une petite quantité de fluorhydrate de fluor de potassium également

---

1. La densité d'un courant est le rapport de l'intensité de ce courant à la surface de l'électrode.
2. On ne doit pas dépasser une intensité de 1 ampère par décimètre carré de catode. L'unité pratique d'intensité d'un courant se nomme « ampère ».

sec. Il se dégage dans ces conditions de l'hydrogène à l'électrode négative, du fluor à l'électrode positive.

L'acide est renfermé dans un tube en U (*fig*. 279) en platine dont chacune des branches est munie de tubes latéraux *t t* servant au dégagement des gaz. Chacune de ces branches est fermée par un bouchon (*fig*. 280) en fluorine (fluorure de calcium) qui laisse passer une tige en platine iridié (contenant 10 p. 100 d'iridium) qui sert d'électrode. Le tube est maintenu à l'intérieur d'un récipient V où l'on fait évaporer du chlorure de méthyle, ce qui le porte à une température de 20° environ au-dessous de zéro.

M. Moissan a pu, de cette façon, obtenir à l'électrode négative un dégagement régulier d'hydrogène entraînant un peu d'acide fluorhydrique, à l'électrode positive un dégagement régulier de fluor. Il faut bien se garder de laisser le niveau du liquide baisser au-dessous de la branche horizontale du tube en U. Les éléments de l'acide fluorhydrique se recombineraient avec explosion. Vingt piles Bunsen suffisent à la décomposition.

Un autre corps simple se prépare aujourd'hui en grande quantité par l'électrolyse. C'est l'aluminium. Ce métal dont la préparation par les procédés chimiques est d'un prix de revient fort élevé, a été l'objet de nombreuses recherches en vue de l'obtenir par électrolyse directe de ses minerais.

Sans parler du procédé de préparation des bronzes d'aluminium dans l'arc voltaïque par action d'un courant sur un mélange de cuivre de corindon (alumine) et de charbon (ce procédé tient plutôt des propriétés calorifiques que des actions chimiques des courants); deux procédés basés sur des principes très différents sont actuellement usités dans l'industrie pour préparer l'aluminium.

Le procédé Minet consiste essentiellement à électrolyser la cryolithe (fluorure double d'aluminium et de sodium), maintenue en fusion ignée. Ce composé de l'aluminium est tout indiqué pour une opération de ce genre. C'est un minerai naturel d'aluminium d'une préparation facile au surplus et facilement fusible.

L'opération se fait dans une cuve en fer, munie à sa partie inférieure d'une sorte de vaste coupelle en charbon, et dans laquelle on maintient en fusion un mélange à proportions définies de cryolithe et de chlorure de sodium. Deux électrodes amènent le courant dans le bain, et pour éviter l'attaque de la cuve par les produits de la décomposition, on la met en dérivation sur l'électrode négative.

Il est indispensable, pour que l'opération marche avec régularité, que la fluidité du bain et sa teneur en aluminium soient constantes. On réalise cette dernière condition en ajoutant successivement du fluorure d'aluminium dans le bain. Les produits de la décomposition, qui se dégagent à l'électrode positive, sont recueillis dans de la bauxite ([1]), et régénèrent ainsi les 6/10 de l'électrolyte décomposé ([2]).

Le procédé Héroux, pour l'exploitation duquel s'est montée une importante usine à Forges, permet d'obtenir le métal par électrolyse directe de l'alumine, un de ses minerais les plus usuels. L'alumine, une fois la réaction amorcée, est maintenue en fusion par la chaleur que développe le passage du courant.

On emploie un four en terre réfractaire, sorte de cubilot dont la paroi inférieure est traversée par une forte plaque en charbon aggloméré qui constitue l'électrode négative. Un fort cylindre de charbon constitue l'électrode positive. La sole du four est légèrement inclinée et présente une ouverture que l'on maintient bouchée avec un tampon d'argile pendant l'opération, et qui sert à l'écoulement du métal en fusion. Enfin le four est muni d'un couvercle qui laisse passer l'électrode positive et porte un orifice pour permettre aux gaz de se dégager.

Les électrodes étant mises en place, l'appareil est chargé avec de l'alumine pure préparée à partir de la bauxite, puis pour amorcer la réaction, on verse dans le creuset une certaine quantité de cryolithe fondue. Le dépôt d'aluminium commence, l'alumine fond, et l'électrolyse se poursuit régulièrement. A l'électrode positive il se produit un dégagement d'oxyde de carbone provenant de l'attaque par l'oxygène qui se dégage sur l'électrode. Dans les cas où l'on veut préparer des alliages, bronzes ou ferro-aluminium, le métal à allier est déposé tout d'abord au fond du creuset ([3]).

1. Hydrate d'aluminium et de fer, qui a été ainsi appelé parce qu'il se trouve en dépôts considérables en Provence, aux environs de l'ancienne ville des Baux.
2. La réaction électrolytique exige une force électromotrice de 4 volts.
3. L'usine est actionnée par deux machines dynamos à courant continu et à excitatrice indépendante, pouvant fournir chacune 6000 ampères. Le procédé permet de déposer 16 grammes du métal par ampère-heure.

Une dernière application très importante des phénomènes d'électrolyse consiste à déposer à la surface d'objets, que l'on veut protéger ou orner, une couche du métal plus précieux ou moins altérable que celui dont est formé l'objet lui-même.

Fig. 279. — Électrolyse de l'acide fluorhydrique (HFl).
M. Moissan isolant le Fluor et le faisant agir sur un corps placé dans une petite éprouvette.

On peut également se proposer de reproduire en déposant le métal sur un moule (*fig.* 281) approprié, divers objets, statuettes, clichés d'imprimerie, gravures, etc.

Ce procédé de métallisation, appelé GALVANOPLASTIE ([1]), aurait été
connu des Égyptiens. Des coupes en terre cuite, des pointes de
lance en bois, trouvées dans les ruines de Thèbes et de Memphis,
présentent une couche de métal qui ne révèle aucune trace de
soudure ni de travail manuel. La formation cristalline et l'uniformité de cette couche de métal possèdent une telle analogie avec
les produits de la *Galvanoplastie* moderne, que des savants ont
admis la connaissance de cet art chez les Égyptiens. Les abondants
minerais de sulfate de cuivre de l'Afrique, qui donnent le vitriol de
Chypre où il suffit de plonger quelques temps un objet en fer pour

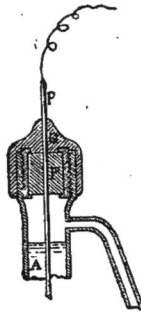

Fig. 280. — Détail du bouchon de l'appareil à préparer le Fluor.

A, Liquide à électrolyser. — F, Bouchon en fluorine. — P A, Électrode en platine iridié.
G, Revêtement en platine.

le cuivrer, ont pu mettre, en effet, les Égyptiens sur la voie de
cette découverte.

Quoi qu'il en soit l'art de la *Galvanoplastie* ne date pour nous
que de l'année 1837. Volta avait bien remarqué qu'en soumettant
une dissolution d'un sel métallique à l'influence de la pile qu'il
venait d'inventer, le métal se déposait au pôle négatif, et Brugna-
telli, professeur à l'Université de Pavie, élève et collègue de Volta,
avait bien obtenu au moyen de la pile des traces de dorure sur des
médailles d'argent, mais ce n'était là que des indications imparfaites.

Jacobi ([2]), professeur à l'Université de Dorpat (Russie), en exa-

1. Du nom du célèbre physicien *Galvani*, et du mot grec πλάσσω (plassô) : modeler.
2. Hermann Jacobi, né à Potsdam en 1790, mort à Saint-Pétersbourg en 1874 ; il se
rendit en 1818 à Saint-Pétersbourg, se fit naturaliser russe et fut nommé professeur de

minant une pile Daniell, remarqua sur le manchon de cuivre, qui plonge dans la dissolution de sulfate de cuivre et qui forme le pôle négatif de la pile, une lamelle de cuivre de faible épaisseur. Il la détacha et reconnut que la face interne de cette lamelle reproduisait fidèlement les plus petites irrégularités de la surface externe du manchon. Cette simple remarque faite par le physicien fut le point de départ de sa célèbre invention.

Une autre constatation due au hasard lui permit de prendre pour moule galvanoplastique une substance quelconque non conductrice. Ayant marqué d'un signe, avec un crayon de plomba-

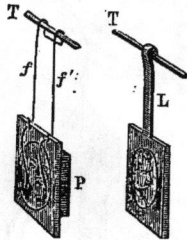

Fig. 281. — Moule pour galvanoplastie.

gine ('), un certain nombre de vases en terre poreuse destinés à l'établissement des piles Daniell, il s'aperçut, après usage de ces piles, que les signes faits avec le crayon étaient recouverts d'un dépôt de cuivre. On pouvait donc désormais rendre conducteur un moule de substance non conductrice en l'enduisant simplement d'une couche de plombagine.

Lorsqu'il s'agit uniquement de recouvrir un objet en métal d'une couche d'un autre métal, le procédé à employer est absolument uniforme quel que soit le métal à déposer. Seule la composi-

physique à Dorpat. Chargé en 1832 d'établir un télégraphe entre le palais d'hiver de Saint-Pétersbourg et le palais d'été de Tsarskoë-Selo, il découvrit, en plaçant sous terre des fils conducteurs dans des tubes de verre, qu'on peut fermer le courant avec la terre et éviter ainsi les doubles fils dans la construction des télégraphes. Après cette importante découverte, Jacobi inventa la *galvanoplastie* et fut nommé membre de l'Académie des Sciences de Saint-Pétersbourg. Il fut ensuite chargé de former un régiment modèle de télégraphistes: ces soldats, dont il était le capitaine, s'appelaient les *sapeurs galvaniques.*

1. Carbure de fer; vulgairement : mine de plomb.

tion du bain électrolytique est très variable et suivant le métal à
déposer et suivant les industriels.

Pour que le dépôt soit bien adhérent, il est indispensable que
les pièces soient absolument propres, aussi doit-on les dégraisser
soigneusement par des lavages au carbonate de soude, puis à l'eau,
et les décaper au moyen d'acide sulfurique ou azotique étendus,
pour enlever les petites quantités d'oxydes qui peuvent les recouvrir. Les pièces sont alors soigneusement rincées, séchées dans de
la sciure de bois chaude et passées à l'étuve.

La composition des bains (*fig.* 282) varie beaucoup.

Les dépôts de cuivre doivent se faire en solution fortement

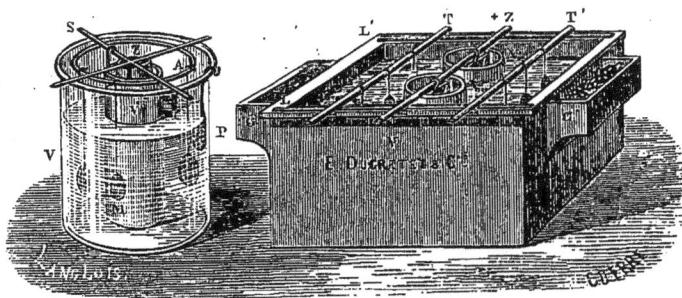

Fig. 282. — Cuves à bains pour galvanoplastie.

acide; on utilisera à cet effet une solution contenant environ
825 grammes de sulfate de cuivre pour 825 centigrammes d'acide
sulfurique à 66 degrés Baumé dans 10 litres d'eau. On se servira
d'une électrode positive en cuivre pur qui, en se dissolvant à mesure
que le cuivre se dépose à la catode, maintiendra constante la composition du bain ([1]).

Ce procédé exige pour les pièces en fer une préparation spéciale;
on les plonge dans l'huile chaude mélangée de poudre de cuivre,
puis on les sèche à l'étuve. C'est par ce procédé que l'on obtient les
revêtements de candélabres. Une autre formule permet de cuivrer
le fer sans préparation.

---

1. La densité du courant à employer devra être d'environ 2 ampères par décimètre
carré de catode.

| | |
|---|---|
| Eau de pluie. | 100 000 |
| Sulfate de cuivre | 2 500 |
| Acide oxalique | 5 300 |
| Ammoniaque | 5 000 |

On entretient la solution en y ajoutant de temps à autre une dissolution ammoniacale de cuivre. Dès qu'il s'est produit sur la pièce un premier dépôt, on achève par le procédé précédent.

Pour le nickelage on emploie généralement la solution de sulfate de nickel ammoniacal dans la proportion de 800 grammes environ pour 10 litres d'eau; et l'on se sert ici encore d'une électrode soluble en nickel.

Pour obtenir de bons résultats, on est obligé à plus de soins que

Fig. 283. — Argenture des couverts.

pour le cuivrage. Il faut, par exemple, placer les électrodes à une distance miminum de 10 centimètres et donner à la cuve une profondeur telle que les objets ne plongent qu'aux 2/3 environ : enfin, on ne doit introduire les objets dans les bains qu'après avoir fermé le circuit, et placer chaque pièce à nickeler entre deux anodes, faute de quoi une des faces serait recouverte d'un dépôt plus épais que l'autre.

Le zinc ne peut se nickeler sans avoir été préalablement recouvert d'une couche de cuivre.

Pour les bains d'argenture (fig. 283) et de dorure, on emploie des procédés analogues, seulement les précautions à prendre sont plus minutieuses encore. Les objets en cuivre seuls peuvent être dorés ou argentés directement, les objets en métaux autres que le cuivre devront toujours être recouverts d'abord d'une couche de ce dernier métal.

Les pièces bien décapées sont portées dans un bain de bisulfate de mercure, puis rincées et portées au bain qui doit être agité pendant toute l'opération pour que le dépôt soit uniforme.

A leur sortie du bain, les pièces sont lavées au cyanure de potassium, à l'eau bouillante, séchées à la sciure de bois et passées au brunissoir.

Ici encore on emploiera comme électrode soluble, une lame du métal que l'on veut déposer.

Voici la composition de divers bains d'argenture ou dorure :

### Argenture.

Cyanure d'argent. . . . . . . . . . . . . . . . . . . 250
Cyanure de potassium. . . . . . . . . . . . . . . 500
Eau distillée . . . . . . . . . . . . . . . . . . . . 10 000

### Dorure à froid.

Chlorure d'or. . . . . . . . . . . . . . . . . . . . 200
Eau. . . . . . . . . . . . . . . . . . . . . . . . . . 2 000
Cyanure de potassium. . . . . . . . . . . . . . . 200
Eau. . . . . . . . . . . . . . . . . . . . . . . . . . 8 000

Pour cette dernière recette, on doit faire dissoudre séparément le chlorure d'or et le cyanure de potassium, mélanger et faire bouillir une demi-heure environ.

Enfin on a parfois occasion de déposer du fer sur les planches en cuivre qui servent à l'impression. Cette opération se fait aisément en plongeant le cliché bien dégraissé dans un bain de carbonate d'ammoniaque au 1/6 en regard d'une anode en fer pur.

On préfère aujourd'hui nickeler les clichés.

Outre les revêtements métalliques, on peut se proposer d'effectuer des reproductions métalliques d'objets quelconques.

A cet effet, on prend avec de la gutta-percha un moulage en creux de la pièce à reproduire, excepté dans le cas des pièces en plâtre où on la prend avec de la gélatine contenant un peu de cire. Dans les deux cas on a un moule qui n'étant pas conducteur ne laisserait place à aucun dépôt. On les rend conducteur en les enduisant de plombagine au moyen d'une brosse douce, et on les suspend dans une solution de sulfate de cuivre acide, en prenant comme anode une lame de cuivre, ainsi qu'il a été dit plus haut. Ce procédé est surtout employé pour avoir les clichés destinés à reproduire les gravures sur bois ou sur métal. Quand le dépôt galvanique a une épaisseur suffisante, on le détache, et on coule derrière une certaine quantité d'alliage d'imprimerie, pour permettre le tirage sans déformation. C'est ainsi que l'on reproduit les clichés nécessaires au tirage des timbres-poste.

Les procédés électrolytiques permettent encore de reproduire aisément sur zinc une gravure quelconque. C'est l'opération connue sous le nom de Gillotage, du nom de son inventeur.

On fait une photographie de la gravure que l'on veut graver, et on détache la pellicule de gélatino-bromure après fixation du cliché. On prend alors une plaque de zinc enduite de bitume de Judée, et on la recouvre de la pellicule photographique, après quoi on expose le tout au soleil. Les parties claires du cliché laissant passer la lumière rendent en ces points le bitume insoluble. Après un temps d'exposition convenable, on enlève la pellicule, et on lave la plaque à l'essence de térébenthine. On a ainsi une reproduction sur zinc de la gravure avec telle réduction que l'on veut, puisque la photographie permet de réduire à volonté.

On traite alors la plaque à l'acide nitrique étendu qui respecte les parties bitumées et impressionnées, et dissout la plaque partout ailleurs. Les parties bitumées qui constituent l'image se détachent donc en relief et on peut tirer à l'encre d'imprimerie le cliché ainsi obtenu.

Dans toutes les applications industrielles de l'électrolyse on utilise aujourd'hui comme générateurs d'électricité les machines dynamos à courants continus, mus par la vapeur dans les grandes usines, par des moteurs à gaz dans les petites. Rarement on utilise les piles électriques dont on s'était servi presque exclusivement au début. On utilise en revanche assez volontiers les *Accumulateurs* que des machines chargent pendant la journée et qui fournissent ensuite, la nuit, avec une régularité absolue le courant nécessaire.

Les *Accumulateurs* sont basés sur l'emploi des courants secondaires et la pile à gaz de Grove, que nous avons décrite, peut être considérée comme le plus simple des accumulateurs.

MM. Planté et Faure ont donné aux Accumulateurs la forme qu'ils ont encore aujourd'hui, et sous laquelle ils sont le plus fréquemment employés.

Deux lames de plomb sont enroulées l'une autour de l'autre en spirale, maintenues à distance constante par des bandes de caoutchouc et reliées à deux bornes respectivement. Ce système, qui n'a pour objet que de présenter la plus grande surface sous le plus petit volume possible, est enfermé dans un vase contenant de l'acide sulfurique au 1/10 (*fig.* 284).

Faisons passer le courant. L'hydrogène va se dégager sur la lame négative et l'oxygène donnera sur la lame positive du bioxyde de plomb.

Interrompons le courant, nous constatons un courant secondaire assez intense, mais de peu de durée si le couple est neuf, car la couche de bioxyde de plomb formée est très faible.

À la longue, les lames des Accumulateurs deviennent poreuses et susceptibles par suite d'emmagasiner de très fortes proportions de gaz. Dans ces conditions, le courant secondaire de décharge présente une grande durée et une constance très remarquable presque jusqu'à la fin.

Pour éviter ce long stage, M. Planté fait immerger les lames de plomb pendant vingt-quatre heures dans l'acide azotique : après quoi il les soumet à l'action de l'électrolyse. Ce traitement répété pendant huit jours consécutifs met l'Accumulateur en état de fonctionner au bout de ce temps.

M. Faure dans le même but a imaginé de recouvrir les plaques d'une couche d'oxyde au lieu de les constituer aux dépens de la lame. De plus, pour diminuer le poids d'un élément, il remplace les lames par des grilles de plomb recouvertes d'une pâte de litharge et de minium à la fois douce et suffisamment poreuse.

Les éléments sont composés toujours d'un nombre impair de plaques, les deux extrêmes étant négatives. Enfin l'écartement de deux plaques doit être uniforme, ce que l'on obtient en mettant dans l'intervalle des bandes de caoutchouc.

Les Accumulateurs se chargent soit avec une pile, soit avec une machine dynamo à courant continu convenable. On peut les transporter aisément à l'endroit où l'on désire les utiliser. On les groupe en nombre plus ou moins considérable dans des grandes caisses en quantité ou en série.

Nous allons voir bientôt de nombreuses applications des Accu-

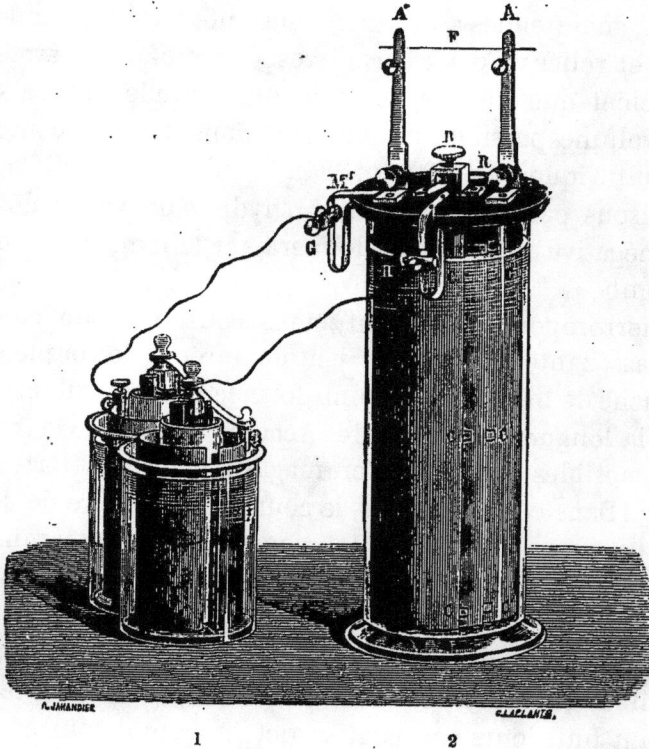

Fig. 284. — Accumulateur.

Piles servant à la charge. — 2. Vase de verre renfermant les feuilles de plomb enroulées.

mulateurs. Ils ont été mis à contribution dans l'Éclairage, la Traction et la Locomotion électriques.

Résumons d'abord en quelques mots ce qu'il importe de retenir de tout ce qui précède.

Et d'abord il existe des *Générateurs* d'Énergie électrique très différents : dans les machines électriques à *Frottement* ou à *Influence,* c'est le travail mécanique dépensé à entretenir la rotation des plateaux mobiles qui fournit l'Énergie électrique disponible aux *Pôles* de la machine. Dans les *Piles* cette énergie provient des *Réactions chimiques* qui s'y accomplissent.

Nous avons vu aussi que l'on peut recevoir, conserver, emmagasiner l'Énergie électrique des Générateurs, soit dans des *Condensateurs*, soit dans des *Accumulateurs*. Parfois ces appareils sont appelés des *Transformateurs*, en raison de ce que, convenablement groupés, associés, on peut, ainsi qu'il a été dit à propos de la machine rhéostatique de G. Planté (¹) (page 387), modifier les qualités de l'Énergie électrique qu'ils renferment.

La *Bobine d'Induction* est, elle aussi, un transformateur précieux, il est plus commode que les précédents, mais il exige pour fonctionner l'action incessante des piles de charge : si dix couples Bunsen associés en série ne donnent entre leurs pôles que d'infimes étincelles incapables de percer la plus petite lame de verre lorsqu'ils sont employés seuls, ils peuvent, intercalés dans le circuit primaire d'une grosse Bobine, donner entre les pôles de celle-ci et d'une façon continue de foudroyantes étincelles qui percent sans difficultés d'épaisses lames de verre interposées sur leur trajet.

Ces résultats intéressants et utiles dans bien des cas — nous nous souvenons du rôle joué en Téléphonie par la Bobine — sont d'une importance secondaire au point de vue du *Transport pratique, industriel* de l'Énergie à distance dont l'étude fait l'objet principal du Livre II.

Il ne s'agit plus d'employer l'Électricité à percer des isolants, à déplacer des Corps légers (Colombe d'Archytas, Danse des Pantins, etc.), à mettre en rotation des Moulinets ou des Tourniquets, etc., ce sont les organes parfois légers et délicats, mais souvent aussi fort lourds de nos machines si variées qu'il faut animer.

Ce n'est pas tout, il ne suffit pas de soulever à intervalles réguliers un marteau-pilon, par exemple, d'actionner un outil à poste fixe, il faut aussi savoir emporter au moyen de l'Énergie électrique

1. G. Planté, né à Orthez le 22 avril 1834, mort à Bellevue le 21 mai 1889, présenta à l'Académie son invention des accumulateurs en mars 1860 avec laquelle il fit de nombreuses et intéressantes expériences ayant en vue la foudre globulaire, les éclairs, les aurores polaires, etc. Il avait pour devise : *Quæro, Pater, non affirmo.*

les wagons sur leur voie et vaincre par elle les vents qui s'opposent à la marche des bateaux ou des ballons.

L'électricité se prête à tous ces usages.

Par raison d'économie et de commodité on doit chercher à éviter l'intermédiaire de la vapeur en utilisant directement l'Énergie mécanique répandue avec tant de profusion dans la Nature et dont notre siècle songe enfin à profiter.

Bien que nous sachions que les Machines à Influence permettent la Transformation et le Transport électrique de l'Énergie mécanique, on n'a jamais songé à les employer à résoudre le Problème, si gros de conséquences économiques, qui nous occupe. Elles sont bonnes seulement pour des expériences de laboratoire.

L'apparition de la Ville Modèle (p. 281) est le résultat de l'invention de machines nouvelles que l'on nomme d'une manière générale des MACHINES DYNAMOS ÉLECTRIQUES et dont on a pu admirer tant de modèles, si différents en apparence, dans nos Expositions.

Ces Mécanismes, originaux et puissants, encore en pleine voie de perfectionnement, reposent, comme le Téléphone — qui appartient à cette catégorie d'inventions — sur les propriétés si curieuses et si fécondes des Champs magnétiques, sur les Phénomènes d'Induction.

Il est indispensable, pour l'intelligence du fonctionnement des *dynamos*, d'introduire ici quelques notions nouvelles et d'étudier, avec plus de détails que nous ne l'avons fait dans le chapitre du Téléphone, le champ magnétique produit soit par des Aimants soit par des Courants.

Un champ magnétique, on ne saurait trop le répéter, est caractérisé par les lignes de force qui le sillonnent et, en chaque point d'une ligne de force par la grandeur de l'attraction ou de la répulsion qu'y subit le pôle nord, par exemple, d'un même aimant lorsqu'il y est placé.

On ne peut attribuer une forme générale aux lignes de force, elles revêtent des aspects très variés qui dépendent de la forme de l'Aimant ou du système d'Aimants qui produit le champ magnétique, ou encore de celle des circuits traversés par des courants si le champ est d'origine électrique. Sans doute aussi la position relative des aimants et des circuits influe sur la forme et la distribution des lignes de force dans le champ. On sait que ces lignes cheminent des régions nord vers les régions sud ('). C'est le sens qu'on leur attribue.

Nous avons vu comment ces insaisissables lignes de force sont révélées par l'orientation qu'y subissent, sur leur trajet, de très petits aimants ou, ce qui revient au même, des parcelles de limailles de fer, obéissant exclusivement aux sollicitations du champ.

Les dessins obtenus fixés à la gomme ou par la photographie figurent nettement l'état du champ, ils en peignent toutes les particularités.

Nous verrons comment Faraday et Maxwell ont rattaché à la

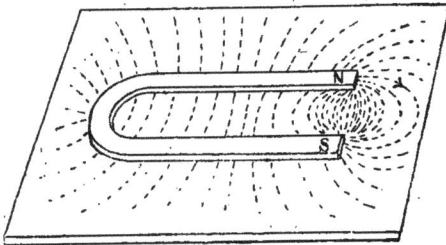

Fig. 285. — Spectre d'un aimant en fer-à-cheval.

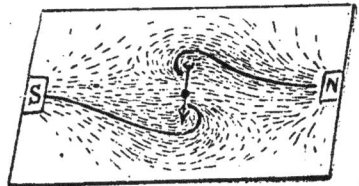

Fig. 286. — Spectre produit par deux aimants à angle droit.

connaissance des lignes de forces d'un champ magnétique les différents effets de celui-ci et en particulier la grandeur et le sens des phénomènes d'Induction qui s'y manifestent.

La figure 63 (p. 94) représente le spectre relatif à un aimant rectiligne.

La figure 285 représente le spectre relatif à un aimant en forme d'U appelé aussi aimant en fer-à-cheval.

On voit (*fig.* 286) le spectre obtenu en maintenant entre les pôles nord et sud d'un Aimant un second aimant, perpendiculaire au premier.

Ces expériences montrent bien que l'état du champ dépend de la

1. Pour un courant fermé la face nord (voir p. 124) est à la gauche du bonhomme d'Ampère regardant à l'intérieur du circuit. Il se comporte comme un aimant plat formé d'une feuille d'acier découpée de manière à s'appuyer sur le circuit par son pourtour et dont la surface nord serait à gauche du courant. Un tel aimant est un *feuillet magnétique*.

forme et de la situation relative des Aimants qui le produisent et
que les lignes de force deviennent de plus en plus contournées
au fur et à mesure que l'on multiplie le nombre des aimants.

Remarquons de plus que là où les lignes sont pressées l'attraction ou la répulsion sur les pôles de l'aimant explorateur du champ
est forte, l'*intensité du champ* est grande, elle est au contraire
très faible là où les lignes sont clairsemées, elle est nulle où les
lignes de limaille cessent de se former. Ainsi en chaque région
l'intensité du champ dépend du nombre des lignes de limaille qui
traversent *une même étendue* de la région.

Nous avons vu que les courants électriques maintiennent autour
d'eux un champ magnétique.

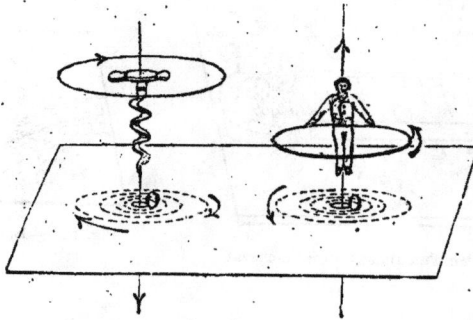

Fig. 287. — Spectre produit par un courant électrique rectiligne.

Comment s'orientent les particules de limaille de fer dans divers
cas simples?

Soit, d'abord, un courant qui suit un fil rectiligne (*fig.* 287).

Faisons passer le circuit au centre O d'une feuille de verre ou de
carton, puis répandons, au moyen d'un tamis, de la limaille sur le
carton, on voit aussitôt celle-ci se disposer suivant des circonférences ayant toutes leur centre au point O.

Le sens des lignes de force dépend du sens du courant. Il est tel
que l'observateur d'Ampère voie à sa gauche tous les pôles nord
des particules de limaille. C'est la direction dans laquelle le courant
tend à emporter un pôle nord. Si le courant est ascendant le sens
des lignes de force est celui de la flèche de droite, s'il est descendant, c'est celui de la flèche de gauche.

Remarquons aussi que le sens des lignes de force est celui dans lequel il faut faire tourner un tire-bouchon disposé suivant le courant pour qu'il avance dans le même sens que le courant. Cette remarque est souvent appelée *règle du tire-bouchon de Maxwell*. Elle établit une relation simple entre le sens des lignes de force d'un champ magnétique et celui du courant qui le provoque.

Les circuits rectilignes ou circulaires sont les plus employés.

Une succession de cercles, formant un solénoïde, donne le même spectre qu'un aimant rectiligne. Il n'y a aucune différence entre les effets de ces deux éléments.

Si on allonge de plus en plus le solénoïde de manière à en faire une longue bobine, celle-ci n'oriente plus la limaille que vers ses

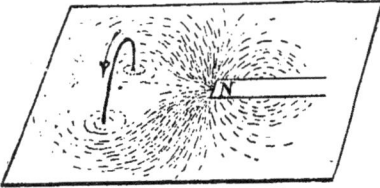

Fig. 288. — Répulsion des lignes de force par un courant circulaire présentant sa face nord au pôle nord d'un aimant.

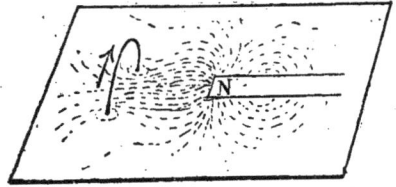

Fig. 289. — Attraction des lignes de force par un courant circulaire présentant sa face sud au pôle nord d'un aimant.

extrémités lorsque le carton est placé à l'extérieur de la bobine. S'il est placé à l'intérieur de la bobine, la limaille est orientée au contraire dans une région quelconque. Les lignes de force sont rectilignes, parallèles à l'axe de la bobine et équidistantes; partout une aiguille aimantée subit une même action.

Un pareil champ, le plus simple qu'il soit possible de concevoir, a été appelé *champ uniforme*.

Plus les lignes de limailles sont rapprochées, plus les pôles de l'aimant explorateur sont fortement attirés ou repoussés, plus le champ est intense.

On peut obtenir des champs magnétiques résultant à la fois d'aimants et de courants.

La figure 288 représente le champ produit par l'aimant N et un cercle traversé par un courant dans le sens de la flèche.

La figure 289 représente le même champ, le sens de circulation du courant étant changé.

La figure 290 montre comment les lignes de force de l'aimant N et S sont modifiées par la présence d'un courant : les lignes de force de l'aimant viennent traverser le plan du courant, elles entrent à la droite du bonhomme d'Ampère regardant à l'intérieur

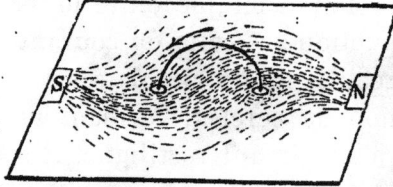

Fig. 290. — Déplacement des lignes de force par l'action d'un courant dont le plan est parallèle à la ligne des pôles.

du cercle (face sud), elles sortent à gauche, c'est-à-dire par la face nord.

Il est inutile de multiplier les fantômes de champ magnétique. Ils sont en nombre infini.

Revenons au champ uniforme et plaçons dans ce champ une circonférence ou spire (*fig.* 291).

Fig. 291. — Variation du flux de force résultant du déplacement d'une spire dans un champ magnétique uniforme.

Cette spire embrasse un certain *nombre* de lignes de force auquel on donne, souvent le nom de *flux de force* relatif à la spire.

Ce flux a sa plus grande valeur lorsque le plan de la spire 1 est perpendiculaire aux lignes de force, c'est-à-dire à la *direction* du champ.

Si la spire se déplace parallèlement à elle-même, si elle va en 2, le nombre des lignes de force qui la traversent reste invariable. Plus la spire est inclinée sur les lignes de force 3, plus le flux est faible; il s'annule lorsque la spire est parallèle à la direction du champ.

En juxtaposant 2, 3, 4, etc., spires, le flux devient évidemment double, triple, etc. Chaque spire intervient en effet pour son propre compte.

Lorsque le champ n'est pas uniforme, le flux varie quel que soit le déplacement de la spire. On voit (*fig.* 292) que le flux relatif à la spire augmente lorsqu'elle se déplace de 1 en 2 et diminue de 5 à 6, etc., le champ est dans le cas de la figure 292 produit par un aimant rectiligne.

Il importe de se familiariser avec la notion du flux de force et avec la grandeur des variations qu'il peut subir dans les diverses

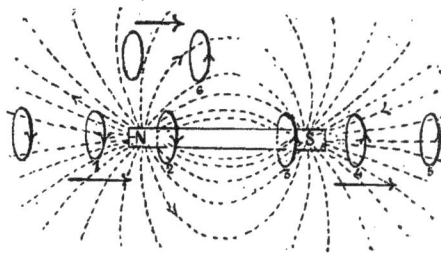

Fig. 292. — Variation du flux de force résultant du déplacement d'une spire dans le champ d'un aimant rectiligne.

circonstances. Celles-ci jouent un rôle fondamental dans les phénomènes d'induction et, par suite, dans le jeu des machines dynamos que nous avons à expliquer.

Il n'est pas nécessaire de construire une très longue bobine pour posséder un champ magnétique uniforme, la nature nous en offre un auquel on a donné le nom de *champ magnétique terrestre* et dont on ignore la cause certaine. Ce champ terrestre est uniforme si on le considère sur une faible étendue, c'est lui qui rend la *boussole* possible en orientant son aiguille dans la direction nord-sud. En tout lieu passe un plan vertical qui contient les pôles célestes que l'on nomme plan *méridien astronomique* du lieu. Le soleil traverse ce plan lorsqu'il est midi en ce lieu. Si on y place une fine aiguille aimantée mobile dans un plan horizontal autour de son centre (*fig.* 293), elle se fixe dans un plan vertical que l'on nomme *plan méridien magnétique* du lieu. L'angle du méridien astronomique et du méridien magnétique est appelé la *Déclinaison*

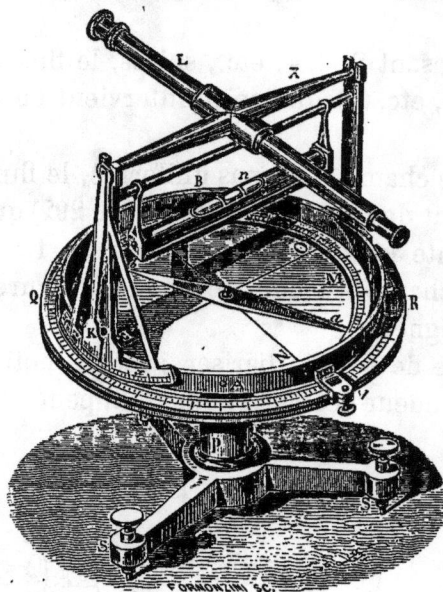

Fig. 293. — Boussole de déclinaison.

du lieu. La considération de la déclinaison magnétique a été introduite par Christophe Colomb (1482).

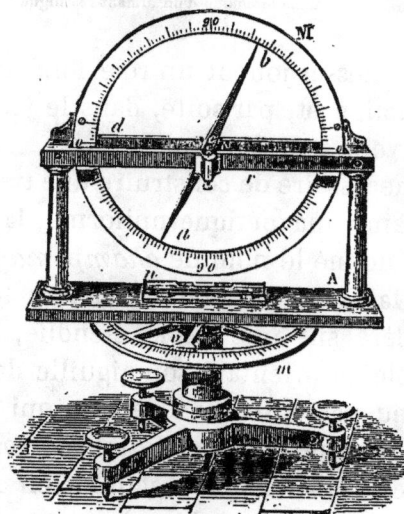

Fig. 294. — Boussole d'inclinaison.

Si l'aiguille aimantée (*fig.* 294) est, au contraire, mobile autour de son centre dans le plan méridien magnétique, elle s'incline sur l'horizon d'un angle auquel on a donné le nom d'*Inclinaison magnétique du lieu*. Dans cette position l'aiguille aimantée est précisément dirigée suivant les lignes de force du champ magnétique terrestre qui passent à l'endroit où elle est placée. La considération de l'inclinaison magnétique est due à Norman (1576).

La détermination des angles de déclinaison et d'inclinaison en chaque point de la Terre et l'étude des variations qu'ils subissent constituent un important chapitre de la physique du globe (¹).

Voyons quels champs magnétiques on utilise dans la pratique.

On produit ordinairement les champs magnétiques des machines industrielles au moyen d'*électro-aimants*. Ces appareils ont été définis (p. 132). On a également expliqué comment, l'enroulement du circuit et le sens du courant étant donnés, on reconnaît la nature des pôles qui prennent naissance aux extrémités de l'électro. Rien n'est changé si l'on courbe le fer doux, en fer-à-cheval par exemple, et si l'on supprime, comme on le fait habituellement, un certain nombre de spires : celles qui recouvrent la partie centrale du noyau.

Les électro-aimants sont très commodes : ils ne sont en effet aimantés que pendant le passage du courant et cette aimantation peut varier dans de larges limites lorsqu'on fait usage de courants électriques de plus en plus puissants, en renversant en outre le sens du courant on échange les pôles. Il faut dire cependant, et cette remarque nous sera ultérieurement utile, que les noyaux des électros n'étant pas formés d'un fer parfaitement doux, l'aimantation *temporaire* due au courant ne cesse pas complètement avec le courant, il reste un résidu d'aimantation auquel on donne le nom

---

1. Au parc Saint-Maur (Paris), par 0° 9′ 23″ longitude est et 48° 48′ 4″ latitude nord au 1ᵉʳ janvier 1888, la déclinaison était égale à 15° 52′ 1″ et l'inclinaison à 65° 14′ 7″. Au XVIᵉ siècle, la déclinaison était orientale, en 1836 elle devint nulle, depuis elle est occidentale. En 1815, elle a pris sa plus grande valeur, à savoir : 22° 34, depuis cette époque, elle diminue d'environ 5′ 4 par an, ce qui conduirait à dire que la déclinaison redeviendra orientale dans deux siècles.

A Paris, l'inclinaison était de 75° en 1671, depuis elle diminue. On observe en dehors des variations séculaires ou diurnes des perturbations accidentelles dans la déclinaison et l'inclinaison qui sont en relation évidente avec l'apparition des aurores boréales, la fréquence des taches solaires, etc., mais nos connaissances sur ces questions sont encore fort bornées.

d'*aimantation résiduelle* ou encore *remanente* ([1]).On exalte cette aimantation résiduelle en soumettant le noyau à des actions mécaniques : chocs, vibrations, torsion, etc., pendant le passage du courant magnétisant. Les électro-aimants reçoivent des formes variées, leurs extrémités ou *Pièces polaires* peuvent être dévissées et remplacées par des pièces d'une autre forme (*fig.* 295). Lorsqu'elles sont constituées par deux plans en regard, le champ est sensiblement uniforme dans la partie moyenne. La forme du champ dépend

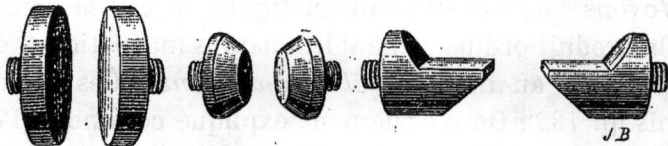

Fig. 295. — Pièces polaires usuelles pour électro-aimant de laboratoire.

donc de celle des pièces polaires. Voyons maintenant comment on modifie le champ en y introduisant des morceaux de fer de diverses figures. Nous avons déjà vu (*fig.* 65) que les lignes de force s'accumulent sur le fer doux et le traversent, le flux est augmenté dans son voisinage. On exprime ce fait en disant que le fer doux est plus *perméable* aux lignes de force que l'air dont il occupe la place. Celles-ci quittent en grand nombre l'air pour se précipiter sur le fer doux.

On appelle *circuit magnétique* le chemin suivi par les lignes de force, plus elles se rassemblent dans une certaine direction moins le circuit est dit *résistant* dans cette direction.

Un cas très important est celui où un anneau de fer doux est placé entre les pôles d'un aimant ou d'un électro-aimant (*fig.* 296). On voit que les lignes de force se partagent en deux portions principales : l'une suit la moitié supérieure de l'anneau, l'autre la partie inférieure, quelques rares lignes de force franchissent seules l'espace limité par l'anneau; d'autres vont du pôle nord au pôle sud à

---

1. Lorsqu'on aimante du fer doux au moyen d'un champ magnétique que l'on fait croître progressivement pour le faire décroître ensuite, le fer doux ne prend pas dans cette seconde partie de l'opération la même aimantation que dans la première, pour un même état du champ. Ewing a donné à ce phénomène le nom d'*hystérésis*. Il a pour effet d'échauffer le fer doux, ce qui occasionne une perte d'énergie considérable dans les dynamos.

travers l'air. Les lignes de force se *dérivent* principalement dans les deux moitiés de l'anneau. On sait (p. 96) qu'une région sud se manifeste sur les parties de l'anneau où pénètrent les lignes de force et une région nord sur les points où elles sortent de l'anneau.

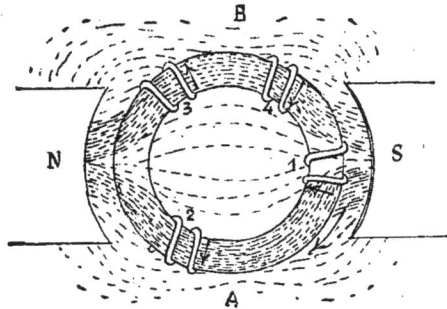

Fig. 296. — Modification apportée dans la distribution des lignes de force d'un aimant ou d'un électro-aimant N S, par l'introduction d'un anneau de fer doux fixe.

Sens des courants induits dans les fils 1, 2, 3, 4 lors de la rotation de l'anneau dans le sens de la flèche.

Cabanellas (') a donné le nom d'*entrefer* aux régions qui séparent l'anneau des pièces polaires, elles sont ordinairement remplies par de l'air. Plus l'entrefer est réduit, plus les lignes de force qui se concentrent sur l'anneau sont nombreuses.

On appelle souvent *armatures* les morceaux de fer doux ainsi introduits dans un champ magnétique.

Qu'advient-il lorsque l'armature vient s'appliquer sur les pôles d'un aimant, d'un aimant en fer-à-cheval, par exemple? (*fig.* 297).

La presque totalité des lignes de force vont d'un pôle à l'autre à travers l'armature; elles suivent le circuit formé par l'aimant et l'armature.

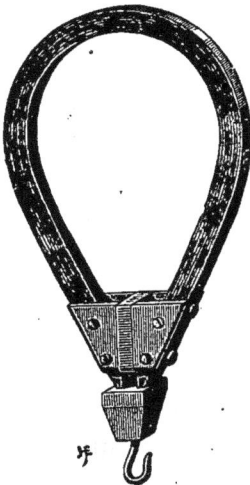

Fig. 297. — Aimant en fer-à-cheval muni de son armature. On conserve les aimants en circuit magnétique fermé.

L'action du système sur une aiguille aimantée placée dans le voisinage serait tout à fait nulle si aucune ligne de force ne s'échappait dans l'air.

1. Cabanellas (Gustave), né en 1839, mort le 10 octobre 1888. Il prit sa retraite de

Les lignes de force agissent comme de véritables chaînes passées dans l'armature ou *contact* et qui attacheraient cette armature à l'aimant : l'expérience montre en effet que pour arracher le contact il faut suspendre au crochet dont il est muni des poids souvent considérables.

Le poids qui détermine l'arrachement est la *force portative*

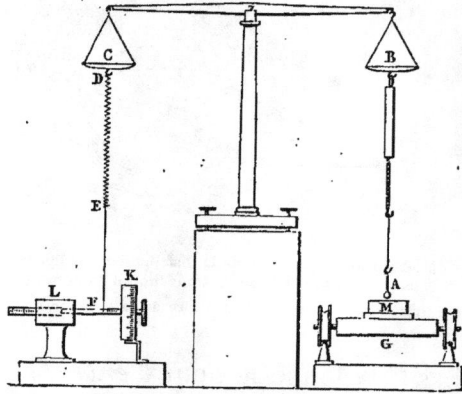

Fig. 298. — Balance Jamin pour l'étude de la variation de la force portative aux divers points d'un aimant G.

*de l'aimant,* elle augmente lorsqu'on charge l'aimant d'une manière progressive au lieu de le charger brusquement. Charger progressivement le contact d'un aimant s'appelle *nourrir l'aimant.*

On voit (*fig.* 298) une balance servant à rechercher comment varie la force portative d'un aimant d'un point à un autre, cette variation rend compte de la distribution des lignes de force le long de l'aimant.

Si on aimante un anneau d'acier en l'entourant complètement par les spires d'un circuit (*fig.* 299), il est sans action sur une aiguille aimantée qu'on lui présente, et cependant il est aimanté puisqu'en la brisant chacun des morceaux se comporte comme un aimant. C'est que les lignes de force ne peuvent pas échapper aux spires magnétisantes, elles sont tout entières confinées dans l'anneau.

Fig. 299. Anneau ou tore magnétique.

capitaine de frégate en 1879 et eut une part active dans le mouvement électrique de ces vingt dernières années. Il fut l'un des fondateurs du journal *La Lumière électrique* ainsi que de la Société Internationale des Électriciens.

Jusqu'ici nous avons uniquement étudié, au moyen de la limaille de fer, des systèmes dans lesquels les aimants ou les circuits étaient maintenus immobiles, et les modifications apportées dans leurs champs par l'introduction d'armatures maintenues également fixes. Qu'arrivera-t-il si on laisse les différents éléments d'un tel système libres de se mouvoir? Selon les liaisons auxquelles ils sont assujettis, on voit les aimants ou les circuits prendre d'eux-mêmes, sous l'action des lignes de force, des mouvements de translation, de rotation, etc. Si on peut faire en sorte que ces mouvements se produisent automatiquement d'une manière continue, on aura réalisé des *Moteurs électriques*. L'expérience indique un certain nombre de règles qui font connaître dans quelques cas simples les mouve-

ments qui se produisent. On connaît déjà la loi qui régit le sens des actions réciproques des aimants et des courants ainsi que des corps électrisés.

1° Les *régions de même nom se repoussent, les régions de noms contraires s'attirent ;*

2° *Un courant porte le pôle nord d'un aimant à sa gauche.*

Il suffit donc de faire changer automatiquement le sens d'un courant pour obliger une aiguille aimantée à prendre un mouve-

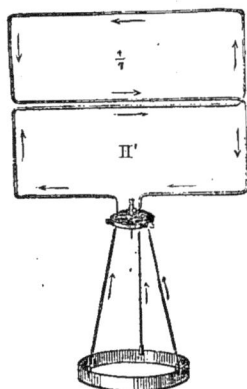

Fig. 300. — Cadre astatique.

ment continuel. Si un circuit fermé est mobile autour d'un axe perpendiculaire aux lignes de force du champ, il s'oriente de manière à présenter sa gauche, sa *face nord*, à la région vers laquelle se dirigent les lignes de force du champ, le flux qui traverse le circuit est alors maximum. Si l'on veut que le champ soit sans action sur le circuit, ou, comme l'on dit, que ce circuit soit *astatique*, il faut donc le constituer par deux portions égales (*fig.* 300) ayant leur gauche de côtés opposés.

La table d'Ampère (*fig.* 301) permet de se rendre compte du sens des actions exercées par les courants les uns sur les autres.

Si l'on fait passer dans les portions parallèles des circuits M et H des courants de même sens, on constate que le cadre mobile H se rapproche du cadre fixe M, donc *deux courants parallèles et de même sens s'attirent*. En renversant le sens du courant dans l'un des deux circuits au moyen du commutateur C, on constate une

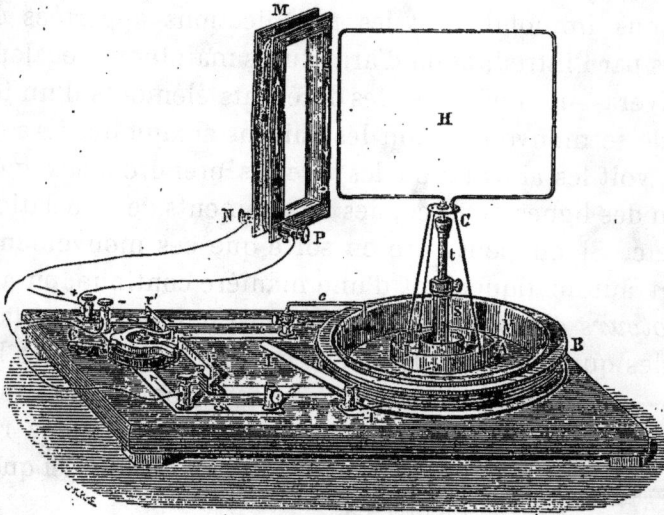

Fig. 301. — Table d'Ampère.

répulsion du cadre H, donc *deux courants parallèles et de sens contraires se repoussent*.

En déplaçant le cadre M, de manière que les circuits voisins forment un angle, on se rend compte de la même manière *que deux courants angulaires s'attirent s'ils s'approchent à la fois ou s'éloignent à la fois du sommet de l'angle aigu qu'ils forment, et aussi qu'ils se repoussent si l'un s'approche du sommet de l'angle alors que l'autre s'en éloigne.*

M. E. Vignes a basé un petit moteur électrique sur ces faits. Le cadre C (*fig.* 302) est mobile à l'intérieur du cadre M autour d'un axe vertical. Pour que le mouvement soit continu, le cadre C

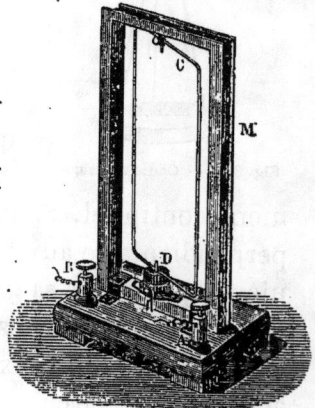

Fig. 302. — Moteur E. Vignes.

en tournant change à chaque tour le sens du courant, grâce au commutateur D représenté au-dessous du moteur.

M. Roget met en évidence l'attraction des spires parallèles au moyen de l'appareil représenté (*fig*. 303). Lorsque le courant passe, l'attraction qu'exercent les spires les unes sur les autres soulèvent l'hélice qui cesse bientôt de toucher au mercure contenu dans le vase G. Le courant est alors interrompu, l'hélice retombe, le courant passe à nouveau et le mouvement de va-et-vient se continue indéfiniment.

En intercalant dans un circuit élec-

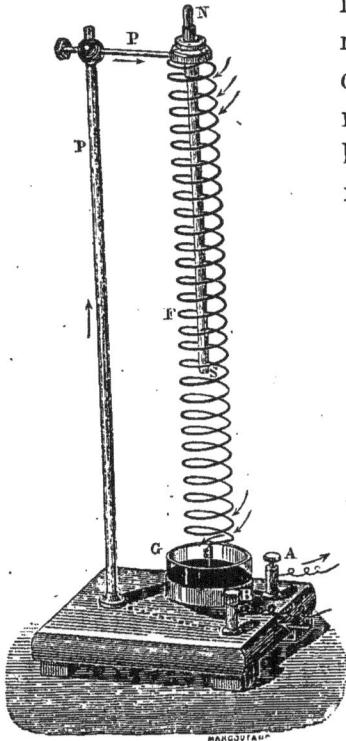

Fig. 304. — Déplacement d'une portion F d'un circuit libre de se mouvoir sur du mercure.

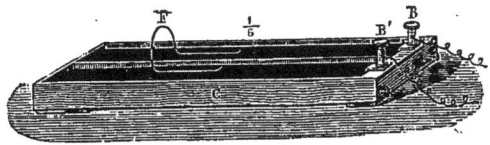

Fig. 303.
Attraction des spires consécutives parcourues par un même courant.

trique B F B' un flotteur F reposant sur le les deux rigoles de mercure qui remplit l'auge C, on constate que l'équipage F s'éloigne de manière à accroître la surface embrassée par le circuit. (*fig*. 304).

A l'époque où l'Électro-magnétisme et l'Électro-dynamique ont fait leur apparition, on a multiplié les expériences de rotation des courants par les champs magnétiques ou des aimants par les courants.

Exposons encore quelques-unes de ces expériences.

L'appareil représenté (*fig*. 305) permet de montrer aisément la rotation continue des courants E, F sous l'action du pôle A d'un aimant. Le courant entrant suivant la colonne fixe D redescend en

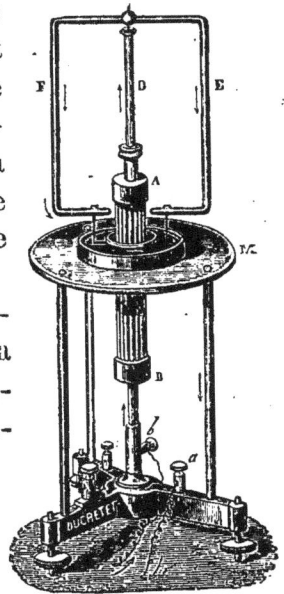

Fig. 305.
Rotation d'un courant sous l'action d'un pôle A d'un aimant.

partie suivant E, en partie suivant F. D'après la règle du bonhomme d'Ampère les courants E et F ont pour effet de porter A le premier en arrière du plan de la figure et le second en avant. Par réaction, le pôle A portera donc E en avant du plan de la figure et F en arrière, d'où un mouvement de rotation continu du fil EF autour de l'axe D. L'équipage EF repose par une pointe dans le mercure de la coupelle qui termine la colonne D. L'expérience réussit parfaitement en substituant au circuit EF le cylindre de cuivre A P (*fig.* 307).

On peut donner à cette expérience une forme plus saisissante et faire tourner la décharge d'une bobine d'induction autour du pôle T. La rotation de cette décharge obtenue au moyen de l'appareil (*fig.* 306) obéit encore à la loi du bonhomme d'Ampère.

Il en est de même dans le cas où le conducteur est li-

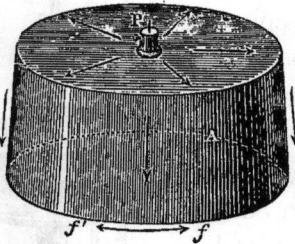

Fig. 307.
Rotation électro-magnétique d'une surface cylindrique en cuivre.

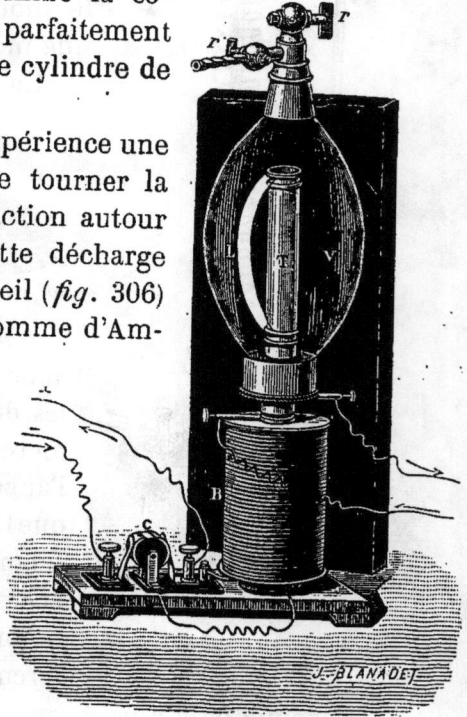

Fig. 306.
Rotation de la décharge L d'une bobine d'induction dans un champ magnétique.

quide : mercure ou électrolyte. On voit (*fig.* 308) l'appareil employé. Une cuve annulaire *e* placée sur un électro-aimant H est remplie d'eau acidulée et porte des flotteurs *f* et *f'*. Lorsque le courant passe dans le liquide, on voit celui-ci tourner entraînant les flotteurs à la droite du bonhomme d'Ampère.

C'est Davy qui fit le premier cette expérience en prenant du mercure comme liquide conducteur.

Il n'est pas plus difficile de faire tourner des aimants au moyen de courants électriques. Dans une éprouvette pleine de mercure, on

dispose un aimant qu'on a lesté à la partie inférieure par un poids
en platine et qui est terminé à l'autre extrémité par un godet plein
de mercure.

Le courant électrique arrive dans ce godet par une tige métallique, descend le long de l'aimant jusqu'à la surface du
mercure d'où il s'échappe par l'intermédiaire d'un anneau métallique.

On voit alors l'aimant prendre un mouvement de rotation sur
lui-même : la tige métallique lui servant d'axe.

On peut modifier l'expérience en faisant arriver le courant par

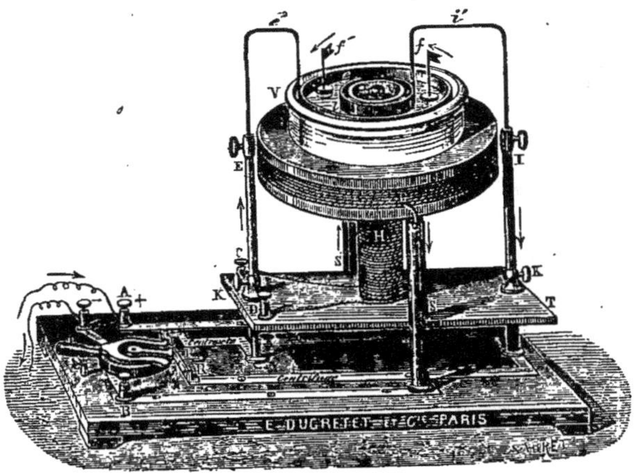

Fig. 308. — Rotation électro-magnétique des liquides conducteurs.

la pointe *a* abaissée jusqu'au niveau du mercure et en plaçant
excentriquement l'aimant en A P. Il se met alors à tourner autour
de la pointe *a*. Le courant arrive par la pointe *a*, suit le mercure
et sort le long de l'anneau en *b* (*fig.* 309.)

L'expérience montre que dans tous les cas où une portion de
courant est placée dans un champ magnétique, il tend à prendre un
mouvement fixé par la règle suivante :

*Le bonhomme d'Ampère placé dans le sens du courant et
regardant dans la direction du champ est déplacé, entraîné,
vers sa gauche.*

On s'en rend compte aisément par les expériences précédentes et
les suivantes. M. Lippmann fait pour cela usage de l'appareil suivant :

Un tube en U (*fig.* 310) contenant du mercure est placé entre les pôles d'un aimant en fer-à-cheval, de telle sorte que les lignes de force du champ magnétique soient dirigées suivant la flèche horizontale. Un courant vertical étant dirigé dans le sens indiqué par la flèche, l'action électro-magnétique entraîne le mercure conformément à la règle précédente, c'est-à-dire que celui-ci monte dans le tube de gauche et descend dans le tube de droite.

M. Leduc se sert de cet appareil réduit à de plus petites dimensions et disposé perpendiculairement à la direction d'un champ

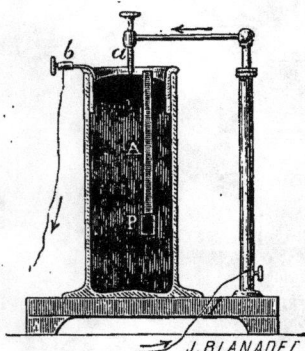

Fig. 309. — Rotation de l'aimant A lesté par un cylindre de platine sous l'action d'un courant.

Fig. 310. — Ascension du mercure sous l'action de la poussée électro-magnétique.

magnétique pour en évaluer l'intensité en ses divers points, plus pour un même courant la dénivellation du mercure dans les tubes est grande, plus le champ magnétique est intense.

La même règle fait connaître aussi immédiatement le sens de la rotation de la roue du moteur imaginé par Sturgeon en 1823 et qui porte le nom de Roue de Barlow. Il est représenté (*fig.* 311) : le champ magnétique est encore produit par un aimant en fer-à-cheval entre les branches N S duquel est creusée une petite auge pleine de mercure. Une roue en cuivre R, évidée pour être plus légère, peut tourner autour d'un axe horizontal, elle lèche la surface du mercure. Le courant pénètre dans le mercure, monte le long de la roue suivant le rayon et sort par l'axe de rotation. La roue est alors emportée vers la gauche du bonhomme d'Ampère disposé sur le rayon de la roue, suivi par le courant et regardant dans la direction des lignes de force du champ magnétique produit par l'aimant.

Faraday a montré que l'on pouvait prévoir le sens des mouvements qui se manifestent ainsi lorsque des courants et des aimants sont en présence, en s'appuyant sur quelques autres remarques fournies par l'observation des spectres magnétiques et que voici :

*Les lignes de force, semblables en cela à des fils élastiques, tendent toujours à entraîner les courants ou les aimants, de*

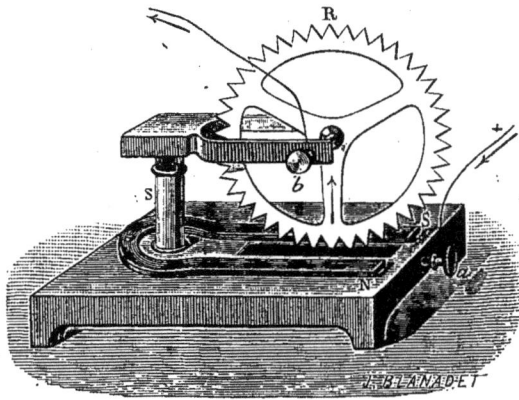

Fig. 311. — Roue de Barlow. Rotation électro-magnétique.

*manière à ce qu'elles prennent la plus petite longueur possible.* (V. *fig.* 286 et 290.)

*Tout se passe dans les actions réciproques de deux champs magnétiques comme si deux lignes de force de sens contraire s'attiraient, deux lignes de force de même sens se repoussant.* (V. *fig.* 287.)

Gauss a formulé d'autre part la règle suivante :

*Un circuit tend à se disposer dans un champ magnétique, de manière à embrasser le plus grand nombre possible de lignes de force* ([1]). (V. *fig.* 290 et 304.)

---

1. M. Lippmann a imaginé un *Moteur électrique* original dans lequel n'interviennent pas les propriétés des champs magnétiques. Il se compose d'une auge en verre C (*fig.* 312) sur le fond de laquelle reposent deux verres $v$ $v'$; dans ces verres sont placés deux paquets de tubes également en verre $l$ $l'$ ouverts aux deux bouts, ayant deux millimètres de diamètre et solidaires de tiges fixées en $b$ $b'$ à l'un des côtés des cadres qui s'appuient

Les appareils si simples qui viennent d'être décrits sont trop délicats pour être employés dans l'Industrie. Ils ont été établis uniquement dans un but de Recherches ou d'Enseignement. Ils ont

sur les extrémités du levier L. On verse du mercure dans les vases $v\,v'$ puis de l'eau acidulée dans l'auge C. Les tubes $l\,l'$ contiennent du mercure à leur partie inférieure et de l'eau acidulée au-dessus. Le mercure s'élève moins haut dans les tubes qu'à l'extérieur à cause du faible diamètre de ceux-ci, mais dans l'état normal la dépression étant la même

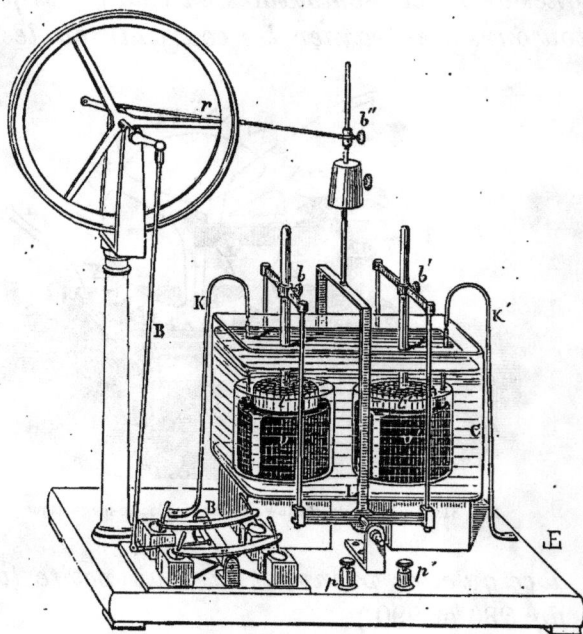

Fig. 312. — Électro-moteur capillaire de M. Lippmann.
(C'est également un générateur d'électricité.)

dans le paquet $l$ que dans le paquet $l'$, les poussées subies par ces paquets sont égales et l'appareil est en équilibre. Mais si l'on relie les pôles d'une pile, un seul élément Daniell suffit amplement, aux bornes $p\,p'$ et par suite, grâce aux tiges K K', aux mercures des vases $v$ et $v'$, ces deux mercures se trouvent portés à des potentiels différents, la dépression n'est plus la même dans les deux paquets de tubes et le système bascule du côté où elle est la plus faible. Ce mouvement est transmis à la roue $r$ et de là au commutateur B que change les potentiels des deux mercures. Là où la dépression était la plus forte va dès lors se produire la dépression la plus faible et, par suite le levier L bascule en sens contraire. Cette manœuvre se produit d'elle-même aussi longtemps que la pile fonctionne.

Il est à remarquer que cette machine peut servir à produire un courant électrique. On constate, en effet, en reliant les bornes $p$ et $p'$ par un fil métallique comprenant un galvanomètre, que si l'on fait fonctionner le moteur à la main, l'aiguille du galvanomètre est déviée, le sens de cette déviation, c'est-à-dire celui du courant produit, change avec le sens de rotation de la roue $r$.

permis de formuler les lois qui règlent les déplacements des parties mobiles d'un ensemble d'aimants et de courants électriques placés dans des conditions parfaitement connues.

Inversement, en faisant appel à ces lois, il sera possible de fixer la construction d'un Moteur électrique devant prendre un mouvement donné à l'avance, imposé par l'application particulière qu'a en vue l'Ingénieur. Bien des essais ont été tentés dans le but d'obtenir de bons Moteurs électriques destinés à être substitués dans la Pratique aux Moteurs à vapeurs plus encombrants et moins propres. L'histoire de ces essais commence vers 1820, au lendemain des découvertes mémorables par lesquelles le grand Ampère fondait l'Électro-magnétisme — actions réciproques des aimants et des courants — et l'Électro-dynamique — actions réciproques des courants, — nous n'en suivrons pas toutes les phases bien qu'elles soient intéressantes en ce qu'elles montrent les transformations successives qui ont fait des tremblants appareils d'Ampère de véritables machines industrielles.

Nous décrirons seulement quelques moteurs types.

On a fondé, sur les attractions ou les répulsions exercées par un Électro-aimant sur des aimants, des tiges de fer, etc., des Moteurs électriques dits *oscillants*. Tels sont les Moteurs du professeur Henri (1831), de Dal Negro de Padoue (1833), de Page (1834), etc.

Le plus parfait de ces Moteurs a été construit par Bourbouze.

Il se compose (*fig.* 313) de deux paires d'électro-aimants EE, E'E' dont les noyaux de fer doux placés à la partie inférieure ne remplissent qu'une moitié du canal cylindrique percé suivant l'axe de chacun des Électros. Dans ces canaux peuvent monter et descendre des cylindres de fer solidaires du balancier, relié lui-même par une bielle et un excentrique à un volant.

Si le courant anime seulement les électros EE, les cylindres de fer correspondants sont attirés et s'enfoncent dans les électros EE; les organes du Moteur prennent alors la position indiquée sur la figure.

Les choses étant en cet état si le courant cesse de passer dans les électros EE pour se rendre en E'E', ce sont les cylindres de fer doux relatifs à E'E' qui subissent l'attraction d'où résulte une inclinaison en sens opposé du Balancier. Ces mouvements de va-et-vient des cylindres de fer, en tous points comparables aux mouvements du Piston d'une Machine à vapeur, sont transformés de même en un mouvement de rotation de l'axe du volant.

Comment obliger le Moteur à conduire successivement le courant dans les Électros E E, E′ E′?

Le pôle positif de la Batterie de Piles qui fournit le courant électrique est attaché à la borne positive du Moteur. A cette borne sont également fixées l'une des extrémités de chacun des fils des

Fig. 313. — Moteur à balancier. (Modèle Bourbouze.)

deux paires d'électros E E, E′ E′; l'autre extrémité du fil des électros E E est reliée au fil *a*, celles des électros E′ E′ au fil *b*; d'autre part le pôle négatif *n* de la Batterie des Piles est relié au fil *o*. Or, par l'intermédiaire d'un excentrique et d'une bielle le volant communique un mouvement de va-et-vient à une lame d'ivoire sur laquelle reposent les fils *a*, *o*, *b*. Cette lame est recouverte sur sa partie moyenne d'une feuille de métal constamment en contact avec le fil *o*. Lorsque cette feuille métallique vient au contact du fil *a* le courant passe en E E, mais il ne passe pas en E′ E′, car le fil *b* appuie sur l'ivoire qui est une substance isolante. La lame d'ivoire est-elle rappelée vers la droite, le fil *b* vient toucher la feuille métallique et le fil *a* l'ivoire, et par suite le courant passe en E′ E′ et ne passe plus en E E.

Ainsi se trouve assuré le fonctionnement continu du Moteur.

Vers 1852, Page avait attelé déjà son moteur oscillant au Tour et à la Scie circulaire.

On peut évidemment d'autre part employer le mouvement de va-et-vient des cylindres de fer à régler le jeu d'un Marteau-Pilon, d'une Pompe, d'un outil quelconque, etc.

En disposant d'une autre manière les tiges de fer sur lesquelles s'exercent l'attraction des Électro-aimants, Froment a construit un

Fig. 314. — Moteur Froment attelé à une paire de meules.

moteur qui donne immédiatement un mouvement de rotation; ce qui supprime les organes de transformation : Balancier, Bielle, Excentrique, etc.

Ce moteur est représenté figure 314.

Il est formé de six paires d'électro-aimants A, D, C, B, E, F portées par le support X et disposées à égales distances les unes des autres sur une même circonférence — les deux électros E, F opposés à D et C ont été supprimés dans le dessin afin d'en rendre les détails plus visibles. Un cylindre mobile autour de son axe est logé dans l'espace laissé libre par les électros. Il porte huit tiges de fer doux M également espacées sur une même circonférence. Le courant envoyé par une batterie de Piles entre dans le moteur en R et en sort en H. Tout est disposé pour qu'il passe successivement dans les deux paires d'électro-aimants en regard et qu'il provoque sur les tiges de fer doux les plus voisines de ces électros des attractions concourant toutes à donner au cylindre, et par suite à la roue P qui en est solidaire, un mouvement de rotation toujours de même sens. Un tel résultat est atteint au moyen d'un mécanisme fort simple que là

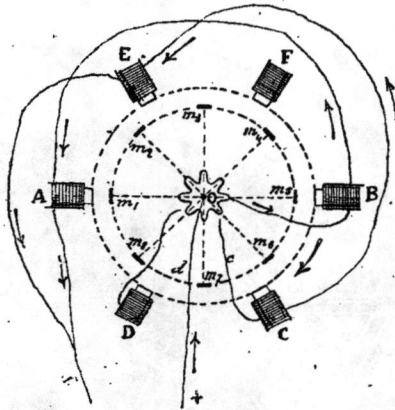

Fig. 315. — Schéma du commutateur Froment.

figure théorique 315 met clairement en évidence : les électros sont en A, D, C, etc., et les fers doux en $m_1$ $m_2$ $m_3$, etc. Comme ces derniers sont au nombre de huit les angles $m_1 o m_2$ sont plus petits que les angles A $o$ E formés par deux électros consécutifs puisque ceux-ci sont au nombre de six seulement sur la circonférence. Si donc $m_1$ et $m_5$ viennent en regard de A et B, $m_6$ et $m_2$ qui suivent ont encore une petite course à fournir avant d'arriver devant les électros E et C. D'autre part la roue métallique $o$, en communication permanente avec le pôle positif +, est muni de huit dents qui correspondent aux huit fers doux $m$. Lorsque le fil B touche à la roue $o$ le courant part du pôle positif, suit le chemin $o$ B A et se rend au pôle négatif. Dès que la dent vient toucher au fil $c$, le courant suit le chemin $o c$ C E et va au pôle négatif, les fers doux $m_2$ et $m_6$ sont alors attirés et la roue est entraînée dans le sens de la flèche. Le même jeu se continue indéfiniment, aussi long-temps que les Piles fonctionnent. Par tour il se produit vingt-quatre attractions successives. M. Froment a surtout appliqué son moteur aux mécanismes de précision.

Dans le Moteur Jacobi (*fig*. 316), qui date de 1838, le mouvement de rotation résulte d'attractions exercées par des électro-aimants fixes sur des électro-aimants mobiles. Voici en quels termes il est dé-

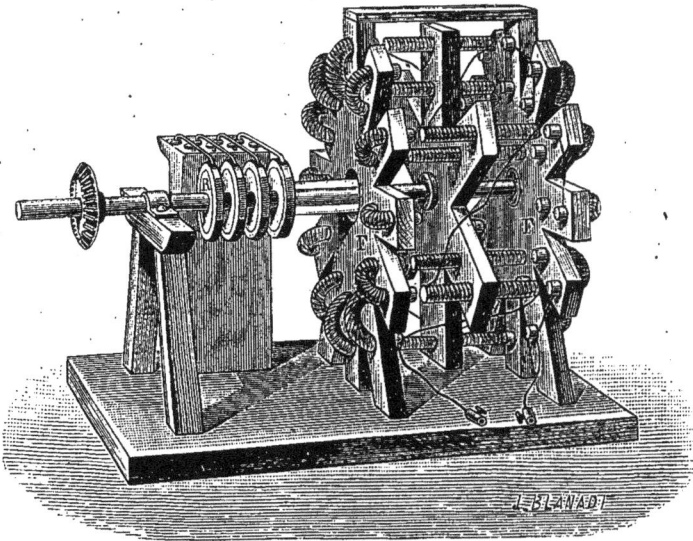

Fig. 316. — Moteur Jacobi (1838).

crit par Silvanus Thompson : « Il était formé de deux flasques F F en bois sur chacune desquelles était fixée en couronne une douzaine d'électro-aimants à pôles alternés. Entre ces électro-aimants était monté, sur un disque de bois, un autre jeu d'électro-aimants que faisaient tourner l'attraction et la répulsion alternatives des pôles fixes; le courant qui parcourait les électro-aimants mobiles était renversé régulièrement au moment où ils passaient devant les électro-aimants fixes, au moyen d'un commutateur formé, suivant la disposition adoptée par Jacobi, de quatre roues R en laiton dont les dents étaient isolées l'une de l'autre par des pièces d'ivoire ou de bois intercalées. »

En 1839, à Saint-Pétersbourg, Jacobi, l'inventeur de la galvanoplastie, réussit, au moyen de son moteur, à faire remonter la Néva
à un bateau à aubes chargé de douze personnes. Le courant électrique était très énergique, il était fourni par 128 Piles Grove.

De toutes parts on se préoccupa de la locomotion par l'Électricité : en 1842, Davidson établit une voiture électrique entre
Édimbourg et Glasgow, elle marchait avec une vitesse de 6 kilomètres environ à l'heure; en 1849, Soren Hjörth construisit à Liver-
pool un moteur beaucoup plus puissant.

Décrivons enfin le Moteur Pacinotti (*fig.* 317) qui date de 1861
et que l'auteur fit connaître dans le *Il Nuovo Cimento* de 1864 :

« J'ai pris, écrit Pacinotti, un anneau de fer tourné pourvu de
seize dents égales; cet anneau est soutenu par quatre bras en laiton
B B' qui le relient à l'axe de la machine. Entre les dents, de petits
prismes triangulaires en bois forment des creux dans lesquels s'enroule un fil de cuivre recouvert de soie. Cette disposition a pour
but d'obtenir entre les dents de fer de la roue un isolement parfait
des hélices ainsi formées. Dans toutes ces bobines, le fil est enroulé
dans le même sens et chacune d'elles est formée de neuf spires.
Deux bobines consécutives sont séparées l'une de l'autre par une
dent de fer de la roue et par le petit prisme triangulaire en bois.
En quittant une bobine pour construire la suivante, j'arrête le bout
du fil de cuivre en le fixant au morceau de bois qui sépare les deux
bobines.

« Sur l'axe qui porte la roue ainsi construite, j'ai groupé tous les
fils dont un bout forme la fin d'une bobine et l'autre le commencement de la bobine suivante en les faisant passer par des trous
pratiqués à cet effet dans un manchon ou collier en bois centré
sur le même axe, et de là en les attachant au commutateur monté
également sur l'axe. Ce commutateur consiste en un petit cylindre
en bois ayant aux bords de sa circonférence deux rangées de mor-
taises dans lesquelles sont encastrées seize morceaux de laiton, huit
dans les supérieures, huit dans les inférieures, les premiers alter-
nant avec les seconds, tous concentriques au cylindre de bois sur
lequel ils font légèrement saillie et dont l'épaisseur sépare une
rangée de l'autre. Chacun de ces morceaux de laiton est soudé aux
deux bouts de fil qui correspondent à deux bobines consécutives,

de sorte que toutes les bobines communiquent entre elles, chacune d'elles étant reliée à la suivante par un conducteur dont fait partie un des morceaux de laiton du commutateur. Si donc on met en communication avec les pôles d'une Pile deux de ces morceaux de laiton au moyen de deux galets métalliques, le courant en se partageant parcourra l'hélice sur l'un et sur l'autre côté des points d'où partent les bouts de fils rattachés aux morceaux de laiton qui communiquent avec les galets, et les pôles magnétiques paraîtront dans le fer du cercle sur le diamètre perpendiculaire à AA'. Sur ces

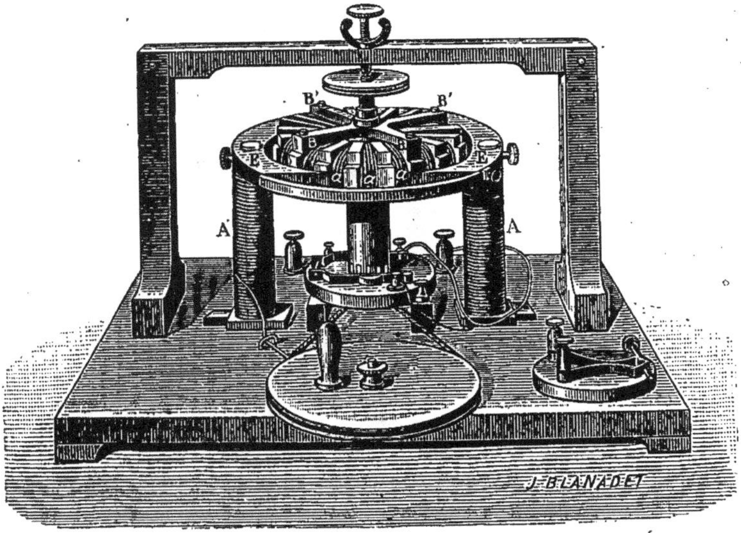

Fig. 317. — Moteur Pacinotti (1861).

pôles agissent les pôles d'un électro-aimant fixe qui déterminent la rotation de l'anneau, et, quand il est en mouvement, les pôles se reproduisent toujours dans les positions fixes qui correspondent aux communications avec la pile. »

Ce moteur électrique fut peu remarqué lors de son apparition. On se contenta de le faire figurer dans la collection des instruments de l'Université de Pise. C'est seulement en 1881, alors qu'il avait été à très peu près réinventé par Gramme en 1869, qu'il fut réellement apprécié. La plupart des moteurs actuels s'y rattachent.

Pour faire saisir la grande régularité que l'on peut demander aux moteurs électriques, Dumas s'exprimait ainsi, au sujet du mo-

teur Froment, dans l'un de ses Rapports : « Nous trouvant réunis
à Londres, à l'occasion de l'Exposition, M. Froment, au milieu
d'une séance tire sa montre et nous dit : « Il est midi moins dix
« secondes. A l'ordre de la Pendule de mon cabinet, à Paris, mon
« diviseur entre en mouvement. Le diamant trace cinq traits en
« l'air pour se mettre en train et pour réchauffer les huiles des
« jointures de ses supports. Il trace cinq traits inutiles sur la pla-
« que de verre, pour s'assurer qu'il y mord. Il avance jusqu'à la
« place où doit commencer son travail; il trace ses traits définitifs,
« courts pour les millièmes de millimètre, plus longs de cinq en
« cinq, un peu plus longs encore de dix en dix. Il en a tracé cinq

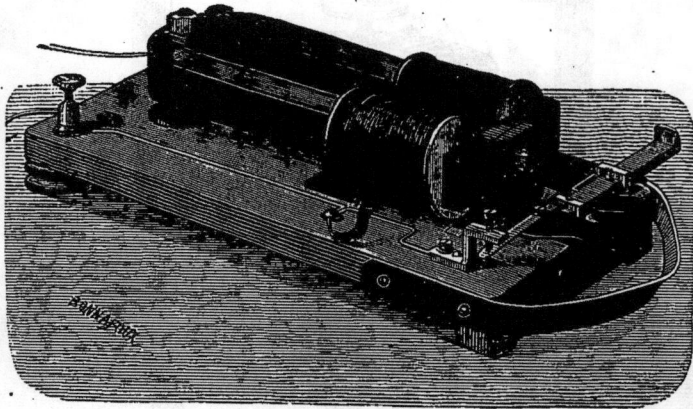

Fig. 318. — Coup de poing de Bréguet.

« cents. Il a fini sa tâche et reste en place, la pointe en l'air prêt à
« recommencer. Mais, à son tour, il marque à la pendule midi
« trente secondes, pour qu'en revenant à Paris le maître puisse
« s'assurer que son esclave électrique lui a scrupuleusement
« obéi. »

Si l'on peut compter sur la régularité de fonctionnement de la
plupart des moteurs dont nous venons de parler, il ne faut pas
compter sur leur puissance, ils sont bien loin d'être comparables,
à ce point de vue, aux plus petites machines à vapeur. D'autre
part, auraient-ils la puissance, des raisons économiques leur
feraient préférer, pour les travaux courants, les moteurs à vapeur.
Le zinc, qu'il faut brûler, ronger dans les Piles pour obtenir le

courant électrique indispensable, est d'un prix beaucoup plus élevé que la houille et à poids égal, la houille fournit environ dix fois plus d'énergie que le zinc.

Les Progrès de la Mécanique électrique étaient donc liés à la résolution des deux problèmes suivants :

Comment obtenir économiquement un courant électrique ?

Comment accroître la puissance des Moteurs ?

Jusque-là l'œuvre magistrale d'Ampère a seule inspiré les recherches. La réponse aux questions posées fut donnée d'un même coup par des recherches faites parallèlement aux premières

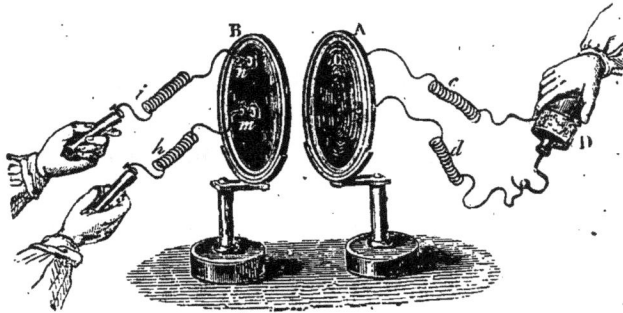

Fig. 319. — Induction d'un courant dans le circuit B par la décharge d'une bouteille de Leyde D dans le circuit c.

et basées sur les lois des Phénomènes d'Induction dont la Science est surtout redevable au génie si profond de Faraday.

Examinons les plus importants parmi ces phénomènes d'Induction dont nous connaissons déjà l'allure générale. Nous en avons, en effet, rencontré deux cas en Téléphonie :

1° Un courant électrique apparaît dans un circuit plongé dans le champ magnétique d'un Aimant, lorsqu'on modifie les lignes de force de ce champ d'une façon quelconque, par exemple en y faisant mouvoir un morceau de fer doux; vient-on à frapper sur le bouton du coup de poing de Bréguet (fig. 318), l'armature de l'aimant est arrachée et une étincelle d'induction jaillit entre les extrémités voisines du fil de l'électro.

2° Un courant électrique est induit dans un circuit dont une partie au moins est immergée dans le champ magnétique produit par un courant électrique, lorsqu'on modifie ce champ en augmentant ou en diminuant l'intensité du courant. C'est le principe de la Bobine d'Induction déjà étudiée.

En déchargeant une bouteille de Leyde dans un circuit (*fig.* 319), un courant induit prend naissance également dans le circuit voisin et détermine une commotion lorsqu'on tient en main les extrémités de ce circuit.

Nous avons, en Téléphonie, expliqué de quelles circonstances dépend l'intensité d'un courant induit.

Ajoutons que si l'on déplace les uns par rapport aux autres des circuits voisins dont l'un au moins est traversé par un courant électrique, il y a réaction des circuits les uns sur les autres (*induction mutuelle*), des galvanomètres montrent en effet que tous les courants varient. Si primitivement le courant était nul dans certains circuits, il s'en produit un qui dure aussi longtemps que le déplacement et dont l'intensité dépend de l'intensité des courants préexistants et des qualités mécaniques du déplacement : vitesse, trajectoire, etc.

Il est aisé au moyen de l'appareil (*fig.* 320) de vérifier ces faits : la bobine B' est traversée par le courant d'une pile; dans la bobine B ne circule aucun courant. Vient-on à enfoncer la bobine B' dans la bobine B, le galvanomètre C indique la production d'un courant dans B qui cesse dès que la bobine B' est au repos. En éloignant B', un courant apparaît de nouveau, mais est de sens contraire au premier.

Tout se passe *lors de l'approche* comme si la bobine B' étant placée à poste fixe dans la bobine B on augmentait l'intensité du courant qui circule dans cette bobine, comme si on lançait ce courant en B; et, *lors de l'éloignement*, comme si on diminuait, si on supprimait ce courant. Ces expériences ont été indiquées à propos de la Bobine d'Induction.

Il est inutile de faire une étude spéciale des divers cas d'Induction, car ils obéissent tous aux mêmes lois. On peut les résumer dans l'énoncé suivant :

*Si, pour une cause quelconque, les lignes de force d'un champ magnétique et une portion d'un circuit prennent un mouvement relatif, un certain nombre de lignes de force sont rencontrées, coupées par le fil l dans ce mouvement. Ce nombre*

*de lignes de force coupées, ce flux coupé, tend à faire circuler
dans le fil un courant qui s'oppose au mouvement relatif des
lignes de force et du fil, qui cesse en même temps que ce mouvement et qui est d'autant plus intense que les lignes de force
sont coupées en un temps plus court et en plus grand nombre.*
(V. *fig.* 291 et 322.)

C'est l'expérience qui a conduit Faraday et le physicien russe
Lenz à cette loi remarquable. Lenz le premier a remarqué, en 1834,

Fig. 320. — Courant induit dans le circuit B par le déplacement d'un circuit B' parcouru
par un courant (courant inducteur.)

*que le courant induit tendait toujours à faire obstacle, à ré-
sister au déplacement qui lui donne naissance.*

Montrons par quelques exemples l'esprit de cette loi et la manière de l'appliquer.

Si deux circuits présentent des portions parallèles et que l'un
d'eux soit traversé par un courant, l'éloignement du second circuit y fera naitre un courant de même sens que le premier puisque
deux courants parallèles et de même sens s'attirent, c'est-à-dire
tendent à gêner le mouvement d'éloignement donné au circuit. Par
l'approche, et pour la même raison, le courant induit serait de sens
contraire au courant inducteur.

Soit encore deux rails sur lesquels se déplace de l'est à l'ouest
un train, le champ magnétique étant dirigé de haut en bas,

quel sera le sens du courant induit dans l'essieu qui ferme le circuit formé par les rails? Considérons l'essieu allant de l'est à l'ouest et couchons sur lui un observateur regardant dans la direction du champ et ayant son bras gauche dirigé dans le sens du déplacement. Si le courant induit lui entrait par les pieds (règle de la page 490) il favoriserait le déplacement; or, il doit le gêner, donc le courant pénètre par la tête du bonhomme. Si le déplacement

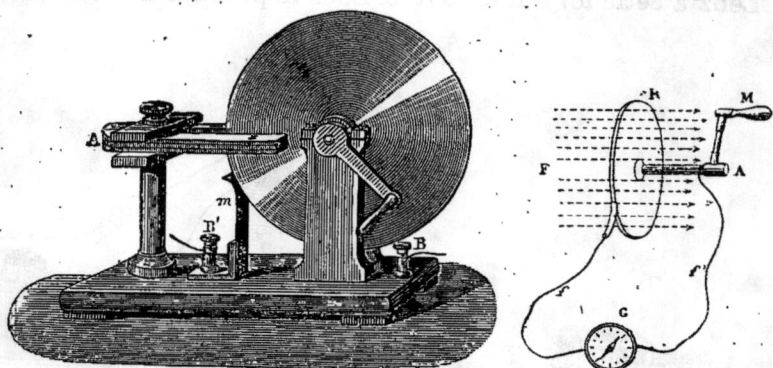

Fig. 321. — Induction d'un courant dans un circuit fixé par ses extrémités sur le bord et sur l'axe d'une roue métallique coupant les lignes de force d'un champ magnétique produit par l'aimant A.

avait lieu de l'ouest à l'est, l'induit circulerait en sens contraire.

Le sens du courant induit qui tend à se produire dans le fil f (fig. 321) *est dirigé des pieds à la tête d'un bonhomme couché sur le fil de manière qu'il regarde dans la direction des lignes de force L et qu'il ait à sa droite d du côté du déplacement D.*

Si l'on tourne le disque métallique (fig. 321) dans le sens naturel, un courant induit circulera de B' vers B dans le circuit extérieur. Une rotation inverse déterminerait un courant de sens opposé.

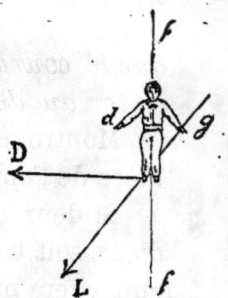

Fig. 322.
Sens des courants induits.

On a donné d'autres règles pouvant parfois être substituées avec avantage à la précédente. Voici la règle du tire-bouchon de Maxwell.

« Un circuit étant donné si l'on place vis-à-vis un tire-bouchon et qu'on le fasse tourner de façon qu'il avance dans le sens des lignes de force; le sens de la rotation du tire-bouchon indique le sens de circulation du courant si la modification du champ magnétique qui produit l'Induction diminue le flux de force qui traverse le circuit; si cette modification augmente le flux de force le courant circule en sens contraire de la rotation du tire-bouchon. »

Citons encore la règle des trois doigts du D\u0072 Flaming (*fig.* 323).

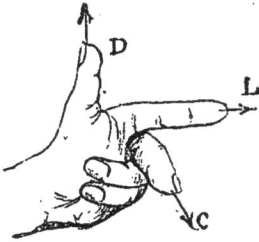

Fig. 323. — Règle des trois doigts.

« Ayant disposé le pouce de la main droite dans le sens du déplacement D et l'index dans le sens des lignes de force L, le médius ne peut se disposer que d'une seule manière parallèlement au fil, le courant circule alors dans le fil de manière qu'il aille de la naissance du médius vers son extrémité C. »

Cette règle est d'une application très générale et très rapide. Le lecteur découvrira sans peine de cette manière la direction des courants induits par un déplacement donné des circuits. (V. *fig.* 292 et 296.)

Si au lieu d'un fil c'est une masse conductrice, un morceau d'un métal quelconque qui est placé dans un champ magnétique et qu'un mouvement se manifeste que se passe-t-il?

En 1824, Gambey remarqua qu'une aiguille aimantée oscillait moins longtemps, prenait des écarts successifs de part et d'autre de sa position d'équilibre plus faibles, lorsqu'un disque de cuivre était

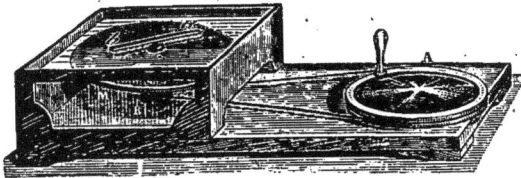

Fig. 324. — Entraînement d'une aiguille aimantée *a b* par la rotation d'un disque de cuivre.

placé au-dessous de l'aiguille. La présence du disque *amortit* les oscillations.

Arago, pour expliquer le fait, imagina l'existence d'un *magnétisme de rotation*. En faisant tourner le disque de cuivre, il remarqua que l'aiguille aimantée était entraînée dans le sens de la rotation du disque, qu'elle tournait aussi dès que celui-ci atteignait une vitesse suffisante bien qu'il n'y eut nulle part dans l'appareil trace de fer (*fig.* 324).

Faraday, qui répéta plus tard l'expérience d'Arago, l'expliqua par la production de courants induits dans le disque. Ces courants sont dirigés perpendiculairement aux lignes de force qui franchissent le disque. On peut les mettre en évidence, en appuyant les

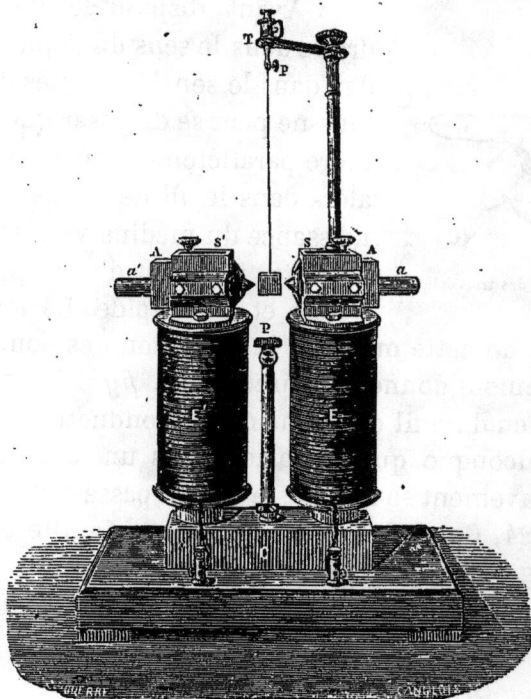

Fig. 325. — Cube en rotation arrêté par les courants des élect·o; E E' agissant à distance comme de véritables freins.

deux extrémités du fil d'un galvanomètre en deux points du disque. Les faits observés par Arago sont conformes à la loi de Lenz.

En sectionnant le disque suivant un certain nombre de rayons, l'effet du disque est annulé ou au moins considérablement affaibli.

Si on laisse tomber une pièce de monnaie entre les pôles élargis d'un électro-aimant, on constate que la pièce traverse avec lenteur le champ magnétique. Si l'on suspend un cube métallique par un fil de manière qu'il se place entre les pôles d'un électro-aimant (*fig.* 325) et qu'on vienne à tordre le fil de suspension, puis à abandonner le système à lui-même, on voit le cube prendre un mouvement rapide de rotation. On l'arrête immédiatement en lançant le courant dans l'électro-aimant. En supprimant le courant, la résistance disparaît et le cube se remet à tourner. Ces faits s'expliquent par l'induction de courants au sein des masses métalliques en mouvement dans un champ magnétique.

Ce sont des courants induits de cette sorte qui permettent à un

Fig. 326. — Courants induits dans les masses métalliques. (Courants de Foucault.)

Téléphone à disque de cuivre, d'aluminium, etc., de fonctionner.

Foucault a donné une forme plus saisissante encore à l'expérience d'Arago. Un disque A est mis en rotation au moyen d'une manivelle M et d'engrenages, entre les pièces polaires N N′ et S S′ d'un électro-aimant D (*fig.* 326). Si le courant ne passe pas dans l'électro-aimant un faible effort met le disque en mouvement; si au contraire le courant passe, il faut dépenser un travail mécanique considérable pour faire tourner le disque. En même temps celui-ci s'échauffe fortement. En formant le noyau du disque par un alliage très fusible, Tyndall a pu par ce moyen fondre l'alliage.

On peut répéter la même expérience au moyen de l'appareil représenté figure 327, dans lequel le disque D reçoit son mouvement de la chute d'un poids P.

Édison a établi sur cette expérience un Frein électrique : le disque est mis en rotation par la voiture elle-même ; pour arrêter celle-ci, le conducteur n'a qu'à lancer le courant dans l'électro entre les pôles duquel tourne le disque.

Voici en quels termes Foucault a fait connaître ses observations :

« Quand le disque est lancé à toute vitesse, le courant de six

Fig. 327. — Courants induits dans le disque D.

couples Bunsen, dirigé dans l'électro-aimant, éteint le mouvement en quelques secondes, comme si un frein invisible était appliqué au mobile : c'est l'expérience d'Arago développée par M. Faraday. Mais si alors on pousse à la manivelle pour restituer à l'appareil le mouvement qu'il a perdu, la résistance qu'on éprouve oblige à fournir un certain travail dont l'équivalent reparaît et s'accumule effectivement en chaleur à l'intérieur du corps tournant.

« Au moyen d'un thermomètre qui plonge dans la masse, on suit pas à pas l'élévation progressive de la température. Ayant pris par exemple l'appareil à la température de 16 degrés centigrades, j'ai vu successivement le thermomètre monter à 20, 25, 30 et 34 degrés ; mais déjà le phénomène était assez développé pour ne plus réclamer l'emploi des instruments thermométriques : la chaleur produite était devenue sensible à la main.

« Quelques jours après, la pile étant réduite à deux couples, un disque plat formé de cuivre rouge s'est élevé en deux minutes d'action à la température de 60 degrés.

« Si l'expérience semble digne d'intérêt, il sera facile de disposer un appareil pour reproduire, en l'exagérant, le phénomène que je signale. Il n'est pas douteux que, par une machine convenablement construite et composée seulement d'aimants permanents, on arrive à produire de la sorte des températures élevées, et à mettre sous les yeux du public, assemblé dans les amphithéâtres, un curieux exemple de la conversion du travail en chaleur. »

On appelle souvent *courants de Foucault* les courants induits dont nous venons de parler.

De tous les faits qui précèdent, il est facile de tirer le plan de construction d'une machine destinée à fournir des courants électriques par induction. Elle devra comprendre un organe producteur du champ magnétique que l'on nomme un *Inducteur*, une pièce supportant le fil dans lequel doit circuler le courant électrique que l'on nomme l'*Induit* et parfois l'*armature* de la machine. Enfin le courant est recueilli sur le *Collecteur* dont la disposition dépend du but poursuivi.

Ce n'est pas tout : il faudra munir l'appareil des organes nécessaires au déplacement relatif de l'inducteur et de l'induit; c'est généralement l'induit qui est mobile et le mouvement qu'il reçoit est un mouvement de rotation. L'installation des pièces devra être inspirée par la règle formulée (p. 503) : comme le courant produit est d'autant plus fort que le nombre des lignes de force coupées par le fil est plus considérable en un même temps, *on utilisera des champs magnétiques intenses à l'endroit où est placé le fil, et on animera l'induit d'un rapide mouvement de rotation, de façon que le fil coupe le plus perpendiculairement possible les lignes de force.*

Au début l'inducteur des machines d'induction était constitué par un ou plusieurs aimants permanents. Pour ce motif, ces machines ont reçu le nom de machines *magnéto-électriques*. La forme en fer-à-cheval (*fig.* 328) fut immédiatement adoptée, car

amenant le champ des deux pôles dans la région où est placé
l'induit, elle permet de les utiliser tous deux.

La première magnéto ne fut jamais exposée en public. Elle a été
décrite par son auteur, resté inconnu, dans un
mémoire envoyé à Faraday le 26 juillet 1832 et
signé des initiales M. P. Elle était destinée à décomposer l'eau, elle se composait de six aimants
en fer-à-cheval disposés suivant six rayons équidistants d'un disque en bois, les pôles placés sur
une même circonférence étaient alternativement
positifs et négatifs. Ce disque tournait dans un
plan vertical devant six armatures en fer doux
enroulées de fil isolé alternativement dans un

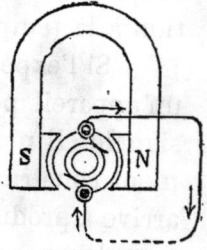

Fig. 328.
Schéma d'une magnéto-
électrique.

sens et dans l'autre de façon à obtenir dans le circuit extérieur un
courant toujours de même sens.

La machine de Pixii, présentée à l'Académie des sciences le

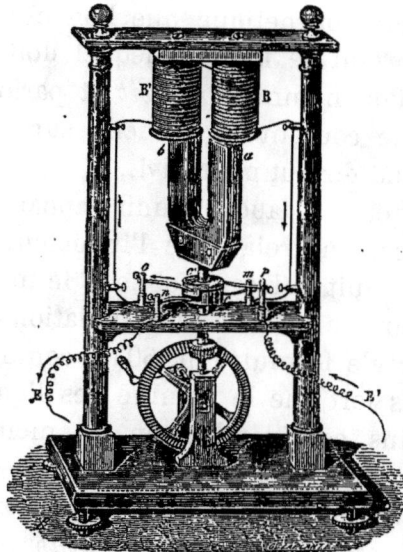

Fig. 329. — Machine magnéto de Pixii (1832).

3 septembre 1832, est la première magnéto qui fonctionna en public.
Elle est représentée (*fig.* 328). L'aimant inducteur *a b* tourne autour
de l'axe vertical *c'* sous l'action d'un engrenage à manivelle, le cou-

rant induit dans les bobines fixes B, B' est conduit par les fils EE' dans le circuit extérieur.

Le 20 mars 1833, Ritchie présenta également une machine magnéto à la Société royale de Londres; dans cette machine quatre bobines tournaient dans un plan vertical entre les branches d'un aimant en fer-à-cheval.

En juin 1833, à l'occasion du meeting de la British Association, tenu à Cambridge, Saxton fit connaître une machine magnéto qui, resta longtemps exposée à Londres et à laquelle cependant on n'apporta aucune attention; elle fut remise en honneur par Clarke qui

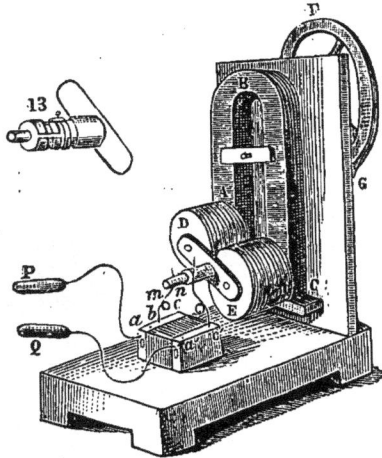

Fig. 330. — Machine magnéto-électrique de Clarke.

construisit une machine très semblable (*fig.* 330) qu'il publia en 1836 dans le *Philosophical Magazine*.

Un aimant A B C est fixé à une planchette verticale, le fil de l'induit s'enroule successivement sur deux bobines munies de noyaux de fer doux réunis par une plaque D E de même métal. Ces bobines solidaires de l'axe $m\,n$ reçoivent par l'intermédiaire d'un engrenage et d'une manivelle G T un rapide mouvement de rotation devant les pôles de l'aimant. Les extrémités du fil induit sont en relation avec deux feuilles métalliques $m\,n$, isolées l'une de l'autre et qui recouvrent les deux moitiés opposées du cylindre qui forme l'axe 13. Leur plan de séparation contient les axes des bobines. Comme les bobines s'approchent et s'éloignent successivement des pôles A et C de l'aimant, le courant qu'y induit le mouvement change de sens à chaque demi-révolution; il serait de plus à chaque instant de sens contraire dans les deux bobines si on ne prenait la précaution d'y enrouler le fil d'une manière inverse : il est enroulé de gauche à droite sur l'une d'elles et de droite à gauche sur l'autre. Comme à chaque demi-révolution les ressorts qui conduisent le courant dans le circuit extérieur échangent les surfaces *m* et *n* avec lesquelles ils communiquent, le courant circule toujours dans le circuit extérieur suivant la même direction. Ce commutateur

Fig. 331. — Machine magnéto-électrique de la Société l'*Alliance*. (Courants alternatifs.)

ou redresseur de courant a été introduit dans la machine de Clarke par Dove en 1842. Auparavant cette machine servait uniquement à produire des commotions, l'échauffement d'un fil, etc., il n'est pas nécessaire alors d'employer un courant de sens constant. S'il s'agit de décomposer de l'eau, le redressement est au contraire indispensable. Un commutateur O analogue est figuré dans la machine de Pixii en *c c' o m n p*.

Stohrer fit une machine appartenant aux types précédents et qui est décrite dans les *Annales de Poggendorff* de 1844. Six bobines disposées, suivant un hexagone horizontal, tournent devant les pôles alternés de trois aimants verticaux également disposés sur un hexagone parallèle au premier.

Quelques années plus tard, en 1849, Nollet ([1]), dressa le plan d'une magnéto destinée à l'industrie. Empêché par la mort de réaliser son projet, c'est l'ouvrier Van Malderen, son collaborateur, qui monta la machine. Elle fut utilisée par la compagnie l'*Alliance* pour l'éclairage électrique du phare de la Hève près le Havre, en 1863. Voici la description qu'en donnent MM. Jamin et Bouty. « Sur un bâtis de fonte des traverses de bois maintiennent huit séries de sept faisceaux d'aimants en fer-à-cheval (*fig.* 331); ces aimants fixes, qui peuvent porter chacun près de 70 kilogrammes, sont disposés de manière que ce soient toujours les pôles de noms contraires qui soient en regard. Un arbre horizontal porte six plateaux de bronze garnis chacun de seize bobines, qui sont disposées sur la circonférence comme le fait voir la figure. Ces bobines sont à douze fils de 10 mètres chacun, de sorte que la longueur totale du fil enroulé sur les soixante-quatre bobines atteint 8 kilomètres. Les disques de cuivre, qui terminent les bobines, sont coupés dans le sens du rayon, ce qui empêche la production de courants induits dans ces disques. Tous les fils sont enroulés dans le même sens, et les bobines communiquent entre elles par des lames de cuivre fixées sur des planchettes de bois qui sont appliquées sur les faces des plateaux. Les bobines sont ainsi disposées à la suite les unes des autres et les courants développés dans chacune d'elles s'ajoutent : on dit que les bobines sont associées en série. On peut aussi faire communiquer les pôles de même nom des diverses bobines avec un même anneau métallique, les bobines agissent alors comme des éléments de piles réunis en quantité ou surface.

« Pour mettre en mouvement le système des bobines, on emploie ordinairement une machine à vapeur à l'arbre de laquelle l'arbre horizontal de la machine Nollet est relié par une courroie sans fin. »

La machine de M. de Meritens a pris la succession de la précé-

---

1. Nollet, professeur de physique à l'École militaire de Bruxelles, était un descendant de la famille de l'abbé Nollet.

dente à laquelle elle ressemble beaucoup. Elle en diffère légèrement par l'induit qui est formé d'une roue à raies en bronze et
dont la jante porte des bobines plates juxtaposées, celles-ci sont
entraînées dans un sens perpendiculaire à celui de leur enroulement devant les pôles de quarante aimants à huit lames distribués
par rangées de cinq en huit faisceaux rayonnants.

Ces machines magnéto-électriques sont à *courants alternatifs*, car elles fournissent dans le circuit extérieur des courants
qui changent périodiquement de sens. Il n'est pas nécessaire en
effet, il est même nuisible, lorsqu'il s'agit d'éclairage électrique
de redresser ces courants en munissant la machine d'un collecteur
convenable.

Cette opération entraîne toujours, en effet, une perte d'énergie

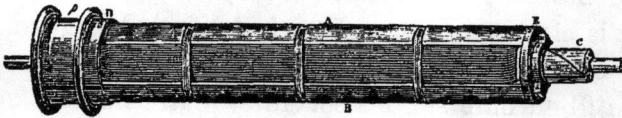

Fig. 332. — Bobine Siemens. (Induit en forme de navette.)

sous forme d'étincelles. D'autre part, les charbons des lampes à
arc sont tous deux usés également par les courants alternatifs.

Dans la plupart des machines qui précèdent, le champ est mal
utilisé, les bobines laissent entre elles des espaces vides, etc.,
Siemens a supprimé en grande partie ces imperfections par l'invention de l'induit cylindrique en forme de navette qui porte son nom
(*fig.* 332). La figure montre comment le fil induit est enroulé lon-
gitudinalement, dans le sens de la longueur du cylindre. Siemens,
dans sa première machine, plaça cet induit entre les branches d'un
système inducteur formé de vingt-huit aimants en fer-à-cheval juxtaposés de façon que les pôles de même nom soient sur une même
ligne. On conçoit qu'ainsi il n'y a pas d'espace perdu comme dans
les machines précédentes à bobines discontinues.

Si l'induit portait une seule spire mobile dans un champ uniforme autour d'un axe perpendiculaire à la direction du champ
(*fig.* 333), il est aisé de voir, en appliquant, par exemple, la règle
des trois doigts, que les courants qui tendent à naître dans les fils *f*

et $f'$, ont à chaque instant des directions opposées, et que ces directions s'échangent au moment où le plan de la spire prend la position perpendiculaire au champ.

Comment avoir dans le circuit extérieur un courant de sens invariable?

L'axe de rotation porte dans ce but deux demi-cylindres métalliques reliés respectivement aux fils $f$ et $f'$ et isolés l'un de l'autre. Des ressorts en métal appelés *balais* et auxquels sont attachées les extrémités du circuit extérieur appuient dans le cas de la figure, celui du haut sur le demi-cylindre relié à $f'$, celui

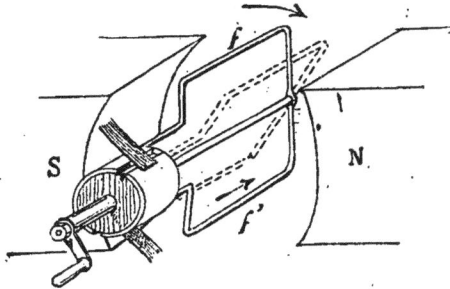

Fig. 233. — Bobine Siemens formée d'une seule spire.

du bas sur le demi-cylindre relié à $f$. Au moment précis où les courants induits changent de sens en $f$ et $f'$, les balais échangent les demi-cylindres sur lesquels ils s'appuient, ce qui maintient invariable le sens du courant dans le circuit extérieur.

L'opération qui consiste à placer les balais d'une machine sur le collecteur de façon que le courant extérieur conserve toujours le même sens, porte le nom de *calage des balais*. En supprimant le commutateur la machine fournirait des courants alternatifs.

Tous les constructeurs firent dès lors usage de l'induit Siemens. A la même époque Sinsteden et Soren Hjorth pensèrent à substituer aux circuits inducteurs fort coûteux et d'aimantation fixe des électro-aimants excités par le courant d'une batterie de piles ou par celui d'une machine magnéto-électrique. La machine magnéto-électrique devenait ainsi une machine dynamo-électrique.

En 1864, Wilde construisit une dynamo conforme aux idées précédentes.

Deux électro-aimants verticaux B B sont *excités* par le courant d'une petite machine magnéto P (*fig*. 334). Les armatures C C des électros laissent entre elles une cavité cylindrique dans laquelle

Fig. 334. — Machine dynamo de Wilde, excitée par une magnéto indépendante P.

tourne un induit Siemens. Le mouvement est communiqué à la machine par des courroies calées sur les arbres de la machine et d'un moteur. La machine Wilde obtint un grand succès à l'Exposition de Paris en 1867; la bobine de la petite magnéto faisait 2 400 tours par minute et l'induit de la dynamo 1 500.

A côté de la machine Wilde, Ladd exposa une machine analogue qui présentait deux particularités. L'induit était formé de deux bobines Siemens placées dans le prolongement l'une de l'autre (*fig.* 335), la bobine de gauche fournissait le courant envoyé dans le circuit extérieur, celle de droite envoyait au contraire un courant dans le fil de l'électro de manière à produire son aimantation.

Mais comment la machine pouvait-elle fonctionner puisqu'elle ne renferme ni aimants ni courants? Grâce au magnétisme naturel du fourreau de fer placé dans le champ magnétique terrestre et que

Fig. 335. — Machine de Ladd, amorcée par le magnétisme rémanent et excitée par une bobine Siemens.

les actions mécaniques accentuent. Du reste, en lançant une première fois un courant extérieur dans l'électro, il conserve toujours un magnétisme résiduel qui suffit au démarrage, à l'amorcement de la machine. Le courant, d'abord très faible, croît progressivement et atteint bientôt son régime normal. Les modèles Wilde et Ladd sont des dynamos à excitation indépendante.

Mais ne pourrait-on pas supprimer la bobine auxiliaire, éviter cette excitation par circuit séparé (*fig.* 336) et employer dans ce but le courant même qui est envoyé dans le circuit extérieur? Cette idée fut émise une première fois par Soren Hjorth en 1855, ainsi qu'en témoigne un brevet qu'il prit à cette époque, mais l'idée passa inaperçue, et en 1866 elle fut simultanément retrouvée

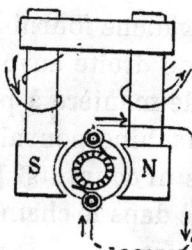

Fig. 336. — Dynamo à excitation indépendante.

par A. Varley, Werner Siemens et Ch. Weatstone. La machine dynamo se trouvait alors définitivement constituée.

L'excitation par le courant induit peut être faite de diverses manières.

Si le courant est envoyé en totalité dans l'électro, l'excitation est dite faite en série (*fig.* 337).

Si une partie seulement du courant circule dans le fil de

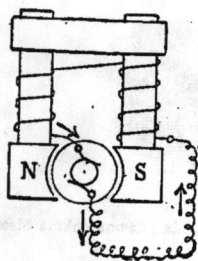

Fig. 337.
Dynamo excitée en série.

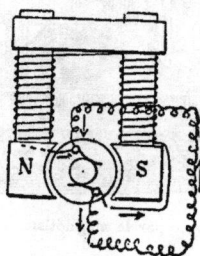

Fig. 338.
Excitation par dérivation.

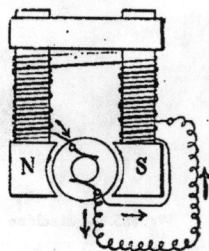

Fig. 339.
Excitation composée.

l'électro (*fig.* 338), l'excitation est faite en dérivation. On peut également combiner ensemble ces divers modes d'excitation, ce qui est parfois avantageux (*fig.* 339). Le choix dépend du résultat à obtenir.

A partir de 1867 les progrès ne portent plus guère que sur la forme et la construction de l'Induit.

En 1869 apparut l'induit en anneau dû à Gramme. Le hasard, ici encore, a fait son œuvre.

Gramme (¹), amené à modeler une machine de l'*Alliance*, imagina une théorie des Courants Induits. Après bien des mois de travail il parvint à construire une machine d'Induction dont l'organe
nouveau et original était cet Induit en anneau qui depuis a pris une
place si considérable dans la construction des dynamos.

L'induit Gramme se compose (*fig.* 340 et 342) d'un fil de cuivre
enroulé en bobines successives identiques et en nombre pair
*b,b*, etc., sur un anneau formé de fils de fer vernis. Cette disposition a l'avantage sur un anneau ordinaire de supprimer en grande

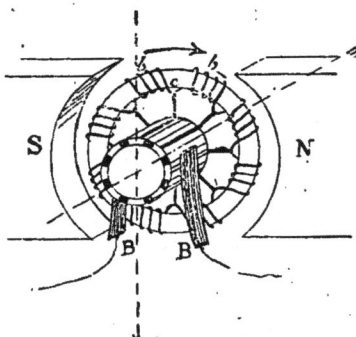

Fig. 340. — Schéma de l'Induit Gramme. Angle de calage des balais B B'.

partie les effets nuisibles des Courants de Foucault. Chaque portion
du fil *c*, qui va d'une bobine à la suivante, est fixée au côté d'une
équerre de cuivre disposée suivant le rayon dont l'autre côté T est

1. Né le 4 avril 1826 à Jehay-Bodegnee (province de Liège), Zénobe Gramme avait
34 ans lorsqu'il vint à Paris et entra, en qualité de menuisier-modeleur, dans les ateliers
de la société l'*Alliance* qui construisait les machines magnéto-électriques de Nollet, destinées à l'éclairage des phares. Les mystérieux phénomènes de l'induction, dont ces appareils étaient une application, le frappèrent vivement. Il chercha à se les expliquer, mais
il n'avait aucune instruction et il dut, comme Pascal réinventant la géométrie, composer
à son propre usage une théorie de l'électricité. Au milieu de ses méditations, il eut l'occasion d'ouvrir un traité de physique : ce fut pour lui une révélation. Après plusieurs années
de travail, après avoir passé dans l'atelier de Ruhmkorff, après avoir perfectionné les
machines de l'*Alliance*, il inventa, en 1869, l'anneau dit *anneau de Gramme*, et en 1872
exécuta la première dynamo industrielle, clef des grandes applications industrielles de
l'électricité. Les honneurs et les récompenses suivirent de près le succès commercial.
Gramme a successivement reçu un grand prix de la Société d'encouragement, un grand
prix aux Expositions de 1878 et 1881, une récompense nationale de vingt mille francs
du Gouvernement français, puis le célèbre prix Volta de cinquante mille francs. Déjà
chevalier de la Légion d'honneur, il fut nommé officier au mois de février 1889.

Fig. 341. — Gramme s'étant fait une théorie des phénomènes d'induction invente l'anneau
qui porte son nom.

perpendiculaire au plan de l'anneau. L'ensemble des équerres forme un cylindre appelé *Collecteur*.

Le fil induit, dit M. Clémenceau dans son livre sur les machines dynamos électriques, « est ordinairement isolé par deux couches de coton enroulées en sens opposé, ou par une couche de coton et une couche de soie. Quant aux lames du collecteur, elles sont séparées entre elles par des feuilles d'amiante, de carton ou de tout autre matière isolante. Enfin pour consolider le tout et empêcher les fils de se séparer les uns des autres pendant la rotation, l'anneau est fortement cerclé à l'extérieur par des fils de fer ou même par de la ficelle goudronnée. L'anneau ainsi constitué est fixé sur l'arbre de la machine au moyen de cales en bois fortement pressées et le col-

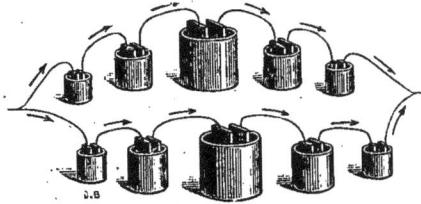

Fig. 342. — Couronne de piles fonctionnant chacune de la même manière que les bobines de l'anneau Gramme.

lecteur est consolidé sur l'axe par une ou deux bagues de bronze entourées d'un isolant. Aujourd'hui l'anneau Gramme est un peu modifié. L'anneau proprement dit est identique, mais le collecteur en est indépendant. Celui-ci est formé par un manchon isolant claveté sur l'arbre et dans lequel sont encastrées toutes les lames collectrices séparées par des feuilles de carton. »

Cet induit est-il mis en rotation entre les pièces polaires d'un Inducteur ainsi que le représente la figure 296, il est aisé de reconnaître en appliquant l'une ou l'autre des trois règles que nous avons indiquées que les spires des bobines placées à droite du diamètre vertical tendent à être parcourues par des courants dont le sens est figuré par les flèches 1 et 4, les spires situées à gauche étant parcourues par des courants de sens contraire ainsi que l'indiquent les flèches 2 et 3. De plus, l'Induction dans chaque bobine décroît à mesure qu'elle s'approche de la verticale.

En calant les deux balais qui conduisent le courant à l'extérieur, de façon qu'ils appuient constamment sur les deux touches de cuivre du collecteur qui passent dans la verticale, les deux courants opposés viendront se déverser dans le même sens dans le circuit extérieur.

Les bobines de droite et de gauche agissent comme deux systèmes de piles disposées en série (*fig.* 342) et dont sont réunis les pôles positifs et négatifs communs aux deux séries par un fil conducteur : la force électromotrice des piles allant en diminuant des milieux de chaque série vers les extrémités.

Ainsi qu'on le voit, la théorie du fonctionnement de l'anneau Gramme est des plus simples.

Son mouvement donne lieu dans le circuit extérieur à un cou-

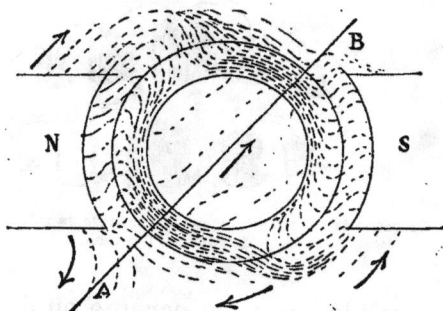

Fig. 343. — Modification des lignes de force du champ magnétique de la machine Gramme lorsque l'anneau est en rotation.

rant continu, c'est-à-dire de sens invariable. L'intensité du courant subit des variations chaque fois qu'une nouvelle touche passe par la verticale, car il y a alors un moment où les balais appuient sur deux touches consécutives et suppriment par suite du circuit les bobines correspondantes qu'ils ferment sur elles-mêmes. Il va de soi que la variation d'intensité qui résulte de cette suppression est d'autant plus faible que les bobines comprennent moins de spires ou encore qu'elles sont en plus grand nombre sur l'anneau.

Les machines dynamos ne donnent donc pas des courants d'une intensité rigoureusement constante.

En suivant le courant qui circule dans les deux moitiés du fil induit, on voit qu'il aimante l'anneau de façon à y créer deux pôles placés aux extrémités du diamètre vertical; cette aimantation se

compose avec celle produite dans l'anneau par le champ magnétique qui l'entoure et porte les points où le courant change de sens
sur la ligne A B (*fig*. 343). C'est donc là où il faudra disposer les
deux balais, le plan qui passe par les deux balais ainsi disposés
fait, dans le sens de la rotation de l'anneau, un certain angle avec
le plan vertical auquel on a donné le nom d'*angle de calage* des
balais B B' de la machine (*fig*. 343). Dans la pratique, on trouve

Fig. 344. — Machine magnéto-électrique Gramme.

aisément cet angle en disposant les balais de manière à réduire au
minimum les étincelles qui éclatent entre eux et le collecteur.

Les portions du fil induit qui sont sur la face intérieure de l'anneau sont sans utilité, puisqu'elles ne rencontrent pas de lignes de
force dans leur mouvement. Si les lignes de force franchissaient
l'épaisseur de l'anneau au lieu de le suivre, l'induit Gramme serait
sans valeur, car les deux moitiés de chaque spire subiraient, ainsi
que le montre l'une quelconque des règles qui déterminent le sens
des courants induits, des inductions constamment opposées. Dans
l'induit cylindrique, il n'y a que les parties du fil qui traversent
les bases qui soient sans effet, mais cet induit est plus difficile à

consolider que le précédent et d'une réparation plus coûteuse dès qu'un accident vient à s'y produire.

On voit (*fig.* 344) une machine magnéto-électrique à induit Gramme. En haut et en bas du collecteur appuient les balais, en fils de cuivre, fixés aux bornes qui reçoivent les extrémités du circuit extérieur. Un système d'engrenage permet de donner à l'induit

Fig. 345. — Machine dynamo-électrique Gramme. (Type supérieur.)

un mouvement rapide de rotation. Dans les cours publics on peut aisément rougir un fil fin, décomposer de l'eau, etc., au moyen de cette machine que tous les laboratoires possèdent.

La figure 345 représente une excellente dynamo à induit Gramme et à courant continu : les deux électro-aimants sont verticaux et formés par des noyaux de fonte creux à section rectangulaire. Ils ont été fondu d'un seul jet avec le bâti. Les balais *b b*, le collecteur, l'induit sont constitués ainsi qu'il a été dit. Les épanouissements polaires P entourent l'induit. Celui-ci reçoit son mouvement de rotation d'une courroie calée sur le tambour T.

Il est inutile de multiplier les descriptions des différents types de machine. Le lecteur est assez familiarisé maintenant avec les organes qui les constituent pour les reconnaître à la simple inspection du dessin qu'en donnent les revues et les traités spéciaux.

La figure 346 représente une machine de Siemens sous sa

Fig. 346. — Machine dynamo Siemens.

forme actuelle et la figure 353 le dernier modèle adopté par la C$^{ie}$ Édison. L'induit de ces machines est en navette. On diminue autant que possible la longueur du circuit magnétique suivi par les lignes de force ainsi que les pertes à l'entrefer, ce qui donne aux machines récentes une forme de plus en plus ramassée. La figure 349 représente une dynamo Westinghouse directement accouplée à une machine à vapeur à grande vitesse.

Signalons encore la machine Ferranti, à courants alternatifs, qui fit beaucoup de bruit lors de son apparition en 1882. L'induit est formé d'un ruban de cuivre replié sur lui-même de manière à former une sorte d'étoile à 16 branches (*fig.* 347), il tourne devant deux rangées d'électro-aimants inducteurs dont les pôles Nord et Sud sont alternés. De cette façon deux rayons voisins de l'induit s'approchent, l'un d'un pôle Nord, l'autre d'un pôle Sud; les courants produits sont donc de sens contraire suivant ces deux rayons et, par suite, s'ajoutent ainsi qu'il convient, c'est-à-dire que l'on marche dans le sens des divers courants induits en suivant dans un même sens le ruban de cuivre. Plusieurs rubans sont superposés et isolés les uns des autres par des feuilles de carton. On multiplie ainsi la puissance de la machine.

Notre but est atteint, nous possédons désormais des Générateurs d'Énergie électrique alimentés par une Énergie mécanique quelconque. Parmi celles-ci, il en est qui ne coûtent rien : l'Énergie des chutes d'eau, des vents... Il est donc facile d'avoir de l'Énergie électrique à très bon marché. Ainsi s'évanouit le principal inconvénient de l'emploi des Moteurs électriques.

Mais il y a plus. En rapprochant les conséquences tirées des lois de l'Électro-magnétisme de celles tirées des lois de l'Induction, on voit sans peine qu'un Moteur électrique doit être aussi un Générateur d'électricité et inversement.

Il suffit, en effet, de lancer un courant électrique dans le fil de l'Induit d'une dynamo pour voir, ainsi qu'il est prévu par les lois en question, tourner celui-ci dans le sens inversé de celui qu'il devrait prendre pour fournir le courant qui y est lancé. Dans de telles conditions la dynamo fonctionne comme Réceptrice.

On est étonné de voir combien la constatation de la *Réversibilité* des Machines d'Induction s'est fait attendre. Cependant Jacobi avait remarqué que l'aiguille d'un galvanomètre intercalé dans un circuit comprenant une Batterie de Piles et un Moteur électrique se rapprochait d'autant plus du zéro que le Moteur tournait plus vite. Il fonctionnait comme des Piles qu'on aurait mises *en opposition*[1] avec celles de la Batterie. D'autre part, Pacinotti avait écrit en 1864

---

1. Deux électromoteurs sont mis en opposition lorsqu'on réunit par des fils métalliques leurs pôles de même nom. Ils se contrarient alors au point de vue du courant que chacun tend à établir dans le courant.

que son moteur mis en mouvement à la main maintenait dans le
circuit un courant toujours de même sens.

C'est le 3 juin 1873, à l'Exposition de Vienne, que MM. Fontaine et Breguet firent la première expérience publique sur la
Réversibilité de la machine Gramme, c'est-à-dire la première expérience sur le transport de la force à distance au moyen d'appareils

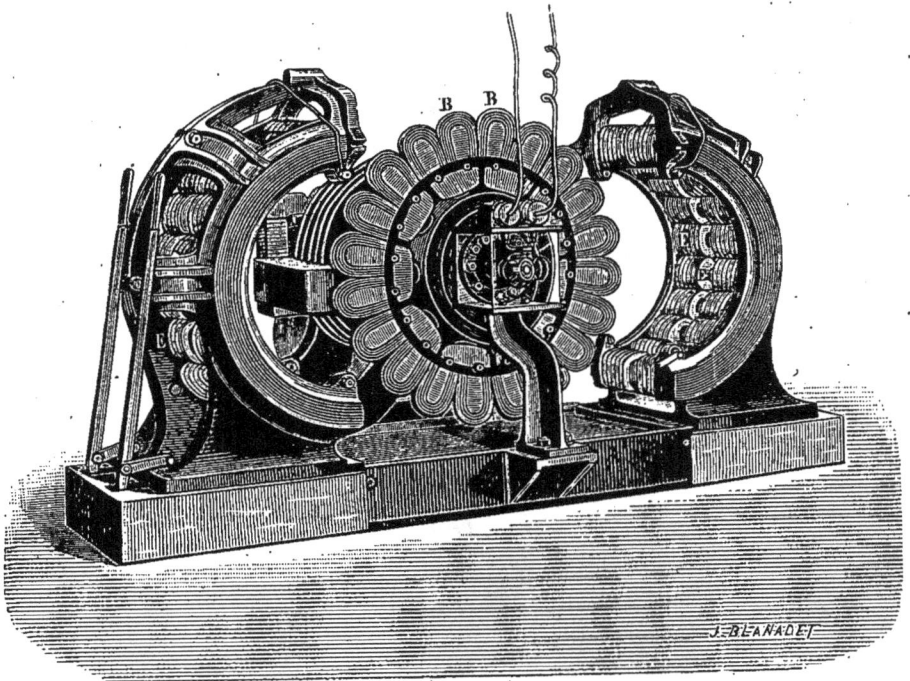

Fig. 347. — Dynamo Ferranti à courants alternatifs.

identiques. Deux machines Gramme placées à une faible distance
l'une de l'autre étaient reliées par deux conducteurs. La Génératrice
était actionnée par un moteur à gaz et la Réceptrice faisait mouvoir
une Pompe qui élevait de l'eau.

Après cette expérience la Question du Transport de l'Énergie à
distance semble oubliée, il faut arriver en 1877 pour voir une première application se réaliser au dépôt central d'artillerie : une machine à diviser était commandée par un Moteur Froment qui recevait le courant d'une machine Gramme animée par le Moteur à

vapeur de l'atelier. Plus tard, le Moteur Froment fut remplacé par une seconde machine Gramme. La Génératrice et la Réceptrice étaient séparées par une distance de 60 mètres.

Dans les ateliers de la Société du Val d'Osne, à Paris, une ma-

Fig. 348. — Le pont roulant électrique de la Galerie des Machines à l'Exposition universelle de 1889.

chine Gramme, liée au moteur à vapeur, en faisait tourner une autre destinée à la galvanoplastie et placée à une distance de 160 mètres de la première.

En mai 1879, une expérience plus importante fut faite à la sucrerie de Sermaize (Marne) par MM. Chrétien et Félix. Deux machines Gramme devant fonctionner comme réceptrices étaient placées aux deux extrémités d'un champ qu'il s'agissait de labourer à l'Électricité. L'une de ces réceptrices était à une distance de 400 mètres de la Génératrice de l'usine qui recevait le mouvement du Moteur à vapeur, l'autre réceptrice était à 650 mètres de l'usine. Les deux réceptrices fonctionnaient alternativement en tirant la charrue au moyen d'un treuil. Les fils de cuivre qui formaient la ligne avaient deux millimètres de diamètre.

Quelques mois plus tard, dans des expériences faites à Noisiel par M. Menier, on put labourer ainsi à une distance de 700 mètres. L'énergie était fournie cette fois par une chute d'eau. Dans une autre série d'expériences, l'énergie fut transportée à trois kilomètres.

La même année, à l'usine Schaw's-Water chemical Works (Écosse), une génératrice commandée par une turbine était reliée par des fils métalliques à une réceptrice qui faisait mouvoir d'une manière permanente une scie circulaire, un tour et une machine à percer.

Le service d'artillerie installa également à la fonderie de Bourges des machines à traction, animées par le courant électrique et destinées à la mesure de la résistance des matériaux. Des grues roulantes de 20 tonnes y furent également actionnées par une réceptrice spéciale. Ces grues servaient au maniement des gros canons. Aujourd'hui, dans les ports, les gares, etc., on opère la « manutention » des marchandises au moyen de cabestans et de treuils électriques commandés par une dynamo ou par des accumulateurs. Ceux de la gare de La Chapelle, l'une des plus importantes du monde entier, sont chargés tous les deux jours. Les treuils électriques de cette gare sont fort simples : ils sont formés par deux dynamos installées sur un petit chariot à quatre roues. L'une de ces dynamos approche ou éloigne le fardeau, l'autre l'élève ou l'abaisse. En une demi-heure on peut remuer cent sacs au moyen d'un de ces treuils et transporter des fardeaux de 150 kilog. à 23 mètres de distance.

« Qui ne s'est donné parmi les visiteurs de l'Exposition, écrivait M. A. Vernier dans une de ses « Causeries scientifiques », l'amusement de se faire rouler d'un bout à l'autre du Palais des machines sur un des ponts (*fig.* 348) qui sont appuyés sur les quatre files de poutres de fer qui servent de support aux innombrables transmissions nécessaires aux appareils en mouvement. Ces poutres sont appuyées sur de légères colonnes de fonte; à leur sommet, elles portent un rail, et d'une poutre à l'autre un pont est appuyé par des galets roulant sur le rail. Ce pont est toujours chargé d'un grand nombre de personnes qui, se sentant mues par une force invisible, parcourent en peu de temps et sans aucune fatigue toute la longueur du Palais, qui n'est pas de moins de 400 mètres, en passant au-dessus des machines en mouvement, qui accomplissent leur travail quotidien.

« Comment obtient-on le déplacement de ces ponts, qui n'ont pas moins de 18 mètres de longueur d'une poutre à l'autre et 5 mètres de largeur, et qui offrent ainsi aux visiteurs une surface, une sorte de reposoir de 90 mètres carrés? C'est au moyen de l'électricité. Pour l'un des ponts, une machine à vapeur du type Westinghouse et de 25 chevaux actionne une machine dynamo du type Gramme; sur le pont, il y a une machine dynamo-réceptrice du courant qui est amené par deux câbles conducteurs; le mouvement est transmis aux organes par friction et dans ce but l'arbre de la machine réceptrice prolongé commande par des galets un autre arbre qui sert à trois ordres de mouvements dont un seul est mis en jeu quand il ne s'agit que de faire rouler le pont, mais dont deux autres peuvent l'être quand on veut lever un fardeau, ou le déplacer transversalement; car, il faut qu'on le sache, ces ponts roulants n'ont pas été inventés pour leur objet actuel, pour la promenade des visiteurs; ils servent, dans les immenses ateliers métallurgiques modernes, à transporter et à remuer de très grands poids plus commodément qu'on ne faisait autrefois, quand on n'avait que des grues de levage et qu'il fallait faire passer les grosses pièces du crochet d'une grue à celui d'une autre grue. Si vous parcourez quelques parties de l'Exposition, où se voient les pièces les plus monstrueuses, plaques de blindage d'une épaisseur énorme, arbres coudés des bateaux à vapeur modernes, grosses pièces d'artillerie pareilles à des télescopes, vous ne serez pas étonné que les ingénieurs aient été forcés de chercher des moyens nouveaux de faire circuler commodément dans les ateliers ces lourdes pièces qui se transforment graduellement et qui ont besoin d'aller parfois rapidement d'un point des ateliers à un autre. Les ponts roulants ont offert une excellente solution; c'est par excep- tion que ceux de l'Exposition sont mus électriquement; on se contente généralement, dans les grands établissements industriels, des moteurs à vapeur ordinaires. »

Pendant la construction du Palais des machines, le chef du ser- vice mécanique et électrique de l'Exposition, utilisa les poutres qui devaient servir aux transmissions pour l'établissement des ponts roulants qui facilitèrent beaucoup la mise en place des organes les

Fig. 349. — Machine à vapeur Westinghouse accouplée directement à une dynamo Westinghouse.

plus lourds des machines. Cette tâche une fois exécutée, il se trouva que les ponts destinés surtout à être des appareils de levage devin- rent des appareils de locomotion. Ce fut un exemple très intéres- sant de traction électrique.

Dès 1883 on appliquait le transport de l'énergie à distance dans les mines. A la Péronnière (Loire), les wagonnets et les bennes étaient déplacés de cette manière, ailleurs l'électricité commandait les pompes d'épuisement (houillères de Déan Forest), mines de charbon de Thalern (Autriche). A Bienne (Suisse), les machines outils d'une fabrique d'horlogerie recevaient leur énergie d'un tor- rent voisin, etc.

Pour montrer toute la souplesse de l'énergie électrique, ajoutons qu'elle a été appliquée avec succès à la locomotion qu'il s'agisse des ballons ([1]), des canots flotteurs ([2]) ou sous-marins, des tramways, etc.

Nous sommes néanmoins fort en retard en France, à ce point de vue. Alors que l'Amérique compte 238 sociétés de chemins de fer électriques ou de tramways électriques, utilisant 2 673 kilomètres de voie et possédant 2 938 voitures en service, nous n'avons encore installé que deux tramways électriques.

L'un de ces tramways va, à Paris, de la Madeleine à Courcelles. C'est une voiture unique qui ne diffère nullement à l'œil de celle que traînent les chevaux ; le moteur électrique est dissimulé ; un seul homme suffit à la manœuvre. L'Énergie électrique est obtenue dans ce système, à l'aide d'accumulateurs amenés tout chargés aux stations.

Une résistance variable — c'est-à-dire une longueur de fil métallique variable — introduite dans le circuit permet de modifier la puissance de la vitesse ; cette résistance est dans la main du « cocher » qui peut de plus marcher en changeant le sens du courant en avant et en arrière à volonté. Les balais, ordinairement faits avec des lames de cuivre ou des fils de cuivre, sont remplacés par des plaques de charbon qui donnent moins d'étincelles. La transmission se fait par des roues dentées montées sur les essieux moteurs.

---

1. On sait comment les capitaines Renard et Krebs sont arrivés, en 1885, à diriger leur ballon la *France*, de 1800 mètres cubes, capable d'enlever une charge de 2000 kilogrammes au moyen d'un moteur électrique actionnant une hélice et recevant le courant d'une batterie de piles légères — les piles Renard sont formées par un mélange d'acide chlorhydrique et d'acide chromique qui baigne et attaque une lame de zinc enfermée dans un mince tube argenté.

En 1883, M. Gaston Tissandier avait déjà démontré la possibilité d'appliquer les moteurs électriques à la navigation aérienne. Le moteur actionnant l'hélice de l'aérostat était une dynamo Siemens qui recevait le courant d'une batterie de piles au bichromate de potasse.

2. Nous avons dit que Jacobi put remonter la Néva avec un bateau poussé par l'Énergie électrique venant des piles. En 1881, M. Trouvé fit sur la Seine une expérience analogue avec son bateau le *Téléphone*. Depuis 1882, un bateau en fer, l'*Electricity*, dont le moteur reçoit le courant d'accumulateurs chargés à la station de départ, sert à des transports commerciaux sur la Tamise ; il peut marcher avec une vitesse de 14 kilomètres à l'heure.

Dans le système américain, où il faut une dynamo génératrice d'électricité et des fils, le conducteur est en cuivre, il se ramifie à volonté et il communique avec le pôle positif de la machine; les rails complètent le circuit et sont en rapport avec le pôle négatif. La communication du véhicule avec le conducteur est toujours assurée, grâce à une poulie de gorge qui suit docilement le conducteur.

Il y a bien des raisons pour préférer le système des accumulateurs au système des dynamos mobiles, attachées au truc, quand il s'agit de se décider pour un système de traction électrique. La plus importante est celle-ci : le système des accumulateurs permet de donner du travail dans la journée aux stations centrales, qui ne servent à créer de la lumière, que pendant la nuit, et qui, si elles ne chargeaient point ses accumulateurs, resteraient inutilisées la moitié du temps.

Il est clair que tout se lie, quand on entre dans la voie des applications de l'Énergie électrique.

L'autre tramway électrique est en Auvergne, sur la route de Clermont-Ferrand à Royat, route tout unie, dominée par le Mont-Dore.

Ce tramway dessert sept stations sur un parcours de 7 kilomètres. Ici, le mouvement n'est pas obtenu par des accumulateurs. Le courant électrique circule le long d'un conducteur latéral placé sur poteaux. La voiture installée sur les rails est reliée par un fil et une glissière au conducteur latéral.

Le courant passe par ce chemin dans le moteur électrique de la voiture. L'usine motrice se trouve à Clermont-Ferrand : elle comprend un moteur Farcot de 150 chevaux actionnant une dynamo Thury à 6 pôles. La dynamo engendre le courant de 300 volts et 400 ampères qui circule le long du conducteur en cuivre supporté par des poteaux en fer de 8 mètres de haut espacés de 40 mètres. Il n'y a qu'un conducteur; le retour du courant s'effectue par la voiture et par les rails. Le conducteur est un tube de cuivre de section carrée, dont la partie inférieure est fendue. A l'intérieur peut glisser une navette de 40 centimètres de longueur munie inférieurement d'un crochet qui permet d'attacher un fil métallique que l'on relie à la voiture. Pendant la marche, le crochet avec la na-

vette et le fil se déplacent le long de la fente inférieure du conducteur. Le courant arrive ainsi sans cesse à la voiture où l'on a installé une dynamo réceptrice. La dynamo actionne les roues. Le
« cocher » se tient sur la plate-forme d'avant, et il a sous la main
le commutateur qui règle la vitesse de marche; cette vitesse ne
doit pas dépasser 20 kilomètres à l'heure.

En 1881, M. Marcel Deprez fit des expériences importantes au
point de vue surtout de la répartition de la distribution de l'Énergie
électrique transportée; la distance de la Génératrice aux Réceptrices ne dépassait pas 1 800 mètres.

Le problème de la distribution de l'Énergie électrique est encore
à l'étude. Pour qu'il soit résolu d'une manière vraiment pratique,
il faut évidemment :

1° Que tous les appareils récepteurs reçoivent la part d'Énergie
qui leur est nécessaire, mais ni plus, ni moins : une machine à
coudre n'a pas besoin d'autant d'Énergie qu'un treuil ;

2° Ces Récepteurs doivent fonctionner d'une façon indépendante.
L'arrêt de quelques-uns d'entre eux ne doit pas influencer le fonctionnement des autres ;

3° Ces résultats doivent être atteints automatiquement et instantanément par l'action seule de l'appareil et sans l'intervention de
surveillants ;

4° Il faut enfin que la marche du Générateur d'Électricité ne
fournisse à chaque instant que l'Énergie nécessaire aux appareils
qui fonctionnent à cet instant;

5° Un compteur particulier doit indiquer l'Énergie électrique
consommé par chacun des abonnés au Réseau desservi par les
Générateurs.

Nous n'insisterons pas sur les difficultés techniques de la question.

Il est à remarquer que toutes les installations, toutes les expériences précédemment décrites concernent le transport de l'Énergie
électrique à petite distance.

Qu'adviendrait-il si les Génératrices et les Réceptrices étaient
très éloignées les unes des autres?

Pour obtenir la réponse à cette question, M. Marcel Deprez s'est
adressé à l'Expérience. Il a procédé aux préparatifs en mettant à

profit toutes les Indications de la Théorie et toutes les ressources de son esprit ingénieux. Aidés par des savants éminents, il a mesuré le Travail consommé par la Génératrice pendant un certain temps et celui qui était disponible sur l'arbre de la Réceptrice. Plus le rapport de ce dernier travail au premier sera élevé, meilleure sera l'Installation du transport de l'Énergie à distance. Ce rapport se nomme le *Rendement pratique*, industriel de l'Installation. Des expériences furent d'abord exécutées en septembre 1882 par M. Deprez, à l'Exposition d'Électricité de Munich : la Génératrice était installée dans la petite ville de Miesbach, à 57 kilomètres de Munich, où se trouvait la Réceptrice; c'est la première expérience à grande distance. Les courants employés étaient des courants à haute tension (2 000 volts), les dynamos génératrice et réceptrice étaient identiques et dérivaient du type Gramme, le fil de ligne était en fer et avait $4^{mm},5$ de diamètre. La Réceptrice installée au Palais de Cristal mit en mouvement pendant huit jours une pompe alimentant une cascade d'environ $2^m,5$ de hauteur. Des accidents survenus aux machines mirent fin aux expériences.

Elles furent reprises, à Paris, en 1883. Une commission composée de MM. de Freycinet, Tresca, Bertrand, Cornu, fut nommée par l'Académie des sciences pour effectuer les mesures nécessaires. Les expériences furent exécutées de février à mars 1883. La Génératrice et la Réceptrice étaient placées dans les ateliers du chemin de fer du Nord, mis à la disposition de M. Deprez par la Compagnie; elles étaient réunies, d'un côté, par un fil court; de l'autre, par un fil télégraphique en fer galvanisé de 4 millimètres de diamètre passant par la station du Bourget et présentant un développement total de 17 kilomètres. En dépensant 1 cheval-vapeur sur l'arbre de la Génératrice, on reconnut que l'on recueillait 1/3 de cheval-vapeur sur l'arbre de la Réceptrice, le reste était dissipé en chaleur dans la Transformation et le Transport.

La disposition expérimentale de la Gare du Nord offrait l'avantage de placer les deux machines côte à côte et de faciliter singulièrement les mesures simultanées, mais elle diffère des conditions imposées au transport de la force à grande distance, à cause de la jonction directe des deux machines; on pouvait donc élever une objection contre ce mode d'expériences, car la perte par les poteaux était favorable à la marche des machines. Pour se placer dans des conditions plus conformes à la Réalité et répondre aux critiques souvent violentes et injustes qui lui furent adressées, M. Deprez accepta les propositions de M. Rey, maire de Grenoble et délégué par la ville pour suivre les Expériences de la Gare du Nord.

Les machines qui, lors de leur installation à La Chapelle avaient été endommagées par une averse, furent remises en état et expédiées dans l'Isère. La Génératrice installée à Vizille dans une usine alors inoccupée, recevait le mouvement d'une Turbine, elle était

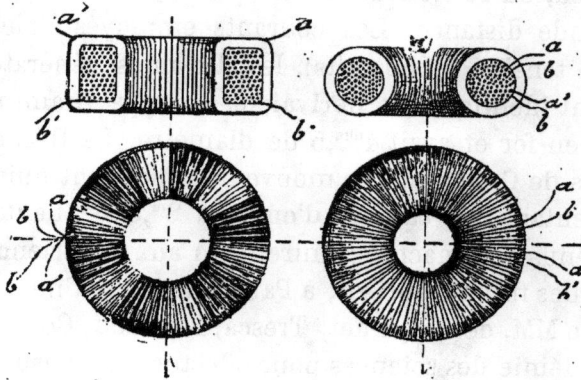

Fig. 350. — Les deux types de Transformateurs.

reliée à la Réceptrice, placée dans les Halles de Grenoble, par des fils nus en bronze siliceux de 2 millimètres de diamètre supportés par des isolants en porcelaine fixés à des poteaux. La distance du transport était de 14 kilomètres. Les expériences commencèrent en août 1883 et furent poursuivies avec succès pendant plusieurs mois. M. Deprez fit également des expériences de distribution électrique : entretien de 108 lampes dans les Halles de Grenoble, mise en action d'une machine à imprimer, d'un tour à bois et d'une scie à ruban. Le rendement fut bien supérieur à celui des Expériences de la Gare du Nord.

En 1885, d'autres expériences faites à Creil donnèrent le résultat suivant : 116 chevaux-vapeur dépensés à Creil fournissaient 52 chevaux-vapeur utilisables à Paris. La tension atteignit

6 300 volts. Dans la dernière épreuve, 164 chevaux dépensés à Creil donnaient 80 chevaux-vapeur à Paris. La tension dépassa 9 000 volts, chiffre qui n'avait jamais été atteint auparavant. Le système de transmission de M. Deprez fut appliqué pour la première fois à Bourganeuf (Creuse) en 1888, et il continue à donner d'excellents résultats.

L'ensemble des recherches de M. Deprez montre la possibilité du Transport de l'Énergie à de très grandes distances et dans de bonnes conditions. Ce savant électricien, en vue de transmissions plus considérables, a fait construire une machine électrique qui a été exposée au Palais des Machines à l'Exposition de 1889 et qui est l'une des plus puissantes qui existent, elle est de forme élégante et pèse à peine quatorze mille kilogrammes.

La plus grande machine d'induction a été construite en 1889 pour la station centrale de Deptford dans le but de donner la lumière à une partie très étendue de Londres.

Cette machine, véritablement géante, a une armature dont le diamètre est de douze mètres; nous voilà bien loin certes des premiers anneaux de Gramme, des petites machines modestes, qui ont les premières répandu l'usage de la lumière et de l'Énergie électriques. L'énorme dynamo de Deptford a besoin, pour entrer en action, du travail d'une machine à vapeur de mille deux cent cinquante chevaux.

On avait quelques inquiétudes sur le bon fonctionnement d'un système conçu dans ces proportions tout à fait inusitées. Les essais ont eu lieu et ils ont réussi. C'est le 7 novembre dernier que l'on a transmis pour la première fois le courant électrique de Deptford à Londres. La machine dynamo, dans ces premiers essais, n'a développé qu'un courant de 5 000 volts; c'est la moitié seulement de ce qu'elle est appelée à donner plus tard. Le courant à haute tension a été conduit à Charing-Cross, aux arcades Adelphi; sur ces points, il a d'abord été reçu par des transformateurs qui l'ont ramené à 2 400 volts; d'autres transformateurs, sur certains points du réseau, peuvent le ramener à 100 volts seulement, chiffre qui est adopté aujourd'hui normalement pour les emplois définitifs du courant.

L'expérience de l'usine centrale électrique de Deptford a un grand intérêt; elle démontre qu'on peut, en plaçant excentriquement des usines, d'où partent des courants à haute tension bien protégés et en transformant ces courants dans les parties les plus peuplées d'une ville, à l'aide de transformateurs convenables, réaliser le programme de l'éclairage électrique sans placer au cœur même des cités des usines bruyantes, des machines à vapeur, des cheminées d'usine, vomissant d'épaisses fumées.

Dans les applications de l'Énergie électrique, des motifs d'économie conduisent à transporter cette Énergie sous forme de courants de faible Intensité et de haute Tension.

Il est alors nécessaire de ramener cette Énergie à une tension convenable à l'endroit où elle doit être consommée.

C'est là le rôle du *Transformateur*.

Supposons qu'il s'agisse de courants alternatifs destinés à l'Éclairage, les Transformateurs employés se réduisent à deux types fort simples.

Ils sont représentés figure 350 : sur un noyau de fils de fer isolés semblable à celui de l'Induit Gramme sont enroulés ensemble deux fils; les extrémités du fil $a\,b$ qui est beaucoup plus long que l'autre sont attachées aux extrémités du circuit qui amène le courant alternatif, c'est le courant qu'induit celui-ci dans le second fil $a'\,b'$ qui est utilisé, qui se rend par exemple dans les lampes à incandescence.

Dans la bobine Ruhmkorff qui résout un problème inverse de celui résolu par le Transformateur précédent, le fil secondaire est au contraire plus long que le fil primaire.

Dans le second type (*fig.* 350), les deux circuits primaire $a\,b$ et secondaire $a'\,b'$ sont enroulés de manière à former un anneau et sur cet anneau s'enroule de plus un fil de fer.

C'est Lucien Gaulard ([1]) qui a montré par des expériences poursuivies avec une rare énergie tout l'avantage que l'on pouvait retirer

1. « Gaulard (Lucien) est mort à Paris le 26 novembre 1888, à l'âge de 38 ans. Cette carrière s'est terminée dans des circonstances dont vous avez conservé le souvenir émouvant; depuis un an, la maladie cérébrale qui l'a emporté avait obligé de lui chercher un refuge à l'asile Saint-Anne, et aussi ses modestes ressources; en même temps l'invention de sa vie, ses générateurs secondaires, prenait en Amérique, par la compagnie Westinghouse, un essor industriel considérable; le contraste était poignant.

« Gaulard n'était pas un savant, c'était un voyant : il appartenait à cet âge héroïque de l'Électricité, âge qui passe, et pendant lequel nous avons vu les plus grandes inven-

des *Transformateurs*. La transformation n'absorbe qu'une très faible fraction de l'Énergie apportée par le courant.

« Dans le transformateur Gaulard, les spires de la Bobine pri-

tions électriques sorties tout d'une pièce du cerveau de génies que la Science n'avait pas d'abord cultivés !

« C'est de chimiste que Gaulard est devenu électricien : il s'était occupé pendant longtemps des composés explosifs. A l'Exposition internationale d'Électricité de 1881, il présenta une pile thermochimique. C'était évidemment le passage, car dans les deux années qui suivirent, 1882 et 1883, il réalisa son *Transformateur*.

« En octobre 1883, il éclairait à Londres, sur une longueur de plusieurs kilomètres, diverses stations du Métropolitain, d'une manière continue et avec plein succès. L'année suivante, à l'Exposition de Turin, en 1884, il apportait à son système un complément important, son régulateur d'intensité du courant primaire. Il concourut pour le grand prix et l'obtint à la suite d'expériences prolongées. Ces expériences constatèrent, d'une part, le rendement élevé du système et, de l'autre, que les appareils supportaient sans inconvénient un fonctionnement prolongé. :

« Permettez-moi de m'arrêter un instant à cette période de sa vie : c'est celle des grandes angoisses, mais c'est aussi celle du triomphe ; il n'en a pas été de même plus tard : il a retrouvé les épreuves, mais n'a pas atteint les compensations auxquelles il avait droit.

« L'expérience de Turin et de Lanzo est mémorable et fait date. Sur un parcours de 40 kilomètres (distance qui sépare Turin de Lanzo, 80 kilomètres aller et retour), Gaulard avait produit la lumière électrique dans les appareils les plus divers. Au point de départ, à l'Exposition de Turin : 34 lampes Edison de 16 bougies, 48 lampes de 8 bougies, 1 lampe à arc Siemens. A la station de Venaria : 2 lampes Siemens. A la station de Lanzo, à l'arrivée : 9 lampes Bernstein, 16 lampes Swan, 1 lampe soleil, 2 lampes à arc. Tous ces foyers fonctionnaient à la fois, ensemble et indépendamment les uns des autres. Le fil de ligne était en fer chromé de $3^{mm},7$ de diamètre et supporté par les poteaux télégraphiques du chemin de fer.

« Gaulard fit seul ses installations, et dans un temps très court. Au dernier moment, à celui des essais, il fut aidé simplement par un employé qui vint exprès de Londres ; il fit face à toutes les difficultés d'une pareille installation.

« La réussite fut complète et la sensation à Turin considérable, si bien que, quoique le programme posé ne fût pas complètement rempli, un prix de 10000 francs lui fut décerné. C'est qu'en effet, depuis 1884 jusqu'à ce jour, pareille distribution de lumière n'avait été faite.

« Là, à Turin, avec son caractère expansif, enthousiaste, sans aucune méfiance, Gaulard plein de son œuvre, des modifications qu'il cherchait, qu'il trouvait, n'avait de secret pour personne : c'était pour ainsi dire en public qu'il travaillait ; moins confiant, il se fût épargné dans l'avenir bien des amertumes.

« Je n'insisterai pas davantage sur ses travaux, bien que Gaulard, plus tard, eût fait encore comme ingénieur l'installation de Tours par exemple, la préparation de l'introduction de son procédé aux États-Unis, d'où il nous revient après avoir pris un développement merveilleux que le malheureux Gaulard a à peine entrevu.

« *Quoiqu'il en soit, c'est bien à Lucien Gaulard que revient tout l'honneur de l'invention de la distribution de l'Énergie électrique à grande distance, par l'emploi des courants alternatifs et des Transformateurs.* »

(Note lue à l'assemblée générale annuelle à Paris, du 3 avril 1889, de la Société internationale des Électriciens ; présidence de M. Lemonnier.)

maire alternent avec celles du circuit secondaire sur un noyau rectiligne en fer. Deux noyaux semblables sont parfois réunis par des raccordements de manière à former un circuit magnétique homogène. Les deux enroulements sont constitués par des segments annulaires découpés à l'emporte-pièce dans une tôle de cuivre. Les segments sont superposés, isolés au moyen d'anneaux en carton mince et réunis à l'aide d'attaches saillantes de manière à constituer deux hélices à ruban. L'hélice primaire est continue, mais

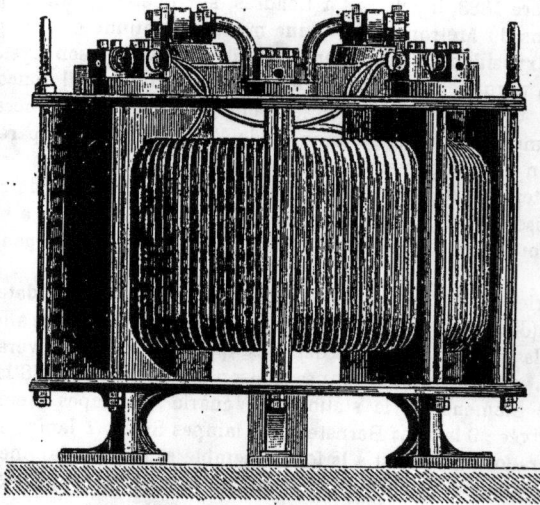

Fig. 351. — Transformateur Zipernowski.

l'hélice secondaire est divisée en plusieurs sections associées en dérivation.

« L'entrelacement des deux circuits du transformateur a l'inconvénient de multiplier les chances de contact intérieur et expose, par suite, à la production d'une tension élevée dans le secondaire. En outre, les deux circuits se comportent comme les armatures d'un condensateur; ce qui, vu les potentiels élevés du primaire, expose à des décharges électriques dangereuses (¹) ».

Les ingénieurs Zipernowski, Deri et Blaty, des ateliers Ganz et Cᵉ, ont établi des Transformateurs appartenant aux deux types.

1. Eric Gérard : *Leçons sur l'Électricité*.

On voit (*fig.* 351) l'aspect extérieur de l'un de ces Transformateurs.

La figure 352 représente le Transformateur Westinghouse, fort
employé en Amérique.

Il est inutile de multiplier les modèles de Transformateurs; il
suffit d'en saisir le principe, qui est le même pour tous ces appareils dont la bobine Rühmkorff est le type.

La ville de Paris, à la suite du concours qu'elle avait ouvert en
vue d'éclairer les Halles à la lumière électrique, a fait choix de deux

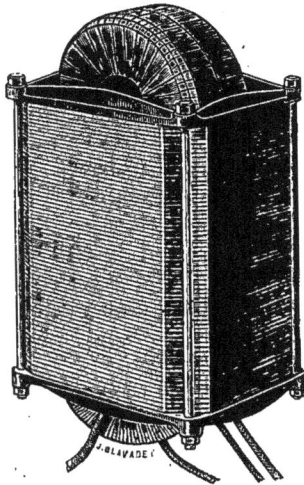

Fig. 352. — Transformateur Westinghouse.

types bien distincts de machines; elle a voulu avoir un type pour
les courants continus à basse tension, et l'a demandé à la compagnie Edison; un autre type pour les courants alternatifs à haute
tension, et elle a choisi le type Ferranti, utilisé déjà à Londres et
appliqué sur une échelle inusitée à l'usine de Deptford.

Il y a six dynamos Edison (*fig.* 353) et trois dynamos Ferranti. Nous avons déjà décrit ces types; nous voulons attirer ici
l'attention sur les canalisations adoptées. Prenons d'abord le réseau à basse tension, et prenons-le à l'extérieur des Halles; à l'intérieur on a pris des dispositions spéciales. Les ingénieurs n'ont
pas voulu se servir des égouts, déjà encombrés par de nombreuses

canalisations, très peu favorables, en raison de leur humidité, à la conservation des courants, ils ont craint les phénomènes d'induction que peut faire naître le voisinage trop grand du réseau téléphonique et du réseau destiné à donner la lumière, les accidents de tout genre qui peuvent se produire dans les égouts. On s'est donc résolu à adopter une canalisation tout à fait séparée des égouts, malgré le privilège d'usage qu'avait offert le conseil municipal, et l'on a construit des caniveaux spacieux en ciment moulé; les câbles sont ainsi posés sous trottoir; il y a dans les caniveaux, de distance en distance, des cadres en bois munis de crochets en fonte vitrifiés qui supportent les conducteurs. Quand il s'agit de passer une chaussée, on descend les câbles jusqu'à une profondeur d'un mètre. Des regards sont établis de façon à rendre les vérifications et les réparations plus faciles.

Les câbles sont des fils de cuivre étamés, tordus ensemble, recouverts d'une couche de caoutchouc très pur et d'une seconde couche de caoutchouc mêlé à du coton; cet ensemble enfin est protégé par une tresse de chanvre enduite de goudron. Suivant les points, les sections des câbles sont de 40 millimètres carrés à 120 millimètres carrés. Pour le réseau à haute tension, alimenté par les courants Ferranti, les dispositions prises sont différentes, à cause de l'étroitesse des trottoirs des rues Vauvilliers et Coquillière; on a dû se servir des égouts. Le câble est très complexe; il est inutile d'en indiquer en détail la composition; il est renfermé dans un tuyau de plomb de 2 millimètres et demi d'épaisseur; sur le point où commence le service public, rue Croix-des-Petits-Champs, les câbles se séparent, tout en demeurant toujours parfaitement isolés; ils se logent dans des moulures en bois injecté au sulfate de cuivre et goudronnées à l'extérieur, qui elles-mêmes reposent sur des isolateurs en porcelaine dans des caniveaux en ciment.

Le courant alternatif qui part des dynamos Ferranti et circule dans ce réseau si soigneusement établi, peut atteindre une tension de 2 400 volts. C'est là un courant extrêmement puissant, et pour le rendre domestique et applicable aux besoins ordinaires qui ne réclament que 100 volts environ, il faut user de ces Transformateurs dus à l'initiative du Français Lucien Gaulard.

Les questions de l'éclairage électrique occupent en ce moment

toutes les capitales; à Londres et à New-York notamment elles soulèvent de nombreux débats.

Même assez faibles, les courants alternatifs sont fort dangereux.
Les compagnies des câbles sous-marins, qui se servent de courants
alternatifs, n'osent pas dépasser 40 volts, dans la crainte de com-
promettre l'isolement, pourtant très soigné, de leurs fils. Edison
estime que, si l'on emploie les courants alternatifs, il ne faut pas
dépasser 200 volts, et il accorde aux courants continus une limite
plus élevée qui va jusqu'à 700 volts. En Angleterre un acte du Par-
lement a imposé aux courants alternatifs une limite de 400 volts.

Les expériences scientifiques ainsi que les accidents signalés à
chaque instant par les différents Pays montrent que l'on ne saurait
apporter trop de circonspection dans la Pose de ces canalisations
électriques destinées à être parcourues par des courants d'une
Énergie qui croîtra avec les Progrès de la Science.

Que le public sache bien que c'est la Foudre elle-même qui circule dans ces fils immobiles et en apparence si inoffensifs. Malheur
à celui qui touche au circuit; si le fil n'est pas bien isolé, il se forme
à travers le corps, un courant de dérivation, dont l'intensité peut
être assez grande pour provoquer des accidents mortels. Si, par
exemple, on prend le conducteur nu à deux mains, le courant traverse le corps et, en passant d'un bras à l'autre à travers la poitrine,
rencontre le cœur. Si le circuit métallique est de fort calibre et si
celui qui le touche se trouve isolé du sol par un tapis, le courant
dérivé peut être faible et on s'en tire avec une violente secousse.
Mais si tenant le fil d'une main l'individu pose sur un sol conducteur, le courant traverse tout le corps avec une grande force, et son
action est alors presque toujours fatale.

En somme, le courant est surtout dangereux quand il traverse
le cœur ou le cerveau. Il faut bien être persuadé de cette vérité que
le contact des fils est dangereux, aujourd'hui que dans nos maisons
mêmes courent des conducteurs dont la tension électrique, souvent
supérieure à 500 volts, est capable de déterminer les accidents les
plus graves. Tant que la matière isolante est neuve et de bonne
qualité, tout danger se trouve écarté, mais les vibrations du courant
causent un mouvement vibratoire et moléculaire dans la matière
isolante et détruisent graduellement son élasticité. Quand la ma-

tière isolante est ainsi transformée, l'humidité y pénètre et l'eau devient le conducteur électrique qui met le fil en communication avec ce qui l'avoisine.

L'électricité est dangereuse à trois titres. En grande quantité et de faible intensité, elle détruit par fusion les conducteurs insuffisants et les demi-conducteurs; à haute pression, elle détruit par

Moteurs à vapeur Weyher et Richemond.　　Dynamos Edison.　　Chaudières Belleville.

Fig. 353. — Usine municipale d'électricité des Halles centrales.

rupture les conducteurs insuffisants et montre une tendance à abandonner le chemin qui lui a été tracé, pour s'en frayer un autre. Enfin, par sa seule présence dans un conducteur, l'électricité en y pénétrant ou en sortant suscite un courant induit momentané dans les conducteurs voisins.

En France les accidents ont été assez rares, jusqu'à présent. On

PHYSIQUE POPULAIRE.

**69**

en compte deux à Paris, et le premier fit une grande impression. La Presse donnait une fête de bienfaisance au jardin des Tuileries, en 1882. Un imprudent voulut s'introduire frauduleusement dans le jardin éclairé à l'électricité. Il saisit un câble, qui était dépourvu de matière isolante, et tomba foudroyé.

La commune de Dieulefit, dans la Drôme, est éclairée à l'électricité depuis le 23 décembre 1888. Le courant électrique alternatif est produit à Béconne par une force hydraulique, et il arrive à Dieulefit, à la distance de quatre kilomètres, par un conduit primaire hors d'atteinte (à moins qu'on ne le veuille) et avec une tension de 2 000 volts, ce qui est bien la tension nécessaire aux très longs transports de force. De là, le courant passe par les transformateurs du système Zipernowsky et en sort dans la conduite secondaire avec une tension de 100 volts utilisable pour l'éclairage.

Un ouvrier maçon, ne voulant pas croire que ces fils de cuivre qu'il voyait devant sa fenêtre pussent avoir une action quelconque, résolut de s'en convaincre par lui-même.

A cet effet, par une belle soirée du mois de septembre, il s'enferma dans sa chambre, et après s'être mis en toilette de nuit, ouvrit sa fenêtre et tendit sa main droite vers l'un des fils du courant secondaire, distant d'environ un mètre de sa fenêtre.

Comme il n'éprouvait aucune sensation, il avança la main gauche vers l'autre fil; aussitôt ses doigts se crispèrent, il saisit malgré lui les deux fils, et le voilà traversé par le courant alternatif de 100 volts, sans qu'il puisse s'en défendre.

Il pousse des cris de douleurs, mais comme il était onze heures du soir et que le quartier était un peu désert, il faut un certain temps aux voisins pour accourir et, pour comble, une fois qu'ils sont là, après avoir été obligés d'enfoncer la porte du patient pour le secourir, impossible d'aboutir, car ils perdent leur force dès qu'ils touchent le malheureux; lui-même finit par les supplier de le laisser tranquille, bien qu'il continue à hurler de douleur.

Enfin quelqu'un a l'idée de courir au téléphone et demande à Béconne d'arrêter un instant.

Ce n'est qu'à ce moment que notre homme a pu lâcher le fil, mais gardant encore les bras raides pendant un temps assez long et jurant qu'on ne l'y reprendrait plus.

Cet événement, qui a amusé le lendemain toute la localité, prouve donc une chose : que les courants alternatifs à 100 volts sont sans danger, mais non pas sans douleur.

Le patient a subi cette torture pendant un quart d'heure; que serait-il advenu, si cela eût duré davantage? C'est ce que nous ne savons pas, mais le lendemain il était encore tout étourdi.

On aura remarqué qu'il ne s'agit, dans le fait précédent, que d'un courant alternatif à 100 volts; on peut imaginer ce que produirait le courant prolongé de 2 000 volts.

Les incendies causés par l'électricité ont été nombreux. A l'Opéra, depuis qu'on a remplacé les 7 500 becs de gaz d'autrefois par 6 500 lampes Édison, il s'y est produit, constate le docteur Jules Rochard, une douzaine d'incendies partiels, soit par les machines à vapeur qui actionnent les appareils, soit par la dénudation des fils ou leur croisement au contact des boiseries; mais ces accidents n'ont pas eu de suites et il est facile d'en prévenir le retour.

En Amérique où l'usage de l'électricité comme force motrice et source de lumière est très répandue, le chiffre des accidents est considérable. Le nombre officiel des personnes tuées aux États-Unis depuis 1880 par l'électricité s'élève à cent seize. Quant aux incendies, ils ne se comptent plus. Les pompiers sont alors particulièrement compromis. Lorsqu'un toit s'écroule en entraînant avec lui le réseau de fils électriques qui y est appendu, ils peuvent être foudroyés. On en cite un qui fut frappé de mort pour avoir tranché, d'un coup de hache, un fil qui le gênait pour appliquer son échelle. Le fluide était remonté le long du manche mouillé de sa hache. Un physicien de New-York, M. Benjamin Park, a prouvé par des expériences que le courant électrique pouvait se transmettre par le jet d'eau d'une pompe à incendie et tuer le pompier qui tient la lance.

Un drame terrible s'est déroulé le 12 octobre 1889, vers le milieu du jour au coin de Centre et de Chambers street, dans un des quartiers les plus animés de New-York, au moment des affaires. Un employé du télégraphe avait à monter sur un immense poteau supportant des fils conducteurs. Arrivé au sommet, l'homme après avoir soigneusement évité de toucher les fils qui alimentent les lampes électriques à arc, pénétra dans le fouillis des fils situés au-dessus, les touchant impunément, car ils ne sont traversés que par de faibles courants.

Mais le nombre des fils était si considérable que le malheureux employé fut bientôt prisonnier dans cette toile d'araignée d'un nouveau genre; il allait néanmoins essayer de continuer son ascension périlleuse lorsqu'il fut pris sans le vouloir par un fil traversé par un courant intense, et dont il ne put pas se dégager. Alors commença une scène horrible : la foule s'étant aperçue de ce qui se passait, restait spectatrice du drame sans savoir comment porter secours au malheureux, dont la face était contractée par les souffrances qu'il éprouvait. Bientôt des flammes commencèrent à sortir de sa bouche, de ses mains et de ses bottes, l'infortuné était brûlé vif et à petit feu; pendant plus d'une demi-heure le public muet d'horreur fut témoin de cette agonie, et quand les secours vinrent du *Western Union Telegraph C°*, il était trop tard. On ne retrouva qu'un cadavre complètement carbonisé (*fig.* 254).

A la suite de ces terribles accidents, la municipalité de New-York a fait enlever plus de 110 000 kilomètres de fils électriques aériens. Mais les fils souterrains ne sont pas moins dangereux. Quelle succession de coups de foudre pourrait égaler les effets d'une concentration d'électricité comme celle dont nous parle l'exemple que voici :

« Au coin de William street et de Wall street (New-York), la continuité des conducteurs souterrains de la lumière électrique s'étant trouvée interrompue, le courant, à la pression de 100 volts à peine, a fondu les câbles, les tubes de fonte enveloppants, sur une longueur de plusieurs pieds, *et même le pavé adjacent*, sur la surface de deux mètres. »

Édison affirme que les fils souterrains sont plus dangereux que les fils aériens :

« Il n'y a pas, écrit-il, de procédé d'isolement connu qui puisse emprisonner, confiner ces courants à haute tension pour plus d'un temps limité : et quand les fils sont placés sous terre, avec le système actuel de conduits, le résultat est forcément une série de contacts funestes, la fusion des fils, la formation d'arcs électriques puissants qui s'étendront à d'autres conducteurs métalliques dans le même conduit; toute une masse de fils recevra ces dangereux courants et

Fig. 354. — Brûlé vif par l'Électricité.

les conduira dans les maisons, les boutiques, etc. Il est ainsi évident que le danger de tels circuits n'est point borné aux fils qui condensent les courants à haute tension, mais que d'autres fils conduisant des courants inoffensifs sont en danger de devenir aussi mortels dans leurs effets que les premiers. Il est évident aussi qu'un simple fil conduisant un courant à haute pression sera une menace constante pour tous les autres fils du même conduit. Et quand bien même ces fils dangereux seraient placés dans des tubes séparés dans le même conduit que d'autres tubes, le risque n'en sera pas diminué. »

Les physiciens et les physiologistes ont reconnu qu'il fallait attribuer la fréquence des accidents à l'emploi de plus en plus répandu des courants alternatifs à forte tension. Édison divise en quatre classes, d'après leurs effets, les courants actuellement employés par l'industrie : 1° les courants continus, lorsqu'ils sont faibles, traversent le corps sans produire de sensation désagréable ; 2° ceux qui sont très énergiques commencent à devenir dangereux ; 3° les courants intermittents produisent, par leur contact, la paralysie, et parfois la mort ; 4° enfin les courants alternatifs à haute tension tuent, comme la foudre, ceux qui en reçoivent le choc.

Ce sont ces derniers qui ont été choisis par les partisans de l'Exécution capitale par l'électricité, exécution (¹) qui a donné lieu, le

1. En 1888, la loi prescrivant l'emploi de l'électricité pour l'exécution des condamnés à mort, ou *Électrocution*, fut votée, après de longs débats, par la législature de l'État de New-York.

Des spécialistes avaient insisté sur le caractère inhumain de la mort par pendaison, en démontrant que la colonne vertébrale n'est pas instantanément brisée et que le patient subissait une lente strangulation pendant vingt ou trente minutes.

Une commission parlementaire, chargée d'examiner par quel mode d'exécution on pourrait remplacer la pendaison, s'était arrêtée à l'exécution par l'électricité, et la loi consacrant ce nouveau système fut promulguée définitivement le 1ᵉʳ janvier 1889.

C'est quelques semaines plus tard que Kemmler, un habitant de Philadelphie, âgé de moins de quarante ans, tua sa maîtresse, Mathilda Seigler, dans un accès de jalousie. Bien qu'il fût ivre au moment du crime, il fut condamné à mort le 24 juin 1889. Le premier, il devait subir le nouveau mode d'exécution. Grâce aux subtilités de la loi américaine, les avocats de Kemmler ont pu, pendant quatorze mois, faire retarder l'application de la sentence qu'ils attaquaient tantôt sur le fond, tantôt pour vice de forme, tantôt en contestant la validité de la nouvelle loi sur « l'Électrocution. »

Pendant le même temps, de véritables batailles se livraient entre savants au sujet de l'efficacité du nouveau mode d'exécution.

L'électricien Harold Brown, l'inventeur de l'appareil qui devait servir à l'exécution, soutenait avec M. Edison, avec le docteur Petersen et d'autres spécialistes, l'infaillibilité

6 août 1890, dans la prison d'Auburn, à New-York, à une scène terrifiante (*fig.* 355).

Le matériel nécessaire à cette Exécution par l'électricité se composait d'une machine à courants alternatifs Westinghouse et de son excitatrice. Ces deux machines qui étaient commandées par courroies recevaient leur mouvement à l'aide d'une transmission intermédiaire d'une machine à vapeur de 45 chevaux, puissance bien supérieure aux besoins de la funèbre application. Cette machine à vapeur était placée au deuxième étage de la prison, à trois cent mètres de la chaise fatale. Les fils de cette dynamo, à

du courant alternatif à haute tension comme instrument de mort immédiate et sans douleur, et ils s'efforçaient de prouver leur dire en faisant des expériences sur des chevaux, des veaux, des chiens dont la plupart succombaient, effectivement, à un choc de 700 volts.

Dans le camp opposé, d'éminents électriciens, le docteur Franklin Pope, John Noble, le professeur Alexander Mac Adie soutenaient qu'on n'est jamais certain d'infliger la mort à un individu par un choc électrique d'une intensité déterminée, tout dépendant de la force de résistance de l'individu.

M. Mac Adie racontait même qu'il était monté sur le monument de Washington pendant un terrible orage, qu'il avait emmagasiné de l'électricité jusqu'à concurrence de 3 000 volts, que le choc avait fait dresser ses cheveux et jaillir des étincelles de ses vêtements, mais qu'il était néanmoins resté absolument indemne. On citait de nombreux cas analogues. Cependant, les partisans de la mort par l'électricité ont fini par triompher. Tel est l'historique de la terrible expérience faite à New-York le 6 août 1890.

Kemmler avait été réveillé à quatre heures par son gardien ; il s'habilla avec un soin inusité et avala un déjeuner sommaire. Le repas terminé, le chapelain de la prison et le docteur Hougton pénétrèrent dans la cellule.

En les apercevant, Kemmler dit sans s'émouvoir :

— Je vois que vous venez me faire vos adieux ; je suis prêt.

Et il but un verre de cognac.

A six heures trente-huit minutes, la porte de la chambre d'exécution s'ouvrit. La figure du gardien Durston apparut. Derrière lui, on voyait un petit homme à larges épaules, aux cheveux soigneusement arrangés et revêtu d'un vêtement tout neuf : c'était Kemmler, l'homme qu'on allait exécuter. Le chapelain le suivait.

Kemmler était certainement le moins ému des trois.

Il ne regarda pas dans la chambre avec un intérêt particulier, mais il eut un moment d'hésitation quand on ferma la porte derrière lui.

— Voulez-vous me donner une chaise ? dit-il brièvement.

Le gardien lui donna une chaise en bois, qu'il plaça devant et un peu à droite du siège d'exécution, en face des témoins rassemblés dans la petite chambre.

Kemmler s'assit tranquillement.

Il regarda autour de lui, en haut, en bas, sans montrer de crainte ou un intérêt quelconque.

— Messieurs, dit le gardien, cet homme est William Kemmler ; je lui ai annoncé qu'il allait mourir et que, s'il avait quelque chose à dire, il devait le dire.

Kemmler, qui parut avoir préparé un discours, dit :

— Bien. Messieurs, je vous souhaite toute espèce de chance en ce bas monde. Pour

courants alternatifs, aboutissaient à un tableau de commande sur
lequel étaient disposées deux voltamètres de Cardew, avec leurs résistances additionnelles, et une vingtaine de lampes Édison de cent
volts, montés en tension, et en dérivation sur les bornes de la machine, indiquant ainsi, lorsqu'elles étaient amenées à leur éclat

moi, je pense aller au bon endroit. Les journaux ont raconté un tas de choses qui ne sont
pas. C'est tout ce que j'ai à dire.

Kemmler ôta son habit et le remit au gardien; son pantalon avait été coupé dans le
bas du dos pour laisser voir la base de l'épine dorsale.

— Ne vous troublez pas, dit le gardien à Kemmler qui était très calme, d'ailleurs le
plus calme de tous les assistants.

Kemmler s'assit alors sur le siège électrique aussi tranquillement que s'il se fût agi
de s'asseoir pour dîner.

On ajusta les courroies autour du corps de Kemmler, qui offrait ses bras lui-même.

Quand les courroies furent arrangées, Kemmler dit :

— Gardien, prenez votre temps. Ne vous pressez pas. Assurez-vous que tout est bien
prêt.

Alors, le gardien mit la main sur la tête de Kemmler et la fixa contre la bande de
cuivre qui garnissait le dos du siège.

Kemmler dit à haute voix :

— C'est bien, je vous souhaite à tous bonne chance.

Le gardien Durston prit les courroies qui devaient fixer la tête de Kemmler.

Pendant l'opération, le docteur Spitzka dit :

— Dieu vous bénisse, Kemmler.

— Merci, répondit le condamné.

Le courage de Kemmler était merveilleux.

Il était aussi calme sur le siège qu'avant d'entrer dans la chambre.

Le juge qui présidait à l'exécution donna l'ordre d'établir le courant.

Cet ordre fut exécuté. Le corps sursauta violemment et les membres se contractèrent;
les muscles du visage exprimaient la souffrance; mais on n'entendit pas un cri.

Après que le courant électrique eut passé pendant dix-sept secondes, il fut arrêté, et
les médecins s'approchèrent du supplicié.

— Il est mort! dit le docteur Spitzka.

— Oh! oui, il est mort, répéta le docteur Mac-Donald avec assurance.

Le reste des assistants était du même avis; personne ne doutait de la mort de
Kemmler.

— On peut alors porter le cadavre à l'hôpital, dit alors le docteur Spitzka.

Mais le docteur Busch, qui examinait le corps de près, fit remarquer qu'un souffle
semblait sortir encore de la bouche.

— Qu'on rétablisse le courant, cria-t-il, Kemmler n'est pas mort!

Mais le courant ne put de suite être rétabli.

On vit alors les choses les plus horribles. L'écume coulait des lèvres de Kemmler;
la bouche était contractée, frémissante; la poitrine se soulevait. C'étaient des contorsions
terrifiantes.

Quand le courant fut enfin rétabli, on vit s'élever du corps une vapeur blanche en
même temps qu'on sentait une odeur épouvantable; le corps brûlait. On cria qu'il fallait
interrompre le courant. Le courant fut interrompu.

Enfin, cette fois, Kemmler était bien mort.

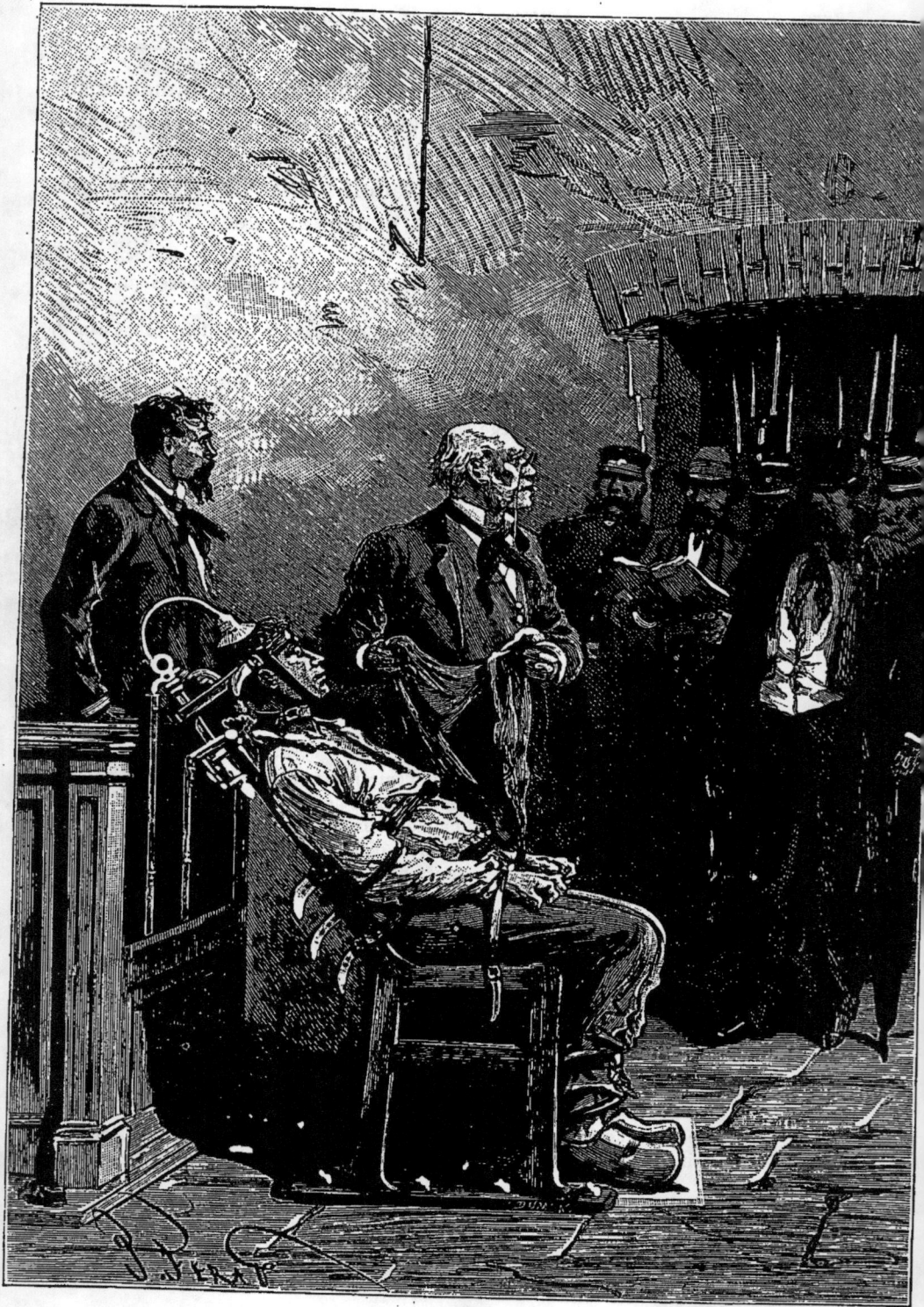

Fig. 355. — Exécution d'un condamné à mort par l'électricité. (Électrocution.)

normal, qu'il y avait bien une différence efficace de mille volts entre les deux points où les lampes étaient établies. A la partie inférieure du tableau était un ampèremètre Bergam intercalé dans le circuit général, et devant faire connaître ainsi l'intensité du courant qui traversait le corps du condamné, mais qui n'a pas été consulté au moment opportun. Le tableau de commande comportait encore deux commutateurs, l'un destiné à intercaler les lampes-témoins en dérivation sur la machine, l'autre appelé le *commutateur fatal*, destiné à fermer le circuit sur la chaise.

La chaise était munie de courroies destinées à lier le patient. Le courant de la machine arrivait par le sommet du crâne et par l'épine dorsale, à l'aide de deux électrodes en forme de coupelles renfermant une éponge humide dans laquelle venaient se perdre les extrémités dénudées du câble conducteur.

C'est sur cet appareil que le condamné Kemmler vint s'asseoir, on a pu lire dans la note ci-dessus tous les détails de l'Exécution elle-même. La question de savoir à quel instant précis, à partir de la fermeture du circuit, Kemmler était effectivement ou suffisamment insensible pour être considéré comme tel, restera toujours un secret. Nous nous contenterons de reproduire les opinions de quelques témoins ou personnes bien placées pour se faire une opinion plus ou moins indépendante sur ce nouveau mode d'exécution dont on ne saurait même affirmer le succès ou l'insuccès.

Le docteur A. P. Southwick, le père de la loi relative à l'exécution électrique dit :

« On a fait beaucoup de sentiment, dénué de sens commun, à propos de cette exécution. Je ne considère pas que celle-ci doive être la dernière exécution par l'électricité : elle sera suivie d'un grand nombre d'autres. Elle a prouvé que l'idée est juste, et je considère la loi comme une des meilleures. L'exécution a été un succès. Kemmler est mort absolument sans douleur. »

Le député Coroner Jenkins, qui a fait l'autopsie, a fait connaître aussi son opinion :

« Je considère l'exécution par l'électricité comme bien préférable à la pendaison. Elle est plus expéditive et moins dangereuse. J'ai assisté à cinq ou six pendaisons, ajoute-t-il, et, dans aucun cas, la victime n'a été considérée comme morte en moins de huit ou dix minutes. »

Voici l'opinion de M. Charles R. Barnes qui avait la charge de la dynamo ayant servi à l'exécution :

« L'exécution de Kemmler est un échec avéré, mais elle aurait pu être faite avec succès si des précautions convenables avaient été prises. Tout d'abord, les dynamos étaient placées sur le sol, sans précautions spéciales pour les fixer solidement. A vitesse normale, la dynamo à courants alternatifs vibrait fortement et éprouvait des déplacements de 12 à 25 millimètres. L'arbre de transmission intermédiaire était monté sur un bâti en bois simplement posé sur le sol, sans aucun point d'attache pour permettre aux poulies de tourner bien rond. Les courroies étaient neuves, et n'étaient pas en service depuis un temps assez long pour avoir reçu tout leur allongement, de sorte qu'au moment où le courant a été envoyé pour la première fois, en introduisant ainsi dans le circuit la résistance du fauteuil d'exécution et celle du corps de Kemmler, la courroie fut sur le point de sauter de la poulie. »

Edison, interrogé, a répondu :

« En 1887, j'écrivis que je m'associais de tout cœur à un mouvement abolissant la peine capitale. Si cependant, ajoutais-je, cette peine ne devait pas être abolie, nous devrions adopter la méthode la plus expéditive et la moins douloureuse, et je signalais alors une dynamo à courants alternatifs comme remplissant le mieux les conditions exigées. Je partage encore cet avis. Dans l'exécution de Kemmler, si l'on en croit les journaux, la faute retombe sur les médecins. Ils ont procédé d'après les indications de la théorie, et sachant que la base du crâne est le centre nerveux du système humain, ils ont cherché à l'atteindre le plus directement possible. Ils avaient raison en théorie, mais l'expérience leur a donné tort. Dans aucun des trente cas de mort parfaitement instantanée produite par le courant électrique dans New-York et aux environs, le courant n'a été appliqué à la tête. Dans chacun d'eux, au contraire, le courant arrivait par les mains. Dans aucun cas suivi de mort, il n'est passé dans le corps de la victime un courant d'intensité égale à la moitié de celle qui, dit-on, a traversé le corps de Kemmler. L'électricité traverse les liquides, et plus spécialement les liquides

salés du corps humain, avec plus de facilité qu'il ne traverse les
os. Les mains bien propres et imprégnées de soude caustique forment un excellent conducteur électrique, à cause de la quantité de
chair dont elles sont remplies, tandis que les os sont des conducteurs
médiocres. En établissant les contacts sur la partie la plus épaisse
de la boîte crânienne, et sur l'épine dorsale, les médecins ont couru
volontairement à un échec. Ils ne pouvaient choisir des parties
plus défavorables, car les cheveux sont aussi de mauvais conducteurs et offrent une résistance considérable au passage du courant.
La peau de Kemmler a été brûlée, ce qui indique que son corps a
reçu une partie relativement faible de la charge. S'il avait reçu les
1 300 volts pendant le temps indiqué, il aurait été carbonisé ou
momifié... En ce qui concerne les mouvements respiratoires qui se
sont produits après l'arrêt du courant, j'estime que la mort était
bien acquise à ce moment-là. On sait que des mouvements musculaires analogues se produisent après la pendaison. Kemmler a été
probablement tué du coup, à moins que de graves erreurs n'aient
été produites. Sans aucun doute, tous les témoins de cette scène
étaient fortement surexcités, et je l'aurais été tout autant à leur
place. J'estime que le premier homme qui prendra place dans
l'avenir sur la chaise fatale, mourra instantanément. »

Dans l'opinion de M. Paul Cravath, conseil de la *Westinghouse
Company*, l'insuccès de l'exécution pouvait être prévu par tous
ceux qui ont pris la peine d'étudier soigneusement la question :

« Un bourreau était sûr de son travail (*sic*), parce que les conditions dans lesquelles ce travail était exécuté étaient apparentes et
intelligibles, tant au point de vue scientifique qu'au point de vue
mécanique. Avec l'électricité, au contraire, on devait recourir à une
dynamo produisant une force que l'on ne savait comprendre ni
contrôler. De cette dynamo partent deux fils qui sont supposés
transmettre un courant mortel. Les moyens de mesurer ce courant
ne sont pas toujours absolument sûrs, car ils constituent des appareils facilement mis hors de service. Il était donc impossible aux
conducteurs d'une dynamo de connaître exactement quel effet exact
un courant électrique ainsi transmis pouvait produire sur un objet
venant en contact avec lui. »

Il résulte de ces divers avis que des précautions spéciales sont nécessaires pour que l'Exécution par l'électricité soit faite dans des conditions convenables. Il est probable que le jour où la guillotine a fonctionné pour la première fois, la Décapitation a dû laisser à désirer — surtout pour le condamné!

L'Énergie électrique, qui a privé Kemmler de la « lumière du jour », est elle-même une source de lumière.

La Lumière électrique s'offre à nos regards sous deux formes distinctes : *la lumière par arc* et *la lumière par incandescence*.

Fig. 356. — Projection sur un écran des rayons d'une lampe à arc.

La découverte de l'*arc électrique* date de 1808. Humphry Davy ([1]) ayant fermé le circuit d'une pile Volta de 2000 éléments par deux baguettes de charbon taillées en pointe, vit jaillir, en écartant un peu ces pointes, une flamme convexe d'une clarté éblouissante, à laquelle il donna le nom d'*arc voltaïque*.

Nous savons, ainsi que l'a vérifié Joule, qu'un fil traversé par un courant s'échauffe d'autant plus que l'intensité du courant et la résistance au passage du courant sont plus grandes.

La résistance, dans le phénomène de l'*arc voltaïque*, est causé par l'air qui s'interpose entre les deux pointes des baguettes de charbon.

[1]. Célèbre chimiste anglais (1778-1829); découvrit le sodium et le potassium.

Les particules incandescentes de ces électrodes de charbon sont projetées, transportées d'une électrode à l'autre, formant ainsi une sorte de chaîne mobile, plus ou moins conductrice, qui tient lieu du circuit interrompu en ce point. Le courant passe donc quand même, mais la grande résistance que lui oppose l'air détermine l'échauffement et l'incandescence des charbons.

Le transport des particules, lorsqu'on emploie les courants continus, se fait particulièrement de l'électrode positive à l'électrode négative. Pour un temps déterminé, l'usure de l'électrode positive est double de celle de l'électrode négative. « C'est cette différence dans l'usure et la température observée dès le début par les physiciens, dit M. Hippolyte Fontaine ([1]), qui fit d'abord expliquer le phénomène de l'arc lumineux comme un simple transport de particules du pôle positif au pôle négatif. Aujourd'hui, il est démontré que, si le transport de l'électrode positive à l'électrode négative prédomine dans l'arc, il n'en existe pas moins un transport très actif de l'électrode négative à l'électrode positive. »

En produisant sur un écran l'image d'un arc (*fig*. 356) produit par des courants continus, on voit la baguette de charbon du pôle positif se creuser et celle du pôle négatif se tailler en forme de pointe mousse.

Les baguettes de charbon sont formées de charbon recueilli sur les parois de cornues à gaz ou de coke de pétrole pulvérisé et aggloméré avec du goudron de gaz. Cette pâte, comprimée dans une presse, sort par une filière qui lui donne une forme cylindrique ; cette forme a fait donner aux baguettes de charbon ainsi obtenues le nom de « crayons électriques. »

Les appareils qui permettent d'utiliser ces « crayons » sont les *Régulateurs* et les *Bougies électriques*.

Les Régulateurs employés aujourd'hui reposent sur un même principe : l'arc faisant partie du circuit électrique, ne peut changer de longueur, et, par suite, de résistance sans modifier l'intensité du courant ; quand les charbons s'usent, la résistance de l'arc devient plus grande et l'intensité du courant plus petite. C'est cette modification d'intensité qu'on met à profit pour maintenir les pointes des

1. *Éclairage à l'électricité.*

« crayons » à un écartement aussi constant que possible. A cet effet, on introduit dans le circuit un électro-aimant dont l'armature est sollicitée, d'un côté, par l'action magnétique, de l'autre par un ressort. Lorsque le courant diminue d'intensité, l'action magnétique diminue, et l'armature se meut sous l'influence prépondérante du ressort antagoniste; on utilise ce mouvement de l'armature au déclenchage d'un mécanisme qui rapproche les porte-charbons.

Tous les Régulateurs doivent remplir les deux conditions indispensables suivantes : 1° éloigner les charbons, d'abord pour donner naissance à l'arc, et ensuite chaque fois que, pour une cause quelconque, les pointes viennent à se toucher. Ce recul est obtenu, soit à l'aide d'un électro-aimant spécial, soit à l'aide d'un électro-aimant de rapprochement; 2° maintenir les pointes à une distance très régulière pendant toute la durée de l'éclairage. Ce réglage est produit par l'intensité, par la différence de potentiel ou par l'action différentielle de l'intensité et de la chute de potentiel du courant électrique aux bornes du Régulateur.

On voit (*fig.* 355), un *Régulateur électrique* établi par M. A. Gaiffe. Les « crayons » sont fixés dans les porte-charbons H et H', bien équilibrés et dont le poids n'entre pour rien dans le fonctionnement de l'appareil; leur glissement est rendu très facile au moyen de quadruples systèmes de galets U, qui empêchent tout frottement direct. L'avancement des charbons est produit par la détente d'un ressort contenu dans le barillet O, et par l'intermédiaire de deux roues inégales de diamètre M M' et de deux tiges à crémaillère K et I, solidaires des porte-charbons H H'. Dans son mouvement, la tige de fer doux, sur laquelle est fixé le porte-crayon H', pénètre plus ou moins dans une bobine L entouré d'un fil en spirale. C'est l'attraction exercée, au passage du courant, par cette bobine sur la tige de fer doux qui détermine l'écartement des porte-charbons — et, par suite, des « crayons » — nécessaires à la production de l'arc voltaïque.

La bobine et le ressort du barillet O sont disposés de telle sorte que leurs puissances antagonistes restent dans le même rapport pendant toute la course des porte-crayons; il en résulte que si l'arc, au début de l'éclairage, a la longueur, généralement en usage, de trois millimètres, il aura encore la même longueur lorsque; les charbons étant usés, il est près de s'éteindre. Le ressort pouvant être tendu plus ou moins, permet d'approprier l'appareil à des intensités de courant très différents.

A l'aide d'un dispositif spécial, on peut déplacer le point lumineux sans être obligé d'éteindre et sans aucun réglage ultérieur des porte-charbons ni de l'appareil. Ce dispositif consiste en un système de pignons R R' R″, qui, en temps ordinaire, se trouve repoussé en dehors des roues MM', mais qui, venant à engrener avec ces roues, par suite d'une légère pression, permet, au moyen d'une clef, de hausser ou de descendre simultanément les porte-charbons sans changer en rien leur écartement; on peut ainsi centrer facilement le point lumineux, chose indispensable dans les expériences d'optique et dans les projections.

Le jeu de l'appareil est celui-ci : le courant entre par la borne P, il suit les chemins X, J, I, V, H, H′, K, passe dans la bobine L et sort par la borne N. Quand il ne circule pas, les deux charbons sont maintenus l'un contre l'autre par l'action du ressort du barillet O; mais aussitôt que le circuit électrique est fermé, la bobine attire la tige K, dont le mouvement, combiné avec celui de l'autre tige I,

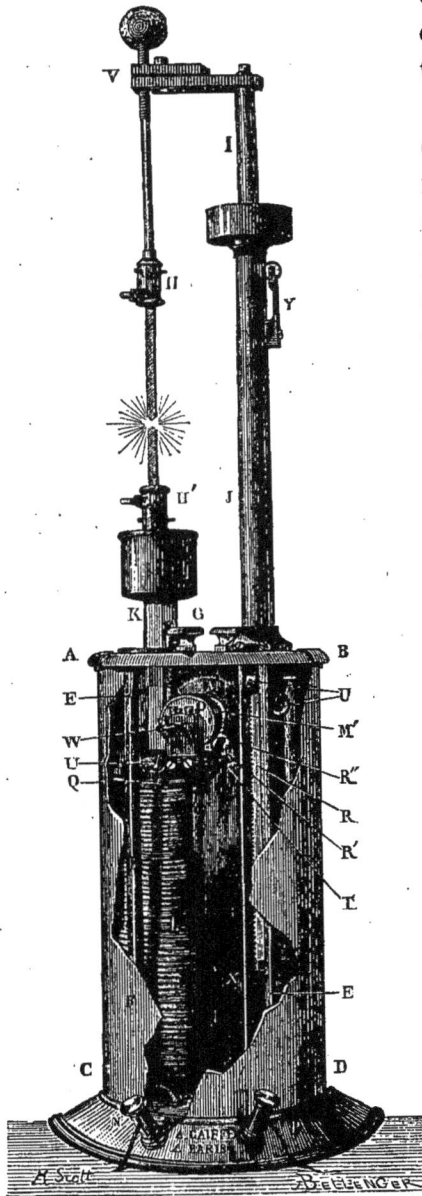

Fig. 357. — Régulateur électrique Gaïffe.

détermine l'écart des charbons et la production de l'arc voltaïque. il faut toujours que la force attractive de la bobine soit un peu supérieure à l'action du ressort antagoniste, ce que l'on obtient en tendant plus ou moins ce dernier [1].

Les *Bougies électriques* sont, comme les régulateurs, destinées à utiliser l'arc voltaïque, mais les baguettes de charbon ne sont plus ici disposées bout à bout ; elles sont parallèles, juxtaposées, et elles suppriment tout le mécanisme des Régulateurs.

L'invention des Bougies est due à un officier de l'armée russe, M. Paul Jablochkoff.

« Mon invention, disait M. Jablochkoff dans sa demande de brevet du 23 mai 1876, consiste dans la suppression absolue de tout mécanisme ordinairement employé dans les lampes électriques.

« Au lieu de réaliser mécaniquement le rapprochement automatique des charbons au fur et à mesure de leur combustion, je fixe ces charbons l'un contre l'autre en les séparant par une substance isolante, susceptible de se consumer en même temps que lesdits charbons, le kaolin, par exemple. »

Dès que le courant électrique passe, un arc voltaïque s'établit entre les deux extrémités des charbons, qui brûlent côte à côte ; la matière isolante se consumant en même temps que les charbons, maintient l'arc à leur extrémité. La pâte isolante, appelée colombin, est un mélange de deux parties de sulfate de chaux et d'une partie de sulfate de baryte.

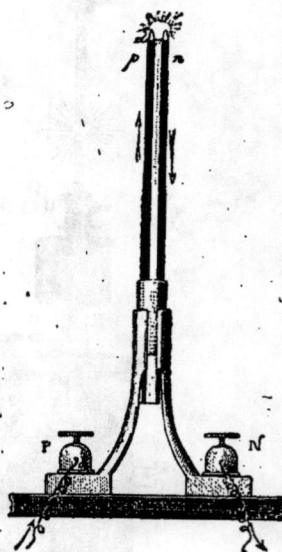

Fig. 358. — Bougie électrique.

Pour que l'arc voltaïque prenne naissance, il doit y avoir, au début, contact des deux charbons. Ce contact est établi par une petite bande *a* (*fig.* 358), formée de charbon pulvérisé et de plombagine agglutinés avec de l'eau gommée. Cette petite bande, qui réunit les extrémités des baguettes de charbon *p n*, s'échauffe et rougit lorsque le courant arrive et sert d'amorce à l'arc voltaïque.

---

1. E. HOSPITALIER : *Les principales Applications de l'Électricité.*

Nous avons dit qu'avec l'emploi des courants continus le charbon positif se consomme presque deux fois plus vite que le charbon négatif. Aussi dans l'éclairage par bougies électriques emploie-t-on les courants alternatifs, qui produisent l'usure uniforme des deux baguettes.

De même qu'on a établi des Régulateurs électriques en grand nombre, reposant tous sur un même principe, de même on a imaginé des Bougies électriques de divers systèmes, se rapprochant toutes plus ou moins de la bougie type Jablochkoff; il est donc inutile de s'arrêter plus longtemps à l'étude de la *Lumière par arc*. Passons à la *Lumière par incandescence*.

Les *Lampes électriques à incandescence* ont pour principe commun de faire traverser par des courants, continus ou alternatifs, une substance offrant assez de résistance au passage de ces courants pour qu'elle s'échauffe au point de devenir lumineuse et assez réfractaire pour qu'elle ne soit pas fondue. Afin de soustraire cette substance à la combustion on l'enferme dans un vase où le vide a été fait.

Édison a trouvé cette substance, ou plutôt il l'a retrouvée, car l'ingénieur français, de Changy, en 1858, et le comte du Moncel en 1859, s'étaient déjà servi de « fibres végétales carbonisées » dans leurs essais d'éclairage par incandescence. C'est, en tout cas, à l'ingénieux américain que revient l'honneur d'avoir réalisé, en 1880, la première lampe à incandescence tout à fait pratique.

La construction de la *Lampe à incandescence Édison* exige un certain nombre d'opérations très délicates.

Dans une ampoule de verre A (*fig.* 359) on a disposé un filament de charbon CC en forme d'U renversé, maintenu par deux petites pinces de cuivre SS, qui sont reliées aux fils conducteurs du cou-

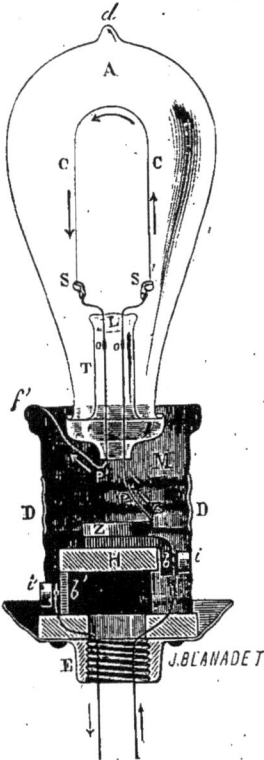

Fig. 359.
Lampe à incandescence Edison.

rant électrique. Le filament de charbon est obtenu avec les fibres des tiges de bambou du Japon qu'on a fait carboniser.

Les tiges de bambou taillées d'abord en lames minces et polies sont placées dans une matrice métallique et découpées suivant un modèle déterminé; les lames sont ensuite réduites à l'état de filaments à peine larges d'un millimètre et d'une longueur de 11 centimètres.

Pour faire de ces fibres de bambou des fils de charbon, on les place, en les recourbant en forme d'U, dans des moules plats en nickel, qui sont entassés par centaines dans des moufles (vases de terre) à fermeture hermétique, portés au four et soumis à une chaleur de courte durée. De chacun des moules, dans lesquels on avait mis deux filaments de bambou, on retire deux fils de charbon. Il s'agit de joindre aux fils métalliques, qui amèneront le courant, ces fils de charbon dans lesquels l'Énergie électrique va se transformer en Énergie lumineuse, en Lumière.

Cette jonction ne se fait pas directement, mais par l'intermédiaire de deux fils de platine longs de $0,02^c$, soudés en *o.o* aux fils de cuivre rouge PP′ et placés préalablement les uns et les autres dans un tube de verre T; l'extrémité supérieure L de ce tube, amollie par un jet de flamme du chalumeau, est pincée de façon à tenir serrés les fils de platine qui en sortent, et à supprimer tout passage de l'air par cette extrémité L du tube T.

Les portions libres des fils de platine reçoivent une forme coudée; à chaque bout on soude un petit ruban de cuivre replié sur lui-même S S dans lequel on introduit chaque extrémité du filament de charbon; on serre les petits rubans de cuivre qui forment pinces et on les soumet à un bain galvanique; cette galvanisation cuivre en même temps les extrémités du filament de charbon et établit la bonne conductibilité du système.

Le tube T, portant les fils et le filament, est introduit dans l'ampoule A et soudé avec elle au moyen du chalumeau.

Il faut alors faire le vide dans l'ampoule; celle-ci est terminée à son sommet *d* par un petit tube de verre que l'on fixe sur la pompe pneumatique à mercure de Sprengel, décrite page 413. Un dispositif ingénieux permet de vider d'air, en une seule opération, cinq cents ampoules.

Vers la fin de l'opération, on envoie dans les fils un léger courant électrique qui purge le filament de charbon de l'humidité et des gaz qu'il peut encore contenir. Le vide étant fait, un jet de flamme du chalumeau fond le tube de verre $d$ en donnant à l'ampoule une fermeture hermétique.

La lampe, ainsi établie, est fixée par sa base avec du plâtre dans un manchon M en cuivre fileté de façon à pouvoir être vissée dans la douille D.

L'un des fils de cuivre P' se recourbe à la sortie du tube, traverse le plâtre qui emplit la cavité du manchon M, et vient se sou-

Fig. 360.
Robinet ouvert : le courant passe.

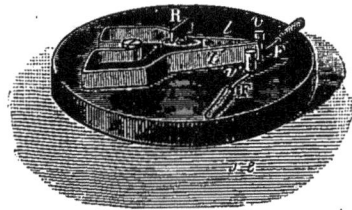

Fig. 361.
Robinet fermé : le courant ne passe pas.

der au bord extérieur de ce manchon en $f'$. L'autre fil P est soudé en $f$ à une rondelle de cuivre Z.

En vissant le manchon M dans la douille DD, le contact s'établit de la façon suivante : une lame de cuivre recourbée $b$, qui s'appuie contre la rondelle Z, porte, fixé par la vis $i$, un des fils métalliques qui amène l'électricité ; l'autre fil est fixé par la vis $i'$ à la seconde lame $b'$ ; ces deux lames sont séparées par une plaque de matière isolante H.

La douille est munie à son extrémité E d'un pas de vis lui permettant de s'adapter aux tiges des candélabres, des lustres qui contiennent les fils conducteurs.

Le courant, amené à la lame $b$, traverse la rondelle Z, passe dans le fil P, dans le filament de charbon C C, dans le second fil P' et arrive au manchon de cuivre en $f'$ ; il descend le long du manchon, puis le long de la douille jusqu'en $i'$, où il trouve le fil de retour.

L'allumage et l'extinction de la lampe se fait à l'aide d'un mécanisme très simple, par l'ouverture et la fermeture d'un robinet. En ouvrant le robinet R (*fig.* 360), les deux barres de ressort en cuivre *l l'* se bandent et viennent en contact des vis *v* et *v'*; les fils conducteurs FF ont été coupés en cet endroit, à la vis *v'* est fixée la portion de fil venant de la source d'électricité; à la vis *v* est rattachée la portion de fil se rendant à la lampe.

Le robinet étant ouvert comme dans le cas de la figure 360, les deux portions des fils FF sont mis en contact par l'intermédiaire des lames de ressort, le courant passe et la lampe s'allume. Le robinet étant fermé (*fig.* 361), le courant ne peut pas passer.

Ce système, généralement fixé contre les murs et plus ou moins loin des lampes, est employé pour les lampes des lustres et des appliques. Les lampes mobiles, celles que l'on peut déplacer sur un bureau, portent au milieu même de leurs douilles un système analogue. La lame *b* (*fig.* 359) est alors séparée en deux moitiés, et le courant ne passe que lorsque le robinet, en s'ouvrant, pousse une tige munie d'un ressort à boudin qui vient établir le contact entre les deux moitiés de la lame.

Nous nous sommes suffisamment étendu sur la description de la *Lampe à incandescence Édison* pour n'avoir pas besoin de décrire les autres nombreuses lampes de même genre employées surtout en Amérique et en Angleterre, telles, par exemple, que les Swan, les Maxim, les Lane-Fox, etc.

Les *Lampes à incandescence* présentaient déjà un avantage considérable, puisqu'elles fonctionnent au moins pendant huit cents heures avant que le filament soit usé, alors qu'il faut renouveler constamment les baguettes des *Lampes à arc;* mais on leur reprochait leur intensité lumineuse relativement faible. Or, on est parvenu à fabriquer des lampes de 500, 800 et 1 000 bougies. Il est certain que l'éclairage par incandescence va prendre de ce chef la place de l'éclairage par arc dans beaucoup de circonstances où jusqu'alors il était inapplicable. Jusqu'à 800 bougies le globe de verre clos ne renferme qu'un filament de charbon incandescent; pour 1 000 bougies, il en existe deux dans le globe disposés parallèlement. Tout le monde connaît les dimensions des lampes à incandescence de 16 bougies; les lampes de 1 000 bougies ont un diamètre environ quadruple; la lumière jaillit au milieu d'un globe allongé gros comme les globes de nos carcels. La dépense est un peu moindre relativement que celle des petites lampes. Elles peuvent fonctionner au moins 800 heures si on ne pousse pas l'éclat outre mesure. Les types de 1 000 bougies absorbent 100 volts et 20 ampères.

L'éclairage électrique est appelé à un développement considérable. Toutes les grandes villes de France tendent à l'adopter, et même les petites. Un chef-lieu d'arrondissement de la Creuse, Bourganeuf, ville de 4 000 habitants, possède une installation célèbre, qui constitue la première application vraiment pratique du système de M. Marcel Deprez sur le transport de l'Énergie à distance.

Depuis 1887, Bourganeuf était pourvu d'un éclairage électrique. La force nécessaire était produite par une chute d'eau située dans la ville même; malheureusement, cette chute était à sec pendant trois mois de l'année, et le secours d'une machine à vapeur était alors indispensable.

La municipalité de Bourganeuf, ayant entendu parler des expériences de M. Marcel Deprez, pensa alors à utiliser la chute des Jarrauds située à Saint-Martin-le-Château, à 15 kilomètres de Bourganeuf. La chute en question peut fournir dans les plus grandes sécheresses plus de *mille* chevaux-vapeur, mais on n'installa pour commencer qu'une machine dynamo à deux anneaux (système Deprez) de la force de cent chevaux. Une machine identique fut placée à Bourganeuf, et les deux machines furent reliées par un simple fil de cuivre nu de 5 millimètres de diamètre posé sur des poteaux en sapin, sans plus de soins que les fils télégraphiques ordinaires.

La machine de Bourganeuf, située à 15 kilomètres de la chute d'eau, est mise en mouvement par le courant qui part de Saint-Martin avec une tension de 3 000 volts; elle communique à son tour par une simple courroie le mouvement aux machines à basse tension qui produisent le courant nécessaire à l'éclairage de la ville. Et c'est tout! Mais que de problèmes il a fallu résoudre pour rendre ce mécanisme pratique, que de peines, que d'émotions quand on voyait la vitesse de la réceptrice de Bourganeuf se ralentir sans motif connu! Il a fallu dresser un personnel spécial qui est maintenant réduit à deux agents : l'un à Saint-Martin, l'autre à Bourganeuf; il a fallu imaginer un code de signaux à la fois simple et complet, pour permettre à l'agent de Bourganeuf de donner rapidement et clairement tous les ordres nécessaires à l'agent préposé au poste de la génératrice. Maintenant l'éclairage fonctionne sans interruption pendant cinq heures par nuit.

Une autre ville, plus petite, a appliqué le principe des Accumulateurs. C'est la ville de Saint-Hilaire-du-Harcouët, dans la Manche. A deux reprises elle avait essayé de se donner le gaz, mais sans succès. Un petit ruisseau, le Vauroux, remplit trois étangs placés à des niveaux un peu différents. Une installation hydraulique avait été faite autrefois pour une usine; avec quelques petites réparations, on l'a fait servir pour actionner un dynamo à 800 tours par minute.

Les accumulateurs sont répartis dans trois stations au nombre de 35 dans chacune. Ils mettent dix heures par jour à se charger et débitent ensuite le courant à des lampes à incandescence.

Un village, enfin, de 645 habitants, le village de Collias (Gard), s'est offert, au mois de septembre 1890, le luxe de l'éclairage électrique.

L'installation est fort bien conçue. La force motrice est donnée par une chute d'eau de $1^m,20$, avec un débit de 1 000 litres par seconde et produit un travail de 9 chevaux effectifs.

Cette chute actionne une dynamo pouvant alimenter 1 600 bougies. Les rues sont éclairées par 25 lampes de 16 bougies chacune.

La turbine qui actionne la dynamo jusqu'à onze heures du soir a encore une autre utilité; pendant le jour, elle met en mouvement des pompes élévatoires qui amènent l'eau à Collias.

Les exemples que nous avons cités, du Transport de l'Énergie à distance, présentent un intérêt considérable quand on prévoit l'époque où le combustible fera défaut (¹); ils montrent, en effet, que nous commençons à savoir employer l'Énergie fournie sans cesse et en abondance par la nature; ils prouvent que la Vapeur, dont l'omnipotence est subordonnée à l'existence des mines de houille, est en train de céder la place à l'Energie électrique; et ils attestent que, le jour ou la fumée du dernier morceau de charbon du globe ter-

---

1. Price Williams assigne une durée de 102 ans aux richesses houillères encore enfouies dans le sol de l'Angleterre.

restre se dissipera dans les airs, d'autres sources d'Énergie plus puissantes, plus économiques, et dont la disparition ne sera jamais à craindre, seront en la possession des hommes.

Après avoir vu les effets grandioses des *Courants alternatifs*, nous devons signaler une dernière propriété de ces courants qui donnera sans doute des résultats pratiques dans un avenir prochain : *les moteurs à courants alternatifs*.

M. le professeur Elihu Thomson, de Lynn (Etat de Massa-

Fig. 362. — Expériences d'Elihu Thomson. Répulsion exercée par un courant alternatif sur un anneau métallique.

chussets), a observé en 1884, à l'Institut de Washington, qu'un Electro-Aimant excité par un *courant alternatif et périodique* repoussait un anneau, un disque de cuivre, un tube, etc., convenablement placés dans son champ.

Ces expériences ont fort intrigué les visiteurs de l'Exposition de 1889, peu habitués, pour la plupart, aux actions à distance, c'est-à-dire s'exerçant sans intermédiaire visible. L'échauffement intense des objets repoussés était également pour eux une cause d'étonnement.

L'électro-aimant employé n'était pas différent de ceux que nous avons décrits. Il était placé verticalement sur un pied (*fig. 362*), son noyau était formé par un gros faisceau de fils de fer isolés les uns des autres. Le fil de cuivre enroulé autour de ce noyau était très long, ses extrémités aboutissaient aux deux bornes du pied, reliées d'autre part aux extrémités du circuit extérieur amenant le courant d'une puissante dynamo à courants alternatifs. Un tube de carton enfilé sur l'électro en cachait le fil.

Les choses étant ainsi préparées, si on abandonne à lui-même un anneau entourant l'électro il est violemment lancé en l'air ainsi que l'indique le pointillé de la figure 362.

En formant l'anneau par un grand nombre de spires dans le cir-

Fig. 363.
Incandescence d'une lampe produite
par un courant alternatif.

Fig. 361.
Rotation d'un disque métallique sous l'action
d'un courant alternatif.

cuit desquels est intercalée une lampe à incandescence (*fig.* 363), les courants induits dans l'anneau font briller la lampe d'un très vif éclat, mais si l'anneau est libre de se mouvoir il est repoussé et les courants induits s'affaiblissant alors très rapidement la lampe cesse bientôt de briller. Pour adoucir, pour régulariser ce mouvement de répulsion, l'anneau et la lampe sont immergés dans l'eau d'un vase.

Pour changer le mouvement de translation en un mouvement de rotation, un artifice est nécessaire, il faut produire une dissymétrie dans le champ de l'électro. On y arrive aisément. Rappelons qu'un tube de cuivre introduit entre les deux circuits d'une bobine d'Induction en diminue considérablement les effets et forme écran. Si donc on recouvre une portion de la surface supérieure de l'électro-aimant par une lame de cuivre, les lignes de force qui en émanent seront en grande partie interceptées, le champ deviendra dissymétrique par rapport à l'électro-aimant, car dans la partie non recouverte les lignes de force se dirigeront librement. La répulsion s'exercera alors sur une seule moitié d'un disque, d'une sphère de cuivre, etc..., placés en regard de la surface de l'Électro. On conçoit qu'alors ces objets se mettent à tourner. Dans l'Électro de la figure 365, la lame de cuivre écran est cachée sous une couche de peinture noire recouvrant toute la face supérieure de l'Électro.

On voit (*fig*. 364) la rotation d'un disque de cuivre ainsi produite, il repose par une légère cavité sur une pointe recourbée à angle droit dont l'opérateur tient la poignée dans la main.

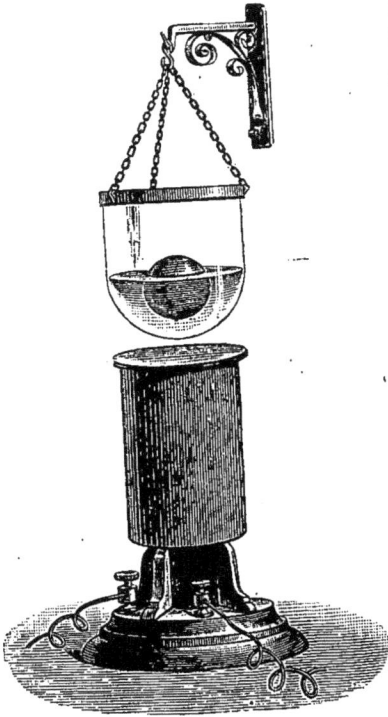

Fig. 365.
Rotation d'une sphère métallique produite
par un courant alternatif.

La rotation d'une sphère creuse en cuivre (*fig*. 365) s'explique de même. Elle suit les bords du vase, l'eau que renferme celui-ci sert de régulateur au mouvement, elle empêche également la boule de s'échauffer trop fortement sous l'action des courants induits qui la sillonnent. Il va de soi que ces phénomènes s'expliquent par les lois que nous avons formulées déjà et qu'il n'est en aucune façon nécessaire d'imaginer une théorie nouvelle comme certains l'ont cru.

Cette répulsion s'exerce entre les courants alternatifs inducteurs et les courants alternatifs induits.

Quelques développements sont cependant nécessaires.

Comment représenter l'allure d'un courant alternatif? comment le peindre aux yeux?

De la même manière que nous avons représenté une vibration (*fig.* 18, p. 26) : sur une ligne droite nous avons porté le temps
et sur une ligne perpendiculaire l'écart du point compté à partir de
sa position d'équilibre vers le haut si le point est à droite de cette
position, vers le bas s'il est à gauche. Dans le cas présent, nous
porterons également les temps sur l'axe OT (*fig.* 366), mais au lieu
des écarts, ce sont les intensités des courants, leur grandeur à
chaque instant que nous porterons parallèlement à l'axe O I vers le
haut si le courant circule dans un certain sens, vers le bas s'il circule en sens contraire. Le sens du courant remplace ici le sens
de l'écart du point vibrant s'éloignant de sa position d'équilibre.
A cette position d'équilibre correspond le cas où le courant est nul,
c'est-à-dire les instants où il change de sens. Comme il est périodique, la courbe qui le représente pour une période se reproduit
indéfiniment.

Soit T la durée de la période du courant. Au temps zéro l'intensité est nulle. A un certain instant $om = t$, il a une intensité représentée par la longueur de la ligne M$m$, cette intensité croît pendant
le temps $\frac{T}{4}$, (un quart de la période), sa plus grande valeur est représentée par la longueur de la ligne A $a$, il diminue dès lors jusqu'à
zéro en conservant le sens de la première flèche. On est alors en B et
le temps écoulé est $\frac{T}{2}$, la moitié de la période. Dans la demi-période
qui suit, les mêmes faits se reproduisent, mais le courant circulant
en sens contraire dans le fil de l'électro-aimant sens de la flèche,
l'intensité de ce courant aux instants successifs est représentée par
des lignes portées au-dessous de OT parallèlement à OI, ce qui
donne la boucle BCD. La période est alors terminée et se reproduit
sans altération.

D'après les lois de l'Induction, comment va se produire le courant
Induit dans l'anneau? Comment celui-ci sera-t-il représenté en
adoptant les conventions précédentes?

Il est clair d'abord qu'il aura la même période que le courant
Inducteur.

Suivons le phénomène dans ses phases successives : lorsque le
point qui représente le courant inducteur parcourt la courbe de O à

A, il marche dans le sens de la première flèche et croît, par suite en vertu de la loi de Lenz, le courant induit marchera en sens contraire, de plus il diminuera constamment..

De A à B, le courant Inducteur diminuant, l'Induit change de sens, de plus, il diminue.

De B en C le courant Induit conserve son sens bien que celui du courant Inducteur change, car, de B en C, celui-ci croît..

Bref, si le courant Inducteur est représenté par la courbe

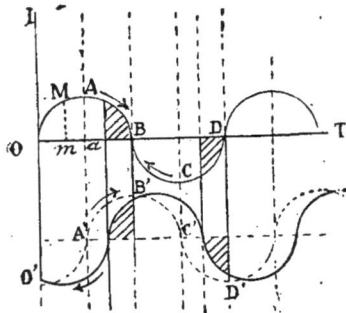

Fig. 366. — Représentation de la répulsion exercée par un courant alternatif inducteur sur un courant alternatif induit.

O A B C D..., le courant induit correspondant est alternatif et est aussi représenté par la courbe O' A' B' C' D'..., etc.

Or d'après les lois d'Ampère, deux courants parallèles et de même sens s'attirent et deux courants de sens contraire se repoussent.

Il y a donc répulsion entre les courants O A et O A', BC et B'C', qui sont de sens contraires, il y a au contraire attraction entre les courants de même sens A B, A' B'; C D, C' D',... etc.

Or la période du courant alternatif est très petite et chacune d'elle comprend deux répulsions et deux attractions égales, chaque répulsion est suivie d'une attraction.

Si donc tout se passait rigoureusement d'après les idées théoriques sur lesquelles nous nous sommes appuyés, l'électro-aimant alternatif n'exercerait aucune action sur l'anneau et celui-ci ne serait pas repoussé.

Mais il y a dans le phénomène un élément dont nous n'avons pas tenu compte et qui modifie profondément notre conclusion. C'est que le courant Induit présente une sorte d'Inertie à l'Induction, il n'accompagne pas d'une façon absolue les variations du courant Inducteur. Ainsi le courant Induit ne prend pas sa valeur nulle à l'instant précis où le courant Inducteur passe par sa plus grande valeur, mais un instant seulement après.

Il est donc nécessaire de faire glisser vers la droite la courbe du courant induit si l'on veut que les deux courbes de la figure correspondent à la Réalité.

Mais alors les Répulsions qui étaient égales aux Attractions leur deviennent de beaucoup supérieures, d'où le mouvement observé. On a ombré sur le dessin les portions de courant qui donnent des attractions.

On exprime le fait du retard présenté par le courant Induit sur le courant Inducteur en disant qu'ils présentent une *différence de phase* dont la grandeur dépend évidemment de la construction de l'Inducteur et de l'Induit.

Cette différence de phase intervient dans un grand nombre de questions en Électricité.

En 1880 MM. de Fonvielle et Lontin avaient déjà fait tourner des disques de fer doux dans le champ d'un électro-aimant rendu dissymétrique à l'endroit où est le disque par des aimants convenablement placés.

Les expériences d'Elihu Thomson ouvrent à l'esprit des horizons nouveaux; déjà elles semblent indiquer quelque rapport, encore bien mystérieux, entre les phénomènes électriques et l'Attraction universelle. C'est ainsi que M. Zenger, qui a cherché la relation entre les lois électro-dynamiques et le mouvement planétaire, a pu dire ([1]) : « La force latérale (pression exercée sur un des côtés de la sphère) peut servir à expliquer la nature et provenance de la force tangentielle dont Newton a eu besoin pour expliquer le mouvement orbital des planètes; on peut imaginer que les lignes de force du soleil (considéré comme un électro-aimant très puissant et ayant ses deux pôles à une distance très petite l'une de l'autre, par rapport à la distance du globe planétaire) sont sensiblement parallèles. On arrive alors à comprendre le mode d'action à distance de l'attraction

1. Académie des Sciences, séance du 2 septembre 1889, note de M. Ch. V. Zenger.

universelle qui, dans l'état actuel de la science, présente tant de difficultés. »

Nous avons vu comment les courants alternatifs et les courants continus intenses étaient employés à la Transmission de l'Énergie à distance et à l'éclairage électrique; nous avons déjà vu, d'autre part, en TÉLÉPHONIE, l'emploi des *courants peu intenses*.

Il reste à signaler une dernière application de ces courants qui semblent réservés ([1]) à la Transmission de la pensée humaine à distance : Par le TÉLÉPHONE, ils transmettent la parole; par le TÉLÉGRAPHE, ils transmettent l'écriture.

La Télégraphie possède de nombreux appareils dont les dispositions sont extrêmement variées, mais dont l'installation générale reste la même; aussi nous bornerons-nous à signaler ceux qui sont les plus employés aujourd'hui.

Tout TÉLÉGRAPHE ÉLECTRIQUE comprend la *pile* ([2]), qui engendre le courant; le *fil de ligne* ([3]), qui transmet ce courant d'une station à l'autre; le *manipulateur*, qui, en réglant les intermittences du courant à la station de départ, envoie la dépêche; le *récepteur*, qui reçoit, qui enregistre la dépêche à la station d'arrivée.

1. Plusieurs essais ont été faits néanmoins pour remplacer les piles par des machines dynamos seules, ou combinées avec des accumulateurs. En 1888, la Postal Telegraph Cable company, de New-York, a remplacé 10 000 couples de piles Callaud par 16 dynamos Edison d'un type spécial; à Londres, l'Exchange Telegraph company a installé un moteur, actionné par l'eau sous pression, commandant une dynamo qui charge les accumulateurs.

2. Livre Iᵉʳ, chap. IV.

3. Le fil de ligne est un fil de fer galvanisé de quatre millimètres environ de diamètre, isolé par des supports ou godets de porcelaine fixés à des poteaux de sapin. Si la ligne est souterraine, le fil est recouvert d'un enduit isolant de gutta-percha ou de bitume; si elle est sous-marine, on emploie un faisceau de fils de cuivre rouge tordus ensemble et entourés d'un enduit formé de gutta-percha, de sciure de bois et de résine de goudron; sur cet enduit sont appliqués une couche de filin goudronné et un revêtement de fils d'acier garnis de chanvre goudronné.

Que la ligne soit aérienne, souterraine ou sous-marine, on fixe au pôle négatif de la pile, à la station de départ, un fil de cuivre terminé par une plaque de cuivre qui plonge dans l'eau d'un puits; le pôle positif communique avec le fil de ligne qui, à la station d'arrivée, se termine aussi par une plaque de cuivre plongeant dans un puits. De cette manière, les extrémités du fil de ligne sont maintenues au potentiel zéro qui est, par définition, le potentiel du sol. La circulation s'établit de même que si le circuit était fermé par un second fil. Le sol remplace donc avec économie le fil de retour.

Pour expliquer le principe du Télégraphe, nous choisirons l'appareil de Morse d'abord, en raison de son adoption par l'Administration des télégraphes français, par les différents États de l'Europe, par la plupart des Compagnies d'Amérique, et ensuite parce que l'Américain Samuel Morse est l'inventeur du premier Télégraphe électrique pratique, dont il trouva le principe, le 19 octobre 1832, à bord du paquebot *le Sully*, qui le ramenait du Havre à New-York.

Le télégraphe Morse fut mis en œuvre pour la première fois, en 1844, par l'établissement de la ligne de Washington à Baltimore; il a reçu depuis cette époque de nombreux perfectionnements.

Le *Récepteur* se compose d'un rouet R (*fig.* 367), sur lequel est enroulée une longue bande de papier P; cette bande de papier est prise comme dans un laminoir et entraînée par deux cylindres *e* et *g*, que fait marcher un mouvement d'horlogerie renfermé dans la boîte et que l'on remonte à l'aide de la clef *b*. Une pièce D permet d'arrêter ce mouvement. A droite de la boîte se trouve un électro-aimant E, dans lequel passe le courant qui arrive de la station de départ.

A la partie supérieure de l'électro-aimant est une armature de fer doux liée à un bras de levier L, dont l'extrémité de droite peut osciller entre les deux vis de rappel C et C'; l'extrémité de gauche se termine par une pointe recourbée en *m*.

Au-dessus de la bande de papier est un tampon T, recouvert d'une flanelle imbibée d'encre oléique, qui s'appuie sur une molette de cuivre; celle-ci prend, au contact du tampon, de l'encre qu'elle cède au papier pendant son passage.

La colonne B est creuse et renferme une longue vis qu'on fait tourner à l'aide du bouton supérieur et qui donne le moyen d'élever ou d'abaisser l'électro-aimant, de façon à varier sa distance à l'armature, selon l'intensité du courant.

Lorsque la station de départ n'envoie pas de dépêche, autrement dit, tant qu'il ne passe pas de courant dans l'électro-aimant, le bras de levier C reste abaissé par la tension d'un ressort, et il ne peut y avoir contact entre la molette de cuivre et la bande de papier. Mais dès qu'une dépêche est envoyée, dès que le courant arrive, l'électro-aimant attire son armature de fer doux et, par suite, l'extrémité droite du levier L; l'extrémité gauche est donc soulevée et la pointe *m* appuie le papier contre la molette ; pendant ce contact, qui dépend de la durée du courant, la molette enduite d'encre laisse des traces sur la bande de papier qui continue à se dérouler. Si le courant ne dure qu'un court instant, la molette n'a que le temps d'imprimer un point; si le courant dure davantage, la molette imprime un trait allongé.

En faisant, à la station de départ, passer le courant pendant une durée plus ou moins longue, on peut donc produire, à la station d'arrivée, des points, des traits, et des combinaisons de points et de traits qui ont permis à Morse d'établir le vocabulaire suivant :

### LETTRES

| | | | |
|---|---|---|---|
| a | . —— | ñ | —— —— |
| ä | . — . — | o | —— — |
| à | . —— — — | ö | —— — . |
| b | —— . . . | p | . —— —— . |
| c | —— . —— . | q | —— —— . —— |
| d | —— . . | r | . —— . |
| e | . | s | . . . |
| é | . . —— . . | t | —— |
| f | . . —— . | u | . . —— |
| g | —— —— . | ü | . . —— —— |
| h | . . . . | v | . . . —— |
| i | . . | x | —— . . —— |
| j | . —— —— —— | y | —— . —— —— |
| k | —— . —— | z | —— —— . . |
| l | . —— . . | w | . —— —— |
| m | —— —— | ch | —— —— —— —— |
| n | —— . | | |

### CHIFFRES

| | | | |
|---|---|---|---|
| 1 | . —— —— —— —— | 6 | —— . . . . |
| 2 | . . —— —— —— | 7 | —— —— . . . |
| 3 | . . . —— —— | 8 | —— —— —— . . |
| 4 | . . . . —— | 9 | —— —— —— —— . |
| 5 | . . . . . | 0 | —— —— —— —— —— |

Le *Manipulateur* (ou clef) de l'appareil Morse sert à établir ou à interrompre le passage du courant; c'est un levier L (*fig.* 368), maintenu soulevé par un ressort, mais qu'on peut abaisser en appuyant sur la touche *m*.

Pour envoyer une dépêche on appuie en *m*, l'extrémité du levier s'abaisse et la pointe de la vis V vient en contact avec le bouton C. Le courant, produit par les piles, arrive par le fil C', monte dans le levier, en redescend par la pièce E et va gagner le fil de ligne attaché à la borne B.

Une rapide pression du doigt en *m* transmet un point au Ré-

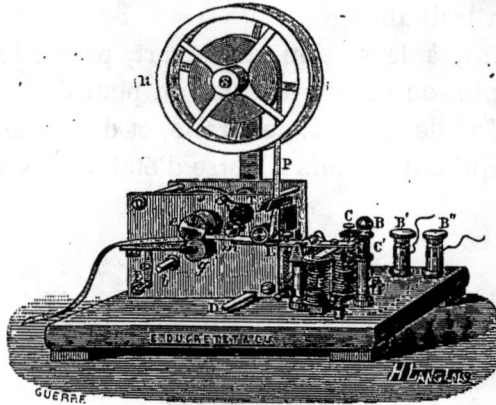

Fig. 367. — Télégraphe Morse : le Récepteur.

cepteur ; des pressions plus ou moins longues et espacées laissent passer des courants de durée inégale, et transmettent ainsi les traits, les signes du vocabulaire Morse.

La *sonnerie électrique,* dont nous avons expliqué le principe

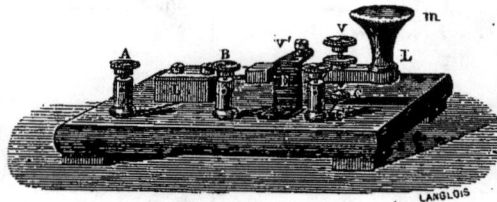

Fig. 368. — Télégraphe Morse : le Manipulateur.

(page 390), sert à prévenir le poste récepteur de l'envoi de la dépêche.

Quand les deux postes sont très éloignés l'un de l'autre, il peut se faire que le courant arrive avec une intensité trop faible au Récepteur pour en faire fonctionner le mécanisme. On a recours, dans ce cas, a un appareil, nommé *relais*, qui a pour but d'introduire dans le Récepteur le courant d'une pile située dans ce poste; le relais transmet fidèlement au Récepteur, avec la force nécessaire, toutes les indications envoyées par le Manipulateur.

Avec le *Télégraphe écrivant* de Morse, le *Télégraphe imprimant* de Hughes partage le privilège de servir aux transmissions télégraphiques du monde entier.

Le *Télégraphe imprimant* fut trouvé en 1855 par D.-E. Hughes, qui vingt ans plus tard inventait le Microphone, et qui, en

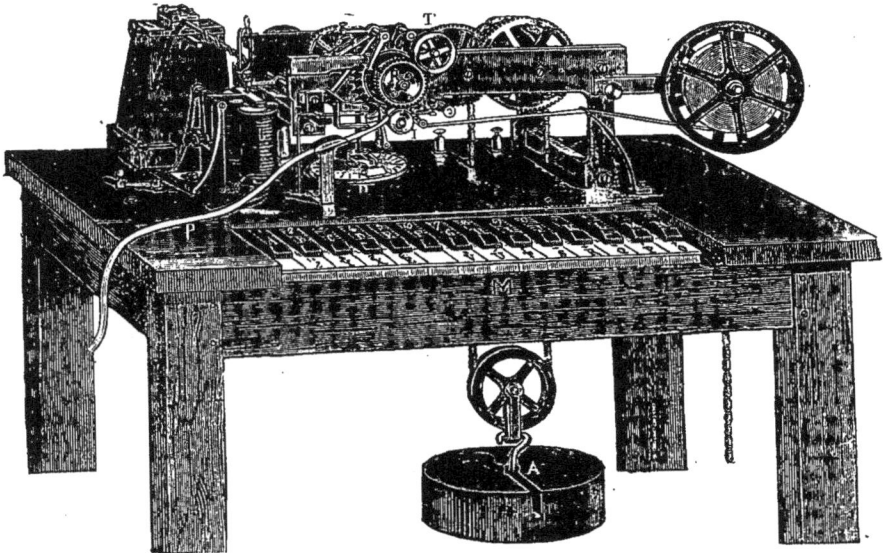

Fig. 369. — Télégraphe Hughes : Manipulateur et Récepteur.

cherchant le mécanisme de son Télégraphe, où le clavier, avec ses touches noires et blanches, joue un rôle principal, se souvenait sans doute qu'il avait été professeur de piano au Collège de Bordstorn, dans l'État de Kentucky.

Àutant le mécanisme du *Télégraphe Hughes* est compliqué, autant le principe en est simple.

A la station du départ et à la station d'arrivée sont établis des mouvements d'horlogerie qui doivent marcher ensemble avec un synchronisme parfait, de manière à régler le fonctionnement simultané du Manipulateur et du Récepteur.

Le Manipulateur M (*fig.* 369) est un clavier analogue à celui des pianos; il comprend vingt-huit touches marquées des lettres de l'alphabet, de chiffres et de signes de ponctuation. En appuyant sur les touches, l'expéditeur envoie les lettres dont se compose la dépêche.

Le Récepteur (Récepteur et Manipulateur sont, à chaque poste, supportés sur une même table, comme le montre la figure 369), a pour partie essentielle une roue R, nommée *roue des types,* sur le pourtour de laquelle sont gravés en relief les lettres de l'alphabet, les chiffres et les signes de ponctuation. Elle tourne entre le tampon T chargé d'encre et le rouleau I sur lequel se déroule la bande de papier P. Sur un disque horizontal D marche un petit chariot qui décrit une circonférence entière dans le même temps que la roue des types effectue une rotation complète. Ce disque D est percé d'autant de trous qu'il y a de touches sur le clavier et de lettres sur le pourtour de la roue des types. Le mouvement d'horlogerie, qui est mis en action par un poids moteur A, est réglé avec une telle précision qu'à l'instant où le petit chariot passe sur le trou correspondant à une touche, c'est la lettre indiquée par cette touche qui se trouve sur la roue des types juste en face de la bande de papier. L'électro-aimant *b,* animé chaque fois qu'un courant est

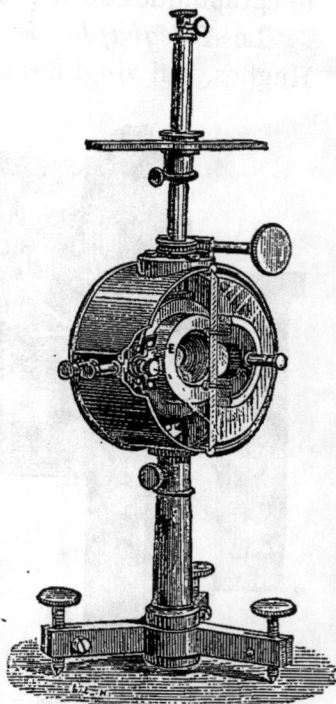

Fig. 370.

Galvanomètre à réflexion Thomson. Les mouvements de l'aiguille aimantée sont indiqués par le déplacement d'un rayon lumineux réfléchi par un petit miroir (solidaire de l'aiguille) qu'on aperçoit vers E dans la bobine.

lancé dans le fil de ligne, fait alors soulever le rouleau I, et la lettre s'imprime sur le papier.

Le Récepteur des télégraphes sous-marins diffèrent de ceux que nous venons de décrire. Le courant parvenant extrêmement faible à la station d'arrivée, il faut employer un appareil très sensible. Ce Récepteur est alors le *Galvanomètre à réflexion* de Thomson

(*fig*. 370). Les déviations du miroir réfléchissent un point lumineux vers des divisions tracées sur un écran; les déviations à gauche indiquent les points et celles de droite les traits de l'alphabet
Morse.

Pour répondre aux besoins croissants du public, on s'est ingénié
à accroître encore la rapidité des correspondances télégraphiques,
c'est-à-dire le *débit des lignes*.

On y est arrivé de plusieurs manières :

1° En substituant à l'employé qui envoie les signaux un *trans-*

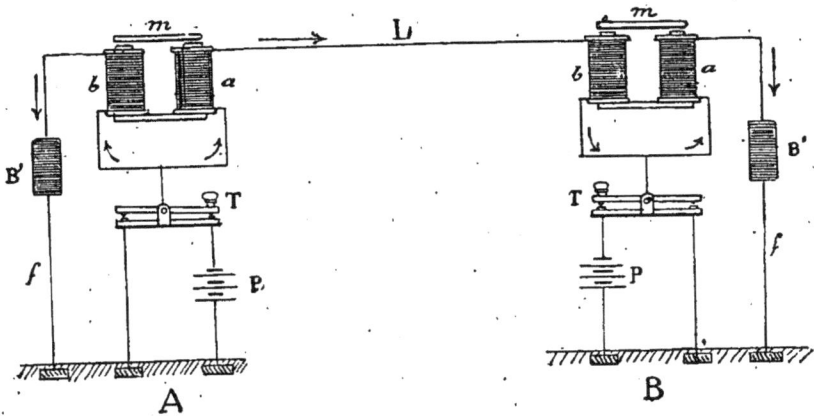

Fig. 371. — Principe d'une Disposition télégraphique en *duplex*.

*metteur automatique* qui opère beaucoup plus vite sans se fati-
guer jamais;

2° En montant les Transmetteurs et les Récepteurs, quelqu'en
soit le type, en *multiplex*, c'est-à-dire de telle façon que les deux
stations puissent communiquer *simultanément*, le fil de ligne
transportant en même temps plusieurs dépêches;

3° En livrant la ligne pendant des temps successifs très courts
et très rapprochés à plusieurs employés. Pendant que l'un d'eux
transmet ses signaux, les autres ont juste le temps de préparer les
leurs, de sorte que la ligne n'est jamais oisive. C'est là le système
dit de la *division du temps*.

Cherchons à faire comprendre comment deux stations A et B
peuvent communiquer simultanément par le même fil de ligne.
Nous donnerons seulement le principe général d'une installation en
*duplex*.

Supposons qu'il s'agisse d'employer le télégraphe Morse. Les appareils sont disposés de même aux deux postes :

Le manipulateur est en T, l'électro-aimant récepteur en $ab$, une boîte de résistance (*fig.* 371) est intercalée en B′ dans le circuit, la batterie de piles est en P et le fil de ligne en L.

Le transmetteur T du poste A est-il mis en fonction, le courant de la pile P se divise en deux parties, l'une d'elles se rend dans la bobine $a$ et de là dans le fil de ligne L, l'autre va dans la bobine $b$ et de là au sol par le fil $f$. L'enroulement des bobines $a$ et $b$ est telle que l'armature $m$ subit de la part des élec-

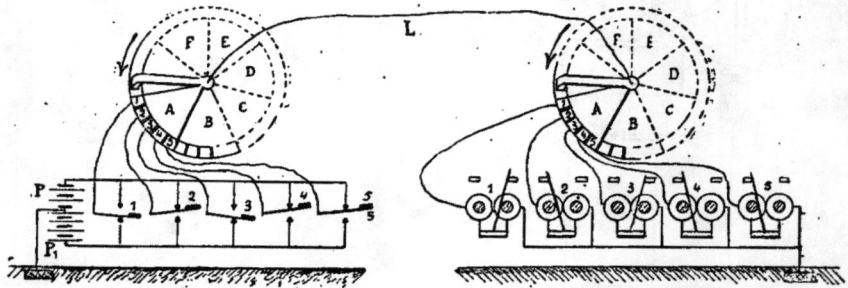

Fig. 372. — Principe du Télégraphe à division du temps Baudot.

tros $a$ et $b$ des actions inverses, et cette action sera nulle, l'armature $m$ ne sera pas déplacée, si les deux courants qui circulent dans les bobines $a$ et $b$ sont égaux. On atteint ce résultat en introduisant une fraction convenable de la résistance B′ dans le circuit.

Le courant amené par le fil de ligne L dans la bobine $b$ du poste B se scinde aussi, une partie va au sol par le fil attaché à la droite du transmetteur T, et l'autre va également au sol, par le fil $f$, en traversant la bobine $a$ et la résistance B′. Dans ce cas, les courants circulant dans le même sens en $a$ et $b$ attirent l'armature $m$.

Tout se passe évidemment de même si on ferme le transmetteur T du poste B.

Par suite, en réglant convenablement les résistances variables B′ des deux stations, le récepteur de chacune d'elle est insensible aux courants qu'elle envoie, au contraire, il entre en action sous l'influence des courants qui lui viennent de l'autre station. Celles-ci pourront donc communiquer simultanément. Par une disposition analogue, on peut envoyer en même temps dans le fil deux dépêches du même poste. Au lieu de venir de côtés contraires, les courants se propagent cette fois dans le même sens : c'est le système *diplex*.

En combinant le *duplex* et le *diplex*, on peut envoyer quatre dépêches à la fois dans la ligne : c'est l'installation en *quadruplex*.

Nous avons vu en téléphonie comment le *télégraphe harmonique*, celui de M. Mercadier, par exemple ([1]), résout avec une grande simplicité le problème de la transmission simultanée de plusieurs dépêches par le même fil de ligne.

Exposons maintenant le principe du *télégraphe multiple à division du temps* de M. Baudot. Il est fort employé aujourd'hui. Nous laisserons de côté tout ce qui concerne l'exécution mécanique fort complexe de ce précieux appareil qui valut à son auteur le diplôme d'honneur de l'Exposition internationale d'électricité de 1881.

Examinons d'abord le Transmetteur (*fig.* 372). Extérieurement c'est un clavier à 5 touches 1, 2, 3, 4, 5. Entre la seconde et la troisième touche est placée une manette qui sert à mettre l'appareil en état de transmettre ou de recevoir. Tout est disposé de façon qu'une touche à l'état normal envoie dans la ligne L un courant de sens contraire à celui qu'elle envoie lorsqu'elle est abaissée.

Les courants relatifs aux touches à l'état normal sont appelés *courants négatifs* (—).

Les courants relatifs aux touches abaissées sont appelés *courants positifs* (+).

Si les touches 1 et 3, par exemple, sont abaissées, les autres étant dans leur position normale, on pourra représenter le signal envoyé par le symbole + — + — —.

En combinant de diverses manières, les touches abaissées et celles qui ne le sont pas, il est aisé de trouver un assez grand nombre de combinaisons de courants pour représenter toutes les lettres, les chiffres et autres caractères indispensables à la télégraphie. Quelques-uns sont représentés par ce tableau : 

1. Voir le *Télégraphe acoustique multiplex* de M. Mercadier, pages 156 et suivantes.

| Repos (aucune touche n'est abaissée) | — | — | — | — | — |
|---|---|---|---|---|---|
| A ou 1 | + | — | — | — | — |
| B ou 8 | — | — | + | + | — |
| C ou 9 | + | — | + | + | — |
| D ou 0 | + | + | + | + | — |
| E ou 2 | — | + | — | — | — |
| E', etc. | + | + | — | — | — |
| F | — | + | + | + | — |
| G ou 7 | — | + | — | + | — |
| ..... etc. | | | | | |

Comment les courants venant des diverses touches passent-ils successivement dans le fil de ligne?

Aux touches 1, 2, 3, 4, 5 correspondent 5 petites plaques métalliques 1, 2, 3, 4, 5 isolées les unes des autres et fixées sur un disque d'ébonite. Un bras mobile, portant un petit balai de fils métalliques, tourne autour de l'axe du disque qui est relié à la ligne L. Lorsque le balai passe sur la plaque 1, c'est le courant venant de la touche 1 qui est envoyé dans la ligne; en passant sur la plaque 2, c'est le courant de la touche 2 qui est lancé dans le fil de ligne et ainsi de suite.

Comme le pourtour du disque d'ébonite porte cinq systèmes de plaques analogues à 1, 2, 3, 4, 5 et comprises respectivement dans les secteurs A, B, C, D, E, F, il est possible de mettre cinq transmetteurs à clavier identiques à celui qui vient d'être décrit en communication avec les plaques de chaque secteur. De cette manière, le balai enverra successivement au poste récepteur les cinq signaux de chacun des employés, c'est-à-dire 25 signaux par tour, ce qui correspond à cinq lettres, chiffres, etc.

Le disque et le bras métallique tournant constituent ce que l'on a nommé le *distributeur* en raison de sa fonction (*fig.* 373).

La vitesse de la distribution, c'est-à-dire la vitesse de rotation du bras est réglée de façon que la ligne soit toujours occupée, que l'on approche autant que possible de sa *réceptivité totale*.

Avec le Baudot on peut envoyer de 500 à 600 dépêches de dix mots par heure.

Comment sont utilisés les courants ainsi envoyés?

Un distributeur absolument identique au précédent et animé d'un mouvement rigoureusement concordant, *synchrone*, distribue ces courants dans des électro-aimants ou *relais r* (*fig.* 373). L'armature de cet électro-aimant est portée par un cylindre de fer doux qui repose sur les pôles d'un aimant en fer-à-cheval. De cette façon l'armature est un véritable aimant qui bascule, par suite, en sens inverse lorsque l'électro est excité par des courants de sens contraires. Les courants positifs feront donc basculer un tel électro-aimant dans un sens et les courants négatifs le feront basculer en sens contraire.

Ces mouvements sont transmis par un courant local aux électro-

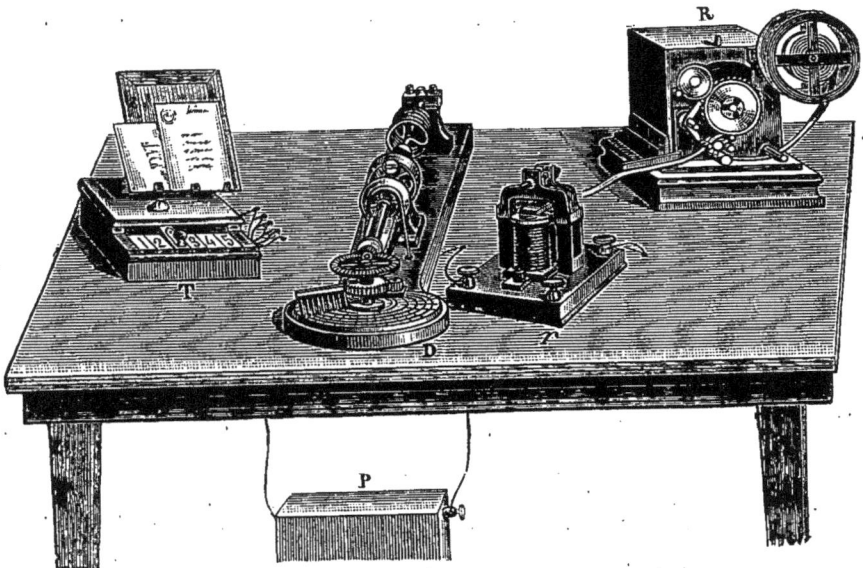

T, Transmetteur. D, Distributeur. r, Relais. R, Récepteur.
Fig. 373. — Vue d'ensemble d'un poste télégraphique Baudot.

aimants récepteurs de l'appareil imprimant dont les deux parties essentielles sont la roue qui porte les types et le *combinateur* qui provoque l'impression au moment où le type convenable passe en regard de la bande de papier. On voit (*fig.* 373) l'extérieur du Récepteur du télégraphe Baudot.

Selon les idées de Maxwell (1865) et de son école, les *Phénomènes lumineux* n'étant qu'un cas particulier des *Phénomènes électriques*, il est rationnel d'exposer maintenant les propriétés de l'ÉNERGIE LUMINEUSE et d'étudier les faits qui, en dehors de toute théorie pure, légitiment l'opinion du savant anglais.

# LIVRE III

## L'ÉNERGIE LUMINEUSE

# CHAPITRE PREMIER

## L'ÉNERGIE LUMINEUSE

Nous allons voir comment on a établi que l'ÉNERGIE LUMINEUSE provenait d'un mouvement vibratoire de l'*Éther*, et comment ce mouvement se propage par ondes, est périodique, la période variant avec la couleur de la lumière.

A l'exemple de Newton, plaçons derrière une fente verticale *f* et, à 1 mètre de cette fente, une lentille achromatique L ayant 50 centimètres de distance focale. Faisons ensuite tomber sur la fente, recouverte d'un verre rouge par exemple, un faisceau de lumière. Une image rouge *r* de la fente, ayant exactement la même grandeur que celle-ci, se peint alors sur un écran E placé à 1 mètre de distance de la lentille (*fig.* 374 et *fig.* 375). En rétrécissant de plus en plus la fente par le déplacement de l'un de ses bords, par exemple, l'image qui lui est égale se rapproche évidemment d'une ligne droite.

Si une masse de verre ayant la forme d'un *Prisme* est disposée parallèlement à la fente de façon à intercepter la lumière à sa sortie de la lentille, l'image *r*, bien que conservant sa grandeur, est déviée vers la *base a b* du prisme. Elle était en *r*, le prisme l'envoie en R. L'angle de *déviation* est égal à *r o* R.

Ce déplacement de l'image est dû aux réfractions subies par le faisceau lumineux lors de son entrée en $n$ dans le verre du prisme, et lors de sa sortie en $m$.

Fait-on tourner le prisme sur lui-même de manière à modifier l'angle d'incidence $i$, le faisceau émergeant se déplace : l'angle de déviation D diminue d'abord par exemple, puis, pour une valeur convenable de l'incidence, cet angle D augmente; l'image R, après

Fig. 374. — Production d'un spectre lumineux. Dispersion de la lumière.

s'être approchée de $r$, s'en éloigne, bien que l'on continue à tourner le prisme toujours dans le même sens.

La rétrogradation de l'image R a lieu pour une position particulière du prisme qui a reçu le nom de *Position du minimum de déviation;* l'expérience ainsi que les Lois de la Réfraction (Voir p. 137), montre qu'alors les angles d'incidence $i$ et d'émergence sont égaux.

La même expérience répétée, en substituant au verre rouge des verres jaune, bleu, etc., conduit aux mêmes résultats, avec cette différence importante que, pour une même incidence $i$, l'image jaune est plus déviée par le prisme que l'image rouge, l'image

bleue est plus déviée encore que l'image jaune, etc. Par abréviation on dit que la lumière jaune est plus *réfrangible* que la
lumière rouge, etmoins réfrangible que la lumière bleue.

N'est-il pas évident maintenant que si la fente est éclairée à la
fois par toutes ces lumières, arrivant mélangées et dissimulées dans
le faisceau A, elles seront séparées par le prisme? Les rayons
rouges doivent en effet aller former l'image rouge en R, les
jaunes en J, les violets en V, etc., en des régions distinctes de
l'écran. Le prisme produit ainsi la *Dispersion* de la lumière du
faisceau A.

Dans le cas où les lumières ont des réfrangibilités voisines, pour
éviter *l'empiètement* les unes sur les autres des images colorées

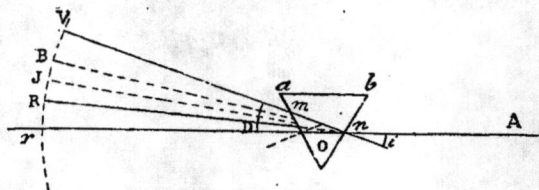

Fig. 375. — Dispersion des radiations.

successives, il est nécessaire d'opérer avec une fente aussi fine
que possible : les bandes colorées sont alors nettement séparées,
le faisceau incident A est, selon le mot classique, *analysé*. Il est
avantageux de prendre une fente rectiligne si celle-ci avait la
forme d'une flèche, d'un cercle, etc.; il en serait de même des
images colorées qui se peignent sur l'écran, mais ces formes ne
sont pas commodes, elles empiètent beaucoup plus les unes sur
les autres que les images rectilignes.

Allons plus loin. Vient-on à pratiquer une fente dans l'écran E,
suivant l'une quelconque des bandes R, J, etc., et à recevoir les
rayons qui passent sur un nouveau prisme, parallèle à la bande,
on n'obtient aucune image nouvelle; s'il s'agit de l'image jaune J,
seule une image jaune apparaît sur l'écran. On exprime ce fait
expérimental important en disant que les lumières séparées par le
prisme sont des *lumières simples ou homogènes,* ou encore
*monochromatiques,* la lumière du faisceau incident A étant au
contraire *composée ou hétérogène.*

Si le faisceau A est formé par de la lumière venant du soleil, bien que celle-ci paraisse blanche, elle donne une infinité d'images colorées de la fente *f*, ces images paraissent se succéder sans interruption et constituent par leur ensemble ce que l'on a nommé le spectre de la lumière du soleil, ou plus brièvement le *spectre solaire*. La fente employée doit être très fine, et il est avantageux de mettre le prisme dans la position du minimum de déviation pour les rayons moyens.

Les couleurs dominantes du spectre sont dans l'ordre des réfrangibilités croissantes :

Le rouge, l'orangé, le jaune, le vert, le bleu, l'indigo et le violet. On les nomme souvent les *sept couleurs du Prisme*, voulant rappeler par là l'appareil qui permet de les manifester si aisément ([1]).

Une lumière provenant d'une source quelconque donne de même un spectre *caractéristique* de la source.

Si le faisceau analysé A vient d'un *corps solide rendu incandescent*, d'un fil de platine rougi par un courant électrique, des charbons de l'arc voltaïque, etc., le spectre est *continu* : nulle part les images successives de la fente ne sont séparées par des intervalles sombres. En élevant la température d'un corps incandescent, le spectre devient de plus en plus brillant et paraît s'étendre surtout du côté du violet : il émet des lumières de plus en plus réfrangibles.

Le faisceau analysé A provient-il au contraire *d'un gaz ou d'une vapeur portée à l'incandescence*, comme dans un tube de Geissler,

---

1. Par des expériences nombreuses et bien connues, Newton a montré que la superposition dans un même faisceau de toutes les couleurs séparées par le prisme reproduisait la lumière même apportée par le faisceau incident A.

Les expériences de Newton ont surtout porté sur la lumière solaire.

Il est à remarquer qu'une lumière peut être blanche alors même qu'elle ne contient pas toutes les couleurs du spectre, et cela d'une infinité de manières, mais alors à la place des réfrangibilités absentes on voit des bandes noires dans le spectre; celui-ci est dit *cannelé* et le blanc correspondant est un *blanc d'ordre supérieur*. En formant deux groupes quelconqué avec ces couleurs, on obtient ce que l'on nomme des groupes de *couleurs complémentaires*.

Ajoutons qu'un corps quelconque placé dans une région déterminée du spectre prend la *couleur* de cette région. Il n'a donc pas de couleur propre, celle-ci dépend uniquement de la lumière qui l'éclaire; si elle est complexe le corps en éteint certaines portions et réfléchit les autres vers l'œil qui reçoit ainsi l'impression d'une coloration qui ets par définition la *couleur du corps observé*.

par les décharges d'une Bobine d'induction, les diverses images de la fente sont nettement séparées, le *spectre est discontinu*.

De plus, ces spectres dépendent de la nature de la substance volatilisée. Place-t-on un culot d'argent dans une cavité creusée dans le charbon inférieur et positif de l'arc voltaïque, la lumière de l'arc donne un spectre discontinu formé d'une ligne ou *raie* verte, d'une raie vert bleuâtre et de trois raies violettes; avec le cuivre, on obtient deux raies jaunes et trois raies vertes très voisines; la vapeur de zinc conduit à une raie rouge intense et à trois raies bleues voisines. Un alliage volatilisé donne un spectre discontinu dans lequel on trouve les raies propres à chacun des métaux constituants.

En un mot *une vapeur, un gaz incandescent quelconque, donne un ensemble de lignes ou raies brillantes, un spectre discontinu qui le caractérise*, que l'on ne pourra pas reconstituer identiquement avec un autre gaz. Cette loi importante fut soupçonnée par Wheatstone et Miller, vers 1845 ; mais c'est Bunsen et Kirchhoff qui, de 1856 à 1859, l'ont établie par des expériences nombreuses et précises. Le spectre est un véritable réactif physique permettant de reconnaître si un corps simple existe ou non dans un échantillon donné. Des traces de la substance, imperceptible par quelque autre moyen que ce soit, suffisent, tant est sensible ce procédé d'examen.

Ayant dressé un *atlas* contenant les spectres des vapeurs de tous les corps simples, si des raies nouvelles apparaissent au cours d'une recherche, on sera prévenu de la présence d'un élément encore inconnu dans la substance volatilisée.

C'est ainsi que Kirchhoff et Bunsen, découvrant dans la lépidolithe de Saxe une raie rouge non mentionnée, furent conduits à en retirer un métal nouveau appelé *Rubidium;* la raie violette donnée par les eaux mères des salines de Dürkheim les conduisirent au *Cœsium*. D'autre part, la découverte du *Thallium* par William Crookes et Lamy vint de l'observation de la raie verte qui caractérise ce métal. La raie indigo des blendes de Freiberg (sulfures de zinc) conduisit Reich et Richter à la découverte de l'*Indium*. M. Lecoq de Boisbaudran, par des considérations analogues, arriva à préparer le *Gallium*.

Quand on a besoin d'obtenir une lumière monochromatique or.

s'adresse aux vapeurs métalliques. Du lithium volatilisé dans la flamme d'une lampe à l'alcool ou du thallium volatilisé par la décharge d'une Bobine d'induction entre deux fils de ce métal donnent des lumières parfaitement monochromatiques. Il est souvent suffisant d'employer la flamme jaune d'une lampe à alcool contenant du sel marin en dissolution.

On a imaginé pour l'étude des spectres des appareils appelés *Spectroscopes*. Le plus répandu est celui qui porte le nom de *Go-*

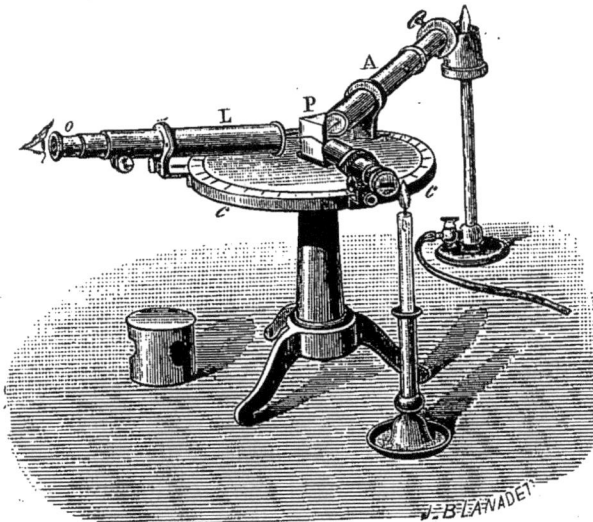

Fig. 376. — Spectroscope Bunsen et Kirchhoff.

*niomètre de Babinet,* ou de *Spectroscope Bunsen et Kirchhoff.* Le prisme P (*fig.* ) est installé verticalement au centre d'un cercle divisé *c c* sur une plate-forme. Le long du cercle sont disposés un collimateur A et une lunette astronomique L, la fente que l'on éclaire est dans le plan focal de la lentille achromatique du collimateur; l'objectif de la lunette est également achromatique. Les diverses lumières simples tombent en un faisceau parallèle sur le prisme, celui-ci les dévie inégalement, mais les rayons d'une même lumière sortent parallèlement entre eux. La lentille objective de la lunette donne dans son plan focal des images de la fente formées respectivement par chacune des lumières simples rouge, jaune, etc., images que l'on observe au moyen d'un oculaire de Ramsden *o*. Lorsqu'on veut augmenter la séparation, la dispersion des couleurs, on emploie plusieurs prismes au lieu d'un seul, comme cela a lieu dans les spectroscopes Thollon, Wolf, etc. La figure 377 en indique la disposition générale. Souvent l'image d'une règle divisée vient par réflexion se juxtaposer

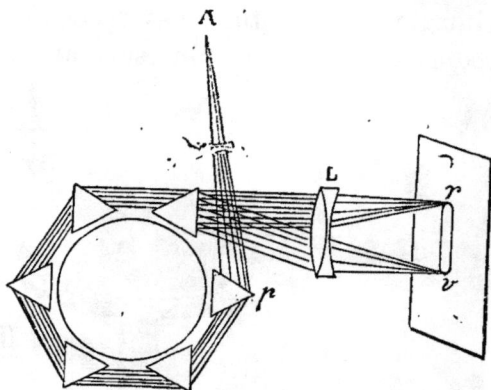

Fig. 377. — Figure théorique d'un spectroscope à grande dispersion.

au spectre et permet de mesurer les distances respectives de ses diverses parties.

Parfois il est utile ou commode d'observer le spectre dans la direction même du faisceau incident, on accole à cet effet des prismes successifs de crown et de flint calculés de façon que le jaune ne soit pas dévié (*fig.* 378), le rouge est alors porté en R

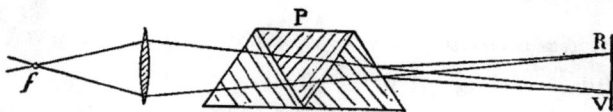

Fig. 378. — Schéma d'un spectroscope à vision directe.

et le violet en V de part et d'autre de la direction du faisceau incident. A de tels appareils on a donné le nom de *spectroscopes à vision directe*.

Il faut remarquer que les rayons lumineux sont en *même temps* calorifiques : en promenant un thermomètre très sensible dans un spectre, du violet vers le rouge, l'élévation de température ne commence à se manifester qu'au moment où le thermomètre reçoit les rayons jaunes, elle augmente ensuite très vite, atteint son maximum au delà du rouge, dans la région invisible qu'on nomme *région infra-rouge* du spectre dont l'étendue est à peu près égale à celle du spectre lumineux dans le Spectre solaire. Pour l'étude des propriétés calorifiques d'un spectre on emploie aussi une *pile thermo-électrique* très étroite (linéaire) reliée à un galvanomètre sensible et dont on promène l'une des faces dans le spectre, la déviation de l'aiguille du galvanomètre fait connaître, à l'aide d'une graduation antérieure, la température relative des diverses parties du spectre; on se sert encore du *Bolomètre* de M. Langley, basé sur l'augmentation de résistance électrique qu'éprouve une portion de circuit lorsqu'on élève sa température.

Non seulement les différentes régions d'un spectre sont lumineuses et calorifiques, elles jouissent encore de propriétés chimiques, c'est-à-dire qu'elles sont capables de déterminer des réactions : décompositions ou combinaisons; les sels d'Argent, par exemple, sont décomposés par la lumière, le bitume de Judée est altéré, le chlore et l'hydrogène donnent, avec explosion, de l'acide chlorhydrique, etc. Ces effets chimiques apparaissent dans la région jaune, atteignent leur maximum un peu au delà du violet et se font sentir jusqu'à une distance égale à environ cinq fois la longueur du spectre lumineux. Cette région obscure pour la plupart des vues, active au point de vue chimique, constitue le *spectre ultra-violet*. La vapeur de cadmium donne le spectre ultra-violet le plus étendu.

Les trois effets lumineux, calorifiques et chimiques coexistent dans une même portion du spectre, ce ne sont, dit M. Mascart [1] dans son *Traité d'optique,* « que des manifestations différentes d'une même source d'Énergie, très inégales en apparence, mais *inséparables*, et elles conservent les mêmes rapports dans tous les phénomènes. »

A ce point de vue général au lieu d'employer l'expression de

1. Mascart (Elie Nicolas), né à Quaroublé (Nord), le 20 février 1831, professeur de physique au Collège de France, secrétaire perpétuel de l'Académie des Sciences, auteur de remarquables travaux sur l'électricité; ses principaux ouvrages, en dehors des ouvrages classiques et de nombreux mémoires, sont : le *Traité d'électricité statique ;* la *Météorologie appliquée à la prévision du temps;* les *Leçons sur l'électricité et le magnétisme,* en collaboration avec M. Joubert, inspecteur de l'Académie de Paris; le *Traité d'optique,* etc.

« rayon lumineux », nous emploierons le mot *radiation* qui s'appliquera à une portion quelconque et à une manifestation quelconque de l'énergie d'un spectre.

« L'impression lumineuse, ajoute M. Mascart, est un effet physiologique qui dépend de la constitution de l'œil et ne peut servir pour évaluer l'Énergie relative des radiations. Les actions chimiques sont elles-mêmes électives; leurs rapports varient avec la nature et l'état physique des substances employées pour les révéler. Ces distinctions n'existent pas pour les actions calorifiques; il paraît donc légitime de prendre, comme *mesure de l'Énergie d'une radiation*, la quantité de chaleur qu'elle est capable de dégager sur un corps en un temps déterminé. » Bien qu'il soit difficile de comparer entre elles l'intensité de deux teintes différentes, Fräunhofer a pu déterminer approximativement le rapport des éclats des diverses parties du spectre solaire : le maximum est dans le jaune, et l'éclat va s'affaiblissant de part et d'autre de cette région ([1]).

1. Les propriétés chimiques du spectre solaire ont donné naissance à un art très répandu aujourd'hui et appliqué dans une foule de cas, à l'art de la *Photographie*.

Nicéphore Niepce, vers 1826, reproduisait des gravures en les fixant sur des plaques enduites de bitume de Judée et qu'il exposait au soleil. Le bitume était altéré par la lumière à travers les blancs de la gravure et restait intact sous les parties obscures. Comme l'huile de naphte ne dissout pas le bitume de Judée impressionné par la lumière, elle laissait intactes les parties placées sous les blancs et enlevait au contraire le bitume protégé par les noirs. C'est là le point de départ de la photographie.

Vers la fin du siècle dernier (1786), Scheele appela l'attention sur l'action exercée par la lumière sur les sels d'argent, ils sont partiellement décomposés et donnent de l'argent métallique.

Daguerre se servit de ce fait pour fixer les images formées sur l'écran d'une chambre noire. Le procédé de Daguerre ou *daguerréotype*, fut porté à la connaissance publique par Arago, en 1839, dans un rapport remarquable qu'il présenta à la Chambre des députés. Une plaque de cuivre argentée était exposée à l'action de la vapeur d'iode, il s'y formait alors une mince couche d'iodure d'argent. La plaque soustraite à l'action de la lumière était ensuite placée dans une chambre noire. Le châssis refermé était reporté dans la chambre des manipulations dès que la plaque avait subi l'action de l'image formée sur elle et était exposée à un courant ascendant de vapeurs de mercure à 60°. Partout où l'iodure avait été décomposé et où par suite de l'argent métallique avait pris naissance, se formait un amalgamme d'argent. Après un lavage à l'hyposulfite de soude qui enlevait l'iodure non altéré, il suffisait de regarder la plaque avec un éclairage convenable pour apercevoir la photographie, les parties amalgamées paraissant blanches, et les autres parties noires.

Ce procédé était long et peu commode. A la suite de divers essais, on s'arrêta a procédé de photographie *au collodion*.

On prend un liquide filtré renfermant :

Les radiations spectrales produisent encore des effets curieux que
nous signalons sans y insister. Lorsque des corps solides tels que les
sulfures de Baryum, de Strontium et de Calcium, le Diamant, etc...,
ont été exposés au soleil, *insolés :* ils sont capables d'émettre dans
l'obscurité de la lumière pendant un certain temps. C'est là ce que
l'on a nommé le phénomène de la *Phosphorescence.* M. Becquerel
a reconnu, en faisant rapidement passer un corps de régions éclairées
dans des régions obscures au moyen de son phosphoroscope, que
tous les corps étaient phosphorescents mais à des degrés très divers;
les uns comme le sulfure de strontium peuvent rester lumineux
pendant plusieurs heures, d'autres seulement pendant une très
petite fraction de seconde après l'insolation. Ce sont les radiations
ultra-violettes qui déterminent surtout la phosphorescence. La

| | |
|---|---|
| Éther rectifié à 60°. | 65 cent. cubes. |
| Alcool à 40°. | 35 — |
| Iodure de cadmium. | 0$^{gr}$,6 |
| Iodure d'ammonium | 0$^{gr}$,4 |
| Bromure d'ammonium. | 0$^{gr}$,1 |

dans lequel on dissout 1 gramme de coton-poudre.

On étend quelques gouttes de cette préparation sur une plaque de verre lavée avec
soin et de façon à obtenir une couche mince et bien uniforme. Ce liquide s'évapore, et le
coton ou *collodion* fait prise. Dans un *cabinet photographique* dont les vitres sont
rouges, on *sensibilise* la plaque en la plongeant pendant deux ou trois minutes dans une
dissolution ou *bain* contenant 7 p. 100 environ d'azotate d'argent. Il se forme alors de
l'iodure et du bromure d'argent sur la plaque. Après avoir amené nettement l'image à
photographier sur un verre dépoli, au moyen de vis, c'est-à-dire après avoir *mis
au point* cette image, on substitue au verre dépoli une boîte plate ou *châssis* renfermant la plaque sensibilisée. Ayant enlevé le couvercle du châssis, l'image vient se
former sur la couche sensible et *l'impressionne.* Au bout d'un temps d'exposition ou de
*pose* convenable, le châssis est refermé et reporté dans le cabinet. Il faut faire apparaître
l'image, la *révéler.* Les liquides révélateurs sont assez nombreux; on peut prendre une
dissolution de 50 gr. de sulfate ferreux pur dans 250 centimètres cubes d'eau.
Cette dissolution complète la mise en liberté de l'argent dans les parties impressionnées.
Après avoir enlevé les sels non décomposés par un *lavage* à l'hyposulfite de soude,
on est en possession du *cliché négatif,* ainsi appelé parce que ses régions claires et sombres correspondent aux régions sombres et claires de l'image.
Les véritables épreuves ou *épreuves positives* se *tirent* soit sur verre, soit sur un
papier sensibilisé, en le plongeant successivement dans une dissolution de sel marin et
dans une dissolution d'azotate d'argent à 20 p. 100.
Après avoir été séché, le papier est appliqué par sa face sensible sur le cliché négatif
et exposé à la lumière. Celle-ci, traversant les blancs du cliché, impressionne le papier
dans les régions correspondantes, elle est au contraire arrêtée par les noirs. Il se produit

nature des radiations rendues dépend d'une foule de circonstances, mais en général elles sont moins réfrangibles que celles qui ont excité la phosphorescence : les radiations ultra-violettes bien qu'obscures, se transforment en radiations lumineuses qui sont moins réfrangibles.

Si ces mêmes radiations obscures ultra-violettes sont dirigées sur une dissolution de sulfate de quinine, sur une infusion d'écorce de marronnier d'Inde, sur du verre d'urane, etc..., elles sont absorbées et ces corps deviennent lumineux. Le verre d'urane prend une teinte verte intense. C'est là le phénomène de la *Fluorescence*. L'énergie des radiations obscures reprend ainsi la forme lumineuse.

Dans le cas des corps fluorescents les radiations excitées dispa-

de cette façon, sur le papier, une image négative du cliché, c'est-à-dire une bonne image de l'objet photographié. Après lavage à l'hyposulfite de soude, le papier impressionné est immergé dans une dissolution de chlorure d'or. La teinte rouge des régions foncées est ainsi transformée en une teinte violette d'un effet plus agréable par suite de la formation d'une combinaison d'or et d'argent.

Avec le procédé dit au *gélatino-bromure*, non seulement on peut réduire le temps de pose au point de faire de la photographie *instantanée*, mais encore, les glaces étant conservées dans l'obscurité, on peut sans inconvénient révéler l'image plusieurs mois après qu'elle a été formée. On prépare les glaces au gélatino-bromure de la manière suivante : On verse d'abord par portions successives une dissolution d'azotate d'argent (4 grammes d'azotate d'argent pour 10 grammes d'eau) dans une solution diluée de gélatine (7 grammes de gélatine dans 100 grammes d'eau), puis du bromure d'ammonium et du bromure de potassium. Le mélange agité donne un précipité divisé de bromure d'argent. On ajoute une dissolution concentrée et chaude de gélatine et on agite. Par refroidissement la masse fait prise. Elle est coupée en lanières, lavée à grande eau, fondue puis étendue en couche uniforme sur les plaques de verre.

Lorsque la glace a été impressionnée, l'image est révélée par une dissolution d'oxalate de fer ou par un mélange d'hydroquinone de sulfite et de carbonate de soude. On opère ensuite comme précédemment.

Il resterait beaucoup de choses à dire sur la photographie, mais notre cadre est trop restreint pour insister sur les détails des procédés photographiques. On peut aujourd'hui saisir aisément les attitudes diverses d'un oiseau qui vole, d'un cheval au galop, d'un acrobate faisant ses tours, et jusqu'aux ramifications plus délicates des éclairs. On sait également photographier les astres quels qu'ils soient et dresser ainsi des cartes du ciel précieuses par leur fidélité, où l'on distingue nettement des étoiles de 14e grandeur.

Si on forme un spectre sur une plaque recouverte d'une couche convenable de chlorure d'argent on voit, après une heure ou deux heures, apparaître la photographie du spectre avec ses propres couleurs, le rouge, le vert et le violet sont parfaitement reproduits ; une couleur puce foncé précède le rouge et une couleur grisâtre suit le violet. Toutefois ces images s'altèrent rapidement et la *photographie en couleur* ou *Héliochromie* est encore bien peu avancée.

raissent si rapidement après les radiations excitatrices que la durée
de leur phosphorescence est impossible à déterminer.

Étudions de plus près maintenant la constitution du *Spectre
solaire.*

Le premier Fräunhofer observa l'existence dans le spectre solaire

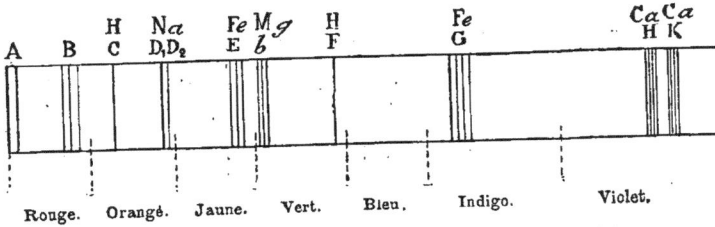

Fig. 379. — Raies principales de la partie visible du spectre solaire.

d'un grand nombre de lignes ou de raies sombres (*fig.* 379), qu'il désigna par des lettres ([1]). Comme la nature et la disposition relative
de ces raies ne dépendent pas de la substance du prisme employé,
il les considéra comme caractéristiques de la lumière solaire. La
lune et les Planètes qui nous renvoient la lumière qu'elles reçoivent
du soleil donnent en effet le même spectre que le soleil; au contraire chaque étoile a dans son spectre des raies qui lui sont propres.

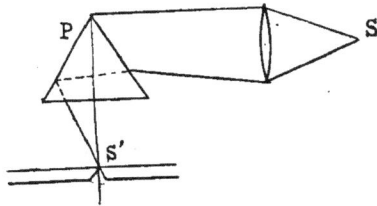

Fig. 380. — Disposition adoptée dans le but d'obtenir deux spectres superposés.

Pour comparer aisément les spectres de deux sources on
recouvre (*fig.* 380) la partie supérieure de la fente du spectroscope d'un prisme à réflexion totale destiné à porter sur la fente
l'image d'une source S donnée par une lentille, la lumière venant
de la seconde source passe par la partie inférieure de la fente. De
cette façon les deux faisceaux sortent parallèlement du collimateur

1. Wollaston, dès 1802, avait observé quelques raies mais sans y attacher d'importance.

et tombent sur le prisme sous le même angle, le spectre supérieur observé dans la lunette est celui de la source S, le spectre placé au-dessous est celui de la seconde source.

On voit ainsi sans peine, en prenant comme source S une flamme renfermant des vapeurs de sodium et pour seconde source le Soleil, que les deux raies jaunes du sodium se placent en regard des raies $D_1$ et $D_2$ du spectre solaire, on voit de même que les raies G et F coïncident avec deux des lignes de l'hydrogène, etc.

Les raies sombres du spectre solaire servent de *repères* pour la réfrangibilité des diverses lumières.

Toute ligne colorée qui viendra se placer en regard d'une certaine raie du spectre solaire sera dite formée d'une lumière dont la réfrangibilité est désignée par cette raie elle-même. La lumière jaune du sodium, par exemple, a une réfrangibilité marquée par les raies $D_1$ et $D_2$ du spectre solaire.

A quoi tiennent ces raies sombres ?

Une expérience réalisée par Léon Foucault a mis les physiciens à même de répondre à cette question.

Ayant fait passer les rayons solaires à travers la flamme d'un arc voltaïque chargé de vapeurs de sodium, il remarqua que les raies $D_1$ et $D_2$ devenaient plus sombres et plus larges qu'auparavant et qu'elles se formaient encore en regard des raies jaunes obtenues avec l'arc seul. Foucault formula ainsi sa découverte : « L'arc électrique chargé de vapeurs de sodium qui a la propriété d'émettre avec une grande intensité de la lumière définie par la réfrangibilité de la raie D de Fräunhofer, a aussi la propriété d'absorber cette même lumière avec une grande énergie. »

Angström et Kirchhoff ont généralisé cette expérience et ont observé que, dans tous les cas, *une flamme laisse passer les radiations qu'elle n'émet pas et absorbe au contraire celles qu'elle émet* ([1]).

Si la flamme est assez épaisse, l'absorption est complète et dans

1. Il y a là une analogie évidente avec ce qui se passe pour le son. Les résonateurs ne peuvent eux aussi absorber l'énergie vibratoire qui leur arrive et se substituer à la source qu'autant qu'ils sont capables d'émettre un son de même période que celui de la source, ils sont transparents, c'est-à-dire indifférents pour les autres sons.

le spectre étudié la radiation absorbée est représentée en intensité par la radiation de même réfrangibilité émise par la flamme.

Si on place, par exemple sur le trajet de la lumière qui tombe sur un prisme P (*fig.* 381) et qui vient de l'un des charbons de l'arc électrique, trois becs Bunsen B dont la flamme est chargée de vapeurs de sodium, on observe par une disposition convenable deux spectres placés l'un à côté de l'autre : le spectre continu du charbon incandescent est traversé par une bande jaune *b* et le spectre

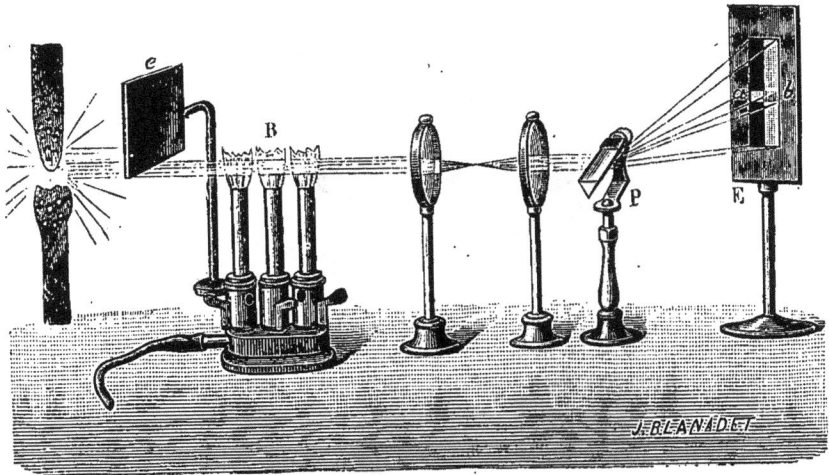

Fig. 381. — Expérience du renversement des raies.

*e*, Écran interceptant une partie du faisceau lumineux; E, Ecran sur lequel on reçoit le phénomène.

discontinu du sodium par une même bande *a;* ces deux raies ont la même intensité, mais *b* paraît sombre par rapport au reste du spectre continu parce que la radiation jaune émise par les Bunsen qui se substitue à celle de l'arc est moins intense que cette dernière. Une raie n'est sombre d'une manière générale qu'en raison de ce qu'elle se détache sur un fond plus lumineux qu'elle.

Produire une raie sombre à la place d'une raie brillante par une absorption c'est *renverser* la raie brillante ([1]).

1. S'il existe autour du soleil une atmosphère capable d'émettre des radiations de même réfrangibilité que celle des raies sombre du spectre solaire, il est clair que l'existence de ces raies se trouvera expliquée par l'absorption exercée par cette atmosphère

Nous n'insisterons pas davantage, malgré l'intérêt qu'ils présentent, sur ces faits qui constituent ce que l'on a nommé *l'analyse spectrale*. Ce sont les seuls réactifs chimiques dont l'astronome dispose, puisque la lumière est le seul lien qui unit les astres et qui nous rend possible la recherche de leur composition.

Exposons brièvement des faits d'un tout autre ordre :

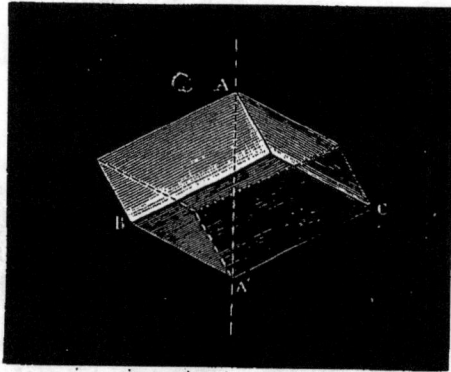

Fig. 382. — Rhomboèdre de spath d'Islande (carbonate de chaux.)

Tous les corps transparents ne se comportent pas, au point de vue de la lumière, comme le verre ou l'eau.

Erasme Bartholin a découvert avec un minéral naturel le

spéciale sur les radiations émises par le noyau central incandescent. C'est là la théorie donnée par Kirchhoff.

Une conséquence importante résulte de cette manière de voir; c'est qu'il suffit, pour déterminer la nature des vapeurs qui existent dans l'atmosphère solaire ou d'une étoile quelconque, de rechercher quelles sont les substances qui, introduites dans une flamme donnent des raies brillantes coïncidant avec les raies obscures du spectre de l'astre observé.

MM. Kirchhoff, Ansgtröm et Thalen, puis plus tard (1878) Lockyer ont établi l'existence certaine dans le soleil de vingt métaux, qu'il y aurait des raisons de porter aujourd'hui au nombre d'une trentaine environ.

Certaines raies du spectre solaire ont une autre origine, elles proviennent d'une sorte d'absorption exercée par les éléments non incandescents de l'atmosphère terrestre : on les nomme *raies telluriques;* elles ont été étudiées par MM Janssen, Cornu, etc. On produit un beau *spectre d'absorption* de ce genre, en faisant passer des rayons lumineux dans un tube plein de gaz acide hypoazotique, le spectre est alors sillonné de bandes noires ou *cannelures*. Les chimistes ont étudié les spectres d'absorption de tous les gaz.

Faisons observer qu'il existe dans le spectre infra-rouge des lignes suivant lesquelles

*spath d'Islande* (') qu'un faisceau incident pouvait donner, par réfraction, deux faisceaux émergents distincts. Tel est le Phénomène dit de la *Double Réfraction*.

Pour fixer les idées, faisons tomber normalement sur l'une des faces d'un rhomboèdre de spath R' un faisceau lumineux A (*fig.* 383). On constate alors qu'une portion de ce faisceau continue sa marche sans déviation et sort du cristal en O, une autre portion, au contraire, se réfracte suivant *m o*, et sort en E parallèlement à O et à A ; le plan qui contient les faisceaux A, O, E est parallèle à la bissectrice des angles obtus des faces rencontrées par la lumière.

Si l'on fait tourner le cristal sur lui-même, en le laissant perpendiculaire à A, on voit le faisceau O rester fixe, alors que le faisceau E tourne autour de lui.

Pour rappeler que le faisceau O se comporte comme si le rhomboèdre était en verre, on le nomme faisceau ou *rayon ordinaire ;* le faisceau E qui suit une autre loi de réfraction a été appelé *rayon extraordinaire.*

En plaçant en R' un second rhomboèdre de spath, on voit apparaître, ainsi qu'on pouvait s'y attendre, quatre faisceaux lumineux : O donne $O_o$ et $O_e$, d'autre part E donne $E_o$ et $E_e$. En faisant tourner sur lui-même l'un des rhomboèdres R', par exemple,

l'action calorifique passe par des minimum : ce sont les raies du spectre infra-rouge, on les observe facilement au moyen du bolomètre de Langley.

De même dans le spectre ultra-violet, il existe des lignes inactives ou raies. On peut, à l'exemple de MM. Mascart et Cornu, les photographier, puisque là où elles existent, la couche sensible ne sera pas impressionnée. Elles sont également faciles à observer en recevant le spectre ultra-violet sur un verre d'urane à l'exemple de M. Soret et l'observant au moyen d'un oculaire Ramsden. Là où les radiations ultra-violettes font défaut, la fluorescence du verre d'urane ne se manifeste pas.

1. Le spath d'Islande se présente en gros cristaux desquels on peut aisément détacher des rhomboèdres. Un rhomboèdre (*fig.* 382) est une sorte de cube oblique dont les six faces sont des losanges égaux. Trois des angles obtus de ces faces se rencontrent en A et trois autres en A'. La ligne idéale A A' a reçu le nom d'*axe cristallographique* du spath. Si on appuie le pouce et l'index respectivement sur les sommets A et A', puis qu'on regarde le rhomboèdre, tout en le faisant tourner autour de A A' on le voit passer trois fois, pour un tour, par la même position, la même situation. On dit pour cette raison qu'un tel cristal possède une *symétrie ternaire*. Tout cristal pour lequel il existera une ligne telle que A A', quel que soit du reste le nombre des passages par la même position, est dit *uniaxe*. L'*ordre de sa symétrie* est égal au nombre des passages du cristal par la même situation lorsqu'on le fait tourner d'une circonférence autour de son axe A·A'.

on voit encore les faisceaux $O_o$ et $E_o$ rester. immobiles,. alors;.que les faisceaux $O_e$ et $E_e$ tournent autour deux. De plus ceux-ci varient en intensité, ainsi que l'a observé le premier Huygens.. Pour voir aisément suivant quelle loi se produit cètte variation d'éclat, pour simplifier l'expérience, ·interceptons le faisceau. E, ·par exemple. Il n'y a plus sur l'écran que deux images $O_o$ et .$O_e$. Pour une certaine position du rhomboèdre R', l'image $O_o$

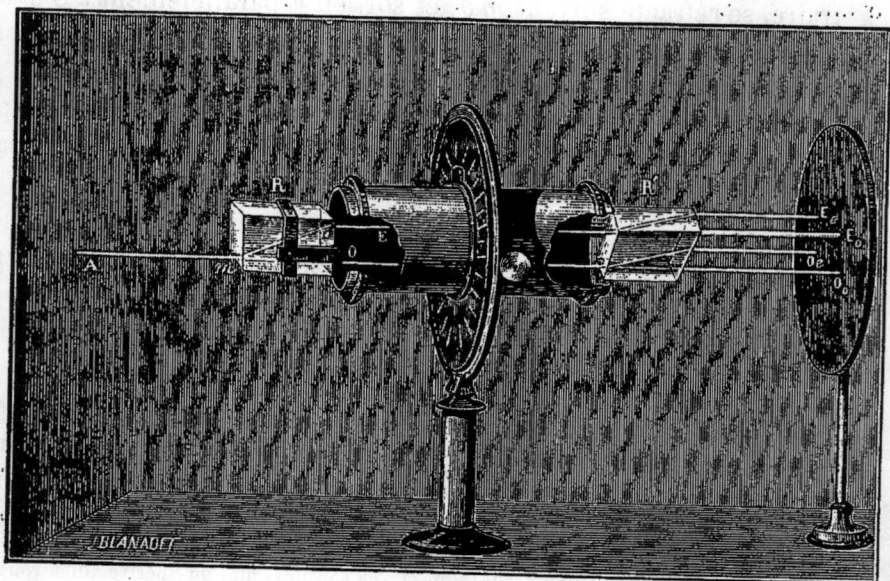

Fig. 383. — Production de la lumière polarisée rectiligne et étude de ses caractères.

s'éteint et $O_e$ .possède son éclat maximum, puis l'image $O_o$ prend un éclat graduellement croissant, celui de $O_e$ diminuant. A 45°.de cette position· les deux· images ont un égal éclat, puis c'est $O_o$ .qui domine, et à 90° l'image extraordinaire $O_e$ disparaît à son. tour, s'éteint, $O_o$ ayant .alors son éclat maximum. Les choses .se passent d'une manière analogue. .dans chaque. quadrant, ·la figure .384 résume :les .variations d'éclat des· deux images pour. un. tour. entier de R'. Si les deux. cercles lumineux $O_o$ et $O_e$ sont disposés sur l'écran de façon à présenter une partie.commune,. celle-ci conserve: constamment· le même éclat; les intensités .des. deux images sont;. par suite, rigoureusement *complémentaires*. L'énergie du faisceau incident O se partage entre les deux faisceaux émergents $O_o$ et $O_e$ d'une manière différente, lorsque les deux rhomboèdres R et R′ prennent des positions relatives nouvelles.

Le plan passant par l'axe A A′ d'un rhomboèdre (*fig.* 382) et par les bissectrices des angles obtus de deux faces opposées est ce que l'on nomme une *section principale* du rhomboèdre, celle-ci est perpendiculaire aux plans des faces.

Les extinctions ou les maximum d'éclat des images $O_o$ et $O_e$ se produisent précisément lorsque *la section principale du rhom-*

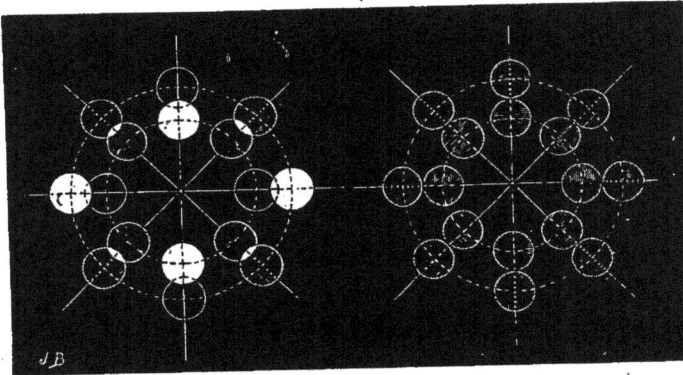

1.                       Fig. 384.                       2.

1. Caractères de la lumière polarisée par le spath R. Éclats respectifs des deux images lorsque la section principale de l'analyseur R′ se déplace par rapport à celle du polariseur R.

2. Les images ordinaire O et extraordinaire E données par le polariseur R seul ont un éclat indépendant de la position de sa section principale par rapport au faisceau A.

*boèdre R′ vient se placer parallèlement ou perpendiculairement à celle du rhomboèdre R.*

La lumière du faisceau O est donc bien différente de celle du faisceau A, la rotation du rhomboèdre R n'altère pas, en effet, l'intensité des faisceaux O et E, alors que celle du rhomboèdre R′ fait prendre aux faisceaux $O_o$ et $O_e$ qui proviennent de O des éclats qui varient périodiquement et qui ont des valeurs égales lorsque la section principale de R′ prend des positions symétriques par rapport au plan de la section principale de R, ou, ce qui revient au même, par rapport au plan perpendiculaire à cette section.

On exprime cet ensemble de faits, cette symétrie du faisceau O, en disant que la lumière du faisceau est *polarisée*([!]), et l'on prend

1. Du grec πολέω (poleó) : faire tourner, donner une rotation.

arbitrairement le plan de la section principale de R comme *plan de polarisation* du faisceau O.

A ce point de vue, le rhomboèdre R a reçu le nom de *Polariseur* et le rhomboèdre R' qui décèle les propriétés du faisceau polarisé, qui *analyse* celui-ci, celui *d'Analyseur*.

Ils n'ont de distinct que leur fonction respective dans l'expérience.

L'observation du faisceau extraordinaire E conduit aux mêmes résultats, il est lui aussi polarisé; mais, l'image $E_o$, par exemple, prend ses maximum d'éclat aux moments ou $O_o$ s'éteint et $E_e$ au moment ou $O_e$ s'éteint. On tient compte de cette particularité en prenant comme plan de symétrie ou de polarisation du faisceau extraordinaire le plan perpendiculaire à la section principale de R, c'est-à-dire perpendiculaire au plan de polarisation du faisceau O, et l'on dit que *le rhomboèdre R donne passage à deux faisceaux de lumière polarisés à angle droit* (').

On prend généralement comme polariseurs et analyseurs des spaths préparés de façon à éliminer par réflexion totale en c le rayon ordinaire et qu'on appelle des *prismes de Nicol* ou des *Nicols*, du nom de l'inventeur (*fig.* 385). L'observation est par là simplifiée.

En interposant sur le trajet de la lumière polarisée par un Nicol, et formant un faisceau de rayons parallèles, une mince lame cristalline, la lumière émergente est modifiée et les deux images O et E prennent des couleurs complémentaires. Ce phénomène, découvert par Arago en 1811, a reçu le nom de *phénomène de polarisation chromatique*. Lorsqu'on fait tourner le polariseur ou l'analyseur de 90°, on voit les images O et E prendre les teintes complémentaires de celles qu'elles avaient d'abord. L'intensité de la teinte varie avec la position des sections principales de la lame par rapport à celles du polariseur et de l'analyseur, elle est

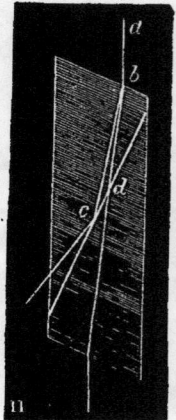

Fig. 385.

Coupe d'un prisme de Nicol et marche des rayons ordinaire et extraordinaire.

---

1. Une lame taillée dans le cristal sépare aussi en deux parties le faisceau incident, chacune d'elle est polarisée et leurs plans de polarisation sont à angle droit. Deux lames

maximum lorsque les sections principales de la lame sont à 45° de celles du polariseur et de l'analyseur. La couleur de la teinte dépend aussi de l'épaisseur de la lame : en creusant plus ou moins en des régions convenables une lame cristalline, on pourra faire apparaître sur l'écran des papillons, des fleurs présentant des couleurs vives et variées.

Les lames cristallines épaisses ne produisent pas la coloration.

En général une lame cristalline taillée perpendiculairement à l'axe ne produit pas la polarisation chromatique, il n'y a pas, en

taillées de façon à présenter une égale inclinaison sur l'axe du rhomboèdre se comportent de même dans des conditions identiques. Si enfin une lame est découpée perpendiculairement à l'axe A A', un rayon qui la rencontre normalement, c'est-à-dire qui lui arrive parallèlement à l'axe, n'est pas biréfracté. Bref, l'axe cristallographique est aussi un axe de *symétrie optique*. Les traces du plan de la section principale de l'analyseur

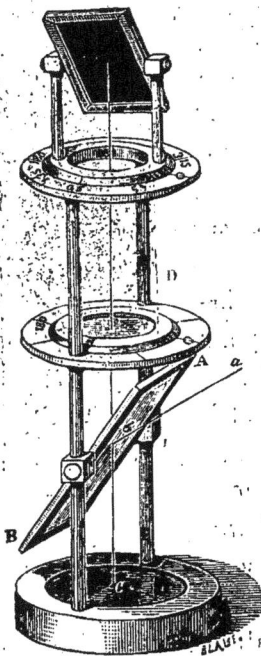

Fig. 386.
Polarisation de la lumière par réflexion.

sur le plan de la *lame cristalline*, lorsque la lumière que celle-ci lui envoie est éteinte ou est maximum, se nomment *les sections principales de la lame*. On indique souvent ces directions par des repères tracés sur chaque lame.

En taillant un prisme de spath, on obtient deux spectres ; l'un est le spectre formé par les rayons ordinaires, et l'autre le spectre formé par les rayons extraordinaires.

Tous les cristaux uniaxes se comportent à des degrés divers comme le spath d'Islande. Le quartz est le plus important après le spath.

On peut obtenir par réflexion, de la lumière polarisée, ainsi que l'a observé Malus.

Si un faisceau de lumière a b tombe sous un angle de 35° 25' sur une glace de verre noir A B, le faisceau réfléchi est polarisé. En effet, reçu sur un rhomboèdre (*fig.* 386), il se comporte comme le faisceau ordinaire émergeant d'un rhomboèdre dont la section principale coïnciderait avec le plan d'incidence du faisceau. Le plan de polarisation se trouve ainsi déterminé, c'est précisément le plan d'incidence.

On peut prendre, si l'on veut, comme analyseur une seconde glace mobile (*fig.* 386) et observer les variations d'intensité du faisceau doublement réfléchi lorsque le plan de seconde réflexion se déplace par rapport à celui de la première réflexion.

Par des réflexions et réfractions multipliées à travers des empilements de lames de verre appelées *piles de glaces*, on peut aussi polariser plus ou moins complètement la lumière.

La polarisation est incomplète lorsque l'extinction ne peut pas être obtenue au moyen de l'analyseur. La lumière non polarisée conserve en effet son intensité, quelle que soit la position de l'analyseur.

effet, dans cette direction double réfraction ; il y a exception pour le quartz, par exemple.

Une telle lame de quartz mise à la place de la précédente donne une coloration, qui ne varie pas en faisant tourner la lame sur elle-même, qui change lorsqu'on tourne l'analyseur ; mais jamais elle ne s'éteint, et jamais elle ne devient blanche.

Opérons d'abord en lumière monochromatique :

Prenons comme analyseur un Nicol et faisons tomber sur le polariseur de la lumière monochromatique. En mettant l'analyseur

Fig. 337. — Électro-aimant Faraday. Découverte du Pouvoir rotatoire magnétique.

à angle droit avec le polariseur, il y a extinction du faisceau émergent ; mais, si l'on interpose entre les deux nicols une lame de quartz taillée perpendiculairement à l'axe du cristal, la lumière émergente reparaît, et il est nécessaire de faire tourner d'un certain angle l'analyseur pour rétablir l'extinction. On dit pour cela que le quartz est doué du *pouvoir rotatoire,* qu'il fait tourner le plan de polarisation du faisceau incident. Bien des corps solides, liquides et même en vapeurs jouissent de cette propriété observée pour la première fois par Arago en 1811.

Le pouvoir rotatoire dépend de la nature de la substance traversée par la lumière, de l'épaisseur de cette substance et de la couleur de la lumière polarisée qu'on lui envoie ([1]).

1. Un corps transparent tel que le verre ne jouit pas du pouvoir rotatoire. Cependant, un cube de verre de flint, par exemple, placé en M, acquiert le pouvoir rotatoire

Certains corps dévient le plan de polarisation vers la gauche de l'observateur qui reçoit le faisceau lumineux à sa sortie de l'Analyseur, ce sont des substances *lévogyres;* les autres dévient le plan de polarisation vers la droite, ce sont les substances *dextrogyres.*

En opérant avec une lumière polarisée non monochromatique, avec la lumière d'une lampe, du soleil, etc., certaines radiations sont éteintes pour chacune des positions de l'analyseur, puisque la lame fait tourner d'angles différents les radiations différentes; en particulier l'extinction du jaune fournit une teinte pourpre ou gris de lin appelée *teinte sensible,* car elle vire au bleu ou au rouge

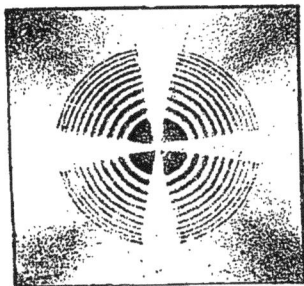

Les sections principales du Polariseur et de l'Analyseur sont parallèles.

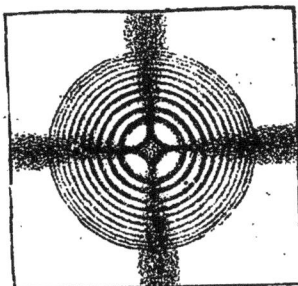

Les sections principales du Polariseur et de l'Analyseur sont à angle droit.

Fig. 388. — Anneaux colorés produits en lumière convergente polarisée par une lame cristalline appartenant à un cristal uniaxe et perpendiculaire à l'axe.

si peu que l'on déplace l'analyseur dans un sens ou dans l'autre. C'est la considération de cette teinte qui remplace l'extinction de la lumière monochromatique lorsqu'on a à fixer le pouvoir rotatoire d'une substance en employant de la lumière polarisée ordinaire non monochromatique.

Si, au lieu d'opérer avec de la lumière tombant sur une lame cristalline en rayons parallèles (*lumière parallèle*), on opère avec

aussitôt que l'on produit (*fig.* 387) à l'endroit où il est placé, au moyen d'un électroaimant SS, un champ magnétique, et l'effet est d'autant plus intense que les lignes de force sont plus nombreuses et de direction plus voisine de celle du faisceau incident. La source de lumière est en L, le polariseur en P′ et l'analyseur en P.

C'est Faraday qui, en 1845, découvrit le phénomène du *pouvoir rotatoire magnétique* au cours de ses recherches sur les relations entre la lumière et l'électricité. Tous les corps y participent à des degrés variés.

de la lumière qui converge en un point (*lumière convergente*), le phénomène de polarisation chromatique change d'aspect : on observe des anneaux colorés traversés par une croix noire ou blanche

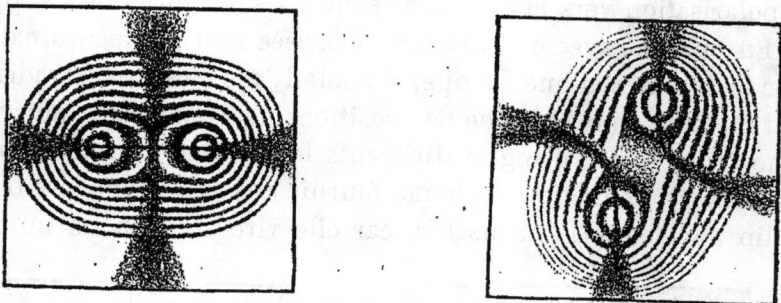

Fig. 389. — Phénomènes de polarisation chromatique produits par une lame cristalline n'appartenant pas à un cristal uniaxe.

suivant la position de l'analyseur (*fig.* 388). En prenant des lames taillées convenablement dans des cristaux non uniaxes, les figures

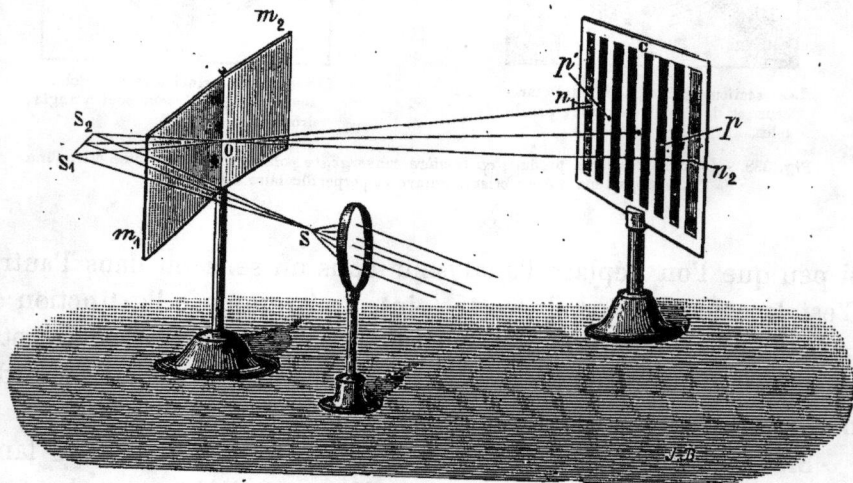

Fig. 390. — Interférence de la lumière · Expériences des deux miroirs de Fresnel.

observées sont plus complexes (*fig.* 389). Ces phénomènes sont d'une grande utilité pour les Minéralogistes.

L'astronome anglais Airy, ayant cherché à compenser le pouvoir d'un quartz droit par un quartz gauche, fut conduit à un phénomène singulier (*Planche* IV). Au centre des anneaux la compensation avait bien lieu, mais du centre partaient des spirales noires entre lesquelles apparaissent quelques traces d'anneaux. Ces spirales sont orientées *vers la droite* ou *vers la gauche*, selon que le dernier quartz traversé par la lumière, avant de tomber sur l'analyseur, est *lévogyre* ou *dextrogyre*. Elles coupent la croix sur deux diamètres perpendiculaires.

Revenons à l'étude des propriétés de la lumière non polarisée. Établissons d'abord ce fait important que *de la lumière ajoutée à de la lumière peut produire de l'obscurité*.

A l'exemple de Fresnel, faisons tomber sur un système de deux miroirs $m_1$ et $m_2$, peu inclinés l'un sur l'autre (*fig.* 390), la lumière venant d'une source S que nous supposerons d'abord monochromatique (rouge par exemple). Les faisceaux réfléchis sur $m$.

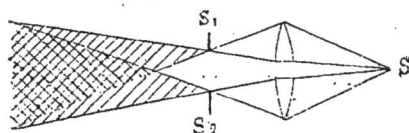

Fig. 391. — Interférence provenant de la superposition des lumières envoyées par les sources $S_1$ et $S_2$, images réelles de la source S donnés par les deux moitiés d'une lentille.

et $m_2$ se superposent dans la région $n_1$ o$n_2$, et cependant on voit apparaître dans cette région sur un écran des bandes sombres séparant des bandes de lumière rouge, sensiblement parallèles à l'intersection O des deux miroirs. L'apparition de ces bandes sombres prouve que : de la lumière ajoutée à de la lumière produit de l'obscurité.

En substituant à la source S des sources de lumière de plus en plus réfrangibles, on voit les franges devenir plus fines, l'angle $n_1$ o$n_2$ en contient un nombre qui va en croissant du rouge au violet. Sur la ligne centrale C se produit toujours une frange brillante. *Evidemment tout se passe comme si la lumière était envoyée par les sources virtuelles* $S_1$ *et* $S_2$ *images de* S.

Puisque les diverses franges brillantes se rapprochent lorsqu'on prend des lumières S de plus en plus réfrangibles, il est clair que de la lumière blanche sera dispersée et que la frange centrale C sera blanche.

En substituant aux miroirs les deux moitiés d'une lentille, les sources S₁ et S₂ deviennent réelles (*fig.* 391) et on observe encore le même phénomène.

En disposant un troisième miroir, que nous appellerons $m_2$, de façon que le faisceau monochromatique réfléchi sur $m_1$ se réfléchisse encore sur $m_2'$ avant de se superposer au faisceau réfléchi sur $m_1$ et de telle sorte que le chemin qu'il franchit soit le même qu'en supprimant cette seconde réflexion, on observe que le phénomène est renversé : là où se formaient les franges brillantes se forment maintenant les franges obscures et inversement.

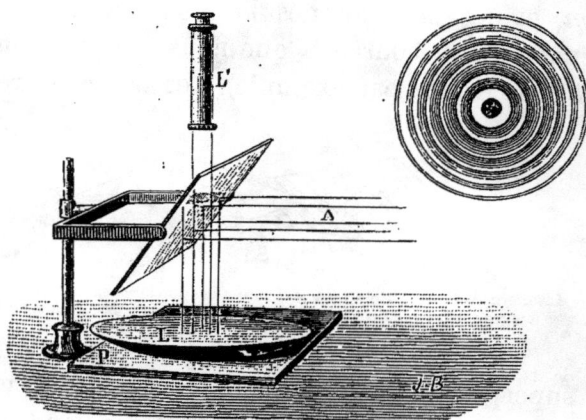

Fig. 392. — Dispositif donnant les anneaux de Newton sous l'incidence normale.

Si l'on veut avoir des franges circulaires, on opérera comme Newton. Dirigeons sur la glace sans tain inclinée à 45° (*fig.* 392) un faisceau de rayons monochromatiques parallèles A, ils sont réfléchis sur un système formé d'un plan de verre P et d'une lentille L de verre reposant sur ce plan, puis il font retour sur la lunette L', dans laquelle on les observe. On aperçoit en lumière monochromatique une série d'anneaux.

*Les carrés des diamètres des franges obscures varient comme la suite des nombres pairs 0, 2, 4, 6, et ceux des franges brillantes comme la suite des nombres impairs 1, 3, 5, 7.*

Les épaisseurs de la lame emprisonnée entre L et P varient de la même manière.

*Avec des lumières de plus en plus réfrangibles, les anneaux se resserrent autour du centre; en opérant en lumière complexe, la lumière sera donc dispersée : les couleurs seront séparées.*

En formant la lame mince limitée par le plan P et la lentille de substances transparentes de plus en plus réfringentes, les anneaux s'élargissent, *les carrés de leurs diamètres varient en raison inverse de l'indice de réfraction de la substance qui constitue la lame.*

Les lois des anneaux colorés ont été établies par Newton qui a effectué les mesures simplement au moyen d'un compas.

En observant par transmission, on voit un système d'anneaux complémentaires des anneaux observés par réflexion. En particulier, le centre des anneaux réfléchis est obscur et celui des anneaux transmis brillant. Ce fait est à rapprocher du renversement des franges données par deux miroirs, lorsqu'on oblige l'un des deux faisceaux à subir deux réflexions au lieu d'une seule.

Les phénomènes que nous venons de décrire sont appelés *phénomènes d'interférence.*

Il faut toujours deux faisceaux superposés pour les produire. En arrêtant l'un deux, le faisceau réfléchi sur $m_1$ par exemple, dans l'expérience des deux miroirs, les franges disparaissaient. C'est là le caractère immédiat de ces phénomènes.

On observe généralement les franges en les recevant sur un verre dépoli où on les examine au moyen d'une loupe de Fresnel : loupe munie d'un réticule.

En recevant sur une plaque percée de deux trous un faisceau de lumière solaire venant d'un autre trou, on observe, comme Young l'a signalé, deux séries de cercles concentriques irisées séparées par des hachures ou franges rectilignes (*fig.* 393). On supprime l'irisation en interposant un verre monochromatique sur le trajet de la lumière.

En recouvrant l'un des trous par un écran, les franges disparaissent ainsi qu'une série de cercles. Par suite, les deux trous, ou plutôt les deux faisceaux qui en sortent, sont nécessaires à la production des franges alors que chaque trou peut seul donner une série de cercles. Les franges résultent d'un phénomène d'interférence proprement dit et les cercles d'un *phénomène de diffraction.*

Chaque fois que la libre propagation de la lumière est gênée par
le bord d'un écran, les deux bords d'une fente ou d'une ouverture
étroite quelconque, un cheveu tendu, etc., il apparaît des franges de
diffraction. Ainsi, l'ombre d'un cheveu est traversé par une ligne
brillante au centre, et de part et d'autre des lignes alternativement
brillantes et obscures se manifestent. Comment expliquer les expériences que nous venons de rapporter ?

Il n'y a qu'un moyen immédiat : raisonner par analogie.

Il a été établi que le Son est produit par les vibrations périodiques des particules matérielles et que celles-ci
se propagent par ondes sphériques, concentriques, dans un milieu tel que l'air. Si $\lambda$ est la
longueur d'onde du Son considéré, nous avons
vu (page 74) que l'air placé en des régions distan-
tes de $\frac{\lambda}{2}$, à partir du point vibrant P, est alternativement dans un état de condensation et de
raréfaction, et qu'à chaque demi-période l'état de
condensation de l'une de ces régions se change
en une raréfaction — et dans le cas des vibrations transversales, un mouvement ascendant est remplacé par
un mouvement descendant (*fig.* 45) — *la vitesse du mouvement
vibratoire en deux points séparés par une distance égale à un
nombre pair de fois* $\frac{\lambda}{2}$ *est la même, deux points séparés par
une distance égale à un nombre impair de fois* $\frac{\lambda}{2}$ *ont, au contraire, des vitesses vibratoires égales et dirigées en sens contraire* (¹).

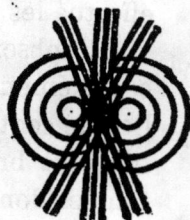

Fig. 393.
Franges et cercles obte-
nus dans l'expérience
des deux trous d'Young
Interférence et Diffrac-
tion.

Il résulte de là qu'une particule $p$ (*fig.* 390) placée à des distances $S_1p$ et $S_2p$ de deux points vibrants à l'unisson $S_1$ et $S_2$ est
également sollicitée à se mouvoir à la fois en deux sens opposés
lorsque la différence des chemins $S_1p$ et $S_2p$ est égale à un nombre
impair de demi-longueurs d'onde; la particule $p$ restera donc
immobile. On dit alors que les deux mouvements envoyés par les

1. Le médecin et physicien anglais Thomas Young (1773-1829) et Fresnel (1788-
1827) ont montré toute la fécondité de ce principe.

sources S₁ et S₂ *interfèrent en p.* Si, au contraire, la différence des chemins S₁ $p$ et S₂ $p$ est égale à un nombre pair de demi-longueur d'onde, les deux vibrations s'ajoutent sur la particule $p$ qui prend alors son mouvement maximum (¹).

1. On a représenté (*fig.* ) quatre séries d'ondes concentriques émanées de deux points vibrants à l'unisson ou sources synchrones de mouvements vibratoires. Les rayons de ces ondes sont respectivement égaux à $\frac{\lambda}{2}, \frac{2\lambda}{2}, \frac{3\lambda}{2}$, etc.....

Toutes celles qui ont pour rayon un nombre impair de demi-longueurs d'onde ont été pointillées. Nous les appellerons *ondes impaires*, les autres marquées par un trait plein ont un rayon égal à un nombre pair de demi-longueurs d'ondes, nous les appellerons *ondes paires.* Là où deux ondes de même nom se rencontrent la différence des chemins parcourus par le mouvement vibratoire est égale à un nombre pair de demi-longueurs d'onde, leurs mouvements s'ajoutent, il y a renforcement en ces points. On les nomme des *Ventres de vibrations* ou encore des *franges de déplacement maximum.* Pour les points de rencontre de deux ondes de nom contraire la différence de marche, qui n'est autre chose que la différence des rayons de ces ondes, est égale à un nombre impair de demi-longueurs d'ondes, par suite en ces points les mouvements apportés par les deux ondes se retranchent.

Fig. 394.

Renforcement de la vibration aux points de rencontre de deux ondes de même nom. Interférence aux points de rencontre de deux ondes de nom contraire.

De tels points se nomment des *Nœuds de vibration* ou encore des *franges de déplacement minimum.* On voit sur la figure des courbes ombrées qui renferment les ventres; les parties claires intermédiaires sont les

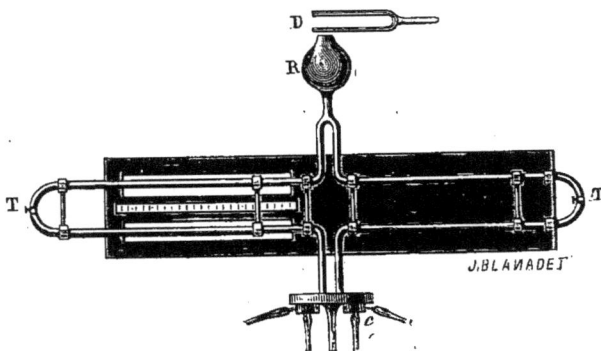

Fig. 395. — Appareil de Kœnig permettant d'obtenir aisément le renforcement ou l'interférence de deux systèmes d'ondes sonores.

nœuds. Le système des franges se manifeste à nos sens sous diverses formes suivant la grandeur de la période du mouvement vibratoire des sources synchrones et de la nature du milieu vibrant :

Avec ce mode de représentation le *principe des Interférences* s'énonce :

Supposons que la lumière résulte aussi d'un mouvement vibratoire périodique se transmettant comme le son, par onde, et avec une vitesse constante, grâce à l'existence d'un milieu que la pro-

*La rencontre de deux ondes de même nom produit une vibration maximum.*
*La rencontre de deux ondes de nom contraire produit au contraire un mouvement minimum : une interférence.*

Il est aisé de démontrer directement ces faits pour le son.

Le son produit par le diapason D dans le résonnateur R (*fig.* 395) se propage par les

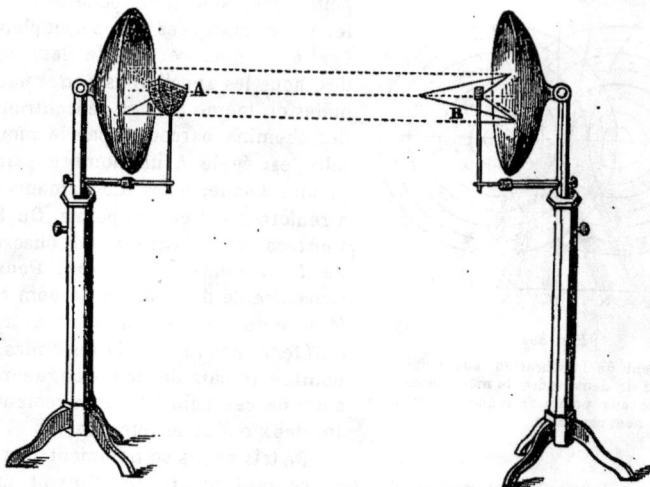

Fig. 396. — Expérience des deux miroirs sphériques. Réflexion des ondes sonores.

tubes T et T′ et les mouvements vibratoires se superposent à leur sortie de l'appareil. En retirant plus ou moins le tube T qui forme coulisse on fait varier la différence des chemins parcourus par la vibration partie de R. Lorsque la différence de marche des vibrations qui passent en T et en T′ est égale à un nombre pair de fois la demi-longueur d'onde du son qui correspond au diapason D, il se produit à la sortie une vibration maximum; le déplacement des particules d'air est au contraire nulle lorsque la différence de marche T′ — T est égale à un nombre impair de demi-longueurs d'ondes du son rendu par le diapason D. On peut constater ces faits soit en faisant arriver le tuyau de sortie dans l'oreille, soit en faisant usage d'une Capsule manométrique (V. page 252.)

On obtient également de cette manière une mesure de la longueur d'onde, et par suite de la vitesse du son, si on connaît la période du son émis.

Ajoutons que le son se réfléchit suivant la même loi que la lumière. Si on place par exemple deux miroirs sphériques en face l'un de l'autre (*fig.* 396), on entend nettement le tic-tac d'une montre déposée au foyer du miroir A marqué par une petite corbeille, lorsqu'on place l'oreille au foyer du second miroir. La Réflexion des ondes sonores sur des obstacles produit le phénomène bien connu de *l'écho.*

Le colonel Nicolas Savart et Seebeck ont reconnu que les ondes directes interféraient avec les ondes que réfléchissait un mur vertical par exemple.

L'image virtuelle de la source sonore se produit comme dans le cas de la lumière au

·pagation de la lumière dans les espaces interplanétaires rend nécessaire et qui a été appelé *éther*. Il est alors facile d'expliquer les franges d'interférence ; le raisonnement est le même que tout à l'heure. Dans l'expérience des deux miroirs les franges obscures se produiront évidemment sur l'écran en tous les points $p$ tels que la différence des distances $S_1p$ et $S_2p$ soit égale à un nombre impair de fois la demi-longueur d'onde qui correspond aux sources vibrantes $S_1$ et $S_2$, ce que l'on écrit en abrégé : $S_1p - S_2p = (2n + 1)\dfrac{\lambda}{2}$ et les franges brillantes aux points $p'$ pour lesquels on a :

$$S_1p' - S_2p' = 2n\frac{\lambda}{2}.$$

Au point central C, la différence des chemins $S_1C$ et $S_2C$ est nulle, il doit donc se produire en ce point une frange brillante, quelle que soit la période des vibrations de $S_1$ et de $S_2$.

Par exemple, la dixième frange brillante qui suit la frange centrale est séparée de celle-ci par une distance qu'il est bien facile de mesurer en $\lambda$, puisque pour cette frange $S_1p - S_2p = 20\dfrac{\lambda}{2}$.

point symétrique de la source par rapport au mur, *cette image est le centre virtuel des ondes réfléchies*. En considérant la source et son image vibrant synchroniquement comme envoyant des ondes concentriques le principe des interférences permet de deviner où se formeront les nœuds et les ventres à *la condition d'ajouter une demi-longueur d'onde au rayon de l'onde réfléchie que l'on considère*. Cette demi-longueur d'onde ajoutée indique qu'il s'agit d'ondes réfléchies et non d'ondes directement émanées de l'image de la source sonore.

Le même principe des interférences explique qu'un tuyau fermé ne peut parler, renforcer un son, qu'à la condition qu'il ait une longueur égale à un nombre impair de fois $\dfrac{\lambda}{4}$, au contraire un tuyau ouvert aux deux extrémités parle sous l'excitation des sons dont le quart de la longueur d'onde est contenue un nombre pair de fois dans la longueur

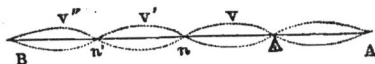

Fig. 397. — Nœuds et ventres présentés par une corde en vibration fixée par ses deux bouts.

du tuyau. Les interférences produites par les ondes directes et les ondes réfléchies à l'autre extrémité du tuyau produisent des nœuds équidistants de $\dfrac{\lambda}{2}$ et des ventres divisant en deux parties égales l'intervalle présenté par les nœuds consécutifs Il faut que cette subdivision puisse s'effectuer pour que le tuyau parle.

Ce sont des interférences qui produisent aussi les points immobiles, les nœuds des cordes en vibration ; au ventre le déplacement est maximum (*fig.* 397).

Comme on peut, d'autre part, mesurer la longueur C$p$ en centimètres ou fractions avec la loupe de Fresnel, on a un moyen de mesurer λ, longueur d'onde de la lumière envoyée par S.

Si V est la vitesse de la lumière dans le milieu où se propagent les ondes et pour lequel on a déterminé λ ([1]), on calculera la

1. La lumière fut considérée pendant longtemps comme se propageant instantanément d'un point à un autre. Le premier, Rœmer fit connaître une valeur approximative de sa vitesse de propagation. La méthode appliquée à l'Observatoire de Paris, en 1675, par l'astronome danois, est très simple. En voici le principe : Dans la figure 398 le Soleil est en S, la Terre en T, sur son orbite, et Jupiter en J.

Si un observateur note lorsque la Terre est en T (opposition), les instants où le premier satellite E de Jupiter sort de l'ombre que projette derrière elle cette planète, il trouve que ces instants sont séparés par une durée constante et égale à 41 heures 1/2. Un chronomètre étant alors réglé de manière que son aiguille avance d'une division en 42 heures 1/2, celle-ci marquera, lors de ses passages sur les divisions,

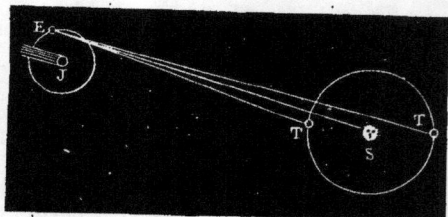

Fig. 398.

Détermination de la vitesse de propagation de la lumière au moyen des observations des éclipses ou des émersions du 1er satellite de Jupiter (Rœmer.)

l'époque des émersions successives du satellite E observées de T. A mesure que la Terre s'approche de T' (conjonction), les instants des émersions observées sont de plus en plus en retard sur ceux indiqués par le chronomètre. En T' ce retard atteint 986 secondes, puis il diminue et le chronomètre donne à nouveau des indications exactes lorsque la Terre revient en T. Rœmer expliqua ces faits en admettant que la lumière se propage avec une vitesse finie. Si elle n'arrive en T', par exemple, que 986 secondes après avoir passée en T, c'est qu'il lui faut ce temps pour traverser le diamètre de l'orbite terrestre, soit 300 000 000 de kilomètres, ce qui donne pour la distance parcourue en une seconde 320 000 kilomètres environ.

En 1726, Bradley dut adopter un nombre voisin du précédent pour expliquer le phénomène de l'aberration

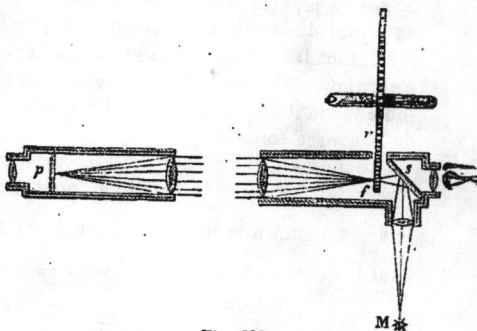

Fig. 399.

Méthode physique de Fizeau pour la détermination de la vitesse de propagation de la lumière.

astronomique. La lumière se propage donc environ un million de fois plus vite que le son, et ferait huit fois le tour de la Terre en une seconde.

C'est en 1849 seulement que Fizeau parvint à mesurer la vitesse de la lumière par une méthode entièrement physique.

A Suresnes (fig. 399), une lentille achromatique et une glace sans tain s, inclinée à 45°, donnaient en f une image d'un trou M vivement éclairé. Une lentille, dont le foyer coïncidait avec f, recevait les rayons issus de ce point et les rendait à la sortie parallèles

période du mouvement vibratoire de S par la formule $\lambda = VT$ qui définit la longueur d'onde. Pour la radiation moyenne du spectre, on a dans le vide $\lambda = 0^{mm},0005$, et comme $V = 300\,000$ kilomètres, on a $T = \dfrac{1}{6} \times \dfrac{1}{100\,000\,000\,000\,000}$ et le nombre des vibrations exécutées par la source en une seconde (sa hauteur) est égal à $\dfrac{1}{T}$ ou 600 trillions. Le Toucher est sensible jusqu'à 100 vibrations par seconde et l'Oreille jusqu'à 100 000. L'OEil est sensible jusqu'à environ 800 trillions de vibrations par seconde.

L'expérience montre que les vibrations d'une source telle que S se conservent identiques à elles-mêmes pendant un très grand nombre de périodes.

Les anneaux de Newton s'expliquent de même par la *différence*

à son axe optique, dirigé sur une maison de Montmartre située à une distance de 8 633 mètres. Une lentille faisait en cet endroit converger les rayons incidents sur un miroir qui les renvoyait par le même chemin à Suresnes. Une partie des rayons traversant au retour la glace *s* faisait apercevoir à l'observateur le point lumineux *f*. Cet observateur, grâce à la disposition adoptée, n'était en aucune façon gêné par la lumière incidente émanée de M.

Une roue verticale *r* munie de dents et de vides égaux était disposée de façon que l'image *f* vînt se former dans la partie dentée du plan de la roue.

Met-on la roue en rotation? on aperçoit alternativement les vides qui laissent voir le point *f'* et les dents qui le cachent. Pour une vitesse suffisante, les impressions relatives aux dents et aux creux se superposent et produisent une zone grise autour des dents de la roue; d'autre part, la superposition des impressions produites sur la rétine par le passage de chaque vide devant *f* fait voir ce point d'une manière permanente. La vitesse de la roue devient-elle suffisante pour qu'une dent se substitue exactement à un vide pendant que la lumière envoyée de M, lors du passage du vide, se rend à Montmartre et revient à Suresnes, c'est-à-dire parcourt 17 266 mètres; elle sera interceptée au retour par la dent et le point *f* ne sera plus aperçu. Une *première extinction* a lieu.

Connaissant, au moyen de la vitesse de rotation de la roue indiquée par un compteur de tours, le temps que met un plein à se substituer à un vide, on a sur-le-champ la vitesse de propagation de la lumière, puisque ce temps est précisément égal à celui que met la lumière à parcourir 17 266 mètres, trajet de l'allée et du retour de Suresnes à Montmartre. Fizeau a trouvé par cette méthode que la lumière franchissait 315 000 *kilomètres* en une seconde.

Si on donne à la roue une vitesse double de celle qui correspond à la première extinction, le point lumineux *f* réapparaît pour disparaître lorsque la vitesse devient triple, etc. Il est bon d'effectuer la mesure de la vitesse de la lumière au moyen d'extinctions d'un ordre de plus en plus élevé et de prendre la moyenne des résultats.

De 1871 à 1874, M. Cornu a répété les expériences de Fizeau en s'attachant à obtenir avec une grande précision la vitesse de rotation de la roue à chaque instant. A cet effet, une came produisait un crochet dans la ligne d'inscription du mouvement de la roue chaque fois que celle-ci faisait un tour. A côté de cette ligne dans laquelle deux crochets

*de marche* des rayons qui se superposent à leur sortie après s'être réfléchies l'un sur le plan P, l'autre sur la couche d'air voisine de la face inférieure de la lentille ; la différence de marche des deux rayons est égale à deux fois l'épaisseur de la lame d'air entre les points où se produisent les réflexions. Partout où cette épaisseur sera égale à $(2n + 1)\frac{\lambda}{2}$ il y aura interférence ; partout où elle sera égale à $2n\frac{\lambda}{2}$ la frange aura son maximum d'éclat.

Toutefois, pour expliquer complètement les apparences du phénomène, il est nécessaire d'ajouter à la différence de marche une demi-longueur d'onde lorsque le rayon se réfléchit sur un milieu plus dense que celui qu'il a traversé d'abord. C'est une analogie de plus entre les phénomènes lumineux et les phénomènes sonores,

consécutifs marquaient la durée du tour de roue correspondant s'inscrivaient les secondes et les dixièmes de secondes. De cette façon, la vitesse de la roue était connue avec exactitude à chaque extinction. Dans ses expériences entre l'École polytechnique et le Mont-Valérien (10 310 mètres), M. Cornu est allé jusqu'à la dixième extinction. Il a trouvé pour la vitesse de la lumière 298 500 kilomètres. En prenant comme station Montlhéry et l'Observatoire (22 910 mètres), il est allé jusqu'à la vingt et unième extinction et a trouvé pour la vitesse de la lumière 300 400 kilomètres.

Sur le conseil d'Arago, Foucault chercha à déterminer dès 1850 la vitesse de la lumière en utilisant seulement un espace de quelques mètres. Le principe de la méthode consiste à faire tomber un rayon lumineux sur un miroir plan, puis sur un miroir sphérique ayant son centre sur l'axe de rotation du miroir plan. Si pendant que la lumière a parcouru le double du rayon du miroir sphérique, le miroir plan a tourné d'un certain angle, il réfléchit le rayon de retour dans une direction qui fait, avec le rayon incident, un angle double de celui dont a tourné le miroir plan. La mesure de cet angle, du rayon lu miroir sphérique et de la vitesse de rotation du miroir plan conduit immédiatement à la valeur de la vitesse de la lumière. Foucault a trouvé 298 000 kilomètres.

En Amérique, M. Micheleson a obtenu, en appliquant la même méthode et en amplifiant considérablement la course de la lumière avant son retour sur le miroir plan :

En 1879 : 299 910 kilomètres.
En 1882 : 299 853 —

M. Newcomb a donné, d'autre part, en 1882, le nombre 299 860 kilomètres.

En interposant un tube plein d'eau sur le double trajet du rayon, Foucault a montré que la lumière se propageait moins vite dans l'eau que dans l'air, fait conforme à la théorie des ondulations et en contradiction avec la théorie de l'émission des particules lumineuses par les sources.

La théorie montre qu'il suffit de diviser la vitesse de la lumière dans le vide par l'indice de réfraction, par rapport au vide, d'un milieu transparent quelconque pour avoir la vitesse avec laquelle la lumière se propage dans ce milieu.

puisque ces derniers exigent la même addition d'une demi-longueur d'onde quand on veut que la théorie assigne aux nœuds et aux ventres de vibrations, provenant de l'interférence des ondes incidentes et des ondes réfléchies sur un obstacle, les positions mêmes indiquées par l'expérience directe.

On peut, au moyen des anneaux, déterminer aisément la longueur d'onde de la lumière qui les produit.

Les phénomènes de diffraction peuvent être également calculés dans tous les cas en convenant avec Huygens de substituer à la source S l'une de ses ondes, et, à l'exemple de Fresnel de calculer l'effet produit en un point de l'écran (extérieur à l'onde) comme si chaque élément de l'onde était une source vibrante de même période que S (¹).

On explique la symétrie de propriété que présente un rayon polarisé par rapport à son plan de polarisation et au plan perpendiculaire, en considérant les vibrations de l'éther rencontré par le rayon comme *rectilignes et transversales*, c'est-à-dire orientées perpendiculairement à leur direction de propagation. On les envisage comme s'effectuant perpendiculairement au plan de la section principale du polariseur dans le rayon ordinaire et parallèlement à ce plan dans le rayon extraordinaire. Ainsi *le polariseur ne livre passage qu'à des vibrations orientées perpendiculairement ou*

1. Un cas de diffraction très important au point de vue pratique est celui où l'on fait tomber un faisceau de lumière venant d'un collimateur sur une lame de verre sur laquelle on a tracé au diamant des traits très fins et extrêmement rapprochés; ces traits sont opaques. S'il s'agit de la lumière solaire, elle est dispersée par la lame ainsi préparée et que l'on nomme *un réseau*. Des spectres apparaissent symétriquement à droite et à gauche de la direction du faisceau incident. Ils empiètent de plus en plus les uns sur les autres à mesure qu'ils s'éloignent de cette direction. Le violet est la couleur la moins déviée, alors que dans les spectres donnés par un prisme elle est la plus déviée; d'autre part, les spectres prismatiques ne sont pas comparables lorsqu'on change la substance du prisme, les spectres de réseaux sont au contraire indépendants de la substance qui forme le réseau; leurs dimensions, la distribution de leurs radiations dépend uniquement de l'intervalle occupé par un trait du réseau et le vide consécutif.

Pour cette raison, on les a appelés *spectres normaux*.

C'est à l'aide de tels spectres que l'on a mesuré la longueur d'onde de toutes les radiations visibles ou invisibles. On peut également obtenir des réseaux par réflexion sur des miroirs métalliques portant des traits opaques équidistants. Les ailes de certains insectes sont recouvertes de stries qui, fonctionnant comme des réseaux, leur font prendre de superbes irisations. D'autres, sont colorées par interférence à la manière des bulles de savon. (*Planche* IV.)

*parallèlement à sa section principale*. Or l'analyseur ne diffère en rien d'un polariseur, on conçoit donc immédiatement qu'il arrêtera les vibrations du rayon ordinaire lorsque sa section principale sera parallèle à celle du polariseur, et que dans cette position le rayon extraordinaire passera sans s'affaiblir. Ce sera le contraire lorsque les sections principales du polariseur et de l'analyseur seront à angle droit. Dans les positions intermédiaires, c'est le rayon ordinaire qui domine lorsque l'angle des sections principales des deux rhomboèdres est supérieur à 45°; dans le cas contraire, c'est le rayon extraordinaire; ils passent avec une intensité égale lorsque les deux sections principales font un angle de 45°.

Comment expliquer la Polarisation chromatique en lumière parallèle?

La vibration rectiligne du rayon ordinaire, par exemple, envoyée par le polariseur est décomposée par la lame en deux vibrations qui sont respectivement dirigées suivant les sections principales de la lame. Ces deux vibrations se propagent avec des vitesses inégales à travers la lame cristalline et viennent se recomposer à la sortie en présentant entre elles une *différence de phase* qui dépend de la longueur d'onde de la radiation considérée, de l'épaisseur et de la nature spécifique de la lame.

Pour les diverses radiations du spectre la vibration, restituée à la sortie de la lame, n'aura pas la même forme. Ce sont des ellipses de grandeur et d'orientation différentes, des cercles ou des lignes droites. On dit souvent pour cela, d'une manière générale, que la lame polarise *elliptiquement la lumière*.

Ces vibrations diverses tombent sur l'analyseur qui extrait de chacune d'elles les composantes parallèles ou perpendiculaires à ses sections principales. Par suite les diverses radiations ne sont pas éteintes dans la même proportion par l'analyseur et celles qui restent en plus grande quantité, donnent par leur mélange la teinte observée sur le faisceau qui sort de l'analyseur. En recevant cette lumière sur un prisme, on voit, en effet, que le spectre obtenu est sillonné de bandes noires marquant la place des radiations éteintes; les couleurs dont le mélange constitue la teinte de la lame cristalline observée sont, au contraire, distribuées sur le spectre dans l'ordre de leur réfrangibilité.

Il est clair qu'en faisant tourner l'analyseur, les radiations éteintes ne sont plus les mêmes, et on voit par suite les cannelures du spectre se déplacer. Les anneaux observés en lumière convergente s'expliquent par des considérations analogues.

Nous n'insisterons pas sur ces intéressantes questions de théorie, elles exigeraient des développements trop abstraits. Nous avons uniquement en vue d'en faire saisir l'esprit.

Grâce aux efforts de Fresnel tous les Phénomènes optiques ont été expliqués par de simples considérations mécaniques dans le détail desquels nous ne pouvons pas entrer ici (¹).

C'est l'étude du son, expérimentalement accessible dans sa cause, qui fait surtout comprendre les théories optiques.

Le son se réfléchit, se réfracte, interfère. Toutes les particularités de ces phénomènes ont été expliquées dès que l'on a bien connu l'origine et le mode de propagation du son.

En admettant que l'origine et la propagation de l'énergie lumineuse ont la même nature mécanique que l'énergie sonore, on se rend compte de tous les phénomènes observés, en complétant toutefois le système par des considérations particulières à chaque ordre déterminé de faits.

Les radiations calorifiques et chimiques se comportent dans

1. Des milieux tels que l'air, l'eau, le verre etc..., sont *isotropes*, c'est-à-dire jouissent des mêmes propriétés dans toutes les directions. Il n'est donc pas étonnant de voir que les vibrations s'y propagent avec la même vitesse dans toutes les directions autour de la source et arrivent au même instant en des points situés sur une sphère ayant son centre à l'endroit où est la source. Bref, *dans un milieu isotrope, les ondes sont sphériques.* Si la source comprend plusieurs points vibrants, Huygens prend comme onde la surface qui touche toutes les ondes sphériques relatives aux différents points dans la position qu'elles occupent au même instant (page 78) : c'est *l'onde enveloppe.*

Nous avons vu en taillant des lames égales dans un uniaxe, dans un cristal de Spath d'Islande par exemple, qu'elles se comportent différemment — bien que placées dans des conditions identiques — suivant leur inclinaison sur l'axe du cristal. La vibration ne se propage plus avec la même vitesse dans tous les sens et la surface d'onde — ensemble des points où arrive la vibration au même instant — n'est plus une sphère. Huygens a déduit de considérations expérimentales qu'elle était formée d'une sphère et d'un ellipsoïde de révolution autour de l'axe du cristal, les deux surfaces étant tangentes, se touchant, aux points où elles sont rencontrées par l'axe. La sphère est l'onde ordinaire, elle correspond au rayon ordinaire, l'autre correspond au rayon extraordinaire.

Dans le cas des substances cristallisées non uniaxes la surface d'onde est plus complexe encore. Par des considérations mécaniques ingénieuses, Fresnel en a assigné la forme et a expliqué toutes les particularités présentées par la double réfraction dans ces substances.

tous les cas comme les radiations lumineuses dont elles ne sont pas distinctes : elles se réfléchissent, se réfractent, se polarisent et interfèrent aux mêmes points qu'elles et suivent les mêmes lois.

L'énergie vibratoire sonore, lumineuse, calorifique, etc., se propage donc par ondes et non, comme on l'a cru longtemps sur l'autorité de Newton, à la façon des projectiles qui vont porter l'énergie d'un explosif au point frappé.

Récemment M. Hertz a montré que l'on pouvait également, au moyen d'un dispositif convenable, obliger l'*Énergie électrique* à se propager dans l'espace par ondes. Il a su obtenir la *Réflexion*, la *Réfraction*, l'*Interférence de ces ondes électriques*, etc...

Prenons, avec M. Hertz, deux sphères métalliques de 30 centimètres de diamètre et relions-les par une tige métallique droite d'un mètre de longueur. Supposons qu'une de ces deux sphères soit chargée d'électricité positive, l'autre d'électricité négative et que les causes qui séparent ces deux électricités cessent subitement d'agir. Les deux électricités se combineront, mais le courant ainsi développé se prolongera au delà de cette combinaison même, et créera sur les deux sphères des charges inverses de celles qu'elles présentaient d'abord; celles-ci provoqueront une nouvelle décharge en sens opposé et ainsi de suite, et il se produira de la sorte une série *d'oscillations électriques* entre les deux sphères. Nous venons de parler l'ancien langage; avec Faraday et Maxwell ([1]), nous dirions plutôt que l'état électrique de l'Éther, qui enveloppe les deux sphères subit des modifications alternatives; ce qui est certain, c'est qu'il se produit un mouvement de va-et-vient dans les conditions électriques du système, et que la disposition envisagée constitue une sorte de *diapason électrique* ([2]).

Mais pour qu'un semblable diapason vibre constamment, il faut que l'action excitatrice se produise ou cesse d'une manière suffisamment instantanée et se reproduise périodiquement à des intervalles de temps suffisamment courts.

1. Clerck-Maxwell (James), savant physicien anglais, né en 1831, mort à Cambridge le 5 novembre 1879, membre de la Société royale de Londres; auteur de : le *Magnétisme et l'Électricité*, les *Lignes de force de Faraday*, *Théorie dynamique du champ électro-magnétique*, etc.

2. *Recherches sur les ondulations électriques*, par Henri Hertz (*Revue Scientifique*, 11 mai 1889.)

On y arrive en coupant la tige de communication en son milieu, en adaptant (*fig.* 404) à chacun des deux bouts ainsi séparés une boule de métal poli de 4 centimètres de diamètre, et en reliant ces deux boules avec les deux pôles d'une bobine d'induction B; à chaque décharge se produisent alors les oscillations du diapason électrique E que nous désignerons sous le nom de *conducteur pri-maire*. Les décharges oscillantes obtenues, dont Sir W. Thomson, Lodge, etc., se sont également occupés, peuvent avoir des périodes extrèmement courtes par une disposition convenable. Le diapason électrique que nous venons de décrire donne plus de 50 millions d'oscillations en une seconde. M. Hertz a pu arriver à en obtenir jusqu'à 500 millions en une seconde.

Pour rendre sensible dans l'espace environnant les oscillations ainsi entretenues, M. Hertz a recours à l'induction qu'elles produisent dans un autre conducteur *r* formé d'un fil de cuivre de 75 centimètres de diamètre recourbé en cercle, et qui présente une interruption qu'il est facile de réduire, au moyen d'une vis micrométrique, à un très petit intervalle. Ce conducteur est appelé *conducteur secondaire*. Est-il placé dans le voisinage du conducteur primaire, au sein de l'air, et sans aucune relation métallique avec lui, il se produit à travers l'interruption des étincelles de décharge qui correspondent à celles du conducteur primaire. La longueur des étincelles secondaires varie de 7 centimètres à zéro suivant la position donnée au conducteur secondaire.

« Au début, dit M. Hertz, je fus fort surpris de voir qu'à une distance de 1 à 2 mètres du conducteur primaire, du diapason électrique, il se produisait encore des étincelles très marquées dans le conducteur secondaire; mon étonnement ne fut pas moindre lorsque je réussis, dans une grande salle à obtenir des étincelles à 15 mètres de distance. A de si grandes distances, les étincelles sont très petites et visibles seulement dans l'obscurité. »

Si on interpose entre le diapason électrique et le conducteur secondaire, appelé aussi *résonnateur électrique*, une paroi formée d'une substance isolante, on obtient des étincelles dans le résonnateur comme en l'absence de la paroi; mais si celle-ci est conductrice, est formée d'une grande feuille de zinc par exemple, l'action du diapason est arrêtée, le résonnateur reste inactif. L'écran con-

ducteur porte derrière lui une *ombre électrique*. Comme, au
contraire, des conducteurs placés dans le voisinage du résonnateur n'en arrêtent pas la marche, on peut dire que l'action électrique émanée du diapason électrique *se propage en ligne droite*.

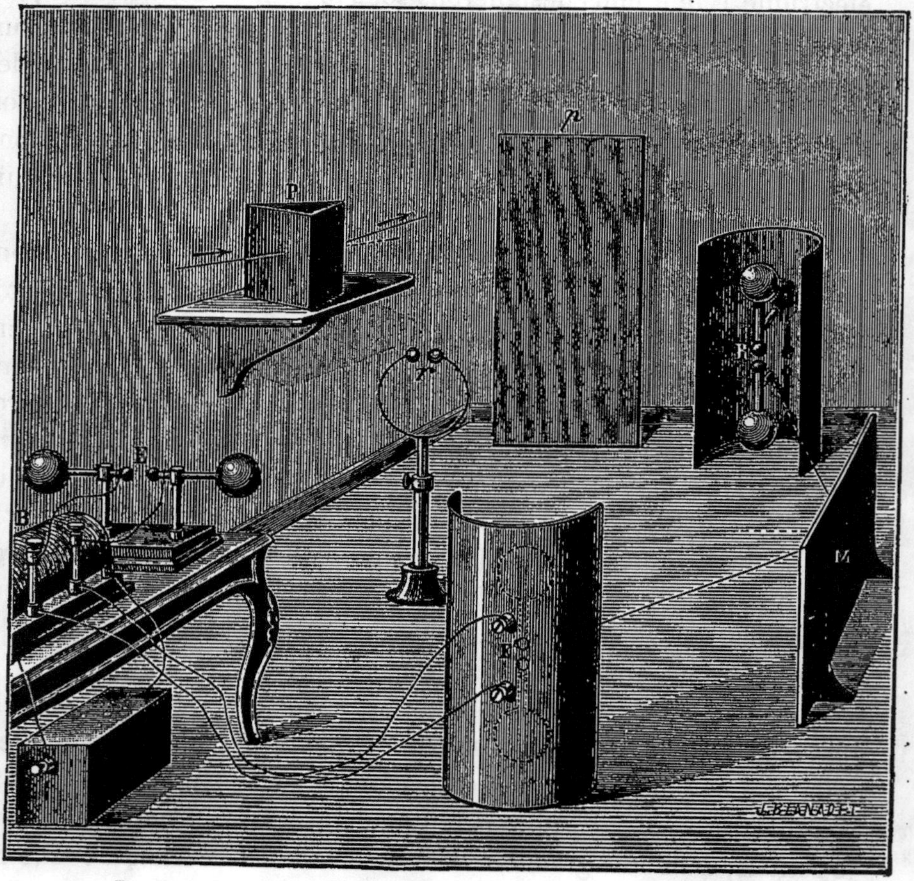

Fig. 400. — Disposition générale des Expériences de Hertz sur les ondes électriques.

Avec un diapason électrique formé de deux tubes égaux en laiton
de 13 centimètres de longueur et de 3 centimètres de diamètre
reliés respectivement aux deux pôles d'une petite bobine d'induction, et un résonnateur formé d'un fil droit de 1 mètre de longueur muni en son milieu d'un petit excitateur, Hertz a reconnu que
dans les conditions ordinaires le résonnateur fonctionnait jusqu'à
une distance de 2 mètres seulement du diapason électrique.

Le diapason E′ est-il disposé suivant la ligne focale d'un cylindre parabolique en zinc de 2 mètres de hauteur sur 1 mètre d'ouverture, son action sur le résonnateur se fait encore sentir à 10 mètres de distance, le cylindre joue réellement le rôle d'un *projecteur électrique*. Enfin en plaçant (*fig.* 400) le résonnateur R suivant l'axe focal d'un second cylindre semblable au premier et disposé en face de lui, on observe que le résonnateur fonctionne jusqu'à une distance de 20 mètres. En remplaçant le diapason électrique par une source sonore ou par une source lumineuse, on observe des phénomènes absolument du même ordre. Si les plans de symétrie des deux cylindres forment un angle entre eux, il suffira pour mettre en action le résonnateur de disposer un plan métallique M suivant la ligne d'intersection des deux plans de symétrie et également incliné sur ces plans.

On est donc en droit de dire en empruntant le langage de l'acoustique, et de l'optique, que le diapason électrique est le centre *d'ondes électriques* qui se propagent à travers l'espace et qui se réfléchissent de telle façon que les angles formés avec la normale par les rayons incidents et les rayons réfléchis soient égaux.

Pour mettre en évidence la *réfraction des rayons électriques*, M. Hertz fit construire un grand prisme en asphalte P, dont l'angle réfringent avait 30° et dont les faces mesuraient 1ᵐ,5 de hauteur sur 1ᵐ,2 de largeur. Le faisceau électrique réfléchi par le miroir cylindrique, porteur du diapason électrique fut dirigé sur l'une des faces de ce prisme entre des écrans métalliques, de façon à empêcher le rayon de passer à côté du prisme. Le miroir cylindrique secondaire, placé dans le prolongement du faisceau incident, ne donnait aucune étincelle, mais en le déplaçant graduellement vers la base du prisme, il arriva un moment où les étincelles se produisirent de nouveau, la réfraction était alors de 22 degrés environ.

En faisant réfléchir les ondes électriques, venant de E, sur un miroir plan en zinc *p*, Hertz reconnut qu'en certains points équidistants, le résonnateur *r* était muet, et à égale distance de deux de ces points donnait des étincelles maximum. C'est là un véritable phénomène *d'interférence électrique* fournissant des nœuds et des ventres électriques.

On voit (*fig.* 401) la position des nœuds marqués par des croix et des ventres marqués par les deux boules voisines du résonnateur le long de deux fils conducteurs parallèles de 10 à 20 mètres de longueur terminés en regard des sphères du diapason électrique par des plaques métalliques. Ces interférences seraient produites par les ondes directes et par les ondes réfléchies sur les extrémités des fils tendus.

M. Hertz a également réussi à obtenir des phénomènes analogues à ceux présentés par la lumière polarisée. Supposons les deux miroirs cylindriques de la figure 400 placés à angle droit, on ne constate alors aucune étincelle dans le conducteur secondaire, il y a extinction. Mais si on dispose sur le trajet des ondes un cadre por-

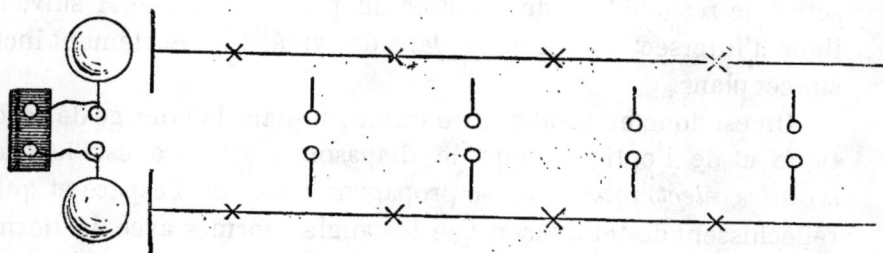

Fig. 401. — Interférence d'ondes directes et réfléchies sur les extrémités de deux fils métalliques.

tant des fils métalliques tendus parallèlement et inclinés à 45° sur les plans de symétrie des deux miroirs, des étincelles jaillissent entre les boules de l'excitateur secondaire. C'est un phénomène analogue à celui de la polarisation chromatique.

On voit combien l'analogie des *ondes électriques* et des *ondes lumineuses* se poursuit même dans les plus petits détails.

Elle a conduit M. Hertz à conclure que les *phénomènes lumineux* ne sont qu'une manifestation particulière des *phénomènes électriques* : ils proviendraient de vibrations d'une très petite période, très petite même par rapport à la période des vibrations obtenues par M. Hertz avec son diapason électrique.

« Ainsi, dit M. Henri Hertz ([1]), l'optique n'est plus qu'un appendice de l'électricité. Celle-ci gagne encore bien davantage. Nous voyons désormais de l'électricité en mille circonstances où nous ne

1. *Analogie de la lumière et de l'électricité*, conférence de M. Hertz au Congrès d'Heidelberg de 1889.

ia soupçonnions pas auparavant. Chaque flamme, chaque atome lumineux devient un phénomène électrique. Même lorsqu'un corps ne répand pas de lumière, pourvu qu'il rayonne de la chaleur, il est le foyer d'actions électriques. Le domaine de l'électricité s'étend donc sur toute la nature. »

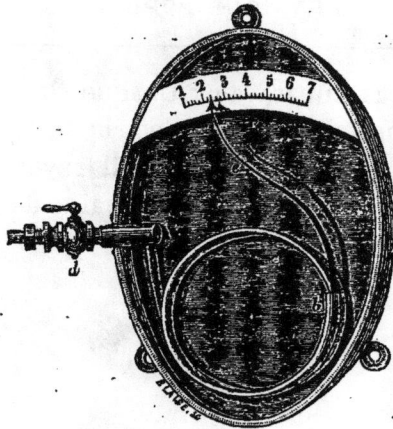

Fig. 402. — Manomètre métallique.

# CHAPITRE II

## SUR LA MESURE DES GRANDEURS PHYSIQUES EN GÉNÉRAL GRANDEURS ÉLECTRIQUES

Pour comprendre l'esprit du système de mesure employé aujourd'hui par les Physiciens, pour en saisir la profonde harmonie, il est nécessaire de suivre pas à pas, dans une revue rapide, les progrès de ces mesures et l'origine des Notions qui les ont rendues nécessaires.

Les résultats obtenus dans cette voie viennent de tous les points de l'horizon scientifique. C'est sur le terrain de la mesure que l'on saisit surtout la dépendance mutuelle des sciences et leur degré de complication. L'Électricien est dans l'obligation de faire des Emprunts à toutes les sciences, nous en comprendrons plus loin la raison.

Les *mesures électriques* représentent une véritable synthèse de toutes les connaissances scientifiques actuelles.

C'est évidemment la considération des *Unités naturelles*, homme, bœuf, arbre... etc., qui a conduit à la notion du *Nombre*.

Le nombre est à la fois un mot et un Symbole qui caractérisent chacun des groupes que l'on peut former au moyen des Unités naturelles.

Le plus simple de ces groupes, leur point de départ à tous, renferme seulement l'Unité; le suivant s'obtient en plaçant dans le précédent une nouvelle Unité naturelle, de même espèce ou d'espèce différente (*fig.* 403). Telle est la loi générale de formation des groupes successifs.

Leur rang a été marqué par les mots : un, deux, trois, quatre... etc., et figuré par les symboles : 1, 2, 3, 4,...... etc.

Cette même désignation des rangs successifs des groupes obtenus constitue précisément les *Nombres abstraits* dont l'étude fait l'objet de la science mathématique la plus élémentaire : l'arithmétique.

Lorsque les groupes, les collections ne renferment que des

Fig. 403. — Unités naturelles. Formation des groupes successifs.

objets de même espèce — des arbres par exemple — on fait suivre le nom qui fixe le rang de chaque groupe de celui de l'espèce particulière d'Unité que l'on considère.

On obtient ainsi ce que l'on nomme un *Nombre Concret.*

Un arbre, deux arbres, trois arbres... etc., sont des nombres concrets.

Ils font connaître chacun des groupes d'une manière complète ; en d'autres termes ils en mesurent la Grandeur, *comparativement à celle,* supposée parfaitement connue, de l'Unité naturelle de l'Espèce considérée.

L'observation attentive du Monde extérieur a conduit en outre à des Grandeurs pour lesquelles il n'existe pas d'Unités naturelles,

A la *Forme* des objets se rattachent par exemple les Notions de Ligne ou *Longueur* L, d'*Angle* A, de *Surface* S, de *Volume* V dont l'étude fait l'objet de la Géométrie (*fig.* 404).

La Mesure de pareilles grandeurs offre des difficultés particulières : non seulement il faut faire choix de la Grandeur-Unité qui

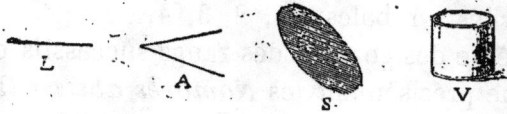

Fig. 401. — Longueur.     Angle.     Surface.     Volume.

doit servir de terme de comparaison, mais il faut encore *définir et réaliser l'expérience de Comparaison.*

S'agit-il de mesurer une longueur $oc$ (*fig.* 405) au moyen de la longueur unité $ab$, on convient de porter la longueur $ab$ à la suite

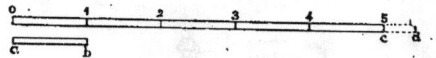

Fig. 405. — Mesure d'une longueur.

d'elle-même sur $oc$ autant de fois qu'il est nécessaire pour recouvrir exactement $oc$. Si 5 unités $ab$ suffisent à cela on dit que la longueur $oc$ est égale à 5 fois la longueur $ab$, ou plus brièvement :

$$oc = 5. \ ab.$$

5 est la mesure de $oc$ effectuée au moyen de l'unité $ab$.

Qu'arrive-t-il si l'on change d'Unité, si l'on prend par exemple pour mesurer la longueur $oc$, une unité $a'b'$ contenue dix fois dans $ab$, c'est-à-dire telle que la mesure de $ab$ effectuée avec cette nouvelle unité soit 10 ?

Il est de toute évidence que le nombre auquel conduit alors la mesure vaut 10 fois le nombre 5 obtenue avec $ab$.

$$oc = 5. \ ab = 50. \ a'b'.$$

Comme on le voit, un nombre n'a de sens en tant que mesure, qu'autant qu'on lui adjoint l'unité qui l'a fourni.

Généralement, pour ne pas dire toujours, l'expérience de mesure est moins simple que nous ne l'avons supposée. Après avoir porté un certain nombre de fois bout à bout sur $oc$ l'unité $ab$, il reste une portion $cd$ plus courte que $ab$. Comment évaluer cette partie restante? Pour cela on partage l'unité en parties égales de plus en plus petites que l'on nomme des *sous-multiples* de l'Unité primitive et on cherche par une *opération de recouvrement* combien *c d* contient de sous-multiples d'un certain ordre : si par exemple *a b* est divisé en dix parties égales et si *c d* contient trois de ces parties on dit que *c d* vaut les trois dixièmes de l'unité, on écrit ce nombre $\frac{3}{1000}$ ou 0,003. C'est là l'origine de la *Fraction*. En fin de compte on a ainsi :

$$o\,c = 5\ a\,b\ +\ \tfrac{3}{1000}\ a\,b = 5,003\ a\,b.$$

Lorsqu'on effectue matériellement la mesure, il est souvent impossible de voir si *c d* contient plutôt 3 que 4 des sous-multiples choisis, on voit simplement que *c d* est un peu plus grand que 3 et un peu plus petit que 4 de ces parties placés bout à bout.

On peut écrire avec autant de certitude l'une ou l'autre des égalités suivantes :

$$o\,c = 5,003\ a\ b,$$
$$o\,c = 5,004\ a\ b.$$

5,003 est la mesure de *o c par défaut*, puisque la mesure rigoureuse serait un peu plus grande que 5,003.

5,004 en est au contraire la mesure *par excès*.

Comment a-t-on choisi l'Unité de longueur? Elle est longtemps restée tout à fait arbitraire. Non seulement chaque pays mais encore chaque localité avait la sienne. Les transactions commerciales étaient rendues par là fort difficiles. La Convention Nationale qui a fait tant de grandes choses, dans le but d'*unifier* les mesures, de les centraliser, rendit obligatoire l'emploi d'une unité de longueur bien déterminée qui a reçu le nom de Mètre ([1]).

Afin de rattacher cette longueur à la forme même du Globe, et peut-être aussi dans le but de ménager toutes les susceptibilités en n'adoptant comme *unité légale* aucune des unités de longueur existantes, il fut décidé que le Mètre serait la quarante millionième partie de la longueur du Méridien Terrestre. Des travaux célèbres furent entrepris dans le but de fixer la longueur du Mètre ainsi définie. Mais il est de toute évidence que, malgré l'habileté et la Science profonde des Expérimentateurs, des Expériences aussi déli-

---

1. *Mètre*, du grec μέτρον (métron) : *mesure*.

cates et d'aussi longue haleine ne pouvaient pas fournir un résultat rigoureux.

L'erreur commise est au fond de peu d'importance, il n'est pas nécessaire que le Mètre soit une fraction exacte et connue de la longueur du Méridien, il suffit qu'il soit représenté, perpétué, par un Étalon de la fixité duquel on soit assuré.

Le premier *Étalon* fut construit en 1799 et déposé aux Archives nationales le 4 messidor an VII. On a fait depuis de nombreuses copies de cet Étalon, destinées à le remplacer. Ces copies sont en platine alliée à de l'Iridium et ont une section en forme d'X (*fig.* 406) qui d'après les travaux de Tresca, présente la plus grande garantie possible contre la flexion.

Le mètre des Archives est *à bout*, c'est-à-dire qu'il représente le mètre par la totalité de sa longueur; les copies sont *à traits*, c'est-à-dire que la longueur du mètre est délimitée par

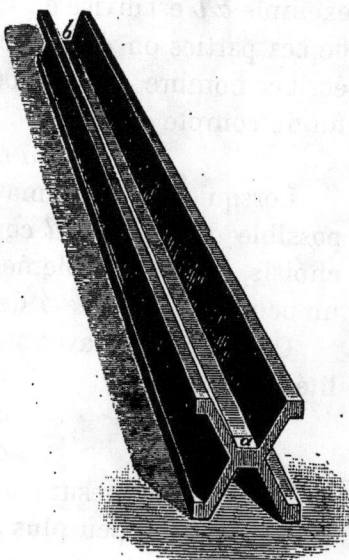

Fig. 406.
Mètre Étalon du Bureau international des Poids et Mesures.

deux traits d'une extrême finesse tracés sur le plan moyen *a b* à quelque distance des extrémités. L'emploi des mètres à traits est plus précis et plus commode que celui des mètres à bout. On peut plus facilement viser un trait avec une lunette qu'un bout.

Dans leurs recherches, il est rare que les Physiciens fassent usage du Mètre, ce sont de petites grandeurs qu'ils ont en général à évaluer avec précision; à ce point de vue les sous-multiples du mètre, le décimètre, le centimètre, le millimètre, le dixième de millimètre, le centième de millimètre, le millième de millimètre ou Micron des Micrographes (1) sont surtout employés.

1. Les appareils établis dans le but de réaliser des mesures de longueur avec précision, reposent sur les propriétés du *vernier*, de la *vis micrométrique* et du *levier* :

Supposons que l'on désire apprécier aisément la dixième partie du millimètre. On y arrivera en opérant à l'exemple du géomètre français Pierre Vernier. On divisera une règle de cuivre de *neuf* millimètres de longueur en *dix* parties égales — chacune de ces

Voyons maintenant comment on a choisi l'*unité d'angle* :
Souvent pour mesurer les angles, on prend comme unité *le degré*, c'est-à-dire un angle qui, placé de façon que son sommet

divisions vaut donc neuf dixièmes de millimètre — que l'on ajustera sur le bord de la règle divisée en centimètres et millimètres de manière qu'elle puisse glisser à frottement doux sur ce bord. Ayant ainsi construit ce que l'on nomme une règle vernier

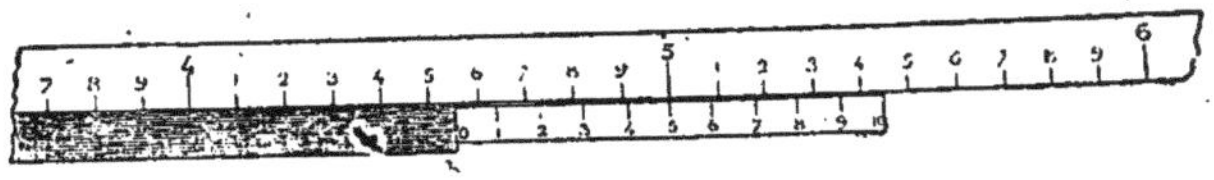

Fig. 407. — Règle vernier.

(*fig.* 407), voici comment on opère. On dispose la règle le long de l'objet à mesurer, de manière que l'une des extrémités de l'objet coïncide avec le zéro de la graduation de la règle, l'autre extrémité de l'objet tombe alors en *b* entre le cinquième et le sixième millimètre du quatrième centimètre de la règle par exemple. Cela nous apprend déjà que la longueur de l'objet est de quatre centimètres et cinq millimètres, plus une portion restante comprise entre 5 et 6 inférieure au millimètre. Combien renferme-t-elle de dixièmes de millimètres ? Pour le trouver on amène le zéro du vernier au contact de l'extrémité *b* de l'objet et on cherche quelle est la division du vernier qui coïncide avec l'une des divisions millimétriques de la règle, supposons que ce soit la cinquième. Il est aisé de voir qu'alors la portion restante vaut cinq dixièmes de millimètre; en effet si l'on va, de cette division en coïncidence, au zéro qui est en contact avec *b*, on voit que les divisions successives du vernier battent en retraite de $\frac{1}{10^e}$, $\frac{2}{10^e}$, et enfin pour la dernière de $\frac{5}{10^e}$ de millimètre sur celles de la règle, *b* est donc à $\frac{5}{10^e}$ de millimètre de la division 5 de la

règle et par suite 5 *b* vaut 5 dixièmes de millimètre. Avec une erreur inférieure à la dixième partie d'un millimètre, la longueur cherchée a donc pour mesure : 2 centimètres 4 millimètres 5 dixièmes de millimètre ou 0ᵐ,0245.

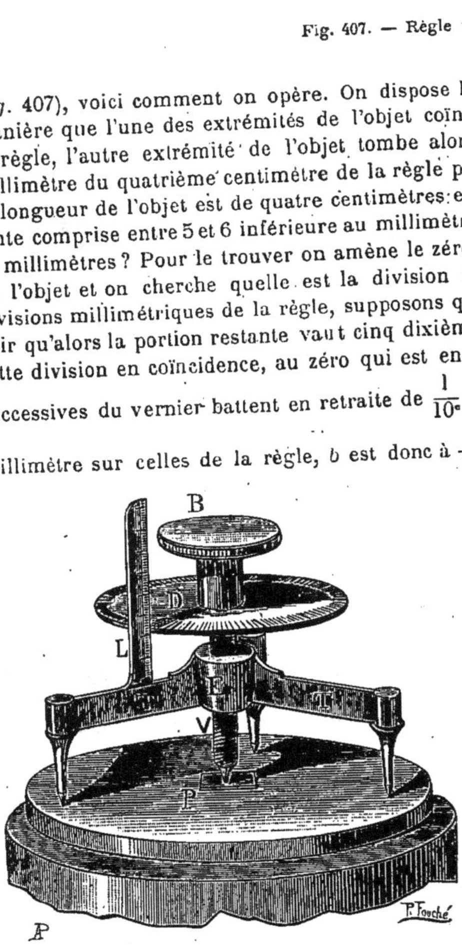

Parfois les verniers permettent d'apprécier le 20ᵉ, le 30ᵉ, etc., de millimètre. Toutefois il ne peuvent pas atteindre à la précision obtenue avec les appareils fondés sur les propriétés de la vis à très faible pas, appelée pour cette raison *vis micrométrique.*

Au moyen de procédés spéciaux, le constructeur découpe, sur un cylindre bien homogène en bronze ou en acier fondu, de longueur et de grosseur variables, une vis à pas bien constant et qui est généralement égal à un millimètre.

Fig. 408. — Sphéromètre.

A l'une des extrémités de la vis est fixé un disque ou un tambour dont le pourtour, la circonférence, est divisé en parties égales, en 500 parties par exemple. Il est clair alors

coïncide avec le centre d'un cercle, intercepte entre ses côtés la 360ᵐᵉ partie de la longueur de la circonférence du cercle. Le degré a été divisé en parties 60 fois plus petites ou *minutes* et celles-ci

qu'en faisant tourner le tambour d'une division, la vis avancera dans son écrou d'une longueur égale à la 500ᵉ partie de son pas, puisque le pas est la course pour un tour complet du tambour, c'est-à-dire que la vis avancera dans le sens de sa longueur de la 500ᵉ partie d'un millimètre.

Dans le *sphéromètre*, ainsi nommé parce qu'il permet de trouver le rayon d'une sphère à l'intérieur de laquelle il est impossible de pénétrer (*fig.* 408), l'écrou E est porté par un trépied T, la vis micrométrique est en V, le disque divisé en D, et le bouton au moyen duquel on agit sur la vis est en B.

Veut-on mesurer, au moyen de cet instrument, l'épaisseur d'une mince lame de

Fig. 409. — Machine à diviser.

verre par exemple, on placera celle-ci sur le plan parfait P qui supporte le sphéro-mètre, on amènera la vis V exactement au contact de la lame puis, après avoir enlevé celle-ci, on fera descendre la vis de manière à lui faire toucher exactement cette fois le plan P. Supposons qu'il ait fallu pour cela faire tourner le disque de 5 divisions, cela voudra dire que l'épaisseur de la lame de verre qui séparait tout à l'heure l'extrémité de la vis V du plan P est égale à 5 fois la 500ᵉ partie du pas de la vis, c'est-à-dire du milli-mètre. La lame soumise à l'expérience a donc une épaisseur égale à la 100ᵉ partie d'un millimètre.

En disposant la vis horizontalement et de manière que ce soit l'écrou qui reçoive le mouvement de translation, et non pas la vis (on a vu un exemple de cette disposition dans le phonographe perfectionné), il est aisé, en installant une règle sur la plate-forme emportée par l'écrou et parallèlement à l'axe de la vis, d'obtenir la mesure de la longueur de cette règle. Il suffit, pour cela, de chercher combien il faut donner de tours à la vis pour faire exactement passer la règle sous le réticule d'un microscope convenablement

en 60 parties appelées *secondes*. On désigne les degrés par le symbole °, les minutes par ' et les secondes par ". La mesure d'un
angle qui vaut dix degrés 3 minutes 5 secondes s'écrit : 10° 3' 5".

Les géomètres ont fait choix d'une autre unité qu'ils ont
appelée le *Radian*. C'est l'angle *qui intercepte sur une circonférence tracée de son sommet comme centre une longueur égale
à celle du rayon de cette circonférence* ('), de cette manière un
angle quelconque a pour mesure le rapport des nombres qui mesurent la longueur de l'arc intercepté par l'angle et le rayon de cet
arc.

Si aux points *a* et *b* (*fig.* 411) où les côtés de l'angle coupent la

fixé à l'appareil. A-t-il fallu tourner la vis de 28 tours un quart? La longueur de la règle
est de 28 millimètres un quart ou de 0$^m$,02825.

On emploie souvent une disposition analogue pour diviser en parties égales les tubes
de verre, les micromètres des instruments d'optique, etc.

A cet effet, le microscope est remplacé par un burin automatique B établi de manière à tracer des divisions équidistantes et aussi rapprochées que l'on veut sur la surface
à diviser — celle d'un tube de verre, par exemple. — De cinq en cinq divisions le burin
trace des traits plus longs et qui sont plus longs encore de dix en dix.

Un tel instrument se nomme une *Machine à diviser* (*fig.* 409).

Jamais une vis micrométrique n'est parfaite, on la vérifie en mesurant une même
longueur au moyen de différentes portions de la vis, on ne trouve pas alors rigoureusement le même nombre, on déduit des résultats obtenus une *table de corrections* de la
vis qui devra être consultée dans les mesures ultérieures.

Signalons encore le *Comparateur* (*fig.* 410) composé d'une plaque en fonte F munie
d'un arrêt en acier A et de guides G G'; une tige B C peut être poussée vers la gauche, un

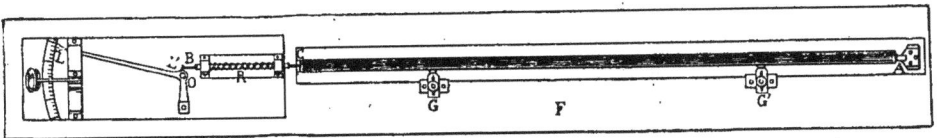

Fig. 410. — Comparateur.

ressort à boudin R tend constamment à ramener cette tige vers la droite. Enfin, l'extrémité B appuie contre l'une des branches L' d'un levier coudé articulé en O dont l'autre
branche L, beaucoup plus longue, se déplace sur un cercle divisé de centre O. Ayant
installé une première règle entre l'arrêt A et l'extrémité B de la tige mobile, la branche L
s'arrête sur une division du cercle que l'on note. Une seconde règle est-elle substituée
à la précédente, elle aura même longueur si L vient marquer la même division sur le
cadran; elle sera plus longue si L s'arrête sur une division plus élevée. On pourra alors
l'user progressivement de façon à lui donner la longueur de la première règle, qui peut
être, par exemple, un mètre étalon.

1. Cet angle vaut dans le système précédent 57° 17' 44".

circonférence, on construit les perpendiculaires $a$A, $b$B au côté $ob$, qu'on mesure les longueurs $a$A, $b$B et $ob$, puis qu'on forme avec les nombres obtenus les rapports $\frac{a\text{A}}{ob}$, $\frac{\text{B}b}{ob}$, on obtient des nombres évidemment indépendants de l'unité de longueur choisie, et que

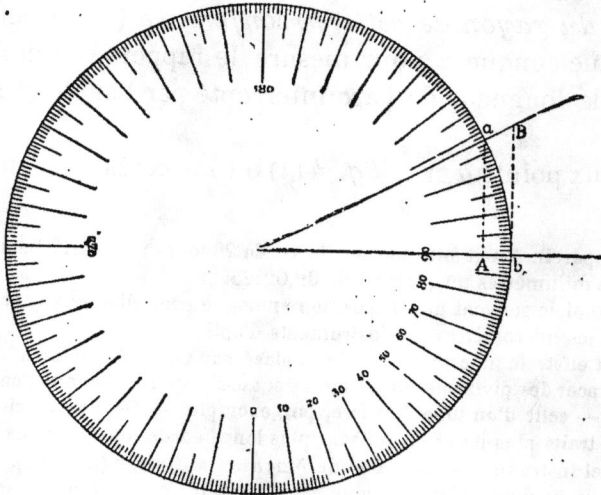

Fig. 411. — Radian.

l'on nomme le *sinus* et la *tangente* de l'angle. Lorsque l'angle est petit la mesure de la tangente diffère visiblement peu de celle de l'arc, on prend alors cette dernière pour mesure de l'arc (¹).

1. On appelle *Goniomètres* les instruments destinés à la mesure des angles.

L'astronome, le physicien et le minéralogiste ont leur goniomètres spéciaux plus particulièrement établis en vue du but poursuivi par chacun d'eux.

Ils se composent tous essentiellement d'un cercle en laiton dont la circonférence divisée en degrés, minutes et secondes est munie d'un Vernier circulaire et d'une lunette astronomique mobile sur ce cercle autour d'un pivot passant par son centre et perpendiculaire à son plan. Pour s'assurer si toutes les conditions nécessaires à une bonne mesure sont satisfaites, il est indispensable de régler l'appareil, de le vérifier, ce qui exige des opérations souvent laborieuses et délicates.

Après le réglage, l'axe optique de la Lunette est dirigé successivement suivant les deux côtés de l'angle à mesurer; du numéro des divisions où stationne alors la Lunette on déduit la valeur de l'angle.

Certains appareils, tels que le Théodolite, permettent d'évaluer à la fois des angles situés dans l'horizon et des angles situés dans des plans verticaux. La description et le mode d'emploi de ces instruments nous entraînerait hors du cadre que nous nous sommes imposés.

Dans les laboratoires on emploie souvent pour la mesure des petits angles — des

Afin de ne pas laisser complètement arbitraires les Unités de surface et de volume, les Géomètres les ont rattachées à l'unité de longueur par les définitions suivantes :

L'Unité de surface S est la surface du carré qui a l'unité de longueur L pour côté (*fig*. 412).

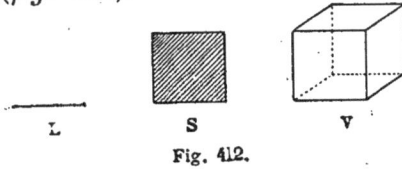

Fig. 412.

L'Unité de Volume V est le Volume d'un cube qui a l'unité de longueur pour côté (*fig*. 412).

Dans le système du Mètre ces unités sont le Mètre carré et le Mètre cube.

Ces définitions acceptées, les Unités de surface et de volume peuvent être établies, construites, aussitôt que l'Unité de longueur

petites déviations d'une aiguille aimantée, par exemple — la méthode suivante souvent désignée sous le nom de Méthode de Poggendorff.

L'équipage qui subit la déviation porte un petit miroir M dans lequel on regarde l'image d'une règle divisée au moyen d'une lunette (*fig*. 413 et *fig*. 414). Dans la position d'équilibre M on voit sur le réticule de la lunette le numéro 10 de la graduation placé sous l'axe de la lunette. Après déviation, le miroir est en M′, et l'on voit un autre numéro

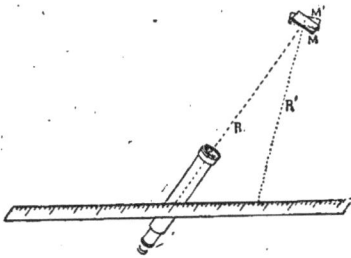

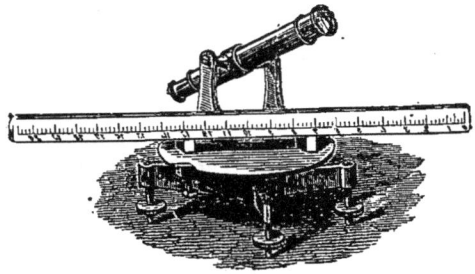

Fig. 413.                    Fig. 414.
Mesure d'une déviation par la méthode du miroir.    Mesure d'une déviation par la méthode du miroir.

de la règle sur le réticule de la lunette. Il est aisé de trouver quel est ce numéro, car le rayon réfléchi par M′, et qui vient suivant R′ de la division vue, doit coïncider avec la direction R de l'axe de la lunette. L'angle formé par les rayons R et R′ est aisé à mesurer, et comme d'autre part cet angle est double de l'angle dont le miroir a tourné, ce dernier se trouve par suite connu.

On a modifié les détails de l'application de ce procédé de bien des manières, faciles à imaginer, et qui ne présentent qu'un intérêt secondaire.

est fixée. On les a appelées pour cette raison des *Unités dérivées* de l'Unité de longueur; cette dernière à cause du rôle prépondérant qu'on lui fait jouer a reçu le nom d'*Unité fondamentale* (¹).

1. Ayant mesuré une longueur, une surface et un volume en prenant pour point de départ une certaine unité de longueur L, comment les nombres obtenus *l*, *s*, *v* seront-ils modifiés si l'on effectue les mêmes mesures en prenant une nouvelle unité de longueur, 3L par exemple, c'est-à-dire 3 fois plus grande que la précédente?

Il est visible qu'alors (*fig.* 415) la nouvelle unité de surface S′ vaut 9 fois la première unité de surface S : S′ = 9 S.

Or 9 = 3 × 3 ce que l'on écrit symboliquement depuis Descartes : 3² et ce qu'on

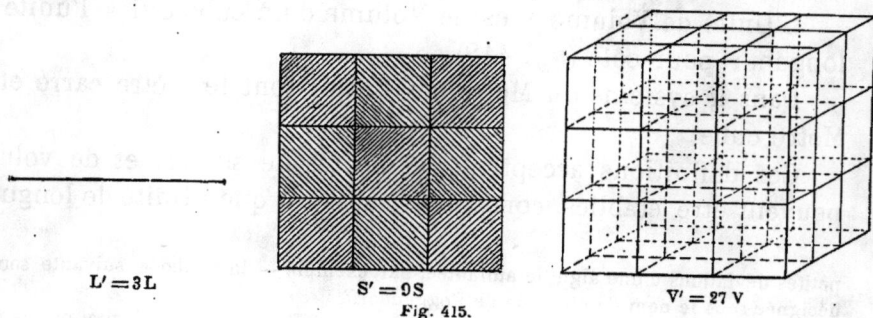

L′ = 3L          S′ = 9S          V′ = 27 V
Fig. 415.

lit « trois au carré » (2 est appelé un exposant et 3² une puissance du nombre 3), on a donc S′ = 3² S.

Si on avait choisi une unité de longueur 4 fois plus grande que la première, on aurait eu pour unité de surface correspondante S″ une unité telle que S″ = 16 S = 4² S.

On retrouve toujours l'exposant 2.

On exprime cette dépendance de l'unité de surface, en disant que sa *dimension*, par rapport à l'unité de longueur, est égale à 2.

De même la nouvelle unité de volume V′ (*fig.* 415) est égale à 27 V ou 3³ V, l'exposant 3 est la *dimension* de l'unité de volume par rapport à l'unité de longueur.

Il va de soi que les nombres *l*′, *s*′, *v*′ qui mesureront la longueur, la surface et le volume, se déduiront de ceux obtenus au moyen du système primitif *l*, *s*, *v*, ainsi qu'il suit :

$$l' = \frac{l}{3}, \qquad s' = \frac{s}{9} = \frac{s}{3^2}, \qquad v' = \frac{v}{27} = \frac{v}{3^3}.$$

Les géomètres ont établis des formules qui font connaître la surface et le volume d'une figure régulière quelconque lorsqu'on a mesuré la longueur de certaines lignes liées à cette figure. L'Égypte est le berceau de la géométrie. Les débordements périodiques du Nil rendaient, en effet, chaque année nécessaire une délimitation nouvelle des propriétés.

Au moyen des Planimètres, on peut évaluer des surfaces limitées par des contours irréguliers.

Pour évaluer les volumes irréguliers, on les immerge dans un vase plein d'un liquide qui n'attaque pas la substance qui les constitue et qui ne pénètre pas dans l'intérieur du volume, et on mesure le volume du liquide déplacé au moyen de vases appropriés gradués.

Après la considération des unités naturelles, qui a conduit à l'arithmétique, et de la forme des objets (propriétés de l'étendue) qui a conduit à la géométrie, c'est évidemment à l'examen du mouvement des corps que l'esprit de l'homme s'est appliqué. Il a institué

Fig. 416. — Trajectoire et vitesse d'un mobile.

alors la science du mouvement, la *mécanique*, qui introduit deux grandeurs fondamentales nouvelles : le *Temps* et la *Masse*.

La forme des lignes *trajectoires* qui résultent des positions successives prises par le mobile observé (*fig.* 416), tel est l'élément qui frappe tout d'abord. La trajectoire établit une sorte de relation entre le mouvement et l'espace. Son étude et sa mesure, une fois qu'elle a été tracée, est du domaine de la géométrie (¹).

1. La forme des trajectoires des différents points d'un système matériel en mouvement dépend des *liaisons* visibles ou invisibles établies entre eux.

Quelques exemples fort simples vont faire comprendre ce que l'on entend par une liaison : une porte ne peut pas prendre un mouvement quelconque, elle est liée à ses gonds, il lui est uniquement permis de tourner autour d'eux. Chacun des points de la porte se déplace sur une circonférence d'un rayon d'autant plus grand que le point considéré est plus éloigné de la ligne des gonds. Un tel mouvement est dit *circulaire* ou de *rotation* autour de la ligne des gonds qui prend alors le nom d'axe du mouvement.

S'agit-il d'un tiroir? On voit qu'il est lié à son support de telle manière, qu'on ne peut le déplacer que dans une seule direction, d'avant en arrière ou d'arrière en avant. Chaque point se déplace alors sur une ligne droite. C'est là un mouvement *rectiligne* ou de *translation*.

La variété des mouvements que l'on peut obtenir en combinant, en composant ensemble des mouvements de translation et de rotation est infinie.

Nous avons expliqué par exemple, comment un mouvement de rotation, combiné avec un mouvement de translation, conduisait au mouvement en hélice ou *hélicoïdal* de l'enregistreur cylindrique ou au mouvement *en spirale* de l'enregistreur plan de Charles Cros (p. 36.)

Prenons encore comme exemple le mouvement de la roue d'une voiture en marche. Chaque point de la roue tourne autour de l'essieu ou axe de celle-ci, pendant qu'il se déplace d'un mouvement de translation comme tout le reste du système formé par la voiture. Sous l'influence de ce double mouvement, le point considéré décrit une courbe formée d'une infinité d'arcs égaux successifs, dont les propriétés sont très remarquables, et que les géomètres ont nommée *cycloïde*.

Le mouvement de la roue est circulaire si on le compare au mouvement du reste de la voiture (*mouvement relatif*), il est cycloïdal si on le compare à l'espace fixe (*mouve-*

Mais on s'aperçoit bientôt que deux mobiles se déplaçant sur des trajectoires identiques, par exemple sur deux circonférences égales, ne sont pas en général animés du même mouvement : le premier peut décrire une fois, deux fois, etc., la circonférence sur laquelle il se déplace alors que le second n'en aura parcouru qu'une partie.

On exprime un tel fait en disant que les deux mouvements circulaires diffèrent au point de vue de leur relation avec la *durée*, le *Temps*.

Le temps ne se définit pas autrement que comme une notion tirée par nos sens de la comparaison des mouvements.

On mesure cette grandeur en choisissant comme unité de temps une durée invariable : celle d'un phénomène de mouvement qu'une

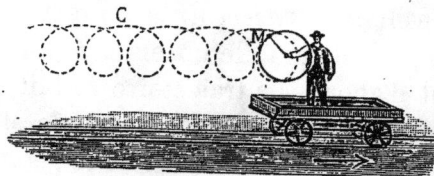

Fig. 417. — Mouvement absolu et Mouvement relatif.

expérience attentive et prolongée a montré se produire toujours de la même manière. Ce mouvement, en se superposant indéfiniment à lui-même, juxtapose en quelque sorte indéfiniment des durées égales.

Nous avons vu (p. 103 et 162) comment un diapason pouvait servir de chronographe à cause de la durée bien constante de sa vibration, et comment la petitesse de cette durée permettait de mesurer un temps avec une extrême précision.

Communément le temps est mesuré en heures, en minutes (ou soixantième d'heure) et en secondes (soixantième de minute). Une durée de 3 heures 25 minutes 10 secondes s'écrit : $3^h 25^m 10^s$.

L'heure est rattachée à la durée de la rotation de la terre sur elle-

*ment absolu*). Il faut se familiariser avec ces diverses manières d'envisager un mouvement. Un observateur emporté par un vagonnet (*fig.* 417) fait tourner une fronde M, il voit celle-ci décrire une circonférence, c'est le *mouvement relatif* de M; au contraire, un observateur placé hors du vagonnet aperçoit une courbe compliquée C, c'est le *mouvement absolu* résultant de la superposition du mouvement relatif circulaire et du mouvement de translation rectiligne du vagonnet.

même, dont elle est la $24^{me}$ partie. C'est de l'uniformité de la durée de cette rotation que dépend la constance des étalons de temps ([1]).

1. Les instruments directs de la mesure du temps sont les *horloges* et les *chronomètres*. C'est Huygens qui, en 1657, appliqua le *pendule* à la régulation des horloges. En 1665, il appliqua le *ressort spiral* à celle des montres. C'est Galilée qui, dès l'année 1583, fit connaître les propriétés du mouvement d'un pendule dont Huygens a fait usage. Il reconnut que les petites oscillations exécutées par un corps suspendu à un fil, une chaîne ou une tige ont toutes la même durée, sont *isochrones*, en observant les balancements d'un lustre suspendu à la voûte de la cathédrale de Pise. On voit (*fig.* 418) le régulateur d'Huygens, principal organe d'une horloge. La tige du pendule P est engagée dans une fourchette *f* de laquelle est solidaire une pièce A, à laquelle sa forme a fait donner le nom d'échappement à ancre. Le moteur de l'horloge tend à donner un mouvement continu à une roue dentée R dans le sens de la flèche et que l'on nomme indifféremment roue de rencontre, à échappement ou à rochet. A chaque oscillation double du pendule la roue commandée par les extrémités de l'ancre avance d'une dent. De cette façon, l'aiguille entraînée par la roue avance sur le cadran d'une quantité qui marque des divisions égales du temps.

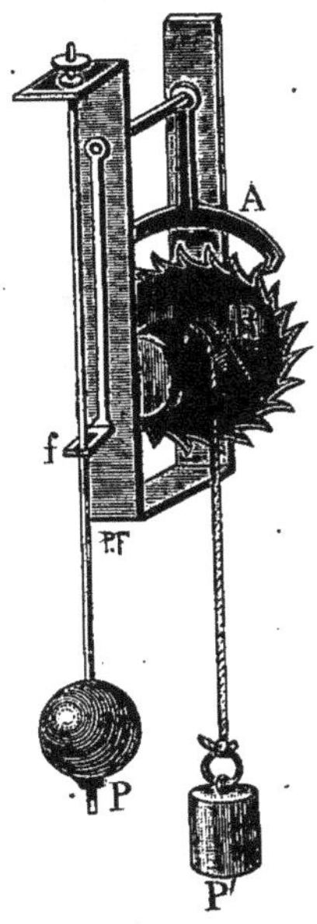

Lorsqu'on sait mesurer la longueur et le temps il est aisé de connaître la *loi* d'un mouvement. Trouver la *loi du mouvement* d'un point N sur sa trajectoire c'est savoir à chaque instant quelle est la longueur O N qu'il a parcouru sur cette trajectoire depuis son point de départ (*fig.* 416).

Le point de départ O est la *position initiale* du point ou l'*origine* du mouvement. L'instant du départ est l'*instant initial* ou l'*origine du temps* relatif au mouvement considéré.

S'il arrive que les distances franchies dans des temps égaux soient égales entre elles, *et cela quelle que soit la durée choisie*, le mouvement est dit *uniforme*.

La loi de ce mouvement est des plus simples; elle s'énonce ainsi : *Dans un mouvement uniforme les espaces parcourus sont proportionnels aux temps employés à les parcourir.*

La rapidité d'un tel mouvement, sa *vitesse*, est mesurée par le même nombre que la longueur de trajectoire que parcourt le mobile en une seconde. Si le mobile se déplace de 15 unités de longueur sur sa trajectoire dans l'unité de temps, on dit que la

Fig. 418.
Pendule régulateur des horloges.

vitesse du mouvement uniforme est égale à 15.

La plupart des mouvements n'ont pas une vitesse uniforme; la loi qui lie l'espace parcouru au temps, est plus ou moins complexe. Ils sont appelés *mouvements variés*.

Parmi les mouvements variés, il en est un particulièrement important que nous étudierons rapidement afin de montrer par un exemple la voie à suivre dans l'étude d'un mouvement quelconque : c'est celui que prennent les corps tombant librement.

La première chose que l'on constate c'est que la trajectoire d'un corps qui tombe librement en partant du repos est rectiligne et verticale : voilà pour la relation qui lie le mouvement à l'espace. Mais comment ce mouvement est-il lié au temps?

Quelle est la longueur de la trajectoire franchie au bout d'un temps déterminé?

Quelle est en un mot la loi du mouvement?

Il serait bien difficile de mesurer directement à chaque instant le chemin parcouru

Nous venons d'expliquer que les divers mouvements peuvent différer par la forme de leur trajectoire, par la loi qui les lie au

par le corps, car il se meut avec une extrême rapidité. Galilée avait usé de l'artifice du plan incliné pour ralentir la chute, mais il est préférable de demander au mouvement lui-même d'inscrire sa loi ainsi qu'il a été expliqué à propos de l'enregistrement des vibrations.

A cet effet, le général Morin mettant en pratique des idées dues à Poncelet, disposa l'inscription de la manière suivante :

Un grand cylindre vertical (fig. 419), sur lequel est enroulée une feuille de papier portant une série de lignes verticales (ou génératrices) équidistantes, est placé près de la trajectoire que suit le corps dans sa chute. Celui-ci porte un petit crayon qui appuie légèrement sur le papier. Si le cylindre est immobile, le crayon trace une verticale o y lorsque le corps tombe. Si le corps est maintenu fixe et que le cylindre tourne, le crayon trace une circonférence horizontale. Si le corps tombe alors que le cylindre est animé d'un mouvement de rotation uniforme (pour lequel chacune des génératrices successives emploie le même temps à se présenter devant le crayon), la courbe tracée est une *Parabole* (fig. 419).

Au moment où la pointe du crayon est en un point déterminé sur cette courbe, la hauteur de laquelle est tombé le corps est égale à la distance du point à la circonférence initiale *ox.*

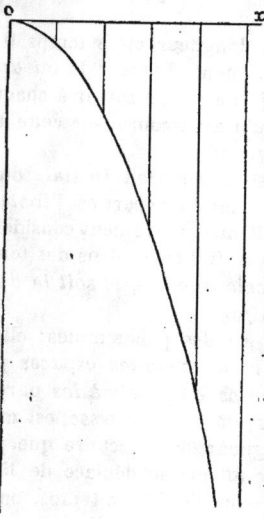

Fig. 419.
Demi-parabole inscrite sur le cylindre de l'appareil Morin par un corps dans sa chute.

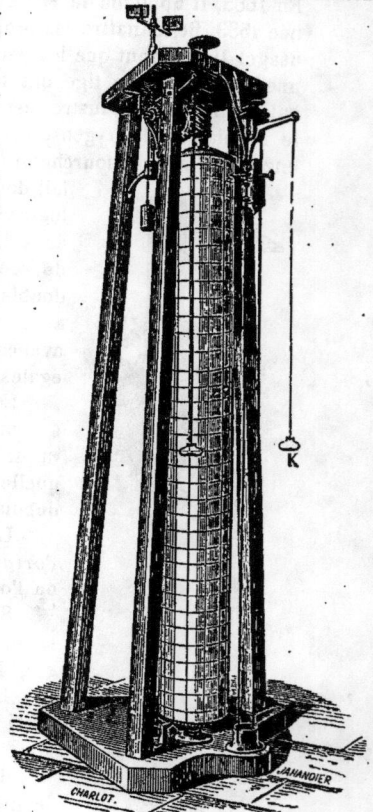

Fig. 420.
Premier inscripteur de mouvement appliqué à l'étude de la chute des corps, par le général Morin.

Après la chute on mesure avec soin les distances à la circonférence initiale qui correspondent aux diverses génératrices tracées à l'avance sur le papier, c'est-à-dire à des temps qui sont entre eux comme les nombres 1, 2, 3...

On constate ainsi que les espaces parcourus par le corps à partir de la position initiale *sont proportionnels aux carrés des temps employés à les parcourir.*

En deux secondes, le corps franchit une longueur quatre fois plus grande qu'en une seconde; en trois secondes, neuf fois plus qu'en une seconde, etc.

Telle est la loi du mouvement de la chute des corps.

Ce procédé graphique est d'une application très générale. On l'emploie dans la plu-

644

PHYSIQUE POPULAIRE

temps, c'est-à-dire par la vitesse et par l'accélération qu'ils prennent à chaque instant. Il y a plus encore. Nous devons faire une autre distinction relative celle-là au corps qui se meut, à son individualité.

Bien que tombant ensemble et absolument de même, un grain de mil n'est évidemment pas identique à un boulet de canon. Les deux corps diffèrent par un facteur essentiel que l'on a nommé *Masse*.

Ce qu'il y a de plus simple pour concevoir clairement la masse, c'est d'imaginer que la matière est *une*, qu'elle est formée de particules indéformables, indestructibles et toutes identiques. Un corps matériel quelconque résulterait alors d'un nombre déterminé de

part des cas. Il a été appliqué par le général Sebert à la recherche de la vitesse des projectiles dans des pièces de canon.

M. Marey a construit un appareil appelé *Odographe* qui s'applique aux phénomènes les plus variés et les plus délicats : il est capable de saisir le mouvement du sang dans les vaisseaux, de l'air dans les bronches, d'une voiture traînée par des chevaux, d'un train de chemin de fer emporté par la locomotive. On a fait récemment des expériences odographiques sur le chemin de fer du Midi dans le but d'arriver à contrôler avec précision la marche des trains. Avec l'odographe on pourra se rendre compte, grâce à l'image qu'il en donne, de toutes les particularités de la marche des trains. La rapidité de la mise en marche, l'instant des passages aux gares, l'instantanéité plus ou moins grande des arrêts produits par l'action des freins.

C'est encore la méthode d'inscription qui permet de se rendre compte des mouvements complexes auxquels donne lieu un tremblement de terre.

Ces appareils que l'on nomme *Seismographes*, enregistrent la production, l'intensité, la direction et les phases des secousses violentes du sol. Les *microseismographes*, instruments plus sensibles que les précédents, sont destinés à l'étude des vibrations insensibles qui sont permanentes dans les régions sujettes aux grandes secousses « et qui montrent que la cause qui engendre ces phénomènes se maintient active en dehors des périodes durant lesquelles elle produit des commotions violentes ».

Nous n'insisterons pas davantage sur l'importance des méthodes au moyen desquelles un mouvement photographie lui-même toutes les nuances de sa physionomie souvent délicate et changeante, méthodes dont l'importance augmente de jour en jour et reçoivent à tout moment des applications nouvelles.

Revenons à l'appareil du général Morin, point de départ de tous les autres et continuons notre étude du mouvement du corps M.

En variant ce corps, rien ne change, qu'il soit gros ou petit, en cuivre, en argent, en bois, etc., la loi de chute est rigoureusement la même. Newton a montré que des corps tombant à l'intérieur d'un tube vertical vide d'air s'accompagnaient constamment dans leur chute.

La rapidité de la chute augmente visiblement avec le temps, mais de quelle manière?

Pour le savoir, reprenons l'expérience de Morin de la manière suivante : attachons *fig.* 421) le corps M à l'extrémité d'un fil qui passe sur la gorge d'une poulie et dont

particules réunies, groupées d'une façon particulière variant d'un corps à un autre. La masse ou quantité de matière renfermée dans un corps aurait ainsi pour mesure le nombre même des particules qui le constituent.

A la vérité ces particules sont trop petites pour être accessibles à l'expérience. D'après Sir W. Thomson, une goutte d'eau en renfermerait 100 000 000 000 000 000 000 000 000 (cent septillions), on ne

l'autre extrémité porte un corps M' choisi de telle façon que le système reste en repos, en équilibre dans toutes les positions qu'on lui donne.

Cela fait, déposons un corps additionnel 10 sur M. On voit aussitôt le système se mouvoir et $M + 10$ tomber suivant la même loi que lorsque le corps M tombait seul, c'est-à-dire que les distances franchies sont encore proportionnelles aux carrés des temps employés à les parcourir.

Mais si l'on vient à retenir le corps 10 au moyen d'un anneau qui livre passage à M mais qui est trop étroit pour laisser passer 10, on constate qu'aussitôt le mouvement du système devient uniforme et correspond à une certaine vitesse que nous désignerons par V. Cette vitesse dépend du point de la trajectoire où a été établi l'anneau. En mesurant cette vitesse au bout de temps égaux, on trouve qu'elle augmente de la même valeur pendant un même temps.

La vitesse du mouvement uniforme qui succède ainsi au mouvement primitif à chaque instant — après la suppression du corps additionnel 10 — est, *par définition*, la *vitesse* à cet instant du mouvement varié.

Quant à l'accroissement constant de la vitesse pendant les secondes successives de la chute, il a reçu le nom d'*accélération*. On a trouvé pour cette accélération, que l'on désigne par $g$ et à Paris la valeur : $g = 9,8094$ (l'unité de longueur employée étant le mètre et l'unité de temps la seconde).

La vitesse et l'accélération sont des grandeurs dirigées, et dans le cas présent leur direction se confond avec celle de la trajectoire. Dans un mouvement quelconque, il y

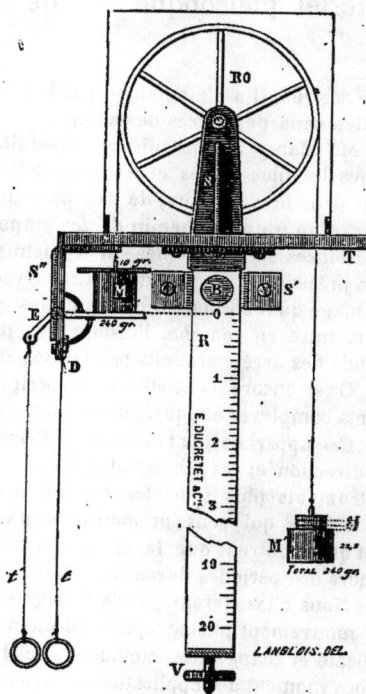

Fig. 421.

Dispositif donnant la vitesse acquise par un corps qui tombe aux divers instants de sa chute.

a lieu de considérer aussi une vitesse et une accélération. Quand on connaît la loi du mouvement et la trajectoire, on trace sans aucune difficulté la vitesse et l'accélération du mouvement en chaque point de la trajectoire. C'est là un jeu pour les mathématiciens, mais les difficultés que présentent les considérations de cet ordre, ne nous permettent pas d'exposer les moyens qu'ils emploient.

peut donc pas les compter quelle que soit le microscope dont on fasse usage, mais ce n'est pas là une difficulté.

Au lieu de prendre en effet la masse d'une particule comme unité, on choisira, par exemple comme unité, la masse de l'en-

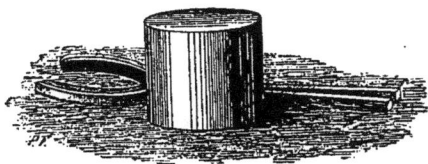

Fig. 422. — Etalon de Masse : Kilogramme.

semble des particules renfermées dans un décimètre cube d'eau pure et portées à la température de 4° centigrades.

Telle est la définition du *kilogramme-masse*. Il est représenté par un cylindre de platine iridié, conservé aux Archives et à l'abri de toute altération chimique. C'est l'étalon de masse auquel on ne touche que par l'intermédiaire d'une pince garnie de velours (*fig.* 422) [1].

Les physiciens n'ont pas conservé le mètre, l'heure et le kilogramme-masse comme unités. Depuis les travaux du Congrès

1. Nous avons appris à mesurer les longueurs et les durées, mais comment comparer la masse d'un corps quelconque à celle du kilogramme, comment mesurer une masse ? Comment savoir combien de fois un corps donné renferme autant de particules identiques et irréductibles qu'un décimètre cube d'eau ?

En raison de l'identité supposée de toutes les particules dernières au *point de vue des phénomènes mécaniques,* il suffira évidemment de chercher combien il faut réunir de kilogrammes ou de fractions de kilogrammes pour que ces masses, substituées au corps dans un phénomène mécanique quelconque, celui-ci ne soit en rien troublé.

On choisit généralement un phénomène d'équilibre comme moyen de comparaison, et on effectue cette comparaison avec des appareils que l'on nomme *Balances* (*fig.* 423). On met dans l'un des plateaux le corps dont on veut comparer la masse à celle du kilogramme, et on lui fait équilibre en plaçant des objets quelconque dans l'autre plateau. Le repos obtenu, on enlève le corps, ce qui détruit l'équilibre, et on rétablit celui-ci en mettant à sa place des kilogrammes ou des fractions de kilogrammes. S'il faut 2 kilogrammes pour atteindre ce résultat, on dit que la masse du corps est mesurée par le nombre 2. On obtient le même nombre quel que soit le phénomène particulier qui sert à effectuer la mesure. Il faut voir sur tout corps un numéro matricule, un nombre fixe qui en désigne la masse comparativement à celle de l'unité choisie et qui ne dépend en aucune façon des autres circonstances. Que le corps soit au pôle ou à l'équateur, à la surface du sol ou dans la nacelle d'un ballon élevé, le résultat de la mesure est toujours le même à la condition toutefois qu'elle soit effectuée dans le vide.

international des électriciens tenu à Paris à l'occasion de l'Exposition d'électricité, il est convenu que tous les savants, tous les ingénieurs, à quelque nationalité qu'ils appartiennent, exprimeraient leurs mesures en prenant :

Pour unité de Longueur le *Centimètre* (centième partie du mètre étalon.)

Fig. 423. — Balance de précision apériodique et à lecture directe des derniers poids.
(Système Curie.)

Pour unité de Masse le *Gramme* (millième partie du kilogramme étalon.)

Pour unité de Temps la *Seconde* (864 000$^{me}$ partie du Jour solaire moyen.)

Ce sont là les *unités fondamentales* dans la mesure des Grandeurs. Toutes les autres peuvent être aisément rattachées par des définitions convenables (ainsi que nous l'avons vu pour la surface, le volume, la vitesse, l'accélération, et, ainsi que nous allons le

montrer pour les autres grandeurs) aux unités fondamentales ;
elles se nomment pour cela des *Unités dérivées*.

L'ensemble des unités fondamentales (centimètre, gramme,
seconde) et des unités qui en sont dérivées quelle qu'en soit la
nature, constitue le système de mesure *Centimètre-Gramme-
Seconde*, désigné pour abréger par le symbole Système C. G. S.

Nous le répétons, ce système est uniquement employé aujour-
d'hui dans les laboratoires du monde entier.

Déjà Gauss avait rattaché toutes les mesures au millimètre, au
milligramme et à la seconde; plus tard, en 1852, l'Association britannique reprit l'idée de Gauss et constitua un système de mesures
coordonnées, adopté en 1865 par la Société royale de Londres. Ce
système reçut la sanction du Congrès de 1881 et compléta sous le
nom de système des mesures C. G. S. l'œuvre unificatrice de notre
système métrique.

D'après les définitions précédemment données il est clair
que, dans le système C G S, l'unité de surface est la surface du
carré, ayant le centimètre pour côté : c'est le *centimètre carré*
(*fig.* 412).

L'unité de volume est le volume du cube ayant le centimètre
pour arête : c'est le *centimètre cube* (*fig.* 412).

De même l'unité de vitesse est la vitesse d'un mobile, animé
d'un mouvement uniforme, et qui se déplace d'un centimètre en
une seconde. Bien que cette unité n'ait pas reçu de nom particulier, nous l'appellerons *velox* (¹) dans le but de rendre l'exposition
plus claire. Si un mobile parcourt d'un mouvement uniforme une
longueur de 50 centimètres en une seconde, sa vitesse est de
50 velox; s'il parcourt 620 mètres en une seconde, sa vitesse
est de 62 000 velox.

L'unité d'accélération est l'accélération d'un mouvement uniformément varié dans lequel la vitesse croît d'une unité, c'est-à-
dire d'un velox en une seconde. Nous donnerons à cette unité le
nom d'*accélérale*.

L'expérience nous a montré qu'un corps qui tombe librement
prend une vitesse progressivement croissante, et que la variation

---

1. Du latin *velox* : vite.

de cette vitesse en une seconde est de 981 velox à Paris. L'accélération de ce mouvement vaut donc 981 accélérales, — plus exactement 980,94.

Ainsi se trouvent fixées, en même temps que le centimètre
et la seconde, les unités C G S de surface, de volume, de vitesse et
d'accélération.

L'examen raisonné des phénomènes a conduit à un grand nombre d'autres notions dont la mesure a été rattachée de même sans
difficulté au centimètre, au gramme et à la seconde.

Un corps en mouvement vient-il frapper un obstacle, on voit
immédiatement que l'effet produit sur celui-ci dépend, d'une part,
de la masse du corps, et, d'autre part, de la vitesse qui l'emporte à
l'instant du choc; si d'un troisième étage on abandonne à la fois
un grain de plomb et un boulet, ils s'accompagnent constamment
dans leur chute, ils ont à chaque instant même vitesse et cependant, alors que le grain de plomb n'incommode en aucune sorte
le passant qui le reçoit, le boulet assomme celui-ci sur-le-champ.

A son tour, ce même grain de plomb devient meurtrier s'il est
lancé avec une plus grande vitesse, comme on le fait au moyen
d'une arme par exemple.

L'état de mouvement dans ces diverses conditions n'est donc
pas le même; ce fait a attiré l'attention des penseurs les plus
illustres.

Descartes a donné à la qualité différentielle des mouvements
qui viennent de nous occuper le nom de *quantité de mouvement*.

Leibniz l'a nommée (*vis viva*) force vive. Aujourd'hui, nous
l'avons dit, elle porte le nom d'*Énergie cinétique*.

Comme cette quantité croît visiblement avec la masse du corps
et avec sa vitesse, Descartes la mesurait dans chaque cas en multipliant la mesure de la masse par celle de la vitesse. En cela il com-
mettait une erreur. Leibniz l'évalua en multipliant la mesure de
la masse par le carré de celle de la vitesse.

Il y eut à ce sujet une controverse célèbre entre les partisans
de ces deux grands génies. La victoire est restée à Leibniz; on
mesure en effet, aujourd'hui, l'énergie cinétique par la moitié du
produit de Leibniz.

Depuis longtemps les artilleurs ont reconnu, dit Jouffret dans

son Introduction à la Théorie de l'Énergie, que les effets destruc-
teurs des boulets varient proportionnellement à leur masse et au
carré de leur vitesse au moment du choc.

Il résulte de là que, dans le système C G S, *l'unité d'Énergie*
est la moitié de l'Énergie que possède le gramme se déplaçant d'un
mouvement uniforme avec une vitesse d'un velox. Cette unité a
été appelée *Erg* (¹) (²).

Allons plus loin encore. On peut dire que la tendance d'un
mobile au mouvement croît dans les conditions où l'accélération
augmente, reste invariable si l'accélération conserve une même
valeur, et diminue si l'accélération diminue.

On a donné à cette tendance le nom de *Force* et on la mesure à
chaque instant en faisant le produit de la mesure de la masse du
mobile par celle de l'accélération à l'instant considéré. On la dirige
suivant l'accélération.

De cette définition on conclut de suite que l'unité de Force est
la Force qui communique au gramme un mouvement uniformément varié, dont l'accélération vaut une accélérale.

Cette unité a reçu le nom de *dyne* (³) (⁴).

---

1. Du grec εργον (ergon) : *travail.*
2. Quelle est l'Énergie cinétique que possède une balle, dont la masse est égale à
50 grammes, lorsque la vitesse de son mouvement est de 62 000 velox ?
   La masse est égale à 20.
   Le carré du nombre qui mesure la vitesse est égale à
$$62\,000 \times 62\,000 = 3\,844\,000\,000$$
   Le demi produit de la masse par le carré de la vitesse est égal à 38 440 000 000.
   Donc, l'énergie cinétique de la balle est de 38 billions 440 millions d'ergs, ou en
abrégé de $3844 \times 10^7$ ergs.
   On sait, en effet, que $10^7$ (qui se lit 10 puissances 7) représente le produit de 7 fac-
teurs égaux à 10. $10^7 = 10 \times 10 \times 10 \times 10 \times 10 \times 10 \times 10$.
   La balle précédente est à peu près dans les conditions de celle du fusil Lebel au sortir de l'arme.
3. Du grec δύναμις (dunamis) : *force.*
4. L'accélération du mouvement que prend un gramme tombant en chute libre étant
égale à 981 accélérales, la force relative à ce mouvement vaut 981 dynes.
   Ce nombre 981 dynes a reçu le nom d'*Intensité de la Pesanteur.*
   Ainsi que le montre nettement l'expérience, l'accélération en un même lieu du mouvement de chute d'une masse quelconque est la même.
   En mesurant cette accélération en divers lieux qui diffèrent par la latitude ou par
l'altitude, on constate qu'elle varie. Si elle est de 983^{accél.},11 au Pôle, elle est seulement
de 978^{accél.},10 à l'Equateur. En conséquence, la même masse de 1 gramme correspond
à 983^{dynes},11 au Pôle et à 978^{dynes},10 à l'Équateur. On dit encore que l'Intensité de la

La masse d'un corps est une grandeur invariable avec la position du corps, au contraire le poids du corps varie avec sa position et sa mesure exige que l'on connaisse la masse du corps et de plus l'accélération, ou ce qui revient au même l'Intensité de la Pesanteur, à l'endroit considéré.

Comme l'accélération du mouvement d'un corps tombant librement suivant une trajectoire quelconque est la même à chaque instant, la Force est-elle-même constante, sa valeur est indépendante de la grandeur de la vitesse acquise par le mobile. Cette force ou *poids* est, par suite, invariable pendant la chute. Les mécaniciens lui attribuent encore la même valeur lorsque le corps est au repos, lorsqu'il est placé sur une table, suspendu à un fil, à un ressort, etc.

Si deux mobiles sont liés de telle sorte qu'ils ne puissent prendre que des mouvements opposés (*fig.* 424), on dit qu'ils ont une égale tendance au mouvement, ou encore qu'ils sont soumis à l'action de forces égales et opposées s'ils restent en repos, *en équilibre*. Il suit de là que si l'une des forces est connue en dynes, l'autre force sera mesurée par le même nombre de dynes (¹).

Pesanteur en un certain lieu est le *poids* du gramme en ce lieu. S'il vaut 931 dynes, le poids d'une masse de 25 grammes vaudra

$$25 \times 981 = 24525 \text{ dynes.}$$

On mesure ordinairement l'accélération de la Pesanteur au moyen du pendule. Le plus grand pendule existant est celui qui a été installé par M. Mascart à la tour Eiffel. Attaché à la deuxième plate-forme de la tour, il descend jusqu'au sol.

1. C'est sur ce principe que sont basés les appareils appelés *dynamomètres* et qui servent à mesurer les forces (*fig.* 424).

Un ressort est fixé par l'une de ses extrémités et porte un index qui se meut devant une graduation. On le déforme au moyen de poids connus et on inscrit sur la division où s'arrête l'index la valeur de ces poids ou un numéro correspondant. Si à la place du poids on fait ensuite agir une autre force dans les mêmes conditions, il n'y aura qu'à consulter la division en regard de laquelle s'arrête l'index pour connaître immédiatement la mesure de la force.

Les appareils (*fig.* 199, 200) sont des dynamomètres qui nous ont permis d'évaluer en dynes, dans chaque cas, la force électrique ou magnétique en substituant des aimants aux balles électrisées.

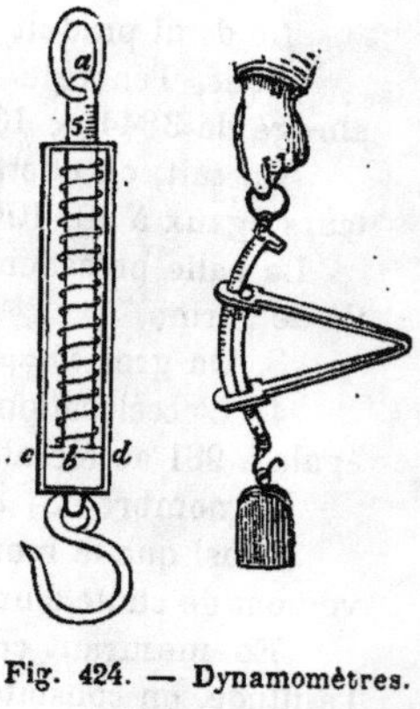

Si un dynamomètre est déformé dans l'air sous l'action d'un poids égal à $p$ dynes, on constate que la déformation du ressort diminue et ne correspond plus qu'à un nombre de dynes $p'$ plus petit que $p$ lorsqu'on fait plonger le corps dans l'eau d'un vase. On exprime ce fait en disant que le corps subit de la part de l'eau une *Poussée* et que celle-ci a pour valeur

Fig. 424. — Dynamomètres.

Si une force se déplace dans sa propre direction, on dit qu'elle produit un *travail* qu'on évalue par le produit des nombres qui mesurent respectivement la force et le déplacement.

en dynes $p - p'$. En variant la nature du liquide dans lequel on immerge le corps, on constate que la poussée varie et, qu'elle est égale dans chaque cas, *au poids du volume du liquide déplacé.* On le démontre aisément comme il suit : une balance ayant été équilibrée dans l'air, on fait plonger le cylindre P suspendu sous l'un des plateaux dans un liquide, ce qui détruit l'équilibre. On rétablit cet équilibre en remplissant le petit seau C, qui a exactement le même volume que le cylindre P, du même liquide que celui que renferme le vase (*fig.* 425).

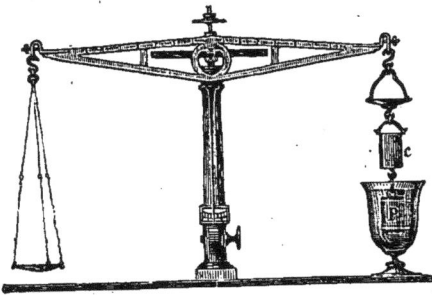

Fig. 425. — Principe d'Archimède.

C'est là une découverte célèbre due à Archimède.

Si la poussée est inférieure au poids du corps, celui-ci, abandonné dans le liquide, gagne le fond du vase (balle de Plomb dans l'eau).

Il flotte, au contraire, en un point quelconque du vase, si la poussée est égale au poids du corps. Une goutte d'huile, formée au moyen d'une pipette, au sein d'un mélange en proportions convenables d'eau et d'alcool, réalise cette condition.

Si la poussée est supérieure au poids du corps, celui-ci, flotte sur le liquide et enfonce de façon à déplacer un volume du liquide dont le poids est précisément égal à celui du corps.

C'est là le fait qui explique la navigation, la natation, etc.

Il permet d'évaluer aisément le poids d'un centimètre cube des différents liquides.

Les nombres obtenus se nomment les *poids spécifiques* des liquides.

Si un corps dont le volume est égal à 3 centimètres cubes subit une poussée de 30 dynes de la part d'un certain liquide, le poids spécifique de ce liquide est égal à $\frac{30}{3}$ ou 10.

En divisant le poids spécifique pris à Paris par l'accélération au même lieu 981 accélérales, on obtient la masse du centimètre cube du liquide, ce que l'on nomme sa *densité absolue..*

On obtient ce que l'on nomme la *densité relative* d'un corps par rapport à un autre, en divisant la densité absolue de la première substance par la densité absolue de la seconde. C'est encore le rapport des poids de volumes égaux du premier et du second corps.

Les densités relatives des corps solides ou liquides sont généralement rapportés à l'eau à 4 degrés et celles des gaz à l'air.

Dans les gaz on constate l'existence d'une poussée obéissant à la même loi que celle exercée par les liquides, elle porte alors le nom de *force ascensionnelle* et explique l'ascension de certains corps au sein de l'atmosphère, la possibilité de la navigation aérienne. Si une grosse boule creuse et une petite boule pleine se font équilibre dans l'air, en plaçant l'appareil sous la cloche d'une machine pneumatique, le fléau s'incline de plus en plus du côté de la grosse boule par suite de la suppression de la Poussée exercée par l'air, qui est plus grande pour la grosse boule (*fig.* 426).

Une dyne se déplace-t-elle de un centimètre dans sa propre direction, elle produit l'unité CGS de travail ([1]).

Les mécaniciens ont établi que l'Énergie cinétique était mesurée

Définissons encore ce que l'on nomme *force élastique* en un point d'une masse fluide.

Dans un vase renfermant un liquide (*fig.* 428), plongeons un tube cylindrique dont le fond est constitué par une légère plaque de verre appliquée contre le bord inférieur du cylindre. Il faut verser dans le tube un liquide de même nature que celui contenu dans le vase, jusqu'à ce qu'il s'élève au niveau libre pour déterminer la chute de la plaque. A la condition de maintenir fixe le centre du cercle de l'obturateur, on peut incliner le cylindre et lui donner une forme quelconque sans que le résultat fourni par l'expérience soit changé.

On interprète ce résultat en disant que la surface de l'obturateur subit de la part du liquide environnant, une poussée dirigée normalement à la surface et égale en dynes au poids du cylindre liquide qui a pour base la surface de l'obturateur et pour hauteur la distance de son centre au niveau du liquide dans le vase.

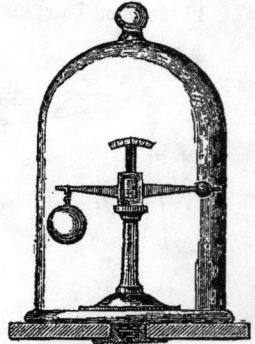

Fig. 426.

Si la surface de l'obturateur est égale à 1 centimètre carré, la pression correspondante porte le nom de force élastique au point où est placé l'obturateur. La force élastique se mesure en divisant un nombre de dynes par un nombre de centimètres carrés. L'unité correspond à une dyne s'exerçant sur 1 centimètre carré. Il est clair qu'une portion quelconque de la paroi du vase reçoit une pression qui se mesure de la même façon que celle que subit l'obturateur.

Si on dispose le vase ainsi que l'indique la figure 427 et si la surface de l'ouverture inférieure est quatre fois plus grande que celle de l'ouverture latérale, au repos, la pression sur celle-ci est quatre fois plus petite que sur la première.

Pascal, qui a découvert ce fait, l'a énoncé sous la forme suivante : « Si un vaisseau plein d'eau, clos de toutes part, a deux ouvertures dont l'une soit le centuple de l'autre, en

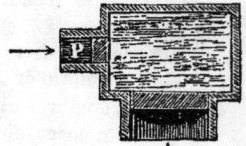

Fig. 427.

mettant à chacune un piston qui lui soit juste, un homme poussant le petit piston égalera la force de cent hommes qui pousseront celui qui est cent fois plus large et en surmontera quatre-vingt-dix-neuf ». C'est là le principe de la *presse hydraulique*.

En 1647, Pascal fit à Rouen une expérience célèbre, destinée à montrer comment on peut exercer de fortes pressions au moyen d'une petite quantité d'eau. Il fixa dans la partie supérieure d'un tonneau un tube très long et très étroit qu'il remplit d'eau ainsi que le tonneau. Supposons que l'eau s'élève à 10 mètres au-dessus du fond du tonneau et que celui-ci ait une surface de 1 mètre carré, c'est-à-dire de $100 \times 100 = 10\,000$ centimètres carrés. D'après ce qui précède la pression supportée par le fond est égale au poids d'une colonne d'eau ayant une base égale à 10 000 centimètres carrés et une

---

1. Si un poids de 1000 dynes est placé à une hauteur de 1000 centimètres au-dessus du sol, il produit en tombant un travail égal à $1000 \times 1000$ ou (1 million d'unités CGS de travail). En tombant, la vitesse du corps, et par suite son Énergie cinétique, croît rapidement.

à chaque instant par le travail consommé dans le déplacement. Ce travail s'exprime lui aussi en ergs. Ainsi le système formé par le poids de 1000 dynes placé à 1000 centimètres au-dessus du sol, et

hauteur de 1000 centimètres, c est-à-dire au poids de dix millions de centimètres cubes d'eau, poids qui est égal à $10^7 \times 981$ dynes environ. Il correspond à une masse de 10000 kilogrammes. Dans ces conditions le tonneau ne peut résister, il éclate. Chaque mètre d'eau ajouté dans le tube accroît la pression sur le fond d'un nombre de dynes égal au poids d'une masse de 1000. kilogrammes. Et quelques gouttes d'eau suffisent à élever ainsi le niveau dans le tube.

Les gaz exercent comme les liquides une pression sur la surface des vases qui les contiennent, mais le gaz se distingue du liquide par sa propriété d'expansibilité, c'est-à-dire par la faculté qu'il possède de se disséminer dans tout l'espace qui lui est offert.

On définit la force élastique d'un gaz comme on a défini celle d'un liquide en un point de sa masse.

Voyons, à cause de l'importance de la question, comment on met en évidence l'expansibilité et comment on procède à la mesure de la force élastique d'un gaz.

Fig. 428.

Introduisons une vessie à moitié pleine d'air et munie d'un robinet que l'on ferme sous la cloche d'une machine pneumatique. Aussitôt que la raréfaction commence, la vessie se gonfle et l'air distend ses parois au point de les rompre. Laisse-t-on rentrer l'air dans la cloche? la vessie s'affaisse aussitôt. Cette propriété des gaz constitue ce que l'on nomme leur *expansibilité*.

Une masse gazeuse abandonnée à elle-même dans un espace vide, remplit celui-ci et exerce contre les parois une pression qui, évaluée sur une surface de 1 centimètre carré, a reçu le nom de force élastique du gaz.

Cette expansibilité des gaz peut être mise en évidence par l'expérience suivante :

Une bouteille hermétiquement fermée par un bouchon de liège légèrement graissé est placée sous la cloche de la machine pneumatique. L'air à peine raréfié, le bouchon saute. Ces expériences réussissent évidemment en substituant un gaz quelconque à l'air.

L'expansibilité des gaz en vertu de laquelle une masse gazeuse tend à occuper un volume de plus en plus grand a pu sembler en contradiction avec la loi de la pesanteur, aussi l'opinion que l'air n'est pas pesant a-t-elle prévalu pendant longtemps. Aristote, conçut un instant l'idée de la pesanteur de l'air, mais ne put la démontrer.

Galilée pesa successivement un ballon plein d'air ordinaire et plein d'air comprimé. La supériorité du poids, dans le second cas, démontre que l'air est pesant.

Otto de Guéricke exécuta en 1650 une expérience qui met hors de doute la pesanteur de l'air.

Il fit le vide dans un ballon de grande capacité, le suspendit au plateau d'une balance et établit l'équilibre par une tare convenable. Il laissa rentrer l'air dans le ballon, l'équilibre fut détruit et le ballon s'abaissa.

En répétant cette expérience avec des précautions particulières pour en assurer la précision, Regnault trouva que dans la glace fondante au niveau de la mer, 1 litre d'air sec pèse $1{,}293 \times 981$ dynes.

« Avant, dit Biot, que la physique fut devenue une science d'expérience, c'est-à-dire jusqu'au temps de Galilée, on s'imaginait qu'aucune partie de l'espace ne pouvait être vide de matière, et l'on exprimait cette impossibilité en disant que la nature a horreur du vide. Ainsi, lorsqu'on voyait l'eau monter dans les pompes à l'instant où on élevait le piston, on disait que le piston, en s'élevant, tendait à faire un vide dans les

la Terre possède une Énergie potentielle égale à 1 million d'ergs, que la chute transforme en Énergie cinétique. La valeur d'un moteur s'exprime par sa *puissance*, c'est-à-dire par le travail qu'il

tuyaux de la pompe, mais que la nature qui avait horreur du vide s'empressait d'y faire monter l'eau pour le remplir. Personne ne s'avisait de demander comment la nature, qui n'est que l'ensemble des phénomènes, pouvait ainsi se personnifier et se transformer en un être susceptible de passions. A cette époque le doute n'était pas inventé. Un jour, des fontainiers de Florence, ayant construit une pompe très longue dans le dessein d'élever de l'eau à une hauteur plus grande qu'ils n'avaient coutume de le faire, trouvèrent qu'elle montait dans le corps de pompe jusqu'à 32 pieds environ, mais qu'elle ne *voulait* pas absolument monter plus haut, quoique l'on continuât de faire marcher le piston. Fort étonné de cet accident, ils allèrent consulter Galilée, qui leur dit, en se moquant d'eux, qu'apparemment la nature n'avait horreur du vide que jusqu'à la hauteur de 32 pieds.

« Déjà, ce philosophe avait entrevu que ce phénomène et d'autres semblables étaient de simples résultats mécaniques produits par la pesanteur de l'air; mais il n'avait probablement pas arrêté ses idées sur un sujet si nouveau, et il aima mieux donner aux fontainiers cette défaite que de hasarder son secret. Il mourut sans l'avoir fait connaître, et ce fut Torricelli, son disciple, qui, en 1643, par une expérience extrêmement frappante et ingénieuse, mit cette découverte dans tout son jour ».

Torricelli prit un tube de verre de 1 mètre environ, fermé par un bout, il le remplit de mercure, le retourna en posant le doigt sur l'extrémité ouverte afin d'empêcher le liquide de s'échapper et plongea cette extrémité dans une cuvette pleine de mercure.

Aussitôt qu'il retira le doigt, le mercure descendit dans le tube et s'arrêta à une hauteur de 28 pouces environ au-dessus du niveau du mercure dans la cuvette. Le mercure étant 13,5 fois plus lourd que l'eau sous le même volume, si la pesanteur de l'air faisait monter l'eau dans les pompes à 32 pieds, le mercure ne devait s'élever dans le tube qu'à une hauteur 13,5 fois moindre, c'est-à-dire 28 pouces. L'espace compris dans le tube entre son sommet et l'extrémité supérieure du cylindre mercuriel était absolument vide de toute matière pondérable.

Si le mercure se maintient dans le tube à une certaine distance verticale du niveau du liquide dans la cuvette, c'est grâce à la force élastique de l'air atmosphérique qui presse sur le mercure de la cuvette.

Les instruments qui servent à mesurer la force élastique des gaz sont appelés des *baromètres*. On donne, en général, le nom de *manomètres* aux instruments employés dans la mesure de la force élastique d'un gaz ou d'une vapeur, réservant le nom de *baromètres* aux instruments destinés à mesurer la force élastique de l'atmosphère dont la connaissance est indispensable aux observations manométriques.

Fig. 429.
Baromètre normal

On construit encore le baromètre comme le faisait Torricelli. La condition essentielle pour qu'un baromètre soit bon, c'est que dans la chambre barométrique, dans la partie supérieure de l'appareil, il existe un vide aussi complet que possible. Il est nécessaire pour cela de purger les parois du tube de l'air et de la vapeur d'eau qui y adhèrent fortement. On prend un tube d'une longueur de 1 mètre et de 3 centimètres de diamètre environ. On soude à la partie supérieure de sa paroi un tube latéral plongeant dans du mercure pur chauffé. On fait le vide avec la pompe à mercure par la partie étirée su-

peut fournir dans l'unité de temps. On mesure généralement le travail disponible sur l'arbre d'un moteur au moyen d'une sorte de Balance que l'on nomme *frein de Prony* (fig. 433).

périeure du tube que l'on met dans une gaîne de fer et que l'on chauffe en la maintenant inclinée.

Le vide en s'établissant progressivement fait tomber goutte à goutte du mercure dans le tube latéral. L'opération est longue, mais on a ainsi au bout de quelques jours, un tube barométrique dont la chambre ne contient plus de traces, ni d'air, ni de vapeur d'eau.

On coupe alors le tube en sa partie effilée et on le renverse sur la cuve à mercure à l'endroit où il doit fonctionner.

Veut-on un baromètre appelé *Baromètre normal* (fig. 429) qui puisse fournir à un moment quelconque une indication précise et qui constitue un étalon auquel on comparera d'autres baromètres moins parfaits. On opérera comme tout à l'heure pour le remplissage du tube. On disposera sur un pilier verticalement une règle divisée. On dressera le baromètre le long du pilier. A l'aide d'une lunette maintenue horizontale mobile autour d'un arbre vertical, on fixe avec la lunette le niveau supérieur du mercure, puis la faisant tourner horizontalement on fixe la division correspondante de la règle.

D'autre part une seconde lunette peut viser la pointe d'une vis mobile terminée par deux pointes, de longueur déterminée une fois pour toutes, le mercure de la cuvette effleurant à la pointe inférieure. En faisant tourner horizontalement la lunette on lit la division de la règle en regard. La différence des deux lectures augmentée du nombre qui mesure la longueur de la vis, donne la hauteur barométrique. La précision de la lecture est limitée à la précision de la graduation de la règle, abstraction faite des erreurs d'observation. Pour rendre toutes les mesures comparables on est convenu de ramener la hauteur observée à ce qu'elle eût été si tout l'appareil avait été maintenu dans la glace fondante.

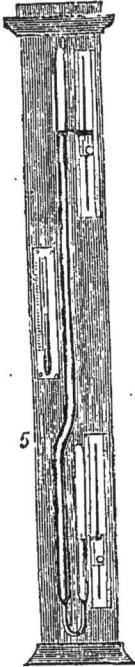

Fig. 430.
Baromètre de
Gay-Lussac.

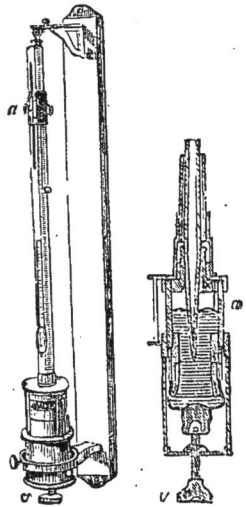

Fig. 431.
Baromètre Fortin.

On appelle *atmosphère* la force élastique d'un gaz faisant équilibre à Paris à une colonne mercurielle de 76 centimètres de hauteur maintenue dans la glace fondante. C'est la force élastique moyenne de l'atmosphère au niveau de la mer.

Cet instrument n'est pas transportable et est d'un usage presque impossible dans la pratique courante. Aussi se sert-on ordinairement du Baromètre de Gay-Lussac (fig. 430), du Baromètre de Fortin fig. 431), ou encore de véritables dynamomètres appelés Baromètres métalliques.

Pour mesurer des forces élastiques considérables, on emploie des *manomètres*. Le plus précis est le manomètre à air libre de Regnault (fig. 432).

Il se compose de deux tubes de verre verticaux fixés contre une planchette de bois M et mastiqués dans un robinet en fonte et à trois voies R. En donnant au robinet des posi-

L'étude de l'Électrité va augmenter encore le nombre des grandeurs qne le physicien est dans l'obligation quotidienne de mesurer.

tions convenables on peut : 1° faire communiquer ensemble les deux tubes du manomètre sans écoulement de mercure ; 2° Faire communiquer les deux tubes ensemble et avec l'air extérieur ; 3° Faire communiquer chacun des tubes séparément avec l'extérieur.

Dans la première position du robinet la différence de niveau du mercure augmentée de la hauteur barométrique au moment de l'expérience représente la force élastique du gaz.

Regnault mesura ainsi des forces élastiques de 30 atmosphères.

La longue branche du manomètre était formée d'une série de tubes en cristal ayant chacun 3 mètres de longueur, 10 millimètres de diamètre intérieur et 5 millimètres d'épaisseur.

Ces tubes étaient maintenus le long d'une planche de sapin verticale scellée à un mur. Ils étaient réunis bout à bout par un collier à gorge inventé par Regnault pour empêcher toute fuite.

L'appareil fut installé dans une tour, au collège de France. La tour n'ayant que 9 mètres, Regnault la prolongea par un madrier et put obtenir ainsi une hauteur de tubes de 30 mètres.

Aujourd'hui la Tour Eiffel a permis l'installation d'un manomètre à air libre dont la branche ouverte mesure 300 mètres environ.

Dans l'industrie l'emploi de ces manomètres est impossible, car ils sont encombrants et leur lecture est difficile, elle devient même impossible sur une locomotive dont les trépidations secouraient la colonne de mercure.

On emploie alors le manomètre à air comprimé. C'est un tube fermé contenant à sa partie inférieure du mercure et au-dessus de l'air sec à la pression atmosphérique. Si le tube est en communication avec un réservoir renfermant un gaz ou une vapeur ayant la force élastique de l'atmosphère, le niveau du mercure est sur un même plan horizontal dans le tube et dans la cuvette.

Là force élastique augmentant, le niveau s'élève dans le tube.

La graduation se fait par comparaison avec un manomètre à air libre.

On se sert de préférence du manomètre métallique de M. Bourdon (fig. 402).

Il se compose d'un tube de cuivre à parois minces, dont la section est ovale ; ce tube est contourné en spirale.

L'extrémité fermée est reliée en b à une aiguille qui se meut sur un cadran divisé. L'extrémité ouverte du tube est mise en communication avec le récipient du gaz ou de la vapeur lorsqu'on ouvre le robinet d.

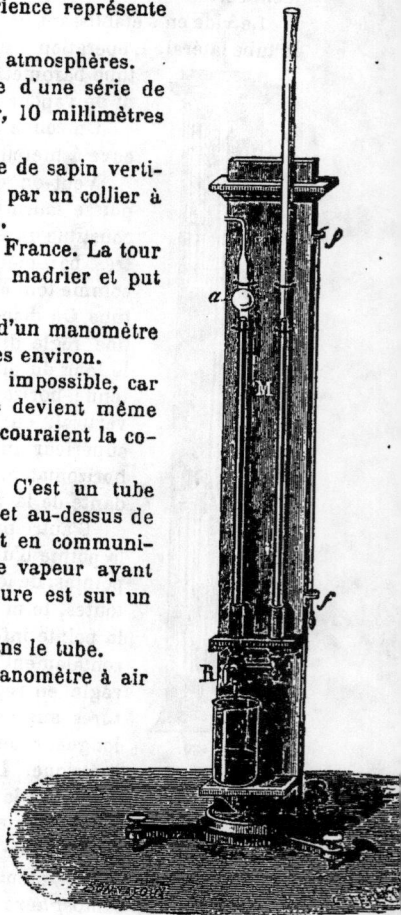

Fig. 432.
Manomètre à air libre de Regnault.

La force élastique du gaz répandu dans le tube pressant sur sa paroi le déforme, cette déformation variable avec la force élastique est accusée par l'aiguille. Cet appareil est gradué par comparaison avec un manomètre à air libre.

M. Bourdon a construit sur le même principe un baromètre. Le vide est fait dans le tube, et c'est alors la force élastique de l'atmosphère pressant sur la surface extérieure du tube qui le déforme. Nous sommes maintenant en mesure d'évaluer la force élastique d'un gaz, et en particulier celle de l'atmosphère grâce au baromètre.

Pascal et son beau-père Périer constatèrent, en 1648, que la force élastique de l'atmos-

Les attractions ou les répulsions que l'on observe entre corps électrisés, entre aimants, entre aimants et courants et enfin entre courants, permettent évidemment de rattacher les grandeurs élec-

Fig. 433. — Le frein de Prony.

triques ou magnétiques aux grandeurs mécaniques et de les faire entrer par là dans le système CGS.

On peut, à cet effet, suivre plusieurs voies. Tout dépend du

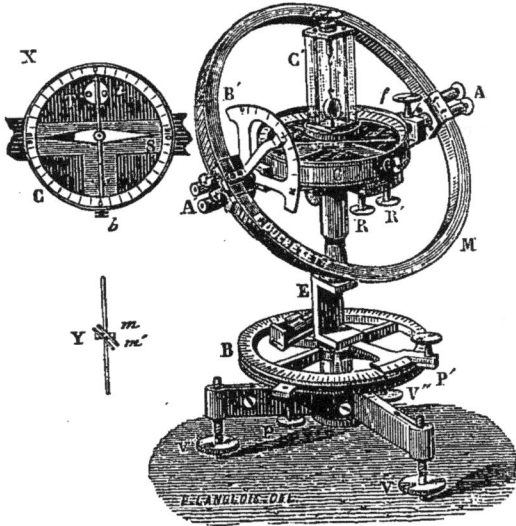

Fig. 434. — Galvanomètre ou Boussole de Pouillet.

phère décroît avec l'altitude. D'autres savants relatèrent le même fait en s'élevant sur des hautes montagnes. C'est ainsi que de Saussure en 1788 observa ce fait au sommet du Mont-Blanc, et de Humboldt au sommet des Cordillères. Des ascensions scientifiques faites en ballon rendirent les expériences plus concluantes encore. Robertson, qui le premier fit cette étude, s'éleva en 1803 à 7 400 mètres. Biot et Gay-Lussac s'élevèrent à 7 000 mètres ; Glaisher et Coxwel montent à 8 838 mètres le 15 septembre 1862. Gaston Tissandier, Sivel et Crocé-Spinelli s'élèvent avec le « Zénith » le 15 avril 1875, à 8 600 mètres. Ces deux derniers explorateurs du ciel trouvèrent la mort dans cette ascension fameuse. A cette hauteur la *colonne barométrique n'indiquait plus que* 26 *centimètres.*

Nous voyons que pour les gaz il s'introduit un facteur important la force élastique, lorsque nous comparerons des résultats d'expériences quelconques portant sur de gaz

point de départ. Nous exposerons brièvement un moyen d'arriver à la définition des unités choisies par le Congrès de 1881 et univer-sellement employées aujourd'hui.

Il est nécessaire d'insister d'abord sur quelques faits déjà signalés et sur quelques lois.

Un voltamètre est-il intercalé dans un circuit donné? le poids d'électrolyte décomposé dans un même temps, est le même, quelle que soit la position occupée par le voltamètre le long du circuit.

Un galvanomètre (¹) conduit à une observation analogue : un

entre eux, il faudra toujours connaître la force élastique des gaz dans les conditions où ils ont été étudiés.

Mariotte a établi une loi approchée mais simple qui lie le volume occupé par un gaz à sa force élastique. Pour *une même masse de gaz le volume occupé par lui est inver-sement proportionnel à sa force élastique.* Si la force élastique devient moitié, le volume devient double.

1. Le principe des *galvanomètres* a été indiqué (p. 125); décrivons ceux qui sont les plus employés.

Dans le galvanomètre ou boussole de Pouillet (*fig.* 434), le fil traversé par le courant électrique est enroulé sur le cadre circulaire en bois AA. Une aiguille aimantée est mobile au centre de ce cadre et porte des index qui se déplacent sur les divisions du cercle horizontal C. Le cercle di-visé permet de mesurer l'angle dont on fait tour-ner le système M grâce à l'alidade P' qui se dé-place en même temps sur le cercle. On amène le cadre M dans une position bien verticale au moyen des vis calantes du pied V.

Dans le galvanomètre Wiedmann (*fig.* 435) on peut faire passer les courants dans les bobines H et H' que l'on peut rapprocher ou éloigner l'une de l'autre en les faisant glisser sur le banc qui les supporte. L'aiguille aimantée A est de forme circu-laire et placée à l'intérieur d'une sphère de cuivre rouge S destinée à amortir les mouvements d'os-cillation de l'aiguille grâce aux courants induits qu'elle y développe. Cette aiguille porte un miroir *mm'* placé dans la cage de verre C et au moyen duquel on évalue les déviations de l'aiguille par la méthode de Poggendorff; le tout est accroché à un fil *f* fixé en B. Ce support peut tourner sur un tambour divisé T. Le pied de l'appareil est égale-ment muni de trois vis calantes. Dans le modèle d'Arsonval, l'aiguille est en fer-à-cheval. L'aiguille aimantée du galvanomètre Bourbouze (*fig.* 436) oscille sur un plan à la façon d'un couteau de balance, elle porte une longue aiguille qui se déplace sur un cercle divisé. On relie les pôles de l'électromoteur aux bornes A et B'.

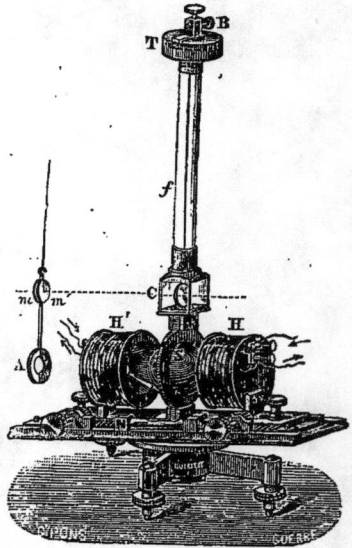

Fig. 435.

Galvanomètre Wiedmann.

Pour s'affranchir de l'action exercée par le champ magnétique *terrestre* sur les

même galvanomètre, intercalé en un point quelconque du circuit, indique toujours une même déviation de l'aiguille aimantée.

aiguilles des galvanomètres, ou au moins pour l'atténuer en grande partie de façon à augmenter la sensibilité de l'appareil, on fait souvent usage d'un système d'aiguilles aimantées que l'on nomme *système astatique* et qui, rigoureusement réalisé ne subit plus l'orientation terrestre. Il suffit pour cela de rendre solidaires deux aiguilles aimantées identiques NS et de les disposer parallèlement en sens inverse. On voit en W (*fig.* 437) un système ainsi constitué. MM' est le miroir qui sera chargé de réfléchir le rayon lumineux indicateur de la déviation de l'équipage. En B (*fig.* 437) l'équipage astatique est formé par huit aiguilles inversement placées quatre à quatre. Dans le galvanomètre de Nobili (*fig.* 438) le système astatique est porté par un fil accroché à une vis à la partie supérieure de l'appareil, l'une des aiguilles se meut à l'intérieur de la bobine qui reçoit le courant et l'autre à l'extérieur au-dessus

Fig. 436.
Galvanomètre Bourbouze pour cours public.

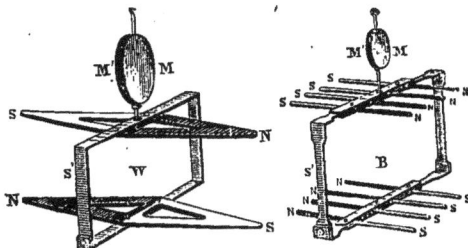

Fig. 437.
Systèmes d'aiguilles aimantées astatiques.

d'un disque de cuivre rouge destiné à amortir les mouvements de l'aiguille, ce galvanomètre est très sensible.

Dans le galvanomètre Thomson (*fig.* 439), chacune des aiguilles ou des systèmes d'aiguilles sont mobiles à l'intérieur de deux groupes de bobines sur lesquels le fil est enroulé en sens inverse.

Chaque groupe est formé de deux bobines fixées par des vis B, B' à une monture en ébonite.

L'amortissement est obtenu par le frottement d'une aiguille d'aluminium en forme de losange contre l'air.

Ce galvanomètre est l'un des plus parfaits, il se prête à des modes d'expérimentations variées. Un aimant courbe que l'on peut déplacer le long d'une tige verticale permet de contrarier l'action du champ magnétique terrestre sur les aiguilles aimantées autant qu'on le désire. Un miroir est collé sur l'aiguille d'aluminium.

Le galvanomètre Deprez d'Arsonval (*fig.* 440) présente une particularité remarquable ; c'est l'aimant qui est fixe et la bobine traversée par le courant qui est mobile,

En répétant ces expériences sur divers courants, on constate
sans difficulté que le poids d'électrolyte décomposé et l'angle de
déviation de l'aiguille varient dans le même sens : ils augmentent

celle-ci est suspendue à un fil métallique par lequel entre et sort le courant et qui est
parfois enroulé en ressort. Eric Gérard a constaté que le fonctionnement de l'appareil est
alors plus régulier.

On peut même, dans ces appareils indicateurs de courants, supprimer tout aimant et

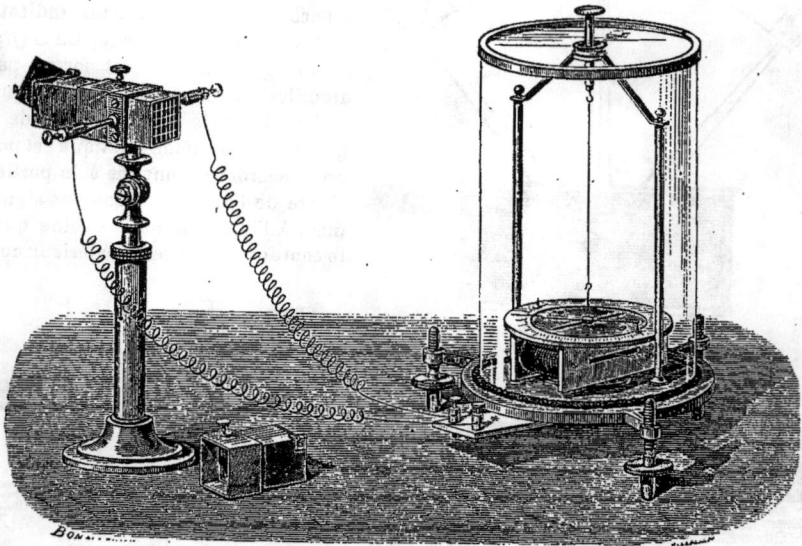

Fig. 438. — Galvanomètre Nobili placé dans le circuit d'une Pile thermo-électrique de Melloni.

les former de deux bobines convenablement disposées, l'une fixe, l'autre mobile. On
obtient ainsi des appareils appelés *électro-dynamomètres*.

Dans l'électro-dynamomètre Pellat (*fig.* 441) la petite bobine est postée à l'extrémité
du fléau d'une balance dont l'autre extrémité est munie d'un plateau. On pèse alors l'action électro-dynamique exercée par la grande bobine sur la petite. L'axe de la grande
bobine est perpendiculaire à celui de la petite bobine. L'action des courants tend à rendre
ces axes parallèles.

Tous ces appareils sont journellement employés.

Il serait hors de notre cadre d'insister sur les précautions à prendre dans les mesures
galvanométriques : l'action électro-magnétique des courants est équilibrée par l'action
directrice du champ magnétique terrestre ou par la torsion du fil ou des fils de suspension de l'aiguille.

Dans certains galvanomètres, la Boussole de Pouillet par exemple, on fait en sorte
que le champ magnétique soit uniforme à l'endroit où est placée l'aiguille. On peut alors
calculer l'action électro-magnétique du courant sur l'aiguille et réaliser des mesures d'Intensité, dites *absolues*.

ou diminuent simultanément et simultanément aussi reprennent la même valeur.

De tels faits imposent la notion d'intensité de courant et fournissent le moyen de comparer entre elles les intensités de divers

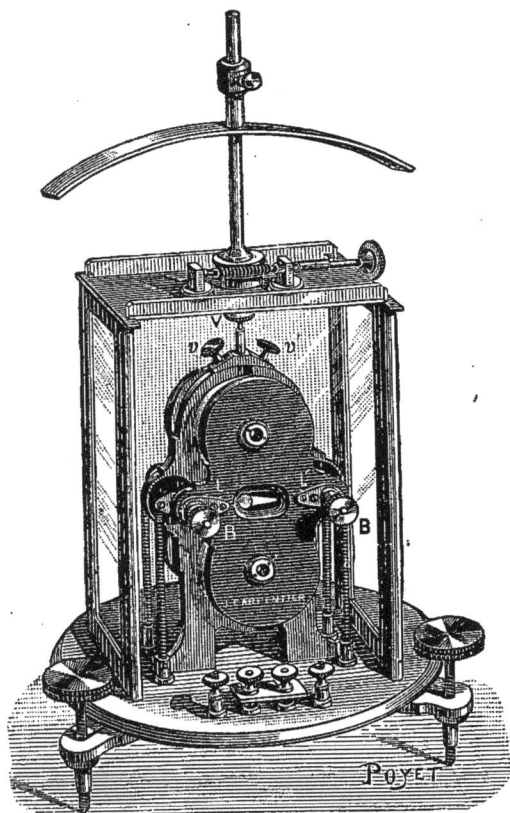

Fig. 439. — Galvanomètre Thomson.

courants électriques quelle que soit l'opinion que l'on puisse avoir de leur nature intime.

Ayant mesuré l'intensité du courant qui traverse un fil de cuivre, ayant partout la même section, par exemple, et cela en faisant usage d'un voltamètre ainsi qu'il a été expliqué page 450, introduisons une longueur connue de ce fil dans l'eau d'un calorimètre, celle-ci s'échauffe. Par une expérience, dont la marche sera ultérieurement expliquée, il est aisé d'évaluer avec précision la quantité de chaleur, le nombre de calories, apportée au fil par le courant dans un temps fixé et cédée au calorimètre.

En répétant la même expérience sur divers courants, Joule a constaté que si les intensités de ces courants varient comme les nombres 1, 2, 3, etc., les quantités de chaleur dégagées dans le fil, en un même temps, varient comme les nombres 1, 4, 9, 16, etc., qui sont les carrés des premiers.

Recommençons la même expérience en faisant varier cette fois les dimensions du fil immergé dans le calorimètre: on constate que si la longueur du fil devient double, triple, etc., la quantité de chaleur cédée dans un même temps au calorimètre devient elle-même double, triple, etc.; au contraire, elle est réduite à la moitié, au tiers, au quart, etc., si, pour un même courant, le fil de cuivre immergé ayant la même longueur que le précédent a des sections double, triple, quadruple, etc. Enfin, à égalité de dimensions (longueur et section), la quantité de chaleur dégagée varie lorsqu'on change la nature du fil; elle est plus petite avec un fil d'argent qu'avec un fil de cuivre, elle est, au contraire, plus grande avec un fil de fer qu'avec un fil de cuivre. Bref, la quantité de chaleur dégagée varie proportionnellement à la longueur $l$ du fil, en raison inverse de sa section $s$, et proportionnellement à un certain coefficient $k$ qui caractérise la substance constituant le fil ([1]).

Le facteur constant $k\,\dfrac{l}{s}$ par lequel le fil métallique considéré intervient dans l'expression de la quantité de chaleur que lui apporte un courant électrique quelconque est, par définition, la *mesure de la résistance électrique du fil*. Le nombre $k$ se nomme la résistance spécifique de la substance qui constitue le fil. C'est la résistance d'un fil ayant une longueur et une section égales à l'unité.

Ce mot de résistance est tiré d'une analogie : si on oblige un liquide à s'écouler à travers un tube, la quantité de liquide qui traverse chacune des sections dans des temps égaux est la même lorsque l'écoulement est régulier, c'est le débit ou encore l'in-

1. Un fil fin recevant beaucoup plus de chaleur qu'un gros fil, on comprend qu'il est possible de le faire rougir et même de le fondre et de le volatiliser au moyen du courant. C'est ainsi qu'Elihu Thomson, en fondant les points de contact de deux barres abordées par leurs extrémités au moyen d'un courant énergique, soude celles-ci l'une à l'autre.

tensité du courant liquide; d'autre part le liquide s'échauffe en frottant contre les parois du tube qui oppose une sorte de résistance à son mouvement. En assimilant l'électricité au liquide et le courant électrique à un écoulement d'électricité le long du fil, on comprend sans peine, qu'en régime permanent, chaque section du fil étant traversée par une même quantité d'électricité dans le même temps — celle-ci étant supposée ne pouvoir s'accumuler nulle part le long du circuit — il y ait un même poids d'élec-

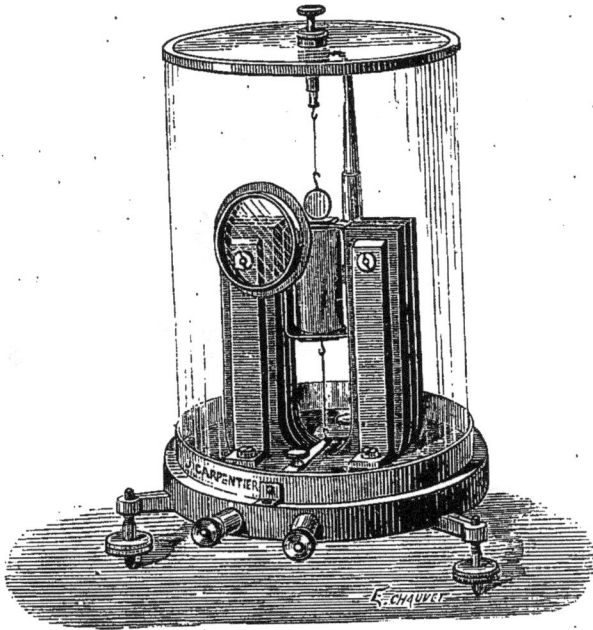

Fig. 440. — Galvanomètre Deprez d'Arsonval.

trolyte décomposé et une indication galvanométrique invariable, quel que soit l'endroit du circuit où fonctionnent le voltamètre et le galvanomètre. On conçoit de plus que la résistance opposée par les particules du conducteur, c'est-à-dire le frottement de l'électricité contre elles détermine un dégagement de chaleur le long du circuit.

. En allongeant celui-ci on augmente évidemment d'autant ce frottement, on le diminue, au contraire, en augmentant la section du conducteur puisqu'on offre de cette manière un plus grand nombre d'issues à une même quantité d'électricité. Ce frottement ne changera pas si le conducteur est traversé par l'électricité de droite à gauche ou de gauche à droite. L'expérience confirme cette conclusion : les effets calorifiques des courants aussi bien que leurs effets lumineux qui sont une forme particulière des premiers, sont indépendants du sens du courant. Les courants alternatifs peuvent être employés au même titre que les courants continus.

Enfin le courant étant envisagé comme une circulation d'élec-

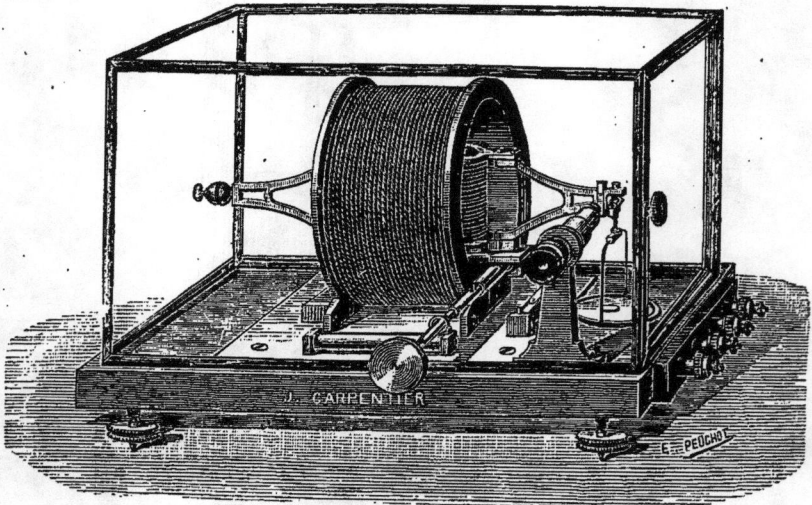

Fig. 441. — Électro-dynamomètre Pellat (petit modèle).

tricité dans le fil, l'Intensité, le débit de ce courant, apparaît comme la quantité d'électricité qui, en régime régulier, traverse une section quelconque du circuit dans un temps fixé, l'unité de temps par exemple. L'électro-moteur fournit alors en $t$ unités de temps une charge : $Q = It$.

Comme on sait évaluer en unités d'énergie une quantité de chaleur, il est aisé de substituer à la considération de la chaleur dégagée dans une résistance donnée celle de l'énergie équivalente.

Si W est l'énergie cédée en un temps $t$ à une portion de circuit par un courant d'intensité I, la résistance de la portion de circuit considérée se trouve alors, d'après les expériences qui précèdent, mesurée par un nombre R tel que l'on ait : $W = RI^2t$.

L'expérience montre que les conducteurs liquides renfermés dans des tubes ou dans des cuves de verre se comportent, au point de vue de la chaleur dégagée, absolument de la même manière que les conducteurs solides ; la section du conducteur est alors la surface des électrodes par lesquelles entre et sort le courant.

En particulier la résistance introduite par les liquides de la pile ou résistance intérieure du circuit diminue de moitié, lorsque les électrodes prennent une surface double ou, tout en conservant leur surface, se rapprochent de la moitié de la distance qui les séparait d'abord.

On peut établir des piles, dites *piles thermo-électriques* dans lesquelles la chaleur d'un foyer est directement transformée en énergie électrique et dont la résistance intérieure est pratiquement nulle. Ce sont les piles thermo-électriques dont la découverte est due à Seebeck (1823). Celles dont Pouillet a fait usage dans ses célèbres recherches étaient formées d'un gros barreau de bismuth (*fig.* 442) deux fois recourbé à angle droit et aux extrémités duquel étaient soudées de larges bandes de cuivre. Si les soudures sont maintenues la première dans de l'eau en ébullition et l'autre dans de la glace fondante, par exemple, on constate qu'un courant électrique circule dans un fil métallique qui réunit les bandes et qu'il se rend du bismuth au cuivre en traversant la soudure chauffée. L'intensité d'un courant thermo-électrique est constant aussi longtemps que la température des deux soudures est maintenue invariable. Le pile étant formée par un gros barreau de bismuth, sa résistance (résistance intérieure du circuit) est pratiquement négligeable et toute l'énergie de l'électromoteur est dépensée le long du circuit extérieur.

Cela posé, immergeons ce circuit extérieur dans l'eau d'un calorimètre et mesurons l'énergie cédée en un temps connu $t$, si I est l'intensité du courant et R la résistance du circuit, on a : $W = RI^2t$ dans une autre résistance, c'est-à-dire dans un autre fil, on aurait un dégagement d'énergie : $W' = R'I'^2t$, etc.

Si l'on forme dans chaque cas les produits : RI, R'I', R″I″, etc. de chacune des résistances considérées par l'intensité du courant qui la traverse, on trouve que ce produit est constant. En désignant par la lettre E cette constante on a : $E = RI$, ou encore : $I = \dfrac{E}{R}$.

C'est là ce que l'on nomme la *loi de Ohm* du nom du physicien [1] qui en a eu le premier l'idée. Ce sont les expériences de Pouillet qui en ont fait ressortir l'exactitude et l'importance.

Cette quantité E qui caractérise la pile employée, qui ne varie pas, quel que soit le fil qui en réunit les pôles, est appelée la *force électromotrice* de la pile. Que le barreau de bismuth soit plus long ou plus court, que la soudure du bismuth et du cuivre se fasse en

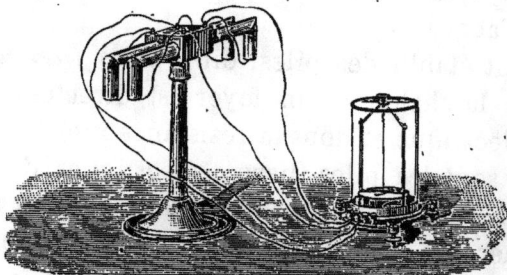

Fig. 442. — Couples thermo-électriques Pouillet en relation avec le galvanomètre Nobili.

quelques points ou sur une large surface, la quantité E est la même. Pour en changer, il faudrait constituer la pile avec des métaux autres que le bismuth et le cuivre ou encore faire varier la différence des températures auxquelles sont maintenues les deux soudures.

Dans le cas des piles ordinaires qui renferment des liquides et qui sont souvent désignées pour cela sous le nom de piles *hydro-électriques*, on arrive à une conclusion analogue. Toutefois l'expérience est plus compliquée en raison de ce que la résistance intérieure n'est plus négligeable. Ainsi qu'on fasse deux piles Daniell (p. 120), l'une de la grosseur d'un dé à coudre et l'autre de celle d'un tonneau et qu'on en réunisse les pôles par des fils métalliques quelconques, le produit de la résistance totale du circuit par l'in-

1. Ohm (George-Simon), né à Erlangen (Bavière) le 16 mars 1789, mort le 6 juillet 1854, professeur à l'Université de Munich.

tensité du courant sera le même dans l'un et l'autre cas, il caractérise uniquement la nature des métaux et des liquides qui constituent la pile (¹).

En changeant la nature des métaux ou des liquides, on formerait de nouvelles piles caractérisées chacune par la valeur de leur force électromotrice E. L'expérience montre encore que des piles associées en série ajoutent leurs forces électromotrices. On voit (fig. 443) une Pile formée d'un grand nombre d'éléments thermoélectriques associés en série. Les soudures chauffées sont disposées à la partie centrale de l'appareil.

Si on met quelques piles en opposition avec d'autres piles, leurs forces électromotrices doivent être retranchées.

Pourquoi cette dénomination de force électromotrice donnée à ce facteur E ?

Lorsqu'on envisage un courant électrique comme une circulation d'électricité, on est immédiatement amené à rechercher quelle est la cause qui met l'électricité en mouvement.

Ayant nommé force la cause qui met les corps matériels en mouvement, il était naturel, par simple analogie, d'appeler force électromotrice la cause du courant électrique.

Examinons de plus près l'analogie : s'il est vrai qu'un corps tombe en vertu de son poids, il n'est pas moins vrai que cette chute n'est possible qu'en vertu de l'existence d'une différence de niveau entre les positions occupées par le corps et par le sol. N'est-il pas juste de dire que le poids et la différence de niveau interviennent au même titre dans l'acte de la chute ? Et, de fait, ce sont là les deux facteurs de l'Énergie qui seule, avec la Matière, a une réalité objective en Mécanique.

Au point de vue du courant électrique, la force électromotrice joue le rôle de la différence de niveau et la quantité d'électricité qui circule, celui du poids.

La loi de Joule donne en effet pour l'énergie W dégagée dans un temps égal à $t$ unités : $W = RI^2t$, ou encore : $W = RI . IT$, R étant la résistance totale du circuit et I l'intensité du courant.

<hr>

1. Dans une Dynamo donnée, la force électromotrice varie avec la vitesse de rotation de l'induit. Elle est constante pour une vitesse de rotation connue.

Par définition la quantité Q d'électricité mise en circulation est égale au produit de l'intensité du courant par le temps pendant lequel il a existé : $Q = I.t$; en conséquence, on peut écrire : $W = RI.Q$.

En remarquant que le produit $RI$ est constant et mesure précisément ce que nous avons nommé la force électromotrice de la pile ou de l'électromoteur, on peut écrire : $W = EQ$.

L'énergie mise en jeu lorsque Q unités d'électricité font un tour complet dans le circuit est égale au produit de Q par la force élec-

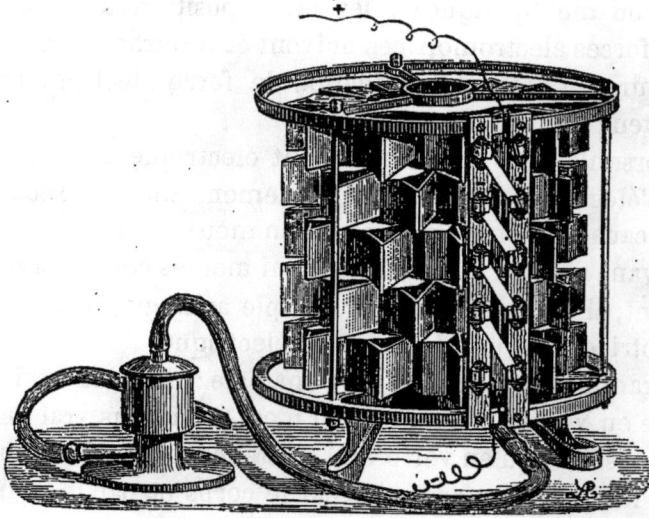

Fig. 443. — Pile thermo-électrique Clamond.

tromotrice de l'électromoteur. E apparaît ainsi comme l'énergie qui résulte de la circulation d'une unité d'électricité le long du circuit qui forme l'électromoteur.

Si un poids P tombe d'une hauteur H, on a de même pour exprimer l'énergie W mise en jeu par la chute du poids : $W = H.P$.

Un même poids tombant de hauteurs différentes donne lieu à un travail différent. De même l'énergie qui résulte de la chute d'une même quantité d'électricité le long d'un circuit quelconque, dépend uniquement de la force électromotrice de l'électromoteur. Si celle-ci est grande, les courants qu'elle produit sont dits *à haute tension* ou encore à haute pression; au contraire, ils sont dits *à basse tension* ou encore à basse pression si la force électromotrice, qui les rend possibles, est faible.

Une analogie fera mieux saisir encore le sens de ces dénominations.

Si de l'eau s'écoule d'un réservoir dans lequel elle est maintenue à un niveau invariable, le long d'un tube, en régime régulier, une même quantité d'eau traversera chacune des sections du tube dans le même temps, c'est là le débit ou l'intensité du courant liquide; d'autre part, il existera en chaque point une pression de l'eau qui va en augmentant régulièrement au fur et à mesure que l'on descend le courant. En un même point du tuyau cette pression est la même que le tuyau soit de grand diamètre ou qu'il soit fin; elle augmente de plus en plus si on incline davantage le tuyau. Le débit dépend de la section du tuyau et la pression du courant de son inclinaison sur l'horizon. Pour une faible inclinaison, le courant liquide est à faible pression; si le tuyau est très incliné, le courant liquide est à haute pression. Bien qu'à faible pression, il pourra avoir un grand débit si la section du tuyau est grande; bien qu'à haute pression, il pourra avoir un faible débit, il suffira que la section du tuyau d'écoulement soit petite. Il y a là deux qualités bien distinctes auxquelles correspondent en électricité l'intensité de courant et la force électromotrice.

Si un poids d'eau P est débité par le réservoir dans l'unité de temps, la quantité d'eau qui traverse une section quelconque du tuyau dans un temps égal à $t$ unités est évidemment exprimée par le produit : P. T, et l'énergie qui résulte de la chute de cette eau d'une hauteur H est égal à : PH.$t$:

En installant une roue hydraulique, un moteur en cet endroit, l'énergie disponible dans l'unité de temps est égale à : P H.

C'est par définition ce que l'on a nommé la Puissance du moteur.

De même l'énergie fournie dans l'unité de temps par un électromoteur est égal au produit : E. I.

E.I. mesure la puissance de l'électromoteur. On peut encore mesurer cette puissance par le quotient $\dfrac{E^2}{R}$, puisque, d'après la loi d'Ohm, I a la même valeur que le quotient $\dfrac{E}{R}$.

Chaque fois que l'on veut réaliser une installation électrique, il
y a lieu de rechercher les électromoteurs à employer et la ligne à
établir dans le but d'obtenir la Puissance nécessaire.

La force électromotrice se manifeste encore d'une autre manière lorsque le circuit est ouvert.

En reliant, en effet, chacun des pôles d'un Électromoteur aux
armatures d'un Condensateur, on constate que ce Condensateur se
charge. On peut faire usage dans cette expérience de l'Électros-

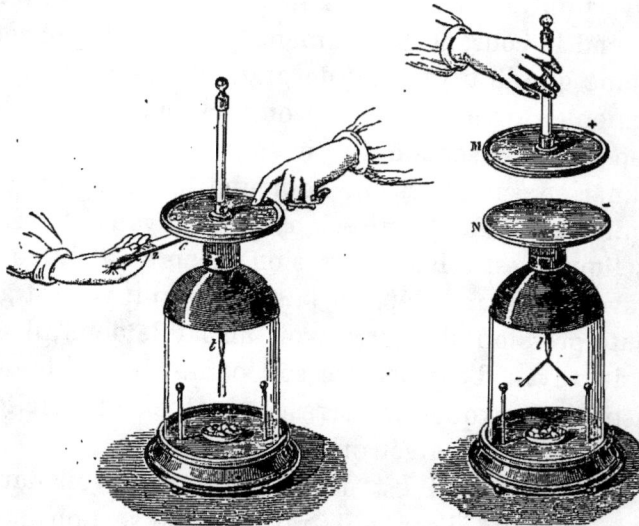

Fig. 444. — Électroscope condensateur de Volta. M N, Condensateur,
t, Feuilles d'or.

cope (*fig*. 444) muni d'un Condensateur. Dès qu'on enlève le plateau supérieur de celui-ci, on voit les feuilles d'or que porte l'autre
plateau diverger.

Si l'une des feuilles d'or de l'Électroscope vient toucher une
tige métallique en communication avec le sol et lui cède sa charge.
Chaque contact correspond évidemment à une même perte de
charge du plateau; en conséquence, le nombre des contacts nécessaires à la décharge complète du plateau mesure la quantité d'Électricité que l'Électromoteur lui avait fournie.

On trouve ainsi que les charges du Condensateur sont proportionnelles aux forces électromotrices. des générateurs qui les ont fournies (¹).

Si Q représente la charge et E la force électromotrice de l'électromoteur, on a Q = CE; la quantité C varie quand on change de Condensateur, on la nomme la *Capacité électrique* de l'appareil, elle augmente lorsque la surface du Condensateur devient plus grande ou lorsque l'épaisseur de l'isolant diminue (²).

1. En coulant du Soufre entre les armatures P et C d'un condensateur sphérique (*fig.* 445), Faraday a reconnu que la capacité de celui-ci était augmentée. C'est

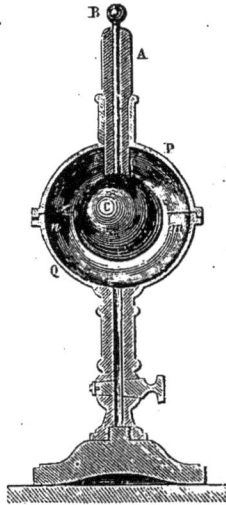

Fig. 445. — Condensateur de Faraday

Cavendish le premier qui a découvert, en 1771, que les phénomènes électriques ont des intensités différentes lorsqu'on modifie la nature de l'isolant qui sépare les corps électrisés. C'est là un fait des plus importants.

2. L'écart des feuilles d'or de l'électroscope (*fig.* 444) est d'autant plus grand que la force électromotrice de charge est plus grande; on conçoit que l'on puisse graduer un tel appareil de manière à obtenir par une simple lecture la force électromotrice de charge. L'appareil devient ainsi un *Électromètre*, il y en a de bien des types; nous décrirons seulement l'Électromètre à quadrant de Thomson (*fig.* 446) qui est le plus employé.

La partie mobile est une aiguille d'aluminium en forme de huit suspendue par un bifilaire à la vis H. Cette aiguille est mobile entre les quatre secteurs d'une boîte métallique coupée suivant deux de ses diamètres rectangulaires. Ces secteurs sont supportés par des colonnes de verre fixées d'autre part au couvercle de la cage qui renferme l'organe principal de l'appareil. Les deux secteurs opposés sont reliés entre eux par un fil métallique, et chacune de ces paires de secteurs communique respectivement avec les bornes B et B'. La borne A communique avec l'aiguille. Le miroir indicateur des déviations est en M derrière une glace P. Il est collé à un fil métallique dont l'extrémité plonge dans une

Fig. 446. — Électromètre à quadrant de Thomson.

Nous venons d'établir diverses lois en partant de la mesure de l'Intensité des Courants au moyen du Voltamètre.

Ce n'est pas là le point de départ adopté par le Congrès de 1881.

Le voici : Il définit d'abord l'unité C G S de quantité de magnétisme nord. C'est la quantité de magnétisme que doivent posséder deux pôles nord identiques placés à un centimètre de distance pour qu'ils se repoussent avec une force égale à une dyne.

Grâce à la loi des actions électro-magnétiques établies par Biot et Savart, on définit ensuite l'unité C G S d'intensité de courant : c'est le courant qui doit circuler dans un fil formant une circonférence de un centimètre de rayon pour qu'un pôle placé en son centre soit repoussé avec une force égale à 6 dynes 2832.

La loi de Joule montre qu'alors l'unité C G S de résistance est

Fig. 447. — Etalon de l'Ohm légal, copie des prototypes.

la résistance d'un fil dans lequel un courant égal à l'unité C G S développe en une seconde une quantité de chaleur équivalente à une erg.

La loi de Ohm définit ensuite l'unité de force électromotrice : c'est celle d'un électromoteur qui produit un courant égal à l'unité de courant, lorsque la résistance totale du circuit est elle-même égale à l'unité.

De même la formule $Q = It$ montre que l'unité de charge élec-

cuvette contenant de l'acide sulfurique. Des bouts de fils fixés à angle droit sur le premier servent à amortir par leur frottement contre l'acide les oscillations de l'aiguille d'aluminium.

Il serait trop abstrait d'expliquer le fonctionnement de cet appareil et les différentes manières de l'employer.

Il permet d'obtenir facilement la force électromotrice d'un électromoteur et encore la force électromotrice que celui-ci maintient entre deux points quelconque du circuit dans lequel il produit un courant.

trique est celle qui traverse en une seconde la section d'un circuit parcouru par un courant d'intensité un.

La Capacité unité est celle d'un condensateur qui prend une charge égale à l'unité, lorsque la force électromotrice de charge est égale à l'unité.

Ce sont là les grandeurs électriques qu'il y a le plus souvent lieu de mesurer. Mais de telles unités conduiraient dans les me-

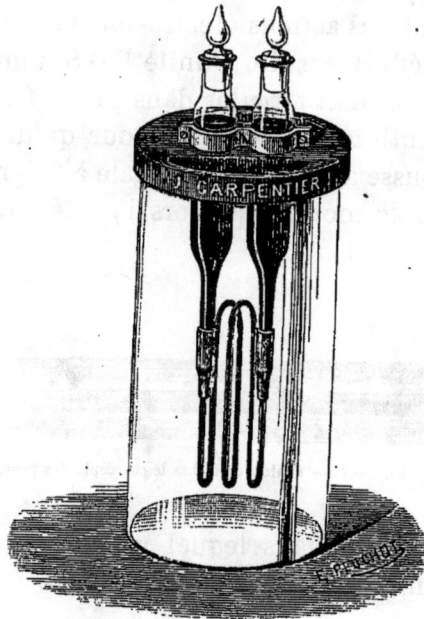

Fig. 448. — Etalon de résistance.

sures ordinaires à des nombres très grands ou très petits, aussi adopte-t-on dans la Pratique des unités multiples ou sous-multiples des précédentes.

La résistance unité, telle que nous venons de la définir, est extrêmement petite, on lui a substitué une résistance un milliard de fois plus grande à laquelle on a donné le nom d'Ohm.

D'après de nombreux travaux, la résistance d'un Ohm est très sensiblement représentée par celle d'une colonne de mercure ayant 1 millimètre carré de section, 106 centimètres de longueur et une température égale à celle de la glace fondante.

On a donné à une telle colonne le nom d'Ohm légal (fig. 447);

elle joue vis-à-vis des Résistances le rôle du Mètre dans la mesure des longueurs.

On peut faire des Étalons de résistance avec des tubes pleins de mercure et contournés de manière à être moins encombrants (*fig.* 448).

On dispose souvent aussi des bobines dont la valeur en Ohms est connue dans des boîtes appelées *boîtes de résistance.* Pour introduire la résistance de ces bobines dans le circuit, il faut enlever les chevilles à tête d'ébonite que l'on voit sur la figure. On peut obtenir un nombre quelconque d'ohms en opérant comme si

Fig. 449. — Boîte de résistance.

l'on voulait écrire ce nombre en chiffres, lorsque la boîte renferme des unités, des dizaines, des centaines et des mille ohms (*fig.* 449).

De même que l'unité de résistance, l'unité de force électromotrice est trop petite. On prend dans la pratique une force électromotrice cent millions de fois plus grande. On lui a donné le nom de *Volt* en l'honneur de Volta.

La force électromotrice d'une Pile Daniell est très sensiblement égale à un Volt.

L'unité pratique d'intensité se trouve être alors dix fois plus petite que l'unité théorique : on lui a donné le nom d'*Ampère*.

Il n'y a pas d'étalon d'Ampère, c'est le courant maintenu par un Volt dans une résistance d'un Ohm.

De même que l'unité pratique d'intensité, l'unité pratique de quantité d'électricité, de charge, est dix fois plus petite que l'unité théorique. On lui a donné le nom de *Coulomb*.

Enfin l'unité pratique de capacité est la capacité d'un condensateur qu'une force électromotrice de un Volt charge d'un Coulomb. On la nomme *Farad* du nom de Faraday.

Fig. 450. — Ampèremètre Deprez et Carpentier.

On fait des Capacités graduées en Farad. Ce sont des condensa-

Fig. 451. — Galvanomètre industriel Carpentier.

teurs enfermés dans des boites et dont on peut employer une fraction variable.

En résumé, les Intensités de courant se mesurent en *Ampères*, les forces électromotrices en *Volt* (¹), les Résistances en *Ohms* (²), les Charges en *Coulomb*, les Capacités en *Farad,* ou mieux en microfarad (millionième partie du Farad), le mégohm vaut, au contraire, un million d'Ohms.

On gradue des appareils industriels qui font connaître immédiatement par le simple examen de l'indication d'une aiguille l'intensité du courant qui les traverse en Ampères et la force électro-

1. Pour mesurer la force électromotrice d'un électromoteur, on réunit ses pôles par un fil métallique comprenant un électromètre — celui de M. Lippmann par exemple — puis on intercale dans le circuit une autre force électromotrice connue et que l'on peut faire varier à volonté de façon qu'elle tende à produire dans le circuit un courant de sens contraire au précédent. On donne, par tâtonnement, à cette force électromotrice de comparaison une valeur telle que l'électromètre indique le zéro. Alors l'effet de la force électromotrice inconnue est compensée. Par suite, elle a pour valeur la mesure actuelle de la force électromotrice de comparaison. On opère ici comme dans la mesure des forces mécaniques; *on équilibre* une force électromotrice inconnue par une force électromotrice que l'on connaît.

2. On compare les *résistances* au moyen du *Pont de Wheatstone* (*fig.* 452). Une pile P fournit un courant qui se divise en deux portions au point *a;* l'une d'elles se rend

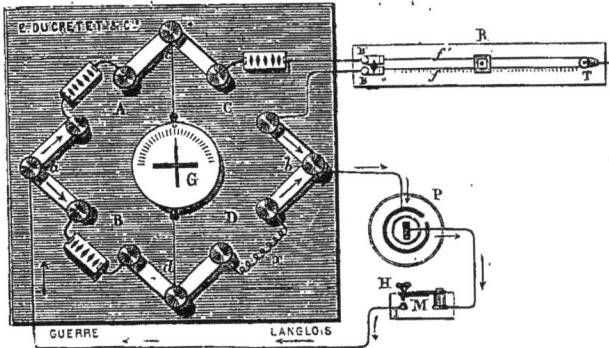

Fig. 452. — Pont de Wheatstone.

au pôle négatif de la pile par le chemin *a c b*, l'autre par le chemin *a d b;* des boîtes de résistance sont placées en A B C; on voit de plus en R un fil fin que l'on nomme Rhéostat dont on peut intercaler telle fraction que l'on veut dans le circuit *a c b*. On dispose en *x* la résistance à mesurer. Après avoir réuni les points *c* et *d* par un fil métallique que l'on nomme *le Pont* et qui comprend la bobine d'un galvanomètre G, on fait varier les résistances introduites par les boîtes B A C et le rhéostat R jusqu'à ce que l'aiguille du galvanomètre G prenne la même position que s'il n'y avait pas de piles. On lit alors les résistances introduites par les boîtes et le rhéostat. La théorie montre que la résistance inconnue *x* est telle que : $x \times A = B \times C$, formule qui fait connaître *x* en ohms, si les boîtes de résistance et le rhéostat ont été graduées en ohms.

motrice du Générateur en Volts. Ces appareils se nomment *Ampèremètres* (*fig.* 450) et *Voltamètres* (*fig.* 275). Ils jouent le rôle du manomètre dans la conduite d'une machine à vapeur.

L'unité pratique de travail choisi au Congrès de 1889 est le *Joule,* elle vaut dix millions d'ergs.

L'unité de puissance d'un moteur est le *Watt* qui est la puissance d'un moteur capable de fournir en une seconde dix millions d'ergs. Le cheval-vapeur vaut 736 watts. Dans le système du mètre il vaut 75 kilogrammètres. Un moteur, qui est capable de soulever cent fois 75 kilogrammes à un mètre de hauteur en une seconde, a une puissance égale à 100 chevaux-vapeur ou à 73 600 watts.

Des appareils industriels connus sous le nom de *Wattmètres* font connaître à chaque instant la puissance développée par le Générateur électrique.

Tel est dans ses grandes lignes le système de mesures adoptée et dont l'invariabilité est garantie par des étalons construits avec grand soin et conservés à l'abri de toute altération.

Il n'a pas encore été parlé d'un groupe important de Grandeurs physiques qui se rattachent à la Température, Leur étude fait l'objet de l'Énergie Calorifique dont nous allons exposer les propriétés principales.

# LIVRE IV

## L'ÉNERGIE CALORIFIQUE

Fig. 453. — Le premier feu.

# CHAPITRE PREMIER

De tous les agents physiques, la chaleur est sans contredit celui dont nous ressentons et utilisons le plus directement les effets.

Son rôle est manifeste dans presque tous les phénomènes que nous observons à tout instant.

Dans l'industrie, ses applications sont nombreuses et importantes.

La chaleur est une forme de l'Énergie, ainsi que nous l'établirons bientôt. Elle peut être dépensée en travail mécanique ou créée par une dépense de travail mécanique.

Les mots de *chaleur* et de *froid* correspondent à des sensations opposées et parfaitement nettes. Toutefois, ces mots n'indiquent que des états relatifs.

Si, par exemple, on plonge une main dans un vase contenant de la glace, et l'autre dans de l'eau chauffée, les deux sensations sont loin de se ressembler : la main plongée dans la glace *sent le froid;* l'autre *sent le chaud.* Mais si, après avoir laissé quelques temps les mains dans ces deux vases, on vient à les mettre dans de l'eau placée dans les conditions ordinaires, on éprouve pour chacune d'elles une sensation différente et inverse des précédentes jusqu'au moment où ces deux sensations se confondent.

Deux corps étant d'abord identiques, *la chaleur est ce qu'il y a en plus dans le corps qui devient plus chaud.*

Lorsque la sensation du toucher est la même pour les deux corps, ils sont dits à la même *Température.* Si l'un devient plus chaud, sa température s'élève; s'il devient plus froid, sa température s'abaisse. Ce sont là évidemment des définitions grossières et provisoires.

Heureusement, la chaleur produit des modifications d'une autre nature, susceptibles d'être appréciées avec précision. Ces modifications sont fort variées, mais il en est une qui est fondamentale : la *variation de volume, de dimension.*

En général, quand un corps s'échauffe il augmente de volume, *il se dilate;* il diminue au contraire de volume quand il se refroidit, *il se contracte.*

Les particules d'un corps liées par la cohésion sont éloignées les unes des autres par la chaleur, la force de cohésion diminue et le corps, s'il était solide, peut être amené à l'*état liquide;* puis la cohésion est amoindrie de plus en plus et s'évanouit pour faire place à l'expansibilité lorsque le liquide devient un corps gazeux, une vapeur.

Une même substance passe ainsi successivement par trois états principaux : l'eau par exemple peut être solide, liquide ou en vapeur.

Quelquefois un corps passe de l'état solide à l'état de vapeur sans transition visible. C'est le cas par exemple de l'iode solide qui chauffé émet sans fondre une vapeur d'une belle couleur violette. C'est là ce que l'on nomme une *sublimation.*

En général, la dilatation conduit à l'état gazeux. Mais le gaz continue encore à se dilater.

Prenons un vase rempli d'air communiquant par un tube de dégagement avec la partie supérieure d'une éprouvette pleine de mercure et reposant sur une cuve à mercure.

Chauffons le vase, des bulles se dégagent à travers l'éprouvette dont elles gagnent la partie supérieure en refoulant le mercure.

L'air se dilate donc sous l'action de la chaleur; il se raréfie de plus en plus et tend peut-être vers ce quatrième état de la matière que Faraday nommait *état radiant.*

Recommençons la même expérience en fixant au tube de dégagement un petit sac en papier, nous ne tardons pas à le voir se gonfler et s'élever dans l'air.

L'air chauffé est donc plus léger que l'air froid. Il s'élève dans l'air froid en vertu du principe d'Archimède (p. 652.)

Qu'arrive-t-il si l'on chauffe un autre gaz que l'air?

Prenons une série de vases identiques remplis de gaz différents, les vases étant placés sur le même foyer, on constate que les éprouvettes se rempliront d'un même volume de gaz.

En d'autres termes, la dilatation est dans les mêmes circonstances indépendantes de la nature du gaz. L'oxygène, l'azote, l'hydrogène, etc., se dilatent également.

En répétant la même expérience avec les liquides, on constate sans peine, en premier lieu, que leur dilatation est bien moindre que celle des gaz et de plus qu'elle diffère suivant leur nature. L'alcool se dilate beaucoup plus que l'eau, etc.

Les liquides étant enfermés dans des vases, il semble au début que la chaleur les contracte, mais ce n'est là qu'une simple apparence qui tient à la dilatation que subit tout d'abord le vase ([1]).

Comparons la dilatation de l'eau à celle de l'alcool par exemple :

Deux ballons identiques, de même capacité, surmontés d'une tige de faible section, sont remplis, l'un d'alcool, l'autre d'eau. Plongeons les ballons dans de l'eau chaude : les niveaux sur un même plan horizontal s'abaissent simultanément, c'est l'enveloppe qui se dilate, mais voilà l'effet de la chaleur qui commence à se faire sentir sur le liquide, les niveaux se relèvent, celui de l'eau s'élève lentement, celui de l'alcool beaucoup plus vite. D'autres liquides conduisent aux mêmes résultats, chacun possède une dilatation qui lui est propre.

Si nous sortons les ballons du bain où ils sont plongés, les niveaux s'abaissent progressivement et viennent reprendre leur position primitive dans leur tige.

Le ballon qui contient de l'eau est-il plongé dans un mélange réfrigérant de glace pilée et de sel par exemple, le niveau de l'eau baisse encore dans le tube, celle-ci se contracte donc en refroidis-

1. On ne constate, en effet, qu'une dilatation résultante appelée *dilatation apparente.*

sant; mais la contraction s'arrête et le niveau de l'eau remonte, le refroidissement dilate donc maintenant l'eau qu'il contractait d'abord. La plupart des liquides ne présentent pas cette anomalie.

Si une bouteille de fer, même très épaisse, est remplie d'eau, fermée par un bouchon à vis, puis plongée dans un mélange réfrigérant, l'eau se contracte, mais à un moment donné elle se dilate, sa prison devient trop étroite et rien ne peut résister à l'effort de cette dilatation, la bouteille éclate. A cette particularité présentée par la dilatation de l'eau est liée comme conséquence la persistance d'une chaleur modérée du fond des masses d'eau, même pendant les froids rigoureux. Cette circonstance, d'une part et de l'autre, la légèreté spécifique de la glace, ainsi que la faible conductibilité de l'eau ont pour effet de soustraire à la mort les animaux et les plantes qui peuplent les rivières, les fleuves, la mer.

« De tels faits, dit Tyndall ([1]), excitent naturellement et justement notre émotion; en réalité, les rapports de la vie avec les conditions essentielles de son existence, cette adaptation générale dans la nature des moyens à la fin excitent au plus haut degré l'intérêt du philosophe; mais quand il s'agit de phénomènes naturels, il faut bien surveiller ses sentiments; ils nous conduiraient souvent, sans que nous nous en doutassions, à dépasser les limites du fait. Par exemple, j'ai souvent entendu invoquer cette propriété de l'*Eau* comme une preuve irréfragable et unique en son genre de dessein dans la nature et de pure bienveillance. Pourquoi, disait-on, l'eau jouirait-elle d'une propriété aussi merveilleuse si ce n'était pas pour défendre la nature contre elle-même?

« Le fait est cependant que l'eau n'est pas seule dans ce cas. Vous voyez cette bouteille de fer crevée du goulot jusqu'au fond; je la brise avec un marteau et elle vous apparaît remplie à l'intérieur par un noyau métallique.

« Ce métal est du bismuth; je l'ai versé dans la bouteille lorsqu'il était fondu, et j'ai bouché la bouteille avec une vis, exactement comme dans le cas de l'eau.

« Le métal s'est refroidi, il s'est solidifié, il s'est dilaté, et la force d'expansion a suffi pour faire éclater la bouteille.

---

1. *La Chaleur mode de mouvement*, par John Tyndall.

« Il n'y avait pas ici de poissons à sauver, et cependant le bismuth fondu s'est comporté exactement comme l'eau.

« Qu'il me soit permis de le dire une fois pour toutes, le physicien en tant que physicien n'a rien à faire avec le but ou le dessein, avec les causes finales : c'est-à-dire que sa mission est de rechercher ce qu'est la nature, non pourquoi elle est; ce qui n'empêche pas que, comme les autres et plus que les autres, il doive se sentir emporté d'admiration en présence des mystères qui l'environnent de toutes parts et dont ses études ne sauraient lui donner le dernier mot. »

Demandons encore à l'expérience de nous renseigner sur la dilatation des solides :

Prenons deux barres de longueur égale, l'une de cuivre, l'autre de fer, et déposons la tige de fer dans un *pyromètre à cadran*. Ce pyromètre se compose de deux colonnettes fixées sur une table en bois. L'une porte un levier dont la grande branche est formée par une aiguille capable de se mouvoir sur un cadran divisé, au centre duquel est l'axe de rotation du levier. L'autre possède une vis de presssion permettant d'y fixer la tige. Cet appareil est semblable au Comparateur (p. 636.)

La tige de fer est placée de manière que, lorsqu'elle est dans les conditions ordinaires, son extrémité vienne toucher le levier et que l'aiguille se trouve au zéro de la graduation, puis on la chauffe au moyen d'une lampe à gaz.

La tige s'allonge alors, et comme elle est fixée à l'une de ses extrémités, tout l'effet de la dilatation se porte sur l'autre extrémité qui fait manœuvrer le levier et, par suite, l'aiguille est déplacée.

Le gaz éteint, la tige se refroidit, se contracte et l'aiguille revient au zéro de la graduation, à sa position première.

Remplaçons maintenant la tige de fer par la tige de cuivre, l'aiguille dans sa déviation maximum s'arrête en un autre point du cadran et se trouve écartée davantage du zéro bien que placée dans les mêmes conditions.

La tige de cuivre s'est donc plus dilatée que la tige de fer de même longueur qu'elle. Il est préférable de chauffer les deux tiges côte à côte en les plongeant dans un même bain.

Voici deux lames de même longueur, l'une en platine, l'autre en argent soudées ensemble. Elles ne semblent former qu'un seul ruban parfaitement plat.

Chauffons-les, la lame d'argent étant plus dilatable que celle de platine s'allonge davantage; en conséquence, le ruban se courbe et s'enroule, la face convexe étant formée par la lame d'argent.

Un corps solide augmente de volume sous l'action de la chaleur. Un anneau métallique est fixé par une vis de pression sur une tige recourbée supportant à son extrémité une boule de même métal que l'anneau. Le diamètre de la sphère est tel qu'à froid elle passe exactement à travers l'anneau. Dès qu'on la chauffe, elle se dilate et elle ne peut plus passer à travers l'anneau. Chauffons en même temps l'anneau et la boule, la boule ne cesse plus alors de passer à travers l'anneau. Un corps creux se dilate donc comme un corps massif.

*La capacité d'un corps creux se dilate comme une masse de la même substance qui remplirait la cavité.*

Si l'anneau était en fer et la sphère en cuivre, la boule de cuivre cesserait de traverser l'anneau dès qu'on chaufferait l'appareil, cela montre qu'elle se dilate plus que l'anneau de fer. Cette inégale dilatibilité des corps sous l'action de la chaleur a été utilisée en horlogerie.

L'expérience montre que les pendules de même longueur oscillent dans le même temps s'ils s'écartent peu de la verticale. On a construit sur le principe de l'oscillation isochrone des appareils destinés à la mesure du temps.

La chaleur modifiant la longueur du pendule, modifie, par cela même, la durée de l'oscillation, celle-ci diminue si le pendule s'allonge. Il va de là qu'une horloge réglée par un pendule retardera si celui-ci s'échauffe, avancera s'il se refroidit. Pour atténuer ces effets plusieurs dispositions sont employées dans l'horlogerie de précision sous le nom de *Pendules compensateurs.*

Le pendule compensateur le plus en usage est celui de Brocot. Il est formé (*fig.* 454) d'une tige de fer supportant une lentille métallique.

De la partie supérieure émanent deux tiges de cuivre *c c* qui, par l'intermédiaire des leviers $aa$ et des pivots $tt$ fixés à la lentille, relèvent cette dernière lorsqu'il y a échauffement.

Les bras de levier sont choisis de telle façon que par l'effet inverse des dilatations du cuivre et du fer, le centre de la lentille demeure à la même distance de l'axe de suspension.

La force de traction qui accompagne la dilatation des solides est extrêmement considérable; il suffit pour s'en convaincre de calculer l'effort mécanique qu'il faudrait exercer pour produire un effet équivalent. Ainsi, une barre de fer de 1 centimètre carré de section, de 8 mètres de long, passant d'un bain de glace fondante à un bain d'eau bouillante, exerce sur les obstacles fixes qui lui sont opposés au moment de la dilatation un effort de 2 500 kilogrammes.

On peut tirer parti de la dilatation ou de la contraction des verges métalliques pour exercer de très grands efforts. M. Molard, ancien directeur du Conservatoire des Arts et Métiers, fit relier deux murs d'une galerie qui s'étaient déviés de la verticale et se renversaient en dehors par des barres de fer. Il chauffa ces barres au rouge et les fit alors serrer fortement en dehors par des écrous. Les barres en se refroidissant ramenèrent les murs dans la verticale.

Il convient de remarquer, que la dilatation des métaux très petite, quand on rapporte sa valeur à l'unité, peut devenir considérable si la longueur qui se dilate est considérable elle-même.

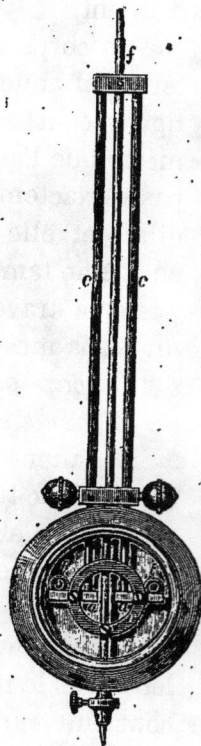

Fig. 454.
Pendule compensateur
de Brocot.

Ainsi la ligne de fer qui s'étend de Paris à Marseille a 800 kilomètres environ de longueur, une barre de fer de un mètre de longueur peut, entre le plus grand froid de l'hiver et la plus grande chaleur de l'été, se dilater de $0^m,0006$. La ligne entière dans cette période aura subi une variation de 480 mètres, variation très grande qui, si les rails formaient une ligne continue au moment de leur pose, descellerait et briserait la ligne.

Nous avons vu que les solides se dilataient en tous sens et que

PHYSIQUE POPULAIRE.

leur dilatation pour l'unité de longueur par exemple, variait avec leur nature.

Non seulement les divers corps se dilatent différemment sous l'action de la chaleur, mais un même corps peut se dilater différemment dans les divers sens.

Prenons un échantillon de spath d'Islande (*fig.* 382).

La mesure des angles donnés par les faces, lorsque l'on chauffe le cristal, indique des variations angulaires, ce qui est la preuve d'un changement de longueur variable avec la direction considérée. La dilatation la plus considérable a lieu suivant l'axe AA' du cristal. Entre cet axe et le plan qui lui est perpendiculaire la dilatation diminue d'abord à mesure qu'on l'observe suivant une ligne plus inclinée sur l'axe; elle devient nulle pour une certaine inclinaison; puis l'inclinaison augmentant, on constate, au contraire, une contraction qui atteint son plus grand effet dans une direction perpendiculaire à l'axe. Toutefois, le volume du cristal augmente, car l'effet de la dilatation est plus grand que celui de la contraction.

Ce fut Mitscherlich qui signala ce fait pour le spath.

M. Fizeau étudia de nouveau la question et ses observations portèrent sur un grand nombre de substances. Il fit usage dans ses recherches des propriétés des *Anneaux de Newton* (p. 611).

Lorsque la chaleur prolonge son action sur un corps solide, il arrive un moment, ainsi qu'il a été dit, où l'état physique du corps se modifie; il passe à l'état liquide: on dit qu'il *fond*. C'est là le phénomène de la *Fusion*.

Quelques corps, le charbon par exemple, ont résisté à tous les essais tentés pour les faire passer à l'état liquide; ceci ne doit être attribué qu'à l'insuffisance des moyens mis en usage, et ne saurait altérer la généralité du principe que tous les corps, suivant l'action de la chaleur à laquelle ils sont soumis, peuvent affecter l'état solide, l'état liquide ou même l'état gazeux. Il faut remarquer cependant qu'un corps peut, soumis à l'action de la chaleur, éprouver avant de fondre une véritable décomposition. Si, par exemple, on essaye de fondre de la craie en la plaçant au-dessus d'un foyer intense, cette substance, qui n'est autre chose que du carbonate de chaux, laisse dégager à un certain moment son acide carbonique et il ne reste que la chaux; mais si on a soin d'enfermer la matière dans un vase clos qu'elle remplit, une portion seulement se décompose et, sous la pression qu'exerce le gaz dégagé, une autre partie demeure intacte et peut être amenée à l'état liquide. Halles, physicien du siècle dernier, a fait avec succès une série d'expériences analogues. Le passage de l'état solide à l'état liquide se fait ordinairement d'une manière brusque; mais il n'en est pas toujours ainsi. Le verre, par exemple, avant d'arriver à l'état liquide, passe par une série d'états intermédiaires pendant lesquels il présente une consistance pâteuse qui permet de l'étirer en fils d'une très grande finesse, de le souffler et de lui donner facilement les formes les plus variées. Cette propriété est la base du travail du verre.

La chaleur n'est pas le seul agent qui fasse passer un corps de l'état solide à l'état liquide. L'action d'un liquide peut conduire au même résultat. C'est ce que l'on constate en jetant un morceau de sucre ou de sel dans l'eau. On dit alors que ces corps *fondent* dans l'eau. Ce phénomène, bien distinct du précédent, porte le nom de *dissolution.* La chaleur peut dans certains cas faciliter la dissolution. Par contre, si l'on vient à effectuer une dissolution rapide du corps, on observe la production de froid, quelquefois même considérable.

C'est sur ce fait qu'est fondée la préparation des *mélanges réfrigérants.* Ces mélanges sont formés en général de deux substances dont l'une au moins est solide, et passe à l'état liquide en produisant du froid. Le mélange le plus commun est celui de deux parties de glace et d'une partie de sel. Il y a, à la fois, fusion de la glace et dissolution du sel dans l'eau formée, ce qui produit un double refroidissement. Ce mélange sert à congeler l'eau artificiellement, et est le plus souvent employé dans les glacières servant aux usages de l'économie domestique.

Cinq parties de sel ammoniac, cinq parties de salpêtre et seize parties d'eau mélangées produisent le même effet.

Pour les glacières artificielles, on se sert généralement d'un mélange d'acide chlorhyrique et de sulfate de soude.

L'appareil est formé d'un cylindre en fer-blanc recouvert d'une enveloppe de feutre, dans l'intérieur duquel on place le mélange réfrigérant. Au milieu de ce dernier se trouve un vase en forme d'U, qui renferme le liquide à congeler. On place quelquefois l'appareil sur un chariot, ce qui permet de lui donner un mouvement de bascule qui active l'opération.

*La solidification* est le phénomène inverse de la fusion; c'est le passage à l'état solide d'un liquide que l'on refroidit. Cette transformation doit être considérée comme générale en elle-même, bien que quelques liquides, comme l'alcool absolu, le sulfure de carbone n'aient pu encore être congelés. Il arrive quelquefois, lorsque le liquide est en petite quantité et à l'abri de toute agitation, que l'on peut le refroidir sans le solidifier, alors que dans les mêmes conditions il s'était congelé d'autres fois. On dit alors que le liquide présente le phénomène de *surfusion*. Il suffit, dans cet état, de la moindre agitation, du contact d'une parcelle du solide qui doit se former pour déterminer instantanément la solidification, ainsi que l'a démontré M. Gernez.

Lorsque le passage de l'état liquide à l'état solide se fait lentement, il arrive assez fréquemment que les molécules se groupent de manière à présenter des formes régulières et géométriques; c'est en cela que consiste la *cristallisation,* et les corps réguliers obtenus se nomment des *cristaux.* La forme cristalline que présente une substance est étroitement liée à la nature de la substance elle-même, et peut servir à la faire reconnaître; c'est donc un caractère extrêmement important et qui est dans les corps du règne inorganique l'équivalent, pour ainsi dire, de la forme dans les êtres organisés. Le bismuth, le soufre nous offrent un bel exemple de ce phénomène. Il est à remarquer qu'une substance saline dissoute cristallise de même par refroidissement ou par évaporation du dissolvant.

Pour avoir des cristaux bien nets, il faut avoir la précaution de *décanter*, au moment où la surface libre commence à se solidifier, la partie du soufre, du bismuth, etc., restée encore liquide.

En enlevant la croûte superficielle on trouve les parois latérales du vase où a été versé le liquide, tapissées de cristaux magnifiques.

Si l'on attendait trop longtemps, toute la masse se solidifiant, les cristaux se pénétreraient dans un enchevêtrement confus, et toute trace de structure cristalline pourrait disparaître. La glace nous offre un très curieux exemple de ce cas.

La tendance à revêtir une forme cristalline nous est indiquée

Fig. 455. — Cristaux : Fleurs de neige vues au microscope.

par les dessins de feuilles de fougère, relevés pendant l'hiver sur les carreaux de vitres; elle est fortement accusée par la symétrie des figures que présentent les fleurs de neige (*fig*. 455).

Toutefois, dans un bloc de glace, cette structure s'évanouit et il nous semble alors que la glace en bloc soit *amorphe*. M. Tyndall a réussi, par un ingénieux artifice, à montrer les éléments cristallins dont un globe de glace se compose. Prenons une plaque mince de glace, telle qu'elle se forme naturellement en hiver à la surface des eaux tranquilles. Plaçons là normalement sur le trajet du faisceau calorifique et lumineux qui provient d'une lampe électrique. Une lentille placée au delà permet de projeter sur un écran l'image de ce qui se passe au sein même du bloc. La chaleur reçue par la lame ne la fond pas uniformément, elle provoque, contre toute attente, des fusions partielles dans certains points de la masse. C'est d'abord une foule de petites bulles arrondies, d'une teinte foncée, sur lesquelles s'embranchent des rayons, généralement au nombre de six, espaces transparents provenant d'une fusion localisée. Leur forme et leur groupement figure autour de la bulle centrale, nouveau pistil, les six pétales d'une fleur.

Des altérations se produisent et les pétales se festonnent sur leur fond ; elles se dentellent figurant des feuilles de fougère semblables à celles observées sur les carreaux de vitres pendant l'hiver. Le rayon calorifique, à la façon d'un scalpel délié, isole de la lame de glace comme d'une gangue, les cristaux qu'il met à nu. Le pistil de ces fleurs de glace est dû à un vide partiel, résultant de ce que l'eau occupe un volume moindre que celui de la glace qui lui a donné naissance.

La plupart des corps augmentent de volume par fusion, et inversement leur solidification est accompagnée d'une contraction.

Toutefois il y a quelques exceptions fournies par la glace, le bismuth, l'argent et la fonte. C'est cette circonstance qui rend cette dernière substance propre au *moulage*, en lui permettant de pénétrer complètement dans tous les détails du moule.

La dilatation de l'eau au moment de la congélation est considérable, 1/14 environ. C'est en vertu de cette dilatation que les glaçons flottent à la surface des rivières. On dit alors que celles-ci *charrient*.

C'est cette propriété expansive de la glace qui compromet dans les fortes gelées les espèces végétales, ainsi qu'on a pu le constater pour la vigne, le mûrier, l'olivier, dans les hivers rigoureux. Les gelées les plus redoutables sont celles qui, tardives, se produisent

au printemps et frappent les végétaux au moment *où la sève* commence à circuler.

Un liquide abandonné à lui-même à l'air libre, diminue peu à
peu, puis disparaît complètement. On dit qu'il y a eu *évaporation*
du liquide.

Ce phénomène se produit plus rapidement encore pour certains
liquides qui sont dits plus *volatils*. La chaleur achève l'évaporation. Lorsqu'on laisse tomber une goutte d'éther, elle ne tarde pas
à disparaître en s'évaporant rapidement, tandis qu'une goutte d'eau
met un temps bien plus long à subir la même transformation.

Il n'existe pas de différence entre un *gaz* et une *vapeur*. Une
vapeur, c'est le gaz produit par l'évaporation d'un liquide ; un gaz
peut toujours être envisagé comme la vapeur d'un certain liquide.

Ordinairement, on se sert du mot vapeur pour désigner les corps
que nous rencontrons habituellement à l'état liquide ou solide,
comme l'eau, le soufre, etc., tandis qu'on réserve le mot gaz
pour les corps qui ne sont connus qu'exceptionnellement sous un
autre état, comme cela arrive, par exemple, pour l'acide carbonique, le gaz ammoniac, le chlore, etc.

La propriété caractéristique des gaz, l'expansibilité, la force
élastique, se manifeste facilement dans les vapeurs ; témoin l'expérience suivante :

Soit un ballon, dont la garniture supérieure possède deux ouvertures permettant, l'une la communication avec un manomètre à
air libre ; l'autre, l'emploi d'un ajutage à robinet communiquant
avec une machine pneumatique, on fait le vide dans le ballon, et
il s'établit dans les deux branches du manomètre une différence de
niveau égale à la hauteur du mercure dans le baromètre. On ferme
le robinet et on visse sur lui un second robinet dont la clef, au lieu
d'être percée de part en part, ne présente qu'une simple cavité.

On remplit l'entonnoir du liquide que l'on veut vaporiser. En
tournant la clef on introduit, à chaque tour, quelques gouttes de
liquide dans le ballon, sans mettre celui-ci en communication avec
l'atmosphère. A l'instant même où le liquide tombe dans le ballon,
la colonne de mercure s'abaisse dans la branche de gauche du
manomètre et indique ainsi un accroissement de force élastique.
Cette force élastique augmente successivement avec la quantité

croissante du liquide introduit. On ne voit pas de liquide dans le
ballon ; le liquide se vaporise donc au fur et à mesure de son introduction, et la force élastique de la vapeur formée va croissant avec
de nouvelles introductions de liquides jusqu'à un instant où le
manomètre n'indique plus de variation. A partir de ce moment, on
aperçoit dans le ballon quelques gouttes du liquide, qui s'accumule à mesure que l'on en introduit davantage. La quantité de
vapeur qui peut se former dans un espace vide, ne peut donc pas
dépasser une certaine limite. Cette limite atteinte, on dit que l'espace est *saturé*, et la force élastique de la vapeur dans cet espace
saturé est dite force élastique *maxima*.

Supposons introduite dans le ballon une quantité assez notable
de liquide, et chauffons-le. Immédiatement le manomètre indique
une augmentation de force élastique en même temps que la quantité de liquide diminue, et la force élastique maxima va croissant
très rapidement à mesure que la vapeur devient plus chaude.

Répétons la même expérience autrement.

Plaçons un baromètre sur une *cuvette profonde* (*fig.* 456) et
faisons passer quelques gouttes d'éther dans sa partie supérieure.
Le niveau du mercure s'abaisse aussitôt.

Le liquide s'évapore *complètement*, l'espace n'est pas saturé.
Soulevant ou abaissant le tube, la force élastique de la vapeur
varie ; elle est donnée à chaque instant par la différence qui existe
entre la hauteur de la colonne soulevée et la hauteur d'un baromètre normal.

La force élastique varie dans ce cas avec le volume occupé par
la vapeur, et l'expérience montre que :

Lorsque les vapeurs ne sont pas en contact avec un *excès* du
liquide qui leur a donné naissance, leur force élastique *suit* la loi
de Mariotte, c'est-à-dire que pour une même masse de vapeur, le
volume qu'elle occupe est inversement proportionnel à sa force
élastique. Enfonçant maintenant graduellement le tube, la force
élastique de la vapeur augmente, mais si l'on continue à enfoncer
le tube, on verra à un moment se former au-dessus du mercure de l'éther liquide, il y a *liquéfaction partielle* de la vapeur
d'éther ; et, à partir de ce moment la force élastique reste constante,
la quantité de liquide formée augmente seule si l'on continue à

abaisser le tube, la force élastique de la vapeur a atteint sa valeur maxima.

Nous pouvons répéter avec les mêmes appareils que précédemment des expériences analogues sans faire le vide dans le ballon, celui-ci renfermant de l'air ou tout autre gaz ou mélange gazeux. Les résultats sont identiques, la saturation se produit dans les mêmes conditions, avec cette différence toutefois que dans le vide la vapeur se forme *instantanément;* dans un gaz, au contraire, le phénomène est *plus lent.*

Gay-Lussac, qui a étudié ce phénomène, l'a résumé dans les deux lois suivantes :

1° *La vapeur se produit en égale quantité et avec la même force élastique dans un espace plein d'un gaz et dans un espace vide ;*

2° *Quand un espace déjà plein d'un gaz se sature de vapeur, on obtient la force élastique totale du mélange en ajoutant à la force élastique initiale du gaz la force élastique maxima de la vapeur.*

Lorsqu'un liquide contenu dans un vase ouvert est chauffé pendant un temps suffisant, l'évaporation qui se fait d'abord à la surface change d'allure, puis à un moment donné des bulles de vapeur se forment au sein de la masse

Fig. 456.

du liquide et viennent crever à la surface en imprimant à la masse un mouvement plus ou moins tumultueux accompagné d'un certain bruit. On dit que le liquide est entré *en Ébullition.*

Étudions la marche du phénomène dans un ballon de verre contenant de l'eau, par exemple.

Les parois du ballon, les premières échauffées, transmettent la chaleur au liquide en contact avec elles. La couche liquide échauffée devenant plus légère, s'élève à la surface et est remplacée par une couche d'eau froide plus lourde; celle-ci s'échauffe à son tour, monte à la surface et est remplacée par une autre plus froide, et ainsi de suite. Il s'établit un double courant de couches froides qui descendent et de couches chaudes qui montent, de telle sorte que toute la masse du liquide s'échauffe graduellement.

Ces mouvements *ascendants* et *descendants* sont mis en évidence en saupoudrant le liquide de sciure de bois. La sciure dessine le chemin parcouru par la couche liquide où elle se trouve.

Bientôt des bulles très fines de gaz se dégagent; ce sont des bulles d'air dissous. Un peu après des bulles de vapeur se forment sur les parois les plus chauffées, se détachent, s'élèvent dans des portions de liquide plus froides, où elles disparaissent en se dissolvant. Leur condensation provoque un frémissement du liquide, pronostic de l'ébullition prochaine. On dit que le liquide *chante*.

Enfin, les bulles deviennent plus nombreuses et finissent par se dégager à la surface en soulevant le liquide qui bouillonne.

Cette agitation du liquide est un des caractères de la vaporisation par *ébullition*.

Le manomètre nous permet de mesurer la force élastique maxima d'une vapeur. Voyons qu'elle est sa valeur dans le cas particulier de l'ébullition.

Dans le col d'un ballon contenant de l'eau en ébullition, introduisons un manomètre à air libre; le mercure remplissant la petite branche, à l'exception d'un petit espace occupé par de l'eau.

On voit cette eau se réduire en vapeur, bouillir et le mercure prendre un même niveau dans les deux branches.

La force élastique de l'atmosphère est donc équilibrée par la force élastique maxima de la vapeur de l'eau en ébullition.

L'expérience nous montre donc cette loi importante de l'ébullition :

*Pendant qu'un liquide bout, la force élastique de la vapeur qu'il émet est égale à la force élastique de l'atmosphère extérieure.*

Telle est la véritable définition physique de l'ébullition.

Il résulte des expériences de Faraday, de Dufour, etc., que :

1° *L'ébullition est absolument impossible dans un liquide privé d'air ou d'un autre gaz;*

2° *L'ébullition ne se produit pas même dans un liquide contenant un gaz dissous, si ce gaz reste en dissolution.*

3° *Elle a lieu aussitôt que les bulles de gaz apparaissent.*

La nature du vase peut apporter un retard à l'ébullition d'un liquide par suite de l'adhérence exercée par ses parois sur les bulles gazeuses.

Dans certains cas de vaporisation, le contact avec la paroi solide n'existe plus.

Ce mode de vaporisation se nomme la *Caléfaction*.

Si l'on prend une capsule d'argent fortement chauffée, et que l'on y verse une petite quantité d'eau, le liquide, au lieu de s'étaler à la surface de la capsule et de se volatiliser promptement, se réunit en un globule qui tourne sans cesse sur lui-même et s'évapore avec une *certaine lenteur* sans qu'il y ait une ébullition sensible.

Si l'on cesse de chauffer la capsule, celle-ci se refroidit, l'eau s'étale, à un moment donné, sur le fond, et se réduit subitement en vapeur, en faisant entendre un bruissement plus ou moins intense. Ce phénomène est très anciennement connu.

Boutigny, en 1842, en a fait l'objet de recherches nouvelles très détaillées; c'est à lui qu'est dû le mot de *Caléfaction*, qui sert à les exprimer.

La caléfaction peut se produire avec des liquides quelconques, même très volatils, et l'on constate que le liquide ne bout pas pendant la caléfaction.

On peut, dans un creuset de platine chauffé au rouge blanc, congeler de l'eau ou du mercure. Cette expérience très curieuse a été imaginée par Boutigny.

Il suffit de verser dans le creuset porté au rouge blanc de l'acide sulfureux liquide, celui-ci *se caléfie*, prend l'état sphéroïdal et son évaporation lente produit un froid qui solidifie un peu d'eau jetée dans le creuset. Un glaçon se forme au fond du creuset incandescent.

Si l'on remplace l'acide sulfureux par le protoxyde d'azote liquide, on verse du mercure qui se trouve instantanément solidifié par son contact avec le liquide.

Mais comment un liquide peut-il rester dans cet état au milieu d'un creuset incandescent?

On trouve la raison de ce phénomène dans ce fait qu'un liquide caléfié ne mouille pas et, par conséquent, ne touche pas le vase qui le supporte.

On démontre ce fait par l'expérience suivante : on dispose un disque d'argent, plan parfaitement horizontal; on fait chauffer la plaque et on y verse quelques gouttes d'eau qui prennent l'état sphéroïdal. A l'aide d'un fil de platine qui pénètre dans le globule, on maintient celui-ci vers le centre de la plaque.

Une bougie placée d'un côté du globule, alors que l'on regarde de l'autre, permet d'apercevoir distinctement l'espace qui sépare le globule de la plaque.

On peut aussi lancer le faisceau lumineux de l'arc électrique de manière à raser la surface métallique, et l'on peut alors, avec une lentille convergente convenablement placée, projeter sur un écran l'image grossie de la goutte et de l'espace linéaire très lumineux qui la sépare du disque.

Il résulte de cet isolement du globule qu'il se produit sur toute sa surface une évaporation active qui empêche la chaleur de provoquer l'ébullition.

Perkens a pu exercer une pression de 60 atmosphères sur de l'eau caléfiée dans un tube de fer, sans que celle-ci veuille passer à travers une petite ouverture ménagée dans le tube.

Certains phénomènes, incompréhensibles jusqu'alors, trouvent leur explication naturelle avec la connaissance de la caléfaction.

On a vu quelquefois des chaudières à vapeur faire explosion pendant leur refroidissement. C'est que l'eau d'alimentation, étant souvent calcaire, recouvre la chaudière d'un enduit solide qui isole l'eau de l'enveloppe métallique.

Imaginons cette enveloppe portée au rouge, puis abandonnée au refroidissement. L'écorce calcaire peut se déchirer et l'eau arriver au contact du métal. La caléfaction se produit ; mais le refroidissement continuant, la caléfaction cesse, et l'eau, brusquement vaporisée, peut amener l'explosion de la chaudière.

Boutigny justifie cette explication par l'expérience suivante :

Une petite bouteille métallique est fortement chauffée. Quelques gouttes d'eau projetées à l'intérieur s'y caléfient. On bouche alors fortement la bouteille et on l'abandonne au refroidissement.

Au moment où la caléfaction cesse, l'eau se vaporise brusquement et le bouchon saute, tandis qu'un jet de vapeur s'échappe du goulot.

Certains faits réputés merveilleux s'expliquent alors nettement.

Au moyen âge, quelques suppliciés étaient condamnés à lécher un fer rouge. Souvent la salive au contact du métal incandescent se caléfiait, et la langue, soustraite au contact du fer, n'était pas brûlée.

On peut du reste impunément couper de la main un jet de fonte incandescente, si on a pris la précaution de la mouiller au préalable avec un liquide volatil, tel que l'alcool ou l'éther.

C'est ainsi que certains bateleurs suscitent l'étonnement en se faisant couler du plomb fondu sur les bras.

La connaissance des phénomènes généraux qui se rapportent à l'ébullition des liquides et des lois qui la concernent permet de comprendre la résolution de deux questions d'un grand intérêt pratique :

1° Étant donné un liquide qui renferme en dissolution des sub-

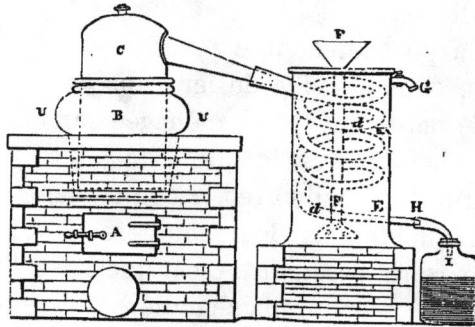

Fig. 457. — Appareil à distiller : Alambic.

stances fixes, telles que les matières salines en général, isoler ce liquide à l'état de pureté ;

2° Étant donnés plusieurs liquides mélangés, mais de volatilités différentes, les séparer l'un de l'autre.

Ces opérations, connues très anciennement, portent le nom de *distillation*.

L'eau des rivières, des sources, n'est pas pure : elle renferme des sels en dissolution. Pour divers usages de la chimie, on a besoin de la débarrasser de ces diverses substances afin d'avoir un liquide pur.

L'appareil dont on se sert est appelé *alambic*.

Il se compose d'une chaudière B appelée cucurbite, fermée par un chapiteau C qui, à l'aide d'une allonge, communique avec un tube *d* contourné en hélice, appelé *serpentin* (*fig.* 457). Ce serpentin plonge dans un vase E plein d'eau froide. Refroidie par cette eau, la vapeur émanant de l'eau portée dans la cucurbite à l'ébullition se condense dans le serpentin et *l'eau distillée* est recueillie dans le vase I.

La condensation de la vapeur ne tarde pas à échauffer l'eau du vase.

Pour éviter cet inconvénient, on la renouvelle. A cet effet, un tube F recevant de l'eau froide d'une manière continue plonge jusqu'au fond du réfrigérant, tandis qu'un ajutage G placé à la partie supérieure permet au trop-plein de s'écouler.

On remplit la chaudière aux trois quarts environ, mais il est indispensable, si l'on veut de l'eau pure, de ne pas pousser la distillation trop loin, et de s'arrêter lorsque l'eau dans la chaudière s'est réduite au quart de son volume initial.

Lorsqu'on distille un mélange de deux liquides inégalement volatils, il passe à la distillation, dans le début de l'opération, un mélange dans lequel la proportion du liquide le plus volatil se trouve augmentée.

En opérant de la même façon sur le mélange obtenu, on obtient un résultat analogue, et à l'aide de plusieurs distillations successives on finit par obtenir un mélange dans lequel domine le liquide le plus volatil sans l'obtenir toutefois à l'état de pureté. C'est ainsi qu'autrefois on tirait du vin les *trois-six*.

Cette méthode dite des *distillations fractionnées* nécessite de longues opérations augmentant le prix de revient. Aussi lui a-t-on substitué avec avantage la méthode de la distillation continue.

On fait passer la vapeur du mélange des liquides, avant de la conduire au serpentin, dans un appareil appelé *rectificateur*. La température y est moins élevée que dans la chaudière, de telle sorte que le liquide le moins volatil peut s'y condenser et retourner à la chaudière, tandis que la vapeur de l'autre marche dans le serpentin où s'opère la condensation.

Toutes les fois qu'un liquide s'évapore sans l'intervention de l'action d'un foyer, il se refroidit. C'est ainsi que si on verse sur la main de l'éther, on éprouve une sensation de froid très marquée.

C'est aussi le principe de l'emploi des *alcarazas* dont on se sert pour maintenir l'eau fraîche dans les pays chauds. Ce sont des vases en terre poreuse ; l'eau dont on les emplit suinte à travers leurs pores et s'évapore facilement à la surface extérieure en produisant du froid.

On peut même aisément congeler l'eau par le froid résultant de sa propre évaporation, à l'aide d'une expérience due en 1817 à Leslie, physicien Écossais.

On place sous le récipient de la machine pneumatique un large vase (*fig.* 459) à demi plein d'acide sulfurique. Une petite capsule

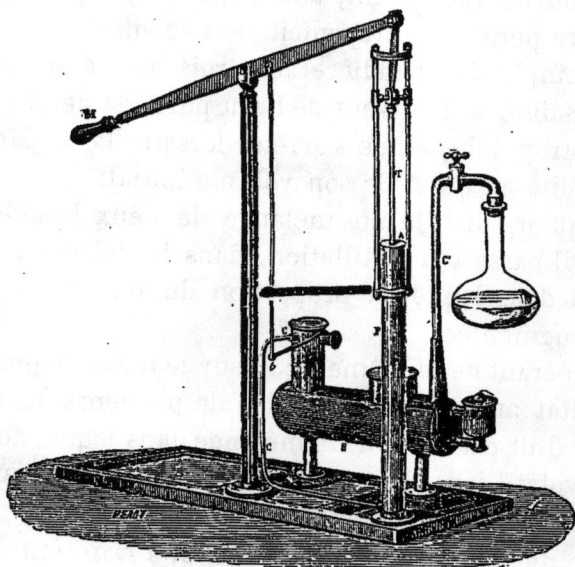

Fig. 458. — Appareil de Carré : Production de la glace.

en cuivre très mince contenant quelques gouttes d'eau repose par trois pieds sur les bords du vase. On fait le vide, l'eau s'évapore rapidement et est absorbée à mesure qu'elle se forme par l'acide sulfurique, et on ne tarde pas à voir paraître la glace.

M. Edmond Carré a construit sur ce principe un appareil qui permet d'obtenir, en quelques instants, une masse de glace assez considérable.

Il se compose (*fig.* 458) d'un réservoir en plomb contenant de l'acide sulfurique et auquel est soudé un tube deux fois recourbé, à l'extrémité duquel on peut assujettir à l'aide d'un caoutchouc une carafe contenant de l'eau. Le réservoir communique avec une pompe pneumatique. Au levier de la pompe s'adapte une tige métallique qui met en mouvement, pendant que celle-ci fonctionne, un agitateur placé dans l'acide, qui renouvelle les surfaces d'absorption.

Le froid produit dépend de la rapidité de l'évaporation.

Il est évident que l'évaporation sera d'autant plus rapide que la quantité de vapeur du liquide contenu dans l'atmosphère ambiante sera plus petite. Ainsi l'expérience de Leslie ne réussirait pas sans la présence de l'acide sulfurique qui absorbe la vapeur d'eau à mesure qu'elle se forme.

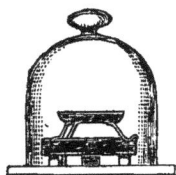

Fig. 459.

La rapidité de l'évaporation augmente aussi avec la surface de contact du liquide et de l'atmosphère ambiant.

C'est ainsi que se trouve expliquée la sensation de froid que l'on éprouve à la sortie d'un bain, alors que le corps est couvert d'une multitude de gouttelettes liquides.

Dans un air parfaitement calme l'évaporation est lente, car la couche d'air en contact avec le liquide est bientôt saturée. L'agitation de l'air active au contraire l'évaporation. Un vent un peu fort sèche bien vite le sol mouillé par la pluie. Un linge mouillé exposé au vent, se sèche rapidement, et d'autant plus rapidement que le vent lui-même est plus sec.

En été, lorsque la peau est mouillée par la sueur, il faut éviter de rester dans un courant d'air qui pourrait déterminer un refroidissement funeste par la rapidité de l'évaporation de la sueur.

Un liquide se vaporise d'autant plus facilement qu'il est plus chaud, puisque la force élastique de sa vapeur croît avec la température.

D'autre part, l'élévation de température du milieu ambiant accélère l'évaporation en reculant la limite de saturation de ce milieu.

Le caractère le plus net auquel on reconnaît qu'une vapeur possède sa force élastique maxima, est la présence du liquide qui lui a donné naissance. *Liquéfier un gaz* n'est autre chose qu'amener ce corps à posséder sa force élastique maxima, puisque à ce moment la moindre diminution de volume doit faire apparaître le liquide qui lui a donné naissance.

Une vapeur placée dans des conditions absolument inverses de celles qui ont présidé à sa formation, reprend l'état liquide.

Pendant l'hiver, la vapeur d'eau qui existe dans un appartement chauffé, reprend l'état liquide au contact des vitres refroidies par l'air extérieur.

La vapeur sortant de nos poumons par la respiration se condense en un brouillard en arrivant à l'air froid. Une vapeur revient par-

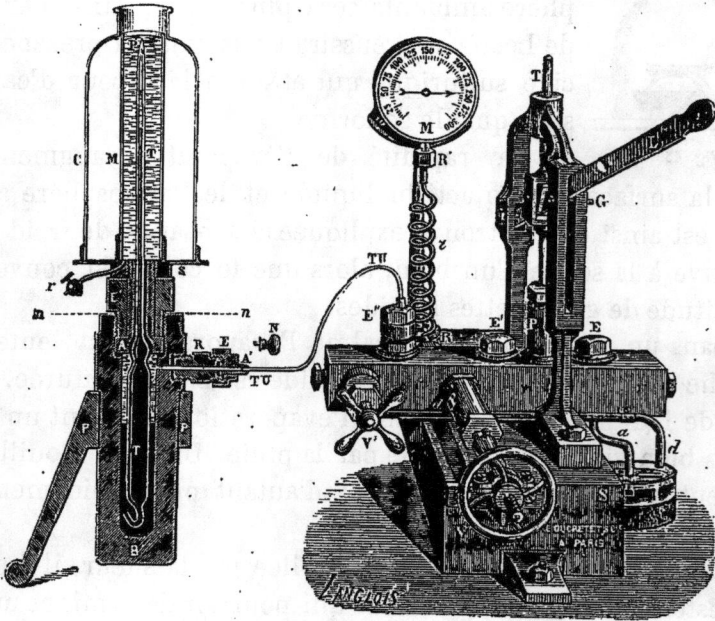

Fig. 460. — Appareil Cailletet pour la liquéfaction des gaz.

tiellement à l'état liquide, lorsqu'on donne à sa force élastique sa valeur maxima, puisqu'elle devient alors vapeur saturée.

Ce changement d'état est appelé *condensation*. De même que l'évaporation consomme de la chaleur, le retour de la vapeur à l'état liquide doit en reproduire une quantité exactement égale. La condensation est en effet accompagnée d'un dégagement de chaleur. C'est sur cette revivification de la chaleur d'évaporation, au moment où la vapeur se condense, qu'est fondé le chauffage à la vapeur.

En soumettant les gaz soit à un *refroidissement*, soit à une *compression* soit enfin aux deux moyens à la fois, il est possible de les ramener *sans exception aucune* à l'état liquide.

PHYSIQUE POPULAIRE.

Davy est le premier qui ait réussi dans ce genre de tentatives, en liquéfiant le chlore. Après lui, Faraday est parvenu à convertir en liquides un grand nombre de gaz.

Quand un gaz possède une force élastique maxima inférieure à la force élastique de l'atmosphère, pour un froid qu'il est possible d'obtenir, on le liquéfie en le faisant arriver dans un tube débouchant dans l'atmosphère et placé dans un mélange réfrigérant convenable.

C'est ainsi qu'en entourant le tube de glace, on liquéfie l'acide hypoazotique, l'acide hypochloreux, etc.

En se servant d'un mélange de glace et de sel pour refroidir le tube, on liquéfie l'acide sulfureux.

Le chlore, le cyanogène, l'ammoniaque ont été liquifiés par MM. Drion et Loir, en produisant le froid par l'évaporation rapide de l'acide sulfureux liquide.

Le gaz soumis à l'expérience doit pour la réussite être pur. Si l'on opérait en effet sur un gaz mélangé à un autre, le gaz que l'on veut liquéfier n'aurait pas dans le mélange la force élastique de l'atmosphère, et pour le froid produit la force élastique du gaz pourrait être inférieure à sa force élastique maxima que l'on doit atteindre pour la possibilité de la liquéfaction.

M. Cailletet a pu refroidir les gaz à un degré qu'il était impossible d'atteindre avec un mélange réfrigérant seul. Il s'est servi pour cela du refroidissement intense produit par la *détente*, ou décompression subite, du gaz soumis à l'expérience.

Il comprimait le gaz sous une pression de 2 ou 300 atmosphères le réduisant à un volume de quelques centimètres cubes, puis supprimant brusquement la pression, il permettait au gaz de reprendre d'un coup son volume primitif. Cette détente du gaz amenait la production d'un brouillard, signe de liquéfaction et par suite d'un froid produit considérable.

Nous reviendrons plus loin sur l'explication de ce phénomène.

M. Cailletet opère de la façon suivante :

Il recueille le gaz pur et desséché dans une éprouvette en verre T T. La partie inférieure de l'éprouvette est large de deux centimètres environ, et recourbée à l'extrémité. La partie supérieure est presque capillaire.

On amène le gaz pur et sec lentement par un raccord en caoutchouc engagé sur l'extrémité recourbée de l'éprouvette tenue horizontale, l'extrémité capillaire étant ouverte. Le gaz balaye l'air et dessèche les parois de l'éprouvette. On ferme à la lampe l'extrémité effilée, puis redressant l'éprouvette une goutte de mercure vient toucher la partie recourbée et empêche la rentrée de l'air.

L'éprouvette est alors placée dans un réservoir B (*fig*. 460), en fer à parois résistantes contenant du mercure. La partie large de l'éprouvette est située tout entière dans le réservoir. La partie capillaire seule débouche dans l'air. Une petite pompe aspirante et foulante G injecte de l'eau dans le réservoir B et comprime le mercure de l'éprouvette. Celle-ci se trouve également pressée extérieurement et intérieurement de sorte que, quoique mince, elle peut résister aux plus grandes pressions.

Le gaz est amené à n'occuper plus qu'une étroite portion du tube capillaire et possède alors une force élastique qui peut dépasser 300 atmosphères. Le manomètre métallique M indique cette force élastique.

A ce moment on tourne le robinet V', l'eau comprimée s'échappe par le tube *d* et le manomètre indique immédiatement la pression atmosphérique.

La détente s'est produite et dans le tube règne un brouillard qui indique la liquéfaction du gaz.

Autour du tube on met un manchon M rempli d'eau froide qui refroidit le gaz s'échauffant par la compression. Un large cylindre C protège l'opérateur en cas d'explosion.

M. Cailletet a réussi à liquéfier ainsi l'oxygène, l'hydrogène, l'azote, l'oxyde de carbone, le bioxyde d'azote, le formène, gaz réputés jusqu'alors *permanents* dans leur état (1877).

Les méthodes que nous venons d'exposer constituent le mode de liquéfaction par simple refroidissement. On peut opérer la liquéfaction par compression.

Dans ce cas on peut agir par l'intermédiaire d'une pompe sur une même masse de gaz dont on réduit le volume.

L'appareil de M. Cailletet donne, dans ce cas, de très bons résultats.

M. Cailletet a pu ainsi, sans se servir de la détente, amener par simple compression l'acide sulfureux, l'acide carbonique, le protoxyde d'azote, etc:, à l'état liquide.

M. Berthelot a indiqué une méthode simple et fort ingénieuse pour soumettre un gaz à une pression énorme.

Il enferme le gaz dans la tige d'un gros thermomètre à mercure. Le haut de la tige est refroidi par un mélange réfrigérant. Le réservoir est au contraire chauffé et le mercure monte par l'effet de sa dilatation comprimant le gaz. La limite de la compression est celle imposée par la résistance du tube. M. Berthelot se servait de thermomètres pouvant supporter une pression de plus de 800 atmosphères.

On peut opérer la compression d'une manière bien différente en accumulant le gaz dans un récipient résistant. On puise le gaz au moyen d'une pompe et on le refoule dans le récipient où l'on veut le liquéfier.

Faraday liquéfia la plupart des gaz en produisant ceux-ci par une réaction chimique à l'intérieur d'un vase clos; la masse du gaz augmentant de plus en plus, la pression croît jusqu'à ce que la liquéfaction commence. On arrive au même résultat par la *dissociation* (¹).

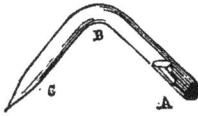

Fig. 461.
Tube de Faraday.

La première idée de la méthode appartient à Davy, mais c'est Faraday qui l'a mise en œuvre.

Supposons, par exemple, qu'il s'agisse de liquéfier le gaz ammoniac. On se sert d'un tube très résistant en U (*fig.* 461), dans l'intérieur duquel on introduit en C du chlorure d'argent ammoniacal. On chauffe cette extrémité et on refroidit l'autre A. Le chlorure qui peut absorber plusieurs centaines de fois son volume d'ammoniac, dégage ce gaz, mais, celui-ci, ne pouvant occuper qu'un volume restreint, se comprime et atteint bientôt sa force élastique maxima. A partir de ce moment, le liquide apparaît dans la branche refroidie du tube.

L'acide carbonique, produit par l'action de l'acide sulfurique sur du calcaire placé dans un récipient résistant, se précipite dans

1. Décomposition d'un corps limitée à chaque température par une force élastique fixe du gaz dégagé.

un condenseur qui joue le rôle de la branche refroidie de l'appareil de Faraday. En ouvrant celui-ci, l'acide carbonique s'échappe, une partie s'évaporant solidifie l'autre partie qui se présente alors sous la forme d'un corps solide blanc, spongieux, très mauvais conducteur de la chaleur et ne se réduisant plus que lentement en vapeur quand il est abandonné à l'air libre. L'acide carbonique, produit commercial que l'on expédie dans des enveloppes d'ouate, sert à préparer des mélanges réfrigérants ([1]).

M. Pictet, à Genève, en combinant la méthode de compression à celle du refroidissement, est arrivé en même temps que M. Cailletet, à liquéfier les gaz réputés permanents.

Maintenant que nous connaissons les phénomènes généraux de la chaleur, précisons ses propriétés.

Les sensations de chaleur et de froid ne sauraient servir de guide sûr dans l'étude des phénomènes calorifiques; il devient nécessaire d'introduire une grandeur qui représente l'état d'échauffement d'un corps, la qualité de la chaleur qu'il possède. Cette grandeur est la *Température*.

Pour un même corps, nous dirons que sa *température s'élève ou s'abaisse* suivant qu'il s'échauffe ou se refroidit, et que sa température est *stationnaire* lorsqu'il ne subit ni réchauffement, ni refroidissement.

Plaçons dans une même enceinte à température stationnaire, pendant toute l'expérience, plusieurs corps inégalement chauds, on reconnaît que les plus chauds se refroidissent, tandis que les plus froids s'échauffent; au bout d'un temps plus ou moins long, ces phénomènes inverses cessent de se produire et les corps se constituent dans un état d'équilibre calorifique:

Nous dirons que, dans cet état, ces corps et l'enceinte ont la *même température*. Il résulte de là que si un corps A cède de la chaleur à un corps B, A se refroidit et B s'échauffe, mais comme ils se trouvent, à la fin de l'expérience, tous deux à la même température et que, la température de A a diminué, tandis que celle de

---

1. On trouve également dans le commerce des barillets pleins de chlorure de méthyle, d'acide sulfureux, de protoxyde d'azote, d'oxygène, etc., liquides. — C'est la vaporisation rapide d'un gaz liquéfié qui constitue le moteur du *Fusil Giffard*.

B a augmenté, il en résulte qu'au début de l'expérience la *tem-\* *pérature de* A *est plus élevée que celle de* B. La température sera donc le facteur principal qui définit l'état calorifique d'un corps, le facteur qui règle les échanges de chaleur, ce sera, pour ainsi dire, la qualité fondamentale de la chaleur.

Nous avons étudié les phénomènes de dilatation produits en général par réchauffement, ceux de contraction produits par refroidissement.

D'après la définition même de la température, nous dirons :

*Le volume d'un corps éprouvant une même pression inté-* *rieure, dépend de sa température; en général, il augmente si* *la température s'élève, diminue si la température s'abaisse, et* *reprend toujours la même valeur, pour une même température,* *si le corps n'a subi, toutefois, aucune altération.*

Abandonnons à l'air un ballon contenant un liquide et dont le col est formé d'un long tube de faible section, nous constatons que le volume du liquide varie. L'air atmosphérique ne conserve donc pas toujours la même température. Pour avoir des indications comparables, ayant un sens, il est indispensable d'avoir des *tempé-* *ratures invariables.*

Plaçons notre appareil dans la glace fondante. Le niveau du liquide ne tarde pas à se fixer en un point qui est toujours le même lorsqu'on place le ballon dans la glace fondante, et cela quelles que soient les variations de température qui se produisent dans l'atmosphère qui entoure la glace en fusion. On exprime un tel fait en disant que la glace fondante possède toujours *la même température.*

Ce fait n'est pas particulier à la glace; il s'étend à tous les corps en fusion, et nous pouvons énoncer cette loi générale :

*La température d'un corps qui fond reste invariable pen-* *dant toute la durée de la fusion.* La température change, bien entendu, avec la nature du corps.

Un autre phénomène nous donne encore des températures constantes. Si nous plaçons notre appareil témoin dans la vapeur d'un liquide en ébullition, nous constatons que son niveau demeure invariable, et l'expérience nous permet d'énoncer cette loi générale :

*Un même liquide placé dans des conditions extérieures iden-* *tiques commence toujours à bouillir à la même température.*

*Pendant toute la durée de l'ébullition, la température du liquide reste constante.*

Nous avons donc ainsi une série de températures fixes, mais il y a plus encore, la température d'une vapeur saturée d'un liquide à l'ébullition varie non seulement avec la nature du liquide, mais encore *augmente avec la force élastique de l'atmosphère qui l'entoure.*

Cette propriété permet d'obtenir une *suite continue* illimitée de températures fixes.

Prenons un corps et considérons une qualité de ce corps. Cette qualité du corps peut définir sa propre température. Ainsi, le volume apparent d'un liquide, comme nous l'avons dit tout à l'heure, peut définir, par exemple, la température de ce liquide.

Ce corps et le milieu qui l'environne atteignent, au bout d'un certain temps, un équilibre de température; si la température du corps est connue, il en est de même de celle du milieu. Un tel corps est dit un *Thermomètre.*

Le *thermomètre* est donc un système *repérant sa propre température, et par suite celle de l'enceinte où il est en équilibre.*

Von Helmont ([1]), au commencement du XVIIe siècle, semble être le premier auteur qui fasse mention de la notion de température. Il décrit un instrument composé d'une boule remplie d'eau, surmontée d'un tube de verre dans lequel l'eau monte ou descend.

L'invention du thermomètre est attribuée à Cornelius Drebbel, qui en préconisa l'emploi au commencement du XVIIe siècle.

Son thermomètre se composait d'une boule en verre prolongé par un tube vertical plongeant dans un vase renfermant de l'eau acidulée. La boule était remplie d'air un peu raréfié; l'eau acidulée, pour résister à la gelée, s'élevait à des niveaux différents dans le tube, suivant la température.

Ainsi construit, cet instrument était sensible aux variations de la pression atmosphérique, dont on ignorait alors l'existence.

Les académiciens de Florence construisirent le premier ther-

---

1. Jean-Baptiste von Helmont, né à Bruxelles en 1577, mort en 1644.

momètre à liquide. La température était marquée dans leur instrument par la dilatation apparente de l'alcool.

Il est important de choisir convenablement le corps dont on devra faire un thermomètre.

Il faut rejeter comme agents thermométriques : 1° les corps qui présentent un minimum de volume à certaine température, car alors un même volume correspondrait à deux températures différentes. L'eau, par exemple, doit être écartée pour cette raison ; 2° les corps qui subissent sous l'action de la chaleur une altération chimique ; 3° les corps qui subissent par l'échauffement une altération mécanique. La plupart des corps solides, et en particulier les métaux et le verre, subissent, par un passage brusque d'une température à une autre, une sorte de trempe qui modifie la structure de leurs molécules.

Si nous mesurons, par exemple, la longueur d'une tige de verre plongée dans la glace fondante, puis que nous la replacions dans la glace fondante après l'avoir chauffée, nous ne retrouvons plus la même mesure pour sa longueur. Elle ne reprendra sa longueur primitive à la température de la glace fondante qu'au bout d'un temps variable et souvent excessivement long.

Les liquides et les gaz ne présentent pas cet inconvénient ; aussi sont-ils d'un emploi préférable, mais malheureusement ils doivent être enfermés dans des enveloppes solides qui introduisent leur dilatation irrégulière dans l'observation de la dilatation apparente du gaz ou du liquide.

Le fluide, après avoir été chauffé, reprendrait bien le même volume à la même température (placé toutefois dans des conditions extérieures identiques), mais la capacité de l'enveloppe a varié, et cette variation dénature l'indication du thermomètre.

Les liquides se dilatent plus que les solides et les gaz plus que les liquides, de sorte que cette cause d'erreur, faible déjà dans l'observation de la dilatation apparente d'un liquide, devient insignifiante dans celle d'un gaz.

Comment peut-on graduer un thermomètre, et par quelle conventions arrive-t-on à comparer les températures ?

Une *échelle thermométrique* est la formule conventionnelle de la définition des températures, et un *système thermométrique* est l'ensemble des considérations qui fixent les valeurs numériques des constantes de la formule de définition.

Les échelles furent d'abord arbitraires, et le caprice de chaque physicien réglait seul la graduation bizarre du thermomètre. Les

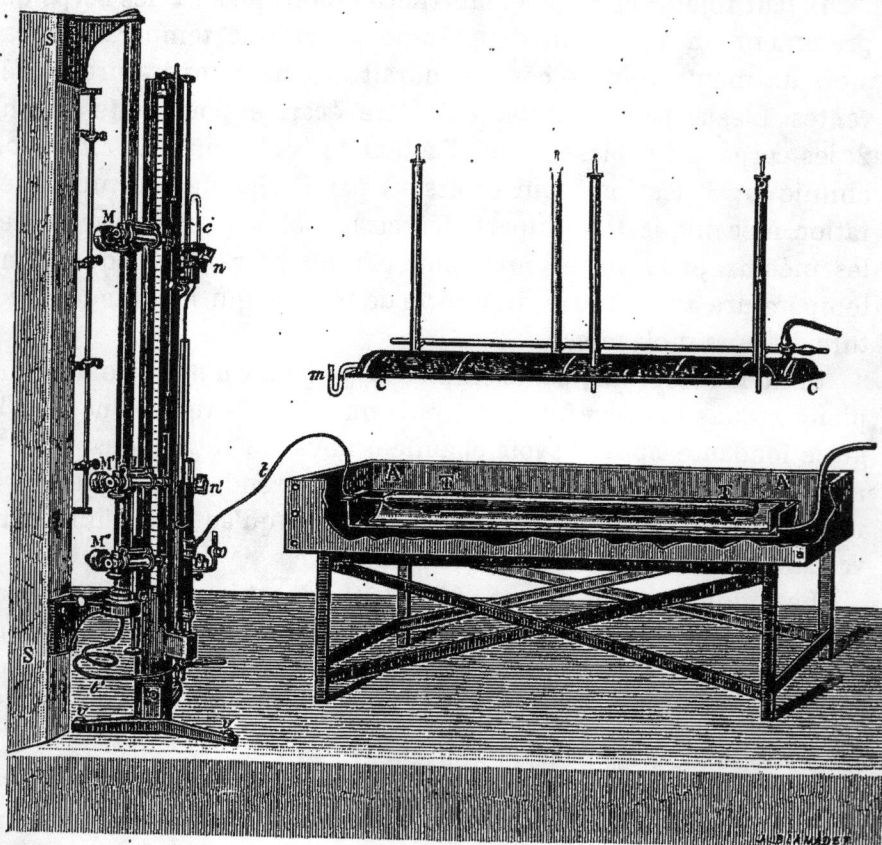

Fig. 462. — Thermomètre étalon (à gaz hydrogène) du Bureau International des Poids et Mesures.

uns marquaient le degré du froid au point où s'arrêtait l'alcool par un froid rigoureux d'hiver, les autres, tels que les académiciens de Florence, à la température des caves de leur observatoire.

Quant au degré du chaud, il était marqué soit au niveau où se maintenait l'alcool lorsque l'instrument était exposé aux rayons du soleil, soit à celui qu'il atteignait serré par la main d'un « fébricitant. »

Robert Boyle, le premier, vers le milieu du XVII° siècle, proposa comme *Point fixe* la température de la glace. Mais un seul point de repère était insuffisant.

Newton, en 1701, construisit un thermomètre avec de l'huile de lin et rapporta ses mesures à six points fixes, qui étaient la température :

1° De la glace fondante ; 2° du sang humain ; 3° de la fusion de la cire ; 4° de l'ébullition de l'eau ; 5° de la fusion d'un alliage de plomb, d'étain et de bismuth ; 6° de la fusion du plomb.

Il est évident que la graduation du thermomètre demeurant arbitraire, les différents thermomètres ne sont pas comparables entre eux, chacun donnant un nombre différent pour la même température.

C'est un inconvénient qui ne peut disparaître qu'avec la convention d'une *échelle uniforme*.

En France et dans la plupart des pays étrangers, on a adopté l'*échelle centigrade*.

On prend la température fixe de la glace fondante pour la température 0, et la température fixe de la vapeur d'eau pure et bouillant sous la pression qu'exerce à Paris une colonne verticale de mercure ayant 76 centimètres de hauteur dans la glace fondante pour la température 100.

On appelle *degré centigrade* la centième partie de la dilatation d'un corps passant de la température 0 à la température 100.

Nous dirons donc que la température augmente d'un degré centigrade toutes les fois que le thermomètre indiquera une dilatation qui sera la centième partie de sa dilatation entre les points fixes 0 et 100.

L'échelle thermométrique se continuera avec la même signification en deçà du point 0 et au delà du point 100.

Lorsque la température est *supérieure* à 0°, elle est dite *positive* ; si elle est au contraire *inférieure* à 0°, elle est dite *négative*.

Celsius ([1]) le premier imagina l'échelle centigrade, en insistant sur la nécessité de deux points fixes et de deux seulement. Il fit choix de la température de la glace fondante et de celle de la vapeur d'eau bouillante.

Fahrenheit, à peu près vers la même époque, 1714, construisit

---

1. Celsius, professeur de physique à l'Université d'Upsal, né en 1701, mort en 1744.

des thermomètres comparables. Il choisit pour corps thermométrique l'alcool et le remplaça quelque temps après par le mercure. Il marquait 0° à la température d'un mélange de glace fondante et de sel marin en proportions fixes, 212° à celle de l'eau bouillante.

Dans cette échelle thermométrique, la température de la glace fondante correspondait à la division 32°.

Réaumur (¹), en 1730, construisit des thermomètres avec un mélange d'alcool et d'eau. Il marquait le zéro de sa graduation à la température de la glace fondante, mais à la température de l'eau bouillante correspondait la division 80.

La définition directe du degré centigrade peut subir une modification dans le cas où le corps thermométrique est un gaz.

Nous avons vu que les gaz obéissent à la loi de Mariotte, c'est-à-dire que pour une même masse de gaz à la même température, le volume varie en raison inverse de la pression supportée.

Une observation de changement de volume d'une masse gazeuse qui conserve la même force élastique lorsque la température varie, est pénible à effectuer et sujette à erreur.

Aussi préfère-t-on lui substituer une mesure de force élastique.

On maintient, lorsque la température varie, la masse gazeuse au même volume, et sa force élastique varie alors suivant la même loi et le même mode que l'aurait pu faire son volume, la force élastique restant la même.

Dans ce cas, par définition, le degré centigrade devient la centième partie de la variation de la force élastique de la masse gazeuse considérée, passant de la température du point fixe 0 à celle du point fixe 100 définis précédemment.

Nous sommes bien sûrs que tous les thermomètres à échelles centigrades donneront la même indication dans la glace fondante et dans la vapeur d'eau bouillante, mais pouvons-nous affirmer que le degré centigrade défini plus haut soit une quantité constante, quelle que soit la substance thermométrique employée? Là où un thermomètre à mercure marquera 20°, est-on certain qu'un thermomètre à alcool, qu'un thermomètre à air, qu'un thermomètre à acide carbonique marqueront le même nombre 20?

1. René-Antoine Ferchault de Réaumur, né à la Rochelle en 1683, mort en 1757.

L'expérience nous montre qu'il n'en est pas ainsi.

L'écart presque insensible pour les températures comprises entre 0° et 100° s'accentue notablement pour les températures élevées. Cela tient à ce que les solides et les liquides suivent des lois de dilatation différentes, et variables pour un même corps avec la température.

Mais alors les gaz que nous avons vu suivre sensiblement une même loi de dilatation devraient donner des thermomètres parfaitement comparables à toute température. Il n'en est rien cependant, c'est que nous mesurons la température avec un thermomètre à gaz par la variation à volume constant de la force élastique du gaz. Nous supposons en agissant ainsi que le gaz obéit à la loi de Mariotte; or aucun gaz ne suit rigoureusement cette loi, et l'écart dépend de la température et de la pression.

Il est donc de toute nécessité de construire un thermomètre normal auquel nous rapporterons les indications de tous les autres thermomètres. Nos mesures ainsi corrigées deviendront comparables.

Regnault ayant déterminé par une série d'expériences précises que l'air, l'azote, l'hydrogène, suivent, sans écart notable, dans des limites étendues, la loi de Mariotte, prit pour thermomètre normal le thermomètre à air.

Les travaux de Regnault ont été repris à ce point de vue par M. Chapuis, qui a construit un thermomètre étalon, et le comité international des poids et mesures a adopté comme *Échelle thermométrique* NORMALE, l'échelle centigrade du thermomètre à hydrogène ayant pour points fixes la température de la glace fondante et celle de la vapeur d'eau distillée en ébullition sous la pression qu'exercent au niveau de la mer, par 45° de latitude, 76 centimètres de mercure à la température de la glace fondante.

L'hydrogène était pris sous la pression initiale de 1 mètre de mercure, c'est-à-dire sous une pression qui est les 1 3158 millionièmes de la pression atmosphérique normale.

*Le degré normal devient donc la centième partie de la variation de force élastique de l'hydrogène pris dans les conditions précédentes, lorsque la température varie d'un point fixe à l'autre, c'est-à-dire 0° à 100°.*

La figure 462 représente ce *thermomètre étalon*. Le réservoir T T', d'un litre de capacité environ, est en platine iridié et a la forme d'un cylindre allongé.

Il est plongé dans une cuve à double enceinte AA où l'on peut à volonté mettre de la glace fondante, ou faire parvenir un courant de vapeur d'eau ou encore un courant d'eau dont la température est maintenue constante par des agitateurs.

Le réservoir est relié par un tube très fin *t* à un manomètre barométrique *c*.

Les gaz constituent la substance thermométrique par excellence. Leur grande dilatabilité (140 fois celle du verre) rend négligeable l'influence perturbatrice due à la variation volume de l'enveloppe. De plus, leurs indications sont telles qu'à des additions égales de chaleur correspondent des variations sensiblement égales de volume.

Mais le volume d'un gaz dépendant à la fois de sa force élastique et de sa température, l'emploi du thermomètre à gaz nécessite celui d'un manomètre, et la sensibilité même de l'appareil exige une série d'opérations effectuées avec les plus grandes précautions.

Nous ne pouvons donc songer à un tel instrument que comme étalon, et nous devons renoncer à son emploi dans la plupart des mesures courantes.

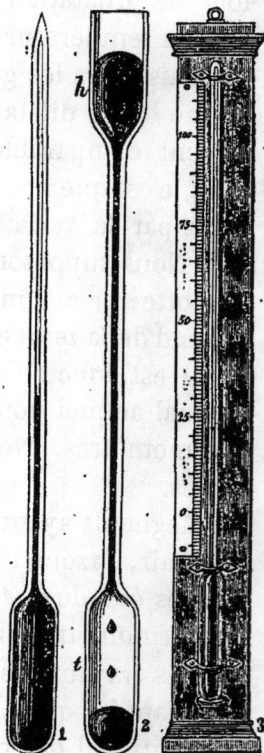

Fig. 463.
Thermomètre à mercure.

Les physiciens ont adopté un instrument type dont la marche a été étudiée et comparée une fois pour toutes à celle du thermomètre normal, et auquel on rapporte les indications de tous les autres, c'est le *thermomètre à mercure (fig.* 463).

Le mercure a été choisi de préférence à tous les liquides :

1° Il est très facile, en effet, de l'obtenir pur chimiquement, et d'avoir, par suite, dans tous les thermomètres une substance identique ;

.. 2° La dilatation est très régulière et sa marche sensiblement concordante avec celle du thermomètre à hydrogène ;

3° Il se met rapidement en *équilibre de température* avec le milieu dans lequel il est plongé.

Le thermomètre à mercure se compose d'un réservoir en verre renfermant du mercure ayant une forme cylindro-conique surmonté d'une tige percée d'un canal très fin où s'élève le mercure du réservoir.

La tige est graduée en parties d'égale capacité suivant l'échelle centigrade. Le mercure dans la glace fondante s'arrête au trait 0, et dans la vapeur d'eau bouillante, sous la pression de 76 centimètres de mercure, au trait 100.

L'intervalle est divisé en 100 parties égales, chaque division correspondant au degré centigrade.

Un thermomètre doit être *sensible*. On peut distinguer deux sortes de sensibilité : l'une consiste dans la promptitude des indications; pour l'obtenir, il faut donner au réservoir une surface extérieure aussi étendue que possible, et employer en même temps une faible masse de mercure. L'autre dépend du déplacement de l'extrémité de la colonne dans la tige, et dépend du volume du réservoir par rapport au tube; plus ce volume sera grand pour une même section du tube, plus la longueur du degré sera considérable. Mais alors il faudrait augmenter la masse du mercure et la première espèce de sensibilité en souffrirait; on satisfait à ces deux conditions en diminuant autant que possible le diamètre intérieur du tube capillaire. Au reste, la sensibilité de l'instrument devra être réglée selon l'usage auquel on le destine. Ainsi dans les opérations de thermochimie on se sert de thermomètre permettant d'évaluer le deux-centième de degré.

Dans ce cas, les points fixes 0 et 100 sont marqués sur le thermomètre, mais une ou plusieurs ampoules soufflées dans le tube permettent de réserver la presque totalité de la tige à un développement partiel de l'échelle d'une dizaine de degrés environ.

La graduation doit être gravée sur la tige à l'acide; un trait au diamant ferait briser la tige dans une variation brusque de température.

Le thermomètre à mercure, où la dilatation apparente du mercure indique la température, est-il un instrument comparable à lui-même ? Plusieurs thermomètres à mercure donnent-ils les mêmes indications, et les indications d'un même thermomètre sont-elles modifiées avec le temps ?

C'est à l'expérience à nous renseigner.

Il semblait que non seulement des thermomètres construits avec des verres différents, mais même ceux construits avec le verre d'une même coulée, donnaient des indications divergentes.

Bien plus, le zéro, point fixe de la graduation, se déplaçait capricieusement sans que l'on pût assigner *à priori* une loi à son déplacement.

Le thermomètre marquant zéro dans la glace fondante était-il chauffé et le zéro déterminé de nouveau, on trouvait que la colonne s'arrêtait dans la glace fondante un peu plus bas que dans le premier cas.

On dit alors que le zéro est *déprimé*. Ces dépressions variaient avec le temps et avec la température où était porté l'instrument, de sorte que l'emploi du thermomètre à mercure comme instrument de précision semblait devoir être rejeté.

M. Guillaume fit l'étude de la marche du thermomètre à mercure, il montra que, la lecture étant faite avec certaines précautions, cet instrument est en tout point comparable au thermomètre à hydrogène.

Il s'agissait de trouver la valeur exacte du degré. Pour cela, il marquait le niveau où s'arrêtait la colonne dans la vapeur d'eau pure bouillant sous la pression de 76 centimètres de mercure, puis immédiatement après cette détermination, il plongeait l'instrument dans la glace fondante et déterminait le niveau devenu stationnaire, *la position du zéro*. La centième partie de la contraction de la colonne représente la valeur exacte du degré.

Autrement dit, à un moment quelconque, si on refait de la même façon une nouvelle détermination des points fixes, on trouve que ces points se sont déplacés, mais la valeur du degré déterminé par la centième partie de la contraction du mercure est la même que dans la première détermination.

On peut donc énoncer cette loi.

L'intervalle qui sépare sur une tige graduée, en parties d'égale capacité, les deux points fixes *déterminés à un même instant*, comprend un nombre *invariable* de divisions de la tige, alors même que les points fixes ont subi un déplacement dans la tige.

Pour évaluer exactement une température en degrés, le degré correspondant à la définition précise que nous en avons donné, il faudra lire le numéro de la division où s'arrête, dans l'enceinte dont on prend la température, le niveau de la colonne mercurielle, puis plonger immédiatement le thermomètre dans la glace fondante, et lire la division correspondant au zéro ainsi déterminé au moment de l'expérience. Le nombre de divisions indiquera la température en degrés, si l'on connaît la valeur en degrés d'une division.

Les températures ainsi déterminées, les thermomètres à mercure demeurent des instruments *comparables entre eux* et *comparables à eux-mêmes*, et deviennent par suite des *instruments de précision*.

Les variations des points fixes sont dues à des modifications dans la structure du verre, modifications variables avec le temps et la température.

Nous allons étudier rapidement les principales particularités de la construction d'un thermomètre de précision.

Le constructeur choisit parmi les tiges de verre d'une même coulée celles dont le canal présente la section la plus régulière. Pour s'en assurer, il fait courir à l'intérieur un index de mercure qui, si le tube était exactement cylindrique, conserverait exactement la même longueur dans sa course d'une extrémité à l'autre du tube. Si la variation de longueur de l'index n'atteint pas $\frac{1}{50}$ de sa valeur, la tige est bonne et conservée, sinon elle est rejetée.

La tige étant choisie, on la gradue en parties d'égales longueurs d'une extrémité à l'autre. On inscrit 0 devant la première division du côté du réservoir, et on numérote les autres divisions de dix en dix. Le thermomètre ainsi construit présente une *échelle arbitraire*.

Les traits sont gravés sur la tige par l'acide fluorhydrique, de manière que les divisions puissent être aperçues, soit en les regardant directement, soit à travers l'épaisseur de la tige.

Les traits doivent être nets, fins, et régulièrement disposés.

On souffle un réservoir (*fig*. 463) à l'une des extrémités de la tige, et on soude à l'autre une ampoule terminée par une pointe

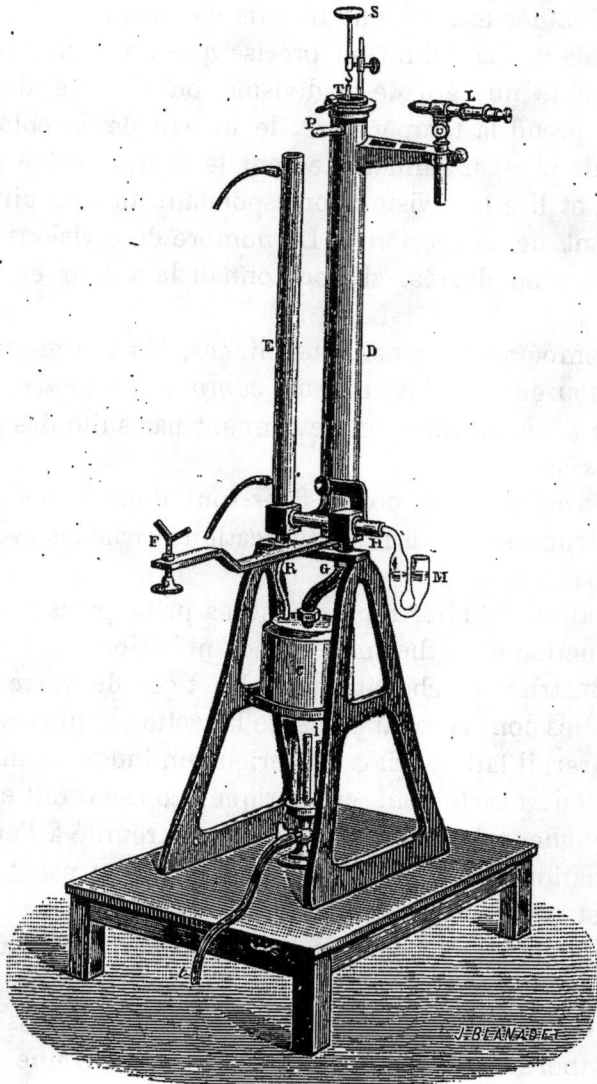

Fig. 464. — Détermination du point cent d'un thermomètre (vapeur d'eau bouillante).

effilée. La capacité du réservoir que l'on souffle est déterminée par la longueur qu'on veut faire occuper au degré sur la tige.

On chauffe légèrement l'ampoule et on plonge la pointe dans un vase contenant du mercure bien pur. L'air se contracte par le refroidissement, de sorte qu'en vertu de la pression atmosphérique une certaine quantité de mercure s'introduit dans l'ampoule.

On couche alors l'appareil, en l'inclinant un peu sur une grille à gaz.

On chauffe uniformément le réservoir et l'ampoule. Le mercure s'introduit dans le réservoir par refroidissement.

On porte alors le mercure du réservoir à l'ébullition, l'air est chassé par les vapeurs mercurielles, et par refroidissement le réservoir et le canal se remplissent de mercure. On règle la quantité de mercure qu'on devra garder suivant la température extrême qu'il devra indiquer. On sépare alors l'ampoule de la tige que l'on ferme à la lampe, en conservant une trace d'air qui permet de souffler à la partie supérieure une ampoule qui servira de chambre thermométrique et évitera la rupture de l'instrument dans le cas où il serait soumis à une température supérieure à la température limitée qu'il peut indiquer.

Le thermomètre ainsi construit est envoyé au bureau international des poids et mesure où sa marche est étudiée comparativement à celle du thermomètre normal, et la température correspondante à chacune des divisions de la tige est déterminée.

Pour arriver à ce résultat, on note d'abord la division correspondante à 100°.

Pour cela le thermomètre est placé dans une étuve à vapeur (fig. 464).

La vapeur d'eau provenant d'une chaudière c monte dans un cylindre D contenant le thermomètre T, redescend dans l'espace annulaire, se condense et retombe dans la chaudière. Un petit manomètre à air libre M indique que la force élastique de la vapeur est bien celle de l'atmosphère, le niveau dans ses deux branches restant sur un même plan horizontal.

On enfonce le thermomètre dans l'étuve de façon que le niveau du mercure sorte à peine de celle-ci. On le fixe de loin avec une lunette dont l'axe doit être perpendiculaire à la tige du thermomètre. Pour s'assurer qu'il en est ainsi, on fait tourner le thermomètre sur lui-même, la même division doit toujours dans ce mouvement être lue sur la tige. C'est pour cela que les divisions doivent être lues directement et par transparence.

On note ainsi la division correspondant au point 100, le thermomètre plongé dans la vapeur d'eau, bouillant sous la pression de 76 centimètres de mercure. Si la hauteur barométrique diffère de 76, on peut trouver facilement la température correspondant au point où le mercure s'arrête, sachant par expérience, comme nous le verrons plus tard, que pour un accroissement de $2^c,7$ dans la hauteur du baromètre, la température d'ébullition s'élève de $1°$ centigrade, toutefois pour de petites variations barométriques.

L'étuve peut au moyen de la manette P s'abaisser horizontalement et venir s'appuyer sur la fourchette F.

On fait la lecture dans cette position pour se mettre à l'abri de la pression de la colonne mercurielle sur les parois du réservoir, pression qui transmet proportionnellement aux surfaces, et qui dans le cas d'une tige très fine est capable de dilater le réservoir et de fausser la lecture de plusieurs divisions, comme on peut s'en rendre compte en relevant l'étuve.

Dans toutes les déterminations de température précises on devra se mettre à l'abri de cette erreur en disposant le thermomètre dans un plan horizontal.

Cette lecture faite, on plonge immédiatement le thermomètre dans la glace fondante. On ne peut dans ce cas coucher horizontalement le thermomètre, car la disposition à donner est difficile à réaliser, et du reste l'erreur qui s'ensuit est insignifiante, le mercure s'élevant à peine dans la tige.

Pour obtenir la température de $0°$, on râpe des blocs de glace pure au moyen d'un rabot spécial.

Cette glace râpée est tassée dans le vase V. Un support muni d'un niveau porte le thermomètre T (fig. 465) qui s'enfonce dans la glace.

Dès que le niveau est stationnaire on soulève un peu le thermomètre de façon que le mercure fasse à peine saillie au-dessus de la glace. On lit la division correspondante de loin avec la lunette en vérifiant que la même division est lue en faisant tourner le thermomètre, ce qui indique que l'axe de la lunette est perpendiculaire à la tige du thermomètre.

L'intervalle 0-100 est ainsi déterminé, et dans ces conditions de mesure, nous avons vu que cet intervalle est indépendant de la nature du verre et de ces modifications temporaires.

Une fois cet intervalle déterminé, en détachant successivement des index de longueurs convenables, on arrive à connaître les

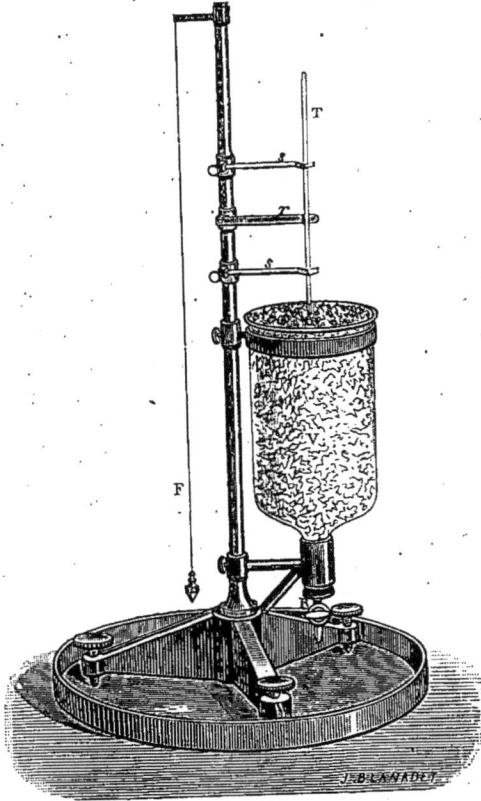

Fig. 465. — Détermination du point zéro d'un thermomètre (glace fondante).

capacités de chaque division en prenant comme unité la centième partie de la capacité comprise dans l'intervalle 0-100.

On sait alors à quelle fraction de degré correspond l'intervalle compris entre deux divisions quelconques consécutives.

Une table de l'instrument est dressée, et l'instrument indique alors la température normale.

Il suffit pour déterminer une température d'opérer, comme nous l'avons dit au début, en ayant soin de disposer horizontalement le thermomètre.

Toutes les mesures n'ont pas besoin d'être faites avec la même précision, et on peut alors simplifier la construction du thermomètre. On opère pour le choix du tube et pour le remplissage de la même façon, mais alors on détermine les points fixes et leur intervalle divisé en 100 parties égales se trouve alors divisé en degrés.

Une simple lecture donne la température. Toutes les fois que l'on se servira de l'instrument on déterminera le zéro et l'on élèvera toute l'échelle de la valeur de son déplacement.

Lorsqu'on veut apprécier de très basses températures, comme le mercure se solidifie, gèle à 40° au-dessous du zéro, on est obligé de renoncer à l'emploi du thermomètre à mercure.

On se sert alors du thermomètre à alcool, l'alcool n'ayant pu être congelé aux températures les plus basses que l'on ait produites.

Le zéro du thermomètre à alcool se détermine de la même manière que celui du thermomètre à mercure.

Mais la détermination du point 100 ne peut être faite, puisque l'instrument ne peut supporter une température supérieure à 80°. On déterminera alors un autre degré de l'échelle en plongeant le thermomètre dans un liquide dont la température est donnée par un thermomètre à mercure étalon, et on partage l'intervalle en autant de divisions qu'il y a d'unités dans la température indiquée par le thermomètre à mercure.

L'alcool n'ayant pas les mêmes lois de dilatation que le mercure, les indications de ce thermomètre ne concordent pas avec celles du thermomètre à mercure. Le thermomètre à alcool présente d'ailleurs des irrégularités propres qui tiennent aux différences qui existent entre les alcools de diverses provenances employés à sa construction.

Il est clair qu'au-dessous de — 40°, température de congélation du mercure, les indications du thermomère à alcool ont une valeur propre, indépendante de celles du thermomètre à mercure qui ne fonctionne plus au-dessous de cette température.

On peut remplacer l'alcool par le sulfure de carbone. Ces instruments ne peuvent servir que comme thermomètres grossiers.

Pour les observations météorologiques, il est important d'avoir un thermomètre qui puisse indiquer le minimum et le maximum de la température en un lieu donné, dans un intervalle de temps connu, sans que l'observateur soit obligé de rester auprès de l'ins-. trument et de suivre ses indications pendant tout ce temps.

Rutherford a indiqué un mode de disposition pour de tels thermomètres.

Le thermomètre à *maxima* M se compose d'un thermomètre à mercure placé horizontalement (*fig.* 466), et contenant dans sa tige un index *b* formé par un petit cylindre en fer. Quand la température s'élève, le petit index est poussé par le mercure. Quand elle s'abaisse, le mercure se mouillant par le fer, la colonne se retire

Fig. 466. — Thermomètre de Rutherford à maxima M et à minima A.

sans entraîner l'index qui indique la division où il a été poussé au moment du maximum.

Le thermomètre à *minima* A (*fig.* 466) est un thermomètre à alcool disposé comme le précédent et possédant un index en émail *c*. La température s'élevant, l'alcool s'élève dans la tige sans déplacer l'index. Si la température s'abaisse dès que le sommet de la colonne atteint l'index, celui-ci mouillé par l'alcool est entraîné et abandonné en regard de la division qui indique la température *minima*.

Par leur construction même, ces divers instruments ne peuvent être employés lorsque, dans les déterminations, l'appareil est sujet à recevoir des secousses qui peuvent déplacer les index et rendre les résultats incertains. On se sert alors des thermomètres à déversements de M. Walferdin.

Le thermomètre à maxima 5 (*fig.* 467) présente, à la partie supérieure, un réservoir de déversement contenant une certaine quantité de mercure, et dans lequel le tube thermométrique se termine en pointe. Après avoir chauffé le réservoir de manière à remplir complètement la tige de mercure jusqu'à l'extrémité de la pointe, on renverse l'instrument pour mettre le mercure de l'ampoule en contact avec le bec effilé, et on laisse le réservoir se refroidir à une température inférieure à celle du maximum qu'on veut évaluer; le mercure de l'ampoule rentre alors dans le tube. On replace le thermomètre dans sa position normale, et on le porte dans le lieu dont on veut connaître la température *maxima*. Il suffit de plonger ce thermomètre dans un bain dont on élève progressivement la température jusqu'au moment où la tige se remplit de nouveau complètement de mercure, comme elle l'était dans l'enceinte à la température *maxima* : la température du bain, indiquée à ce moment par un thermomètre ordinaire, donne la température *maxima* cherchée.

Dans le thermomètre à *minima* 6 (*fig.* 467), le bec est placé à la jonction de la tige et du réservoir inférieur.

Le liquide thermométrique est de l'alcool, mais le fond du réservoir est rempli de mercure. On renverse le thermomètre et on le porte à une température supérieure à celle que l'on veut observer.

Un index de mercure s'introduit dans la tige. On remet alors l'instrument dans sa position normale, et on l'abandonne dans l'enceinte dont on veut mesurer la température *minima*. Cette température étant inférieure à celle où l'on a porté l'instrument pour faire monter dans sa tige un index de mercure, il tombe du mercure de la tige dans l'index et l'index, réduit à une moindre longueur, affleure encore au bec au moment de la température *minima;* mais la température s'élevant, l'index remonte dans la tige. Il suffit de plonger l'appareil dans un bain que l'on refroidit graduellement, de manière à ramener l'index à affleurer au bec par une extrémité inférieure. La température du bain, indiquée à ce moment par un thermomètre, donne la valeur de la température *minima* cherchée.

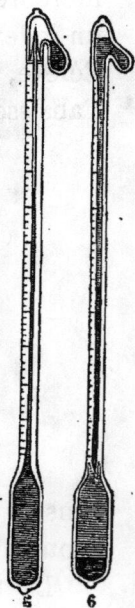

Fig. 467.

Thermomètres à maxima et à minima de Walferdin.

Ces thermomètres sont particulièrement destinés à l'exploration de la température des couches terrestres dans les opérations de sondage.

Il est quelquefois utile de pouvoir enregistrer, d'une manière continue, les indications d'un thermomètre; il est avantageux dans ce cas de se servir de *thermomètres métalliques.*

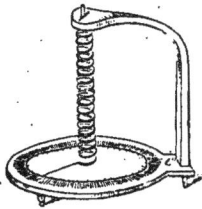

Fig. 468.
Thermomètre métallique de Breguet.

Le thermomètre d'Abraham Breguet (*fig.* 468) se compose d'une lame contournée en spirale, et dont la partie inférieure supporte une aiguille horizontale, au-dessous de laquelle est un cadran divisé.

La lame est composée de trois rubans, d'argent, d'or et de platine. L'argent le plus dilatable est placé à l'intérieur, le platine à l'extérieur, l'or sert de soudure. Si la température augmente, la spirale se déroule; elle s'enroule au contraire, si la température diminue. Ces mouvements sont accusés par l'aiguille qui se meut sur le cadran, dans un sens ou dans un autre.

Cet appareil est sensible à la plus faible variation de température.

Mais la sensibilité ne suffit pas pour qu'un appareil thermométrique soit acceptable; il faut avant tout que, soumis aux mêmes influences, il reproduise constamment les mêmes indications. Or, l'inconvénient commun à tous les thermomètres métalliques, c'est la grande variabilité dans l'état moléculaire des corps solides employés à leur construction, variabilité qui empêche ces instruments de demeurer comparables à eux-mêmes.

Quand on veut apprécier des températures élevées, celles des fours à porcelaines, par exemple, il n'est plus possible d'employer le thermomètre à alcool et à mercure; on se sert alors de *pyromètres.*

Le pyromètre dû à l'Anglais Wedgwood (*fig.* 469) est fondé sur la contraction que l'argile éprouve quand on la chauffe, contraction qui a pour cause un changement dans la nature chimique des composés qui la constituent. Deux règles métalliques faisant entre elles un petit angle sont disposées sur une tablette métallique. De petits cylindres d'argile peuvent s'avancer d'autant plus loin vers le sommet de l'angle qu'ils ont été contractés davantage, c'est-à-dire soumis à une plus haute température. Les petits cylindres d'argile sont placés dans le four, et lorsqu'ils en ont pris la température, on les laisse refroidir et on les fait glisser dans les coulisses que présentent les règles. Le point où ils s'arrêtent sur la graduation arbitraire des règles permet de reconnaître si la température voulue est atteinte dans le four.

Pour éviter de donner à l'appareil de trop grandes dimensions on dispose deux coulisses sur la même tablette, la seconde coulisse n'étant que la continuation de la première.

Dans les expériences précises, ce sont les gaz qui sont employés comme substances pyrométriques.

Nous avons vu qu'un corps solide, liquide ou gazeux se dilatait sous l'action de la chaleur.

Nous venons d'étudier la qualité fondamentale de la chaleur, la température.

Le phénomène qui s'est révélé à nous le premier est celui de la dilatation. Étudions donc au point de vue de la température la dilatation de la matière, sous ses trois états : solide, liquide, gazeux. Par une série d'observations, on a déterminé des nombres qui permettent d'apprécier la *dilatabilité* respective des corps.

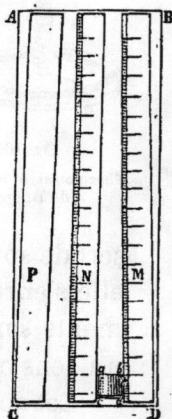

Fig. 469.
Pyromètre Wedgwood :
Mesure des hautes
températures.

Ces nombres sont appelés *coefficients* de dilatation et répondent à la définition suivante :

On appelle *coefficient de dilatation d'allongement* d'une barre ou plus simplement *coefficient de dilatation linéaire* le nombre qui exprime l'allongement de l'unité de longueur de ce corps pour une élévation de température d'un degré.

Par exemple, dire que le coefficient de dilatation linéaire du cuivre rouge est de 0,00001713, c'est dire qu'une barre de cuivre d'un mètre se dilaterait, pour une élévation de température d'un degré, de $0^m,00001713$. On admet que pour une élévation de cinq degrés, par exemple, elle se dilaterait cinq fois plus, pour une de dix degrés dix fois plus, etc.

On appelle *coefficient de dilatation superficielle* d'un corps le nombre qui exprime l'augmentation de l'unité de surface de ce corps pour une élévation de température d'un degré.

On appelle *coefficient de dilatation cubique* le nombre qui exprime l'augmentation de l'unité de volume pour une élévation de température d'un degré.

Il n'est pas nécessaire, pour résoudre les questions relatives à la dilatation des corps, de connaître ces trois coefficients; il suffit d'en connaître un, car on démontre que le coefficient de dilatation superficielle est *le double* du coefficient de dilatation linéaire et que le coefficient de dilatation cubique est *le triple* du coefficient de dilatation linéaire.

Les mesures de longueur sont faites avec des règles généralement métalliques, dont les divisions ne représentent exactement l'unité adoptée ou un sous-multiple qu'à 0°. La lecture qui a lieu en général à une température différente de 0° exige, pour être comparée à ce qu'elle serait à 0° (température à laquelle a été graduée la règle), la connaissance de la dilatation linéaire de la substance qui forme la règle. Cette grandeur présente donc dans sa détermination une importance particulière qui l'a désignée aux premières recherches des physiciens.

Les premières mesures, très grossières, montraient mieux le phénomène de la dilatation qu'elles ne le mesuraient :

Ainsi Guyton de Morveau (¹) mesurait sur une arête la longueur dont un cône métallique entrait plus ou moins profondément, suivant sa température, dans un trou percé au milieu d'une plaque restée froide.

Lavoisier et Laplace (²) firent les premières mesures précises.

Vers 1783, le général Roy fit construire à l'opticien anglais Ramsden un appareil destiné à déterminer la dilatation des règles qui devaient servir à mesurer un arc de méridienne.

Nous décrirons seulement le *Comparateur*, appareil construit sur le même principe que le précédent et permettant de

1. Guyton de Morveau né à Dijon en 1737, mort en 1816.
2. Pierre-Léon Laplace, célèbre géomètre, né à Beaumont-en-Auge (Calvados) en 1749, mort en 1827. Il était fils d'un pauvre cultivateur. Napoléon Iᵉʳ le fit comte de l'Empire, et Louis XVIII pair de France.

comparer la longueur d'une règle à celle d'une autre prise comme étalon.

Cet instrument est employé au Bureau international des poids et mesures où l'on étudie la dilatation des règles de platine ou de cuivre qui servent comme étalon de longueur.

Le comparateur se compose d'une auge A (*fig.* 470) pleine d'eau, maintenue à une température constante par un courant d'eau froide ou chaude, suivant les cas, qui circule dans une seconde auge *a* que contient la première.

La règle à étudier est posée horizontalement dans l'auge. Quatre thermomètres à mercure, placés le long de la règle en font connaître la température.

Ces thermomètres sont observés à l'aide de miscroscopes qui permettent d'apprécier le 1/200ᵉ de degré.

La règle de platine servant d'étalon de longueur est placée parallèlement à la première dans une double auge semblable A'.

Les deux règles portent vers leurs extrémités deux traits très fins.

Pour la règle étalon, la distance de ces deux traits à 0° est d'un mètre.

Le couvercle métallique des auges est percé de fenêtres pourvues de glaces permettant d'éclairer et de voir les traits extrêmes.

Le système des auges est placé sur un chariot mobile, sur des rails *r* et manœuvré par une manivelle M qui permet d'amener successivement les traits de chacune des règles sous les deux microscopes verticaux MM *fixes*, scellés contre deux blocs de pierre P P reposant sur des fondations en béton.

Les microscopes portent un micromètre oculaire composé d'un réticule formé de deux fils parallèles très rapprochés de façon à pouvoir comprendre entre eux l'épaisseur du trait de la règle grossi par le microscope.

Une vis micrométrique, dont le pas est connu en fraction de millimètres, permet d'évaluer le déplacement du réticule.

Les tours et les fractions de tours sont lus sur le tambour des microscopes.

On amène la règle étalon à une température T sous les microscopes, et on fait le pointé de chacun des traits. Par le déplacement du chariot, on substitue à la règle étalon la règle dont ont étudie la dilatation portée à une température T. On fait un nouveau pointé. La lecture faite sur le tambour donne en millimètres et fractions de millimètres la différence de longueur des deux règles.

On répète les mêmes mesures en faisant varier la température T de la règle.

De ces mesures, on déduit la différence des dilatations des deux

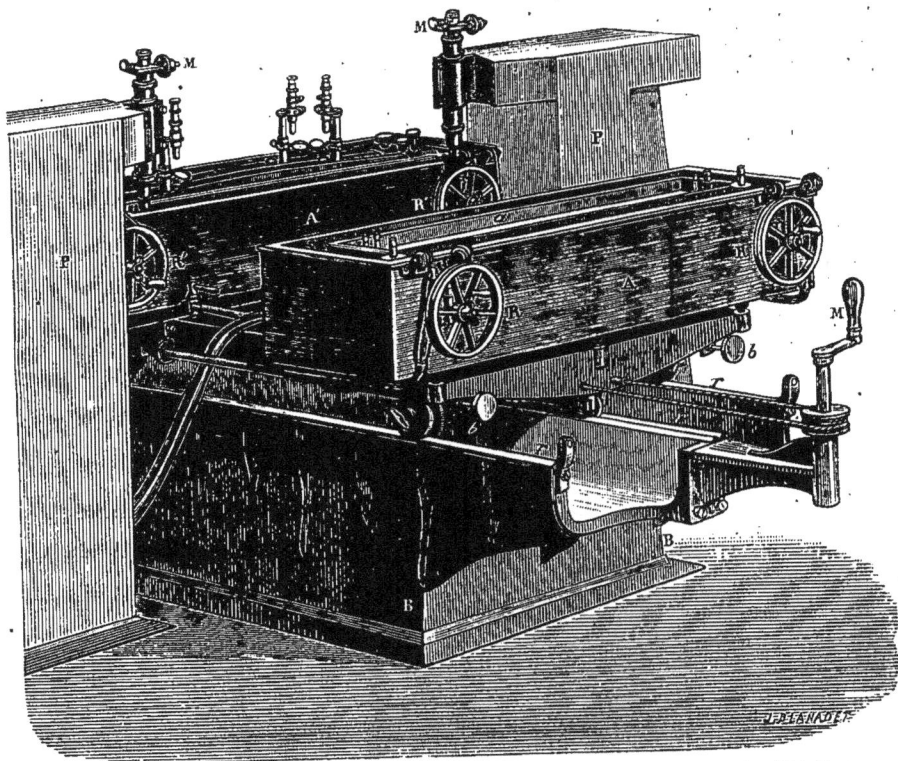

Fig. 470. — Comparateur du Bureau International des Poids et Mesures : Mesure des dilatations.

règles. L'étude de la dilatation de la règle étalon ayant été faite auparavant, la dilatation de la seconde règle se trouve par suite déterminée.

Les liquides n'ayant par eux-mêmes aucune forme déterminée, il n'y avait lieu que de s'occuper de leur dilatation cubique ; mais étant toujours contenus dans des vases, on ne peut élever leur température sans que le vase se dilate lui-même en même temps et dissimule, par suite, au moins en partie, l'accroissement de volume du liquide. De là résulte la nécessité d'étudier séparément :

1° La *dilatation absolue* des liquides, c'est-à-dire considérée indépendamment de celle du vase;

2° La *dilatation apparente* des liquides dans les vases qui les renferment.

L'étude de ces phénomènes a montré que la dilatation des liquides était loin d'être aussi régulière que celle des solides, que le mercure seul se dilatait avec régularité.

Dulong et Petit, en 1817, ont imaginé une méthode qui permet d'obtenir directement la dilatation absolue du mercure.

Du mercure était introduit dans des vases de verre *a a* de large section communiquant ensemble par un tube très étroit *t t'* (*fig.* 471).

L'un des tubes était refroidi par de la glace pilée mise dans un manchon qui l'entourait.

Le second tube était plongé à une température constante dans un bain d'huile.

La faible section du tube de jonction était un obstacle permanent au

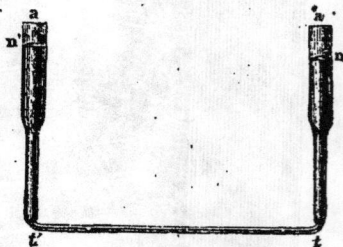

Fig. 471.
Principe de la méthode de Dulong et Petit : Dilatation absolue du mercure.

mélange; mais non à la communication des deux liquides inégalement chauds. Dans ce cas, les hauteurs des deux colonnes liquides au-dessus de leur surface commune de séparation *t t'* seront en raison inverse de leurs poids spécifiques.

Les niveaux dans les deux branches *n n'* étaient visés au moyen d'une lunette se déplaçant sur une règle graduée qui lui était perpendiculaire, appareil que l'on nomme *Cathétomètre*.

Supposons les deux branches à 0°, leurs niveaux seront sur un même plan horizontal. Si l'une vient à être chauffée, elle se dilatera et la différence de niveau $t'n' - tn$ observée mesurera la dilatation de la colonne primitive. Si cette colonne avait une longueur *h* à 0°, et si la différence de température des deux branches est $t°$ le coefficient de dilatation absolue du mercure sera par définition la dilatation pour $t°$ d'une colonne de mercure ayant pour hauteur l'unité de longueur.

Pour avoir ce coefficient de dilatation absolue, il suffira de diviser le nombre exprimant la différence des niveaux dans les deux branches inégalement chaudes par le produit des nombres qui mesurent, l'un la différence de température des deux branches, l'autre la hauteur verticale de la branche la plus froide. Le coefficient de dilatation absolue de mercure fut trouvé entre 0 et 100, égal à $\frac{1}{5550}$.

Si l'on veut obtenir la dilatation absolue d'un liquide, la méthode la plus simple est celle des *thermomètres comparés*. Elle a été suivie par Deluc, Gay-Lussac, Biot, etc.; et employée en 1844 avec beaucoup de succès par M. Isidore Pierre. Elle consiste à construire un thermomètre avec le liquide sur lequel on veut opérer et à comparer ses indications à celles d'un bon thermomètre à mercure placé dans les mêmes conditions.

Les thermomètres sont *jaugés*, c'est-à-dire que la capacité du réservoir thermométrique et celle des divisions de la tige sont connues et mesurées à une température donnée.

La dilatation apparente du mercure est observée par la marche même du thermomètre à mercure. Le coefficient de dilatation apparente du mercure est de $\frac{1}{6480}$. Or, le volume du contenant étant égal au volume du contenu, il s'ensuit que la dilatation absolue du mercure serait égale à sa dilatation apparente, augmentée de la dilatation de l'enveloppe.

Nous pouvons ainsi, connaissant par les expériences de Dulong et Petit la dilatation absolue du mercure, connaître la dilatation d'une enveloppe de verre par la seule observation du thermomètre construit avec cette enveloppe.

Si nous supposons le thermomètre à liquide, établi avec une enveloppe de verre identique à celle du thermomètre à mercure, l'observation directe de ce thermomètre nous donne la dilatation apparente de ce liquide. Il suffit d'y ajouter la dilatation de son enveloppe déterminée, comme nous venons de le dire, pour avoir la dilatation absolue du liquide.

Voici maintenant les résultats principaux auxquels a conduit cette étude des dilatations absolues des liquides :

Pour le mercure, la dilatation n'est pas exactement proportionnelle à la température : elle croît plus rapidement.

M. Regnault, qui a repris les expériences de Dulong et Petit, a

trouvé que de 0° à 100° les indications d'un thermomètre à mercure, abstraction faite de l'enveloppe, diffèrent peu de celles d'un
thermomètre à air placé dans les mêmes conditions.

Mais à 200° du thermomètre à air l'indication du thermomètre
à mercure serait 202°,78 ; à 250°, 255° ; à 300°, 308°,34 ; à 350°,
362°,16.

Pour les liquides autres que le mercure, la loi de la dilatation
s'écarte encore davantage de la proportionalité simple.

Si l'on groupe les liquides en séries comprenant chacune un
certain nombre de corps analogues qui se ressemblent par leur
origine et par leurs réactions, on reconnaît que dans un groupe
donné la dilatation des composés croît à mesure que leur point
d'ébullition descend.

La dilatabilité des liquides, qui augmente à mesure que la température s'élève, suit un accroissement encore plus marqué quand
on étudie ces corps à une grande distance de leur point d'ébullition.

Thilorier, qui, le premier, a liquéfié en quantité un peu considérable l'acide carbonique, trouva que la dilatation de ce corps à
l'état liquide était supérieure à celle des gaz et croissait très rapidement avec la température.

De 0° à 10°, le coefficient de dilatation moyen de l'acide carbonique liquide est 0,006 33 ; de 10° à 30°, 0,020 67.

Hirn trouva que l'alcool qui bout à 78°,3, possède à 160°
un coefficient de dilatation cinq fois supérieur à celui de l'air,
et que l'eau à 180° possède un coefficient de dilatation qui est la
moitié de celui de l'air. Ces corps demeuraient liquides à ces
températures, sous une force élastique constante, équilibrée par une
colonne de mercure de 1 125 centimètres de hauteur. Le coefficient
de dilatation d'un liquide augmente avec la température et à partir
du point où la force élastique du liquide devient inférieure à celle
de l'atmosphère, ce coefficient de dilatation croît rapidement et
peut même dépasser celui des gaz.

La loi de dilatation de l'eau ne ressemble en rien à celle des
autres liquides. Nous avons vu que l'eau, à partir d'une certaine
température, se dilatait par l'effet du froid au lieu de se contracter.

Despretz, en 1839, détermina la *loi de cette dilatation*.

Il plongea dans un même bain, dont la température pouvait varier depuis — 9° jusqu'à + 15°, deux thermomètres à eau juxtaposés à deux bons thermomètres à mercure.

Il étudia ainsi la dilatation absolue de l'eau et reconnut qu'aux environs de 4°, le volume d'un poids donné d'eau est le plus petit possible, et par suite, la densité du liquide est la plus grande possible, elle passe par un *maximum.*

Despretz avait rempli ses thermomètres d'eau parfaitement pure et privée d'air par l'ébullition.

Il reconnut ainsi, que l'eau privée d'air pouvait supporter un abaissement de température de — 20° sans qu'il y eut congélation; l'augmentation de volume qui commençait à 4°, se continuait jusqu'au moment de la solidification.

Dans l'eau tenant en dissolution une quantité de sel plus ou moins considérable, le maximum de densité s'abaisse en même temps que le point de congélation, mais bien plus rapidement que lui, de sorte que pour une certaine proportion de matière saline, le maximum de densité est au-dessous du point de congélation, ce qui rend difficile sa constatation et surtout la fixation de la température qui lui correspond. Ainsi, l'eau de mer a, comme l'eau des rivières, un maximum de densité; mais avant qu'elle ait atteint la température qui lui correspond, la congélation s'est produite.

Ce maximum de densité, contrairement à celui de l'eau des rivières, ne joue aucun rôle dans la nature, son existence n'est liée à aucune utilité pratique, elle est donc simplement la preuve de la permanence de la loi physique, alors même que s'évanouissent les circonstances qui rendent sensible son utilité générale.

Lorsque les diverses parties d'un liquide sont inégalement chaudes, il s'établit entre elles une différence de densité qui produit des courants ayant pour résultat de répartir uniformément la température dans les différents points de la masse. Ce phénomène a reçu le nom de CONVECTION.

Nous l'avons mis en évidence à propos de l'ébullition de l'Eau dans un vase, en répandant dans l'eau de la sciure de bois de chêne qui dessine un courant ascendant au centre du vase et un courant descendant le long des parois.

Le chauffage des appartements par circulation d'eau chaude est une simple application de cette expérience.

La convection de la chaleur joue un rôle important dans la production des courants marins qui doivent leur formation à l'action des vents, qui sont d'ailleurs eux-mêmes le produit de la convection de la chaleur dans l'atmosphère. La mer est une masse immense de liquide dont les différents points sont à des températures différentes; il en résulte un courant chaud se dirigeant de l'équateur au pôle, courant correspondant à un courant froid inverse inférieur allant des pôles à l'équateur.

C'est là un des traits fondamentaux du célèbre courant connu sous le nom de Gulf-Stream.

Voyons maintenant comment se dilatent les gaz lorsque leur température varie.

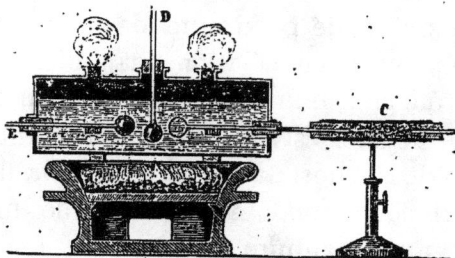

Fig. 472. — Appareil de Gay-Lussac : Mesure de la dilatation des gaz.

Gay-Lussac, le premier, mesura la dilatation des gaz. Il comparait la marche d'un thermomètre à gaz C à celle d'un thermomètre à mercure E, placés tous les deux sur un même plan horizontal dans un même bain porté à des températures variées (*fig.* 472). Le thermomètre à gaz était rempli à 0° du gaz desséché sur lequel on voulait opérer et il était fermé par un index de mercure, dont le déplacement mesurait la variation de volume du gaz, ayant pour force élastique, celle de l'atmosphère; le tube avait été jaugé au préalable. Gay-Lussac, résumant ses travaux, énonça la loi suivante :

*Tous les gaz ont le même coefficient de dilatation.*

Il trouva pour la valeur de ce coefficient 0,00375.

Davy fit à ce moment quelques expériences en faisant varier la force élastique des gaz et ne trouva pas de résultats sensiblement différents.

Gay-Lussac compléta alors sa loi en ajoutant :

*Le coefficient de dilatation des gaz en indépendant de la pression.*

Mais la question reprise par Rudberg, Pouillet, Dulong et Petit parut bientôt devenir moins simple qu'à son début.

Regnault, par une série d'expériences l'élucida, et montra que les lois de Gay-Lussac, n'étaient que des lois limites auxquelles obéissaient plus ou moins inexactement les différents gaz.

Il sépara la question en deux parties. Dans l'une, il étudia la dilatation des gaz à pression constante; dans l'autre, la dilatation où le volume était maintenu constant par l'effort d'une pression variable.

Le coefficient de dilatation était défini alors entre deux températures, le quotient obtenu en divisant la variation de force élastique du gaz, — lorsque la masse gazeuse maintenue sous un même volume par l'application de pressions variables passait d'une température à l'autre — par le produit de l'intervalle de température franchi par la force élastique initiale. Il mit l'inégalité des coefficients en évidence par l'expérience suivante de *dilatation des gaz.*

Deux ballons communiquant avec un manomètre renfermaient un même volume, l'un d'oxygène, l'autre d'acide sulfureux, sous la pression atmosphérique.

Les deux ballons d'abord à la même température 0° étaient portés à 100°. Leur volume à 100° étaient ramenés au volume primitif à 0° par l'application d'une pression convenable. Or, l'expérience montrait que les pressions exercées étaient différentes. La loi de dilatation des deux gaz était donc elle-même différente.

Il résulte, des expériences de Regnault, que les gaz possèdent une dilatation d'autant plus grande qu'ils sont plus compressibles, qui croît avec la pression, et l'on est obligé de distinguer deux coefficients, l'un à volume constant, l'autre à pression constante.

Les coefficients de dilatation des différents gaz se rapprochent d'autant plus de l'égalité, qu'on étudie individuellement ces gaz à des pressions plus faibles.

La loi de Gay-Lussac semblerait se vérifier dans le cas où l'on posséderait les substances gazeuses dans un état d'expansion suffisant. Un gaz dans cet état idéal porte le nom de *gaz parfait.*

L'air, l'hydrogène, l'oxyde de carbone se rapprochent de l'état de gaz parfait et leur coefficient de dilatation sous pression ou sous volume constants a une valeur moyenne de 0,00366. Pour l'hydrogène, le coefficient de dilatation moyen sous pression constante entre 0 et 100° ne varie que de 0,0036613 à 0,0036616 entre les pressions de 76 et 254 centimètres de mercure.

Aussi, cette constance du coefficient de dilatation de l'hydrogène qui semble se rapprocher de l'état de gaz parfait a-t-elle été cause de l'emploi de l'hydrogène dans la construction du thermomètre étalon.

Nous avons appelé *fusion* le changement d'un corps passant de l'état solide à l'état liquide, et *solidification* le phénomène inverse.

La fixité de l'indication d'un thermomètre plongé dans un corps en fusion montre que le foyer fournit pendant la fusion continuellement de la chaleur, sans que la température s'élève. Cette quantité de chaleur produit le travail moléculaire qui constitue le changement d'état.

Cette chaleur, dite *chaleur de fusion*, demeure invariable pour un même corps, mais varie d'un corps à l'autre.

Il y a de grandes différences entre les fusibilités des corps, et chaque substance a sa température de fusion, ou *point de fusion*, qui constitue une propriété caractéristique, spécifique.

La fusion d'un corps obéit aux deux lois suivantes :

1° *La fusion a toujours lieu à la même température pour un même corps;*

2° *La température demeure constante pendant toute la durée de la fusion.*

La première loi de la fusion subit une exception dans quelques cas particuliers.

Un corps, en se liquéfiant, éprouve généralement une brusque variation de volume. Dans la majorité des cas, le liquide a un volume plus grand à la même température que le solide, dont il provient, et par suite les fragments du corps solide restent au fond du liquide provenant de sa fusion, telle la paraffine.

Quelques corps, tels que l'eau, l'argent, le bismuth, l'antimoine et la fonte de fer se comportent autrement, et, solides, surnagent le liquide provenant de la fusion.

Une augmentation de pression gêne l'accroissement de volume et favorise au contraire la diminution de volume d'un corps. Un accroissement de pression favorisera donc la fusion de la glace et s'opposera au contraire à la fusion de la paraffine.

Ce fait, démontré en 1850 par M. J. Thomson à l'aide d'un raisonnement théorique, a été pleinement vérifié par l'expérience.

M. Bunsen a fait des expériences à ce point de vue sur la paraffine et le blanc de baleine, substances qui augmentent de volume par la fusion, et a trouvé que l'augmentation de pression élevait la température du point de fusion de ces substances.

L'appareil de M. Bunsen est un tube à deux branches d'inégales longueur. La partie inférieure contient du mercure; au-dessus du mercure et dans la petite branche on introduit la paraffine; la grande branche sert de manomètre à air comprimé. L'appareil est plongé dans un bain dont on peut élever la température; la pression sous laquelle se produit la fusion est mesurée par le manomètre à air comprimé, un thermomètre donne la température correspondante du bain.

M. Bunsen opérait sur le blanc de baleine et la paraffine.

Le blanc de baleine, sous la pression atmosphérique, fond à 47°,7. Sous la pression de 266 atmosphères, il ne fondait plus qu'à 50°,9.

La paraffine, qui fond sous la pression atmosphérique à 46°,3, fondait à 49°,9 sous la pression de 100 atmosphères.

M. Hopkins reprit cette étude par un procédé analogue à celui de M. Mousson et opéra sur le blanc de baleine, la cire, la stéarine et le soufre.

Le blanc de baleine, soumis à la pression de 519 et de 792 atmosphères, ne fondait plus qu'à 60° et 80°.

Pour ces mêmes pressions de 519 et 792 atmosphères, la cire, la stéarine, le soufre, qui, sous la pression atmosphérique, fondent aux températures respectives de 64°, 72°, 107°, ne fondent plus, la première, à 74°,6 et 80°; la seconde à 73°,6 et 79°; la dernière à 135° et 140°,6.

Ces considérations ont une grande importance en géologie. L'expérience montre que l'accroissement de pression est de 3 atmosphères à mesure que l'on l'enfonce de 10 mètres dans l'épaisseur de la couche terrestre.

Pour une profondeur de 1 kilomètre, la pression serait de 30 000 atmosphères. En admettant la proportionnalité entre les accroissements de pression et de profondeur, il en résulterait que la cire, à 100 kilomètres à l'intérieur de la terre, ne fondrait qu'à 600°, c'est-à-dire à la température en rouge.

Si l'intérieur du globe, dont la masse doit être considérée portée à une température très élevée, était liquide, les attractions sur ce noyau liquide produites par les masses du soleil et de la lune, par un phénomène analogue à celui des marées, produiraient des marées intérieures qui soulèveraient l'écorce terrestre.

M. S. Thomson a calculé que la rigidité du noyau extérieur du globe devait être supérieure à celle de l'acier, pour résister à une telle pression.

Ce fait n'a rien d'invraisemblable après les expériences que nous avons décrites.

Ces expériences permettent d'expliquer certaines propriétés de la glace.

La glace est un corps *glissant*, sur lequel le frottement est excessivement faible, et cela quel que soit l'état de sa surface. On l'explique en admettant qu'un corps placé sur la glace détermine par sa pression la formation d'une pellicule d'eau qui agit à la manière d'un corps lubrifiant.

La puissance de l'eau pour diminuer le frottement est connue depuis longtemps. Ainsi dans un chemin de fer d'essai construit par M. Girard, à la Jonchère, le roulement était remplacé par le glissement de patins sur des rails plats, mais avec interposition d'une ame d'eau (¹).

Des essais d'introduction d'eau forcée entre les organes frottants des machines ont établi que le pouvoir glissant de l'eau est près de cent fois plus grand que celui des matières lubrifiantes les plus avantageuses.

Quand on presse l'un contre l'autre deux morceaux de glace, ils

---

1. Un chemin de fer du même genre était établi à l'Exposition de 1889 à l'esplanade des Invalides.

se soudent et provoquent ainsi le phénomène connu sous le nom de *regel*. C'est ainsi que les enfants, en pétrissant dans les mains une boule de neige, finissent par en faire une masse compacte et dure, transparente, ayant l'aspect d'une boule de glace.

De même la neige qui tombe sur le sommet des montagnes élevées se presse par l'accumulation et donne naissance à un *glacier* formé de glace d'une transparence et d'une homogénéité parfaite.

M. Tyndall a réussi à frapper des médailles transparentes en écrasant la glace d'un coup de balancier. Tous ces phénomènes ont une même explication. Sous l'influence de la pression qui rapproche les fragments de glace se forme une pellicule liquide qui s'interpose entre les fragments. Cette pellicule se regèle une fois délivrée de la pression et le bloc de glace est constitué.

L'expérience du regel peut être facilement faite.

Sur un bloc de glace on place un fil de fer tendu par deux poids fixés à ses extrémités. Le fil pénètre lentement dans le bloc en le coupant, la coupure se forme sous la pression du fil par la fusion de la glace aux points pressés par le fil. Cette eau se regèle aussitôt le fil passé et la pression par suite évanouie; toute trace de coupure disparaît.

Le fil traverse complètement le bloc de glace, dont les deux morceaux restent soudés entre eux.

M. Tyndall emploie des moules en buis qu'il remplit de petits fragments de glace. De ces moules soumis à une forte pression, il en retire une masse continue transparente ayant la forme du moule. On peut obtenir ainsi des sphères, des lentilles de glace.

Le regel est une propriété particulière à la glace; le bismuth, la fonte qui se dilatent en se solidifiant ne présentent pas ce caractère. Cette propriété donne à la glace la physionomie d'une matière plastique.

C'est en raison de cette plasticité apparente de la glace que s'effectue l'écoulement lent des glaciers qui se moulent sur les accidents de terrains, sur le fond de la vallée qui sert de lit au glacier.

Cette plasticité n'est pas réelle, la glace est un corps dur et élastique dont on ne saurait changer la forme qu'en le brisant ou en la fondant. La regélation seule produit tous les effets qui résulteraient d'une plasticité véritable. Dans la descente du glacier, le bloc de glace se divise sous l'action des obstacles, mais ses fragments se ressoudent par.le regel dont la puissance rachète la fragilité de la glace.

Si les solides se fondent lorsqu'on les chauffe, nécessairement les liquides se solidifient quand on les refroidit. Cette solidification a lieu à des températures différentes pour les différents corps.

La solidification est soumise à trois lois :

1° *Le point de solidification d'une substance est fixe ; il est le même que le point de fusion.*

2° *La température reste la même pendant tout le temps que dure la solidification.*

3° *La solidification est accompagnée du dégagement de toute la chaleur absorbée pendant la fusion.*

Il peut arriver que, dans certaines circonstances, le point de solidification d'un corps soit abaissé. Ce phénomène, qui a reçu le nom de *surfusion,* a été découvert par Fahrenheit qui a réussi à maintenir dans un tube l'eau liquide jusqu'à 20° au-dessous de zéro. Une brusque agitation suffit à produire la congélation qui se fait alors avec dégagement de chaleur provoqué par le changement d'état.

M. Gernez fit fondre du phosphore dans un tube de verre plongé lui-même dans un ballon rempli d'eau à une température un peu supérieure à 44°,2, point de fusion du phosphore.

L'eau se refroidit lentement et le phosphore ne se solidifie pas. Une agitation suffit à faire prendre la masse.

On peut aussi arriver au même résultat, en mettant en contact un cristal de phosphore blanc identique à celui qui peut se produire par solidification.

Le phosphore rouge qui, au point de vue physique, diffère complètement du phosphore blanc est incapable par son contact de faire cesser l'état de surfusion de phosphore blanc.

Nous avons vu que les liquides se vaporisent, suivant la même loi, dans l'air ou dans le vide, et que leur force élastique dépend de la température.

L'atmosphère renferme toujours de la vapeur aqueuse. Il suffit, pour s'en convaincre, d'abandonner à l'air, dans un vase découvert, de l'acide sulfurique ou toute autre substance avide d'eau ; au bout de peu de temps, l'augmentation de poids subie par ces corps prouve qu'ils ont absorbé une certaine quantité d'eau. On sait qu'un vase plein de glace, exposé à l'air, se recouvre bientôt d'une couche de rosée, qui n'est autre chose que de la vapeur d'eau condensée. Cette condensation a lieu parce que les couches d'air qui enveloppent le vase se refroidissent, et arrivent bientôt à une température pour laquelle elle sont saturées de vapeur. A partir de cette limite, le refroidissement continuant, la vapeur se condense.

La vapeur d'eau qui se trouve dans l'air a pour source principale l'évaporation spontanée des masses d'eau, qui se trouvent à la surface de la terre. Une nappe d'eau, dans les conditions ordinaires de température, laisse évaporer en vingt-quatre heures un litre d'eau environ par mètre carré de surface; chaque kilomètre carré de la mer fournit donc environ, pendant vingt-quatre heures, 1 000 000 de litres d'eau, ce qui correspond à peu près pour toute la surface des mers à 400 000 000 de fois 1 000 000 de litres d'eau. Si l'on ajoute à cela la vapeur fournie par les nappes d'eau douce, on se rendra compte de l'énorme quantité de vapeur que reçoit constamment l'atmosphère, et on remarquera que l'équilibre ne peut subsister qu'à la condition que l'atmosphère rende à la terre l'eau qu'elle en reçoit; c'est ce qu'elle fait par la pluie, la neige, la rosée.

La quantité de vapeur d'eau qu'on trouve dans l'atmosphère est très variable; et comme elle a une influence considérable sur un grand nombre de phénomènes, il est intéressant de rechercher les moyens propres à la déterminer. On a donné le nom d'*hygromètre* aux appareils qui permettent d'effectuer cette détermination.

Les phénomènes, qui sont liés à l'état d'humidité de l'air, dépendent, non pas de la quantité absolue de vapeur que l'air contient, mais du rapport qui existe entre cette quantité et celle qui s'y trouverait si l'air était saturé. On appelle *état hygrométrique* le rapport qui existe entre la quantité de vapeur répandue dans l'air et celle qui s'y trouverait si l'air était saturé ou, ce qui revient au même, le rapport de la force élastique de la vapeur d'eau atmosphérique à la force élastique *maxima*, correspondante à la température ambiante. C'est ce rapport qui définit le degré d'humidité de l'air, c'est là ce que l'on se propose de déterminer avec les hygromètres.

Un grand nombre de substances organiques éprouvent des variations dans leurs dimensions suivant le degré d'humidité de l'air, absorbent de la vapeur par les temps humides, en émettent par les temps secs.

Ainsi les peaux de tambours se détendent par l'humidité, d'où résulte un son plus grave. Les corps à fibres tordues, comme les cordes, se gonflent, se raccourcissent et se tordent davantage par l'action de l'humidité.

Un phénomène du même genre, mais inverse, a lieu pour les cordes à boyaux qu'on emploie assez souvent pour faire des espèces d'hygroscopes, dépourvus d'ailleurs de toute précision. Un petit bout de corde à violon est fixé invariablement à l'une de ses extrémités; l'autre extrémité libre est liée à une pièce mobile, dont les positions varient avec le degré d'humidité.

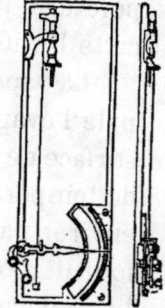

Fig. 473.
Hygromètre à cheveu de Saussure.

Dans certains modèles, l'extrémité de la corde porte un capuchon, qui dans l'air sec est abaissé. Si l'humidité augmente, la corde se détend et ramène le capuchon sur la tête du personnage.

Le cheveu, en particulier, peu sensible aux changements de température, éprouve des variations notables dans sa longueur, quand l'état hygrométrique de l'air ambiant vient à changer. Tel est le principe utilisé par de Saussure, dans la construction de l'hygromètre qui porte son nom. Il se compose d'un cheveu convenablement dégraissé, fixé à l'une de ses extrémités (fig. 473), et enroulé à l'autre extrémité sur la gorge d'une poulie.

Un fil de soie enroulé en sens contraire, et fixé à une deuxième gorge de la poulie, supporte à son extrémité un petit poids de 2 décigrammes environ, qui maintient le cheveu constamment tendu. La poulie porte une aiguille, dont la pointe s'avance sur un cadran. Quand l'air est humide, le cheveu s'allonge, et la pointe de l'aiguille se relève; quand l'air est sec, le cheveu se raccourcit et l'aiguille s'abaisse.

De Saussure graduait son instrument, comme un thermomètre, par le choix de deux points fixes : celui d'humidité extrême ou de saturation de l'air, celui de sécheresse absolue. Il plaçait son instrument sous une cloche dont l'air avait été desséché par l'introduction de carbonate de potasse fondu, et marquait 0 au point où l'aiguille s'arrètait. Puis il enlevait le carbonate, qu'il remplaçait par un plat rempli d'eau qui saturait l'air de vapeur. l'aiguille rétrogradait, et il marquait 100 au point où elle s'arrètait. Il partageait l'intervalle compris entre les points 0 et 100 en cent parties égales, qui constituaient les degrés de l'hygromètre.

De Saussure prenait, comme mesure de l'humidité de l'air, le degrè où s'arrètait l'aiguille de l'hygromètre.

Mais, ainsi gradué, les indications de l'hygromètre ne sont pas proportionnelles à la quantité de vapeur d'eau contenue dans l'atmosphère; il est nécessaire pour s'en servir de construire des tables qui permettent de déduire de l'indication de l'hygromètre, l'état hygrométrique correspondant.

Mais les divers hygromètres à cheveux ne sont pas comparables entre eux, et il faudrait censtruire une table spéciale pour chaque hygromètre.

Malheureusement un hygromètre à cheveu ne réste même pas comparable à lui-même, et ses indications changent avec le temps, de sorte que l'usage de cet instrument est abandonné dans les recherches précises.

Brunner, professeur de chimie à Berne, imagina une méthode différente en 1841. Il desséchait un volume connu d'air humide en le faisant passer sur des substances desséchantes dont l'augmentation de poids donnait la masse de la vapeur d'eau contenue dans l'air qui avait traversé l'appareil desséchant.

La longue durée de l'expérience permet à l'état hygrométrique de l'air de varier, et on n'obtient ainsi qu'un état hygrométrique moyen.

Les *hygromètres de condensation* sont des instruments dans lesquels on amène la vapeur d'eau de l'atmosphère à se condenser sur un corps artificiellement refroidi. Le Roy, médecin de Montpellier, imagina vers 1751 le premier hygromètre à condensation.

Il employait un vase en étain contenant de l'eau et un thermomètre.

Il refroidissait l'eau par l'introduction successive de morceaux de glace, il abaissait par suite la température du vase et de la couche d'air qui l'entoure.

La quantité de vapeur qui sature un espace décroît avec la température, il arrivait donc un instant où, par le refroidissement du vase, l'air qui le touchait était saturé.

A ce moment, le refroidissement continuant, une portion de la vapeur se condensait sur le vase, phénomène rendu sensible par l'apparence terne du vase succédant à cet instant à l'éclat de sa surface.

La force élastique de la vapeur d'eau qui se trouve dans la couche d'air voisine du vase est la force élastique maxima correspondante à la température indiquée par le thermomètre.

Elle est la même que la force élastique de la vapeur répandue dans l'air ambiant. Il suffit pour la connaître de consulter les tables de force élastique, tables que nous apprendrons à construire dans la suite.

En faisant le quotient de cette force élastique par la force élastique maxima à la température de l'air ambiant, on aura l'état hygrométrique.

Cet instrument avait le défaut de placer de l'eau au milieu de la masse d'air étudiée, et par là d'élever un peu son état hygrométrique ; celui-ci se trouvait aussi modifié par la présence de l'opérateur, placé près du vase.

De plus, un tel appareil ne peut donner de bons résultats, lorsqu'il est exposé au vent. Les couches d'air se déplacent alors trop vite pour prendre la température de la surface métallique refroidie sur laquelle elles glissent.

M. Crova a modifié ainsi qu'il suit l'hygromètre à condensation pour se mettre à l'abri de toutes ces causes d'erreur.

L'instrument se compose d'un tube en laiton mince nickelé et bien poli intérieurement.

Ce tube est fermé en avant par un verre dépoli et en arrière par une lentille à long foyer qui permet de voir nettement par réflexion sur les parois du tube l'image annulaire du verre dépo'i.

L'air atmosphérique est aspiré lentement par une poire en caoutchouc et circule à l'intérieur du tube.

Le tube est encastré dans une boîte en laiton contenant du

sulfure de carbone qu'on refroidit en déterminant une évaporation par un courant d'air insufflé.

Le tube refroidi, des taches sombres apparaissent sur sa paroi révélant le dépôt de rosée. L'insufflation arrêtée, le dépôt disparaît.

Un thermomètre plongé dans le sulfure de carbone donne la température au moment de la formation et de la disparition du dépôt.

La moyenne de ces deux lectures donne la température exacte du sulfure au moment de la formation du dépôt. On voit (*fig.* 475) la disposition donné à l'hygromètre à condensation par Alluard.

Les météorologistes préfèrent aux hygromètres les *psychromètres* qui, par de simples lectures, font connaître le degré de l'humidité de l'air.

Le psychromètre (Ψῦχοσ, froid, μέτρον, mesure) (*fig.* 474) se compose de deux thermomètres aussi identiques que possible, placés à côté l'un de l'autre.

Le réservoir de l'un d'eux est entouré d'un linge constamment mouillé, d'où résulte une évaporation et par suite un abaissement de température.

Cet abaissement de température dépend de la vitesse de l'évaporation et, par suite, de l'état hygrométrique de l'air.

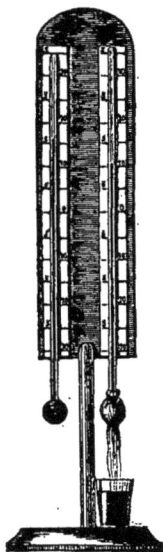

Fig. 474.
Psychromètre.

Si l'on a soin, comme l'ont indiqué les travaux de M. Doyère (1855) et ceux de M. Macé de Lépinay (1881), de *fronder* l'appareil, c'est-à-dire de faire tourner rapidement chacun des deux thermomètres à l'aide d'une corde avant de lire leurs indications, la différence de la force élastique maxima de la vapeur d'eau à la température du thermomètre mouillé, et de la force élastique propre à la vapeur d'eau dans l'air, est proportionnelle au produit de la force élastique atmosphérique par la différence des deux températures lues sur les thermomètres.

La constante de proportionnalité est invariable avec le temps et déterminée une fois pour toutes.

Si l'on chauffe un liquide, lorsque la force élastique de sa vapeur est égale à celle de l'atmosphère qui pèse sur le liquide, le phénomène de l'ébullition se produit.

L'expérience montre, ainsi qu'il a été dit déjà, que pendant toute la durée de l'ébullition la température reste constante si la pression elle-même reste constante.

Cette loi est analogue à celle de la fusion, et de même que nous savons que la pression modifie la température du point de

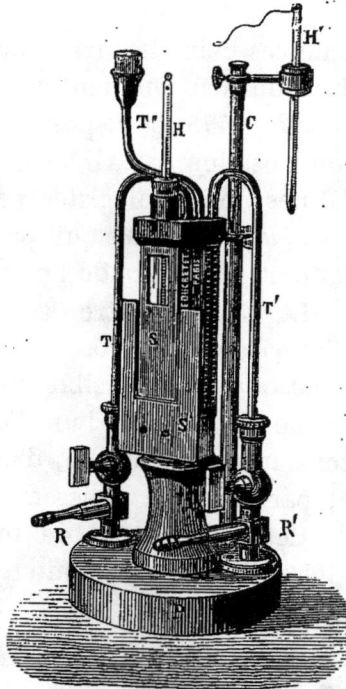

Fig. 475. — Hygromètre à condensation : Disposition Alluard.

fusion, de même la pression modifie la température du point d'ébullition.

L'eau, par exemple, bout à 100° sous la pression extérieure de 760 millimètres, mais, si la pression devient plus faible, l'ébullition pourra se produire à une température plus basse.

Sous le récipient de la machine pneumatique on peut faire bouillir l'eau à une température quelconque.

Dans l'appareil Carré, dont nous avons parlé, on voit l'eau de la carafe entrer en pleine ébullition quelques instants avant l'apparition de la glace.

Le mot d'*eau bouillante* ne correspond dans notre esprit à une sensation déterminée de chaleur que parce qu'on n'a l'occasion d'observer le phénomène qu'à des pressions qui diffèrent toujours fort peu de la pression moyenne de 760 millimètres.

Franklin mettait en évidence l'ébullition de l'eau à une température inférieure à 100° par l'expérience suivante (*fig.* 476) :

Dans un ballon à long col on fait bouillir de l'eau pendant dix minutes environ ; lorsque par cette ébullition la vapeur d'eau en s'élevant a chassé l'air du flacon, on bouche le vase et on le retourne en plongeant l'extrémité du col dans un vase plein d'eau pour éviter toute rentrée d'air.

L'ébullition s'arrête dès que le liquide a été soustrait à l'action de la chaleur ; mais si l'on vient à verser de l'eau froide sur le ballon, l'ébullition recommence et peut se prolonger pendant un temps assez long. C'est que le contact de l'eau froide a abaissé la température de la vapeur qui presse sur le liquide, sa force élastique a, par suite, diminué, et c'est cette diminution de pression qui a provoqué l'ébullition.

Au bout d'une heure, on peut encore faire bouillir le liquide par de nouvelles affusions d'eau froide.

Fig. 476.

Expérience de Franklin
Ebullition provoquée
par refroidissement.

Dans les raffineries de sucre on utilise le principe de cette expérience pour évaporer les sirops à basse température. On fait ainsi une économie de combustible et surtout on diminue la transformation du sucre cristallisable en sucre incristallisable, transformation qui est d'autant plus considérable, que la température est plus élevée. On diminue ainsi le résidu de l'opération, et par suite, la proportion de *mélasses*.

L'appareil employé est dû à MM. Derosne et Cail. Il se compose d'une chaudière renfermant le sirop à évaporer.

La vapeur produite est amenée par un tuyau dans un immense serpentin en cuivre par lequel coule du sirop froid que l'on amène d'un réservoir supérieur. Ce sirop abaisse la température du serpentin et par suite de la vapeur, ce qui facilite l'ébullition ; de plus, il s'échauffe lui-même et arrive ainsi partiellement concentré dans un réservoir d'où il est déversé ultérieurement dans la chaudière.

L'extrémité du serpentin peut être mise en communication avec une machine pneumatique qui, enlevant l'air et la vapeur, maintient aussi bas que possible la température d'ébullition.

La connaissance de la force élastique de l'atmosphère donnée par le baromètre permet d'assigner la température de l'ébullition de l'eau. Inversement, un thermomètre nous donnera la température de l'ébullition de l'eau et nous permettra d'en déduire la pression extérieure qui n'est autre que la force élastique maxima de la vapeur d'eau correspondant à cette température. C'est sur ce principe que M. Regnault a construit l'*hypsomètre*.

L'hypsomètre se compose d'une petite chaudière contenant de l'eau chauffée par une lampe et surmontée d'un tube à tirages qui permet à la vapeur de s'échapper.

Un thermomètre plongé dans la vapeur donne sa température au moment de l'ébullition. Cette température permet de connaître la pression extérieure, et par suite, l'altitude du lieu où l'on se trouve, dont la valeur est proportionnelle à l'excès de 100 sur la température d'ébullition de l'eau au point considéré.

Ainsi, à Quito, dont l'altitude est de 2 908 mètres, l'eau bout à 90°,1, tandis qu'à Madrid dont l'altitude est de 610 mètres, l'eau bout à 97°,8.

Lorsqu'un liquide tient en dissolution des substances étrangères, son point d'ébullition change. Ainsi, l'eau saturée de sel marin ne bout qu'à 108°,5. Mais il est très important de remarquer que, quelle que soit la température de la dissolution, celle de la vapeur ne dépend que de la pression extérieure et reste la même que dans le cas de l'eau pure.

Lorsque la couche liquide que l'on fait bouillir est très profonde, la température qui règne au fond du vase est supérieure à 100°; car les bulles de vapeur pour s'y former doivent non seulement triompher de la pression qui s'exerce sur la surface libre, mais encore de celle exercée sur la couche par le poids du liquide qui la surmonte.

Lorsque la pression s'élève, la température d'ébullition s'élève aussi.

On peut, en faisant communiquer une chaudière avec un réservoir à air comprimé, élever la température de l'ébullition jusqu'à 120°. Mais pour que l'ébullition puisse se produire, il faut que l'espace situé au-dessus du liquide soit assez considérable et soustrait à l'action du foyer.

S'il en était autrement, l'ébullition ne se produirait pas comme nous le montre la marmite de Papin (¹) (*fig.* 477).

Elle se compose d'un vase de bronze A à parois très résistantes, fermé par un couvercle solidement fixé par la vis C sur l'ouverture de la marmite. Une soupape de sûreté o est fermée par une tige à laquelle se trouve suspendue un poids P. Ce poids est réglé de façon que le levier se soulève et par suite la soupape, pour laisser échapper la vapeur lorsqu'elle atteint une pression trop considérable.

Fig. 477.
Marmite de Papin.

Si l'on chauffe cet appareil, la vapeur qui se produit exerce sa pression sur le liquide et empêche les bulles de se produire. La température s'élève progressivement et, en même temps, la force élastique croît très rapidement. Ainsi, à 200° la pression est de 16 atmosphères.

Sous l'action de telles forces, les vases les plus résistants peuvent voler en éclats et causer de graves accidents.

Grâce à la température élevée que l'eau atteint dans cet appareil, on peut dissoudre des substances insolubles dans l'eau à 100°.

Dans cette marmite, la gélatine des os se dissout très facilement.

C'est en vue d'applications de ce genre que Papin avait construit son appareil auquel il avait donné le nom de *digesteur*.

Si l'on enlève le poids P la soupape est soulevée, et la vapeur

1. Papin, célèbre physicien, né à Blois en 1647, mort en 1714.

comprimée s'échappe avec violence par l'ouverture étroite que fermait la soupape; elle forme, en se condensant partiellement, une colonne de fumée de plusieurs mètres de hauteur, et subit un refroidissement tel, par son expansion dans l'atmosphère, que l'on peut impunément placer la main dans le jet de vapeur au voisinage de l'orifice.

Si l'on faisait, au contraire, la même expérience avec de la vapeur sortant d'un vase contenant de l'eau bouillante sous la pression ordinaire, la main serait brûlée.

C'est par un phénomène du même genre qu'on peut, en soufflant sur sa main, produire à volonté une sensation de chaleur ou de froid.

Si la bouche est largement ouverte, l'air mêlé de vapeur qui sort, possède la température du poumon qui est d'environ 37°. Mais si on ferme la bouche en comprimant la masse gazeuse, celle-ci se dilate à sa sortie, sa température s'abaisse et elle produit une sensation de froid.

Dans la marmite de Papin, la vapeur s'accumule au-dessus de l'eau à mesure que la température croît; on s'est demandé ce qui arriverait si l'on continuait l'échauffement après s'être prémuni toutefois contre la rupture du vase.

Cagniard-Latour, en 1822, chauffa fortement divers liquides dans des tubes de verre fermés, à parois très épaisses. Il enfermait le liquide étudié bien purgé d'air dans l'une des branches.

Le tube recourbé dont la partie inférieure contenait du mercure fonctionnait comme manomètre à air comprimé. En portant la branche renfermant le liquide à des températures croissantes, il arrivait un moment où la surface de séparation du liquide et de la vapeur disparaissait complètement. De légères variations de température au voisinage de ce point de vaporisation totale, faisaient réapparaître ou disparaître la surface de séparation.

Pour l'éther, Cagniard-Latour dit que, vers 150°, le tube ne contenait plus qu'un fluide aériforme occupant un volume à peine triple du volume du liquide primitif. La force élastique était alors de 37 atmosphères.

Pour le sulfure de carbone, la disparition du liquide avait lieu à 220° sous la pression de 78 atmosphères.

Quant à l'eau, l'expérience fut difficile à exécuter, car l'appareil vola en éclats plusieurs fois. Pourtant, il parvint à la réduire totalement en vapeur dans un espace quadruple du volume primitf à la température de fusion du zinc.

Ces expériences prouvent qu'au-dessus d'une certaine température, désignée sous le nom de *Point critique,* un corps ne peut présenter que l'état gazeux et ne peut être liquéfié, quelque grande que soit la pression qu'il supporte.

Drion répéta les expériences de Cagniard-Latour avec un appareil analogue.

M. Wolf modifia l'appareil. Il prit des tubes en verre résistant, à moitié remplis du liquide à étudier; un tube capillaire plonge au centre du liquide. Le tube extérieur est fermé pendant l'ébullition du liquide, alors que la vapeur a complètement chassé l'air.

Si on élève progressivement la température du tube, l'ascension capillaire diminue peu à peu en même temps que la convexité du ménisque; à la température du point critique, le liquide est sur le même plan à l'intérieur et à l'extérieur du tube capillaire.

La méthode de M. Wolf permet de déterminer avec une assez grande exactitude les points critiques des vapeurs que l'on peut observer dans les tubes de verre.

Lorsque dans cette détermination la force élastique maxima de la vapeur dépasse la limite de résistance du verre, on a recours à un artifice. On prend un tube métallique que l'on dispose, grâce à un couteau, comme le fléau d'une balance, de telle sorte qu'il se maintienne horizontal lorsqu'il est complètement rempli par un même fluide homogène.

Tant que dans le tube existe un mélange de liquide et de vapeur le fléau est penché; aussitôt le point critique atteint le fléau se place horizontalement.

La détermination de la température critique présente de grandes difficultés.

M. Andrews (1869) s'est occupé particulièrement de l'acide carbonique et a trouvé pour point critique de l'acide carbonique liquide la température de 31°.

Son appareil était une sorte de piezomètre où la pression s'exerçait par une vis d'acier comprimant l'eau du vase où était placé le tube contenant l'acide carbonique pur, fermé à l'extrémité supérieure et bouché à l'autre extrémité par un index de mercure qui permettait à la pression du liquide de s'exercer sur le gaz.

Un piezomètre tout semblable, mais contenant de l'air enfermé dans un tube plein d'eau communiquant avec le premier, servait de manomètre.

L'appareil était plongé dans un bain dont on faisait varier la température.

Les expériences furent faites à des températures variant entre les limites de 10° à 50°. Les résultats de ces expériences ont été représentés par des lignes obtenues en portant respectivement sur deux droites rectangulaires, et à partir de leur intersection des longueurs proportionnelles aux pressions et aux volumes correspondants. Chaque ligne correspond à une température qui était inscrite à côté.

A 13°,1, la pression augmentant, le volume du gaz diminue conformément à la loi de Mariotte; mais lorsque la force élastique atteint 49 atmosphères la liquéfaction commence, le volume du gaz diminue brusquement, la pression restant stationnaire, puis transformé en liquide son volume ne varie plus sensiblement, quelle que soit la pression qui pèse sur lui.

A 31°,1, la liquéfaction ne commence plus brusquement.

Il n'y a pas dans le tube, comme pour les températures inférieures, mélange des deux états. Pour une pression inférieure à 75 atmosphères le tube est plein de gaz carbonique. Pour une pression supérieure, il est rempli d'acide carbonique liquide.

Au delà de cette température, quelle que soit la pression exercée, l'acide carbonique reste à l'état gazeux.

Dans l'étude de ce phénomène, il est important de connaître, pour une température donnée, la pression minima pour laquelle la liquéfaction est complète, c'est-à-dire le gaz complètement transformé en liquide.

Réunissons par une courbe tous les points anguleux des courbes tracées à différentes températures, nous obtenons ainsi la *courbe critique* dont la connaissance est très importante.

Pour tout point pris à l'intérieur de la courbe, c'est-à-dire pour une force élastique et une température qui lui correspondent, l'acide carbonique existe simultanément sous les deux états

Pour tout point pris dans la portion extérieure de la courbe, l'acide carbonique existe entièrement à l'état gazeux ou entièrement à l'état liquide.

Cette courbe critique nous montre que pour obtenir le point critique il ne suffit pas d'abaisser sa température, il faut aussi que sa pression ne soit pas supérieure à une certaine limite.

En effet, si une parallèle à l'axe des températures ne coupe pas la courbe, quel que soit l'abaissement de température, si la pression conserve la même valeur, il nous sera impossible de trouver un point critique.

M. Andrews comprima à 50° de l'acide carbonique jusqu'à 150 atmosphères.

Le volume du gaz diminua sans présenter de discontinuité dans son état.

Le gaz était refroidi, la pression maintenue constante. Le fluide conservait sous le même volume la même apparence.

Le gaz ainsi refroidi, si l'on diminuait alors la pression, on constatait l'ébullition d'un liquide. Sous la pression de 150 atmosphères, on était parti à 50° d'un gaz pour arriver à la température ordinaire à un liquide, sans aucune discontinuité dans les

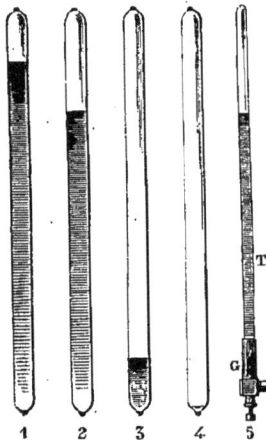

Fig. 478.
Tubes de Natterer.

propriétés. Ces expériences sont facilement réalisables avec les tubes de Natterer (*fig.* 478).

Ce sont des tubes de fin diamètre à parois épaisses remplis d'acide carbonique liquide sous des pressions différentes. Suivant la pression sous laquelle ils ont été remplis, ils présentent les particularités que nous venons de signaler en faisant varier la température du tube.

Proposons-nous maintenant de déterminer aux différentes températures les forces élastiques maxima des vapeurs; d'après ce que nous venons de voir, les expériences seront limitées à la température critique.

On opère par la méthode statique ou par la méthode dynamique.

De tous les liquides, l'eau a été particulièrement étudiée, et c'est d'elle dont nous allons nous occuper.

La méthode statique a été employée par Dalton.

Il prenait deux baromètres : l'un parfait, l'autre contenant de l'eau introduite dans la chambre barométrique.

On lisait la différence de niveau (*fig.* 479) qu'indiquait la force élastique de la vapeur d'eau à la température ambiante.

Cette détermination à la température ordinaire donne des résultats exacts. A des températures plus élevées, les résultats n'ont plus une exactitude suffisante. En effet, les baromètres sont placés dans un cylindre en verre rempli d'eau portée à la température où l'on désire faire l'expérience. Plusieurs causes d'erreur sont inhérentes à ce mode d'observation : l'eau du manchon se refroidit; le manchon étant cylindrique, les lectures faites à travers le verre et l'eau introduite sont entachées d'erreurs dues à la réfraction.

Regnault voulut se rendre compte de l'erreur de la réfraction. Pour cela, il opéra à blanc, fit une lecture sans manchon et sans liquide, puis fit une nouvelle lecture avec manchon et liquide.

Les deux lectures présentaient une différence sensible.

Pour corriger cette erreur, il fit une première modification à l'appareil.

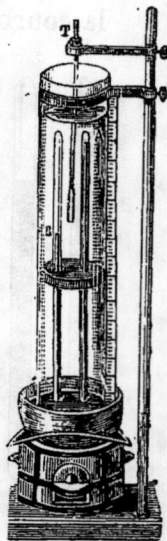

Fig. 479.
Appareil de Dalton : Mesure de la force élastique des vapeurs à diverses températures.

Il adopta un manchon en tôle terminé à la partie supérieure par une glace plane. En vérifiant par le procédé précédent l'erreur commise, il put se convaincre que, dans ce cas, la correction due à la réfraction devenait nulle.

Il fut ainsi conduit à une première modification de l'appareil qui lui donna des résultats précis pour des expériences faites à des températures inférieures à 50°.

L'appareil comprend toujours les deux baromètres, mais ils ne plongent pas complètement dans le bain. La partie supérieure contenant le bain est une cuvette en tôle à parois planes fermée par des glaces planes. La cuvette était diminuée de hauteur, l'uniformité de température pour les différentes couches est atteinte facilement. La température reste uniforme dans la caisse tant qu'on ne dépasse pas 50°.

Les différences de niveau sont relevées avec des lunettes fixées à une règle divisée.

Les corrections sont les suivantes :

1° Ramener à 0° la colonne mercurielle;

2° Mesurer la hauteur de la colonne d'eau qui surnage le mercure, l'évaluer en colonne de mercure;

3° Corriger les lectures des erreurs dues à la capilarité.

La première correction s'effectue par la connaissance de la dilatation du mercure.

Quant aux autres, Regnault les éliminait par l'artifice suivant

Il faisait deux lectures : l'une, comme dans le cas précédent; la seconde, en réunissant les deux tubes entre eux.

Il admettait que, dans ces deux lectures, les erreurs étaient les mêmes, ce qui lui permettait de les éliminer en faisant la différence. Il admettait, et cela sans erreur appréciable, que l'eau restait en quantité égale dans les deux cas.

Il y avait aussi l'influence de la vapeur de mercure, mais elle est négligeable jusqu'à 50°, bien qu'elle ne soit pas nulle, comme on est tenté de l'admettre.

On montre son influence en mettant au voisinage d'une cuve de mercure dans l'obscurité des traits tracés avec du nitrate d'argent ammoniacal. La vapeur de mercure fait noircir la solution, et les caractères tracés, invisibles d'abord, apparaissent en noir.

Regnault modifia son appareil pour découvrir si des erreurs ne se glissaient pas dans sa manière d'opérer, essayant de les mettre en évidence en variant l'expérience.

Le tube à vapeur est mis en relation, d'une part avec la machine pneumatique, d'autre part avec un ballon, dans lequel est introduit une ampoule contenant de l'eau bouillie. On fait plonger le ballon dans la glace fondante et on lit le niveau du mercure dans le tube à vapeur. On fait alors crever l'ampoule en chauffant le ballon. On fait des lectures à différentes températures.

Les nombres trouvés ainsi concordent avec les précédents. Dans cette méthode, le mercure n'est pas mouillé par l'eau.

On peut ne faire plonger que le ballon dans l'eau, pourvu

que la température extérieure et celle du ballon diffèrent à peine
de quelques degrés. Cela a permis d'effectuer la correction due à
la vapeur de mercure.

Regnault a admis, par simple hypothèse, que la force élastique
de la vapeur de mercure était nulle à 0°. Il a trouvé pour sa valeur,
aux températures comprises entre 0° et 100°, des nombres qui
sembleraient indiquer que, dans ce cas, le liquide devrait distiller
dans la branche froide. Il n'en est rien, car les conditions de l'équilibre mécanique ne s'établissent pas très vite, et la distillation
s'opère lentement.

Nous n'avons opéré qu'à des températures supérieures à 0°.
Opérons maintenant au-dessous de zéro, et mettons à profit un fait
établi par Watt : c'est que, si les différentes parties
d'une enceinte contenant une vapeur saturée sont à
des températures différentes, la force élastique
maxima qui s'établit dans l'enceinte correspond à
la température la plus basse.

C'est à Gay-Lussac que sont dues les premières mesures de la force élastique *maxima* de
la vapeur d'eau au-dessous de zéro. Il s'est servi de
la méthode de Dalton, en la modifiant un peu.

Le tube à vapeur B (*fig.* 480) est recourbé à son
extrémité, et la partie recourbée plonge dans un
mélange réfrigérant dont la température est donnée
par un thermomètre. Le liquide introduit dans ce
baromètre distille dans la branche courbe refroidie.
Gay-Lussac mesurait avec une lunette pourvue d'un
réticule, se mouvant le long d'une règle graduée, la
différence de niveau du mercure dans le tube à vapeur et dans le tube barométrique.

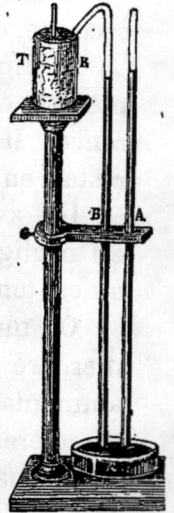

Fig. 480.
Appareil de Gay-Lus-
sac : Mesure des
forces élastiques à
des températures
inférieures à 0°.

Le défaut de la méthode était la température
mal connue du mélange *pâteux* de glace et de sel employé
comme réfrigérant. Regnault reprit ces expériences avec l'appareil
à ballon qui nous a servi précédemment. Le ballon, faisant office
de la partie recourbée du baromètre de Gay-Lussac, plongeait dans
un mélange *liquide* de neige et de chlorure de calcium, dont la
température était rendue constante par l'agitation.

Nous n'avons jusqu'à présent opéré qu'avec l'eau, mais si nous avons des liquides dont la force élastique *maxima* de la vapeur est voisine de la pression atmosphérique, ou lui est supérieure aux températures ordinaires, nous devrons modifier l'appareil, et employer à la place du manomètre barométrique un manomètre à air libre.

Dalton prenait un tube en U, dont la plus petite branche était fermée. Il remplissait cette branche de mercure; puis, en inclinant le tube, il y faisait passer du liquide à vaporiser, puis il lisait la différence de niveau.

Regnault s'est souvent servi, dans le même but, de l'appareil précédent relié à un manomètre à air libre. Le tube en U contenant la vapeur plongeait tout entier dans la cuve à glaces parallèles renfermant le bain. Il était séparé du manomètre par un tube plus fin, qui servait à introduire de l'air à une pression convenable.

Les lectures des niveaux étaient faites avec une lunette fixée sur une règle graduée, et les colonnes mercurielles étaient réduites à 0°.

Pour les corps très volatils, comme les gaz liquéfiés, Regnault avait modifié l'appareil.

Il prenait un vase en fer résistant, plongeant dans un bain dont on connaissait la température. Le vase était cloisonné, et les sections des cloisons étaient connues. On introduisait un poids connu de mercure. La deuxième cloison communiquait avec un manomètre à air comprimé, et le gaz liquéfié était introduit dans la première cloison. Il était maintenu comprimé au moyen d'une pompe. Connaissant la différence de niveau dans les deux branches du manomètre, le poids de mercure introduit et la section des cloisons, on en déduisait la différence de niveau dans les deux cloisons.

Regnault donne des résultats pour l'acide carbonique, mais des résultats erronés. Il est, en effet, indispensable d'opérer au-dessous de la température critique, sans cela la vapeur ne serait plus saturée. Or, Regnault opère à 45°, alors que le point critique pour l'acide carbonique est 30°. Dans ces conditions, il opérait avec le gaz et non plus avec la vapeur saturée. L'appareil, qui était en fer, ne lui avait pas permis d'observer quand la vapeur était saturée ou non.

Le principe de la méthode dynamique fondé sur l'ébullition a été donné par Dalton, et a servi à Regnault dans ses expériences à haute température.

Avant de parler des travaux de Regnault, nous signalerons les expériences de Dulong et d'Arago, entreprises sur une demande adressée par le gouvernement à l'Académie des sciences.

Une chaudière à vapeur C (*fig.* 481), à parois épaisses, possédan une soupape de sùreté, communiquait par un tube S *t* avec un

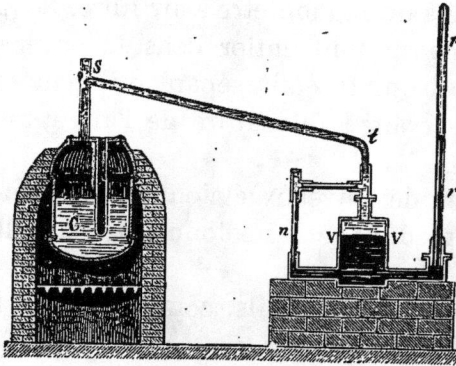

Fig. 481. — Mesure de la force élastique des vapeurs : Appareil Dulong et Arago.

manomètre à air comprimé *r r*, qui avait servi à Dulong et Arago dans leur étude de la loi de Mariotte.

On chassait l'air contenu à la partie supérieure de la chaudière au moyen de l'ébullition, la soupape de sùreté étant ouverte, puis celle-ci était fermée et convenablement chargée.

La force élastique de la vapeur d'eau saturante était mesurée à l'aide du manomètre.

La température correspondante était lue sur des thermomètres placés dans des tubes de fer verticaux contenant du mercure, disposés dans la chaudière, l'un dans l'eau, l'autre dans la vapeur. Dulong et Arago opérèrent jusqu'à la température de 224°.

La pression correspondante était de 24 atmosphères.

Regnault fit deux séries d'expériences : les unes avec une petite chaudière à des températures inférieures à 50°, vérifiant ainsi les résultats qu'il avait obtenus précédemment; les autres, avec une chaudière plus grande, à des températures plus élevées.

Il se servait d'une chaudière A (*fig.* 482) en communication avec un ballon B contenant de l'air que l'on raréfiait par le tube *t t'*.

Quatre thermomètres, protégés par des gaînes de fer remplies de mercure plongeant, deux dans le liquide, deux dans la vapeur, donnaient la température.

Il mesurait :

1° La température à laquelle se produisait l'ébullition. Il était

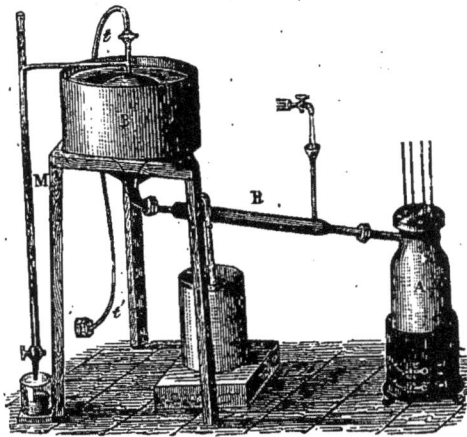

Fig. 482. — Mesure de la force élastique des vapeurs: Méthode de l'ébullition.

averti de l'ébullition par le bruit qui l'accompagne et surtout par la fixité de la température indiquée par les thermomètres

2° La pression à laquelle l'ébullition se produisait. Cette pression était donnée par le manomètre M.

Il fallait, pendant l'expérience, que la force élastique fut invariable. On n'obtenait cette invariabilité que grâce à la grande capacité du ballon maintenu à une température invariable.

Il faut un grand ballon, pour négliger tous les raccords.

Pour opérer à une température plus élevée, il faut augmenter la pression; il faut, au contraire, la diminuer pour opérer à une température plus basse.

Pour des températures plus élevées, Regnault se servit d'une plus grande chaudière et perfectionna quelques parties de l'appareil.

Regnault a exprimé ses résultats :

1° Par des tables;

2° Par des courbes.

(Il portait en abscisses les températures, en ordonnées les forces élastiques.)

Pour une même série d'expériences, les courbes étaient continues. Si l'on prenait plusieurs séries d'expériences, les courbes variaient avec la série et semblaient se déplacer parallèlement à elles-mêmes.

Regnault prenait une courbe moyenne, corrigeant ainsi des erreurs dont il n'était pas maître et qui se glissaient dans chaque série d'expériences.

Remarquons, en considérant le résultat de ces expériences, que la courbe de l'eau n'offre pas de discontinuité en passant par 0°. La force élastique de la glace ou de l'eau est donc la même pour une même température; d'où la loi :

1° *L'état solide ou liquide n'influe pas sur la force élastique de la vapeur;*

2° Si nous prenons un mélange de liquides n'ayant aucune action chimique les uns sur les autres, et ne se dissolvant pas les uns les autres, *la force élastique maxima du mélange est la somme des forces élastiques maxima de chacun des liquides.*

Si, au contraire, il y a mélange de dissolution, la force élastique maxima du mélange est *plus petite* que la somme des forces élastiques maxima de chacun des liquides, et se trouve même souvent plus petite que la force élastique maxima du liquide le plus volatil.

Regnault, en voulant vérifier la loi de Dalton pour le mélange des gaz et des vapeurs, trouva que la force élastique maxima d'une vapeur est plus petite dans un gaz que dans le vide.

Mais cela tient à ce que les parois du ballon condensent des vapeurs qui forment alors une couche liquide.

La loi se vérifierait dans le cas où les parois du vase seraient formées par le liquide même.

La force élastique d'une dissolution saline est toujours inférieure à la force élastique du liquide pur.

Il faut pour faire ces expériences opérer par la méthode statique.

En effet, par la méthode dynamique, le liquide et la vapeur se trouvent à des températures différentes. Le thermomètre est alors mouillé par le liquide dont il indique la température.

Tous les corps de la nature laissent la chaleur se propager peu à peu dans leur masse, souvent à une assez grande distance des points où ils la reçoivent, et l'échauffement des molécules successives a lieu après des intervalles de temps très appréciables. C'est cette perméabilité intérieure pour la chaleur, que les différentes substances possèdent à des degrés différents, qu'on a nommée *conductibilité calorifique (fig. 483.)*

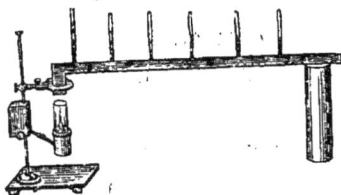

Fig. 483.

Distribution de températures le long d'une barre métallique chauffée à l'une de ses extrémités.

Ainsi, lorsque tenant une cuiller d'argent par une de ses extrémités, on plonge l'autre dans l'eau bouillante, la cuiller s'échauffe bientôt assez par conductibilité pour qu'il devienne impossible de la tenir plus longtemps.

Les corps solides ne possèdent pas tous au même degré le pouvoir de conduire la chaleur.

Plaçons, par exemple, deux barres de mêmes dimensions mais de nature différente, bout à bout, et fixons le long de ces barres, avec de la cire, des petites boules de bois. Chauffons le point de jonction des deux barres, la cire fond successivement et les boules se détachent les unes après les autres. La barre qui conduit le mieux la chaleur sera celle où la température de fusion de la cire se sera propagée le plus loin, c'est-à-dire celle dont le nombre des billes qui tombent est le plus considérable.

Ingenhousz a construit un petit appareil qui permet de comparer facilement la conductibilité de différents corps mis sous forme de barres (*fig.* 484).

Il fixe à la paroi d'une auge rectangulaire des tiges égales de substances différentes, tiges recouvertes d'une mince couche de cire.

Il remplit la caisse d'eau bouillante, ce qui porte à 100° les extrémités de chaque tige, et la chaleur se propage graduellement dans la tige en faisant fondre la cire. Plus la conductibilité de la substance est grande, plus la cire fond sur une plus grande longueur. Remarquons, toutefois, que la conductibilité est indiquée par l'intensité de l'échauffement et non point par sa rapidité.

On reconnaît ainsi que les métaux sont inégalement conducteurs et peuvent se ranger dans l'ordre suivant de conductibilité décroissante :

Argent, Cuivre, Or, Laiton, Étain, Fer, Plomb, Platine, Bismuth.

C'est à la conductibilité des métaux qu'est due la curieuse propriété des toiles métalliques de couper les flammes. Si au-dessus de la flamme d'un bec de gaz on place une toile métallique, la flamme est interceptée. Si, au contraire, on fait arriver le gaz sur le tube et qu'on l'allume au-dessus, la flamme ne se propage pas au-dessous.

Fig. 484.

Conductibilité des Solides : Appareil d'Ingenhousz.

Davy a heureusement appliqué cette propriété des toiles métalliques en construisant, pour les mineurs, une lampe de sûreté qui évite les explosions du grisou au contact d'un corps enflammé.

C'est une lampe ordinaire, enveloppée d'une toile métallique. Si le grisou se forme dans la galerie, la détonation se produit à l'intérieur de la lampe, mais la toile métallique intercepte la flamme. L'ouvrier averti peut quitter la mine sans danger.

Bien qu'inégalement conducteurs, tous le métaux ont une conductibilité supérieure à celle des autres substances, telles que le bois, le marbre, la brique, etc. C'est ce qui fait que certains corps bons conducteurs paraissent froids à la main qui les touche. Si on applique la main sur une plaque de métal à une température de dix degrés environ, on éprouve une sensation de froid violente ; de même en la plongeant dans le mercure. Cette sensation disparaît presque complètement avec le bois. Il est impossible de tenir à la main un morceau de métal chauffé à une de ses extrémités, tandis que l'on tient parfaitement une allumette enflammée à l'une de ses extrémités.

On utilise la mauvaise conductibilité de la brique dans la construction des glacières. Ce sont des fosses rondes, en forme de troncs de cône, de 6 à 8 mètres de diamètre à leur ouverture, maçonnées en briques. Elles sont remplies de glace, recouverte à la partie supérieure par de la paille. L'eau, provenant d'une fusion partielle, soude les morceaux et constitue un seul bloc. Un puisard placé au fond permet à l'eau de s'échapper.

Les liquides, à l'exception du mercure qui se conduit comme un métal, sont très mauvais conducteurs de la chaleur. Pour s'en assurer, il faut chauffer une colonne liquide par la partie supérieure et observer les variations de la température au-dessous.

On se met ainsi à l'abri de la correction qui amènerait le rapide échauffement de la masse liquide.

Au fond d'un tube de verre, on place un morceau de glace, que l'on s'arrange à maintenir dans cette partie d'un tube, bien qu'on remplisse celui-ci d'eau. On chauffe la portion supérieure du tube et on amène l'ébullition de l'eau en cette partie seulement, alors que la glace placée au-dessous ne fond pas.

Quant aux gaz, ils sont encore plus mauvais conducteurs que les liquides, mais les expériences directes sont difficiles, car il est à peu près impossible de se mettre à l'abri de la Convection.

Le défaut de conductibilité des substances filamenteuses provient surtout de ce qu'elles emprisonnent une couche d'air.

L'édredon, dont on recouvre les lits pendant l'hiver, doit ses effets à sa mauvaise conductibilité, et surtout à celle de l'air emprisonné entre les brins de duvet. L'emploi des doubles fenêtres repose sur la mauvaise conductibilité de la couche d'air enfermée entre les deux parois.

Le défaut de conductibilité des garnitures en feutre a été utilisé dans la construction d'un appareil curieux, connu sous le nom de *marmite automatique*. C'est une boîte, doublée à l'intérieur d'une forte couche de feutre, au centre de laquelle est une cavité pouvant recevoir une marmite métallique, munie d'un couvercle. Au-dessus de celle-ci, on place un coussin formé également de feutre.

Pour faire le potage, on met dans la marmite les substances nécessaires : eau, viande, légumes, etc., et après les avoir fait bouillir, on enferme la marmite dans la boîte. La cuisson se continuera sans feu, et sera terminée au bout de quelques heures.

C'est à peine si la température de l'eau s'est abaissée de 10° au bout de trois heures.

L'hydrogène présente un pouvoir conducteur supérieur à celui des autres gaz; il semble, par cette qualité, justifier la nature métallique qui lui est attribuée.

Pour mettre cette propriété en évidence on peut, dans un tube, provoquer par un courant l'incandescence d'un fil de platine, incandescence qui persiste, quelle que soit la nature du gaz introduit dans le tube tout comme dans le vide, mais à un degré moindre et variable avec la nature du gaz. Mais si l'on vient à faire passer de l'hydrogène, l'incandescence disparaît.

Nous avons souvent parlé de quantités de chaleur, nous allons nous proposer de mesurer une quantité de chaleur. L'ensemble des expériences, à l'aide desquelles on effectue cette mesure, constitue *la calorimétrie*.

Les physiciens ont pris pour *unité de chaleur* la *calorie*. C'est la quantité de chaleur nécessaire pour élever la température de 1 kilogramme d'eau de 0° à 1°.

On appelle *chaleur spécifique* d'un corps, la quantité de chaleur nécessaire pour élever la température de l'unité de poids de ce corps, de 0° à 1°. La chaleur spécifique de l'eau est égale à *un* par définition.

L'expérience montre qu'il faut sensiblement la même quantité de chaleur pour une variation de température de 1°, de sorte qu'on peut définir la chaleur spécifique d'un corps : la quantité de chaleur nécessaire pour faire varier la température de l'unité de poids de ce corps de 1°. Il s'ensuit que pour élever la température d'un corps de 10°, par exemple, il faut lui fournir dix fois plus de chaleur que pour élever la température de 0° à 1°.

Pour déterminer la chaleur spécifique d'un corps, on emploie généralement *la méthode des mélanges* dont nous exposerons simplement le principe.

On admet : 1° que la quantité de chaleur perdue par un corps, en s'abaissant de 10° par exemple, est égale à celle qu'il faudrait lui fournir pour élever sa température de 10°; 2° que, lorsqu'on mélange deux ou plusieurs corps portés à des températures inégales, il s'établit au bout d'un certain temps une température uniforme, et que la quantité de chaleur *gagnée* par les corps qui se sont échauffés est égale à eelle qu'ont *perdue* les corps qui se sont refroidis.

L'opération se fait en général dans un vase en laiton appelé *calorimètre* (*fig.* 183), rempli d'eau. L'observation du thermomètre donne la température au moment de l'immersion du corps, et celle du mélange lorsque tout échange de chaleur a cessé, lorsque la température stationnaire est atteinte.

L'application de la méthode n'est pas toujours aussi simple.

Notons que le corps est souvent renfermé dans une enveloppe qui se refroidit avec lui et qui fournit une partie de la chaleur cédée. Ce n'est pas seulement l'eau du calorimètre qui s'échauffe, c'est aussi le calorimètre lui-même, le thermomètre et les autres organes qui pourraient éventuellement exister.

Si nous considérons un tableau de la chaleur spécifique de substances différentes, nous constatons que toutes ces chaleurs spécifiques sont plus petites que l'unité.

Ainsi, celle de l'argent est 0,05601, ce qui veut dire que s'il faut à 1 kilogramme d'eau une calorie pour s'élever de 0° à 1°, il faudra pour la même élévation de température d'un kilogramme d'argent $0^{cal},05601$.

L'eau est de tous les corps celui dont la chaleur spécifique est la plus considérable, et cette grande capacité calorifique de l'eau joue un rôle important au point de vue des températures terrestres. Elle restreint la variation de température de l'atmosphère absorbant par son échauffement et sa vaporisation une grande quantité de chaleur, en rendant à l'air au contraire une grande quantité par son refroidissement.

L'eau joue dans la nature le rôle de modérateur des températures; si elle venait à disparaître de la surface du globe, il se produirait du jour à la nuit d'extraordinaires variations de température.

Si les divers corps ont des chaleurs spécifiques différentes, les atomes des différents corps exigent pour s'échauffer du même nombre de degrés, la même quantité de chaleur. C'est la loi de Dulong et Petit. Ils ont remarqué, en effet, que le produit du poids atomique d'un corps par sa chaleur spécifique est un nombre constant.

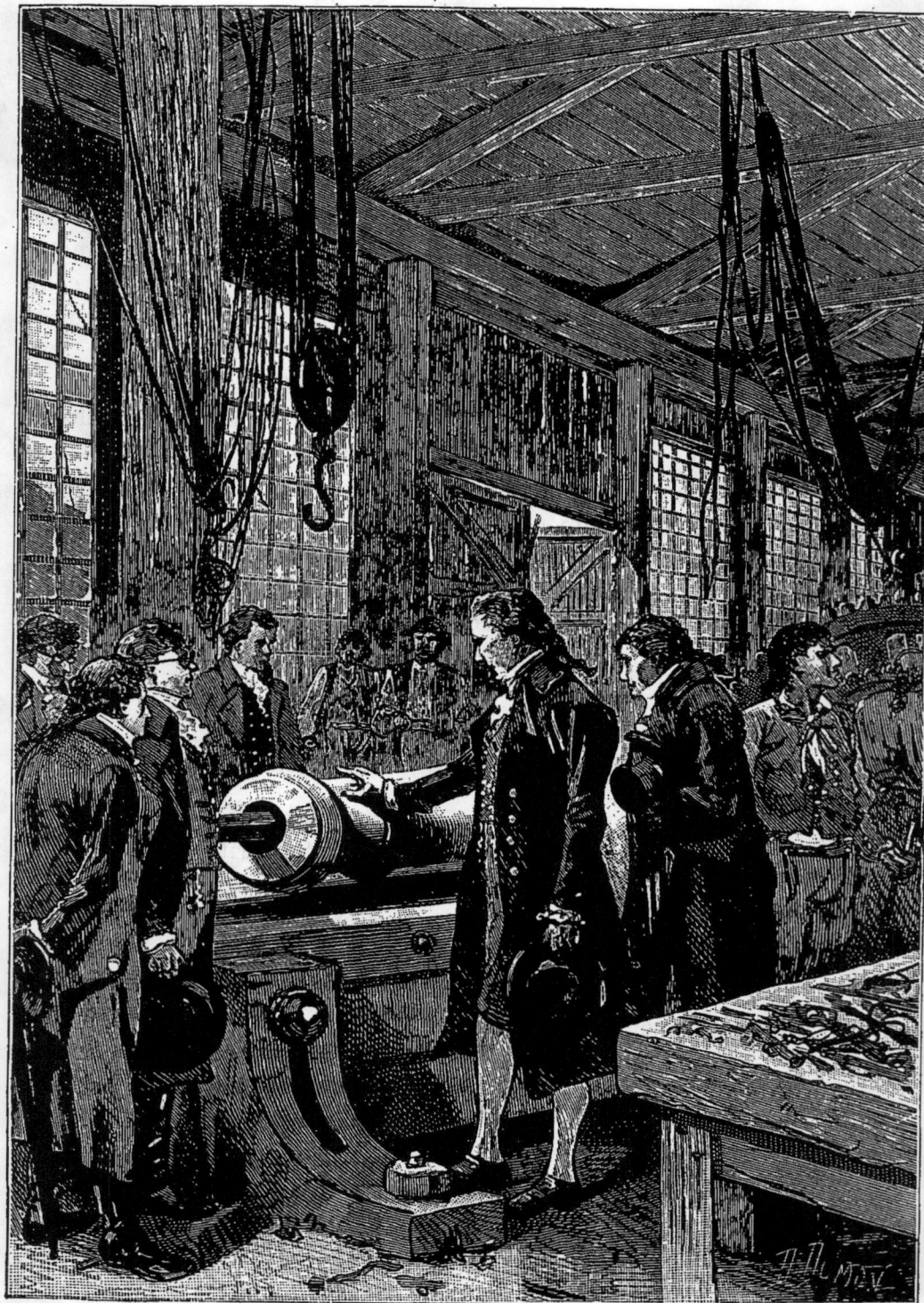

Fig. 485. — Rumford, dans les ateliers de l'arsenal militaire de Munich, en 1798, appelle l'attention, pour la première fois, sur la transformation du Travail mécanique, exigé par le forage des canons, en Chaleur.

Quant aux chaleurs spécifiques des gaz, remarquons simplement·qu'il convient de distinguer deux sortes de chaleurs spécifiques :

1° La chaleur spécifique à pression constante, quantité de chaleur nécessaire pour élever de 1° la température de l'unité de poids d'un gaz, ce gaz pouvant se dilater librement, mais conservant la même force élastique ;

2° La chaleur spécifique à volume constant, quantité de chaleur nécessaire pour élever de 1° l'unité de poids de ce gaz, celui-ci conservant un volume invariable, sa force élastique seule s'accroissant.

Pour les solides et les liquides, cette distinction est inutile, car leur dilatation est très faible, et ces corps se dilatent en général librement.

Pour tous les gaz, le rapport de leurs deux chaleurs spécifiques a été trouvé constant et égal à 1,41 d'après les expériences de Clément Désormes, Masson et Regnault.

Les chaleurs de fusion et de vaporisation se déterminent comme les chaleurs spécifiques par la méthode des mélanges.

MM. Laprovostage et Desains ont trouvé pour la chaleur de fusion de la glace 79$^{cal}$,25.

M. Regnault a fait un travail très important sur la chaleur de vaporisation de l'eau. Il a trouvé que la quantité de chaleur nécessaire pour faire passer 1 kilogramme d'eau à 100° à l'état de vapeur, sans changement de température, est égale à 536 calories.

Dans l'industrie, ce qu'il importe de connaître, c'est la quantité totale de chaleur nécessaire pour produire à la fois et l'élévation de température et la vaporisation.

Regnault a trouvé entre Q la quantité totale de chaleur nécessaire à la vaporisation à T° de l'eau primitivement à 0°, la relation :

Quantité de chaleur $Q = 606,5 + 0,305 \times T$.

Les animaux sont le siège de différents phénomènes chimiques, dont le résultat est la production de chaleur, chaleur qui maintient à peu près constante, pour une même classe d'animaux, la température intérieure de leur corps. Cette température varie d'une classe à l'autre ; ainsi, celle du pigeon est de 43°, celle du singe de

40°, celle du serpent de 31°, celle de l'huître de 27°, celle de l'écre-
visse de 26°, celle du grillon de 23°, celle de la truite, de 14° (¹).

Après avoir étudié les différents effets de la chaleur sur les corps
il faut chercher s'il existe des relations entre la Chaleur et le Travail
mécanique.

L'étude expérimentale de ces relations constitue *la Thermodynamique*.

Si nous considérons une machine arrivée à sa période d'activité
uniforme, les principes de la mécanique rationnelle nous ap-
prennent qu'il doit y avoir égalité entre le travail des forces dites
motrices et le travail des forces dites résistantes. Or si nous évaluons, d'une part, le *travail moteur*; de l'autre, le travail des
forces résistantes ou *travail utile*, nous constatons toujours une
supériorité du travail moteur sur le travail utile.

Prenons, par exemple, une machine dans laquelle une chute
d'eau est employée à produire une autre chute d'eau. C'était le
cas de l'ancienne machine de Marly, où dans un temps donné une
certaine quantité d'eau tombait d'une hauteur déterminée, et pendant le même temps, par le jeu même de la machine, une autre
quantité d'eau était transportée d'un réservoir à un autre plus
élevé.

Dans ce cas, le produit du poids de l'eau qui tombe par la hauteur de sa chute représente le *travail moteur* pendant le temps
considéré.

Dans le même temps, le *travail utile* est représenté par le produit du poids de l'eau élevée par la différence de niveau des réservoirs. Or ce travail utile n'est jamais qu'une fraction du travail
moteur.

Dans la machine de Marly il en était le dixième. Dans les meilleures machines, il en est à peine les deux tiers. On explique ce
fait par la considération des résistances dites passives, dont la
principale est le *frottement*.

---

1. L'animal est placé dans une cage en osier à l'intérieur d'une boîte en cuivre
immergée dans le calorimètre. L'air chassé par un gazomètre pénètre dans la cage
et les produits de la respiration à enlever circulent à travers le calorimètre dans un serpentin, puis sont recueillis et analysés.

En réalité nous avons dépensé un travail moteur, et nous avons recueilli un travail utile moindre.

Si rien ne se perd, des transformations seules peuvent se produire, et nous devons rechercher qu'elle transformation s'est opérée, ce qu'est devenu le travail perdu.

La mécanique admet une force particulière, le *frottement*, définie par cette condition que son travail est précisément égal à la différence du travail moteur et du travail utile. Mais si nous observons les surfaces frottantes, nous constatons qu'elles sont le siège d'une élévation de température d'autant plus considérable que le *frottement* est plus *puissant,* ou, ce qui est identique, que *la perte inexpliquée* de travail est *plus grande.*

C'est un échauffement auquel ne correspond le refroidissement d'aucune partie de la machine, c'est une véritable *création* de chaleur. Ceci ne peut nous surprendre, car tout le monde sait qu'en frottant deux corps l'un contre l'autre on les échauffe, et la production de chaleur est d'autant plus grande que le frottement est plus considérable.

Lorsqu'un train de chemin de fer est arrêté dans sa marche par le frein que serre le mécanicien, des étincelles jaillissent souvent de la roue immobilisée au milieu de sa course.

L'essieu d'une roue de wagon est lubrifié pendant la marche du train pour que son frottement contre les coussinets ne le porte pas à une température trop élevée. C'est pour la même raison que le mécanicien graisse les organes de sa machine, que le menuisier graisse sa scie, etc. C'est afin d'empêcher la transformation de l'Énergie mécanique en chaleur, c'est afin d'utiliser la presque totalité du travail dépensé.

Les marins constatent que l'eau de mer s'échauffe pendant une tempête. C'est le froissement des vagues frappant les unes contre les autres qui se convertit en chaleur.

Du mercure tombant d'une capsule dans une autre peut, après plusieurs chutes, s'échauffer au point d'enflammer du pétrole mis à son contact.

Nous réchauffons nos mains pendant l'hiver, en les frottant l'une contre l'autre. Les sauvages enflamment le bois en frottant deux morceaux de bois sec l'un contre l'autre.

Rumford ([1]), à la fonderie de canons de Munich, fut vivement frappé du degré très élevé de température qu'un canon de cuivre acquiert en très peu de temps pendant le forage (*fig.* 485), et, vers 1798, il parvint à produire et à entretenir l'ébullition de l'eau en utilisant ce dégagement de chaleur. C'est lui qui, le premier, appela l'attention sur les relations entre la Chaleur et le Travail mécanique.

Davy, frottant l'un contre l'autre deux morceaux de glace, vit la glace fondre sous l'effet de la chaleur dégagée. En dépensant sans limite du Travail mécanique, on produit sans limite de la Chaleur.

Tous ces faits démontrent nettement *la transformation du travail en chaleur*. La transformation inverse est aussi possible.

Rumford le montra par une expérience très simple, il chargeait une carabine, tantôt à poudre, tantôt à balle. Il remarqua qu'elle s'échauffait davantage dans le premier cas que dans le second : le travail produit pour chasser la balle avait donc absorbé de la chaleur.

Tous ces faits démontrent une corrélation entre la chaleur et le travail.

Quoi de plus naturel que de voir dans cette création de chaleur l'équivalent de la différence entre le travail moteur et le travail utile !

C'est à l'expérience de nous indiquer s'il existe une relation intime entre le travail perdu en apparence et la chaleur qui se manifeste en même temps.

Pour nous placer dans les conditions les plus simples, supposons que le travail utile soit nul. Dans ce cas, la machine n'est entretenue à l'état de mouvement uniforme que par l'action simultanée d'une force extérieure motrice et du frottement. La machine revenue au repos, nous ne constatons aucune modification dans

---

1. Thomson de Rumford, savant américain, né dans le New-Hampshire, le 26 mars 1753, mort à Auteuil le 21 août 1814 ; devenu, à la suite de la guerre de l'Indépendance, ministre de la guerre de l'Électeur de Munich en 1790, il reprit ses premières études scientifiques et fit d'importantes découvertes sur la chaleur et la lumière ; parmi ses ouvrages, citons les *Recherches sur la source de chaleur engendrée par le frottement*.

son état; le seul effet apparent est une création de chaleur, il devient alors évident qu'un travail moteur peut se dépenser en donnant uniquement naissance à un phénomène thermique.

Une expérience de M. Tyndall est, du reste, concluante à cet égard.

Un tube de métal contenant de l'éther est fermé par un bouchon. Une manivelle commandant une roue dentée qui engrène sur une roue d'un diamètre plus grand, permet par l'intermédiaire d'une poulie et d'une corde de communiquer au tube un mouvement rapide de rotation autour de son axe. En serrant le tube pendant sa rotation avec une pince plate, on détermine un frottement.

Ce frottement occasionne l'élévation de température du tube et de l'éther qu'il contient, élévation de température qui fait croître la force élastique de la vapeur d'éther, de telle sorte, que le bouchon finit par être projeté avec violence.

L'effort exercé pour faire tourner la manivelle est, dans ce cas, la force extérieure qui agit sur le système formé par la pince et le tube. Ce système ne fournit aucun travail, et en reçoit, au contraire, ce qui accroît son énergie d'une quantité égale au travail reçu.

Pourtant lorsque l'appareil est revenu au repos, le bouchon étant fixé de façon à ne pouvoir sauter, le seul effet constaté est une création de chaleur, nous appellerons donc *augmentation d'énergie calorifique* cette augmentation de l'énergie du système. Il devient, en effet, capable de projeter le bouchon.

Quant à cette chaleur dégagée par le frottement, il nous est ici impossible de la mesurer à l'état de travail; mais nous pouvons la comparer à une autre quantité de chaleur définie avec précision et prise pour unité. Si entre les deux nombres qui mesurent l'un la grandeur du travail de la force motrice, l'autre la quantité de chaleur correspondant au phénomène thermique, IL EXISTE, quelle que soit la nature des substances frottantes, ou plus généralement quelles que soient les circonstances de l'expérience, *une relation simple et constante;* la notion d'*équivalence* entre la chaleur créée et le travail moteur nécessaire à sa production se trouvera par cela même *établie.*

Or l'expérience prouve qu'il *existe un rapport constant entre la quantité de chaleur créée à la faveur du frottement ou d'une autre circonstance quelconque, et le travail effectué pour produire cette chaleur.*

C'est là l'expression du PRINCIPE DE L'ÉQUIVALENCE.

La moyenne de nombreuses expériences montre qu'il faut toujours 41 700 000 ergs pour créer une petite calorie, ou ce qui revient au même, 425 kilogrammètres pour produire une grande calorie. Dans tous les cas, la même quantité de travail fournit toujours la même quantité de chaleur.

Dans l'étude de l'équivalence du travail mécanique et de la chaleur, deux cas peuvent se présenter :

1° Du travail est détruit et transformé en chaleur (par le frottement, par le choc, etc.);

2° De la chaleur est absorbée et un travail correspondant est produit (machine à vapeur, etc.).

On doit à M. Joule, de Manchester, les expériences les plus précises sur la chaleur de frottement (1845-1849).

Il utilisa, dans une première série d'expériences, le frottement d'un liquide contre un liquide.

Un axe muni de 8 palettes tournait rapidement au sein d'un calorimètre à eau et provoquait le frottement des disques d'eau mobiles sur les disques d'eau fixes.

Des poids en plomb descendant le long d'une règle graduée fournissaient le travail moteur qui faisait tourner les palettes.

Les frottements en dehors du calorimètre avaient été rendus négligeables par une habile et simple disposition des pièces, de sorte que la quantité de chaleur gagnée par le calorimètre provenait entièrement du travail moteur dépensé, et fournissait ainsi le moyen de calculer l'équivalent mécanique de la chaleur.

M. Joule trouva ainsi qu'il fallait dans l'une de ses séries d'expériences 424,1 kilogrammètres pour créer 1 grande calorie ou 41 601 000 ergs pour créer une calorie.

Il substitua à l'eau du calorimètre du mercure, et fit dans le cas du frottement du mercure sur mercure deux séries d'expériences qui lui donnèrent pour la création d'une grande calorie les nombres de kilogrammètres 424,2 et 425,5.

Dans deux nouvelles séries d'expériences, Joule étudia le frottement d'un solide contre un solide. Deux meules de fonte frottaient l'une contre l'autre dans un calorimètre à mercure. Il obtint ainsi les nombres 425,9 et 424,8.

Il était naturel de mettre la légère discordance de ces nombres sur les erreurs inévitables des expériences, et d'en conclure que la quantité de chaleur dégagée par le frottement est proportionnelle au travail de la force motrice dépensé.

Le coefficient de proportionnalité est indépendante de la nature des substances frottantes et égal à 425 très sensiblement.

Il exprime que développer la quantité de chaleur nécessaire pour élever de 0° à 1° la température de 1 kilogramme d'eau, et soulever un poids de 425 kilogrammes à 1 mètre de hauteur, c'est produire, au point de vue mécanique, deux effets équivalents. C'est mettre en jeu la même quantité d'Énergie.

Divers expérimentateurs ont fait des mesures dans des cas où la chaleur n'est pas dégagée par le frottement. Quelle valeur l'expérience assigne-t-elle à ce rapport ?

M. Violle, faisant usage de l'appareil de Foucault (page 280), a mesuré, d'une part, le travail qu'il faut dépenser pour vaincre la résistance électro-magnétique des courants d'induction, d'autre part l'échauffement du disque de cuivre qui en résulte en le plongeant dans un calorimètre. Quelle que soit l'expérience mise en œuvre, le résultat est toujours le même.

Il a trouvé dans une série d'expériences des nombres voisins de 425.

Une balle de plomb, lancée par une arme à feu et qui vient frapper un obstacle résistant, s'écrase et ne rebondit qu'avec une faible vitesse, mais aussi elle s'échauffe au point de devenir brûlante et même de fondre.

Hirn (¹) a étudié le dégagement de chaleur produit par le choc

1. Hirn (Gustave-Adolphe), savant alsacien, né au Logelbach, près de Colmar, le 21 août 1815, mort au Logelbach le 14 janvier 1890; entré en 1834 comme chimiste dans une fabrique de tissus en coton du Logelbach, il y resta comme ingénieur lorsque la manufacture se transforma en fabrique de tissage. Les questions de physique les plus importantes devinrent l'objet de ses études. Il fit établir, en 1880, un observatoire météorologique à Colmar.

Sa principale œuvre est la *Théorie mécanique de la chaleur*. Il faut encore citer les

de deux corps. Un gros cylindre de fonte soutenu par des cordes verticales sert de bélier. Une enclume de grès dont la tête est recouverte de fer forgé est suspendue par le même procédé. Entre ces deux pièces, on place un morceau de plomb de poids et de chaleur spécifique connus.

On laisse tomber le bélier d'une hauteur connue. Le plomb, pris entre le bélier et l'enclume, s'échauffe sous ce choc, et son échauffement est mesuré par un calorimètre où on le laisse tomber. Le travail moteur correspondant est celui du bélier.

Hirn, en prenant la moyenne de six expériences, a trouvé pour le rapport du travail exprimé en kilogrammètres au nombre de grandes calories développées, le nombre 425.

C'est encore Hirn qui se proposa de mesurer ce rapport dans la transformation inverse de la chaleur en travail. Il exécuta ses expériences dans une filature de cotons à Logelbach, près de Colmar, sur de puissants moteurs à vapeur.

Que se passe-t-il dans une machine pendant la durée d'un mouvement de va-et-vient du piston ?

Une certaine quantité d'eau est prise au condenseur, passe dans la chaudière, s'y échauffe, s'y transforme en vapeur saturée, se rend au corps de pompe à l'état de vapeur, soulève le piston, se détend et retourne au condenseur, de telle sorte qu'à la fin de cette série de transformations tout dans la machine se retrouve au même état qu'au commencement.

Non seulement les pièces du mécanisme ont les mêmes situations relatives, mais l'agent moteur lui-même est exactement revenu à son état initial. Un travail extérieur a pourtant été effectué, le mouvement perpétuel semblerait donc réalisé, et il le serait, en effet, si réellement rien n'a disparu pendant la période de marche.

Il en est ainsi, tant que nous ne considérerons dans la machine à vapeur que des phénomènes mécaniques, tant que nous n'y cher-

œuvres suivantes : « Mémoire sur la thermodynamique, Mémoire sur les anneaux de Saturne, Mémoire sur les propriétés optiques de la flamme des corps en combustion et sur la température du soleil, » l'*Analyse élémentaire de l'univers* (1869) et la *Cinétique moderne et le dynamisme de l'avenir* (1887).

Hirn était membre correspondant de l'Académie des sciences de Paris et de presque toutes les assemblées scientifiques des différents pays d'Europe.

chons d'autre énergie que celle du mouvement sensible des pièces qui la composent. Mais la difficulté s'évanouit dès que nous avons égard à la chaleur mise en jeu. Sous l'action du jeu de la machine, la vapeur en se formant enlève à chaque coup de piston de la chaleur à la chaudière, elle en apporte, au contraire, au condenseur lorsqu'elle vient s'y liquéfier. Si ces deux quantités de chaleur sont égales, l'impossibilité subsiste; si elles sont inégales, la difficulté est dominée.

C'est justement de telles mesures que se proposa d'effectuer Hirn, sur les machines industrielles.

Il résulte de ses expériences que la vapeur apporte au condenseur moins de chaleur qu'elle n'en prend à la chaudière, et que la chaleur consommée à l'intérieur de la machine est proportionnelle au travail effectif de la vapeur. C'était le but que se proposait d'atteindre Hirn. Quant au rapport qu'il ne se proposait nullement de mesurer exactement, à cause des graves difficultés qu'une telle mesure exacte entraîne, il le trouva oscillant entre 300 et 400.

La relation trouvée précédemment n'est donc pas restreinte au cas où la chaleur est dégagée par le frottement. Le nombre 425 déterminé par Joule, qui employa la méthode la plus directe et la plus précise, doit être considéré comme représentant dans tous les cas l'Équivalent mécanique de la chaleur ou l'équivalent calorifique du travail, toutes les recherches faites à cet égard sont concordantes. Mais une remarque très importante trouve ici sa place.

Nous avons supposé, dans toutes les expériences décrites, que deux phénomènes seulement étaient mis en jeu : 1° dépense de travail; 2° dégagement de chaleur. L'Équivalence entre la chaleur dégagée et le travail dépensé n'existe que dans le cas unique où ces deux phénomènes seuls sont en présence. S'il se produisait au cours de l'expérience un autre phénomène, cette relation ne serait plus vérifiée, à moins de tenir compte de ce nouveau phénomène.

Supposons, par exemple, qu'un corps compressible soit placé sous un piston. Faisons descendre le piston en le chargeant de poids. Il accomplit un certain travail, et un dégagement de chaleur lui correspond. Mais ce dégagement de chaleur n'est plus équivalent au travail dépensé, car il intervient un autre phénomène dont l'effet subsiste après l'expérience. Le corps qui n'était pas comprimé se trouve comprimé à la fin de l'expérience.

On exprime ce fait en disant que les expériences de détermination de l'équivalent mécanique de la chaleur doivent être faites en *cycles fermés*. On dit qu'un système de corps a parcouru un cycle fermé lorsqu'il a subi une série de transformations, telles qu'à la fin de la série il se trouve dans le même état qu'au commencement.

Dans le cas contraire le cycle est dit ouvert, et on n'a plus le droit d'écrire que la totalité du travail dépensé apparaît sous forme de chaleur.

Edlung, en étirant un fil métallique, puis en lui laissant reprendre son état, a trouvé pour l'équivalent mécanique de la chaleur un nombre voisin de 425.

La considération des gaz avait permis au docteur J.-R. Mayer, médecin à Heilbronn, dans le Wurtemberg, de calculer le premier au début de l'année 1842, l'Équivalent mécanique de la chaleur. Seguin avait indiqué en France un calcul correspondant, 1839.

En un mot, si une machine thermique consomme une quantité de chaleur Q pour accomplir un travail T, le nombre qui mesure T en kilogrammètres est le même que le produit par 425 du nombre mesurant la chaleur dégagée en grandes calories.

On a donc $T = 425 \times Q$, ou $T - 425 \times Q = 0$.

Les machines thermiques jouissent d'une propriété remarquable, mise en lumière par Carnot : elles sont *réversibles*. Grâce à un moteur extérieur on peut, en dépensant du travail, faire marcher une machine à contre-vapeur, c'est-à-dire l'obliger à fonctionner comme une pompe aspirante et foulante, la vapeur étant aspirée dans le condenseur et refoulée dans la chaudière.

Supposons qu'une machine marchant dans le sens direct fonctionne, en dépensant un travail T et prenant une quantité de chaleur Q à la chaudière, pour passer d'un certain état défini à un autre état déterminé.

Par une transformation à contre-vapeur, nous pouvons ramener la machine de ce second état au premier, en lui fournissant un travail arbitraire T', et produisant une quantité de chaleur correspondante Q'.

Mais alors la machine est revenue à son état initial et le cycle est fermé. Nous avons donc le droit d'appliquer le principe de l'équivalence.

Le *travail effectif*, c'est-à-dire la différence T — T' entre le travail effectué par la machine et le travail qui lui a été fourni lorsqu'elle marchait à contre-vapeur, *doit* trouver *son équivalent calorifique* dans la *chaleur effective* absorbée par la machine, c'est-à-dire dans la différence Q — Q' entre la chaleur absorbée par la machine lorsqu'elle a fourni le travail T et la chaleur dégagée par la machine marchant à contre-vapeur.

La différence en kilogrammètres (T — T') et le produit 425 × (Q — Q') [(Q — Q') étant un nombre de grandes calories], seront donc exprimés par le même nombre, c'est-à-dire que T — T' = 425 (Q — Q'), ce qui revient à dire que l'excès du travail sur l'équivalent mécanique de la chaleur dégagée correspondante, c'est-à-dire T — 425 Q est exprimé par le même nombre, quelle que soit la transformation effectuée, ou T — 425 Q = T' — 425 Q'; on peut énoncer alors la loi suivante :

*La valeur T — 425 Q de la différence entre le travail effectué, et l'équivalent mécanique de la chaleur correspondante, pour passer d'un même état initial à un même état final est constante, et indépendante de la série des transformations que l'on a fait subir au corps entre cet état initial et cet état final.*

Nous n'avons demontré ce théorème que dans le cas de la réversibilité, c'est-à-dire dans le cas où il suffit d'une variation insensible des conditions de l'expérience pour que la transformation s'effectue dans un sens inverse.

Ainsi, dans une machine à vapeur, si la pression de la vapeur est la même de part et d'autre du piston, c'est-à-dire est la même dans la chaudière et dans le condenseur, il suffira d'une variation infiniment petite de la pression d'une part ou de l'autre pour faire manœuvrer le piston et par suite la machine dans un sens ou dans l'autre.

*L'expérience prouve*, et par suite on admet que : le principe de l'Équivalence et celui de l'État initial et de l'État final (qui n'a été démontré que dans le cas des phénomènes réversibles), sont toujours applicables même aux phénomènes *non réversibles*.

Dans ce passage de l'état initial à l'état final, à chaque instant le travail T et la chaleur correspondante Q dépendent de l'état intermédiaire, mais leur différence T — 425 Q en est indépendante.

Le corps absorbant une quantité de travail moteur équivalent à 425 Q, on recueille une quantité de travail T utile plus petite que celle correspondant à la chaleur dégagée. Il faut donc ajouter au travail utile un travail V que nous désignerons sous le nom de travail *intérieur ou d'Énergie Interne*, travail que l'on peut supposer dépensé dans l'intérieur du corps pendant la transformation. Nous avons alors l'égalité $425 Q = T + V$, égalité entre la somme des travaux extérieurs *intérieurs* et l'équivalent mécanique de la chaleur dégagée. La variation d'Énergie interne d'un gaz se détendant sans accomplir de travail extérieur est nulle.

Cette loi a été établie par Joule au moyen des expériences suivantes :

Deux vases sont placés dans un même calorimètre contenant une petite quantité d'eau. L'un d'eux contient le gaz soumis à l'expérience, l'autre est vide. Si on ouvre le robinet de communication, le gaz se détend et remplit les deux vases, mais le calorimètre n'indique aucune variation de température.

Plongeons maintenant les deux vases dans deux calorimètres distincts et recommençons l'expérience. On trouve que le premier se refroidit autant que l'autre s'échauffe.

Joule énonça alors la loi suivante : *l'énergie interne d'une masse gazeuse reste constante à la même température, quel que soit son volume.*

De même que la loi de Mariotte, elle n'est qu'approchée.

Joule et Thomson ont trouvé dans leurs expériences que : *l'énergie interne d'une masse gazeuse à une même température augmente un peu avec son volume.*

Le calcul montre que pour l'air à 20° sous une pression voisine de la pression atmosphérique, le travail intérieur dans la décomposition d'une masse gazeuse est environ $\frac{1}{500}$ du travail externe effectué par le gaz.

Pour l'hydrogène ce rapport n'est plus que de $\frac{1}{1000}$. Il devient au contraire $\frac{1}{125}$ pour l'acide carbonique.

Les nombres obtenus dans toutes les mesures citées dépendent évidemment de la grandeur des unités de mesure employées : unité de travail, de chaleur, degré.

M. Lippmann propose de remplacer la grande calorie par une unité absolue la *Thermie*.

La *Thermie* est la quantité de chaleur qui est l'équivalent de l'unité de travail. Si l'unité de travail est le *kilogrammètre*, la thermie sera *l'équivalent du kilogrammètre*, si c'est *l'erg* ce sera l'équivalent de l'Erg.

Le principe de l'équivalence nous a donné une relation entre les quantités de chaleur mises en jeu et le travail produit : le principe de Carnot (¹) va nous donner une relation entre la température et le travail et nous montrer que l'on ne peut jamais transformer la totalité de la chaleur dont on dispose en travail, alors que le travail mécanique peut être complètement transformé en chaleur.

Ce principe est l'expression profonde d'observations faites sur les machines à feu.

Considérons une petite machine à vapeur; on y voit deux sources : l'une *chaude* (chaudière), l'autre *froide* (condenseur).

Si $Q_1$ est la chaleur fournie par la chaudière, si $Q_2$ est la chaleur rendue au condenseur, la différence entre ces deux nombres $Q_1 - Q_2$ représente la chaleur disparue qui trouve son équivalent mécanique dans le travail T produit.

Carnot fut frappé de ce que dans toute machine transformant de la chaleur en travail, il fallait une chute de chaleur, de même qu'un moteur hydraulique ne peut produire de travail sans chute d'eau.

Il remarqua que la chaleur était-abandonnée en pure perte dans

---

1. Carnot (Nicolas-Léonard-Sadi), fils aîné du grand Carnot, « l'organisateur de la victoire », né à Paris en 1796, mort en 1832, élève de l'École Polytechnique, combattit avec ses vaillants condisciples, en 1814, sous les murs de Paris ; donna sa démission de capitaine du génie pour se livrer entièrement aux sciences. Son remarquable ouvrage *Considération sur la Puissance motrice du feu*, parut en 1824. Ce ne fut que longtemps après que la haute valeur de cette étude fut révélée aux Français par des étrangers. On apprit qu'en Angleterre Sadi Carnot était regardé comme le promoteur d'une révolution dans la Mécanique comparable à celle que les travaux des grands géomètres ont déterminé à la fin du XVIIIe siècle. Alors on lut en France les ouvrages de Carnot, on s'aperçut des richesses scientifiques qu'ils contenaient, et justice fut enfin rendue à la mémoire de l'illustre savant. Sadi Carnot était l'oncle de M. Carnot, président de la République française.

le condenseur, et se demanda alors quelles étaient les meilleures conditions pour diminuer cette perte. Il était de toute évidence que la machine devenait d'autant plus avantageuse que *le rapport du travail produit au travail correspondant à la quantité de chaleur fournie par la source chaude* était plus grand.

Ce rapport est l'expression du *rendement* de la machine.

Quelles sont les conditions d'un rendement maximum ?

Il faut pour cela que le travail utile soit le plus grand possible, il ne faut donc pas qu'il y ait de travail perdu. Dans une machine à vapeur par exemple, il faut que la différence entre la résistance à vaincre et la pression de la vapeur soit nulle, c'est-à-dire que la pression de la vapeur sous le piston ne soit pas supérieure à la pression dans le condenseur.

Il faut donc qu'il y ait égalité entre la force résistante et la force motrice, mais ces conditions mécaniques sont justement celles de l'équilibre.

De même le corps qui transforme de la chaleur en travail échauffé au contact d'un corps chaud, refroidi au contact d'un corps froid, ne devra pas dans l'intervalle se refroidir, et par suite, ne devra pas être en contact avec des corps à température différente de la sienne.

C'est encore là une condition d'équilibre thermique.

Or ces conditions d'équilibre sont justement celles de la réversibilité dont nous avons parlé déjà, et que les exemples suivants feront comprendre.

Une modification subie par un système est *réversible* quand un changement infiniment petit dans les conditions du système suffit à ce qu'elle s'exécute soit dans un sens, soit dans un autre.

Voici un exemple :

Considérons un tube muni d'un piston, au-dessous duquel se trouve un liquide en contact avec sa vapeur. Si on fait varier extrêmement peu le volume en déplaçant ce piston, on aura liquéfaction d'un peu de vapeur ou volatilisation d'un peu de liquide, à volonté, suivant le sens de la variation.

Carnot a considéré les transformations réversibles formant un cycle particulier.

Examinons le *cycle de Carnot*.

1° Le corps éprouve une transformation *isotherme*, c'est-à-dire reste en contact avec une source chaude à *température fixe :* la chaudière, par exemple.

Son volume augmente, mais sa température *ne varie pas*, c'est *celle de la source chaude.*

2° Le corps subit une transformation *adiabatique*, c'est-à-dire sans perte de chaleur; isolé de l'extérieur, il se détend, son volume augmente, mais sa température s'abaisse jusqu'à celle de la *source froide :* le condenseur.

3° Le corps toujours en contact avec le corps froid, est comprimé à température constante, mais son volume diminue. Il parcourt l'isotherme relatif à la source froide.

4° Le corps revient à son état primitif par une nouvelle transformation adiabatique; on l'isole et on le comprime, de manière à ramener sa température à celle de la source chaude.

Remarquons bien que la chaleur prise à la source chaude, a servi à augmenter le volume du corps et non sa température.

Un tel cycle est difficile à réaliser exactement.

Rappelons que le coefficient économique ou le rendement de la machine est le rapport de la quantité de chaleur transformée à la chaleur totale prise à la source chaude, ou ce qui revient au même, le rapport des travaux équivalents à ces quantités de chaleur. Désignons ce rendement par la lettre R.

Sa valeur numérique sera le quotient $\dfrac{Q_1 - Q_2}{Q_1}$. $Q_1$ et $Q_2$ exprimés en grandes calories ou $\dfrac{T_2}{425\,Q_1}$. $T_2$ étant exprimé en kilogrammètres et Q en grandes calories.

Carnot en étudiant des moteurs réversibles et fonctionnant suivant son cycle, trouva que, *quel que soit l'agent du moteur*, eau, air, éther, acide carbonique, etc., le résultat est le même.

*Le rendement de la machine est indépendant des agents mis en œuvre; il est uniquement fixé par la température des corps entre lesquels se fait en dernier résultat le transport de la chaleur. La machine est physiquement parfaite.*

Autrement dit :

*Le coefficient économique R d'une machine réversible fonc-*

*tionnant suivant un cycle de Carnot, est une constante pour tous les corps, dans les mêmes limites de température.*

Ce principe de Carnot a été vérifié par S. W. Thomson dans le cas de plusieurs agents tels que l'eau, l'air, l'éther, l'alcool, l'essence de térébenthine.

Le calcul donne pour valeur du rendement R = 0,003715.

Nous admettons donc par suite que le *principe de Carnot* est *vérifié par l'expérience.*

Clausius a énoncé un postulatum que l'on peut substituer au principe de Carnot, car du postulatum on passe au principe de Carnot et inversement. Le voici :

*On ne peut transporter de la chaleur d'un corps chaud à un corps froid sans dépenser soit du travail, soit une portion de l'énergie du système.*

Toutes les recherches relatives à la calorimétrie ont été faites au moyen de la notion d'*égalité* ou d'*inégalité de température.* Le principe de Carnot nous donne le moyen d'indiquer une échelle de température indépendante de la nature de la substance thermométrique.

Soient $T_1$ et $T_2$ les températures des sources chaude et froide, $Q_1$ la quantité de chaleur prise à la première, $Q_2$ celle rendue à la seconde.

Égalons les rapports $\dfrac{Q_1}{Q_2}$ et $\dfrac{T_1}{T_2}$, nous aurons ainsi défini un intervalle de température, tout comme on défini un intervalle musical.

De plus, et c'est là l'*important*, ce rapport, et par suite cet intervalle est *indépendant* du corps qui travaille, c'est-à-dire de la substance thermométrique, puisque toutes les machines thermiques fonctionnant suivant un cycle de Carnot entre les deux mêmes sources ont même rendement. $\dfrac{Q_1 - Q_2}{Q_1} = 1 - \dfrac{Q_2}{Q_1}$.

Si les quantités de chaleur $Q_1$ et $Q_2$ sont égales, il s'ensuit que les températures $T_1$ et $T_2$ sont égales aussi. Dans ce cas, le rendement de la machine thermique fonctionnant dans cet intervalle est nul.

Si, au contraire, $Q_1$ est supérieur à $Q_2$, c'est-à-dire si la quantité de chaleur prise à la source chaude est supérieure à celle rendue à la source froide, il s'ensuit, puisqu'on a posé $\frac{Q_1}{Q_2} = \frac{T_1}{T_2}$ que la température $T_1$ est supérieure à la température $T_2$. Dans ce cas, le rendement de la machine est positif. Ainsi donc se trouvent définies l'égalité et l'inégalité de température.

Ce qui est déterminé dans cette série de températures, c'est le rapport d'un terme à un autre.

En effet, le rendement d'une machine fonctionnant entre les températures $T_1$ et $T_2$ est $R = \frac{Q_1 - Q_2}{Q_1} = 1 - \frac{Q_2}{Q_1}$.

Or les rapports $\frac{Q_2}{Q_1}$ et $\frac{T_2}{T_1}$ sont égaux. L'intervalle de deux températures $\frac{T_2}{T_1}$ est donc égal à la différence entre l'unité et le rendement d'une machine thermique fonctionnant entre ces températures.

On peut donner à l'un des termes de la série une valeur numérique arbitrairement choisie, les autres termes seront alors déterminés.

Comment obtenir les températures absolues à l'aide du thermomètre à air?

Le calcul montre que les températures absolues sont proportionnelles à la force élastique des gaz parfaits sous volume constant.

Or, si l'on prend le coefficient de proportionnalité égal à 273, c'est-à-dire égal à l'inverse du coefficient de dilatation de l'hydrogène sous volume constant, les températures absolues seront données par un thermomètre à hydrogène, par la seule addition du nombre 273. Si $t$ est la température centigrade lue sur le thermomètre à hydrogène, la température absolue T sera égale à $273 + t$.

Ceci suppose que l'hydrogène est un gaz parfait, mais nous savons que l'hydrogène peut être considéré comme tel entre des limites très étendues, et que c'est cette propriété qui nous l'avait fait choisir comme substance thermométrique.

Or la température absolue est, nous l'avons dit, proportionnelle à la force élastique des gaz sous volume constant.

Le zéro de température absolu serait donc défini par cette condition qu'à cette température la force élastique du gaz serait nulle.

Cette définition est vague; pratiquement le gaz se liquéfie bien avant d'atteindre la température où sa pression est nulle.

Si, dans l'expression du rendement d'une machine $R = \dfrac{Q_1 - Q_2}{Q_1}$ ou ce qui revient au même $R = \dfrac{T_1 - T_2}{T_1}$, nous faisons $T_2 = 0$, le rendement devient égal à 1.

Alors le zéro absolu est la température où une machine fonctionnant suivant un cycle de Carnot entre cette température et une autre quelconque a pour rendement le nombre 1.

Toute la chaleur empruntée à la source chaude serait transformée en travail. La notion du zéro absolu ainsi défini n'a plus rien d'illogique.

La nouvelle échelle de températures est indépendante du corps qui travaille, c'est-à-dire du corps thermométrique. Enfin le *rapport* des chaleurs prise à la source chaude et rendue à la source froide, qui définit l'intervalle de température, est un *nombre*, une constante physique.

Il est donc *indépendant* des unités de *masse*, de *longueur* et de *temps*.

Considérons un corps parcourant un cycle de Carnot. Soient $T_1$ et $T_2$ les températures absolues des isothermes et $Q_1$ et $Q_2$ les quantités de chaleur prises à la source chaude suivant l'isotherme $T_1$ et rendue à la source froide suivant l'isotherme $T_2$.

Sur les adiabatiques, les échanges de chaleur sont nuls par définition même.

Or, d'après la définition des températures absolues, les rapports $\dfrac{Q_1}{T_1}$ et $\dfrac{Q_2}{T_2}$ sont les mêmes.

La différence $\dfrac{Q_1}{T_1} - \dfrac{Q_2}{T_2}$ de ces rapports est donc nulle.

On a donné à ce rapport $\dfrac{Q_1}{T}$ le nom d'*Entropie* ([1]).

1. Entropie, du grec εν (en) et τροπή (tropè) : tour dans, retour, révolution.

Dès lors $\frac{Q_1}{T_1}$ est l'Entropie reçue par le corps le long de l'isotherme $T_1$, $\frac{Q_2}{T_2}$ celle cédée le long de l'isotherme $T_2$. Mais comme cette différence est nulle, l'Entropie reçue est égale à celle cédée.

Or, pour un corps qui décrit un cycle de Carnot, on peut dire que la quantité totale d'Entropie reçue par le corps est nulle. On peut alors dire que : *Le principe de Carnot est le principe de la conservation de l'Entropie.*

Les principes de l'Équivalence et le principe de Carnot ont été appliqués à un très grand nombre de problèmes que nous ne pouvons pas aborder ici.

## CONCLUSION GÉNÉRALE

Dans un examen superficiel, les Phénomènes semblent, tous, différents, parce que, tous, ils présentent quelques caractères qui leur sont propres. Bientôt les sens classent d'eux-mêmes ces Phénomènes dans des groupes distincts en apparence : au sens de l'Ouïe correspondent les Phénomènes Sonores; au sens du Toucher, les Phénomènes Calorifiques; au sens de la Vue, les Phénomènes Lumineux, etc.

Mais, par une étude scientifique, comparative des faits, on a été conduit à reconnaître que : Le Son, la Chaleur, la Lumière ne sont pas des agents indépendants, ayant une existence objective. Ce sont des effets du mouvement des particules d'un milieu qui possède ou non les propriétés générales attribuées à la matière.

C'est pour rappeler cette *unité dans la cause des phénomènes* que nous avons constamment employé le mot *Énergie*. Nous l'avons fait suivre des qualifications sensationnelles qui servirent de base à la classification vulgaire des phénomènes : Énergie sonore

— ÉNERGIE ÉLECTRIQUE — ÉNERGIE LUMINEUSE — ÉNERGIE CALORI-
FIQUE.

Et nous avons vu par de nombreux exemples qu'une quantité
donnée d'une certaine ÉNERGIE pouvait se transformer en chacune
des autres ÉNERGIES, et cela sans perte : *l'Énergie se transforme
et se conserve indéfiniment.*

Voici en quels termes M. Cornu a caractérisé le rôle de la
Science Physique en 1890 ([1]) :

« Dans le tableau que j'ai mis sous vos yeux, j'ai essayé de vous
donner une idée du rôle que joue la Physique moderne dans le
développement des sciences qui relèvent de l'expérience ou de
l'observation. Si incomplet que soit le tableau, vous avez pu voir
que la Physique a conservé à un haut degré le caractère d'une
science générale, tant par la variété des objets qu'elle embrasse que
par les relations intimes qu'elle a conservées avec les sciences faisant autrefois partie de son domaine. Vous avez remarqué, d'un
côté, combien elle a donné à des sciences comme la chimie ou
l'astronomie physique; de l'autre, combien elle a reçu du dehors
pour le développement de certaines branches comme l'électricité;
elle est donc apte aussi bien à fournir des méthodes délicates ou un
outillage de précision qu'à profiter des suggestions venues des
sciences voisines; par suite, elle se prête merveilleusement aux
échanges avec toutes les branches de la philosophie naturelle.

« Grâce à son étendue, qui va des confins de l'histoire naturelle
aux spéculations les plus abstraites de l'analyse mathématique, elle
peut donner à chaque science faisant appel à ses méthodes ou à ses
appareils le degré, je dirais volontiers la dose de précision qui lui
convient.

« La Physique offre encore un caractère remarquable : c'est
l'esprit général qui la domine et dirige la marche de ses progrès.
Tandis que certaines sciences se subdivisent à l'infini, en Physique,
au contraire, les phénomènes tendent à se grouper; le nombre des
agents distincts diminue de plus en plus; la Chaleur est devenue

---

1. *Rôle de la Physique dans les récents progrès des sciences*, discours prononcé
le 7 août 1890, au dix-neuvième Congrès de l'«Association française pour l'avancement
des sciences », par M. Cornu, membre de l'Institut et du Bureau des longitudes, ingénieur en chef des Mines, professeur à l'École polytechnique.

un mode de mouvement ou mieux une forme particulière de l'Énergie; le Magnétisme a disparu, se confondant avec l'Électricité; l'Électricité elle-même laisse entrevoir ses affinités avec les ondulations lumineuses, lesquelles sont liées depuis longtemps aux ondulations sonores. Ainsi, à mesure que les diverses branches se perfectionnent, les distinctions s'effacent et les théories tendent à s'unifier de plus en plus suivant les lois du raisonnement.

« Et cela ne doit point nous surprendre : la science doit être une et simple; les limites que les philosophes ont tracées entre les diverses branches du savoir humain sont artificielles; elles marquent seulement l'ignorance où nous sommes des liens cachés qui unissent les vérités que nos devanciers nous ont transmises. Mais les efforts des générations successives n'ont pas été vains, et nous entrevoyons déjà le jour où ces limites, désormais inutiles, s'effaceront d'elles-mêmes et où toutes les branches de la philosophie naturelle viendront se joindre dans une harmonieuse unité. »

Mais, pour réaliser ce noble espoir, pour atteindre ce beau résultat, il nous faudra savoir ce qu'est l'*Éther*, dont nous avons été forcés d'admettre l'existence, milieu qui remplit tout l'espace et sert de véhicule aux Énergies Lumineuse, Calorifique, Électrique dans leur trajet des foyers où elles prennent naissance au but qu'elles vont toucher.

La grande Inconnue dans les théories scientifiques nouvelles se trouve être les qualités spécifiques de cet *Éther*. Sans lui, il serait difficile d'établir une explication rationnelle de la plupart des phénomènes, mais nous ne connaissons rien de son individualité.

Il *est* — pour la Science moderne — parce qu'il ne peut pas ne pas être.

Nous ne saurions mieux conclure qu'en citant l'opinion de M. Hertz, qui résume cette importante question, et qui montre l'esprit dans lequel nous avons cherché à exposer, avec un ensemble aussi complet que possible, l'état actuel de la *Physique* :

« L'un des problèmes les plus ardus est celui des actions à distance. Sont-elles réelles? De toutes celles qui nous semblaient incontestables, une seule nous reste, la gravitation. Nous échappera-t-elle aussi? Les lois mêmes de son action le font penser. La nature de l'Électricité est une autre de ces grandes Inconnues. Elle

se ramène à la question de l'état des forces électriques et magnétiques dans l'espace. Derrière celle-ci se dresse le problème le plus
important de tous, celui de la nature et des propriétés de la substance qui remplit l'espace, de l'*Éther*, de sa structure, de ses
mouvements, de ses limites, s'il en possède. Nous voyons de plus
en plus cette question dominer toutes les autres; il semble que la
connaissance de l'*Éther* ne doive pas seulement nous révéler l'état
de la substance impondérable, mais nous dévoiler l'essence de la
matière elle-même et de ses propriétés inhérentes, la pesanteur et
l'inertie.

« Les antiques systèmes de Physique se résumaient en disant
que tout est formé d'eau et de feu. Bientôt la Physique moderne se
demandera si toutes les choses existantes ne sont pas des modalités
de l'*Éther*. C'est là la fin dernière de notre Science; ce sont les
sommets ultimes auxquels nous puissions espérer d'atteindre. Y
parviendrons-nous un jour? Sera-ce bientôt? Nous n'en savons rien.
Mais nous sommes montés plus haut que jamais, et nous possédons
un point d'appui solide qui nous facilitera l'ascension et la recherche
de vérités nouvelles ! »

# EXPÉRIENCES

DE

# PHYSIQUE SANS APPAREILS

# Première Expérience de Physique sans appareils.

## OPTIQUE

### IMAGES SPECTRALES

Si l'on met près d'un foyer lumineux (d'une lampe par exemple) cette blanche petite Tour Eiffel de façon qu'elle soit en pleine lumière ;

Si on la regarde, en fixant les yeux sur le point noir indiqué vers son

milieu, pendant 20, 30 ou 40 secondes (le temps nécessaire varie selon les yeux des expérimentateurs) ;

Si on porte ensuite ses regards vers le plafond, à l'endroit où il est le mieux éclairé (il faut que le plafond soit blanc) ou sur une feuille de papier blanc bien éclairée, *on voit en* **noir** *l'image de la Tour Eiffel.*

De plus, on voit en *blanc* le fond noir du dessin.

En coloriant la Tour en *rouge*, et en recommençant l'expérience, on verrait une Tour *verte ;* une Tour *jaune* donnerait une Tour *violette*, etc.

Au chapitre VI de la PHYSIQUE POPULAIRE, on trouvera les théories de ce phénomène.

## ÉLECTRICITÉ

### ÉTINCELLE ÉLECTRIQUE OBTENUE AVEC UNE FEUILLE DE PAPIER

Nous avons obtenu des Étincelles Électriques par le très simple procédé suivant que nous signalons à nos lecteurs de la Physique POPULAIRE.

En exposant à la chaleur d'un foyer (cheminée, poêle, fourneau), et successivement sur ses deux faces, une *feuille de papier*,

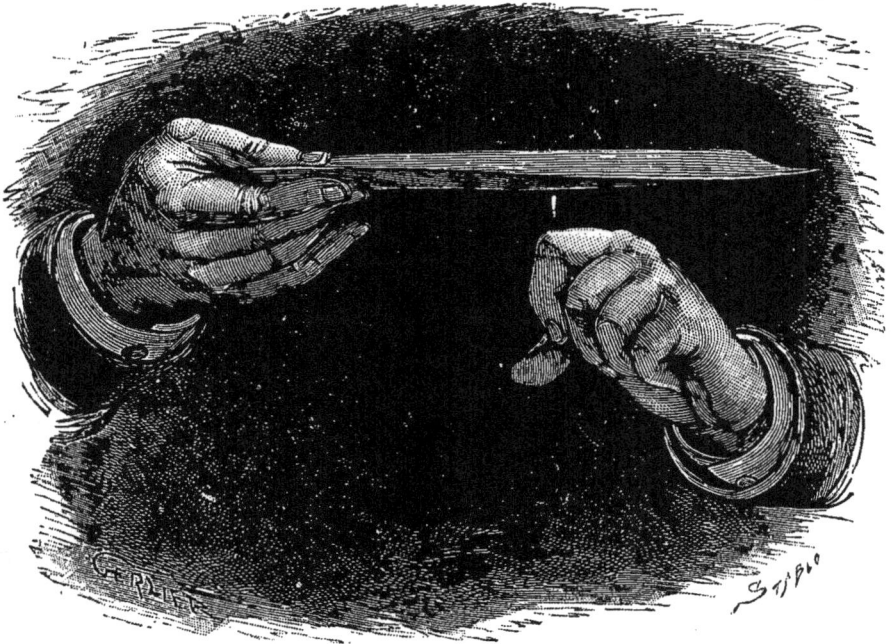

En la posant, très chaude, sur une table de bois, dans une pièce non éclairée,

En la frottant fortement de la paume de la main ou du poing, qu'on passe, dans un même sens, 15 ou 20 fois (la main doit être sèche),

En la détachant de la table où elle a pris de l'adhésion, et en approchant un doigt de la feuille (*position de la figure*),

*On voit jaillir une petite Étincelle Électrique.*

Nous avons réussi cette expérience avec toutes sortes de papier : papier à lettres, papier buvard, papier de journal, mais une feuille de papier Écolier, de 28 centimètres sur 0,18, glacée et sans plis, nous a donné le meilleur résultat : une étincelle de 0,005 millimètres.

Au Livre II de la Physique POPULAIRE on trouvera la théorie de ce phénomène.

## Troisième Expérience de Physique sans appareils.

LA COLOMBE D'ARCHYTAS VOLANT DANS L'AIR

La *feuille de papier*, qui nous a permis, dans notre deuxième Expérience, d'obtenir des Étincelles Électriques, va nous servir à résoudre d'une façon aussi simple qu'inattendue le problème que le P. Kircher, dans son *Art magnétique* a publié en 1654, intitulé : *la Colombe d'Archytas volant dans l'air.*

La colombe est représentée ici par une découpure faite dans un papier *mince et léger;* on fixe à l'une de ses extrémités un fil ténu.

La feuille de papier est d'abord bien chauffée, puis frottée fortement sur une table avec la main, selon nos indications de la deuxième Expérience; on la détache ensuite de la table et on l'élève (*position de la figure*).

En approchant alors la Colombe de cette feuille, la Colombe est attirée;

*En la retenant par le fil, elle reste suspendue en l'air.*

On trouvera dans la PHYSIQUE POPULAIRE, au Livre II, le dessin et la description de l'appareil compliqué imaginé par Kircher pour atteindre un résultat semblable à celui que nous obtenons avec une feuille de papier; on y trouvera également la théorie du phénomène.

# Quatrième Expérience de Physique sans appareils.

LUMIÈRE ÉLECTRIQUE, ÉCLAIRS PRODUITS A L'AIDE D'UNE FEUILLE
DE PAPIER ET D'UNE PIÈCE DE MONNAIE

Une *feuille de papier*, d'abord bien chauffée, puis frottée fortement sur une table avec la main, selon les indications données aux précédentes Expériences, va nous permettre de produire une lumière électrique momentanée.

Sur la feuille chauffée et frottée, placez une pièce de monnaie quelconque (argent ou cuivre);

Comme il est assez difficile de soulever d'une seule main la feuille chargée de la pièce, faites-la détacher de la table et soulever par une autre personne ;

Approchez alors un doigt de la pièce, et vous verrez *une vive lumière électrique auréoler la pièce de monnaie*. (Bien entendu ces expériences doivent se faire dans l'obscurité.)

Au Livre II de la PHYSIQUE POPULAIRE, on trouvera l'explication de ce phénomène.

# Cinquième Expérience de Physique sans appareils.

## LA PLUS SIMPLE DES MACHINES ÉLECTRIQUES : L'ÉLECTROPHORE DE VOLTA A LA PORTÉE DE TOUS

Nous avons établi une *Machine Électrique* (selon le principe de l'*Électrophore*) à l'aide de procédés fort simples.

Nous avons entouré, enveloppé soigneusement, une petite boîte de carton avec du papier d'étain (papier des tablettes de chocolat), et, au centre de la boîte, nous avons fixé un bâton de cire à cacheter. Ce sys-

tème et la feuille de papier de nos précédentes expériences nous ont donné une *Machine Électrique*.

En effet, après avoir chauffé et frotté la feuille de papier, posons sur elle le petit système (formé de la boîte recouverte d'étain et surmontée du bâton de cire);

Avec la main nous appuyons sur la face supérieure de la boîte pour que celle-ci soit mise en communication avec le sol.

Nous enlevons alors d'une main la boîte par le bâton de cire, et, en approchant l'autre main (position de la figure), *nous obtenons une petite Étincelle électrique*.

Au Livre II de la PHYSIQUE POPULAIRE, on trouvera l'explication de cette expérience.

## MAGNÉTISME

### AIMANT ARTIFICIEL PRÉPARÉ AVEC UN FIL DE FER

Voici un procédé de préparation des Aimants artificiels beaucoup plus simple que celui indiqué au chapitre IV de la PHYSIQUE POPULAIRE, et dont chacun peut faire l'essai.

Nous nous sommes servi d'un fil de fer recuit, non rouillé, de 15 centimètres de longueur et de 2 millimètres de diamètre.

Ce fil, placé entre deux pinces et tordu (toujours dans un même sens) [position de la figure], s'est aimanté au bout de dix torsions.

Cet Aimant artificiel a attiré de la limaille de fer et aussi une aiguille posée sur la surface de l'eau. Pour que l'aiguille surnage, on la place d'abord sur un petit morceau de papier buvard ou sur une feuille de papier à cigarette, le papier s'enfonce bientôt, mais l'aiguille reste à la surface; on peut encore la fixer dans un brin de paille.

En répétant à de nombreuses reprises cette expérience, nous avons cru remarquer que nous obtenions l'Aimantation *seulement* lorsque le fil que nous tordions se trouvait dans une direction parallèle à celle de l'axe magnétique terrestre. — Chaque fois que nous opérions la torsion du fil placé dans une direction perpendiculaire à l'axe, l'Aimantation ne se produisait pas. (*Voir* p. 518.)

# Septième Expérience de Physique sans appareils.

## ÉLECTRICITÉ

### LE PENDULE A CHEVEUX

L'expérience que nous avons imaginée sous le titre de *Pendule à cheveux* peut démontrer, dans certains cas, la présence de l'Électricité dans le corps humain. Le Pendule, représenté sur la figure, est celui des laboratoires. Indiquons le moyen d'en construire un très facilement et à bon marché. Nous choisissons un bouchon de liège assez large pour servir de base au système; une entaille nous permet d'y fixer un

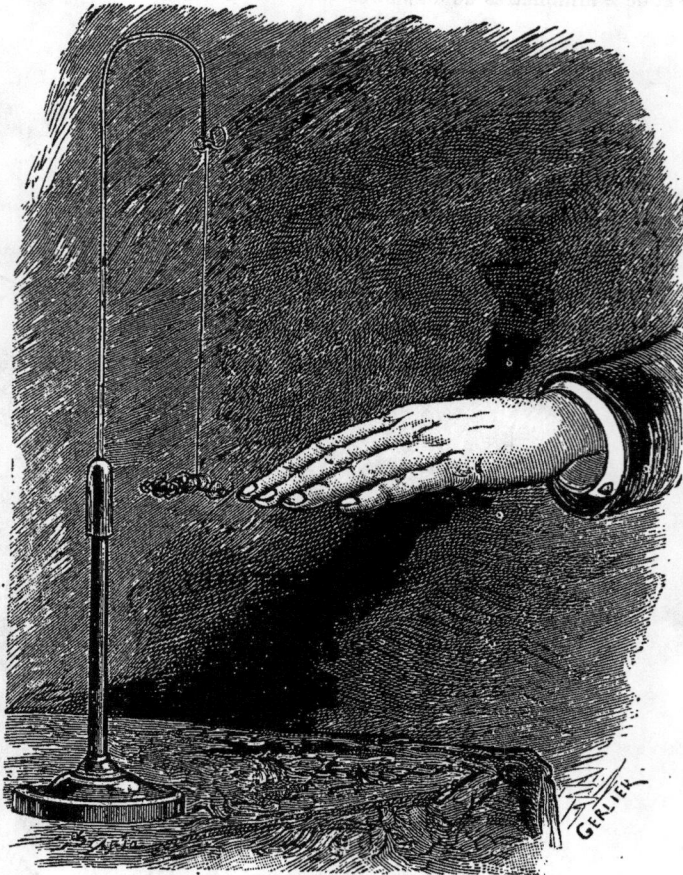

bâton de cire à cacheter; nous prenons un fil de laiton de 25 centimètres et nous chauffons un de ces bouts que nous introduisons dans l'extrémité du bâton de cire; il ne reste qu'à attacher un fil de soie à l'autre bout recourbé du fil de laiton. Suspendons à présent au fil de soie une légère mèche de cheveux bien secs, et approchons-en la main (position de la figure). Si la main, si le corps de l'expérimentateur dégage de l'électricité,

*On verra les cheveux subir un mouvement, soit d'attraction, soit de répulsion.*

Cette expérience est délicate; ses résultats varient avec les personnes; de même que beaucoup d'expériences d'électricité, elle ne réussit pas constamment; il y a des conditions atmosphériques nécessaires. On augmente toutefois les chances de réussite en frottant, d'un seul geste rapide, le bout des doigts sur une étoffe, drap, laine, flanelle, et, aussi, en s'isolant de la terre; pour cela, il suffit de monter sur une planchette posée sur quatre verres qu'on fait chauffer afin d'en chasser toute trace d'humidité. (*Voir* p. 316.)

# Huitième Expérience de Physique sans appareils.

ATTRACTION ÉLECTRIQUE : LA DANSE DES FORÇATS

Une *feuille de papier*, étant bien chauffée, puis frottée sur une table avec la main très sèche, selon l'indication des précédentes expériences, acquiert la « vertu attractive. »

On a découpé des silhouettes en papier au pied desquelles on a passé un fil; l'extrémité de ce fil est fixée dans la fente d'un petit grain de plomb.

Si l'on passe, si l'on promène la feuille de papier électrisé au-dessus des silhouttes étalées sur une table, *on voit celles-ci se lever brusquement, se dresser, tâcher d'atteindre la feuille de papier.*

La chaine et le boulet retiennent ces petits forçats de papier dont les attitudes et les mouvements sont des plus curieux.

Au chapitre II du Livre II de la PHYSIQUE POPULAIRE, on trouvera l'explication.

## MOUVEMENTS ÉLECTRIQUES : LES PROJECTILES ÉLECTRIQUES

L'Expérience, que nous désignons sous le nom des *Projectiles électriques*, se fait avec la feuille de papier chauffée et frottée comme il a été dit précédemment.

On place sur cette feuille électrisée, alors qu'elle est encore adhérente

à la table sur laquelle on l'a frottée, des morceaux de papier, de la cendre, des balles de sureau, des petits morceaux de liège.

Lorsqu'on détache la feuille, lorsqu'on l'enlève de la table *on voit tous ces petits corps brusquement projetés en l'air.*

Si quelques-uns de ces petits corps demeurent sur la feuille, il suffit d'approcher le doigt de la face inférieure de la feuille, et vis-à-vis de ces corps, pour qu'ils soient aussitôt projetés comme les autres.

Au Livre II, chapitre II, de la Physique populaire, on trouvera l'explication de ce phénomène.

# Dixième Expérience de Physique sans appareils.

Posez un oiseau sur un tube ou une baguette de verre (le verre doit être très sec);

Disposez sur une table et sous l'oiseau, des objets légers, de fins morceaux de papier, de petites balles de sureau.

Électrisez un bâton de cire à cacheter en le frottant avec un morceau de drap ou de flanelle;

Touchez avec ce bâton de cire électrisé le bec de l'oiseau, et vous verrez :

*Les objets légers, morceaux de papier, balles de sureau s'enlever et s'approcher de la queue et des diverses parties du corps de l'oiseau.*

Au Livre II, chapitre ɪɪ, de la PHYSIQUE POPULAIRE, on trouvera l'explication de ce phénomène.

## RÉPULSION ÉLECTRIQUE

### LA GERBE DE PAPIER ÉLECTRISÉ

Découpez une feuille de papier assez résistant en un certain nombre de bandes ;

Présentez ces bandes à la chaleur d'un foyer, puis, en les tenant d'une

main, réunies à une extrémité, frottez-les sur une table avec l'autre main bien sèche, en faisant glisser la main, un certain nombre de fois, de l'extrémité que vous tenez à l'extrémité libre ;

Enlevez ensuite de la table ces bandes que vous tenez toujours réunies par un bout (position de la figure) ;

Et vous verrez *ces bandes électrisées se repousser l'une l'autre, s'écarter et former une gerbe.*

Au Livre II, chapitre II de la PHYSIQUE POPULAIRE, on trouvera l'explication de ce phénomène.

## PRESSION ATMOSPHÉRIQUE

### LE COUP DE POING

Placez sur une table une planchette d'environ 50 centimètres de longueur sur 12 à 15 centimètres de largeur ;

Disposez-la de façon qu'elle dépasse le bord de la table d'un peu moins

de la moitié de sa longueur, c'est-à-dire, d'à peu près 20 ou 22 centimètres ;

Recouvrez d'un journal la partie de la planchette qui repose sur la table (position de la figure) ;

Appuyez avec soin le journal sur la table, et principalement autour de la planchette, de manière que l'adhérence soit la plus forte possible.

Si vous posez le doigt sur l'extrémité libre de la planchette, elle basculera sans difficulté.

Au contraire, *en frappant cette extrémité d'un fort et brusque coup de poing, vous ne parviendrez pas à soulever la planchette qui parfois même se brisera.*

Cette expérience démontre l'existence de la pression atmosphérique.

## INERTIE

### L'EXPÉRIENCE DE RABELAIS

« Panurge prit deux verres, les emplit d'eau, puis prit le bois d'une lance et le mit dessus les deux verres, en sorte que les deux bouts du bois touchaient les bords des verres. Cela fait, il prit un gros pieu et dit à Pantagruel et autres :

« Messieurs, ainsi comme je romprai ce bois ici dessus les verres

sans que les verres soient en rien rompus ni brisés, encore qui plus est sans qu'une seule goutte d'eau en sorte dehors, ainsi nous romprons la tête à nos Dipsodes sans que nul de nous soit blessé et sans perte aucune. Tenez, dit-il à Eusthènes, frappez de ce pieu, tant que vous pourrez, au milieu. Ce que fit Eusthènes, et le bois fut rompu en deux pièces tout net, sans qu'une goutte d'eau tombât des verres. » Cette très ancienne expérience, que nous venons de citer d'après Rabelais (*Pantagruel*, L. II, ch. XXVII), peut se répéter, comme nous l'avons fait, en remplaçant les verres par deux bandelettes de papier (position de la figure); le bâton qui frappe le manche à balai, doit être très solide, et le coup doit être très fort et très sec, afin que les molécules atteintes se brisent, se séparent avant que les vibrations aient eu le temps de se transmettre aux *bandelettes qui restent intactes.*

## OPTIQUE

### PHÉNOMÈNES DE RÉFRACTION, LENTILLES DIVERGENTES

Cette expérience, devenue populaire sous le nom de : *Manière de faire 7 fr. 50 avec une pièce de 2 francs*, s'explique par le phénomène de la Réfraction et les propriétés des Lentilles divergentes. On met au milieu d'une assiette creuse remplie d'eau une pièce de 2 fr., et on couvre la pièce avec un verre dont le fond, assez épais, affecte une forme légèrement biconcave. On introduit dans le verre soit un tube de verre recourbé, soit une paille coudée, soit un tuyau de caoutchouc, et on aspire l'air renfermé

dans le verre. Le vide ainsi obtenu permet à l'eau de s'élever dans le verre.

Alors, l'opérateur placé en A (position de la figure), voit la pièce avec ses dimensions réelles. Ce diamètre apparent dépend de la position de l'œil par rapport à la surface latérale du verre et pour une certaine position de l'œil que l'on trouve en cherchant un peu et qui montre la pièce en sa vraie grandeur de pièce de 2 francs.

Dans la position B, la pièce paraît plus petite, selon la loi des Lentilles divergentes ou biconcaves (le fond du verre étant une de ces lentilles); de plus, il y a soulèvement apparent de la pièce dans l'eau, par Réfraction, à la sortie des rayons de l'eau dans l'air; la pièce semble alors avoir les dimensions d'une pièce de 0 fr. 50 cent.

Enfin, dans la position C, le diamètre de la pièce est dilaté par suite de la Réfraction des rayons qui, venant de la pièce, passent de l'eau dans l'air par la surface latérale du verre; et la pièce paraît alors grande comme une pièce de 5 francs. (Voir la *Physique populaire*, Liv. I, chap. VI).

# Quinzième Expérience de Physique sans appareils.

## OPTIQUE

### LA FONTAINE LUMINEUSE

Le physicien Daniel Colladon, indiquait, en 1854, à l'Académie des sciences, qu'en plaçant dans une chambre noire un vase muni d'un robinet et d'une lentille convergente convenablement disposée, on pouvait diriger dans le jet d'eau des rayons lumineux, et que ceux-ci, une fois entrés dans la veine liquide, n'en sortaient plus. C'est sur cette découverte que repose le principe des *Fontaines lumineuses.*

Il est aisé, en répétant l'expérience de Colladon d'établir une *Fontaine lumineuse :* une lampe munie d'un réflecteur projette ses rayons sur une carafe de forme sphérique, qui joue le rôle d'une lentille convergente. Devant la carafe, on dispose un vase carré, par exemple, une caisse de bois étanche, où un tuyau déverse régulièrement de l'eau limpide. La paroi du vase placée contre la carafe est faite d'une glace transparente pour laisser passer les rayons. A la paroi opposée, on adapte un petit tube par l'orifice duquel l'eau s'écoule. Le faisceau de lumière, concentré alors sur l'orifice d'écoulement à travers la masse d'eau, rencontre la parabole liquide sous une incidence telle qu'il ne peut en sortir; il est, en effet, sans cesse réfléchi dans l'intérieur de la veine liquide; c'est le *phénomène de la réflexion totale de la lumière.* La veine liquide prend l'apparence d'un jet de feu, surtout quand on la brise. On peut varier la nuance de la gerbe lumineuse en interposant entre la carafe et la paroi du vase des lames de verre de couleurs différentes.

(Voir la *Physique populaire,* Liv. I, chap. vi).

## ÉLECTRICITÉ ATMOSPHÉRIQUE

### CHOC EN RETOUR ET PARATONNERRE

La feuille de papier électrisé, qui nous a servi souvent dans ces expériences, représente ici un nuage orageux, chargé d'électricité.

Placée au-dessus d'un pantin en papier placé sur une table où un pain à cacheter le retient par une jambe, elle électrise par influence ce pantin qui se dresse et dont les bras se lèvent.

En touchant du doigt la feuille de papier, on la décharge, c'est-à-dire, on fait éclater la foudre, l'influence cesse. Le pantin revient brusquement de l'état électrique à l'état neutre, d'où une secousse, qui n'est autre que ce qu'on nomme le *choc en retour*. Le pantin est foudroyé.

Répétons l'expérience après avoir planté dans la table une aiguille à tricoter.

Alors le nuage orageux (la feuille de papier électrisé) n'influence plus le pantin qui reste étendu, sans bouger, sur la table.

L'électricité, attirée du sol ou de la table, sous l'influence du nuage, s'est écoulée par la pointe de l'aiguille à tricoter et a neutralisé l'électricité de sens contraire de ce nuage. L'aiguille à tricoter est un *Paratonnerre*.

## ATTRACTION ET RÉPULSION ÉLECTRIQUES

### L'ARAIGNÉE DE FRANKLIN

Il est facile de répéter la célèbre expérience de *l'Araignée de Franklin*. L'araignée est faite d'un morceau de liège noirci auquel on fixe des fils de coton, de manière à imiter les pattes; elle est suspendue par un fil de soie.

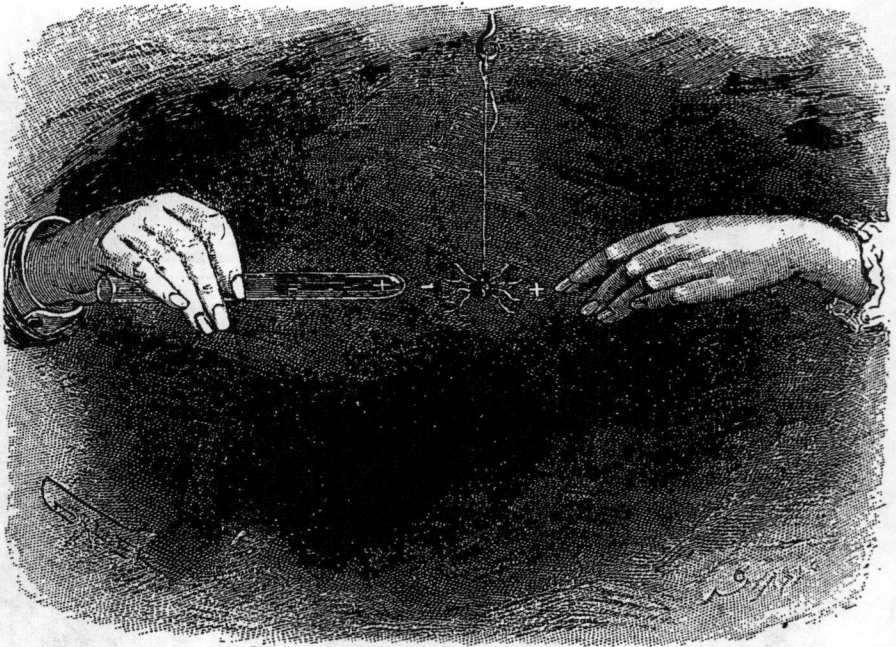

On électrise positivement un tube de verre en frottant avec un morceau de laine ou de soie; si on l'approche de l'araignée, celle-ci se trouvant dans le champ électrique, s'électrise par influence; il y a d'abord attraction, l'araignée se précipite sur le verre; puis par le contact, elle prend une électrisation de même signe que le verre; alors il y a répulsion.

Si l'araignée, repoussée du tube, rencontre un conducteur en communication avec le sol, par exemple, une main (position de la figure), elle se décharge de son électrisation; l'influence du verre électrisé s'exerce de nouveau, il y a attraction, puis répulsion, et l'araignée prend un mouvement de va-et-vient entre le tube et la main jusqu'à ce que le verre ait dissipé son électrisation.

(Voir la *Physique populaire*, Liv. II, chap. II.)

## TRANSMISSION DES PRESSIONS DANS LES GAZ

### UN POIDS SOULEVÉ PAR LE SOUFFLE

Sur un ballon de caoutchouc ou sur une vessie où nous avons fixé un tube de petit diamètre, disposons une planche de surface convenable; au milieu de la planche, posons, par exemple, un poids de cuivre

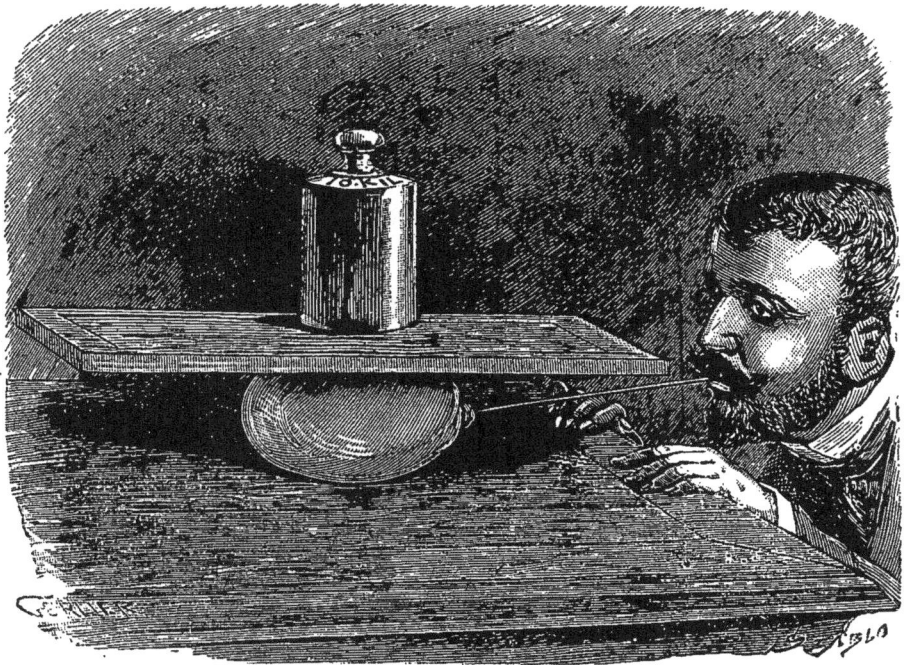

de 10 kilogrammes. Il s'agit à present de soulever ce poids sans le moindre effort.

Pour cela, soufflons légèrement dans le tube; l'air pénètre dans le ballon qui se gonfle, et nous voyons aussitôt le poids de 10 kilogrammes se soulever. Si la planche repose sur le sac par une surface 500 fois plus grande que la section du tube, il suffit d'exercer dans celui-ci une pression de 20 grammes pour que la planche soit soulevée par une force de 500 fois 20 grammes, soit 10 kilogrammes.

Cette expérience démontre que si l'on exerce une pression en un point d'une masse d'air ou de gaz, cette pression se transmet dans tous les sens; elle est en chaque point normale à la surface pressée, indépendante de la direction et proportionnelle à la surface.

## OPTIQUE

### L'ÉPINGLE RENVERSÉE

Si l'on fait dans un morceau de carton ou de papier un trou bien net, soit avec une épingle, soit avec un petit clou, et que, devant le globe d'une lampe, on regarde de près la tête de l'épingle que l'on place vis-à-vis du trou du carton (position de la figure), on aperçoit l'épingle ayant la tête en bas. De plus, en faisant passer l'épingle devant le trou dans la direction de droite à gauche, on la voit passer de gauche à droite et *vice versa*.

Ce phénomène est des plus singuliers, des plus intéressants.

Le premier phénomène de la vision (pourquoi les objets se peignant renversés sur la rétine, les voyons-nous droits?) restant sans explication satisfaisante, comment pouvoir expliquer les autres?

Peut-être cette expérience mettrait-elle sur la voie d'une théorie meilleure que celles que nous avons exposées au chap. vi, du Liv. I?

Est-ce que nous ne serions pas en présence de la vérité, puisque nous voyons l'épingle renversée, c'est-à-dire, précisément dans la position où elle doit se peindre sur notre rétine? Dans ce cas, l'éducation de l'œil se trouverait en défaut, puisqu'il ne nous permet pas de redresser l'objet; on peut aussi supposer que le cerveau serait, toujours en ce cas, dans l'impossibilité de rectifier le sens des rayons lumineux venant toucher la rétine. Mais il faudrait expliquer encore la marche en sens inverse de l'épingle. Serions-nous trompés dans tous les sens, dans toutes les directions? Croyant aller au Sud, n'irions-nous pas au Nord?

# Vingtième Expérience de Physique sans appareils.

## MAGNÉTISME

### LA ROUTE DES PÔLES OU L'ENGRENAGE MAGNÉTIQUE INVISIBLE.

En étudiant les propriétés des Aimants, le hasard nous a conduit à une expérience toute nouvelle, dont les résultats sont, au premier abord, surprenants.

Voici cette expérience, que nous appelons *la Route des pôles ou l'Engrenage magnétique invisible.*

Nous faisons tourner autour d'un aimant un toton, dont la cheville est en *fer ;* si le

toton tourne auprès de la partie courbe de l'aimant, c'est-à-dire aux environs de la ligne neutre où nulle attraction ne se manifeste, on n'observe rien d'intéressant ; mais si le toton, tournant dans le sens de la flèche (voir la figure de droite), s'approche du milieu de la branche S, il est aussitôt entraîné dans un mouvement qui le fait descendre au pôle S ; il franchit ce pôle et remonte, en suivant le bord interne de la branche, jusqu'à un point correspondant exactement au point de départ. Le toton s'arrête là, il ne peut remonter plus haut ; mais un léger déplacement donné à l'aimant suffit à détacher le toton de la branche S et à le porter vers la branche N ; aussitôt, il est entraîné vers le pôle de cette branche ; il le franchit et remonte, en suivant le bord externe de la branche jusqu'à la hauteur de son point de départ. (Les lignes pointillées en blanc de la figure montrent le chemin suivi par le toton, son point de départ initial (figure de droite), et son dernier point d'arrivée (figure de gauche).

Pour faire repasser le toton par le même chemin, mais en sens inverse, c'est-à-dire, en prenant pour point de départ son dernier point d'arrivée, il faut imprimer au toton un mouvement de rotation de sens inverse au précédent, ce qui montre que le phénomène est dû à ce que nous avons nommé un *Engrenage magnétique invisible.*

# TABLE DES MATIÈRES

## LIVRE PREMIER

### LE PHONOGRAPHE. — LE TÉLÉPHONE. — LA TÉLÉPHONOGRAPHIE. LE TÉLÉPHOTE.

#### CHAPITRE PREMIER

#### Énergie sonore.

## CHAPITRE II

### Énergie sonore.

## CHAPITRE III

### Téléphones à aimant.

## CHAPITRE VI

**Le Téléphote. — La vision à distance et la vision des infiniment petits. Télescope. — Téléphote. — Microscope.**

# LIVRE II

## L'ÉNERGIE ÉLECTRIQUE

### CHAPITRE PREMIER

#### L'Énergie.

### CHAPITRE II

#### Énergie électrique.

# LIVRE III

## L'ÉNERGIE LUMINEUSE

### CHAPITRE PREMIER

#### Énergie lumineuse.

CHAPITRE II

**Sur la mesure des grandeurs physiques en général.
Grandeurs électriques.**

# LIVRE IV

## L'ÉNERGIE CALORIFIQUE

### CHAPITRE PREMIER

#### Énergie calorifique.

# PLACEMENT DES AQUARELLES

# TABLE ALPHABÉTIQUE

FIN

www.ingramcontent.com/pod-product-compliance
Lightning Source LLC
Chambersburg PA
CBHW052009230326
41598CB00078B/2150